Collection
Inter
Africaine de
Mathématiques

sous la direction
de Saliou Touré
Professeur à l'Université
d'Abidjan



# MATHÉMATIQUES

## 1re SCIENCES EXPÉRIMENTALES

Fredy BÉGHAIN
Rose ÉBOUTOU MFOU
Ali HAYA
Georgette HADDAD-OUÉDRAOGO
Denis OUÉHI
Laurent RAKOTOSOLOSOARISOA
Alain RENAULT
Amadou SALL DIOP
Oumarou SAWADOGO

EDICEF
58, rue Jean-Bleuzen
92178 Vanves Cedex

L'idée d'harmoniser les programmes de mathématiques entre les pays francophones d'Afrique et de l'océan Indien remonte à l'année 1983 où fut organisé par l'IRMA, à Abidjan, le premier séminaire d'harmonisation. Depuis, d'autres séminaires ont suivi : en 1985 à Cotonou, en 1988 à Conakry et en juin 1992 à Abidjan avec la participation de 20 pays.

## PARTICIPATION DES DIFFÉRENTS PAYS

| | | | |
|---|---|---|---|
| Bénin | Comores | Guinée | Rép. Dém. Congo |
| Burkina Faso | Congo | Madagascar | Rwanda |
| Burundi | Cote d'Ivoire | Mali | Sénégal |
| Cameroun | Djibouti | Mauritanie | Tchad |
| Centrafrique | Gabon | Niger | Togo |

La suite logique, souhaitée par tous les participants, est l'élaboration d'une Collection Inter-Africaine de manuels de mathématiques pour l'enseignement secondaire. Des rédacteurs de tous les pays participent à la réalisation de ce projet. Un comité de coordination travaille avec les cellules nationales mises en place dans chaque pays.

## COMITÉ DE COORDINATION

Georgette HADDAD-OUÉDRAOGO

Fredy BEGHAIN
Mamadou BINATÉ
Hubert MÉYER
Denis OUÉHI

D'autres séminaires de concertation ont réuni les responsables de ces cellules, à Libreville en 1993, à Ndjaména en 1994, à Yaoundé en 1995, à Antananarivo en 1996, à Dakar en 1997, à Niamey en 1998, à Nouakchott en 1999, à Ouagadougou en 2000, à Cotonou en 2001, à Bangui en 2002.

ISSN 1248–587–X

ISBN 978-2-84129-359-9



Imprimé en Italie par Vincenzo Bona S.p.A. – Dépôt légal : 04/2026 – Édition n° 43 – 59/4820/3

# PRÉFACE

Dans un monde qui évolue rapidement, la maîtrise et l'approfondissement des mathématiques apparaissent comme une condition indispensable au développement des nations, plongées qu'elles sont dans l'ère de la haute technologie et de la mondialisation des marchés.

Voilà pourquoi les mathématiciens africains ont commencé, dès 1983, à organiser des réunions de concertation sur les problèmes posés par l'enseignement des mathématiques qui jouent un rôle essentiel dans la préparation des jeunes aux défis de l'avenir.

La Collection Inter-Africaine de Mathématiques que nous proposons aujourd'hui aux élèves de l'Enseignement Secondaire des pays francophones d'Afrique et de l'Océan Indien est le fruit de cette collaboration franche et fraternelle qui a abouti, au mois de juin 1992, à l'élaboration et à l'adoption par tous ces pays des programmes des premier et second cycles de l'Enseignement Secondaire.

Elle a pour objectifs majeurs :

– l'harmonisation de la pédagogie des mathématiques et la mise à la disposition des élèves et des enseignants africains de manuels de qualité tenant compte du milieu socio-culturel africain en tant que support et véhicule privilégiés des concepts mathématiques ;

– l'acquisition par les élèves des bases d'une formation mathématique solide qui leur permettent d'analyser une situation, de conjecturer des hypothèses et de les valider ou non à l'épreuve des faits ou du raisonnement, de recourir aux modèles mathématiques qu'ils connaissent et de dégager une conclusion ;

– la diminution du coût du manuel pour permettre la réalisation d'un vieux rêve : un élève, un livre.

Les ouvrages de la Collection Inter-Africaine de Mathématiques, rédigés par des équipes d'enseignants, de chercheurs et de responsables pédagogiques africains, belges et français, s'appuient sur l'environnement des élèves pour les motiver, les faire agir, les amener à comprendre et à agir de nouveau, de manière autonome et créatrice. Les contenus adoptés et les méthodes pédagogiques préconisées ont été systématiquement expérimentés dans plusieurs pays avant que ne soient entreprises les rédactions définitives.

Conformément à notre conception de l'enseignement des mathématiques, nous n'avons pas voulu présenter les leçons sous forme d'exposés théoriques, mais comme des séances de travail au cours desquelles des activités de calcul, de dessin, de lecture de documents (le plus souvent empruntés au milieu africain) sont mises en œuvre pour solliciter et provoquer constamment la participation active des élèves.

Insérés dans les leçons, des exercices d'application immédiate permettent l'assimilation des notions étudiées. Placés à la fin des chapitres, des exercices d'entraînement et d'approfondissement permettent aux élèves d'éprouver leur compétence et aux professeurs d'évaluer leur enseignement.

Nous exprimons notre gratitude aux différents Ministres chargés de l'Éducation dans les pays francophones d'Afrique et de l'Océan Indien, ainsi qu'aux responsables de la Coopération Française et de la Coopération Belge qui, par leur compréhension, leurs encouragements et leur soutien constant tant moral que matériel, nous ont permis de réaliser ces ouvrages dans les meilleures conditions possibles.

Enfin, nous espérons que ce manuel répondra au mieux à l'attente et aux besoins des utilisateurs (professeurs et élèves). Afin d'en améliorer les prochaines éditions, nous accueillerons avec reconnaissance les remarques, les critiques et les suggestions qu'ils voudront bien nous faire et, par avance, nous les en remercions.

**Saliou Touré**

# SOMMAIRE

# PRÉSENTATION DU MANUEL

## Organisation d'un chapitre

### Le cours

permet à l'élève de reprendre seul le travail effectué en classe avec le professeur.

■ **L'essentiel à mémoriser**, constitué des définitions, propriétés, méthodes, tableaux récapitulatifs, est placé sur fond couleur souvent prolongé par un cadre couleur contenant des traductions mathématiques et des illustrations.

■ **Les exemples** sont souvent des exercices commentés et résolus entièrement ou partiellement. L'énoncé de ces exemples est placé sur fond gris afin d'inviter l'élève à le traiter avant de comparer sa démarche à celle proposée.

■ **Les activités** présentent :
- soit l'introduction d'une notion ;
- soit une démarche pour démontrer une propriété ou un problème ;
- soit une démarche pratique pour appliquer une méthode ou une technique.

Pour les mêmes raisons que dans les exemples, la description de la situation mathématique et le problème posé dans ces activités sont placés sur fond couleur.

■ **Les exercices** d'applications directes sont placés après chaque paragraphe.

### Les travaux pratiques

contiennent un zoom sur quelques thèmes spécifiques.

En général, un TP comprend :
- l'objectif ;
- un exemple ou la présentation du thème ;
- des applications.

### Les exercices

clôturent chacun des chapitres avec en général des différentes parties :

- **Apprentissage**
  Ces exercices prolongent ceux des paragraphes du cours ;
- **Approfondissement**
  Ces exercices peuvent présenter quelques difficultés ou couvrir plusieurs notions ;
- **Problèmes**
  Ces exercices abordent plusieurs thèmes du chapitre ; ils peuvent nécessiter une modélisation avant le traitement mathématique ;
- **Recherche**
  Ces exercices apprennent à faire des mathématiques « autrement » !

### Les informations

Des informations historiques, scientifiques, technologiques, culturelles... apportent un « plus » au thème du chapitre. Elles se trouvent dans le flash d'ouverture ou dans des encadrés à la fin des TP ou des exercices de fin de chapitres.

## Sommaire des travaux pratiques

## Sommaire des travaux pratiques (suite)



## Articulation des chapitres

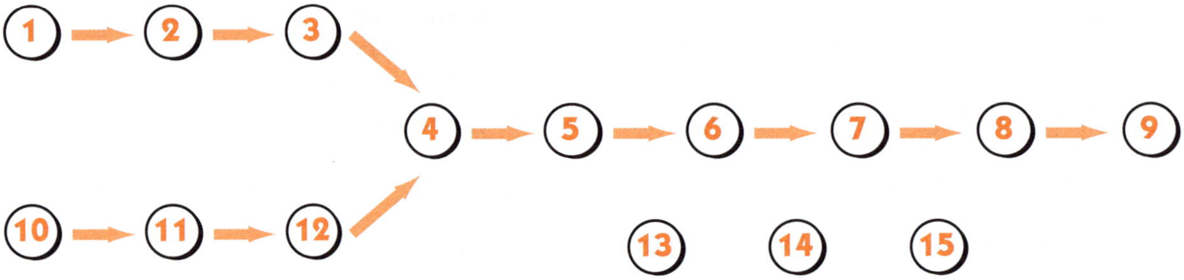


Chacun des chapitres 13, 14 et 15 est indépendant des autres chapitres.

# 1

# Représentations graphiques de fonctions

*La célèbre gravure « L'air et l'eau » de M.-C. ESCHER est basée sur les pavages périodiques.*
*Le motif des pavages est une paire « oiseau-poisson ». ESCHER joue sur une modification progressive du haut (oiseau) vers le bas (poisson).*

*Dans le pavage ci-contre, trouver le motif de base puis les transformations du plan qui permettent de construire ce pavage.*

## SOMMAIRE

# 1 Représentations graphiques des fonctions de référence

## Fonctions élémentaires

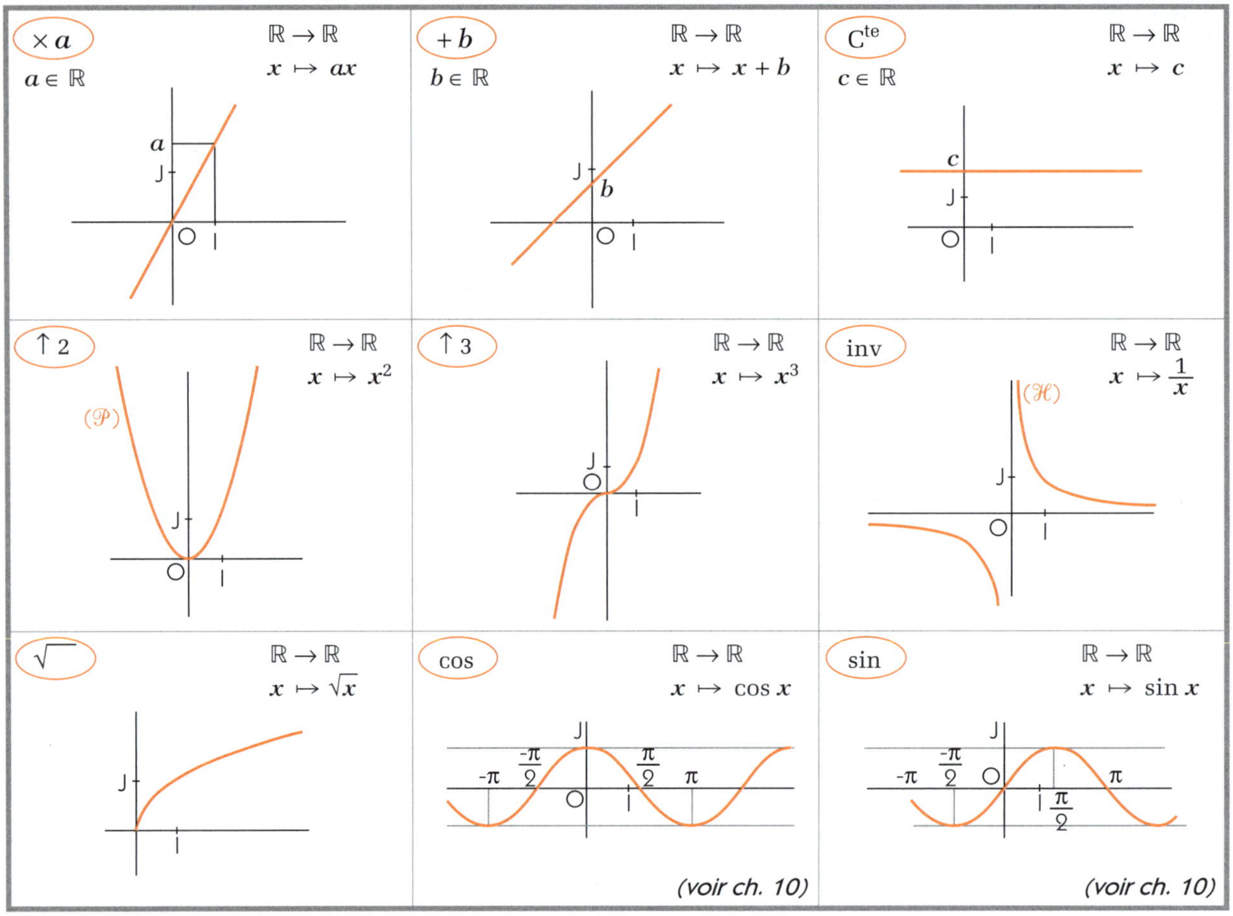


## Autres fonctions de référence

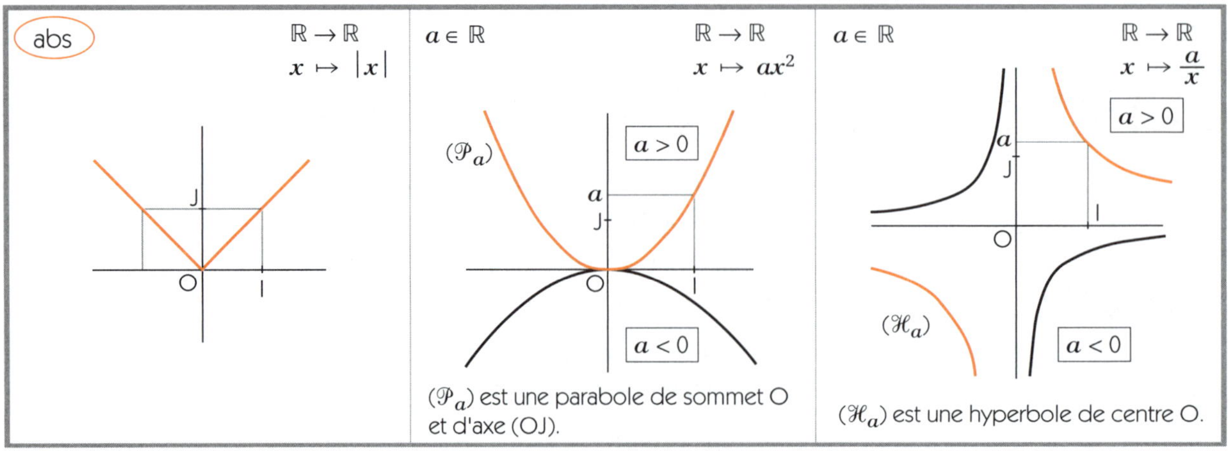

# 2 Représentations graphiques de fonctions et transformations du plan

## 2.1. Représentations graphiques de fonctions et translations

### Caractérisation analytique d'une translation

Le plan est muni d'un repère

$\vec{u}\begin{pmatrix}\alpha \\ \beta\end{pmatrix}$ est un vecteur du plan,

$t_{\vec{u}}$ est la translation de vecteur $\vec{u}$,

M($x$ ; $y$) et M'($x'$ ; $y'$) sont des points du plan.

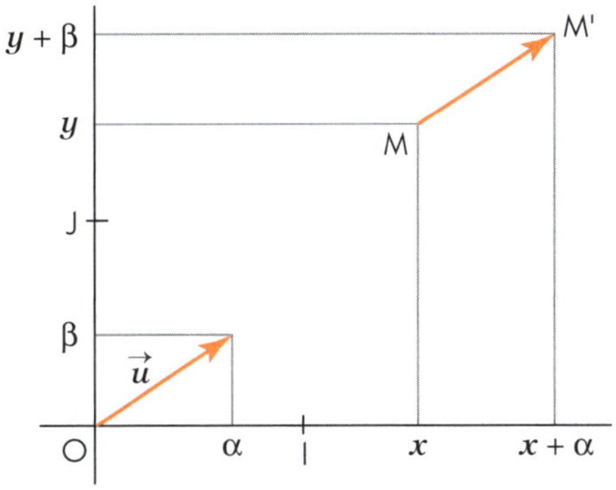


***Caractérisation vectorielle de*** $t_{\vec{u}}$

$M' = t_{\vec{u}}(M) \iff \overrightarrow{MM'} = \vec{u}$

***Caractérisation analytique de*** $t_{\vec{u}}$ **:**

$$M' = t_{\vec{u}}(M) \iff \begin{cases} x' = x + \alpha \\ y' = y + \beta \end{cases}$$

### Représentation graphique de la fonction : $x \mapsto f(x - \alpha) + \beta$

**Activité introductrice**

**Le plan est muni du repère (O, I, J). On donne la représentation graphique ($\mathscr{C}$) d'une fonction $f$ de $\mathbb{R}$ vers $\mathbb{R}$ et une translation $t_{\vec{u}}$ de vecteur $\vec{u}$. ($\mathscr{C}$') est l'image de ($\mathscr{C}$) par la translation $t_{\vec{u}}$.**
**On veut déterminer la fonction $g$ de $\mathbb{R}$ vers $\mathbb{R}$ qui a ($\mathscr{C}$') pour représentation graphique.**

M($x$ ; $y$) est un point quelconque de ($\mathscr{C}$) et M'($x'$ ; $y'$) un point quelconque de ($\mathscr{C}$').

• **1^er^ cas :** $\vec{u} = \alpha\,\vec{i}$, $[\alpha \in \mathbb{R}^*]$ avec $\vec{i} = \overrightarrow{OI}$

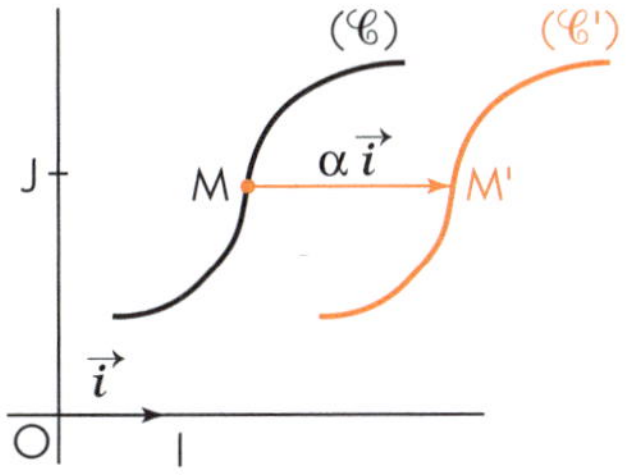


$$M' = t_{\alpha\vec{i}}(M) \iff \begin{cases} x' = x + \alpha \\ y' = y \end{cases}$$

Or : M ∈ ($\mathscr{C}$).

donc : $M' = t_{\alpha\vec{i}}(M) \iff \begin{cases} x' = x + \alpha \\ y' = f(x) \end{cases}$

d'où : $M' \in (\mathscr{C}') \iff y' = f(x' - \alpha)$

On en déduit que l'image ($\mathscr{C}$') de ($\mathscr{C}$) par la translation $t_{\vec{u}}$ est la représentation graphique de la fonction
$g : x \mapsto f(x - \alpha)$

• **2^e^ cas :** $\vec{u} = \beta\,\vec{j}$, $[\beta \in \mathbb{R}^*]$ avec $\vec{j} = \overrightarrow{OJ}$

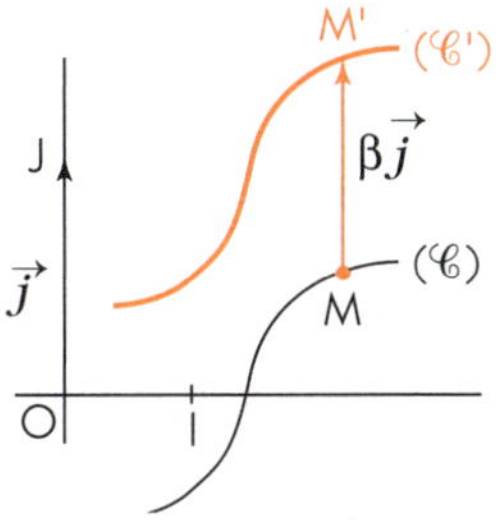


$$M' = t_{\beta\vec{j}}(M) \iff \begin{cases} x' = x \\ y' = y + \beta \end{cases}$$

Or : M ∈ ($\mathscr{C}$).

donc : $M' = t_{\beta\vec{j}}(M) \iff \begin{cases} x' = x \\ y' = f(x) + \beta \end{cases}$

d'où : $M' \in (\mathscr{C}') \iff y' = f(x') + \beta$

On en déduit que l'image ($\mathscr{C}$') de ($\mathscr{C}$) par la translation $t_{\vec{u}}$ est la représentation graphique de la fonction
$g : x \mapsto f(x) + \beta$

• **3$^e$ cas :** $\vec{u} = \alpha\,\vec{i} + \beta\,\vec{j}$, [$\alpha \in \mathbb{R}^*$ et $\beta \in \mathbb{R}^*$]

• Démontrer de la même manière que l'image ($\mathscr{C}'$) de ($\mathscr{C}$) par la translation $t_{\vec{u}}$ est la représentation graphique de la fonction $g : x \mapsto f(x - \alpha) + \beta$

*On démontre et nous admettons la propriété suivante :*

## Propriété

**Le plan est muni du repère (O, I, J). $f$ est une fonction de représentation graphique ($\mathscr{C}_f$).**
**La représentation graphique de la fonction $x \mapsto f(x - \alpha) + \beta$ est l'image de ($\mathscr{C}_f$) par la translation de vecteur $\alpha\,\overrightarrow{OI} + \beta\,\overrightarrow{OJ}$.**

### Exemples

**On considère la représentation graphique ($\mathscr{C}$) de la fonction $f : x \mapsto x^3$.**
**Dans chacun des cas suivants, déterminons la fonction $g$ dont la représentation graphique est l'image de ($\mathscr{C}$) par la translation $t_{\vec{u}}$.**

| | |
|---|---|
| $\vec{u} = -2\,\vec{i}$ | La fonction $g$ est définie par : $g(x) = (x + 2)^3$ |
| $\vec{u} = -5\,\vec{j}$ | La fonction $g$ est définie par : $g(x) = x^3 - 5$ |
| $\vec{u} = \vec{i} + 3\,\vec{j}$ | La fonction $g$ est définie par : $g(x) = (x - 1)^3 + 3$. |

**Le plan est muni du repère orthogonal (O, I, J). Construisons la représentation graphique ($\mathscr{C}_g$) de la fonction $g$ de $\mathbb{R}$ vers $\mathbb{R}$ définie par : $g(x) = \sqrt{x - 2} + 3$.**

On considère la fonction racine carrée définie par : $f(x) = \sqrt{x}$.

($\mathscr{C}_f$) est sa représentation graphique.

($\mathscr{C}_g$) est l'image de ($\mathscr{C}_f$) par la translation $t$ de vecteur $2\,\overrightarrow{OI} + 3\,\overrightarrow{OJ}$.

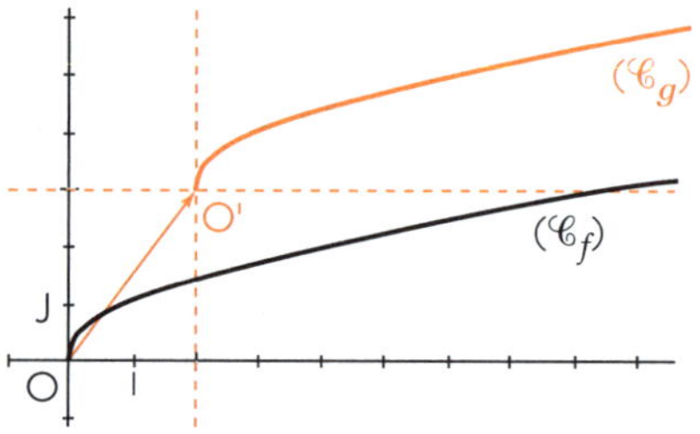


## Représentations graphiques de fonctions polynômes du second degré

### Exemple introductif

**Le plan est muni du repère orthogonal (O, I, J).**
**Construisons les représentations graphiques des fonctions polynômes $g_1$, $g_2$ et $g_3$ définies par :**

$$g_1(x) = 2(x - 3)^2 \quad ; \quad g_2(x) = 2x^2 + 1 \quad ; \quad g_3(x) = 2(x - 3)^2 + 1.$$

$f$ est la fonction polynôme définie par : $f(x) = 2x^2$.
La représentation graphique ($\mathscr{C}_f$) de $f$ est une parabole d'axe (OJ) et de sommet O.
Quel que soit le nombre réel $x$, $g_1(x) = f(x - 3)$ ; $g_2(x) = f(x) + 1$ ; $g_3(x) = f(x - 3) + 1$.
Donc
– la représentation graphique ($\mathscr{C}_1$) de $g_1$ est l'image de ($\mathscr{C}_f$) par la translation $t_1$ de vecteur $3\,\overrightarrow{OI}$.
– la représentation graphique ($\mathscr{C}_2$) de $g_2$ est l'image de ($\mathscr{C}_f$) par la translation $t_2$ de vecteur $\overrightarrow{OJ}$.
– la représentation graphique ($\mathscr{C}_3$) de $g_3$ est l'image de ($\mathscr{C}_f$) par la translation $t_3$ de vecteur $3\,\overrightarrow{OI} + \overrightarrow{OJ}$.

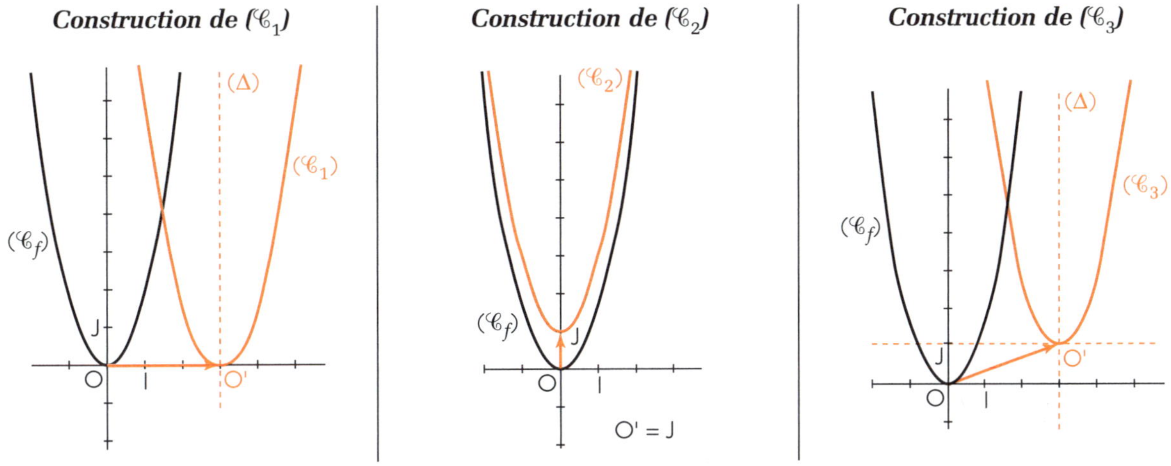


### Cas général

$g$ est la fonction polynôme du second degré définie par : $g(x) = ax^2 + bx + c$,

***Formes canoniques de g(x)***

On a : $g(x) = a\left[\left(x + \frac{b}{2a}\right)^2 - \frac{b^2-4ac}{4a^2}\right]$

$= a\left(x + \frac{b}{2a}\right)^2 - \frac{b^2-4ac}{4a}$

On pose : $\alpha = -\frac{b}{2a}$ et $\beta = -\frac{b^2-4ac}{4a}$

On obtient : $g(x) = a\,(x - \alpha)^2 + \beta$.

***Construction de la représentation graphique de g***

$f$ est la fonction polynôme définie par : $f(x) = ax^2$.

– Dans le plan muni du repère orthogonal (O,I,J), la représentation graphique $(\mathscr{C}_f)$ de $f$ est une parabole d'axe (OJ) et de sommet O.

– Quel que soit le nombre réel $x$, $g(x) = f(x - \alpha) + \beta$.

Donc la représentation graphique $(\mathscr{C}_g)$ de $g$ est l'image de $(\mathscr{C}_f)$ par la translation $t$ de vecteur $\alpha\overrightarrow{OI} + \beta\overrightarrow{OJ}$.

*On a ainsi démontré la propriété suivante :*

## Propriété

**Toute fonction polynôme du second degré $g$ peut être définie par la formule explicite :**

**$g(x) = a(x - \alpha)^2 + \beta$ $[\alpha \in \mathbb{R} ; \beta \in \mathbb{R} ; a \in \mathbb{R}^*]$.**

**Dans le plan muni du repère (O, I, J), sa représentation graphique est l'image par la translation de vecteur $\alpha\overrightarrow{OI} + \beta\overrightarrow{OJ}$, de la parabole d'équation $y = ax^2$.**

$(\mathscr{C}_f) : y = ax^2$ ; $(\mathscr{C}_g) : y = a(x - \alpha)^2 + \beta$

Les courbes $(\mathscr{C}_f)$ et $(\mathscr{C}_g)$ sont superposables.

$(\mathscr{C}_g)$ est une parabole
d'axe la droite d'équation : $x = \alpha$,
de sommet le point : O'(α ; β).

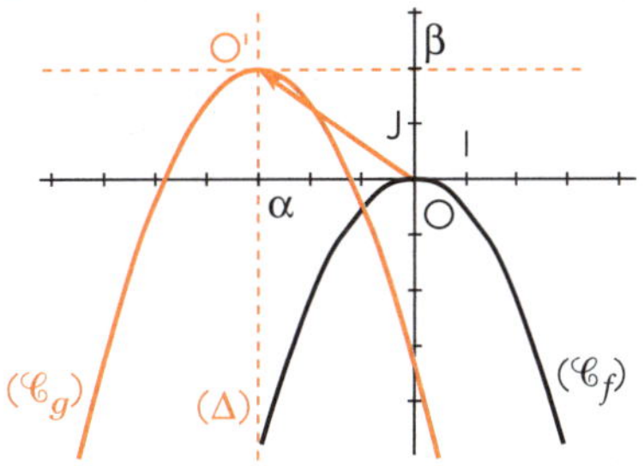


## Remarque

*L'expression $a(x - \alpha)^2 + \beta$ est associée à un programme de calcul séquentiel ; c'est une forme canonique.*

## Représentations graphiques de fonctions homographiques

### Définition et propriété

**Définition**

**$\alpha$ et $\beta$ étant des nombres réels et $k$ un nombre réel différent de zéro, on appelle *fonction homographique*, toute fonction $f$ de $\mathbb{R}$ vers $\mathbb{R}$ définie par : $f(x) = \dfrac{k}{x - \alpha} + \beta$.**

***On sait que :***
Dans le plan muni du repère (O, I, J), $k$ étant un nombre réel différent de 0, la courbe d'équation $y = \dfrac{k}{x}$ est une hyperbole de centre O.

*On peut démontrer la propriété suivante :*

**Propriété**

**$g$ est la fonction homographique définie par : $g(x) = \dfrac{k}{x - \alpha} + \beta$ $\quad [\alpha \in \mathbb{R} ; \beta \in \mathbb{R} ; k \in \mathbb{R}^*]$.**
**Dans le plan muni du repère (O, I, J), sa représentation graphique est l'image par la translation de vecteur $\alpha \overrightarrow{OI} + \beta \overrightarrow{OJ}$, de l'hyperbole d'équation $y = \dfrac{k}{x}$.**

$(\mathscr{C}_f) : y = \dfrac{k}{x}$ ; $(\mathscr{C}_g) : y = \dfrac{k}{x - \alpha} + \beta$

Les courbes $(\mathscr{C}_f)$ et $(\mathscr{C}_g)$ sont superposables.

$(\mathscr{C}_g)$ est une hyperbole de centre le point : O'($\alpha$ ; $\beta$).

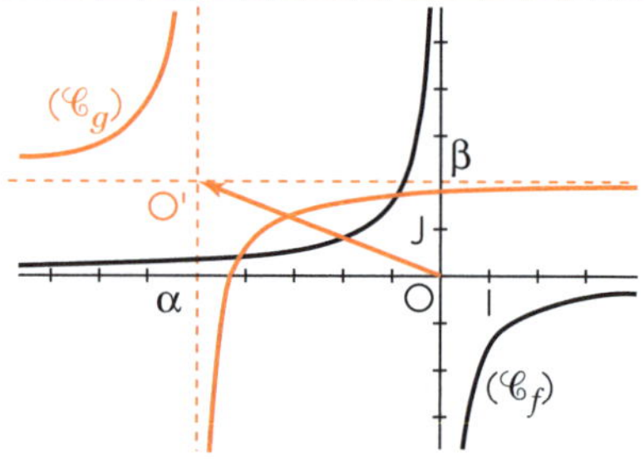


**Remarque**

*L'expression $\dfrac{k}{x - \alpha} + \beta$ est associée à un programme de calcul séquentiel ; c'est une forme canonique.*

### Exemple

**On donne la fonction rationnelle $g$ définie par : $g(x) = \dfrac{2x + 1}{x - 5}$.**
**Le plan est muni du repère (O, I, J).**
**Justifions que $g$ est une fonction homographique et construisons sa représentation graphique $(\mathscr{C}_g)$.**

***Justifions que $g$ est une fonction homographique***

Quel que soit le nombre réel $x$ différent de 5,

$$g(x) = \frac{2(x - 5) + 1 + 10}{x - 5} = 2 + \frac{11}{x - 5}$$

***Construisons la représentation graphique $(\mathscr{C}_g)$***

$f$ est la fonction rationnelle définie par :

$$f(x) = \frac{11}{x}.$$

– La représentation graphique $(\mathscr{C}_f)$ de $f$ est une hyperbole de centre O.

– Quel que soit le nombre réel $x$ différent de 5,

$$g(x) = f(x - 5) + 2.$$

Donc $(\mathscr{C}_g)$ est l'image de $(\mathscr{C}_f)$ par la translation $t$ de vecteur $5\overrightarrow{OI} + 2\overrightarrow{OJ}$.

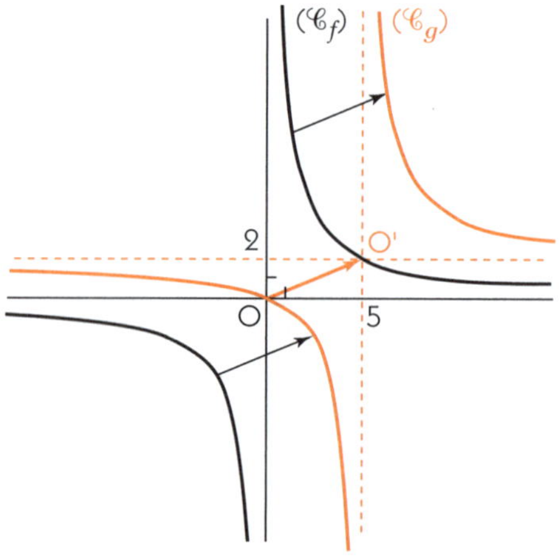

# Exercices

**2.a** Le plan est muni du repère (O, I, J).
On pose : $\overrightarrow{OI} = \vec{i}$, $\overrightarrow{OJ} = \vec{j}$.
(D) est la droite d'équation : $3x + 2y = 1$. Dans chacun des cas suivants, trouver une équation de l'image de (D) par la translation de vecteur $\vec{u}$ :
(1) $\vec{u} = -2\vec{i}$ ; (2) $\vec{u} = 3\vec{j}$ ; (3) $\vec{u} = \vec{i} - 2\vec{j}$

**2.b** Le plan est muni du repère (O, I, J).
On pose : $\overrightarrow{OI} = \vec{i}$, $\overrightarrow{OJ} = \vec{j}$.
($\mathscr{C}$) est la représentation graphique de la fonction homographique $f$ définie par : $f(x) = \dfrac{1}{x}$.
Dans chacun des cas suivants, déterminer la fonction $g$ de $\mathbb{R}$ vers $\mathbb{R}$ dont la représentation graphique est l'image de ($\mathscr{C}$) par la translation de vecteur $\vec{u}$ :
(1) $\vec{u} = -3\vec{i}$ ; (2) $\vec{u} = -2\vec{j}$ ; (3) $\vec{u} = \vec{i} + 2\vec{j}$

**2.c** Construire les représentations graphiques de la fonction polynôme $f$ et de la fonction rationnelle $g$ définies par :
$f(x) = x^2 + 6x + 7$ ; $g(x) = \dfrac{-2x - 5}{x + 3}$.

**2.d** Construire la représentation graphique de la fonction $f$ de $\mathbb{R}$ vers $\mathbb{R}$ définie par :
$f(x) = (x + 1)^3 + 1$.

## 2.2. Représentations graphiques de fonctions et symétries

### Caractérisation analytique de symétries

Le plan est muni du repère orthogonal (O, I, J).
$S_{(OI)}$ est la symétrie orthogonale d'axe (OI),
$S_{(OJ)}$ est la symétrie orthogonale d'axe (OJ),
$S_O$ est la symétrie centrale de centre O.
M($x$ ; $y$) et M'($x'$ ; $y'$) sont des points du plan.

***Caractérisations de $S_{(OI)}$***

$$M' = S_{(OI)}(M) \iff \begin{cases} \text{(OI) est la médiatrice de [M'M]} & \text{si } M \notin (OI) \\ M = M' & \text{si } M \in (OI) \end{cases}$$

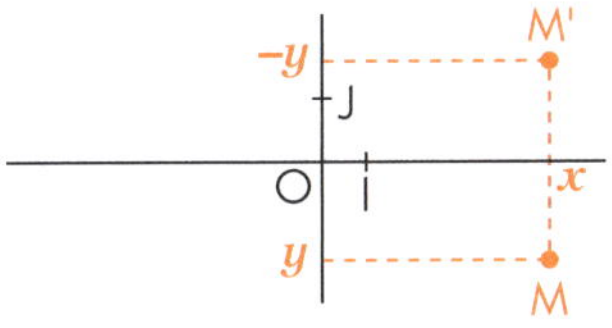


$$M' = S_{(OI)}(M) \iff \begin{cases} x' = x \\ y' = -y \end{cases}$$

***Caractérisations de $S_{(OJ)}$***

$$M' = S_{(OJ)}(M) \iff \begin{cases} \text{(OJ) est la médiatrice de [M'M]} & \text{si } M \notin (OJ) \\ M = M' & \text{si } M \in (OJ) \end{cases}$$

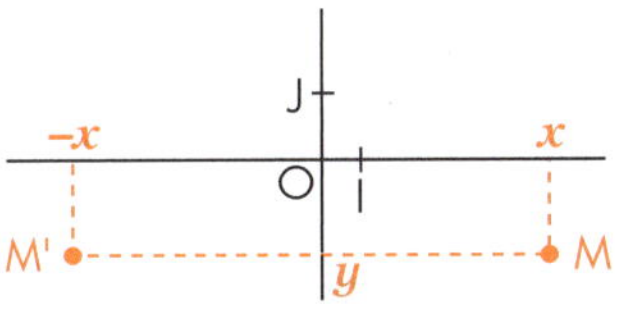


$$M' = S_{(OJ)}(M) \iff \begin{cases} x' = -x \\ y' = y \end{cases}$$

***Caractérisations de $S_O$***

$$M' = S_O(M) \iff \begin{cases} \text{O est le milieu de [M'M]} & \text{si } M \neq O \\ M' = O & \text{si } M = O \end{cases}$$

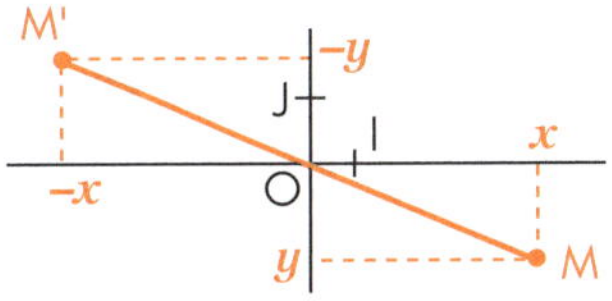


$$M' = S_O(M) \iff \begin{cases} x' = -x \\ y' = -y \end{cases}$$

### Représentations graphiques des fonctions : $x \mapsto -f(x)$ ; $x \mapsto f(-x)$ ; $x \mapsto -f(-x)$

**Le plan est muni du repère orthogonal (O, I, J).**
**On donne la représentation graphique ($\mathscr{C}_f$) d'une fonction $f$ de $\mathbb{R}$ vers $\mathbb{R}$.**
**Dans chacun des cas suivants on veut construire la représentation graphique ($\mathscr{C}_g$) de la fonction $g$ :**
① $g : x \mapsto -f(x)$ ; ② $g : x \mapsto f(-x)$ ; ③ $g : x \mapsto -f(-x)$

### Représentation graphique de la fonction $g : x \mapsto -f(x)$

On donne $x$ un nombre réel quelconque,
M le point de $(\mathscr{C}_f)$ d'abscisse $x$,
M' le point de $(\mathscr{C}_g)$ d'abscisse $x$.

- Quelles sont les ordonnées des points M et M' ?
- Justifier que $(\mathscr{C}_f)$ et $(\mathscr{C}_g)$ sont symétriques par rapport à (OI).
- Construire $(\mathscr{C}_g)$.

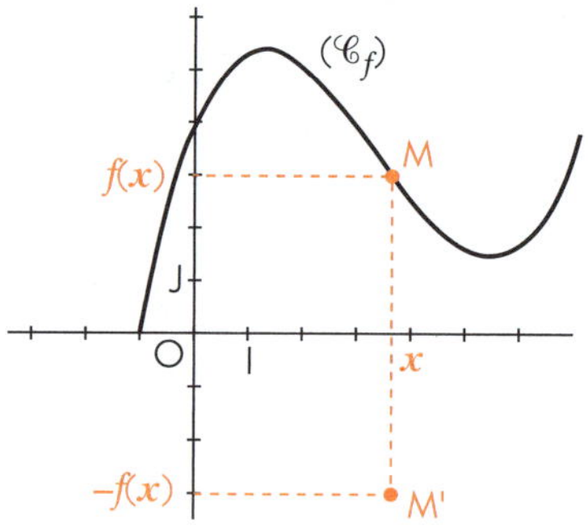


## Remarque

*La fonction $g : x \mapsto -f(x)$ est appelée opposée de f.*
*On note : $g = -f$.*

### Représentation graphique de la fonction $g : x \mapsto f(-x)$

On donne $x$ un nombre réel quelconque,
M le point de $(\mathscr{C}_f)$ d'abscisse $x$,
M' le point de $(\mathscr{C}_g)$ d'abscisse $-x$.

- Quelles sont les ordonnées des points M et M' ?
- Justifier que $(\mathscr{C}_f)$ et $(\mathscr{C}_g)$ sont symétriques par rapport à (OJ).
- Construire $(\mathscr{C}_g)$.

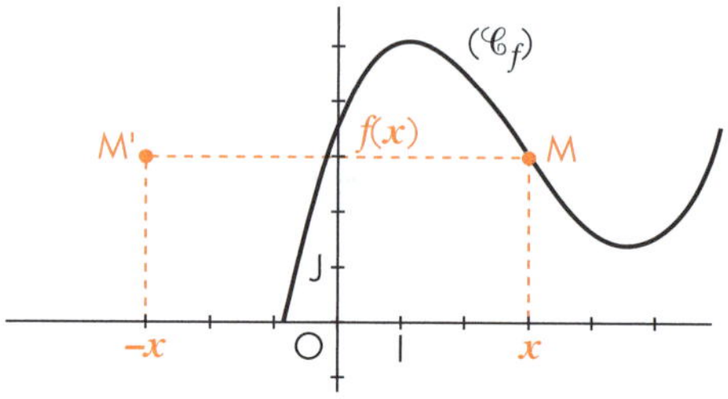


### Représentation graphique de la fonction $g : x \mapsto -f(-x)$

On donne $x$ un nombre réel quelconque,
M le point de $(\mathscr{C}_f)$ d'abscisse $x$,
M' le point de $(\mathscr{C}_g)$ d'abscisse $-x$.

- Quelles sont les ordonnées des points M et M' ?
- Justifier que $(\mathscr{C}_f)$ et $(\mathscr{C}_g)$ sont symétriques par rapport à O.
- Construire $(\mathscr{C}_g)$.

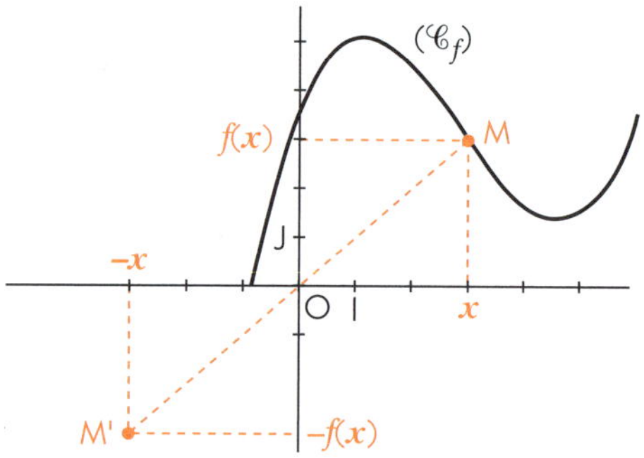


*On a ainsi démontré les propriétés suivantes :*

## Propriétés

**Le plan est muni du repère orthogonal (O, I, J).**
**$f$ est une fonction de représentation graphique $(\mathscr{C}_f)$.**
**– La représentation graphique de la fonction $x \mapsto -f(x)$ est le symétrique de $(\mathscr{C}_f)$ par rapport à (OI)**
**– La représentation graphique de la fonction $x \mapsto f(-x)$ est le symétrique de $(\mathscr{C}_f)$ par rapport à (OJ)**
**– La représentation graphique de la fonction $x \mapsto -f(-x)$ est le symétrique de $(\mathscr{C}_f)$ par rapport à O.**

$g : x \mapsto -f(x)$

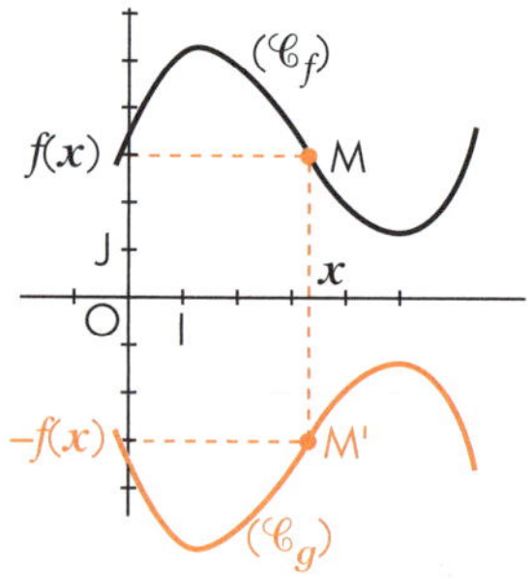


$g : x \mapsto f(-x)$

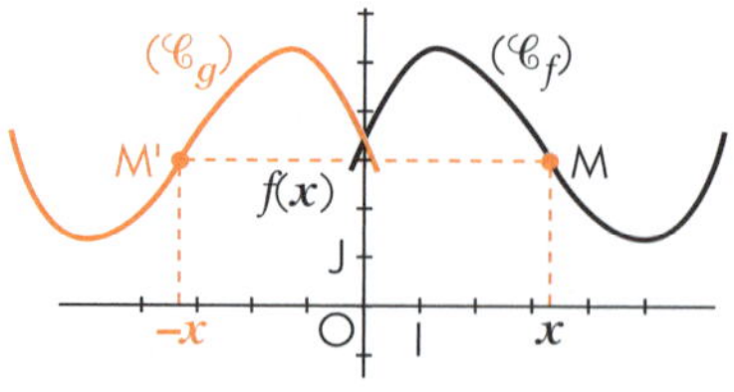


$g : x \mapsto -f(-x)$

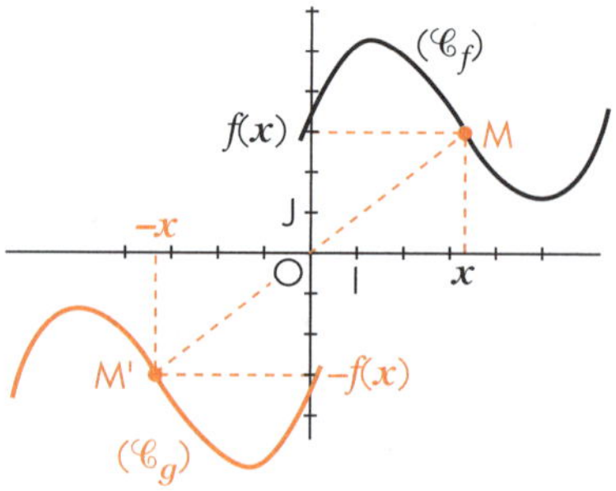

## Représentation graphique de la fonction $x \mapsto |f(x)|$

### Activité préparatoire

**Le plan est muni du repère orthogonal (O, I, J).**

**On donne la représentation graphique ($\mathscr{C}_f$) d'une fonction $f$ de $\mathbb{R}$ vers $\mathbb{R}$.**

**On veut construire la représentation graphique ($\mathscr{C}_g$) de la fonction $g : x \mapsto |f(x)|$.**

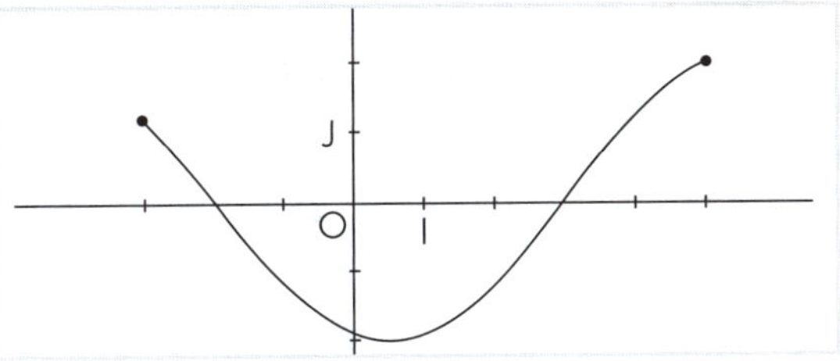


- Sur le graphique, placer les points :
  A(– 1 ; $f$(– 1)) et A'(– 1 ; |$f$(– 1)|) ; C(1 ; $f$(1)) et C'(1 ; |$f$(1)|)
  B(0 ; $f$(0)) et B'(0 ; |$f$(0)|) ; D(2 ; $f$(2)) et D'(2 ; |$f$(2)|)
- Sur le graphique, placer les points :
  E(– 3 ; $f$(– 3)), F(– 2 ; $f$(– 2)), G(3 ; $f$(3)), H(4 ; $f$(4)), K(5 ; $f$(5)).
- Quels sont les points qui ont pour coordonnées :
  (– 3 ; |$f$(– 3)|), (– 2 ; |$f$(-2)|), (3 ; |$f$(3)|), (4 ; |$f$(4)|), (5 ; |$f$(5)|) ?

($\mathscr{C}_1$) est l'ensemble des points de ($\mathscr{C}_f$) d'ordonnées positives et ($\mathscr{C}_2$) celui d'ordonnées négatives

- Justifier que ($\mathscr{C}_1$) et le symétrique de ($\mathscr{C}_2$) par rapport à (OI) sont des parties de($\mathscr{C}_g$).

En déduire que : $(\mathscr{C}_g) = (\mathscr{C}_1) \cup S_{(OI)}(\mathscr{C}_2)$.
- Tracer en rouge la représentation graphique de $g$ et donner un programme de construction de ($\mathscr{C}_g$).

### Exemples

**Représentation graphique de la fonction**
$h : x \mapsto |x^3|$

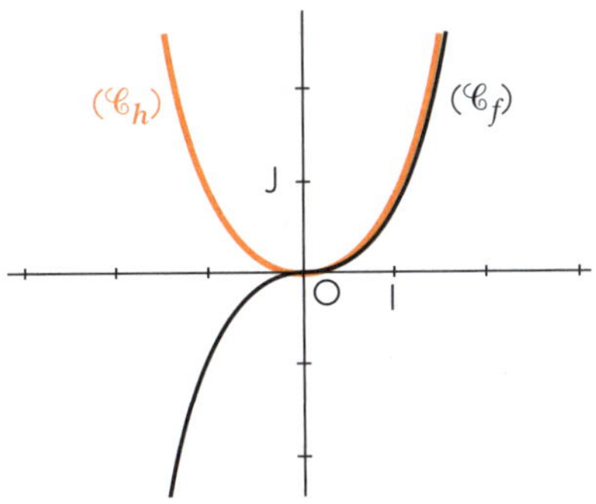


($\mathscr{C}_f$) est la représentation graphique de
$f : x \mapsto x^3$
- Expliquer la construction de ($\mathscr{C}_h$).

**Représentation graphique de la fonction**
$k : x \mapsto \dfrac{1}{|x|}$

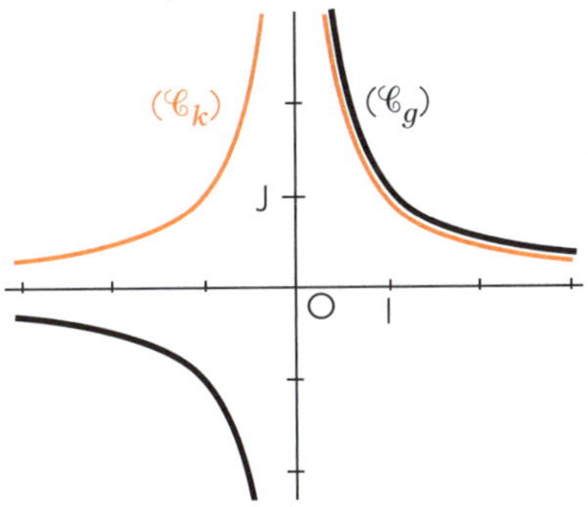


($\mathscr{C}_g$) est la représentation graphique de
$g : x \mapsto \dfrac{1}{x}$
- Expliquer la construction de ($\mathscr{C}_k$).

### Vocabulaire

La fonction $g : x \mapsto f(x)$ est appelée ***valeur absolue*** de $f$. On note : $g = |f|$.

# Exercices

**2.f** Le plan est muni du repère orthogonal (O, I, J). Construire la représentation graphique de chacune des fonctions $f, g, h, k$ de $\mathbb{R}$ vers $\mathbb{R}$, définies par :

$f(x) = -(x+1)^2$ ; $g(x) = -\sqrt{x}$

$h(x) = \sqrt{-x}$ ; $k(x) = -\sqrt{-x}$ .

**2.g** Dans le plan muni d'un repère orthogonal, représenter graphiquement chacune des fonctions $f, g, h, k$ de $\mathbb{R}$ vers $\mathbb{R}$ définies par :

$f(x) = |x^2 - 1|$ ; $g(x) = -|x|$

$h(x) = |x^2 - 2x - 3|$ ; $k(x) = \dfrac{1}{|x-2|}$ .

# 3 Propriétés géométriques des représentations graphiques de fonctions

## 3.1. Fonctions paires, fonctions impaires

### Présentation

Le plan est muni du repère orthogonal (O, I, J).

La représentation graphique de la fonction carré est symétrique par rapport à l'axe (OJ).

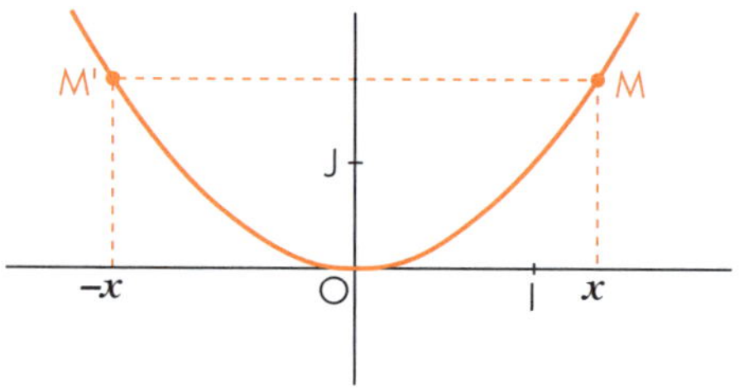


On vérifie que :
pour tout nombre réel $x$, $f(-x) = f(x)$

La représentation graphique de la fonction cube est symétrique par rapport au point O.

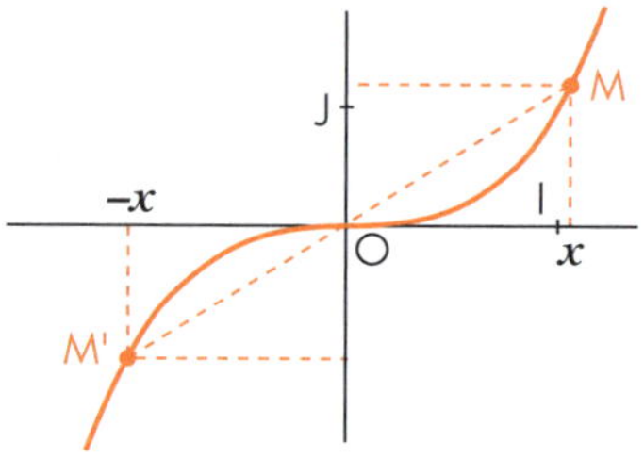


On vérifie que :
pour tout nombre réel $x$, $f(-x) = -f(x)$

### Définition

**Une fonction $f$ de $\mathbb{R}$ vers $\mathbb{R}$, d'ensemble de définition $D_f$**
**– est dite paire lorsque, pour tout $x$ élément de $D_f$, $-x \in D_f$ *et* $f(-x) = f(x)$**
**– est dite impaire lorsque, pour tout $x$ élément de $D_f$, $-x \in D_f$ *et* $f(-x) = -f(x)$**

### Remarque

*– La condition : « pour tout $x$ élément de $D_f$, $-x \in D_f$ » signifie que la partie de la droite (OI) qui représente $D_f$ est un ensemble symétrique par rapport au point O.*
*– Étudier la parité d'une fonction, c'est chercher la preuve que cette fonction est :*
*soit paire, soit impaire, soit ni paire ni impaire.*

### Exemples

**On donne la fonction $f$ de $\mathbb{R}$ vers $\mathbb{R}$ définie par :**

$$f(x) = 2x^3 - 5x$$

**Démontrons que $f$ est une fonction impaire.**

$D_f = \mathbb{R}$

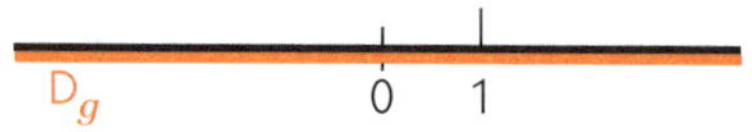


$x$ étant un nombre réel quelconque,
on a : $x \in D_f$ et $-x \in D_f$,

$$f(x) = 2x^3 - 5x\ ;$$
$$f(-x) = 2(-x)^3 - 5(-x) = -(2x^3 - 5x)$$

Pour tout nombre réel $x$, $f(x) = -f(-x)$

Donc, $f$ est impaire.

**On donne la fonction $g$ de $\mathbb{R}$ vers $\mathbb{R}$ définie par :**

$$g(x) = \frac{3x^2 + 1}{x^2 - 1}.$$

**Démontrons que $g$ est une fonction paire.**

$D_g = \mathbb{R} \setminus \{-1\ ;1\}$

$x$ étant un nombre réel quelconque appartenant à $D_g$
on a : $x \neq -1$ et $x \neq 1$, donc $-x \neq 1$ et $-x \neq -1$
$-x \in D_g$

de plus : $g(x) = \dfrac{3x^2 + 1}{x^2 - 1}$

d'où : $g(-x) = \dfrac{3(-x)^2 + 1}{(-x)^2 - 1} = \dfrac{3x^2 + 1}{x^2 - 1}$

Pour tout nombre réel $x$, $g(x) = g(-x)$
Donc, $g$ est paire.

**On donne la fonction $f$ de $\mathbb{R}$ vers $\mathbb{R}$ définie par :**

$$f(x) = 3x^2 + x$$

**Étudions la parité de la fonction $f$.**

$D_f = \mathbb{R}$

On a : $f(1) = 4$ ; $f(-1) = 2$

donc : $f(1)$ et $f(-1)$ ne sont ni égaux, ni opposés.

Par suite $f$ n'est ni paire, ni impaire.

**On donne la fonction $g$ de $\mathbb{R}$ vers $\mathbb{R}$ définie par :**

$$g(x) = \sqrt{(x-2)(x+3)}$$

**Étudions la parité de la fonction $g$.**

$D_g = ]-\infty ; -3] \cup [2 ; +\infty[$

On a : $2 \in D_g$ et $-2 \notin D_g$

donc : $D_g$ n'est pas représenté par un ensemble symétrique par rapport à O.

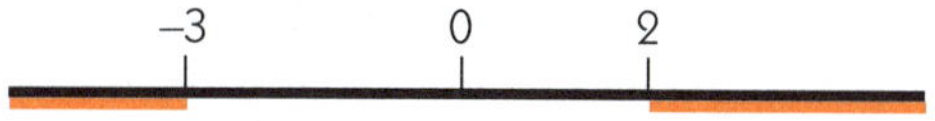


Par suite $g$ n'est ni paire, ni impaire.

## Représentation graphique

### Propriétés

**Dans le plan muni du repère orthogonal (O, I, J)**

**la représentation graphique d'une fonction $f$ est symétrique par rapport à (OJ)**
***si et seulement si***
**la fonction $f$ est paire**

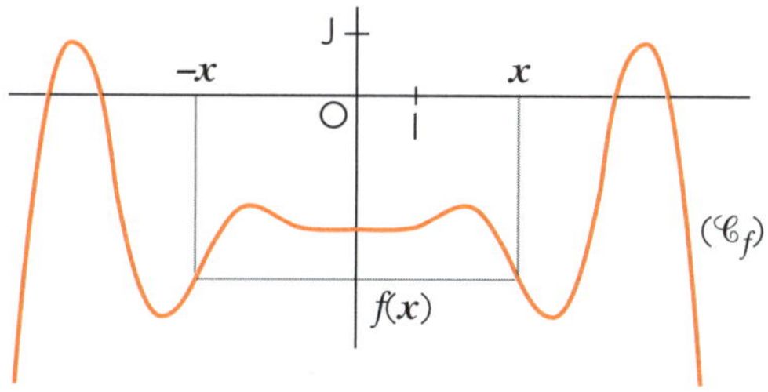


**la représentation graphique d'une fonction $f$ est symétrique par rapport à O**
***si et seulement si***
**la fonction $f$ est impaire**

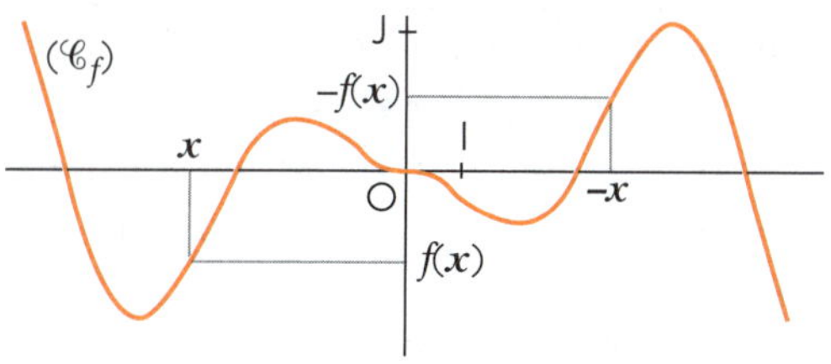


### Démonstration guidée

***La fonction f est paire.***

$x$ étant un élément de $D_f$,

- Démontrer que :

$M(x ; f(x)) \in (\mathscr{C}_f) \Leftrightarrow M(-x ; f(x)) \in (\mathscr{C}_f)$.

- En déduire que $S_{(OJ)}(\mathscr{C}_f) = (\mathscr{C}_f)$.
- Conclure.

***(OJ) est un axe de symétrie de ($\mathscr{C}_f$).***

Démontrer que : $f$ est une fonction paire.

- ***Procéder de même dans le cas d'une fonction impaire et dans le cas où la représentation graphique admet le point O comme centre de symétrie.***

## Exercice

**3.a** Étudier la parité de chacune des fonctions $f$, $g$, $h$, $k$ définies par :

$f(x) = \dfrac{\sqrt{x^2+1}}{|x|}$ ; $g(x) = \dfrac{\sqrt{x^2+1}}{x}$ ; $h(x) = \dfrac{\sqrt{x^2+1}}{|x+1|}$;

$k(x) = 3x^2 - 1 + \dfrac{x}{x^2+1}$.

**3.b** On considère les fonctions $f$ et $g$ suivantes :

$f : \mathbb{R} \to \mathbb{R}$, $x \mapsto 5x^2 - (a+1)x + 3$ ; $g : [b ; 7] \to \mathbb{R}$, $x \mapsto \dfrac{x^3}{x^2-1}$

Déterminer les nombres réels $a$ et $b$ pour que $f$ soit paire et $g$ impaire.

## 3.2. Éléments de symétries de la représentation graphique d'une fonction

### Courbe admettant un axe de symétrie

**Le plan est muni du repère orthogonal (O, I, J).**

**On considére la fonction $f$ de $\mathbb{R}$ vers $\mathbb{R}$ définie par :**

$$f(x) = \frac{1}{x^2 - 4x + 3},$$

**de représentation graphique ($\mathscr{C}$) ci-contre et d'ensemble de définition $\mathbb{R} \setminus \{1 ; 3\}$.**

**($\mathscr{C}$) semble avoir un axe de symétrie : la droite ($\Delta$) d'équation $x = 2$.**

**Démontrons que ($\Delta$) est bien un axe de symétrie de ($\mathscr{C}$).**

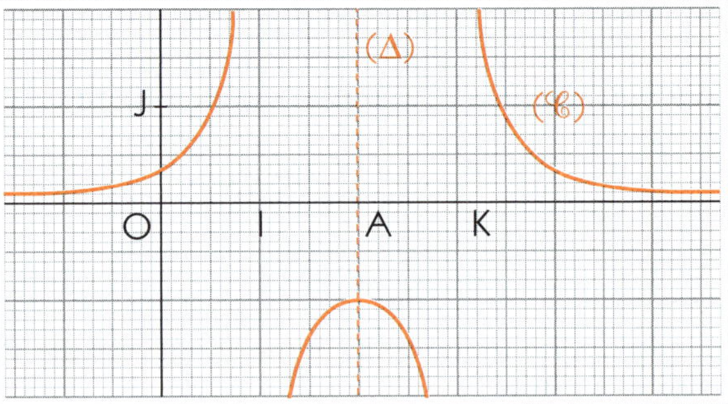


A (2 ; 0) est le point d'intersection de ($\Delta$) et de (OI).

Remarquons que la translation $t$ de vecteur $\overrightarrow{AO}$ ($\overrightarrow{AO} = -2\,\overrightarrow{OI}$) applique ($\Delta$) sur (OJ).

Pour démontrer que ($\Delta$) est un axe de symétrie de ($\mathscr{C}$) il suffit pour cela de :
- déterminer la fonction $g$ dont la représentation graphique ($\mathscr{C}$') est l'image de ($\mathscr{C}$) par $t$
- vérifier que la fonction $g$ est une fonction paire.

$g$ est la fonction de $\mathbb{R}$ vers $\mathbb{R}$ définie par : $g(x) = f(x + 2)$.
Désignons par $D_g$ l'ensemble de définition de $g$ ;

$x \in D_g \iff x + 2 \in D_f$

$x \in D_g \iff x + 2 \neq 1$ et $x + 2 \neq 3$

$x \in D_g \iff x \neq -1$ et $x \neq +1$

D'où : $D_g = \mathbb{R} \setminus \{-1 ; +1\}$

$x$ étant un nombre réel quelconque, on a : $g(x) = \dfrac{1}{(x + 2)^2 - 4(x + 2) + 3}$

Donc, pour tout nombre $x$ appartenant à $\mathbb{R} \setminus \{-1 ; 1\}$ : $g(x) = \dfrac{1}{x^2 - 1}$

$g$ est une fonction paire donc ($\mathscr{C}$') est symétrique par rapport à (OJ), par conséquent, ($\mathscr{C}$) est symétrique par rapport à ($\Delta$).

### Courbe admettant un centre de symétrie

**Le plan est muni du repère (O, I, J).**

**On considére la fonction $f$ de $\mathbb{R}$ vers $\mathbb{R}$ définie par :**

$$f(x) = \frac{x^2}{x + 1},$$

**de représentation graphique ($\mathscr{C}$) ci-contre et d'ensemble de définition $\mathbb{R} \setminus \{-1\}$.**

**($\mathscr{C}$) semble avoir un centre de symétrie : le point $\Omega(-1 ; -2)$.**

**Démontrer que $\Omega$ est bien un centre de symétrie de ($\mathscr{C}$).**

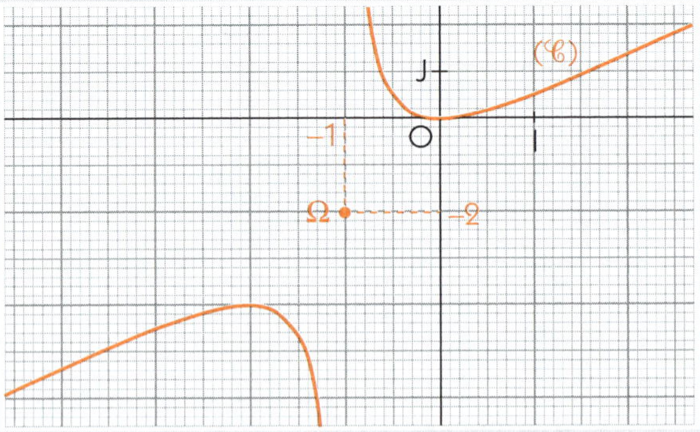


Considérons la translation $t$ de vecteur $\overrightarrow{\Omega O}$ ($\overrightarrow{\Omega O} = \overrightarrow{OI} + 2\,\overrightarrow{OJ}$).

Pour démontrer que $\Omega$ est un centre de symétrie de ($\mathscr{C}$) il suffit pour cela de :
- déterminer la fonction $g$ dont la représentation graphique ($\mathscr{C}$') est l'image de ($\mathscr{C}$) par $t$.
- vérifier que $g$ est une fonction impaire.

**M**

**Le plan est muni du repère orthogonal (O, I, J).**
**($\mathscr{C}$) est la représentation graphique d'une fonction $f$ de $\mathbb{R}$ vers $\mathbb{R}$**
***– Pour démontrer qu'une droite ($\Delta$), parallèle à (OJ), est un axe de symétrie de ($\mathscr{C}$),***
**on peut procéder comme suit :**

**$t$ étant la translation qui applique A sur O [A est le point d'intersection de ($\Delta$) et (OI)].**

- **on détermine la fonction $g$ qui a pour représentation graphique l'image de ($\mathscr{C}$) par $t$,**
- **on démontre que $g$ est paire.**

***– Pour démontrer qu'un point $\Omega$ est un centre de symétrie de ($\mathscr{C}$),***
**on peut procéder comme suit :**

**$t$ étant la translation qui applique $\Omega$ sur O,**

- **on détermine la fonction $g$ qui a pour représentation graphique l'image de ($\mathscr{C}$) par $t$,**
- **on démontre que $g$ est impaire.**

## Exercices

3.c La représentation graphique ($\mathscr{C}_f$) de la fonction $f$ de $\mathbb{R}$ vers $\mathbb{R}$ définie par :

$$f(x) = x^4 - 4x^3 + 6x^2 - 4x + 2$$

admet un axe de symétrie.
Déterminer graphiquement cet axe ($\Delta$).
Démontrer que ($\Delta$) est bien un axe de symétrie de ($\mathscr{C}_f$).

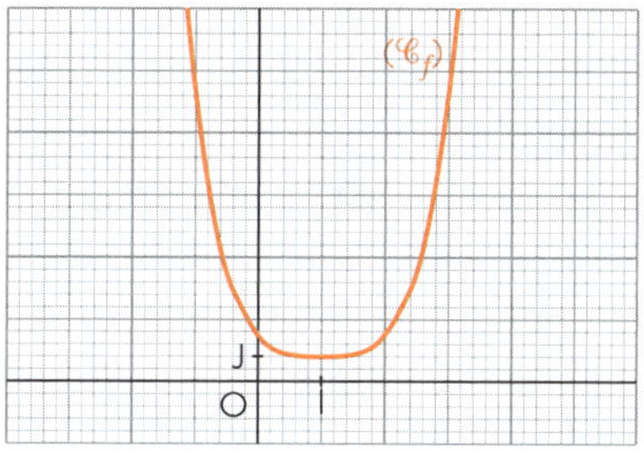


3.d La représentation graphique ($\mathscr{C}_f$) de la fonction $f$ de $\mathbb{R}$ vers $\mathbb{R}$ définie par :

$$f(x) = x^3 - 3x^2 + 2x + 2$$

admet un centre de symétrie.
Déterminer graphiquement ce centre $\Omega$.
Démontrer que $\Omega$ est bien un centre de symétrie de ($\mathscr{C}_f$).

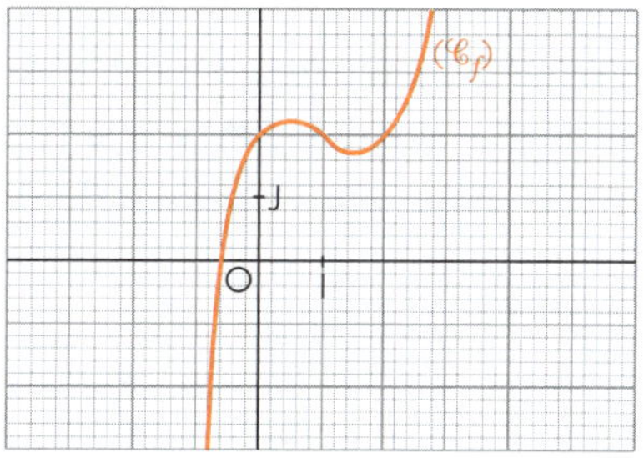


## 3.3. Fonction périodique

### Exemple introductif

**Le plan est muni du repère orthogonal (O, I, J). E($x$) désignant la partie entière de $x$, on considère la fonction mantisse $m$ de $\mathbb{R}$ vers $\mathbb{R}$ définie par : $m(x) = x - E(x)$,**

**On se propose, à partir d'une propriété géométrique de la représentation graphique ($\mathscr{C}$) de la fonction $m$, de dégager et d'étudier la propriété algébrique correspondante de cette fonction.**

**Une propriété géométrique de la représentation graphique de la fonction mantisse**

$n$ étant un nombre entier relatif quelconque.
Le tableau ci-dessous permet de construire la représentation graphique de la fonction $m$.

| $x$ | $n$ | | $n + 1$ |
|---|---|---|---|
| $E(x)$ | $n$ | $n$ | $n + 1$ |
| $x - E(x)$ | $0$ | $x - n$ | $0$ |

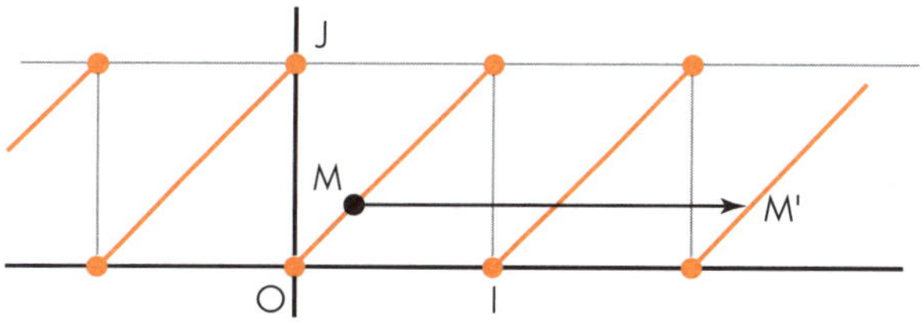

$f_n$ est la restriction de la fonction $m$ à $[n\ ;\ n+1[$

$(\mathscr{C}_n)$ la représentation graphique de $f_n$

$t_{n\vec{i}}$ la translation de vecteur $n\vec{i}$ ; on a posé : $\overrightarrow{OI} = \vec{i}$

On a $f_0 : x \mapsto x$

$f_1 : x \mapsto x - 1 \qquad (\mathscr{C}_1) = t_{\vec{i}}(\mathscr{C}_0)$

$f_2 : x \mapsto x - 2 \qquad (\mathscr{C}_2) = t_{2\vec{i}}(\mathscr{C}_0)$

...

$f_n : x \mapsto x - n \qquad (\mathscr{C}_n) = t_{n\vec{i}}(\mathscr{C}_0)$

Donc l'image d'un point M de $(\mathscr{C})$ par une translation de vecteur $n\vec{i}\ [n \in \mathbb{Z}]$ est un point N de $(\mathscr{C})$.

- Vérifier qu'un point N de $(\mathscr{C})$ est l'image d'un point M de $(\mathscr{C}_0)$par une translation de vecteur $n\vec{i}$.

**Une propriété algébrique de la fonction mantisse**

La représentation graphique de la fonction mantisse suggère de vérifier que :

pour tout nombre réel $x$, $m(x + 1) = m(x)$.

$x$ étant un nombre réel quelconque,

on a : $m(x + 1) = x + 1 - E(x + 1)$

$= x + 1 - (E(x) + 1)$ ; car $E(x) \leq x < E(x) + 1$

$E(x) + 1 \leq x + 1 < E(x) + 2$

$E(x + 1) = E(x) + 1$

d'où : $m(x + 1) = x - E(x) = m(x)$

donc : pour tout nombre réel $x$, $m(x + 1) = m(x)$

On dit que la fonction mantisse $m$ est une fonction périodique, de période 1.

On vérifie que : pour tout nombre réel $x$, pour tout nombre entier relatif $n$, $m(x + n) = m(x)$.

## Définition

**$f$ étant une fonction de $\mathbb{R}$ vers $\mathbb{R}$, $D_f$ son ensemble de définition, et $T$ un nombre réel strictement positif, on dit que la fonction $f$ est périodique, de période $T$, lorsque :**

**pour tout élément $x$ de $D_f$, $x + T \in D_f$ *et* $f(x + T) = f(x)$**

### Remarque

*Lorsque f est une fonction périodique de période T et k un nombre entier naturel différent de zéro, le nombre réel kT est aussi une période de f.*

### Exemple

**$f$ est une fonction périodique de période T et $g$ la fonction de $\mathbb{R}$ vers $\mathbb{R}$ définie par : $g(x) = f(5x)$.**
**Démontrer que $g$ est une fonction périodique et donnons une de ses périodes.**

$x$ étant un nombre réel quelconque, on a : $f(5x) = f(5x + T) = f[5(x + \frac{T}{5})]$

Donc, pour tout nombre réel $x$, $g(x) = g(x + \frac{T}{5})$

Par conséquent, $g$ est une fonction périodique de période $\frac{T}{5}$.

## Exercices

**3.e** Justifier que $\frac{1}{2}$ est une période de la fonction :

$\mathbb{R} \to \mathbb{R}$

$x \mapsto m(2x)$ ; $m(X) = X - E(X)$.

**3.f** $f$ est une fonction périodique de période 1. On donne sa représentation graphique $(\mathscr{C})$ sur $[1{,}5\ ;\ 2{,}5[$.
Construire $(\mathscr{C})$ sur $]-1\ ;\ 5]$.

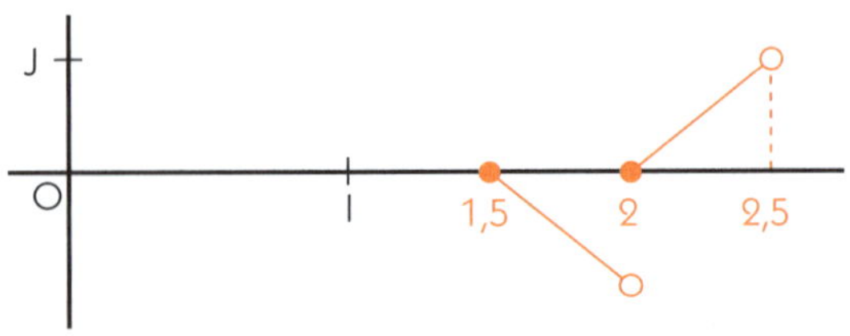

# TP Travaux pratiques

## TP1 Représentation graphique de la fonction $x \mapsto f(|x|)$

### Activité introductive

**Le plan étant muni du repère orthonormé (O,I,J).**
**On donne la représentation graphique $(\mathscr{C}_f)$ d'une fonction $f$ de $\mathbb{R}$ vers $\mathbb{R}$. On veut construire la représentation graphique $(\mathscr{C}_g)$ de la fonction $g : x \mapsto f(|x|)$**

Sur le graphique, placer les points :
A(1 , $f(1)$) et B(–1 ; $f(|-1|)$) ; E(2 ; $f(2)$) et F(–2 ; $f(|-2|)$) ;
G(4 ; f(4)) et H(–4 ; $f(|-4|)$).

$(\mathscr{C}_f^+)$ est l'ensemble des points de $(\mathscr{C}_f)$ d'abscisses positives.

- Justifier que $(\mathscr{C}_f^+)$ et son symétrique $S_{(OJ)}(\mathscr{C}_f^+)$ sont des parties de $(\mathscr{C}_g)$. En déduire que : $(\mathscr{C}_g) = (\mathscr{C}_f^+) \cup S_{(OJ)}(\mathscr{C}_f^+)$.

### Application

**Le plan étant muni du repère orthogonal (O,I,J).**
**Représenter graphiquement chacune des fonctions de $\mathbb{R}$ vers $\mathbb{R}$ définies par :**

$f(x) = -3|x| + 2$ ; $g(x) = x^2 + 6|x| + 7$ ; $h(x) = \sqrt{|x| + 1}$

## TP2 Démonstration de propositions quantifiées

*L'objectif de ce TP est de dégager une méthode de démonstration de propositions du type*
*– pour tout $x$, $p(x)$*
*– il existe $x$, $p(x)$.*
*Ces deux propositions sont dites « **quantifiées** ».*

**$f$ et $g$ sont les fonctions polynômes définies par : $f(x) = x^4 - 5x^2 + 1$ et $g(x) = x^3 + x + 1$.**
**On se propose de démontrer que $f$ est paire et que $g$ n'est pas paire.**

La proposition « la fonction polynôme $f$ est paire » est équivalente à « pour tout $x$, $f(x) = f(-x)$ ».

- Pour démontrer une telle proposition, on procède comme suit :

Soit $x$ un nombre réel quelconque.

On a : $f(x) = x^4 - 5x^2 + 1$
$f(-x) = (-x)^4 - 5(-x)^2 + 1$

Or : $(-x)^4 = x^4$ et $(-x)^2 = x^2$

On conclut : $f$ est paire car pour tout $x$, $f(x) = f(-x)$.

La proposition « la fonction polynôme $g$ est paire » est équivalente à « pour tout $x$, $g(x) = g(-x)$ ».
La négation de cette dernière proposition est : « il existe $x$, $g(x) \neq g(-x)$ ».

- Pour démontrer une telle proposition, on procède comme suit :
  On choisit convenablement un nombre réel particulier (2 par exemple),
  – on calcule $g(2)$ et $g(-2)$ ;
  – on vérifie que $g(2) \neq g(-2)$.
  On conclut : $g$ n'est pas paire car il existe $x$, $g(x) \neq g(-x)$.

# Exercices

## APPRENTISSAGE

# Représentations graphiques de fonctions et transformation du plan

### *Utilisation de la translation*

**1** Le plan est muni d'un repère.
On donne les points A(–2 ; 4) et B(1 ; 2).
M($x$ ; $y$) et M'($x'$ ; $y'$) sont des points tels que : $\overrightarrow{MM'} = \overrightarrow{AB}$.
Exprimer $x'$ et $y'$ en fonction de $x$ et $y$

**2** Le plan est muni du repère (O,I,J).
On donne les points A(–1 ; 2), B(2 ; –3), C(1 ; 3) et D(–2 ; –1).
$t$ est la translation de vecteur $2\overrightarrow{OI} - 5\overrightarrow{OJ}$.
*a)* Calculer les coordonnées des images de chacun de ces points par la translation $t$.
*b)* Calculer les coordonnées des points qui ont pour image par $t$ les points A, B, C et D.
*c)* Calculer les coordonnées du vecteur de la translation qui applique le milieu de [AB] sur le milieu de [CD].

**3** Le plan est muni du repère (O,I,J).
On donne les points A(0 ; –2) , B(–1 ; 1) et la droite (Δ) d'équation $y = 3x - 2$
$t$ est la translation qui applique A sur B.
*a)* Donner une équation de l'image (Δ') de (Δ) par la translation $t$.
*b)* Donner une équation de la droite qui a pour image (Δ) par la translation $t$.
*c)* Déterminer une translation $t_1$ de vecteur $\vec{u}$ colinéaire à $\overrightarrow{OI}$ qui applique (Δ) sur (Δ').
*d)* Déterminer une translation $t_2$ de vecteur $\vec{v}$ colinéaire à $\overrightarrow{OJ}$ qui applique (Δ) sur (Δ').

**4** Le plan est muni du repère (O,I,J).
On donne les points A(3 ; 3) , B(1 ; 2)
$f$ est la fonction définie par $f(x) = 2x - 3$
et (Δ) sa représentation graphique.
Déterminer la fonction $g$ dont la représentation graphique (Δ') est l'image de (Δ) par la translation $t$ qui applique A sur B.

**5** Le plan est muni du repère (O,I,J).
On donne les points A(–2 ; –3) et B(3 ; –1).
$(\mathscr{C}_f)$ est la représentation graphique de la fonction $f$ définie ci-dessous.
Dans chacun des cas suivants, déterminer la fonction $g$ dont la représentation graphique $(\mathscr{C}_g)$ est l'image de $(\mathscr{C}_f)$ par la translation t qui applique A sur B.

*a)* $f(x) = 4x^2 - 5x$ ; *c)* $f(x) = \dfrac{21}{5x}$

*b)* $f(x) = x^3 - 1$ ; *d)* $f(x) = \dfrac{21x^2 - 3x}{2 - x}$

**6** Dans chacun des cas suivants, déterminer les nombres reéls $a$, α et β tels que, quel que soit le nombre réel $x$, $f(x) = a(x - \alpha)^2 + \beta$.
*a)* $f(x) = x^2 - 2x + 7$ ; *d)* $f(x) = -5x^2 - 10x + 2$
*b)* $f(x) = x^2 + 4x - 3$ ; *e)* $f(x) = 3x^2 + 8x - 1$
*c)* $f(x) = x^2 - 5x + 6$ ; *f)* $f(x) = 7x^2 + x - 4$

**7** Le plan est muni d'un repère.
$(\mathscr{C})$ est la représentation graphique de la fonction $f$ définie par $f(x) = a\,x^2$.
Dans chacun des cas suivants, la représentation graphique de la fonction $g$ est l'image de $(\mathscr{C})$ par une translation $t$. Déterminer les coordonnées du vecteur de cette translation.
*a)* $a = 1$ ; $g(x) = x^2 - 2x + 3$.
*b)* $a = 2$ ; $g(x) = 2x^2 - 10x + 7$.
*c)* $a = -\dfrac{2}{3}$ ; $g(x) = -\dfrac{2}{3}x^2 + x - \dfrac{3}{4}$.

**8** Dans chacun des cas suivants, déterminer les nombres reéls $k$, α et β tels que, quel que soit le nombre réel $x$, $f(x) = \dfrac{k}{x - \alpha} + \beta$.

*a)* $f(x) = \dfrac{5}{2x + 3} - 17$ ; *d)* $f(x) = \dfrac{6x - 1}{3x + 2}$

*b)* $f(x) = \dfrac{(3x + 6) + 5}{x + 2}$ ; *e)* $f(x) = \dfrac{5x}{2x + 1}$

*c)* $f(x) = \dfrac{3x + 7}{x + 2}$ ; *f)* $f(x) = \dfrac{2x - 3}{3x - 2}$

**9** Le plan est muni d'un repère.
$(\mathscr{C}_f)$ et $(\mathscr{C}_g)$ sont les représentations graphiques des fonctions $f$ et $g$ définies par :
$f(x) = \dfrac{3x - 5}{2x + 1}$ ; $g(x) = -\dfrac{13}{4x}$.
Trouver un vecteur $\vec{u}$ tel que $(\mathscr{C}_f)$ soit l'image de $(\mathscr{C}_g)$ par la translation de vecteur $\vec{u}$.

**10** Le plan est muni du repère orthonormé (O,I,J).
La fonction $f$ définie par $f(x) = \sqrt{4 - x^2}$ a pour représentation graphique le demi-cercle $(\mathscr{C}_f)$ ci-dessous. Soit $g$ la fonction définie par : $g(x) = 3 + \sqrt{3 - x^2 - 2x}$
et $(\mathscr{C}_g)$ sa représentation graphique.
Justifier que $(\mathscr{C}_g)$ est l'image de $(\mathscr{C}_f)$ par une translation et déterminer le vecteur de cette translation.
Construire $(\mathscr{C}_g)$

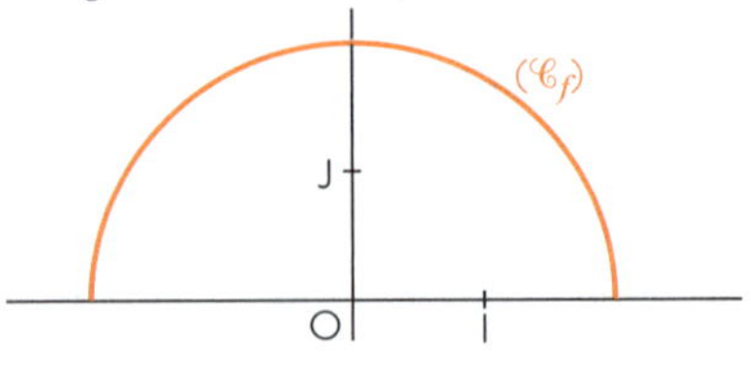


### *Utilisation d'une symétrie*

**11** Le plan est muni d'un repère orthonormé.
On donne le point A(–3; 1)
M($x$ ; $y$) et M'($x'$ ; $y'$) sont des points tels que A soit le milieu de [MM'].
Exprimer $x'$ et $y'$ en fonction de $x$ et $y$.

**12** Le plan est muni du repère orthonormé (O,I,J). On donne les points A(–3 ; 2), B(4 ; 2), C(–3 ; 11) et D(–2 ; –1).
*a)* Calculer les coordonnées des images de chacun de ces points par la symétrie de centre O.
*b)* Calculer les coordonnées des images de chacun des points O, B, C et D par la symétrie de centre A.
*c)* Calculer les coordonnées des points qui ont pour image O, A, C et D par la symétrie de centre B.

**13** Le plan est muni du repère orthonormé (O,I,J). On considère l'application *f* qui, au point M($x$ ; $y$), associe le point M'($x'$ ; $y'$) tel que :
$x' = -3 - x$ et $y' = 12 - y$.
Démontrer que *f* est une symétrie centrale.

**14** Le plan est muni du repère orthonormé (O,I,J). On donne les points A(3 ; 1) et B(9 ; –7).
On considère l'application *f* qui, au point M($x$ ; $y$), associe le point M'($x'$ ; $y'$) tel que :
$\overrightarrow{AM'} = \overrightarrow{MB}$.
Démontrer que *f* est une symétrie centrale.

**15** Le plan est muni du repère (O,I,J).
On donne le point A(–1 ; 2) et la droite (Δ) d'équation : $y = 2x - 3$
*S* est la symétrie de centre A
On considère les points M($x$ ; $y$) et M'($x'$ ; $y'$).
Exprimer $x'$ et $y'$ en fonction de $x$ et $y$ lorsque M' = *S*(M)
Donner une équation de l'image (Δ') de (Δ) par la symétrie centrale *S*.
Déterminer une translation $t_1$ de vecteur $\vec{u}$ colinéaire à $\overrightarrow{OI}$ qui applique (Δ) sur (Δ').
Déterminer une translation $t_2$ de vecteur $\vec{v}$ colinéaire à $\overrightarrow{OJ}$ qui applique (Δ) sur (Δ').

**16** Le plan est muni du repère orthonormé (O,I,J). On considère les points A(–2 ; 3) , B(4, 3), la représentation graphique ($\mathscr{C}$) de la fonction définie par $f(x) = x^3 - 4x$ et le point M($x$ ; $y$) de ($\mathscr{C}$) et un point M'($x'$ ; $y'$).
Exprimer $x'$ et $y'$ en fonction de $x$ et $y$ lorsque $\overrightarrow{AM'} = \overrightarrow{MB}$.
Dans ce cas, donner une équation de la courbe décrite par M' lorsque M décrit ($\mathscr{C}$).

**17** Le plan est muni du repère orthonormé (O,I,J). On donne le point A
($\mathscr{C}_f$) est la représentation graphique de la fonction *f* définie ci-dessous.
On considère les points M($x$ ; $y$) et M'($x'$ ; $y'$).
Dans chacun des cas suivants, exprimer $x'$ et $y'$ en fonction de $x$ et $y$ lorsque M' est l'image de M par la symétrie de centre A et donner une équation de la courbe décrite par M' lorsque M décrit ($\mathscr{C}_f$).
*a)* A(2 ; –1) et $f(x) = \dfrac{x^2 - 4x + 4}{x - 1}$
*b)* A(1 ; –4) et $f(x) = x^3 - 6x^2 + 12x - 8$
*c)* A(1 ; 2) et $f(x) = \dfrac{x - 4}{3x + 4}$
*d)* A(1 ; 1) et $f(x) = x^2 - \dfrac{1}{x - 1}$

**18** Le plan est muni du repère orthonormé (O,I,J). On donne les points A(–3 ; 2) , B(4 ; 2) et C(–3 ; 11). Déterminer les coordonnées de l'image de B par la symétrie orthogonale d'axe (AC).
Déterminer les coordonnées de l'image de C par la symétrie orthogonale d'axe (AB).

**19** Le plan est muni du repère orthonormé (O,I,J). (D) est la droite d'équation : $x = -2$.
On considère les points M($x$ ; $y$) et M'($x'$ ; $y'$) symétriques par rapport à (D).
Exprimer $x'$ et $y'$ en fonction de $x$ et $y$.

**20** Le plan est muni du repère orthonormé (O,I,J). (D) est la droite d'équation : $y = 5$.
On considère les points M($x$ ; $y$) et M'($x'$ ; $y'$) symétriques par rapport à (D).
Exprimer $x'$ et $y'$ en fonction de $x$ et $y$.

**21** Le plan est muni du repère orthonormé (O,I,J). On donne les points A(2 ; –1) et B(2 ; 1).
On considère les points M($x$ ; $y$) et M'($x'$ ; $y'$) symétriques par rapport à (AB).
Exprimer $x'$ et $y'$ en fonction de $x$ et $y$.

**22** Le plan est muni d'un repère orthonormé. On donne la droite (D) d'équation : $y = -x + 2$ et le point A(–2 ; 1).
Calculer les coordonnées de l'image de A par la symétrie orthogonale d'axe (D).

**23** Le plan est muni du repère orthonormé (O,I,J). On donne la droite (D).
($\mathscr{C}_f$) est la représentation graphique de la fonction *f* définie ci-dessous.
On considère les points M($x$ ; $y$) et M'($x'$ ; $y'$).
Dans chacun des cas suivants, exprimer $x'$ et $y'$ en fonction de $x$ et $y$ lorsque M' est l'image de M par la symétrie d'axe (D) et donner une équation de la courbe décrite par M' lorsque M décrit ($\mathscr{C}_f$).
*a)* (D) : $x = 0$ et $f(x) = 4x^2 - 5x$,
*b)* (D) : $y = 3$ et $f(x) = x^3 - 4x$,
*c)* (D) : $x = 2$ et $f(x) = \dfrac{x^2 - 4x + 4}{x - 1}$
*d)* (D) : $x = 1$ et $f(x) = x^3 - 6x^2 + 12x - 8$

**24** On considère la représentation graphique de l'application *f* de [–3 ; 3] dans ℝ.

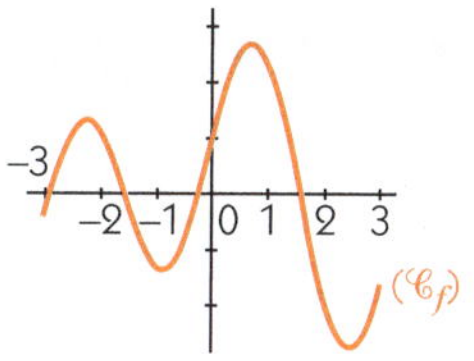


Tracer la représentation graphique des fonctions :
*g*, définie par : $g(x) = -f(x)$
*h*, définie par : $h(x) = f(-x)$
*k*, définie par : $k(x) = -f(-x)$
*l*, définie par : $l(x) = |f(x)|$

**25** On considère la représentation graphique de l'application *f* de [–3 ; 3] dans ℝ.

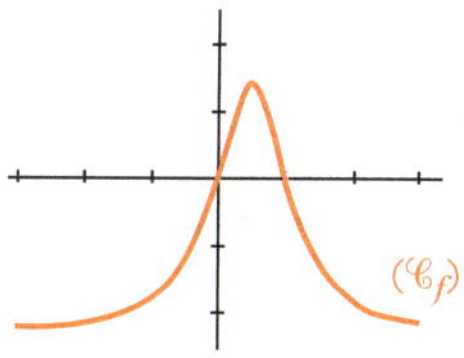

Tracer la représentation graphique des fonctions :
$g$, définie par : $g(x) = -f(x)$
$h$, définie par : $h(x) = f(-x)$
$k$, définie par : $k(x) = -f(-x)$
$l$, définie par : $l(x) = |f(x)|$

**26** On considère la représentation graphique de l'application $f$ de $[-3 ; 3]$ dans $\mathbb{R}$.

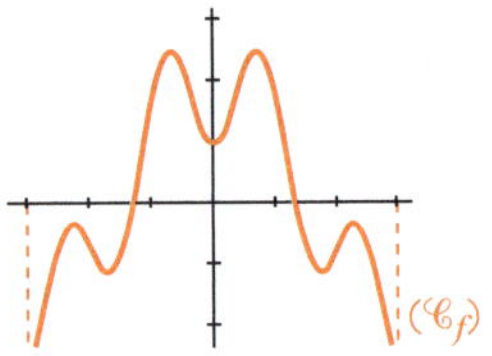


Tracer la représentation graphique des fonctions :
$g$, définie par : $g(x) = -f(x)$
$h$, définie par : $h(x) = f(-x)$
$k$, définie par : $k(x) = -f(-x)$
$l$, définie par : $l(x) = |f(x)|$

**27** On considère la représentation graphique de l'application $f$ de $[-\pi ; \pi]$ dans $\mathbb{R}$.

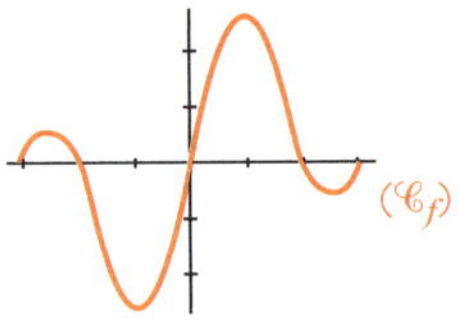


Tracer la représentation graphique des fonctions :
$g$, définie par : $g(x) = -f(x)$
$h$, définie par : $h(x) = f(-x)$
$k$, définie par : $k(x) = -f(-x)$
$l$, définie par : $l(x) = |f(x)|$

**28** Le plan est muni du repère orthogonal (O, I, J). Construire successivement les représentations graphiques des fonctions $f$, $g$, $h$ de $\mathbb{R}$ vers $\mathbb{R}$ définies par :
$f(x) = x^2 + x$ ; $g(x) = |x^2 + x|$ ; $h(x) = |x^2 + x| - 2$

# Propriétés géométriques des représentations graphiques de fonctions

*Dans les exercices 29 à 37, on supposera le plan muni d'un repère orthonormé.*

### *Parité*

**29** Étudier la parité de la fonction $f$ de R vers R dans chacun des cas suivants :

*a)* $f(x) = 8x^2 + x$
*b)* $f(x) = 5x^3 - x$
*c)* $f(x) = -2x^4 - 3x^2 + 6$
*d)* $f(x) = -x^3 + 6x$
*e)* $f(x) = 7x^9 + 2x^2 - x$
*f)* $f(x) = \dfrac{5x^3 - x}{x^2 + 2}$
*g)* $f(x) = \dfrac{x^6 + 2x^2 - 1}{x^3 - x}$
*h)* $f(x) = \dfrac{x^3 + 6}{x^2 + 6}$

### *Axes et centres de symétrie*

**30** On considère la fonction $f$ de $\mathbb{R}$ vers $\mathbb{R}$ définie par : $f(x) = \dfrac{3}{x^2 - 2x + 2}$.

Démontrer que la représentation graphique de $f$ admet comme axe de symétrie la droite (D) d'équation : $x = 1$.

**31** On considère la fonction $f$ de $\mathbb{R}$ vers $\mathbb{R}$ définie par : $f(x) = \dfrac{x^2 + 6x + 2}{2x^2 + 12x + 9}$.

Démontrer que la représentation graphique de $f$ admet comme axe de symétrie la droite (D) d'équation : $x = -3$.

**32** On considère la fonction $f$ de $\mathbb{R}$ vers $\mathbb{R}$ définie par : $f(x) = x^2 + 16x + 2$.
Donner une équation de l'axe de symétrie de la représentation graphique de $f$.

**33** On considère la fonction $f$ de $\mathbb{R}$ vers $\mathbb{R}$ définie par : $f(x) = 8x^3 - 12x^2 + 6x + 9$.
Démontrer que la représentation graphique de $f$ admet comme centre de symétrie $\Omega(\frac{1}{2} ; 10)$.

**34** On considère la fonction $f$ de $\mathbb{R}$ vers $\mathbb{R}$ définie par : $f(x) = \dfrac{-2x^2 + 3x + 7}{x^2 - 2x - 3}$.

Démontrer que la représentation graphique de $f$ admet comme centre de symétrie $\Omega(1 ; -2)$.

**35** On considère la fonction $f$ de $\mathbb{R}$ vers $\mathbb{R}$ définie par : $f(x) = \dfrac{3}{x - 4}$.

Donner les coordonnées du centre de symétrie de la représentation graphique de $f$.

**36** On considère la fonction $f$ de $\mathbb{R}$ vers $\mathbb{R}$ définie par : $f(x) = \dfrac{5x + 3}{2x - 5}$.

Donner les coordonnées du centre de symétrie de la représentation graphique de $f$.

### *Périodicité*

**37** $f$ et $g$ sont des fonctions périodiques de $\mathbb{R}$ vers $\mathbb{R}$ ; $f$ est de période 2 et $g$ de période 3.
Démontrer que la fonction $h$ définie par :
$h(x) = f(x) + g(x)$ est périodique, de période 6.

## APPROFONDISSEMENT

**38** Le plan est muni d'un repère.
$(\mathscr{C}_f)$ et $(\mathscr{C}_g)$ sont les représentations graphiques des fonctions $f$ et $g$ définies par :
$f(x) = x^2 + 6x - 7$ ; $g(x) = x^2 + 8x - 9$
Trouver un vecteur $\vec{u}$ tel que $(\mathscr{C}_f)$ soit l'image de $(\mathscr{C}_g)$ par la translation de vecteur $\vec{u}$.

**39** Le plan est muni du repère orthonormé (O,I,J).
On donne le point A(–1 ; 4).
$f$ est la fonction définie par $f(x) = 4x^2 - 5x$
et $(\mathscr{C})$ sa représentation graphique.
Déterminer la fonction $g$ dont la représentation graphique $(\mathscr{C}')$ est l'image de $(\mathscr{C})$ par la symétrie de centre A.

# 2 Systèmes d'équations et d'inéquations

*De très nombreux problèmes provenant de divers domaines ont conduit à la résolution d'un système d'équations linéaires. L'évolution de leur résolution est très liée à celle des méthodes de calcul.*
*Chez les Grecs, DIOPHANTE, vers 350 permet un net progrès par la recherche dans $\mathbb{N}$ des solutions d'équations linéaires à plusieurs variables.*
*De leur côté, les Chinois connaissent une méthode pour résoudre les « systèmes linéaires », méthode qui annonce notre technique par les combinaisons linéaires. En outre, ils savent utiliser les nombres négatifs.*

*Ces nombres négatifs ont longtemps freiné l'évolution de la résolution des équations en Occident.*
*Carl-Fiedrich GAUSS (1777 - 1855), astronome, physicien et mathématicien allemand, qui a été un remarquable calculateur, a fortement contribué à l'utilisation des nombres négatifs en Occident.*

*À partir du XIXe siècle, de très nombreux problèmes soulevés en particulier par la physique, ne peuvent être résolus, faute de méthode numérique adaptée… Vers 1940 de puissants instruments font leur apparition pour maîtriser les problèmes logistiques de cette époque ; c'est la naissance de l'ORDINATEUR.*
*L'informatique fait alors rapidement évoluer les méthodes de calcul. Aujourd'hui, la CALCULATRICE est pour tous les élèves du second cycle scientifique un incontournable instrument de travail !…*

## SOMMAIRE

# 1 Généralités

## 1.1. Systèmes d'équations – Généralités

### Équivalence d'équations

**Étude d'un exemple**

**$x$ désignant un nombre réel, considérons l'équation (E) $(x - 3)\sqrt{x+2} = \frac{3-x}{x}$**

- **Trouver des valeurs par lesquelles on remplace $x$ dans cette équation (E), pour obtenir :**
  - **– une proposition vraie,**
  - **– une proposition fausse,**
  - **– une phrase qui n'est pas une proposition.**

L'ensemble des valeurs de $x$ qui permettent d'obtenir une proposition est l'**ensemble de validité $V_E$** de cette équation ; on le détermine à l'aide des contraintes : $x + 2 \geq 0$ ***et*** $x \neq 0$.

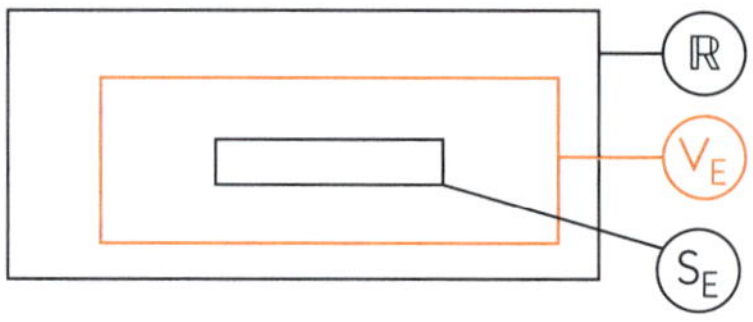


Les éléments de $V_E$ pour lesquels on obtient une proposition vraie sont les **solutions** de (E).
**Résoudre** l'équation (E), c'est trouver l'ensemble $S_E$ des solutions de cette équation.
On a évidemment : $S_E \subset V_E$.

**Équations équivalentes**

Considérons l'équation (E') $(x - 3)\left(\sqrt{x+2} + \frac{1}{x}\right) = 0$

- Vérifier que les deux équations (E) et (E') ont le même ensemble de validité $V_E$ et le même ensemble de solutions $S_E$ ((E') a été obtenue en ajoutant $\frac{x-3}{x}$ aux deux membres de (E).)

Lorsque, dans (E) et dans (E'), on remplace $x$,
– par n'importe quel élément de $S_E$, on obtient deux propositions vraies ;
– par n'importe quel élément de $V_E \setminus S_E$, on obtient deux propositions fausses.

On dit que ces équations sont **équivalentes**.
On écrit : (E) $\Leftrightarrow$ (E')

*Rappelons les propriétés suivantes :*

**Propriétés**

**$P_1$ – En ajoutant un même nombre à chaque membre d'une équation, on obtient une équation équivalente.**

**$P_2$ – En multipliant les deux membres d'une équation par un même nombre différent de zéro, on obtient une équation équivalente.**

### Équivalence de systèmes d'équations

**Systèmes d'équations**

– Pour indiquer que l'on s'intéresse aux solutions communes à plusieurs équations (E), (F), (G) on les écrit les unes en dessous des autres, on les relie par une accolade ; on forme ainsi un système d'équations d'ensemble de validité $V_\Sigma$ et d'ensemble de solutions $S_\Sigma$.

– Résoudre un système d'équations, c'est trouver l'ensemble des solutions communes aux équations qui le constituent.

$$(\Sigma) \quad \begin{cases} (E) \\ (F) \\ (G) \end{cases} \qquad \text{et on a : } V_\Sigma = V_E \cap V_F \cap V_G \quad ; \quad S_\Sigma = S_E \cap S_F \cap S_G.$$

Cette notation de ($\Sigma$) est l'écriture habituelle de la conjonction de ces équations : (E) ***et*** (F) ***et*** (G).

■ **Équivalences de systèmes d'équations**

Des systèmes d'équations $(\Sigma_1)$ et $(\Sigma_2)$ sont équivalents si et seulement si ils ont le même ensemble de validité et le même ensemble de solutions.

On écrit : $(\Sigma_1) \Leftrightarrow (\Sigma_2)$

*Rappelons les propriétés suivantes :*

**Propriétés**

***– Règle de substitution***
**Si, dans un système (Σ), on exprime dans une équation une des inconnues en fonction des autres et on remplace dans une autre équation cette inconnue par cette expression ainsi trouvée, on obtient un nouveau système équivalent à (Σ).**

***– Règle de combinaison***
**Si, dans un système (Σ), on remplace une équation par l'équation obtenue en ajoutant membre à membre cette équation et une autre équation du système, on obtient un nouveau système équivalent à (Σ).**

## Remarque

*– Dans la règle de substitution, on utilisera exclusivement les propriétés $P_1$ et $P_2$ d'équivalence des équations pour exprimer une des inconnues en fonction des autres.*
*– Il est évident que, si dans un système (Σ), on remplace une équation (E) par une équation équivalente, on obtient un nouveau système équivalent à (Σ).*

## Notation

(E), (F), (G) étant les équations d'un système (Σ), $k$ un nombre réel différent de 0, on convient de noter :

$k$ (E) la nouvelle équation obtenue en multipliant les deux membres de (E) par le nombre réel $k$,
(E) + (F) la nouvelle équation obtenue en ajoutant membre à membre les équations (E) et (F).

(Σ) désignant le système (E) ***et*** (F) ***et*** (G), (Σ') désignant le système (E) + $k$(F) ***et*** (F) ***et*** (G), on remarquera que :

$$(F) \Leftrightarrow k(F) \quad ; \quad (\Sigma) \Leftrightarrow (\Sigma').$$

*Exemples*

Les systèmes (Σ) et (Σ') suivants sont équivalents.

$$(\Sigma) \begin{cases} 3x - 2y = 9 & (E) \\ 2x + y = 6 & (F) \end{cases} \quad ; \quad (\Sigma') \begin{cases} 7x = 21 & (E') \\ 2x + y = 6 & (F) \end{cases}$$

En effet, dans le système (Σ), on a remplacé (E) par (E) + 2 (F) pour obtenir le système (Σ').

# 1.2. Systèmes de contraintes – Généralités

## Équivalence d'inéquations

Considérons des inéquations (I) et (I') qui ont le même ensemble de validité $V_I$ et le même ensemble de solutions $S_I$.

Lorsque, dans (I) et dans (I'), on remplace $x$
- par n'importe quel élément de $S_I$, on obtient deux propositions vraies ;
- par n'importe quel élément de $V_I \setminus S_I$, on obtient deux propositions fausses.

On dit que ces inéquations sont équivalentes.
On écrit : (I) ⇔ (I')

*Rappelons les propriétés suivantes :*

**Propriétés**

**$P_1$ – En ajoutant un même nombre à chaque membre d'une inéquation, on obtient une inéquation équivalente.**

**$P_2$ – En multipliant par un même nombre strictement positif chaque membre d'une inéquation (I), on obtient une inéquation de même sens que (I) et équivalente à (I).**
**– En multipliant par un même nombre strictement négatif chaque membre d'une inéquation (I), on obtient une inéquation de sens contraire et équivalente à (I).**

## Équivalence de systèmes de contraintes

**Systèmes de contraintes**

– Pour indiquer que l'on s'intéresse aux solutions communes à plusieurs équations ou inéquations notées (E), (F), (G), on les écrit les unes en dessous des autres, on les relie par une accolade, on forme ainsi un **système de contraintes**, d'ensemble de validité $V_\Sigma$ et d'ensemble de solutions $S_\Sigma$.

– Résoudre un système de contraintes, c'est trouver l'ensemble des solutions communes aux équations et inéquations qui le constituent.

$$(\Sigma) \quad \begin{cases} (E) \\ (F) \\ (G) \end{cases} \qquad \text{et on a : } V_\Sigma = V_E \cap V_F \cap V_G \quad ; \quad S_\Sigma = S_E \cap S_F \cap S_G.$$

**Équivalences de systèmes de contraintes**

Des systèmes de contraintes $(\Sigma_1)$ et $(\Sigma_2)$ sont équivalents si et seulement si, ils ont le même ensemble de validité et le même ensemble de solutions.

On écrit : $(\Sigma_1) \Leftrightarrow (\Sigma_2)$

# 1.3. Notion de paramètre

## Introduction de la notion de paramètre

**On se propose de résoudre dans $\mathbb{R}$ les neuf équations suivantes :**

| | | | | | |
|---|---|---|---|---|---|
| **$(E_1)$** | $x = 12x - 1$ | **$(E_4)$** | $4x + 3 = 12x - 4$ | **$(E_7)$** | $7x + 6 = 12x - 7$ |
| **$(E_2)$** | $2x + 1 = 12x - 2$ | **$(E_5)$** | $5x + 4 = 12x - 5$ | **$(E_8)$** | $8x + 7 = 12x - 8$ |
| **$(E_3)$** | $3x + 2 = 12x - 3$ | **$(E_6)$** | $6x + 5 = 12x - 6$ | **$(E_9)$** | $9x + 8 = 12x - 9$ |

On vérifiera que ces équations peuvent s'écrire :

$(E_m) \quad mx + (m - 1) = 12x - m$ ; avec $m \in \{1 ; 2 ; 3 ; 4 ; 5 ; 6 ; 7 ; 8 ; 9\}$

Transformons cette équation en l'équation équivalente :

$(E'_m) \quad (12 - m)\,x = 2m - 1$

Puisque $m$ désigne un nombre entier compris entre 1 et 9, le coefficient de $x$ est différent de zéro.

On a donc : $x = \dfrac{2m - 1}{12 - m}$

En remplaçant $m$ par ses différentes valeurs on obtient les solutions des équations correspondantes.

L'introduction astucieuse du nombre réel $m$ a permis de donner une écriture générale des neuf équations proposées et de réduire le nombre de transformations d'écritures nécessaires pour résoudre toutes ces équations.

On dit que $m$ est un **paramètre** et que $mx + (m - 1) = 12x - m$ est une **équation avec paramètre**.

## Exemple de résolution dans $\mathbb{R}$ d'équations avec paramètre

**$m$ étant un nombre réel, résolvons dans $\mathbb{R}$, suivant les valeurs du paramètre $m$, l'équation : $(E_m)$ $m^2 x - 1 = x + m$.**

$(E_m)$ est équivalente à $(E'_m)$ $\quad m^2 x - x = m + 1$

$(m - 1)(m + 1)\,x = m + 1$

Pour $m \neq 1$ et $m \neq -1$, $(E''_m)$ $\quad x = \dfrac{1}{m - 1}$ ; l'équation $(E_m)$ admet une solution unique : $\dfrac{1}{m - 1}$.

Pour $m = 1$, on a : $(E'_1)$ $\quad 0\,x = 2$ ; l'équation $(E_1)$ n'a pas de solution.

Pour $m = -1$, on a : $(E'_{-1})$ $\quad 0\,x = 0$ ; tout nombre réel est solution de l'équation $(E_{-1})$.

# Exercices

**1.a** $m$ étant un nombre réel, on considère l'équation

$(E_m) \quad m^2 + (m - 2) = 4x.$

Calculer les valeurs du paramètre $m$ pour lesquelles, cette équation $(E_m)$ n'a pas de solution.

**1.b** $m$ étant un nombre réel, on considère l'inéquation

$(I_m) \quad m^2 x - 3 \leq 9x + m.$

Calculer les valeurs du paramètre $m$ pour lesquelles 2 est une solution de l'inéquation $(I_m)$.

# 2 Systèmes d'équations

## 2.1. Systèmes d'équations dans $\mathbb{R}^2$

### Exemples de résolution de systèmes de deux équations linéaires dans $\mathbb{R}^2$

*Rappelons la propriété suivante :*

**Propriété**

**Un système de deux équations linéaires dans $\mathbb{R}^2$ admet un seul couple solution *si et seulement si* son déterminant est différent de zéro.**

*Exemples*

**Résolvons chacun des systèmes suivants :**

$(\Sigma_1)\begin{cases} 2x + 3y = 5 & (E_1) \\ 5x - 2y = 17 & (E_2) \end{cases}$ ; $(\Sigma_2)\begin{cases} 2x + 8y = 5 & (F_1) \\ 3x + 12y = 17 & (F_2) \end{cases}$ ; $(\Sigma_3)\begin{cases} 3x - 6y = 12 & (G_1) \\ -5x + 10y = -20 & (G_2) \end{cases}$

**Résolution de $(\Sigma_1)$**

$$\text{dét }(\Sigma_1) = -19$$

Le système admet donc une solution unique qu'on obtient par substitution ou par combinaison :

$$\left(\frac{61}{19} ; -\frac{9}{19}\right)$$

**Résolution de $(\Sigma_2)$**

$$\text{dét }(\Sigma_2) = 0$$

Ce système n'a donc pas une solution unique.

Vérifier que $\left(\frac{5}{2} ; 0\right)$
- est une solution de $(F_1)$,
- n'est pas solution de $(F_2)$.

Le système n'admet donc aucune solution

**Résolution de $(\Sigma_3)$**

$$\text{dét }(\Sigma_3) = 0$$

Ce système n'a donc pas une solution unique.

Vérifier que $(4 ; 0)$
- est une solution de $(G_1)$,
- est une solution de $(G_2)$.

Le système admet donc comme solutions tous les couples solutions de l'équation $(G_1)$.

### Exemple d'utilisation d'inconnues auxiliaires

**Résolvons le système :** $(\Sigma)\begin{cases} \dfrac{-1}{x+2} + \dfrac{2}{y-1} = 5 \\[2mm] \dfrac{3}{x+2} + \dfrac{1}{y-1} = -1 \end{cases}$

*Les équations du système ne sont pas linéaires. On peut s'y ramener à l'aide d'inconnues auxiliaires.*

***Ensemble de validité du système***

$$(x ; y) \in V_\Sigma \quad \Leftrightarrow \quad x \neq -2 \text{ et } y \neq 1$$

***Choix des inconnues auxiliaires***

On pose : $X = \dfrac{1}{x+2}$ et $Y = \dfrac{1}{y-1}$

On obtient le système $(\Sigma')$ $\begin{cases} -X + 2Y = 5 \\ 3X + Y = -1 \end{cases}$

Ce système est tel que : $\left[\begin{array}{l}\text{le couple } (a ; b) \\ \text{est solution du système } (\Sigma)\end{array}\right] \Leftrightarrow \left[\begin{array}{l}\text{le couple } \left(\dfrac{1}{a+2} ; \dfrac{1}{b-1}\right) \\ \text{est solution du système } (\Sigma')\end{array}\right]$

$(\Sigma')$ est appelé **système résolvant** du système $(\Sigma)$.

***Résolution du système résolvant***

Le déterminant de $(\Sigma')$ est $-7$. Le système $(\Sigma')$ admet donc une solution unique : $(-1 ; 2)$.

***Recherche des solutions du système (Σ)***

La solution de (Σ) s'obtient en résolvant le système : $\begin{cases} \dfrac{1}{x+2} = -1 & (E_1) \\ \dfrac{1}{y-1} = 2 & (E_2) \end{cases}$

Les résolutions de $(E_1)$ et $(E_2)$ donnent respectivement : $x = -3$ et $y = \frac{3}{2}$.

L'ensemble des solutions du système (Σ) est : $\left\{\left(-3\ ;\ \frac{3}{2}\right)\right\}$.

## Exemple de résolution d'un système de trois équations linéaires dans $\mathbb{R}^2$

**Résolvons le système :** $(\Sigma) \begin{cases} 2x - 3y = 1 & (E_1) \\ 3x - 2y = -1 & (E_2) \\ x + y = -2 & (E_3) \end{cases}$

L'ensemble des solutions du système (Σ) est l'ensemble des solutions communes aux équations $(E_1)$, $(E_2)$ et $(E_3)$ ; c'est donc l'ensemble des solutions communes à l'une des équations et au système extrait formé par les deux autres équations.

***Résolution d'un système extrait***

On considère le système extrait : $(\Sigma') \begin{cases} 2x - 3y = 1 & (E_1) \\ 3x - 2y = -1 & (E_2) \end{cases}$

Le déterminant du système (Σ') est 5. Ce système extrait admet donc une solution unique : (–1 ; –1).

***Résolution du système (Σ)***

On vérifie que (–1 ; –1) est une solution de $(E_3)$. (Σ) admet donc une solution unique : (–1 ; –1).

## Exemple de résolution d'un système d'équations linéaires avec paramètre

**$m$ étant un nombre réel, résolvons suivant les valeurs du paramètre $m$ le système :**

$$(\Sigma_m) : \begin{cases} -2x + m^2y = m \\ x - my = 1 - m \end{cases}$$

***Calcul du déterminant du système***

$$\text{dét}(\Sigma_m) = \begin{vmatrix} -2 & m^2 \\ 1 & -m \end{vmatrix} = 2m - m^2 = m\,(2 - m).$$

***Résolution dans chaque cas***

*– Pour $m \neq 0$ et $m \neq 2$,*

le système admet une solution unique ; son expression en fonction de $m$ est : $\left(-m\ ;\ -\frac{1}{m}\right)$

*– Pour $m = 0$,*

le système s'écrit $(\Sigma_0) : \begin{cases} -2x = 0 \\ x = 1 \end{cases}$ ;

il n'a pas de solution.

*– Pour $m = 2$,*

le système s'écrit $(\Sigma_2) : \begin{cases} -2x + 4y = 2 \\ x - 2y = -1 \end{cases}$ ;

il est équivalent à : $\begin{cases} x - 2y = -1 \\ x - 2y = -1 \end{cases}$

Ce système a une infinité de solutions dont la représentation graphique est la droite d'équation :

$$x - 2y = -1.$$

# Exercices

**2.a** Résoudre le système suivant :

$$\begin{cases} 2(x+y)^2 + 5(x-y)^2 = 143 \\ 3(x+y)^2 - 4(x-y)^2 = -73 \end{cases}.$$

**2.b** $m$ étant un nombre réel, on considère les droites,

$(D_1)$ $y - 2 = m(x - 3)$

$(D_2)$ $y - 2 = -m(x + 1)$

$(D_3)$ $y - 1 = -(x + 5)$

Calculer une valeur du paramètre $m$ pour que ces trois droites soient concourantes.

## 2.2. Systèmes d'équations linéaires dans $\mathbb{R}^3$

### Présentation

**Pour l'alimentation du bétail, un grainetier propose 3 mélanges à ses clients :**
- **mélange A : 30% de maïs, 50% de sorgho et 20% de son ;**
- **mélange B : 40% de maïs, 20% de sorgho et 40% de son ;**
- **mélange C : 60% de maïs, 30% de sorgho et 10% de son.**

**Les pourcentages expriment des fractions de volumes ; le son est en farine, le maïs et le sorgho sont des grains concassés.**

**Sachant que 1 ℓ de mélange A pèse 443 g, 1 ℓ de mélange B pèse 384 g et 1 ℓ de mélange C pèse 441 g, on veut trouver combien pèsent 1 ℓ de maïs, 1 ℓ de sorgho et 1 ℓ de son.**

***Choix des inconnues***
Désignons par $x$ la masse (en g) de 1 ℓ de maïs, $y$ celle de 1 ℓ de sorgho et $z$ celle de 1 ℓ de son.

***Mise en équations***
$\frac{30}{100}x + \frac{50}{100}y + \frac{20}{100}z$ est la masse de 1 ℓ de mélange A ; on obtient ainsi l'équation :

$(E_1)$ $3x + 5y + 2z = 4\,430$

$\frac{40}{100}x + \frac{20}{100}y + \frac{40}{100}z$ est la masse de 1 ℓ de mélange B ; on obtient ainsi l'équation :

$(E_2)$ $4x + 2y + 4z = 3\,840$

$\frac{60}{100}x + \frac{30}{100}y + \frac{10}{100}z$ est la masse de 1 ℓ de mélange C ; on obtient ainsi l'équation :

$(E_3)$ $6x + 3y + z = 4\,410$

Ces trois équations forment le système d'équations linéaires dans $\mathbb{R}^3$ :

$$(\Sigma)\begin{cases} 3x + 5y + 2z = 4\,430 \\ 4x + 2y + 4z = 3\,840 \\ 6x + 3y + z = 4\,410 \end{cases}$$

***Résolution du système***
Dans la suite, on abordera l'organisation de la résolution d'un tel système.
On peut vérifier que (430 ; 520 ; 270) est une solution de ce système.

***Vérification et solution du problème***
1 ℓ de maïs concassé pèse 430 g, 1 ℓ de sorgho concassé pèse 520 g et 1 ℓ de farine de son pèse 270 g.
Vérifier qu'avec ces ingrédients, on obtient les mélanges A, B et C conformes aux données du problème.

### Systèmes de trois équations linéaires dans $\mathbb{R}^3$

#### Résolution de quelques systèmes particuliers

**Résolvons le système :** $(\Sigma)\begin{cases} x + y = 5 & (E_1) \\ y + z = 1 & (E_2) \\ x + z = -8 & (E_3) \end{cases}$

– Remplaçons $(E_1)$ par $\frac{1}{2}\big((E_1) + (E_2) + (E_3)\big)$.

On obtient le système équivalent : $(\Sigma')\begin{cases} x + y + z = -1 & (E'_1) \\ y + z = 1 & (E_2) \\ x + z = -8 & (E_3) \end{cases}$

– Remplaçons successivement $(E_2)$ par $[-(E_2) + (E'_1)]$, $(E_3)$ par $[-(E_3) + (E'_1)]$.

On obtient le système équivalent : $(\Sigma'')\begin{cases} x + y + z = -1 & (E'_1) \\ x = -2 & (E'_2) \\ y = 7 & (E'_3) \end{cases}$

– Après substitution dans $(E'_1)$ de $x$ par $-2$ et $y$ par 7 on obtient la solution du système : $(-2 ; 7 ; -6)$.

**Résolvons le système :** $(\Sigma)\begin{cases} 2x + 3y - 4z = 4 & (E_1) \\ 3x + 2y = -5 & (E_2) \\ 5x + 8y = 1 & (E_3) \end{cases}$

$(E_2)$ et $(E_3)$ ne contiennent pas l'inconnue $z$.
Considérons le système extrait $(\Sigma_1)$ ; il est équivalent au système $(\Sigma'_1)$,

$$(\Sigma_1)\begin{cases} 3x + 2y = -5 & (E_2) \\ 5x + 8y = 1 & (E_3) \end{cases} \quad ; \quad (\Sigma'_1)\begin{cases} y = 2 & (E'_2) \\ x = -3 & (E'_3) \end{cases}$$

$(\Sigma)$ est donc équivalent à : $(\Sigma')\begin{cases} 2x + 3y - 4z = 4 & (E_1) \\ y = 2 & (E'_2) \\ x = -3 & (E'_3) \end{cases}$

La solution du système $(\Sigma)$ est donc : $(-3 ; 2 ; -1)$.

### Résolution de systèmes triangulaires

**Résolvons le système :** $(\Sigma)\begin{cases} 9x + 5y + 2z = 9 & (E_1) \\ 6x - 7y = 11 & (E_2) \\ 3x = 2 & (E_3) \end{cases}$

En résolvant successivement $(E_3)$, $(E_2)$ et $(E_1)$, on trouve aisément la solution unique : $(\frac{2}{3} ; -1 ; 4)$.

## Vocabulaire

Dans le système $(\Sigma)$ de trois équations dans $\mathbb{R}^3$

- une des équations contient une seule inconnue,
- une deuxième équation contient deux inconnues : l'inconnue précédente et une autre,
- la troisième équation contient les trois inconnues.

*Un tel système est appelé **système triangulaire**.*

### Triangularisation d'un système par combinaison linéaire

**Résolvons le système :** $(\Sigma)\begin{cases} 2x + 3y - 4z = 4 & (E_1) \\ 3x + 2y = -5 & (E_2) \\ 5x + 8y = 1 & (E_3) \end{cases}$

$(E_2)$ et $(E_3)$ ne contiennent pas l'inconnue $z$. Pour résoudre $(\Sigma)$, on peut se ramener à un système triangulaire en éliminant l'une des inconnues $x$ ou $y$ entre les équations $(E_2)$ et $(E_3)$.
Remplaçons par exemple $(E_3)$ par $(E_3) - 4\,(E_2)$.

Le système $(\Sigma')$ ainsi obtenu est équivalent au système $(\Sigma)$. $(\Sigma')\begin{cases} 2x + 3y - 4z = 4 & (E_1) \\ 3x + 2y = -5 & (E_2) \\ -7x = 21 & (E'_3) \end{cases}$

C'est un système triangulaire. On obtient la solution unique : $(-3 ; 2 ; -1)$.

### Triangularisation d'un système par substitution

**Résolvons le système :** $(\Sigma)\begin{cases} x - 2y - 3z = -9 & (E_1) \\ 2x + 5y - 3z = 0 & (E_2) \\ x + y + 2z = 9 & (E_3) \end{cases}$

***Élimination de $x$ dans $(E_2)$ et $(E_3)$***

De l'équation $(E_1)$, on tire : $x = 2y + 3z - 9$ $(E'_1)$

Par substitution dans les équations $(E_2)$ et $(E_3)$, on obtient le système $(\Sigma')$, équivalent au système $(\Sigma)$

$$(\Sigma')\begin{cases} x - 2y - 3z = -9 & (E_1) \\ 3y + z = 6 & (E'_2) \\ 3y + 5z = 18 & (E'_3) \end{cases}$$

***Élimination de z dans (E'$_3$)***

De l'équation (E'$_2$), on tire : $z = 6 - 3y$ (E''$_2$)

Par substitution dans l'équation (E'$_3$), on obtient le système triangulaire (Σ''), équivalent au système (Σ')

$$(\Sigma'')\begin{cases} x - 2y - 3z = -9 & (E_1) \\ 3y + z = 6 & (E'_2) \\ 12y = 12 & (E''_3) \end{cases} ;$$

$$\text{qui s'écrit : }\begin{cases} -2y - 3z + x = -9 \\ 3y + z = 6 \\ 12y = 12. \end{cases}$$

On résout (Σ'') et on obtient la solution unique qui est aussi celle de (Σ) : (2 ; 1 ; 3).

**M**

***Pour résoudre un système de trois équations linéaires dans $\mathbb{R}^3$,***
**on peut procéder comme suit :**

- **On élimine une des inconnues dans deux des trois équations ; pour cela,**
  - **dans une des trois équations, on exprime une des inconnues en fonction des deux autres ;**
  - **dans chacune des deux autres équations, on substitue cette inconnue par son expression ainsi trouvée ; on obtient deux nouvelles équations qui ne comportent plus que deux inconnues**
- **On élimine une deuxième inconnue dans une des deux nouvelles équations obtenues ; pour cela,**
  - **dans une des deux nouvelles équations, on exprime une des deux inconnues en fonction de l'autre**
  - **dans l'autre nouvelle équation, on substitue cette inconnue par son expression ainsi trouvée.**

**On obtient un système triangulaire qu'il est aisé de résoudre.**

## Exemple de résolution d'un système de deux équations linéaires dans $\mathbb{R}^3$

**Résolvons le système (Σ)** $\begin{cases} 2x - y + z = 1 & (E_1) \\ -x + y - 2z = 3 & (E_2) \end{cases}$

Remarquons qu'un tel système n'admet pas une solution unique.
En effet, si on remplace une des inconnues par un nombre réel, on forme un système de deux équations linéaires à deux inconnues qui admet une solution unique.
À chacun des nombres réels par lequel on remplace une inconnue, correspond une solution du système.

- Pour trouver, par exemple, la solution de (Σ) qui a pour troisième composante 0, ou 1, on résout :

$$(\Sigma_0)\begin{cases} 2x - y = 1 \\ -x + y = 3 \end{cases} \quad \text{ou} \quad (\Sigma_1)\begin{cases} 2x - y + 1 = 1 \\ -x + y - 2 = 3 \end{cases}$$

- Plus généralement, $m$ désignant un nombre réel, pour trouver la solution du système (Σ) qui a pour troisième composante $m$, il suffit de résoudre : $(\Sigma_m)\begin{cases} 2x - y = 1 - m \\ -x + y = 3 + 2m \end{cases}$

Le système (Σ) admet pour ensemble de solutions l'ensemble des triplets $(4 + m ; 7 + 3m ; m)$ où $m$ décrit $\mathbb{R}$.

# Exercices

**2.c** Résoudre le système :

$$\begin{cases} x + y + z = 3 \\ 2x - y + z = -1 \\ x - y + 2z = 0 \end{cases}$$

**2.d** Résoudre le système :

$$\begin{cases} 2x + 3y - z = -7 \\ x - 2y + 2z = 11 \\ 5x + y + 4z = 15 \end{cases}$$

# TP Travaux pratiques

## TP1 Détermination d'une équation de courbe

*L'objectif de ce TP est d'exposer un modèle de rédaction de la solution d'un problème classique, tout en mettant en évidence* la technique de résolution *utilisée.*

### Exemple

**Le plan étant muni du repère orthogonal (O,I,J), déterminer la fonction polynôme du second degré dont la représentation graphique est la parabole (P) passant par les points :**

**A(2 ; 5), B(3 ; 1) et C(1 ; 1)**

Désignons par $f$ la fonction polynôme recherchée.
Déterminer une fonction polynôme du second degré $f$, c'est trouver les coefficients de chacun des termes du polynôme $f(x)$.

**Choix des inconnues**

Désignons par $a$ le coefficient du terme en $x^2$, $b$ le coefficient du terme en $x$ et $c$ le terme constant de $f(x)$.
$f$ est défini par : $f(x) = ax^2 + bx + c$.

**Mise en équation**

$[A(2\,;\,5)] \in (P) \Leftrightarrow [f(2) = 5]$. On obtient : $4a + 2b + c = 5 \quad (E_1)$

$[B(3\,;\,1)] \in (P) \Leftrightarrow [f(3) = 1]$. On obtient : $9a + 3b + c = 1 \quad (E_2)$

$[C(1\,;\,1)] \in (P) \Leftrightarrow [f(1) = 1]$. On obtient : $a + b + c = 1 \quad (E_3)$

Il suffit donc de résoudre le système de trois équations linéaires dans $\mathbb{R}^3$ :

$$(\Sigma)\left\{\begin{array}{ll} 4a + 2b + c = 5 & (E_1) \\ 9a + 3b + c = 1 & (E_2) \\ a + b + c = 1 & (E_3) \end{array}\right.$$

**Résolution du système (Σ)**

Transformons ce système en un système triangulaire équivalent

***Élimination de c dans ($E_2$) et ($E_3$).***

$$(\Sigma_1)\left\{\begin{array}{ll} 4a + 2b + c = 5 & (E_1) \\ 5a + b = -4 & (E'_2) \\ -3a - b = -4 & (E'_3) \end{array}\right.$$

On a remplacé ($E_2$) par ($E_2$) – ($E_1$) et ($E_3$) par ($E_3$) – ($E_1$).

***Élimination de b dans ($E'_3$).***

$$(\Sigma_2)\left\{\begin{array}{ll} 4a + 2b + c = 5 & (E_1) \\ 5a + b = -4 & (E'_2) \\ 2a = -8 & (E''_3) \end{array}\right.$$

On a remplacé ($E'_3$) par ($E'_3$) + ($E'_2$).
(– 4 ; 16 ; – 11) est la solution de ($\Sigma_2$) ; c'est donc la solution de (Σ).

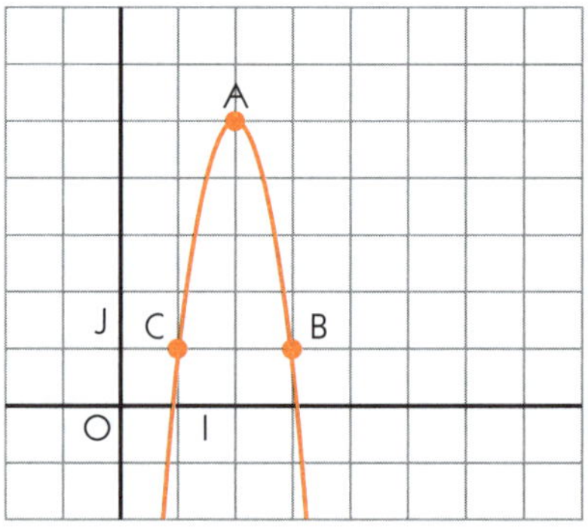


**Vérification et solution du problème**

$f$ est la fonction polynôme définie par : $f(x) = -4x^2 + 16x - 11$.

On vérifiera par le calcul, que la parabole, représentation graphique de cette fonction passe par les points donnés A, B et C.

### Application

**Le plan étant muni du repère orthonormé (O,I,J), déterminer une équation du cercle ($\mathscr{C}$) passant par les trois points non alignés A(3 ; 2), B(–1 ; 4) et C(2 ; –5).**

## TP2 Un problème de robinets

*Dans ce problème,*
*– on introduit un paramètre qui permet une mise en équation simple et qui n'apparaît pas dans la solution ;*
*– on résout un système par utilisation d'inconnues auxiliaires.*

**On dispose de trois robinets A, B et C pour remplir une piscine. Avec les robinets A et B il faut 10 min avec B et C 20 min et avec C et A 12 min. Déterminer le temps mis par chaque robinet fonctionnant seul pour remplir la piscine.**

Désignons par V le volume (en $m^3$) d'eau de la piscine.

***Choix des inconnues***

Désignons par $x$ le temps (en min) mis par le robinet A pour remplir la piscine ;
$y$ le temps (en min) mis par le robinet B pour remplir la piscine ;
$z$ le temps (en min) mis par le robinet C pour remplir la piscine.

***Mise en équation***

En 1 min, le robinet A remplit un volume de $\frac{V}{x}$ (en $m^3$), le robinet B remplit un volume de $\frac{V}{y}$ (en $m^3$), le robinet C remplit un volume de $\frac{V}{z}$ (en $m^3$).

En 10 min, les robinets A et B remplissent la piscine : $(E_1)$ $10\left(\frac{V}{x} + \frac{V}{y}\right) = V$

En 20 min, les robinets B et C remplissent la piscine : $(E_2)$ $20\left(\frac{V}{y} + \frac{V}{z}\right) = V$

En 12 min, les robinets C et A remplissent la piscine : $(E_3)$ $12\left(\frac{V}{x} + \frac{V}{z}\right) = V$

On peut diviser les deux membres de chacune de ces équations par V, car $V \neq 0$.
Il reste donc à résoudre le système de trois équations dans $\mathbb{R}^3$ :

$$(\Sigma)\begin{cases} 10\left(\frac{1}{x} + \frac{1}{y}\right) = 1 & (E'_1) \\ 20\left(\frac{1}{y} + \frac{1}{z}\right) = 1 & (E'_2) \\ 12\left(\frac{1}{x} + \frac{1}{z}\right) = 1 & (E'_3) \end{cases}$$

- Achever la résolution du problème.

## TP3 Programmation linéaire

*Un problème est dit de programmation linéaire lorsque sa résolution exige*
*– la résolution d'un système de contraintes linéaires*
*– la recherche d'un optimum d'une fonction sur l'ensemble des solutions du système de contraintes.*

*L'objectif de ce TP est d'exposer un modèle de rédaction de la solution d'un problème de programmation linéaire, tout en dégageant* la stratégie de résolution *utilisée.*

**Un atelier mécanique produit deux types de pièces, A et B, à l'aide de deux machines $M_1$ et $M_2$. Chaque pièce en cours de fabrication doit passer successivement sur les deux machines dans un ordre indifférent.**

| | |
|---|---|
| **Durée de passage d'une pièce de type A**<br>**– dans la machine $M_1$ : 30 min,**<br>**– dans la machine $M_2$ : 40 min.**<br>**Bénéfice sur une pièce de type A : 400F** | **Durée de passage d'une pièce de type B**<br>**– dans la machine $M_1$ : 20 min,**<br>**– dans la machine $M_2$ : 10 min.**<br>**Bénéfice sur une pièce de type B : 200F** |

**La machine $M_1$ est disponible 3 000 min par mois, la machine $M_2$ 2 000 min.**

**Déterminer le nombre de pièces du type A et de pièces du type B que l'on doit fabriquer par mois pour avoir un bénéfice maximal.**

## Recherche d'un programme de production

***Choix des inconnues***

Désignons par $x$ le nombre de pièces du type A, fabriquées en 1 mois ;
$y$ le nombre de pièces du type B, fabriquées en 1 mois .

Le couple $(x\ ;\ y)$ est un **programme de production**.

***Mise en équation***

La durée du passage des pièces dans la machine $M_1$ est (en min) : $30x + 20y$
La machine $M_1$ n'étant disponible que 3 000 min par mois, on obtient la première contrainte :

$(I_1)\quad 30x + 20y \leq 3\,000$

La durée du passage des pièces dans la machine $M_2$ est (en min) : $40x + 10y$
La machine $M_2$ n'étant disponible que 2 000 min par mois, on obtient la deuxième contrainte :

$(I_2)\quad 40x + 10y \leq 2\,000$

De plus, $x$ et $y$ désignant des nombres de pièces, on a donc les deux contraintes : $x \in \mathbb{N}$ et $y \in \mathbb{N}$.
On obtient ainsi le système d'inéquations linéaires $(\Sigma)$ dont on recherchera les solutions dans $\mathbb{N} \times \mathbb{N}$.

$$(\Sigma) \begin{cases} 30x + 20y \leq 3\,000 & (I_1) \\ 40x + 10y \leq 2\,000 & (I_2) \end{cases}$$

***Résolution du système de contraintes***

$(D_1)$ est la droite d'équation :

$30x + 20y = 3\,000.$

Cette droite détermine deux demi-plans ouverts de frontière $(D_1)$. $(\mathcal{P}_1)$ est celui des deux demi-plans qui contient O. On démontre que $(\mathcal{P}_1) \cup (D_1)$ est la représentation graphique de l'ensemble des solutions de $(I_1)$.

$(D_2)$ est la droite d'équation :

$40x + 10y = 2\,000.$

Cette droite détermine deux demi-plans ouverts de frontière $(D_2)$. $(\mathcal{P}_2)$ est celui des deux demi-plans qui contient O. On démontre que $(\mathcal{P}_2) \cup (D_2)$ est la représentation graphique de l'ensemble des solutions de $(I_2)$.

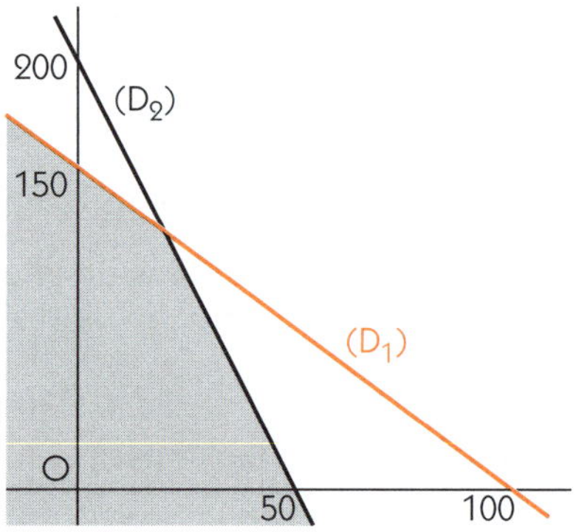


## Recherche d'une solution optimale

***Détermination de la fonction à optimiser***

$m$ est le bénéfice réalisé sur un programme de production $(x\ ;\ y)$. On a :

$400\,x + 200\,y = m.$

Désignons par $(L_m)$ la droite d'équation :

$400\,x + 200\,y = m.$

Cette droite a pour coefficient directeur $-\,2$ et pour ordonnée à l'origine : $\dfrac{m}{200}$ .

***Détermination du programme de production optimum***

Pour que le bénéfice soit maximum, la droite $(L_m)$ doit passer par un point dont le couple de coordonnées est un programme de production et avoir l'ordonnée à l'origine la plus grande possible.

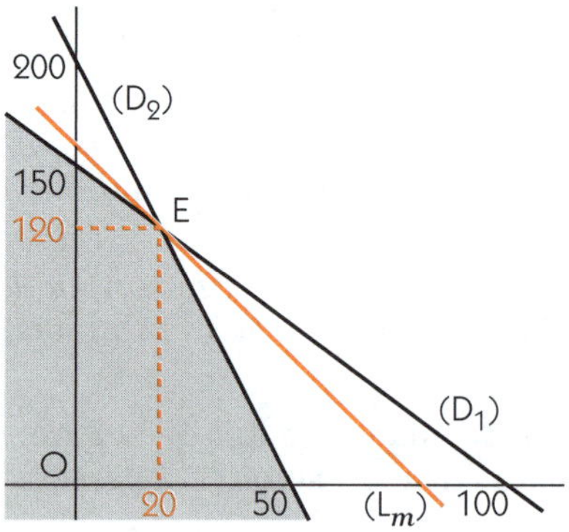


Parmi les droites de coefficient directeur $-\,2$, c'est celle qui passe par le point E(20 ; 120) et qui a la plus grande ordonnée à l'origine.

## Conclusion

C'est en fabriquant 20 pièces de type A et 120 pièces de type B que le bénéfice est maximal.
Dans ce cas, il vaut : 32 000 F. $(400 \times 20 + 200 \times 120)$.

## TP4 Utilisation de la calculatrice pour résoudre un système

*L'objectif de ce TP est d'utiliser efficacement une calculatrice dans la résolution de systèmes de deux équations linéaires dans $\mathbb{R}^2$, il s'agit de mettre en place une méthode qui peut s'appliquer aux systèmes qui ont une solution unique. Ces systèmes sont appelés systèmes de Cramer.*

### Méthode de Cramer

**Tout système de deux équations linéaires dans $\mathbb{R}^2$ peut s'écrire sous la forme générale :**

$$(\Sigma)\begin{cases} ax + by = c & (E_1) \\ a'x + b'y = c' & (E_2) \end{cases}$$

**où $a$, $a'$, $b$, $b'$, $c$ et $c'$ sont des nombres réels donnés. Étudions les solutions de ce système.**

Calculons le déterminant de ce système : $\text{dét}(\Sigma) = \begin{vmatrix} a & b \\ a' & b' \end{vmatrix} = a\,b' - a'\,b$.

- dét $(\Sigma) = 0$,

on n'utilisera pas la calculatrice car, dans ce cas il faut analyser le système donné .

– Les équations $(E_1)$ et $(E_2)$ ne sont pas équivalentes ; le système n'a pas de solution.

– Les équations $(E_1)$ et $(E_2)$ sont équivalentes ; $(\Sigma)$ et $(E_1)$ ont le même ensemble de solutions.

- $\text{dét}(\Sigma) \neq 0$

Nous savons que ce système admet une solution unique. $(\Sigma)$ est équivalent au système $(\Sigma')$

$$(\Sigma')\begin{cases} x = \dfrac{-bc' + b'c}{ab' - a'b} \\ y = \dfrac{ac' - a'c}{ab' - a'b} \end{cases} \qquad (\Sigma')\begin{cases} x = \dfrac{\text{dét}(X)}{\text{dét}(\Sigma)} \\ y = \dfrac{\text{dét}(Y)}{\text{dét}(\Sigma)} \end{cases}$$

avec : $\text{dét}(X) = \begin{vmatrix} c & b \\ c' & b' \end{vmatrix} = cb' - c'b$ ; $\text{dét}(Y) = \begin{vmatrix} a & c \\ a' & c' \end{vmatrix} = ac' - a'c$.

La solution du système $(\Sigma)$ est donc : $\left(\dfrac{\text{dét}(X)}{\text{dét}(\Sigma)}, \dfrac{\text{dét}(Y)}{\text{dét}(\Sigma)}\right)$

### Exemple

**À l'aide d'une calculatrice, résolvons le système :** $\begin{cases} x - 3y = 4 & (E_1) \\ x - y = 2 & (E_2) \end{cases}$

***Mise en mémoire des coefficients***

M1 $\leftarrow$ 1 ; M2 $\leftarrow$ – 3 ; M3 $\leftarrow$ 4 ; M4 $\leftarrow$ 1 ; M5 $\leftarrow$ – 1 ; M6 $\leftarrow$ 2

***Calcul des déterminants***

$\text{dét}(\Sigma) = \begin{vmatrix} M1 & M2 \\ M4 & M5 \end{vmatrix} = 2$, on place ce résultat en mémoire : M0 $\leftarrow$ 2.

$\text{dét}(X) = \begin{vmatrix} M3 & M2 \\ M6 & M5 \end{vmatrix} = 2$, on place ce résultat en mémoire : M7 $\leftarrow$ 2.

$\text{dét}(Y) = \begin{vmatrix} M1 & M3 \\ M4 & M6 \end{vmatrix} = -2$, on place ce résultat en mémoire : M8 $\leftarrow$ – 2.

***Calcul de la solution du système***

On calcule $\dfrac{M7}{M0}$ puis $\dfrac{M8}{M0}$ .On obtient ainsi la solution unique du système : (1 ; – 1).

### Application

**À l'aide d'une calculatrice, résoudre les systèmes :** $\begin{cases} x - 3y = 4 \\ x - y = 2 \end{cases}$ ; $\begin{cases} -2x + 9y = 1 \\ 3x + 7y = -5 \end{cases}$

# Exercices

## APPRENTISSAGE

## Généralités

*Contraintes avec un paramètre*

**1** Résoudre dans $\mathbb{R}$, suivant les valeurs du paramètre $m$, l'équation $(E_m)$ dans chacun des cas suivants :

*a)* $(E_m)$ $2x - m = mx - 3$

*b)* $(E_m)$ $mx - 2 = 3x + m$

*c)* $(E_m)$ $mx + 9 = m^2 + 3x$

*d)* $(E_m)$ $m^2x - m = x - 1$

**2** Pour quelle valeur du paramètre $m$, l'équation $(E_m)$ suivante n'admet-elle aucune solution ?

$(E_m)$ $3(mx + 1) - 2(mx - 1) = 3x + 2$

**3** Pour quelle valeur du paramètre $m$, l'équation $(E_m)$ suivante admet-elle n'importe quel nombre réel comme solution ?

*a)* $(E_m)$ $\dfrac{x-3}{m} = \dfrac{x-m}{3}$

*b)* $(E_m)$ $3(mx + 1) - 2(mx - 1) = m(x + 2)$

**4** Pour quelles valeurs du paramètre $m$, les équations $(E_m)$ et $(F_m)$ ont-elles une solution commune ? Préciser cette solution.

$(E_m)$ $3x + 4 = mx - 2$

$(F_m)$ $5x + 7 = mx - 2$

**5** Résoudre suivant les valeurs du paramètre $m$ l'inéquation $(I_m)$ dans chacun des cas suivants :

*a)* $(I_m)$ $mx - 1 \geq 2$

*b)* $(I_m)$ $x(m - 1) \geq 1$

*c)* $(I_m)$ $m(x - 1) \geq x - 2$

**6** On considère l'inéquation suivante

$(I_m)$ $mx - 1 \leq 3x + 2m$

Pour quelles valeurs du paramètre m,

*a)* 1 est-il une solution de l'inéquation $(I_m)$ ?

*b)* 2 est-il une solution de l'inéquation $(I_m)$ ?

*c)* 1 et 3 sont-ils des solutions de l'inéquation $(I_m)$ ?

## Systèmes d'équations

*Systèmes d'équations linéaires dans $\mathbb{R} \times \mathbb{R}$*

**7** Résoudre chacun des systèmes d'équations suivants :

*a)* $\begin{cases} 2x + 2y = 1 \\ 3x + 4y = 6 \end{cases}$ *c)* $\begin{cases} -x - 9y = 0 \\ 3x + y = 8 \end{cases}$

*b)* $\begin{cases} 3x + 2y = 1 \\ 2x + \frac{4}{3}y = \frac{2}{3} \end{cases}$ *d)* $\begin{cases} \frac{1}{3}x - \frac{1}{2}y = 1 \\ -x + \frac{3}{2}y = \frac{2}{3} \end{cases}$

**8** Le plan est muni d'un repère. Les droites $(D_1)$ et $(D_2)$ sont données par leurs équations :

$(D_1)$ $y = 2x + 3$ ; $(D_2)$ $3y = 5 - 2x$

Justifier que ces droites sont sécantes et calculer les coordonnées du point d'intersection.

**9** Le plan est muni d'un repère. On donne les points A(3 ; 6), B(– 2 ; 1) et C(8 ; – 2).
Calculer les coordonnées du centre du cercle circonscrit au triangle ABC.

**10** Le plan est muni d'un repère. Les droites $(D_1)$, $(D_2)$ et $(D_3)$ sont données par leurs équations :

$(D_1)$ $2x - 3y = 7$

$(D_2)$ $2x + 3y = 5$

$(D_3)$ $6x + 3y = 17$

Justifier que ces droites sont concourantes et calculer les coordonnées du point de concours.

**11** Le plan est muni d'un repère. On donne les points A(2 ; 6), B(– 3 ; 1), C(7 ; – 2), D(4 ; 0), E(– 4 ; 4) et F(11 ; – 1).
Les droites (AB), (CD) et (EF) sont-elles concourantes ?

*Utilisation d'inconnues auxiliaires*

**12** Résoudre les systèmes d'équations suivants :

$\begin{cases} \dfrac{3}{x-1} + 2(y-5) = 5 \\ \dfrac{-2}{x-1} + 7(y-5) = 5 \end{cases}$ $\begin{cases} 11\sqrt{x} + 16\sqrt{y} = 531 \\ 13\sqrt{x} + 19\sqrt{y} = 629 \end{cases}$

**13** Résoudre les systèmes d'équations suivants :

*a)* $\begin{cases} 5xy + 3x = 44 \\ 2xy - 5x = -1 \end{cases}$ *b)* $\begin{cases} 3x^2 - 2y = 23 \\ -2x^2 + 5y = -8 \end{cases}$

*c)* $\begin{cases} 7\sqrt{1-3x} - 6\sqrt{5y} = 23 \\ 9\sqrt{1-3x} - 11\sqrt{5y} = 23 \end{cases}$

**14** Résoudre les systèmes d'équations suivants :

*a)* $\begin{cases} 3(2x + 3y) - 5(3x + 4y) = -1 \\ 5(2x + 3y) - 8(3x + 4y) = -1 \end{cases}$

*b)* $\begin{cases} 7xy - 5(x + y) = 15 \\ 11xy - 8(x + y) = 22 \end{cases}$

*Systèmes d'équations linéaires dans $\mathbb{R} \times \mathbb{R}$ avec un paramètre*

**15** Résoudre suivant les valeurs du paramètre $m$ les systèmes suivants.

*a)* $\begin{cases} mx + y = 1 \\ x - y = 3 \end{cases}$ *c)* $\begin{cases} x + y = m \\ x - my = m^2 \end{cases}$

*b)* $\begin{cases} x + my = 2 \\ mx - y = 3 \end{cases}$ *d)* $\begin{cases} (m+1)x - (m-1)y = 2 \\ 3x - 5y = -2 \end{cases}$

*c)* $\begin{cases} mx - y = 5 \\ mx + (m-3)y = 1 \end{cases}$

**16** Le plan est muni d'un repère. Les droites $(D_1)$, $(D_2)$ et $(L_m)$ sont données par leurs équations :

$(D_1)$ $5x - 3y = 4$ ; $(D_2)$ $4x + 3y = 5$

$(L_m)$ $mx + y = 1$

Pour quelle valeur du paramètre $m$, ces droites sont-elles concourantes ?

Calculer, dans ce cas, les coordonnées du point de concours.

### *Systèmes de trois équations linéaires dans* $\mathbb{R} \times \mathbb{R} \times \mathbb{R}$

**17** Résoudre les systèmes suivants :

*a)* $\begin{cases} x + z = 8 \\ y + z = 10 \\ x + y = 5 \end{cases}$ *c)* $\begin{cases} x + 2y + 3z = 2 \\ 4y + 3z = -1 \\ 3x - 6y - 5z = 4 \end{cases}$

*b)* $\begin{cases} 3x - 2y + 4z = 11 \\ x - 6z = 7 \\ 7x + y - 4z = 5 \end{cases}$ *d)* $\begin{cases} 7x = 14 \\ 3x - 5y = 1 \\ 7x - 17y + 3z = 1 \end{cases}$

**18** Résoudre les systèmes suivants :

*a)* $\begin{cases} 2x - 3y + 5z = 0 \\ 3x - 5y + 2z = 1 \\ 2x - 5y + 3z = 2 \end{cases}$ *d)* $\begin{cases} x + y + z = 1 \\ 5x - 2y - 10z = 0 \\ 3x + 5y - 2z = 6 \end{cases}$

*b)* $\begin{cases} x + y + z = 1 \\ 2x + 3y + 6z = 3 \\ 2x - 9y + 12z = 0 \end{cases}$ *e)* $\begin{cases} x + y + z = 2 \\ 4x + 5y - 20z = -2 \\ -3x + 5y + 5z = 4 \end{cases}$

*c)* $\begin{cases} x - 2y + 3z = -4 \\ -4x - 5y + 7z = 1 \\ 2x + y - 3z = 9 \end{cases}$ *f)* $\begin{cases} 5x + 2y - 3z = 1 \\ 8x - 4y + 3z = -5 \\ 2x - 5y + 4z = -6 \end{cases}$

**19** On considère la fonction polynôme $f$ définie par :

$f(x) = 5x^2 + 8x + 9$.

Trouver trois nombres réels $a$, $b$ et $c$ tels que, quel que soit le nombre réel $x$, on ait :

$a(x + 1)^2 + b(x + 1) + c = f(x)$.

**20** On considère la fonction polynôme $f$ définie par :

$f(x) = 5x^2 - 25x + 30$.

Dans chacun des cas suivants, peut-on trouver trois nombres réels $a$, $b$ et $c$ tels que, quel que soit le nombre réel $x$,

1) $a(x - 1)^2 + bx^2 + c(x + 1)^2 = f(x)$.

2) $a(x - 2)^2 + b(x - 3)^2 + c(x - 2)(x - 3) = f(x)$.

### *Systèmes de deux équations linéaires dans* $\mathbb{R} \times \mathbb{R} \times \mathbb{R}$

**21** Résoudre les systèmes suivants :

*a)* $\begin{cases} 2x + 5y - 6z = 8 \\ x + y - 6z = 0 \end{cases}$ *c)* $\begin{cases} x + y + z = 0 \\ 2x - 3y = 0 \end{cases}$

*b)* $\begin{cases} -3x - 5y + 2z = -1 \\ -3x - 5y + z = -2 \end{cases}$

### *Programmation linéaire*

**22** Dans le plan muni d'un repère, représenter graphiquement l'ensemble S des solutions du système suivant :

$\begin{cases} x \geq 0 \\ y \geq 0 \\ 2x + 5y \leq 50 \\ 2x + y \leq 24 \\ 4x + 5y \leq 60 \end{cases}$

$m$ désignant un nombre réel, on considère la droite $(D_m)$ d'équation : $y = -\frac{4}{3}x + m$.

Trouver la plus grande valeur de $m$ sachant que $(D_m)$ passe par un point dont le couple de coordonnées appartient à S.

## APPROFONDISSEMENT

**23** Résoudre suivant les valeurs du paramètre $m$ les systèmes suivants :

*a)* $\begin{cases} 2x - my = m - 1 \\ (5 - m)x - 3y = 11 - 5m \end{cases}$

*b)* $\begin{cases} (2m - 1)x + (3m + 2)y = m + 4 \\ (m - 1)x + 2my = 2 \end{cases}$

*c)* $\begin{cases} mx - 3y = 5 \\ 4x + (m + 7)y = 15 \end{cases}$

**24** Écrire les 12 équations qui suivent à l'aide d'un paramètre et résoudre dans $\mathbb{R}$, suivant les valeurs de ce paramètre l'équation ainsi obtenue.

*a)* $8x + 11 = 16 - 5x$ *g)* $2x + 5 = 4 - 5x$

*b)* $7x + 10 = 14 - 5x$ *h)* $x + 4 = 2 - 5x$

*c)* $6x + 9 = 12 - 5x$ *i)* $3 = -5x$

*d)* $5x + 8 = 10 - 5x$ *j)* $-1x + 2 = -2 - 5x$

*e)* $4x + 7 = 8 - 5x$ *k)* $-2x + 1 = -4 - 5x$

*f)* $3x + 6 = 6 - 5x$ *l)* $-3x = -6 - 5x$

**25** Résoudre dans $\mathbb{R}$, suivant les valeurs du paramètre $m$ l'équation $(E_m)$ dans chacun des cas suivants :

*a)* $(E_m)$ $\frac{x}{m - 1} + \frac{x}{m + 1} = \frac{1}{m^2 - 1}$

*b)* $(E_m)$ $mx^2 - 2x = 0$

*c)* $(E_m)$ $x - 1 - \frac{x}{m + 1} = \frac{1}{m - 1}$

**26** Résoudre le système suivant de trois équations

$\begin{cases} \frac{x}{4} = \frac{y}{3} = \frac{z}{2} \\ 2x - 3y + z = 3 \end{cases}$

**27** $a$, $b$, $c$ et $s$ sont des nombres réels différents de 0. Résoudre le système suivant

$\begin{cases} \frac{x}{a} = \frac{y}{b} = \frac{z}{c} \\ x + y + z = s \end{cases}$

Partager une somme $s$ proportionnellement aux nombres $a$, $b$ et $c$.

**28** Le plan est muni d'un repère orthogonal. Dans chacun des cas suivants, déterminer une équation de la parabole passant par les points A, B et C

*a)* A(– 2 ; 8), B(6 ; 8) et C(8 ; 112)

*b)* A(0 ; 0), B(16 ; – 8) et C(8 ; – 12).

**29** Le plan est muni d'un repère orthonormé. Dans chacun des cas suivants, déterminer une équation du cercle passant par les points A, B et C.

*a)* A(– 2 ; 8), B(6 ; 8) et C(4 ; – 4)

*b)* A(0 ; 8), B(8 ; 4) et C(4 ; – 4).

**30** Le plan est muni d'un repère.

On donne les points A(2 ; – 1), B(3 ; – 2) et C(– 1 ; – 4).

Déterminer la fonction homographique dont la représentation graphique est une hyperbole passant par les points A, B et C.

## PROBLÈMES

**31 Un problème dû à Nicolas Choquet**

Un héritage est partagé de la manière suivante entre les enfants :
– le premier reçoit 100 000 F + $\frac{1}{5}$ du reste ;
– le second reçoit 200 000 F + $\frac{1}{5}$ du reste ;
– le troisième reçoit 300 000 F + $\frac{1}{5}$ du reste et ainsi de suite.

L'héritage est ainsi entièrement partagé et on constate que toutes les parts sont égales.
Déterminer :
– le montant de l'héritage ;
– la part de chaque enfant ;
– le nombre d'enfants.

**32** Le plan est muni du repère (O, I, J).
$m$ désigne un nombre réel. Les droites $(D_m)$ et $(L_m)$ sont données par leurs équations :
$(D_m)$ $(3 - 4m)(y - 2) = 2m(x - 6)$
$(L_m)$ $y - 3 = m(x - 2)$
**1.** Construire les droites $(D_1)$ et $(L_1)$, puis les droites $(D_2)$ et $(L_2)$.
**2.** On désigne par $A_m$ et $B_m$ les points d'intersection de (OI) respectivement avec $(D_m)$ et $(L_m)$.
Démontrer que, quel que soit $m$ différent de 0 : $A_m B_m = 8$.
Vérifier sur le graphique pour $A_1B_1$ et $A_2B_2$.
**3.** Étudier le cas où $m$ est nul.

**33** Une coopérative décide d'acheter trois terrains. Les terrains 1, 2 et 3 coûtent respectivement 942 000 F, 2 374 000 F et 1 004 000 F.
Les membres de cette coopérative sont répartis en trois groupes (A, B et C).
Le tableau ci-dessous indique ce que chaque membre de chaque groupe a payé pour ces trois achats

| | A | B | C |
|---|---|---|---|
| Terrain 1 | 9 000 F | 12 000 F | 21 000 F |
| Terrain 2 | 12 000 F | 35 000 F | 80 000 F |
| Terrain 3 | 7 000 F | 13 000 F | 31 000 F |

Quel est le nombre de membres de cette coopérative ?

**34** Dans le plan muni du repère (O, I, J), on donne les points : A(5 ; 4), B(2 ; 1) et C(7 ; 2).
Trouver un système de contraintes qui caractérise l'intérieur de ce triangle.

**35** Pour construire leur habitation, M. et Mme ABA ont le choix entre des terrains rectangulaires d'aires supérieure ou égale a 1000 m$^2$ et dont le périmètre est inférieur ou égal à 140 m.
**1.** En désignant par $x$ et $y$ les dimensions d'un terrain rectangulaire, donner le système (Σ) des quatre contraintes que doivent vérifier les dimensions d'un de ces terrains rectangulaires.
**2.** Représenter sur un même dessin :
– l'hyperbole $(\mathscr{H})$ d'équation : $y = \frac{100}{x}$,
– la droite $(\mathscr{D})$ d'équation : $y = 70 - x$.
**3.** Représenter graphiquement l'ensemble des solutions du systèmes (Σ).
**4.** Utiliser ce graphique pour trouver :
*a)* un terrain de 1000 m$^2$ et de périmètre 140 m.
*b)* un terrain de 1000 m$^2$ et de périmètre inférieur à 140 m.
*c)* un terrain d'aire supérieure à 1000 m$^2$ et de périmètre 140 m.

**36** Pour assister à un spectacle, la famille Tchikaya composée de deux adultes et trois enfants a payé 9500 F CFA. Madame Wemba, accompagnée de ses quatre enfants a payé 8500 F CFA.
Quel est le prix d'un billet d'entrée pour adulte et un billet d'entrée pour enfant ?

**37** Un avion doit apporter des couvertures et du matériel médical dans une zone sinistrée.
Les couvertures sont réparties en paquets de 150 kg et le matériel médical en caisse de 50 kg. Le chargement de l'avion doit comporter au minimum 300 kg de couvertures et 200 kg de matériel médical.
D'autre part, la charge maximum de l'avion est 3000 kg.
Enfin, le nombre de paquets de couvertures doit être au moins le double du nombre de caisses de matériel médical.
Déterminer graphiquement le (ou les) chargement(s) de l'avion correspondant à un poids total maximum.

*(D'après International Baccalauréat – Subsidiary Level Mathematical Studie – Feb. 79)*

**38** Lors de son anniversaire, Karine veut faire un cocktail de jus de fruits.
Elle achète $x$ litres de jus de goyave à 600 F le litre et $y$ litres de jus d'ananas à 400 F le litre.
Karine veut avoir au moins 10 litres de ce cocktail de jus de fruit, mais elle ne dispose pour cela que de 6 000 F.
Résoudre graphiquement ce problème.

3

# Équations et inéquations du second degré

*De très nombreux problèmes provenant de divers domaines ont conduit à la recherche des racines d'un polynôme, ce qui a conduit au développement des mathématiques.*

*Ce sont les babyloniens qui, vers le IIe millénaire av. J.-C. ont découvert les méthodes de résolutions des équations du 1er et du 2nd degré.*
*La tablette cunéiforme ci-contre contient des problèmes du 2nd degré dont la résolution utilise notre algorithme actuel. Cependant, seules les solutions positives sont retenues.*

*Au IXe siècle, AL-KHWARIZMI, mathématicien arabe, transmet cette méthode à l'Occident dans un célèbre traité (voir ci-contre un manuscrit de 1342).*
*Son œuvre est poursuivie par l'Égyptien ABU KAMIL (850 - 930) qui introduit une tendance arithmétique, malgré des démonstrations géométriques.*
*Dès le IXe siècle les mathématiciens de Bagdad étudient les équations du 3e degré.*
*Au XVIe siècle, l'étude des équations du 3e degré est reprise en Occident et elle est complétée par celle du 4e degré (voir information historique p. 56).*

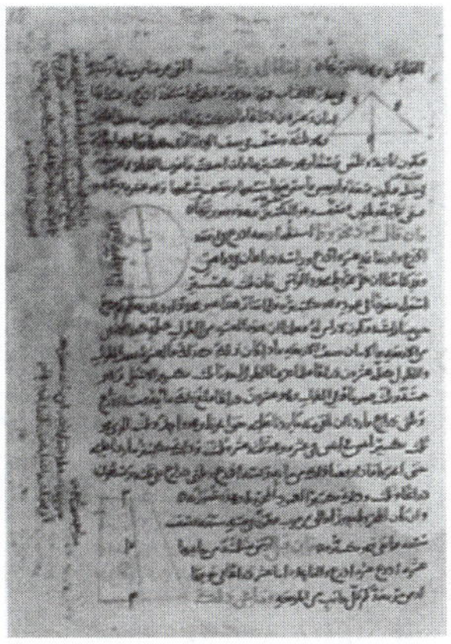

## SOMMAIRE

# 1 Équations, inéquations du second degré

## 1.1. Polynômes du second degré

### Activité

**Dans chacun des cas suivants, déterminer les racines de P($x$) et étudier le signe de ce polynôme.**

**(1) $P(x) = x^2 - 49$**

**(2) $P(x) = -4x^2 + 4x - 1$**

**(3) $P(x) = (x-1)^2 - 3 = 0$**

**(4) $P(x) = (2x+1)^2 + 2(2x+1)(x-3) + (x-3)^2$**

### Cas général

**On donne les nombres réels $a$, $b$ et $c$, ($a$ différent de zéro).**
**On considère le polynôme P($x$) défini par : $P(x) = ax^2 + bx + c$.**
**On se propose de rechercher les racines de P($x$) et d'étudier le signe de ce polynôme.**

■ **Forme canonique du polynôme P($x$).**

$$P(x) = a\left[\left(x + \frac{b}{2a}\right)^2 - \frac{b^2 - 4ac}{4a^2}\right] \qquad \text{car : } a \neq 0$$

$$P(x) = a\left[\left(x + \frac{b}{2a}\right)^2 - \frac{\Delta}{4a^2}\right] \qquad \text{avec } \Delta = b^2 - 4ac$$

$\Delta$ est appelé le **discriminant** de P($x$).

■ **Recherche des racines de P($x$) et étude de son signe**

• **1^er^ cas : $\Delta > 0$**

***Factorisation du polynôme P(x)***

$$P(x) = a\left(x + \frac{b + \sqrt{\Delta}}{2a}\right)\left(x + \frac{b - \sqrt{\Delta}}{2a}\right)$$

***Racines du polynôme P(x)***

P($x$) admet deux racines : $\dfrac{-b - \sqrt{\Delta}}{2a}$ et $\dfrac{-b + \sqrt{\Delta}}{2a}$.

On désigne ces racines par $x_1$ et $x_2$ ($x_1 < x_2$).

La forme factorisée s'écrit alors : $P(x) = a(x - x_1)(x - x_2)$.

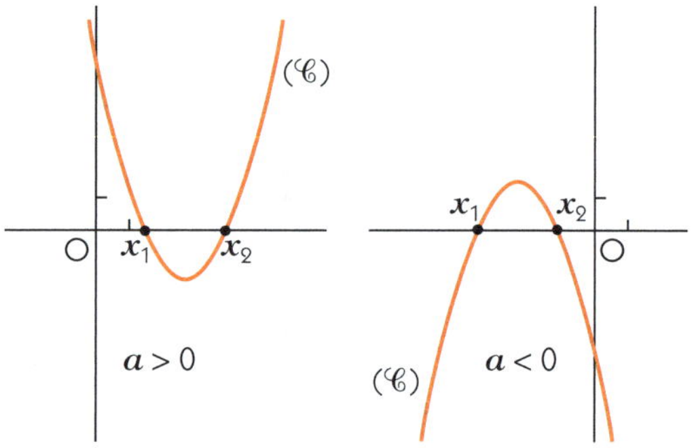


***Signe du polynôme P(x)***

Pour tout nombre réel $x$, P($x$) est :
du signe de $a$ dans $]-\infty\,;x_1[\,\cup\,]x_2\,;+\infty[$
du signe de $(-a)$ dans $]x_1\,;x_2[$.

| $x$ | $-\infty$ | $x_1$ | | $x_2$ | $+\infty$ |
|---|---|---|---|---|---|
| $x - x_1$ | $-$ | 0 | $+$ | | $+$ |
| $x - x_2$ | $-$ | | $-$ | 0 | $+$ |
| $(x - x_1)(x - x_2)$ | $+$ | 0 | $-$ | 0 | $+$ |
| P($x$) | signe de $a$ | 0 | signe de $(-a)$ | 0 | signe de $a$ |

• **2^e^ cas : $\Delta = 0$**

***Factorisation du polynôme P(x)***

$$P(x) = a\left(x + \frac{b}{2a}\right)^2$$

***Racines du polynôme P(x)***

P($x$) admet une racine : $\dfrac{-b}{2a}$.

Dans la forme factorisée de P($x$), le facteur $\left(x - \dfrac{-b}{2a}\right)$ a pour exposant 2, c'est pourquoi, on dit que $\dfrac{-b}{2a}$ est une **racine double** de P($x$).

On désigne cette racine double par $x_0$.
La forme factorisée s'écrit alors : $P(x) = a(x - x_0)^2$.

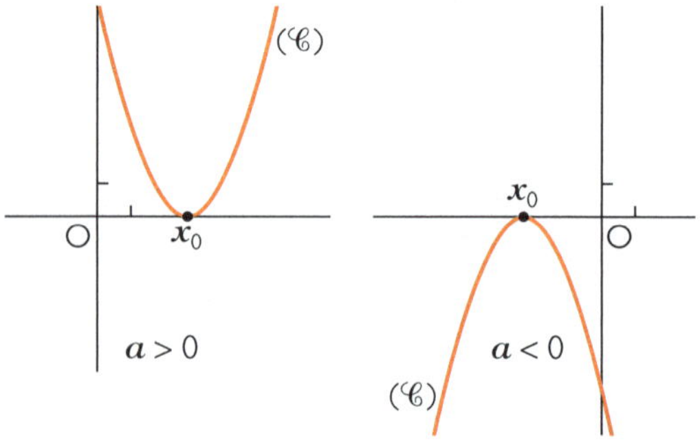

***Signe du polynôme P(x)***

Pour tout nombre réel $x$ différent de $x_0$, $P(x)$ est du signe de $a$.

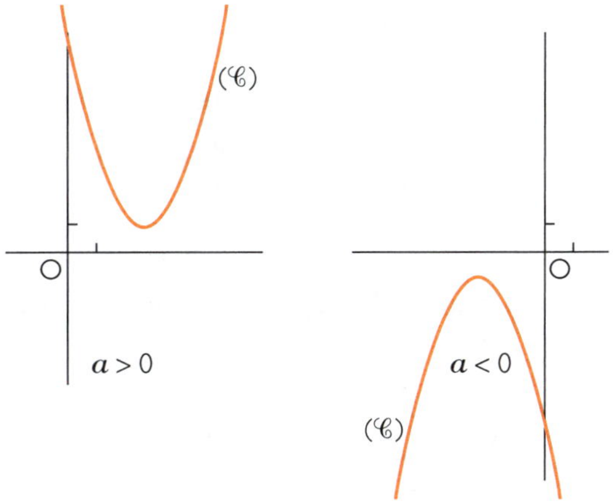


- **3ᵉ cas : $\Delta < 0$**

***Racines, signe et factorisation du polynôme P(x)***

On a : $P(x) = a\left[\left(x + \dfrac{b}{2a}\right)^2 + \dfrac{-\Delta}{4a^2}\right]$

De plus : $\left(x + \dfrac{b}{2a}\right)^2 \geqslant 0$ et $\dfrac{-\Delta}{4a^2} > 0$

donc : $\left(x + \dfrac{b}{2a}\right)^2 - \dfrac{\Delta}{4a^2} > 0$

Par conséquent :
- $P(x)$ n'admet pas de racine .
- pour tout nombre réel $x$, $P(x)$ est du signe de $a$.
- on ne peut pas écrire $P(x)$ comme produit de polynômes du 1ᵉʳ degré.

## Remarque

*On retiendra que : $ax^2 + bx + c$ est du signe de $a$ sauf dans l'intervalle de ses racines.*

## Exemples

**Détermination des racines de : $x^2 - 2\sqrt{2}\,x + 1$**

Calcul du discriminant $\Delta$ de ce polynôme : $\Delta = (-2\sqrt{2})^2 - 4 \times 1 \times 1 = 4 = 2^2$ ; $\Delta > 0$

Ce polynôme admet donc deux racines, calcul des deux racines : $\dfrac{-(-2\sqrt{2}) - 2}{2 \times 1} = \sqrt{2} - 1$ et $\dfrac{-(-2\sqrt{2}) + 2}{2 \times 1} = \sqrt{2} + 1$

**Factorisation de : $-3x^2 + x + 14$**

Calcul du discriminant $\Delta$ de ce polynôme : $\Delta = (1)^2 - 4 \times (-3) \times 14 = 169 = 13^2$ ; $\Delta > 0$

Ce polynôme $P(x)$ admet donc deux racines : $\dfrac{7}{3}$ et $-2$

Il peut donc s'écrire sous forme factorisée : $P(x) = -3(x - \dfrac{7}{3})(x + 2) = (-3x + 7)(x + 2)$

**Étude du signe de : $-x^2 + 5x - 4$**

Calcul du discriminant $\Delta$ de ce polynôme : $\Delta = (5)^2 - 4 \times (-1) \times (-4) = 9 = 3^2$ ; $\Delta > 0$

Ce polynôme $P(x)$ admet donc deux racines : 4 et 1

Il peut donc s'écrire sous forme factorisée : $P(x) = -(x - 4)(x - 1)$

Le coefficient du terme en $x^2$ étant négatif,

pour $x \in ]-\infty\,;1[ \cup ]4\,;+\infty[$, $P(x) < 0$

pour $x \in ]1\,;4[$, $P(x) > 0$

pour $x \in \{1\,;4\}$, $P(x) = 0$

| $x$ | $-\infty$ | | 1 | | 4 | | $+\infty$ |
|---|---|---|---|---|---|---|---|
| $P(x)$ | | $-$ | 0 | $+$ | 0 | $-$ | |

# Exercices

**1.a** En utilisant une méthode performante, écrire chacun des polynômes de $P_1(x)$ à $P_6(x)$ comme produit de polynômes du 1ᵉʳ degré.

$P_1(x) = 4x^2 - 64$ $\quad$ $P_2(x) = x^2 - 6x + 9$

$P_3(x) = x^2 - 3x + 2$ $\quad$ $P_4(x) = -x^2 + 2\sqrt{3}x - 3$

$P_5(x) = 9x^2 - 6x + 1$ $\quad$ $P_6(x) = 3x^2 + 10x + 2$

**1.b** Écrire sous forme factorisée, chacun des polynômes $P(x)$, $Q(x)$, $R(x)$ et $S(x)$ définis par :

$P(x) = 2x^2 - x - 6$

$Q(x) = -x^2 + 8x - 16$

$R(x) = x^2 + 5x + 6$

$S(x) = 2x^2 - 3x - 5$

## 1.2. Équations et inéquations du second degré

### Activités

**Résoudre dans $\mathbb{R}$ chacune des équations suivantes.**

| | | | |
|---|---|---|---|
| **(1)** | $x^2 - 4 = 0$ | **(4)** | $x^2 - 9 + (2x + 1)(x - 3) = 6 - 2x$ |
| **(2)** | $x^2 - 4x + 4 = 0$ | **(5)** | $x^2 + x + 1 = 0$ |
| **(3)** | $(2x - 1)^2 - 4 = 0$ | **(6)** | $x^2 + (x + 1)(x + 3) = x + 3$ |

**Résoudre dans $\mathbb{R}$ chacune des inéquations suivantes.**

| | | | |
|---|---|---|---|
| **(1)** | $-x^2 + 4 \geqslant 0$ | **(4)** | $x^2 + x \geqslant 2x^2 - 2$ |
| **(2)** | $x^2 - 4x + 4 \leqslant 0$ | **(5)** | $x^2 + 7 > 0$ |
| **(3)** | $x^2 + x + 1 > 0$ | **(6)** | $(x + 2)(3 - 5x) \geqslant 0$ |

### Cas général

P($x$) est un polynôme du second degré : $P(x) = ax^2 + bx + c$.

■ On appelle **équation du second degré** associée au polynôme P($x$) l'équation (E) : $ax^2 + bx + c = 0$.
Le discriminant du polynôme P($x$) est aussi appelé **discriminant de l'équation** (E).
Résoudre dans $\mathbb{R}$ l'équation (E) revient à chercher les racines du polynôme P($x$).

■ Toute inéquation de l'un des types ci-dessous est appelée **inéquation du second degré**.

$$P(x) > 0 \ ; \ P(x) \geqslant 0 \ ; \ P(x) < 0 \ ; \ P(x) \leqslant 0$$

Résoudre dans $\mathbb{R}$ une telle inéquation revient à étudier le signe du polynôme P($x$).

**TABLEAU RÉCAPITULATIF**

(E) : $ax^2 + bx + c = 0$

$P(x) = ax^2 + bx + c$

$\Delta = b^2 - 4ac$

$a \neq 0$

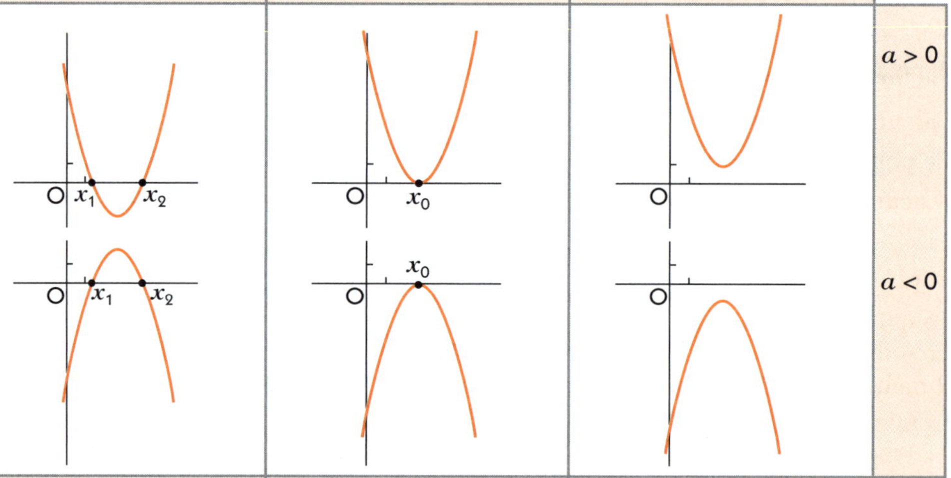


| $\Delta > 0$ | $\Delta = 0$ | $\Delta < 0$ |
|---|---|---|
| (E) a deux solutions : $x_1$ et $x_2$ | (E) a une solution unique : $x_0$ | (E) n'a pas de solution |
| P($x$) a deux racines : $x_1$ et $x_2$ | P($x$) a une racine double : $x_0$ | P($x$) n'a pas de racine |
| $\dfrac{-b-\sqrt{\Delta}}{2a}$ ; $\dfrac{-b+\sqrt{\Delta}}{2a}$ | $\dfrac{-b}{2a}$ | |
| $P(x) = a(x - x_1)(x - x_2)$ | $P(x) = a(x - x_0)^2$ | Pour tout $x$, $P(x) \neq 0$ |
| $x$ : $x_1$, $x_2$ ; P($x$) : signe de $a$ \| 0 \| signe de $(-a)$ \| 0 \| signe de $a$ | $x$ : $x_0$ ; P($x$) : signe de $a$ \| 0 \| signe de $a$ | $x$ : ; P($x$) : signe de $a$ |

## Exemples de résolution d'équations

**Résolution dans ℝ de l'équation (E) $3x^2 - x - 10 = 0$**

Calcul du discriminant de (E) : $\Delta = (-1)^2 - 4 \times 2 \times (-10) = 121 = 11^2$ ; $\Delta > 0$.

(E) admet donc deux solutions $x_1$ et $x_2$ $\quad x_1 = \dfrac{-(-1) - 11}{2 \times 3} = \dfrac{-5}{3}$ ; $x_2 = \dfrac{-(-1) + 11}{2 \times 3} = 2$

**Résolution dans ℝ de l'équation (E) $x^2 - 8x + 25 = 0$**

Calcul du discriminant de (E) : $\Delta = (-8)^2 - 4 \times 1 \times 25 = -36$ ; $\Delta < 0$.
(E) n'admet donc pas de solution

**Résolution dans ℝ de l'équation (E) $2x^2 + 3\sqrt{2}x + \dfrac{9}{4} = 0$**

Calcul du discriminant de (E) : $\Delta = (3\sqrt{2})^2 - 4 \times 2 \times \dfrac{9}{4} = 0$ ; $\Delta = 0$.

(E) admet donc une solution unique $x_0$ $\quad x_0 = -\dfrac{3\sqrt{2}}{4}$

**M**

***Pour résoudre une équation du second degré (E) : P(x) = 0***

**on peut utiliser :**

- **une forme factorisée de P(x) ;**
- **une forme canonique de P(x) ;**
- **une racine évidente de P(x) ;**
- **le discriminant de (E).**

## Exemples de résolution d'inéquations

**Résolution dans ℝ de l'inéquation (I) $2x^2 - 5x - 3 \leqslant 0$**

Posons : $P(x) = 2x^2 - 5x - 3$.
Calcul du discriminant de P(x) : $\Delta = (-5)^2 - 4 \times 2 \times (-3) = 49 = 7^2$ ; $\Delta > 0$.

Le polynôme P(x) admet deux racines $x_1$ et $x_2$ : $\quad x_1 = \dfrac{-(-5) - 7}{2 \times 2} = \dfrac{-1}{2}$ ; $x_2 = \dfrac{-(-5) + 7}{2 \times 2} = 3$
L'ensemble des solutions de (I) est : $[\dfrac{-1}{2} ; 3]$.

**Résolution dans ℝ de l'inéquation (I) $x^2 - 6x + 11 > 0$**

Posons : $P(x) = x^2 - 6x + 11$.
Calcul du discriminant de P(x) : $\Delta = (-6)^2 - 4 \times 1 \times (11) = -8$ ; $\Delta < 0$.
$\Delta$ est négatif et le coefficient de $x^2$ est positif donc,
pour tout nombre réel $x$, $P(x) > 0$.
L'ensemble des solutions de (I) est ℝ.

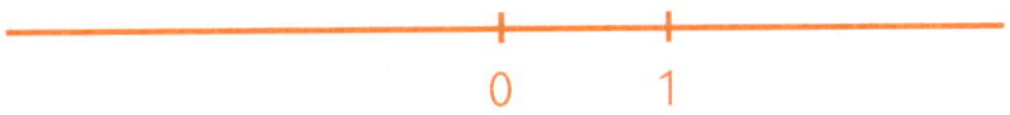


**Résolution dans ℝ de l'inéquation (I) $3x^2 + \sqrt{3}x + \dfrac{1}{4} > 0$**

Posons : $P(x) = 3x^2 + \sqrt{3}x + \dfrac{1}{4}$.
Calcul du discriminant de P(x) : $\Delta = (\sqrt{3})^2 - 4 \times \dfrac{1}{4} \times 3 = 0$ ; $\Delta = 0$.

P(x) admet donc une racine double $x_0$ : $\quad x_0 = -\dfrac{\sqrt{3}}{6}$
$\Delta$ est nul et le coefficient de $x^2$ est positif donc,
pour tout nombre réel $x$, différent de $-\dfrac{\sqrt{3}}{6}$, $P(x) > 0$.
L'ensemble des solutions de (I) est $\mathbb{R} \backslash \{-\dfrac{\sqrt{3}}{6}\}$.

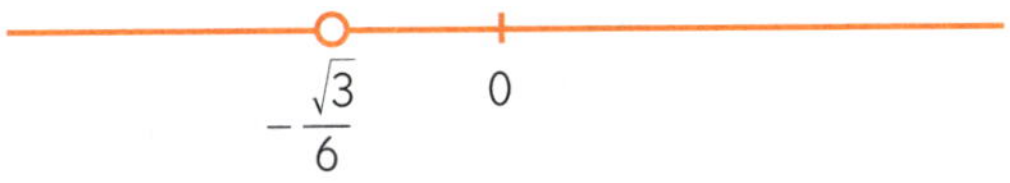

# Exercices

**1.c** Résoudre dans $\mathbb{R}$ les équations et inéquations ci-dessous en utilisant une méthode performante.

(1) $-4x^2 + 5x + 9 = 0$

(2) $(2x + \sqrt{3})(x\sqrt{2} - 1) \leqslant 0$

(3) $3x^2 - 5x = 0$

(4) $9x^2 - 7 = 0$

(5) $x^2 + 1 > 0$

**1.d** Résoudre dans $\mathbb{R}$ les équations (1) et (2).

(1) $2x^2 + 3x - 2 = 0$ ; (2) $x^2 + x\sqrt{2} - 2 = 0$

**1.e** Résoudre dans $\mathbb{R}$ les inéquations suivantes.

(1) $2x^2 + 5x - 3 \geqslant 0$

(2) $4x^2 - 4x + 1 > 0$

(3) $x^2 - 4x - 5 < 0$

(4) $-2x^2 + x - 8 \leqslant 0$

## 1.3. Somme et produit des solutions d'une équation du second degré

### Détermination de la somme et du produit des solutions

**On donne une équation du second degré qui admet deux solutions distinctes : $ax^2 + bx + c = 0$ .**
**On veut déterminer directement la somme et le produit des solutions de cette équation.**

Cette équation admet deux solutions distinctes ; son discriminant $\Delta$ est donc strictement positif.
Désignons par $x_1$ et $x_2$ les solutions de cette équation.

Posons : $S = x_1 + x_2$ ; $P = x_1 x_2$

On a : $S = \dfrac{-b - \sqrt{\Delta}}{2a} + \dfrac{-b + \sqrt{\Delta}}{2a}$ ; $P = \left(\dfrac{-b - \sqrt{\Delta}}{2a}\right)\left(\dfrac{-b + \sqrt{\Delta}}{2a}\right)$

donc : $S = \dfrac{-b}{a}$ ; $P = \dfrac{c}{a}$.

*On a démontré la propriéré suivante :*

**Propriété**

**Si $x_1$ et $x_2$ sont les solutions d'une équation du second degré du type $ax^2 + bx + c = 0$,**
**alors** $x_1 + x_2 = -\dfrac{b}{a}$ ; $x_1 \times x_2 = \dfrac{c}{a}$ .

**Remarque**

*Lorsque l'équation (E) $ax^2 + bx + c = 0$ est telle que $a$ et $c$ sont de signes contraires le discriminant est positif ; l'équation (E) admet deux solutions de signes contraires.*

### Détermination de deux nombres connaissant leur somme et leur produit

**Déterminons des nombres $x$ et $y$ connaissant leur somme $S$ et leur produit $P$.**

Pour cela résolvons le système (Σ) $\begin{cases} x + y = S \\ xy = P \end{cases}$

(Σ) est équivalent au système (Σ') $\begin{cases} y = S - x \\ x^2 - Sx + P = 0 \end{cases}$

On appelle **résolvante** du système, l'équation (E) $x^2 - Sx + P = 0$.

- Résoudre l'équation (E) suivant le signe de son discriminant $S^2 - 4P$ et conclure.

**M**

***Pour déterminer des nombres réels dont on connaît la somme S et le produit P,***
**on peut procéder de la manière suivante,**
**– on vérifie que : $S^2 - 4P \geqslant 0$,**
**– on résout l'équation du second degré (E) $x^2 - Sx + P = 0$,**
**– les nombres réels recherchés sont les solutions de l'équation (E).**

## Exercices

**1.f** Dans chacun des cas ci-dessous, le polynôme P(x) admet $a$ comme racine. Trouver la deuxième racine.

$P(x) = 5x^2 - 7x + 2$ ; $a = 1$

$P(x) = 3x^2 - 5x - 8$ ; $a = -1$

$P(x) = x^2 - (\sqrt{3} - \sqrt{2})x - \sqrt{6}$ ; $a = \sqrt{3}$

$P(x) = -x^2 + (\sqrt{3} - 2)x + 2\sqrt{3}$ ; $a = -2$

**1.g** Trouver deux nombres réels dont la somme est 62 et le produit 861.

# 1.4. Équations du second degré avec paramètre

*Exemple*

**$m$ désigne un nombre réel. Résolvons dans ℝ et suivant les valeurs du paramètre $m$, l'équation :**

$$(E_m) \quad (1 - m)x^2 - 2mx - (m + 2) = 0.$$

Cette équation est du premier ou du second degré suivant que le coefficient de $x^2$ est nul ou non.

**Résolution dans ℝ de $(E_m)$ lorsque $m = 1$**

On a : $(E_1) \quad -2x - 3 = 0$.

$(E_1)$ est une équation du premier degré ayant pour solution : $-\frac{3}{2}$.

**Résolution dans ℝ de $(E_m)$ lorsque $m \neq 1$**

$(E_m)$ est une équation du second degré.

Calcul du discriminant de $(E_m)$ $\Delta = 4(-m + 2)$.

- pour $m \in ]-\infty ; 1[ \cup ]1 ; 2[$,
l'équation $(E_m)$ admet deux solutions $x_1$ et $x_2$ :

$$x_1 = \frac{m - \sqrt{-m+2}}{1-m} \quad ; \quad x_2 = \frac{m + \sqrt{-m+2}}{1-m}.$$

- pour $m = 2$,
l'équation $(E_2)$ admet une solution unique : $-2$.

- pour $m \in ]2 ; +\infty[$,
l'équation $(E_m)$ n'admet pas de solution.

Signe du discriminant

| $m$ | $-\infty$    1 | 2    $+\infty$ |
|---|---|---|
| $-m+2$ | + | +   0   − |
| $\Delta$ | + | +   0   − |

**M**

***Pour résoudre dans ℝ une équation du type (E) $ax^2 + bx + c = 0$, où $a$, $b$, $c$ dépendent d'un paramètre,***

**on peut procéder de la manière suivante.**

**– On étudie éventuellement les cas où l'équation (E) n'est pas du second degré ($a = 0$).**

**– Dans les cas où l'équation (E) est du second degré ($a \neq 0$),**

- **on calcule le discriminant $\Delta$,**
- **on étudie le signe de $\Delta$ suivant les valeurs du paramètre,**
- **on détermine dans chaque cas le nombre de solutions et on calcule ces solutions.**

## Exercices

**1.h** $m$ étant un nombre réel, résoudre dans ℝ suivant les valeurs du paramètre $m$ chacune des équations suivantes,

(1) $(m + 2)x^2 + 2mx + (m - 3) = 0$

(2) $x^2 - 5x + (2m - 1) = 0$

**1.i** $m$ étant un nombre réel, résoudre dans ℝ suivant les valeurs du paramètre $m$ l'équation suivante, (E) $-x^2 + 4x + 1 = m$

Donner une interprétation graphique des solutions de cette équation.

# 2 Équations et inéquations se ramenant au second degré

## 2.1. Utilisation d'une inconnue auxiliaire

### Résolution dans $\mathbb{R}$ de l'équation bicarrée (E) $x^4 - 3x^2 - 4 = 0$

On peut encore écrire (E) $(x^2)^2 - 3(x^2) - 4 = 0$.
On pose : $X = x^2$.
On obtient l'équation (E') $X^2 - 3X - 4 = 0$.

$$\left[\begin{array}{c}\text{Le nombre } a \text{ est solution de l'équation}\\ \text{(E) } x^4 - 3x^2 - 4 = 0\end{array}\right] \Leftrightarrow \left[\begin{array}{c}\text{Le nombre } a^2 \text{ est solution de l'équation}\\ \text{(E') } X^2 - 3X - 4 = 0\end{array}\right]$$

– La résolution de l'équation (E') donne deux solutions : $-1$ et $4$.
– Les solutions de (E) sont les solutions des équations : $x^2 = -1$ ; $x^2 = 4$
Par conséquent, l'ensemble des solutions de (E) est : $\{2 ; -2\}$.

### Vocabulaire

– On dit que l'on a résolu l'équation (E) en utilisant l'**inconnue auxiliaire** $X$ telle que : $X = x^2$.
– L'équation (E') est appelée **résolvante de l'équation** (E).

### Factorisation du polynôme bicarrée : $x^4 - 3x^2 - 4$

On pose : $X = x^2$
On a : 
$$\begin{aligned} x^4 - 3x^2 - 4 &= X^2 - 3X - 4\\ &= (X+1)(X-4)\\ &= (x^2+1)(x^2-4)\\ &= (x^2+1)(x+2)(x-2)\end{aligned}$$

### Résolution dans $\mathbb{R}$ de l'inéquation (I) $x^4 - 5x^2 + 6 \leqslant 0$

Résoudre (I) revient à étudier le signe du polynôme : $x^4 - 5x^2 + 6$.
On pose : $X = x^2$.
On a : 
$$\begin{aligned} x^4 - 5x^2 + 6 &= X^2 - 5X + 6\\ &= (X-2)(X-3)\\ &= (x^2-2)(x^2-3)\end{aligned}$$

Les racines du polynôme $x^4 - 5x^2 + 6$ sont donc :
$-\sqrt{2}$ ; $\sqrt{2}$ ; $-\sqrt{3}$ ; $\sqrt{3}$.

Pour étudier le signe de ce polynôme on utilise le tableau ci-contre.

| $x$ | $-\infty$ | | $-\sqrt{3}$ | | $-\sqrt{2}$ | | $\sqrt{2}$ | | $\sqrt{3}$ | | $+\infty$ |
|---|---|---|---|---|---|---|---|---|---|---|---|
| $x^2 - 2$ | | + | \| | + | 0 | − | 0 | + | \| | + | |
| $x^2 - 3$ | | + | 0 | − | \| | − | \| | − | 0 | + | |
| $x^4 - 5x^2 + 6$ | | + | 0 | − | 0 | + | 0 | − | 0 | + | |

L'ensemble des solutions de (I) est : $[-\sqrt{3} ; -\sqrt{2}] \cup [\sqrt{2} ; \sqrt{3}]$.

## Exercices

**2.a** Résoudre dans $\mathbb{R}$ :
(1) $-x^4 + 7x^2 + 18 = 0$ ; (3) $2x^2 - 5|x| - 3 = 0$
(2) $-x^4 + 7x^2 + 18 > 0$ ; (4) $3x + 2\sqrt{x} + 2 \leqslant 0$

**2.b** Étudier le signe du polynôme P($x$) :
$P(x) = 2x^4 - 9x^2 + 4$

**2.c** Résoudre dans $\mathbb{R}$ l'équation : $x^4 + 1 = 0$.
Déterminer des nombres réels $a$ et $b$ tels que :
$x^4 + 1 = (x^2 + ax + 1)(x^2 + bx + 1)$.
Sans calculer leur discriminant, expliquer pourquoi les deux polynômes de degré 2 ci-dessous n'ont pas de racines :
$x^2 + ax + 1$ et $x^2 + bx + 1$

**2.d** Résoudre dans $\mathbb{R}$ l'équation :
(E) $(x+1)^2 - |x+1| - 6 = 0$
(on pourra utiliser l'inconnue auxiliaire X ; $X = |x+1|$)

## 2.2. Équations et inéquations irrationnelles

### Équations et inéquations du type $\sqrt{P(x)} = Q(x)$ ; $\sqrt{P(x)} < Q(x)$

**Rappel :**

Pour tout nombre réel $a$, pour tout nombre réel $b$ positif ou nul,

$$\sqrt{b} = a \Leftrightarrow \begin{cases} a \geqslant 0 \\ b = a^2 \end{cases} \quad ; \quad \sqrt{b} < a \Leftrightarrow \begin{cases} a \geqslant 0 \\ b < a^2 \end{cases}$$

**Exemples**

**Résolution dans $\mathbb{R}$ de l'équation**
**(E) $\sqrt{(x+1)(3-x)} = 3x - 1$**

– L'ensemble de validité de (E) est l'ensemble des solutions de l'inéquation :

$$(x+1)(3-x) \geqslant 0 \qquad (1)$$

Dans l'ensemble de validité, l'équation (E) a le même ensemble de solutions que le système ci-dessous :

$$\begin{cases} 3x - 1 \geqslant 0 & (2) \\ (x+1)(3-x) = (3x-1)^2 & (3) \end{cases}$$

– L'équation (E) a donc le même ensemble de solutions que le système ($\Sigma$).

$$(\Sigma) \begin{cases} (x+1)(3-x) \geqslant 0 & (1) \\ 3x - 1 \geqslant 0 & (2) \\ (x+1)(3-x) = (3x-1)^2 & (3) \end{cases}$$

– Résolvons ce système.
(1) a pour ensemble de solutions : $[-1 ; 3]$,
(2) a pour ensemble de solutions : $[\frac{1}{3} ; +\infty[$
(3) a pour ensemble de solutions : $\{-\frac{1}{5} ; 1\}$.

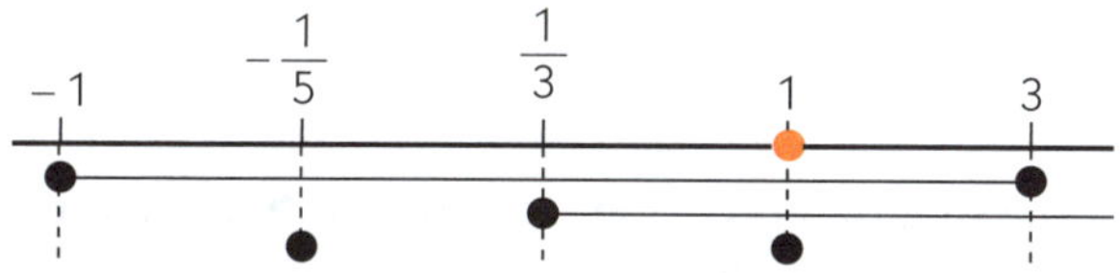


L'ensemble des solutions de (E), est { 1 }.

**Résolution dans $\mathbb{R}$ de l'inéquation**
**(I) $\sqrt{-2x^2 + 5x + 3} < 2x + 1$**

– L'ensemble de validité de (I) est l'ensemble des solutions de l'inéquation :

$$-2x^2 + 5x + 3 \geqslant 0 \qquad (1)$$

Dans l'ensemble de validité, l'inéquation (I) a le même ensemble de solutions que le système ci-dessous :

$$\begin{cases} 2x + 1 \geqslant 0 & (2) \\ -2x^2 + 5x + 3 < (2x+1)^2 & (3) \end{cases}$$

– L'inéquation (I) a donc le même ensemble de solutions que le système ($\Sigma$).

$$(\Sigma) \begin{cases} -2x^2 + 5x + 3 \geqslant 0 & (1) \\ 2x + 1 \geqslant 0 & (2) \\ -2x^2 + 5x + 3 < (2x+1)^2 & (3) \end{cases}$$

– Résolvons ce système.
(1) a pour ensemble de solutions : $[-\frac{1}{2} ; 3]$,
(2) a pour ensemble de solutions : $[-\frac{1}{2} ; +\infty[$
(3) a pour ensemble de solutions :

$$[-\infty ; -\frac{1}{2}[ \cup ]\frac{2}{3} ; +\infty[.$$

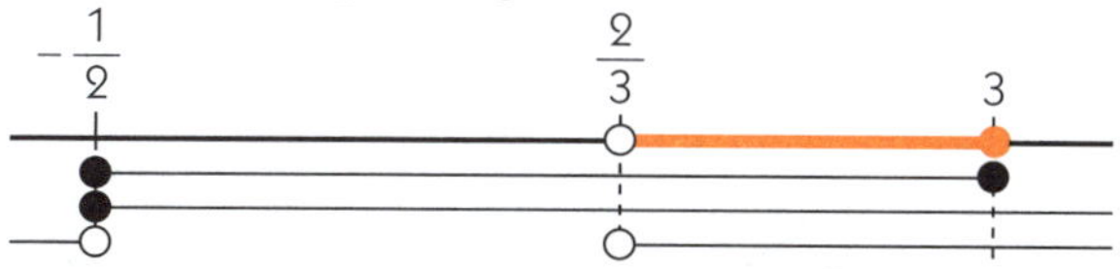


L'ensemble des solutions de (I), est $]\frac{2}{3} ; 3]$.

**Plus généralement :**

**L'équation irrationnelle du type $\sqrt{P(x)} = Q(x)$ a le même ensemble de solutions que le système :**

$$(\Sigma) \begin{cases} P(x) \geqslant 0 & (1) \\ Q(x) \geqslant 0 & (2) \\ P(x) = (Q(x))^2 & (3) \end{cases}$$

On constate que la résolution de l'inéquation (1) est rendue inutile par celle de l'équation (3).

**L'inéquation irrationnelle du type $\sqrt{P(x)} < Q(x)$ a le même ensemble de solutions que le système :**

$$(\Sigma') \begin{cases} P(x) \geqslant 0 & (1) \\ Q(x) \geqslant 0 & (2) \\ P(x) < (Q(x))^2 & (3') \end{cases}$$

## Exercices

**2.e** Résoudre dans $\mathbb{R}$ les équations suivantes.
(1) $\sqrt{4x + 1} = x + 1$
(2) $\sqrt{x^2 - 5x + 6} = -x + 4$
(3) $\sqrt{3x^2 - 11x + 21} = 2x - 3$

**2.f** Résoudre dans $\mathbb{R}$ les inéquations suivantes.
(1) $\sqrt{2x^2 + 2} \leqslant 3 - x$
(2) $2x + 1 - \sqrt{7 - 6x} > 0$
(3) $\sqrt{5x + 1} - 1 \leqslant 0$

# TP Travaux pratiques

## TP1 Intersection de courbes

### Exemple

**Le plan est muni du repère (O, I, J).**
**Déterminer les points d'intersection de l'hyperbole $(\mathcal{H})$ et de la droite $(\mathcal{D})$ d'équations respectives :**
$y = \frac{1}{x}$ ; $y = \frac{1}{3}x - \frac{2}{3}$.
**Les représentations graphiques sont données ci-contre.**

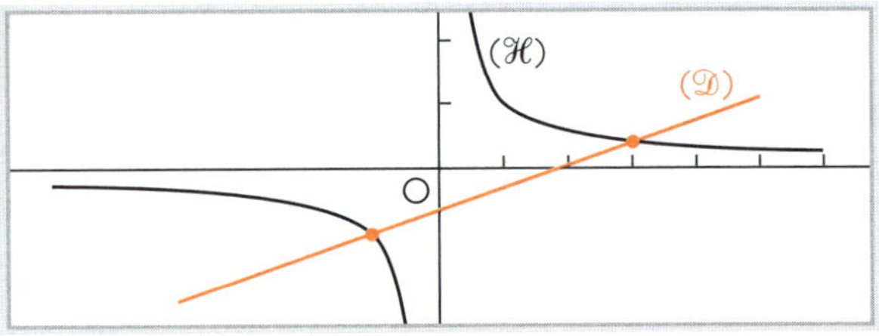


• Justifier que le couple des coordonnées d'un point d'intersection de $(\mathcal{H})$ et de $(\mathcal{D})$ est solution du système :

$$(\Sigma) \begin{cases} y = \frac{1}{x} \\ \frac{1}{x} = \frac{1}{3}x - \frac{2}{3} \end{cases}$$

• Résoudre ce système puis vérifier que $(\mathcal{H})$ et $(\mathcal{D})$ ont deux points communs : A(– 1 ; – 1) et B$(3 ; \frac{1}{3})$.

**M**

***Pour déterminer l'intersection de $(\mathcal{C}_f)$ et $(\mathcal{C}_g)$, représentations graphiques des fonctions f et g,* on peut procéder comme suit :**
**– on résout le système $(\Sigma)$ $\begin{cases} y = f(x) \\ f(x) = g(x) \end{cases}$ ;**
**– les solutions de $(\Sigma)$ sont les couples de coordonnées des points d'intersection de $(\mathcal{C}_f)$ et $(\mathcal{C}_g)$.**

### Application

**Le plan est muni du repère (O, I, J). A est le point d'abscisse 2 de la parabole $(\mathcal{P})$ d'équation : $y = x^2$.**
**$m$ étant un nombre réel, $(\mathcal{D}_m)$ est la droite passant par A, de coefficient directeur $m$.**
**Déterminer les points d'intersection de $(\mathcal{P})$ et de $(\mathcal{D}_m)$.**

On obtiendra les deux situations suivantes.

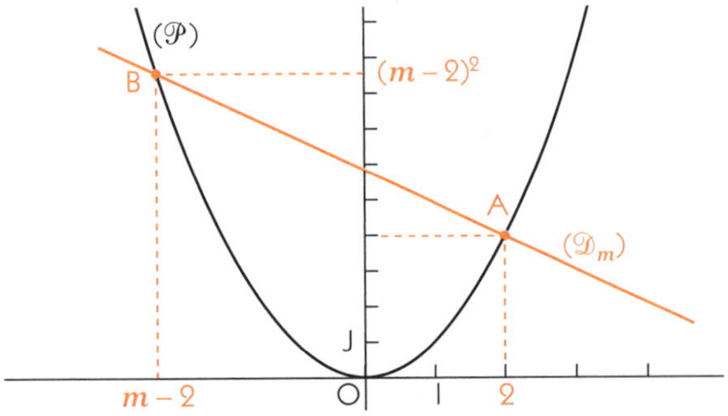


Pour $m \neq 4$,
la droite $(\mathcal{D}_m)$ et la parabole $(\mathcal{P})$ ont deux points communs : A(2 ; 4) et B$(m - 2 ; (m - 2)^2)$.

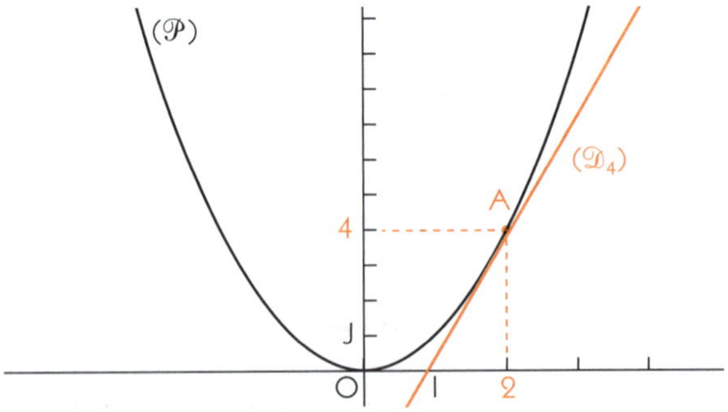


Pour $m = 4$,
la droite $(\mathcal{D}_4)$ et la parabole $(\mathcal{P})$ ont un seul point commun : A(2 ; 4).

## TP2 Un problème d'optimisation

**Déterminer les dimensions d'un rectangle de périmètre 100 et dont l'aire est la plus grande possible.**

Il s'agit de déterminer deux nombres $u$ et $v$ tels que $u + v = 50$ et $uv$ soit maximal.

On sait que, $S$ et $P$ étant des nombres réels, les nombres $u$ et $v$ dont la somme est $S$ et le produit $P$, s'ils existent, sont solutions de l'équation (E) : $x^2 - Sx + P = 0$.

Ces nombres existent si : $S^2 - 4P \geqslant 0$ (c'est-à-dire si : $P \leqslant \frac{S^2}{4}$).

La valeur maximale de $P$ est donc : $\frac{S^2}{4}$.

Pour $P = \frac{S^2}{4}$ le discriminant de (E) est nul. On a : $u = v = \frac{S}{2}$.

On a ainsi démontré que pour un périmètre donné le rectangle d'aire maximale est un carré.

Pour obtenir un rectangle de périmètre 100 et dont l'aire $P$ est maximale, il suffit que : $u = v = 25$.

## TP3 Résolution d'inéquations irrationnelles

### Inéquations du type : $\sqrt{P(x)} > k$ ou $\sqrt{P(x)} < k$

**Résolution dans $\mathbb{R}$ de l'inéquation**
**$(I_1)$ $\sqrt{2x^2 - 9x - 1} > 2$**

– L'ensemble de validité de $(I_1)$ est l'ensemble des solutions de l'inéquation : $2x^2 - 9x - 1 \geqslant 0$.

– $(I_1)$ a le même ensemble de solutions que :

$$(\Sigma) \quad \begin{cases} 2x^2 - 9x - 1 \geqslant 0 & (1) \\ 2x^2 - 9x - 1 > 4 & (2) \end{cases}$$

Remarquons que toute solution de (2) est aussi solution de (1) !

**Résolution dans $\mathbb{R}$ de l'inéquation**
**$(I_2)$ $\sqrt{2x^2 - 9x - 1} < 2$**

– L'ensemble de validité de $(I_2)$ est l'ensemble des solutions de l'inéquation : $2x^2 - 9x - 1 \geqslant 0$.

– $(I_2)$ a le même ensemble de solutions que :

$$(\Sigma) \quad \begin{cases} 2x^2 - 9x - 1 \geqslant 0 & (1) \\ 2x^2 - 9x - 1 < 4 & (2) \end{cases}$$

**Résolution dans $\mathbb{R}$ de l'inéquation**
**$(I_1)$ $\sqrt{(x - 3)(4 - x)} > -1$**

L'ensemble de validité de $(I_1)$ est l'ensemble des solutions de l'inéquation : $(x - 3)(4 - x) \geqslant 0$.

C'est donc l'ensemble des solutions de $(I_1)$.

**Résolution dans $\mathbb{R}$ de l'inéquation**
**$(I_2)$ $\sqrt{(x - 3)(4 - x)} < -1$**

La racine carrée d'un nombre réel étant positive, l'inéquation $(I_2)$ n'admet pas de solution.

TABLEAU RÉCAPITULATIF

| | $(I_1)$ $\sqrt{P(x)} > k$ | $(I_2)$ $\sqrt{P(x)} < k$ |
|---|---|---|
| **Pour $k > 0$** | $(I_1)$ a le même ensemble de solutions que l'inéquation : $P(x) > k^2$ | $(I_2)$ a le même ensemble de solutions que le système : $0 \leqslant P(x) < k^2$ |
| **Pour $k < 0$** | $(I_1)$ a le même ensemble de solutions que l'inéquation : $P(x) \geqslant 0$ | $(I_2)$ n'a pas de solution |

### Inéquations du type : $\sqrt{P(x)} \geqslant Q(x)$

**Résolution dans $\mathbb{R}$ de l'inéquation (I) $\sqrt{3 - x} \geqslant x - 1$**

• Justifier que l'ensemble de validité de (I) est $]-\infty ; 3]$.

• Expliquer pourquoi, pour résoudre l'inéquation (I), on est amené à déterminer les solutions de cette inéquation :

dans $]-\infty ; 1[$, où le second membre de (I) est strictement négatif,

dans $[1 ; +\infty[$, où le second membre de (I) est positif ou nul.

***Solutions de l'inéquation (I) dans $]-\infty ; 1[$***

• Démontrer que, dans $]-\infty ; 1[$ (I) a les mêmes solutions que le système suivant :

$$(\Sigma_1) \quad \begin{cases} 3 - x \geqslant 0 & (1) \\ x - 1 < 0 & (2) \end{cases}$$

• Résoudre le système $(\Sigma_1)$.

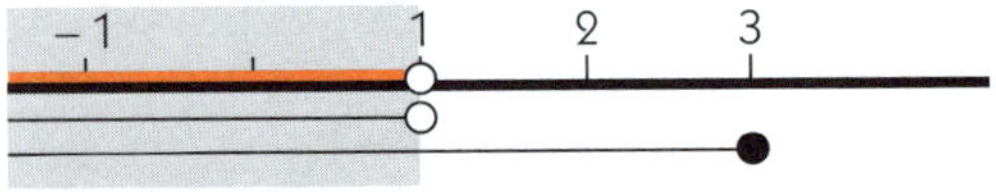

***Solutions de l'inéquation (I) dans $[1 ; +\infty[$***

• Démontrer que, dans $[1 ; +\infty[$ (I) a les mêmes solutions que le système suivant :

$$(\Sigma_2) \quad \begin{cases} 3 - x \geqslant 0 & (1) \\ x - 1 \geqslant 0 & (3) \\ 3 - x \geqslant (x-1)^2 & (4) \end{cases}$$

• Résoudre le système $(\Sigma_2)$

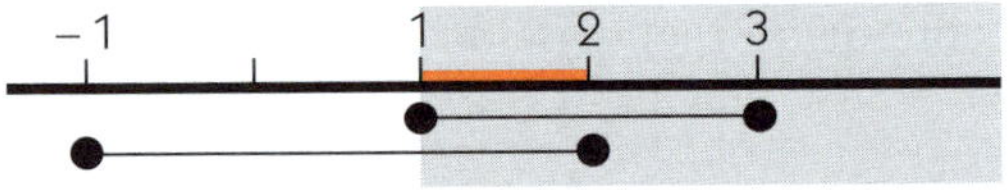

***Ensemble des solutions de (I)***

• On obtient pour l'ensemble des solutions de l'inéquation (I) : $]-\infty ; 2]$

## Application

***m* étant un paramètre réel, résoudre dans $\mathbb{R}$ de l'inéquation $(I_m)$ : $\sqrt{-5x^2 + x + 6} \geqslant m$.**

# TP4 Démonstration par disjonction des cas

*L'objectif de ce TP est de dégager une méthode de démonstration à partir d'exemples déjà traités.*

## Présentation

On a résolu dans le TP3 une inéquation du type :

(I) $\sqrt{P(x)} \geqslant Q(x)$.

La méthode utilisée est basée sur le recouvrement de l'ensemble de validité $\mathcal{V}_{(I)}$ par deux ensembles $E_1$ et $E_2$ dans lesquels les méthodes de résolutions de (I) sont différentes.

$E_1$ est l'ensemble des $x$ de $\mathcal{V}_{(I)}$ tels que : $Q(x) < 0$

$E_2$ est l'ensemble des $x$ de $\mathcal{V}_{(I)}$ tels que : $Q(x) \geqslant 0$

on a donc : $\mathcal{V}_{(I)} = E_1 \cup E_2$.

On a alors distingué deux cas :

1$^{er}$ cas : Recherche des solutions de (I) dans $E_1$ ;

2$^{e}$ cas : Recherche des solutions de (I) dans $E_2$.

On dit que l'on a raisonné par **disjonction des cas**.

## Applications

**Démontrer que : pour tous nombre réels $x$ et $y$, $|x + y| \leqslant |x| + |y|$**
**Représenter graphiquement l'ensemble des solutions de l'inéquation : $|x| + |y| < 1$**

On pourra considérer $x$ et $y$ respectivement comme abscisse et ordonnée d'un point M du plan muni d'un repère et raisonner par disjonction des cas, suivant le signe de chacun des nombres réels $x$ et $y$ ; donc suivant la position du point M dans les quatre régions du plan déterminées par le repère.

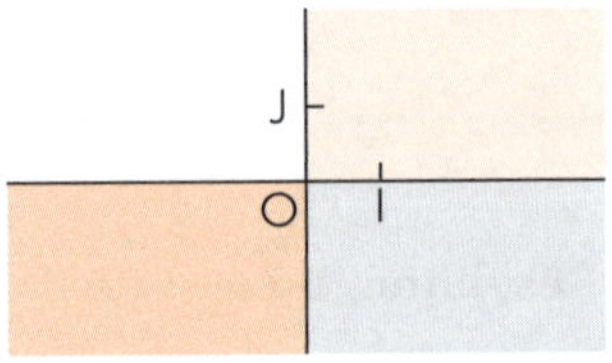

# Exercices

## APPRENTISSAGE

## Équations et inéquations

### *Polynômes du 2nd degré*

**1** Les courbes ci-dessous sont des paraboles d'équation : $y = ax^2 + bx + c$.
Dans chacun des cas suivants, déterminer le signe de $a$ et le signe du discriminant du polynôme $ax^2 + bx + c$.

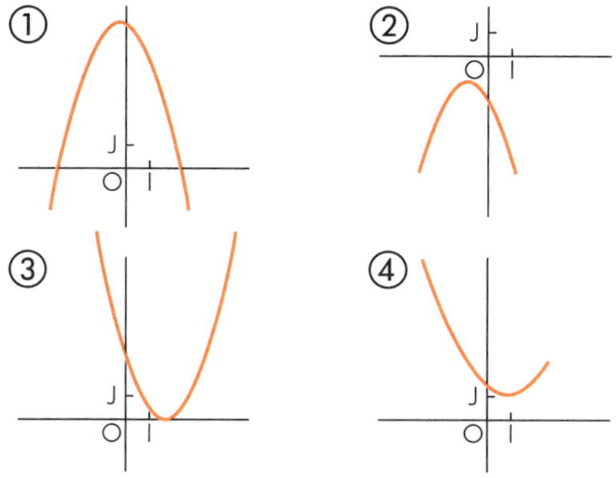


### *Résolution d'équations à l'aide d'une factorisation*

**2** Résoudre dans $\mathbb{R}$ les équations suivantes :
(1) $(3x + 2)^2 = 4(2x - 5)^2$ ; (2) $x^2 - 49 = 0$
(3) $(2x^2 + 3x)(x^2 - 9) = 0$ ; (4) $225x^2 - 60x + 4 = 0$
(5) $(x^2 - 3)(2x + 1) = (x - \sqrt{3})(x + \sqrt{3})$
(6) $(x - 3)^2 - (2x - 6)(7 - x) + (7 - x)^2 = 0$
(7) $(2x + 1)^2 - 2(2x + 1)(x - 5) + (x - 5)^2 = 0$

### *Résolution d'équations à l'aide du discriminant*

**3** Résoudre dans $\mathbb{R}$ les équations suivantes :
(1) $x^2 - 4x - 50 = 0$ ; (3) $2x^2 + 2x - 7 = 0$
(2) $6x^2 - x - 5 = 0$ ; (4) $x^2 + x + 1 = 0$
(5) $\sqrt{2}x^2 + (1 - \sqrt{2})x - 1 = 0$

**4** Résoudre dans $\mathbb{R}$ les équations suivantes :
(1) $x^2 - 4 + (4 - 6x)(7x + 3) = 0$ ; (2) $-x^3 + x^2 + 6x = 0$
(3) $x(x - 1)^2 + 2(x - 1)(x + 3) + 8 - 8x = 0$

**5** Résoudre dans $\mathbb{R}$ les équations suivantes :
(1) $4 - x^2 = (2x - 4)(x + 5)$ ; (2) $x^2 - 8x - 9 = 0$
(3) $(4x - 1)(x + 3) + (2x - 5)(1 - 4x) = 0$

### *Factorisation de polynômes*

**6** Factoriser les polynômes $p(x)$ suivants :
(1) $p(x) = 4x^2 - 4x + 1$ ; (2) $p(x) = -x^2 + 4x + 30$
(3) $p(x) = 5x^2 - 15x - 20$

### *Résolution d'une inéquation à l'aide d'une factorisation*

**7** Résoudre dans $\mathbb{R}$ les inéquations suivantes :
(1) $(2x - 3)^2 - (2x - 3)(x^2 + 2x + 1) \leq 0$
(2) $(x - 3) - (3 - x)(2x + 1) \geq 0$
(3) $4x^2 - 49 - (2x - 7)(x + 1) \leq 0$

### *Résolution d'une inéquation à l'aide du discriminant*

**8** Résoudre dans $\mathbb{R}$ les inéquations suivantes :
(1) $4x^2 - 5x + 3 \geq 0$ ; (4) $-9x^2 + 12x - 4 \leq 0$
(2) $x^2 - 11x + 10 > 0$ ; (5) $x^2 - 4x - 6 \leq 0$
(3) $-3x^2 + x + 2 \geq 0$ ; (6) $x^2 - 3x - 4 < 0$

**9** Résoudre dans $\mathbb{R}$ les inéquations suivantes :
(1) $(3x^2 - x + 1)^2 \geq (2x^2 + 9x - 4)^2$
(2) $(x^2 + x - 2)(x^2 - x - 2) < 0$

### *Somme et produit de solutions*

**10** Résoudre dans $\mathbb{R}$ les équations suivantes :
(1) $x^2 - (\sqrt{5} + \sqrt{7})x + \sqrt{35} = 0$
(2) $x^2 - (\sqrt{3} - \sqrt{2})x - \sqrt{6} = 0$

**11** Dans chacun des cas suivants, déterminer deux nombres réels s'il existent, dont on connait la somme S et le produit P.
(1) S = 28 ; P = 195 (4) S = 14 ; P = 851
(2) S = – 20 ; P = – 1344 (5) S = 32 ; P = 256
(3) S = $2\sqrt{5}$ ; P = 3 (6) S = 15 ; P = – 324

**12** Dans chacun des cas suivants, déterminer des équations du second degré qui ont pour solutions :
(1) 11 et – 15 (4) $2 + \sqrt{13}$ et $2 - \sqrt{13}$
(2) 15 et – 27 (5) $\sqrt{5} - \sqrt{3}$ e t $\sqrt{5} + \sqrt{3}$
(3) $(a + b)$ et $(a - b)$ (6) $\frac{2 - \sqrt{2}}{3}$ et $\frac{2 + \sqrt{2}}{3}$

**13** Dans chacun des cas suivants, l'équation admet pour solution $x'$.
Calculer la seconde solution $x''$.
(1) $4x^2 - 20x + 9 = 0$ sachant que $x' = \frac{1}{2}$
(2) $x^2 - 9x - 90 = 0$ sachant que $x' = -6$
(3) $2x^2 + 3x - 20 = 0$ sachant que $x' = \frac{5}{2}$

### *Équations du second degré avec paramètre*

**14** Résoudre dans $\mathbb{R}$, suivant les valeurs du paramètre $m$, les équations suivantes.
(1) $x^2 - (m + 1)x + m = 0$ ; (2) $10x^2 - 13mx + 3m^2 = 0$

**15** Résoudre dans $\mathbb{R}$, suivant les valeurs du paramètre $m$, les équations suivantes.
(1) $(3m - 5)x^2 - (m + 2)x + m + 2 = 0$
(2) $(m - 3)x^2 + (7 - 4m)x + 20 = 0$
(3) $(6 - m)x^2 + (3m + 1)x - 3 - 9m = 0$
(4) $(4m + 1)x^2 - 2(7 - 2m)x + 3 + m = 0$
(5) $(m^2 - 4)x^2 - 2(m + 2)x + (m - 1) = 0$

**16** Déterminer $m$ pour que 1 soit une solution de chacune des équations suivantes.
(1) $(m + 1)x^2 - 2mx + 5 = 0$
(2) $mx^2 - (2m + 1)x + 2 = 0$
(3) $(m^2 + 1)x^2 + 3(m - 1)x + m = 0$
Trouver l'autre solution.

**17** Déterminer $m$ pour que – 1 soit une solution de chacune des équations suivantes.
(1) $(2m - 1)x^2 - 2mx + 5 = 0$

(2) $\left(\frac{m+1}{m-1}\right)x^2 - (2m+1)x - 9 = 0$

(3) $x^2 + (2m^2 - m + 2)x + m + 5 = 0$

(4) $\frac{m}{4}x^2 - 2(m-1)x + 4(m-5) = 0$

Trouver l'autre solution.

# Équations et inéquations se ramenant au 2nd degré

### *Résolution d'équations et d'inéquation du 3e degré*

**18** On considère le polynôme $P(x)$ défini par :
$P(x) = x^3 - x^2 + x + 3$

**1.** Vérifier que $-1$ est une racine de $P(x)$.
**2.** Résoudre dans $\mathbb{R}$ l'équation $P(x) = 0$.
**3.** Résoudre dans $\mathbb{R}$ l'inéquation $P(x) \geq 0$.

**19** On considère le polynôme $P(x)$ défini par :
$P(x) = 2x^3 + 5x^2 - 14x - 8$

**1.** Vérifier que 2 est une racine de $P(x)$.
**2.** Résoudre dans $\mathbb{R}$ l'équation $P(x) = 0$.
**3.** Résoudre dans $\mathbb{R}$ l'inéquation $P(x) \leq 0$.

**20** On considère le polynôme $P(x)$ défini par :
$P(x) = x3 - 5x2 + 3x + 9$

**1.** Vérifier que 3 est une racine de $P(x)$.
**2.** Résoudre dans $\mathbb{R}$ l'équation $P(x) = 0$.
**3.** Résoudre dans $\mathbb{R}$ l'inéquation $P(x) \leq 0$.

**21** Résoudre dans $\mathbb{R}$ l'équation suivante :
$2x^3 - 3x^2 - 11x + 6 = 0$
sachant qu'elle admet $\frac{1}{2}$ pour solution.

**22** Résoudre dans $\mathbb{R}$ l'équation suivante :
$x^3 - 8x^2 - 16x + 128 = 0$
sachant qu'elle admet 8 pour solution.

### *Utilisation d'une inconnue auxiliaire*

**23** Résoudre dans $\mathbb{R}$ les équations suivantes :
(1) $x^4 - 13x^2 + 36 = 0$ ; (3) $x^4 + x^2 - 2 = 0$
(2) $-x^4 + 18x^2 - 32 = 0$ ; (4) $x^4 + x^2 + 1 = 0$

**24** Factoriser les polynômes $p(x)$ suivants :
(1) $p(x) = 2x^4 - 21x^2 + 10$ ; (4) $p(x) = 2x^4 - 5x^2 + 2$
(2) $p(x) = x^4 - 15x^2 - 16$ ; (5) $p(x) = x^4 - 8x^2 - 9$
(3) $p(x) = 4x^4 - 20x^2 + 25$ ; (6) $p(x) = x^4 + 5x^2 + 4$

**25** Résoudre dans $\mathbb{R}$ les équations suivantes :
(1) $2x - \sqrt{x} + 2 = 0$ ; (2) $5x + 4\sqrt{x} - 9 = 0$
(3) $-14x + 13\sqrt{x} + 30 = 0$

**26** Résoudre dans $\mathbb{R}$ les équations suivantes :
(1) $2x^2 - |x| - 15 = 0$ ; (2) $3x^2 - 8|x| + 4 = 0$

**27** Résoudre dans $\mathbb{R}$ les inéquations suivantes :
(1) $x^4 - 2x^2 - 15 > 0$ ; (3) $3x^4 - 11x^2 + 18 \geq 0$
(2) $3x^4 - 5x^2 + 22 \leq 0$ ; (4) $4x^4 - 4x^2 + 1 \geq 0$

### *Équation et inéquations irrationnelles*

**28** Résoudre dans $\mathbb{R}$ les équations suivantes :
(1) $\sqrt{x+2} = 4$ ; (2) $\sqrt{x-1} = -3$

**29** Résoudre dans $\mathbb{R}$ les équations suivantes :
(1) $\sqrt{x+2} = \sqrt{3x-5}$ ; (2) $\sqrt{2x+1} = \sqrt{x}$
(3) $\sqrt{x-1} - \sqrt{x-4} = 0$
(4) $\sqrt{2x^2+5x-7} = \sqrt{x^2-x-2}$

**30** Résoudre dans $\mathbb{R}$ les équations suivantes :
(1) $\sqrt{x+2} = 3x - 4$ ; (4) $\sqrt{-x^2+4x+5} = x - 6$
(2) $2x + 1 + \sqrt{-7x-5} = 4$ ; (5) $1 - 2x + \sqrt{x^2+1} = 0$
(3) $1 + \sqrt{3x^2 - 2x - 1} = x$

**31** Résoudre dans $\mathbb{R}$ les inéquations suivantes :
(1) $x + \sqrt{2x-2} \leq 4$ (4) $4 + \sqrt{2x-2} < x$
(2) $\sqrt{-x^2+x+1} < x - 5$ (5) $\sqrt{-4x^2+x+5} \leq 2x + 2$
(3) $2\sqrt{x(x-3)} < 2x + 2$ (6) $3\sqrt{x^2+1} - 2x - 5 \leq 0$

## APPROFONDISSEMENT

**32** Résoudre dans $\mathbb{R}$ les équations suivantes :
(1) $\frac{1}{x-2} + \frac{1}{x+1} = \frac{1}{2}$ ; (2) $\frac{x^2-4}{x-2} + \frac{1}{x+1} = 1$
(3) $\frac{1}{x-2} + \frac{x}{x+2} = \frac{11-x}{x^2-4}$ ; (4) $\frac{x-2}{x-1} + \frac{x-4}{2x} = \frac{2}{x^2-x}$
(5) $\frac{x-1}{x+1} - \frac{2}{x-1} = 2 + \frac{x+1}{x-1}$

**33** Résoudre dans $\mathbb{R}$ les inéquations suivantes :
(1) $\frac{x^2-6x-7}{5-2x} > 0$ ; (2) $\frac{x(x+1}{x-1} < 2x$

**34** On considère le polynôme $P(x)$ définie par :
$P(x) = 2x^3 - x2 - x - 3$

**1.** Vérifier que $\frac{3}{2}$ est une racine de $P(x)$.
**2.** Résoudre dans $\mathbb{R}$ l'équation $P(x) = 0$.
**3.** Résoudre dans $\mathbb{R}$ l'inéquation.
$$\frac{2x^3 - x^2 - x - 3}{x^2 - 3x + 2} < 0$$

**35** On considère le polynôme $P(x)$ définie par :
$P(x) = (x^2 - 2x)(2x^2 - 9x - 5)$

**1.** Vérifier que 5 est une racine de $P(x)$.
**2.** Résoudre dans $\mathbb{R}$ l'équation $P(x) = 0$.
**3.** Résoudre dans $\mathbb{R}$ l'inéquation.
$$\frac{(x^2-2x)(2x^2-9x-5)}{x^2-4} < 0$$

**36** Résoudre dans $\mathbb{R} \times \mathbb{R}$ les systèmes d'équations suivants :
(1) $\begin{cases} x + y = -1 \\ xy = -1 \end{cases}$ (4) $\begin{cases} \frac{x^2}{y} + \frac{y^2}{x} = 0 \\ xy = -1 \end{cases}$
(2) $\begin{cases} x^2 + y^2 = 5 \\ xy = -2 \end{cases}$ (5) $\begin{cases} x^4 + y^4 = 17 \\ xy = 2 \end{cases}$
(3) $\begin{cases} x^2 + y^2 = 20 \\ \frac{x}{y} + \frac{y}{x} = \frac{5}{2} \end{cases}$ (6) $\begin{cases} x - y = 2 \\ xy = 35 \end{cases}$

**37** Résoudre dans $\mathbb{R}$ les équations suivantes :
(1) $2x|x| - 6x - 2 = 0$ ; (2) $2x^2 - 3x + 5 = |x - 1|$

**38** On considère l'équation :
(E) $x^2 - 2mx + 2 = 0$
où $m$ est un paramètre.
Déterminer $m$ pour que l'une des solutions de (E) soit le double de l'autre.

**39** On considère l'équation :

(E) $ax^2 + 2x + c = 0$

où $a \in [-3 ; 3] - \{0\}$ et $c \in [-3 ; 3]$.
Trouver l'ensemble des couples $(a ; c)$ dans chacun des cas suivants :

**1.** (E) admet une solution unique.
**2.** (E) admet 0 comme solution.
**3.** (E) admet 0 et 2 comme solutions.

**40** On considère l'équation :

(E) $x^2 - 2mx + m + 3 = 0$

où $m$ est un paramètre.
Trouver m pour que (E) ait deux solutions appartenant à $[-2 ; 3]$.

**41** Déterminer la valeurs du paramètre $m$, pour que les équations suivantes aient deux solutions de signes contraires.

(1) $(2m - 5)x^2 + mx + 7 = 0$
(2) $(m - 5)x^2 - (m + 2)x + m - 1 = 0$

**42** Déterminer la valeurs du paramètre $m$, pour que les équations suivantes aient deux solutions strictement positives.

(1) $2x^2 + m - x + 2 = 0$
(2) $(m - 3)x^2 + (2m - 1)x + - 2 + 4m = 0$

## PROBLÈMES

**43** On considère la fonction $f$ définie par :

$$f(x) = \frac{1}{4}x^2 - x + 3$$

$(\mathscr{C})$ est la représentation graphique de $f$ dans la plan muni du repère orthonormé (O, I, J).

**1.** Déterminer les coordonnées du sommet A de la parabole.
**2.** Construire $(\mathscr{C})$.
**3.** Résoudre graphiquement : $f(x) = 0$, $f(x) > 4$.
**4.** Retrouver par calcul, les résultats de **3**.

**44** On considère la fonction $f$ définie par :

$$f(x) = |x - 3| - |x + 2|$$

**1.** Trouver un nombre réel $m_1$ tel que l'équation

$$f(x) = m_1$$

ait une solution unique.
**2.** Trouver un nombre réel $m_2$ tel que l'équation

$$f(x) = m_2$$

n'ait aucune solution.

**45** Madame ADOU a placé dans une banque pendant deux ans la somme de 70 000 F à un taux annuel de $x$ %, à intérêts composés (c'est-à-dire à la fin de chaque année, les intérêts produits s'ajoutent au capital pour former le nouveau capital). Au bout de deux années, elle retire 79 394 F.
Calculer le taux annuel $x$ du placement.

**46** Madame Ouéhi a payé son vélo 52 500 F, après deux remises successives de $x$ % sur un prix initial de 60 000 F.
Déterminer $x$ .

**47** Après deux hausses successives de $x$ % un collier qui était vendu 40 000 F coûte actuellement 47 500 F.
Déterminer $x$ .

**48** Résoudre dans $\mathbb{R}$ l'équation $ax^2 + bx - 2 = 0$ sachant que $8a + 6b - 9 = 0$. Pour quelles valeurs de $a$ et $b$ a-t-on une solution unique ?

**49** On considère le polynôme : $x^3 + 4x^2 - 5x + 8$.
Il a trois racines $a, b, c$. Sans calculer ces racines, déterminer :

$a + b + c$ ; $abc$ ; $\frac{1}{a} + \frac{1}{b} + \frac{1}{c}$.

**50** On considère le polynôme : $x^3 + 10x + 5$.
Il a trois racines $a, b, c$. Sans calculer ces racines, déterminer :

$a + b + c$ ; $abc$ ; $\frac{1}{a} + \frac{1}{b} + \frac{1}{c}$.

**51** On considère le polynôme : $20x^3 - 5x^2 - 3x + 2$.
Il a trois racines $a, b, c$. Sans calculer ces racines, déterminer :

$a + b + c$ ; $abc$ ; $\frac{1}{a} + \frac{1}{b} + \frac{1}{c}$ ; $(a + b + c)^2$ ;

$a^2 + b^2 + c^2$ ; $\frac{1}{a^2} + \frac{1}{b^2} + \frac{1}{c^2}$.

**52** Aïch'lingerie est une société qui fabrique des sous-vêtements et des draps. La courbe de production journalière de S sous-vêtements et de D draps de l'usine est donnée par l'inéquation :

$$S^2 + 4S + 8D \leq 2\,496.$$

**1.** Trouver le nombre maximum de sous-vêtements que cette société peut produire en une journée de travail si elle ne produit pas de drap.
**2.** Trouver le nombre maximum de draps que cette société peut produire en une journée de travail si elle ne produit pas de sous-vêtements.
**3.** Trouver le nombre maximum de sous-vêtements que cette société peut produire en une journée de travail si elle doit produire 72 draps.

**53** On donne un cercle $(\mathscr{C})$ de diamètre [AB] de longueur 5 cm. $(\mathscr{D})$ est une droite parallèle à (AB) située à 2 cm de (AB), C un des points d'intersection de $(\mathscr{C})$ et $(\mathscr{D})$, H le projeté orthogonal de C sur (AB).
Calculer HA et HB.

**54** Le plan étant muni du repère orthonormé (O, I, J), on considère les points A(0 ; 4) et B(4 ; 4).
M étant un point de la droite (OI) et H l'orthocentre du triangle AMB, on pose : OM = $x$.

**1.** Exprimer les coordonnées du point H en fonction de $x$.
**2.** Lorsque M décrit la droite (OI), H décrit une partie (E) du plan. Construire (E).
**3.** Déterminer graphiquement le point M tel que AH = AB.
**4.** Exprimer AH en fonction de $x$.
Déterminer $x$ pour que : AH = OM.

**55** M. EBOUTOU veut planter des cacaoyers sur un terrain rectangulaire de 105 m de large et 170 m de long de façon a obtenir un quadrillage régulier.
Déterminer la distance $x$ qu'il doit avoir entre deux rangées de cacaoyers, sachant que le conseiller agricole lui affirme qu'il pourrait ainsi planter 4 198 cacaoyers.

**56** Le coffre d'une voiture a la forme d'un prisme droit dont la base est un trapèze.
On veut placer dans ce coffre une malle ayant la forme d'un pavé droit et de volume maximum.

Quelles doivent être les dimensions de cette malle, compte tenu du croquis ci-contre ?

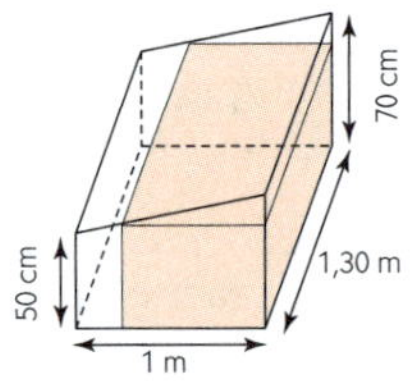


**57** On considère un demi-cercle $(\mathscr{C})$ de diamètre [AB]. M est un point de ]AB[. On pose : AM = $x$.
On désigne par $(\mathscr{C}_1)$ le demi-cercle de diamètre [AM] et par $(\mathscr{C}_2)$ le demi-cercle de diamètre [BM].
Calculer $\mathscr{A}(x)$ l'aire du domaine limité par les trois demi-cercles.
On désigne par $\mathscr{A}'$ l'aire du demi-disque limité par $(\mathscr{C})$.
Déterminer $x$ dans chacun des cas suivants :
$\mathscr{A}(x) = \dfrac{\mathscr{A}'}{2}$ ; $\mathscr{A}(x) \leq \dfrac{\mathscr{A}'}{3}$ ; $\dfrac{\mathscr{A}'}{3} < \mathscr{A}(x) < \dfrac{\mathscr{A}'}{2}$.

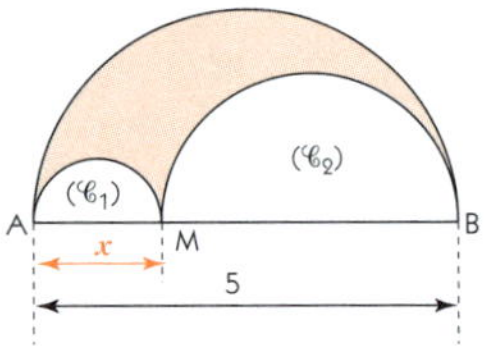


**58** On considère un segment [AB] de longueur $\ell$.
M est un point de ]AB[. On pose AM = $x$
On désigne par $(\mathscr{C}_1)$ le carré construit sur [AM] et par $(\mathscr{C}_2)$ le rectangle construit sur BM ayant pour longueur $\ell$.
Déterminer $x$ pour que l'aire de $(\mathscr{C}_2)$ soit égale à l'aire de $(\mathscr{C}_1)$.

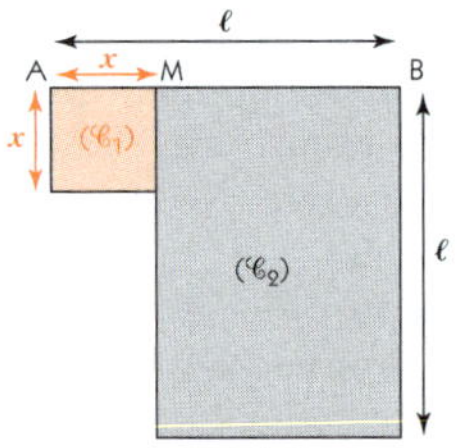


**59** Le plan est muni du repère orthonormé (O,I,J).
On considère la fonction polynôme $f$ définie par :
$f(x) = -2x^2 + 3x + 5$.

**1.** Étudier le sens de variation de $f$ et construire sa représentation graphique $(\mathscr{C}_f)$. Calculer les coordonnées des points d'intersection A et B de $(\mathscr{C}_f)$ et (OI).

**2.** On trace la droite (D), d'équation $y = 5$ ;
cette droite coupe $(\mathscr{C}_f)$ en deux points M et N.
Posons : {P} = (AM) ∩ (BN) ; {Q} = (AN) ∩ (BM).
*a)* Démontrer que (PQ) est parallèle à (OJ).
*b)* Calculer les coordonnées de P et de Q.
*c)* Démontrer que P et Q sont symétriques par rapport au sommet S de $(\mathscr{C}_f)$.

**3.** (Δ) est une droite d'équation $y = m$ $[m \in \mathbb{R}]$.
*a)* En s'aidant de la représentation graphique $(\mathscr{C}_f)$, donner le nombre de points d'intersection de (Δ) et $(\mathscr{C}_f)$, suivant les valeurs du paramètre $m$.
*b)* On suppose que (Δ) coupe $(\mathscr{C}_f)$ aux points E et F, éventuellement confondus.
Posons : {K} = (AE) ∩ (BF) ; {L} = (AF) ∩ (BE).
Exprimer les coordonnées de K et L en fonction de $m$.
Démontrer que K et L sont symétriques par rapport au sommet S de $(\mathscr{C}_f)$.
Trouver l'ensemble décrit par le point K et celui décrit par le point L lorsque $m$ décrit $\left]0 ; \dfrac{49}{8}\right]$.

**60** Le plan est muni du repère orthonormé (O,I,J).
On considère le carré ABCD de côté $a$ et soit M un point du segment [AB]. La droite passant par M et parallèle à (AC) coupe (BC) en N.
MNPQ est le rectangle tel que P et Q appartiennent respectivement aux droites (CD) et (DA).

**1.** Donner un programme de construction du rectangle MNPQ.

**2.** On pose : AM = $x$.
*a)* Démontrer que le périmètre de MNPQ est constant lorsque M décrit [AB].
*b)* Exprimer l'aire du rectangle MNPQ en fonction de $a$ et $x$.
*c)* Déterminer $x$ pour que cette mesure soit la plus grande possible. Calculer alors cette aire.

**3.** On considère l'application $f : ]0, a[ \to \mathbb{R}$
$x \mapsto \mathscr{A}_1$
où $\mathscr{A}_1$ désigne la mesure de l'aire du rectangle MNPQ.
*a)* Étudier le sens de variation de $f$ et donner sa représentation graphique.
*b)* Calculer $x$ lorsque $\mathscr{A}_1 = \dfrac{a^2}{4}$.

**4.** On considère l'application $g : ]0, a[ \to \mathbb{R}$
$x \mapsto \mathscr{A}_2$
où $\mathscr{A}_2$ désigne l'aire du disque de diamètre [MP].
*a)* Étudier le sens de variation de $g$ et donner sa représentation graphique.
*b)* Calculer $x$ pour que $\mathscr{A}_2$ soit la plus petite possible. Calculer alors cette aire.

## Information historique

*À partir du XVIII^e siècle, les mathématiciens cherchent à exprimer toute solution d'une équation P(x) = 0, P(x) étant un polynôme, à l'aide de radicaux portant sur les coefficients de P(x).*
*En 1771, LAGRANGE fait la conjecture que cela n'est possible que si le degré de P(x) est au plus 4.*
*Le français Évariste GALOIS (1811 - 1832) a magistralement prolongé les travaux du norvégiens Niels ABEL (1802 - 1829) qui a, par une démonstration, confirmé la conjecture de LAGRANGE.*

Évariste GALOIS (1811 - 1832)

# 4

# Fonctions

*Le concept de fonction est l'un des plus importants en mathématique, ainsi que pour la plupart des disciplines scientifiques.*
*Très tôt, chez les Babyloniens et chez les Grecs avec ARCHIMÈDE, apparaît une notion vague de fonction sous la forme de tables construites à partir de l'observation de phénomènes naturels.*

*C'est Nicole ORESME (1328 - 1382) qui, par la cinématique, fait faire un pas décisif à la notion de fonction. Il étudie les trajectoires des astres, ce qui le conduit à des représentations graphiques sommaires, plus qualitatives que quantitatives. DESCARTES (1596 - 1650), grâce à la géométrie analytique, associe les notions de courbes et de fonctions. LEIBNITZ (1646 - 1716) crée le mot fonction.*

*Cependant, c'est EULER qui est le père de la notion moderne de fonction, car il a introduit le concept et la notation f(x).*
*La notion ensembliste a permis à Maurice FRÉCHET (1878 - 1975) d'introduire la notion de fonction d'un ensemble A vers un ensemble B, généralisation d'une fonction numérique à variable réelle.*

Leonhard EULER (1707 - 1783)

## SOMMAIRE

# 1 Généralités sur les fonctions

## 1.1. Restriction d'une fonction

*Exemple introductif*

On donne les fonctions $f$, $g$ et $h$, de $\mathbb{R}$ vers $\mathbb{R}$, définies par : $f(x) = x + 1$ ; $g(x) = |x + 1|$ ; $h(x) = \dfrac{x^2 - 1}{x - 1}$.

Le plan est muni du repère (O, I, J).
$(\mathscr{C}_f)$, $(\mathscr{C}_g)$ et $(\mathscr{C}_h)$ sont les représentations graphiques de $f$, $g$ et $h$ ; $D_f$, $D_g$ et $D_h$ leur ensemble de définition,

On constate que :

***pour les fonctions f et g,***
- sur $[-1 ; +\infty[$, $f$ et $g$ coïncident,
- pour tout $x$ élément de $]-\infty ; -1[$,
  $f(x) \neq g(x)$ ;

***pour les fonctions f et h,***
- $D_h \subset D_f$,
- sur $D_h$, les fonctions $f$ et $h$ coïncident.

On dit que la fonction $h$ est **la restriction à $\mathbb{R} \setminus \{-1\}$ de la fonction $f$.**

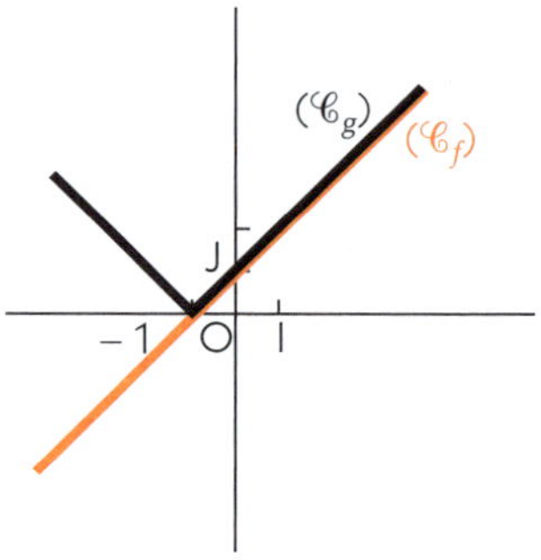


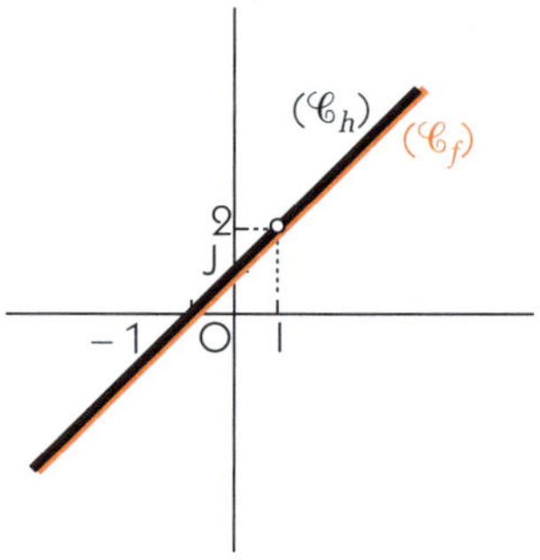


### Définition

**$f$ étant une fonction de A vers B,**

**E une partie non vide de l'ensemble de définition de $f$,**

**on appelle *restriction* à E *de* la fonction $f$, l'application $g$ de E dans B définie par : $g(x) = f(x)$.**

On peut noter $f_E$ la restriction à E de la fonction $f$.

Pour tout $x$ de E, $f_E(x) = f(x)$.

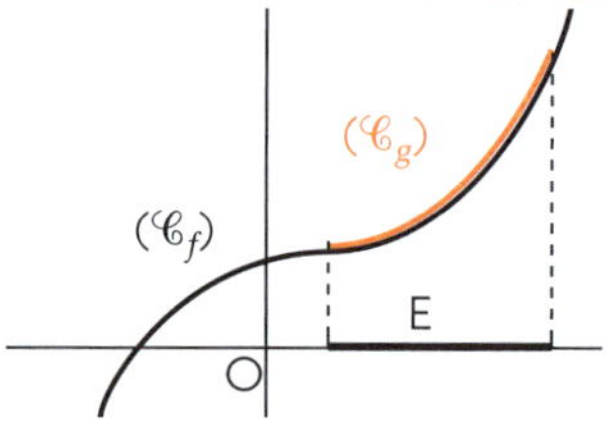


Dans l'exemple ci-dessus $g$ est-elle la restriction à $[-1 ; +\infty[$ de $f$ ?

## Exercices

**1.a** On donne la fonction $f$, de $\mathbb{R}$ vers $\mathbb{R}$ définie par :
$f(x) = 3x - 1$.
Définir et représenter graphiquement la restriction de la fonction $f$ à l'intervalle $[-1 ; 2]$.

**1.b** On donne la fonction $f$, de $\mathbb{R}$ vers $\mathbb{R}$ définie par :
$f(x) = |x| + |1 - x| - |x - 3|$.
Définir et représenter graphiquement la restriction de $f$ à l'intervalle $[0 ; 1]$.

**1.c** On donne les fonctions $f$ et $g$, de $\mathbb{R}$ vers $\mathbb{R}$ définies par :
$f(x) = |x|$ et $g(x) = \dfrac{|x|}{x}$.
Définir et représenter graphiquement les restrictions de ces fonctions à l'intervalle $]-\infty ; 0[$.

**1.d** Dans le plan muni d'un repère orthonormé, représenter les restrictions à l'intervalle $[0 ; 2\pi[$ des fonctions $f$ et $g$ de $\mathbb{R}$ vers $\mathbb{R}$ définies par :
$f(x) = \sin x$ ; $g(x) = \cos x$.

## 1.2. Comparaison de fonctions

On donne les fonctions $f$ et $g$, de $\mathbb{R}$ vers $\mathbb{R}$ définies par :

$f(x) = x^2$ et $g(x) = x^3$.

Le plan est muni du repère (O, I, J). On désigne par $(\mathscr{C}_f)$ et $(\mathscr{C}_g)$ les représentations graphiques de $f$ et $g$.
On veut étudier les positions relatives de $(\mathscr{C}_f)$ et $(\mathscr{C}_g)$.

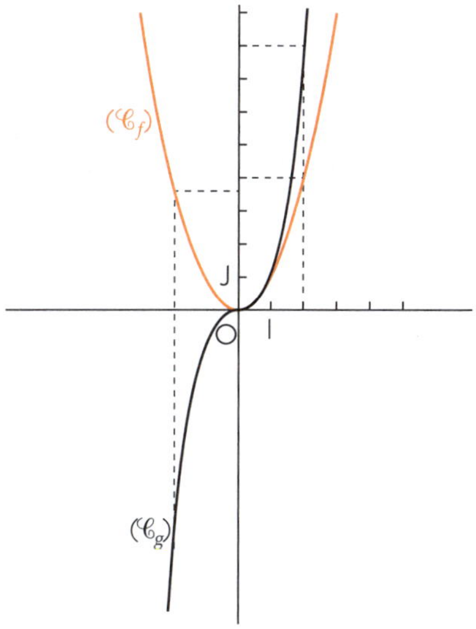


• Compléter le tableau suivant.

| $x$ | $-\infty$ | | 0 | | 1 | | $+\infty$ |
|---|---|---|---|---|---|---|---|
| signe de $(f(x) - g(x))$ | | + | 0 | | 0 | | |
| comparaison de $f(x)$ et $g(x)$ | | $f(x) > g(x)$ | | | | | |
| positions relatives de $(\mathscr{C}_f)$ et $(\mathscr{C}_g)$ | | $(\mathscr{C}_f)$ est au-dessus de $(\mathscr{C}_g)$ | | | | | |

On dit que : sur l'intervalle $[1 ; +\infty[$, la fonction $f$ **est inférieure ou égale** à la fonction $g$ ;
on note : sur $[1 ; +\infty[$, $f \leqslant g$.

• Quel est l'ensemble des nombres réels sur lequel $f$ est supérieure à $g$ ?
• Quel est l'ensemble des nombres réels sur lequel $f$ est strictement supérieure à $g$ ?

### Définition

**$f$ et $g$ sont deux fonctions de $\mathbb{R}$ vers $\mathbb{R}$ définies sur un ensemble E.**

• **On dit que :**
**sur E, $f$ est *supérieure ou égale à g* lorsque,**
**pour tout $x$ élément de E, $f(x) \geqslant g(x)$.**
**On note : sur E, $f \geqslant g$.**

• **On dit que :**
**sur E, $f$ est *inférieure ou égale à g* lorsque,**
**pour tout $x$ élément de E, $f(x) \leqslant g(x)$.**
**On note : sur E, $f \leqslant g$.**

• **On dit que :**
**sur E, $f$ est *strictement supérieure à g* lorsque,**
**pour tout $x$ élément de E, $f(x) > g(x)$.**
**On note : sur E, $f > g$.**

• **On dit que :**
**sur E, $f$ est *strictement inférieure à g* lorsque,**
**pour tout $x$ élément de E, $f(x) < g(x)$.**
**On note : sur E, $f < g$.**

### Remarque

*$f$ et $g$ étant deux fonctions définies sur un ensemble A, comparer $f$ et $g$ sur A c'est déterminer les intervalles contenus dans A sur lesquels $f \leqslant g$ et ceux sur lesquels $f \geqslant g$.*
*Cela revient à étudier, sur l'ensemble A le signe de : $f(x) - g(x)$.*

## Exercices

**1.e** On donne les fonctions $f$ et $g$, de $\mathbb{R}$ vers $\mathbb{R}$ définies par : $f(x) = x^2$ ; $g(x) = \frac{1}{x}$.
On désigne par $(\mathscr{C}_f)$ et $(\mathscr{C}_g)$ les représentations graphiques de $f$ et $g$ dans le plan muni d'un repère orthonormé.
Étudier graphiquement puis par le calcul les positions relatives de $(\mathscr{C}_f)$ et $(\mathscr{C}_g)$.
Comparer les fonctions $f$ et $g$ sur $]0 ; +\infty[$.

**1.f** On donne les fonctions $f$ et $g$, de $\mathbb{R}$ vers $\mathbb{R}$ définies par : $f(x) = x^2$ ; $g(x) = 2x$.
Trouver le plus grand ensemble sur lequel on a : $f > g$. (Donner une illustration graphique.)

**1.g** On donne les fonctions $f$ et $g$, de $\mathbb{R}$ vers $\mathbb{R}$ définies par : $f(x) = \sqrt{25 - x^2}$ ; $g(x) = \frac{5x^2 - 1}{x^2 + 1}$.
Justifier que sur $[0 ; 5]$ :
a) $f(x)$ n'est pas supérieur à $g(x)$
b) $f(x)$ n'est pas inférieur à $g(x)$.

## 1.3. Minoration, majoration d'une fonction

### Minorant, majorant d'une fonction

**Définitions**

***f*** **est une fonction de ℝ vers ℝ définie sur un ensemble E, α et β des nombres réels.**

- **On dit que :**
**le nombre réel α est *un minorant de f sur* E lorsque α est un minorant de l'ensemble *f*(E).**
**On dit alors que *f* est *minorée par* α *sur* E,**

pour tout $x$ élément de E, $f(x) \geqslant \alpha$.

- **On dit que :**
**le nombre réel β est *un majorant de f sur* E lorsque β est un majorant de l'ensemble *f*(E).**
**On dit alors que *f* est *majorée par* β *sur* E,**

pour tout $x$ élément de E, $f(x) \leqslant \beta$.

**Remarques**

*– Tout nombre inférieur à un minorant est un minorant ;*
*– tout nombre supérieur à un majorant est un majorant ;*
*– le minimum d'une fonction est un minorant de cette fonction ;*
*– le maximum d'une fonction est un majorant de cette fonction.*

*Exemples*

2 ; 3 ; $\frac{23}{6}$ ; 17 ; ... sont des majorants sur ]– 3 ; 4] de la fonction représentée ci-contre.

2 est le maximum de cette fonction.

– 2 ; – 121 ; $-\sqrt{45\,566}$ ; ... sont des minorants sur ]– 3 ; 4] de la fonction représentée ci-contre.

(– 2) est le minimum de cette fonction.

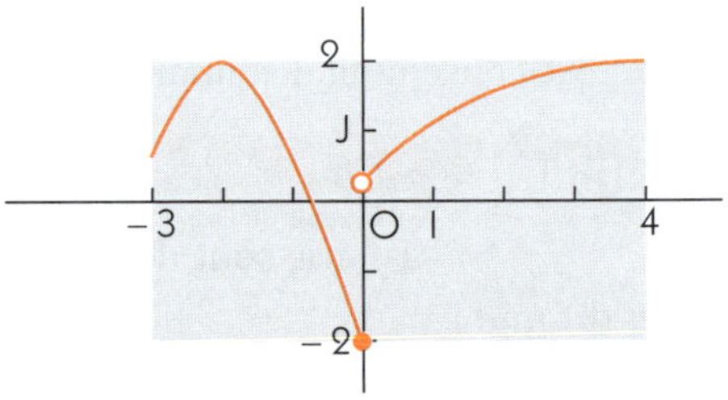


### Fonction minorée, majorée, bornée

**Définitions**

***f*** **est une fonction de ℝ vers ℝ définie sur un ensemble E,**

- **On dit que :**
**la fonction *f* est** minorée sur E **s'il existe un minorant de *f* sur E.**

- **On dit que :**
**la fonction *f* est** majorée sur E **s'il existe un majorant de *f* sur E.**

- **On dit que : la fonction *f* est *bornée sur* E lorsque *f* est à la fois minorée et majorée sur E.**

*Exemples*

– Les fonctions sinus et cosinus sont bornées sur ℝ. (Elles sont majorées par 1 et minorées par – 1.)

– On donne le tableau de variation et la représentation graphique d'une fonction *f* de ℝ vers ℝ.

| $x$ | $-\infty$ | | $-2$ | | $2$ | | $+\infty$ |
|---|---|---|---|---|---|---|---|
| $f(x)$ | | ↗ | $+3$ | ↘ | $-3$ | ↗ | |

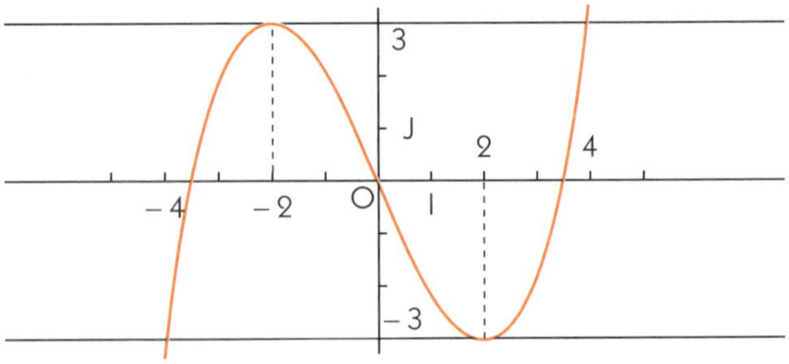


De ce tableau et de ce graphique on déduit que :

*f* est majorée par 3 sur ]– ∞ ; 4[,
*f* est minorée par – 3 sur ]– 2 ; + ∞[,
*f* est bornée sur ]– 4 ; 2[.

## Fonctions positives - fonctions négatives

### Définitions

***f* est une fonction de $\mathbb{R}$ vers $\mathbb{R}$ définie sur un ensemble E,**

| • **On dit que :** **La fonction *f* est *positive sur* E lorsqu'elle est minorée par 0 sur E.** | • **On dit que :** **la fonction *f* est *négative sur* E lorsqu'elle est majorée par 0 sur E.** |
|---|---|
| pour tout élément $x$ de E, $f(x) \geqslant 0$. | pour tout élément $x$ de E, $f(x) \leqslant 0$. |

***Exemples***

– Les fonctions carré, racine carrée, valeur absolue sont des fonctions positives.

– La fonction cube est une fonction négative sur $]-\infty\ ;0]$ et positive sur $[0\ ;+\infty[$.

– La fonction inverse est une fonction négative sur $]-\infty\ ;0[$ et positive sur $]0\ ;+\infty[$.

## Comment justifier qu'une fonction est minorée (ou majorée)

**On donne la fonction polynôme *f* définie par : $f(x) = x^2 + 4x + 6$, de représentation graphique $(\mathscr{C}_f)$. Sur le graphique, il semble que 1,5 soit un minorant de *f* sur $\mathbb{R}$ ; démontrons-le.**

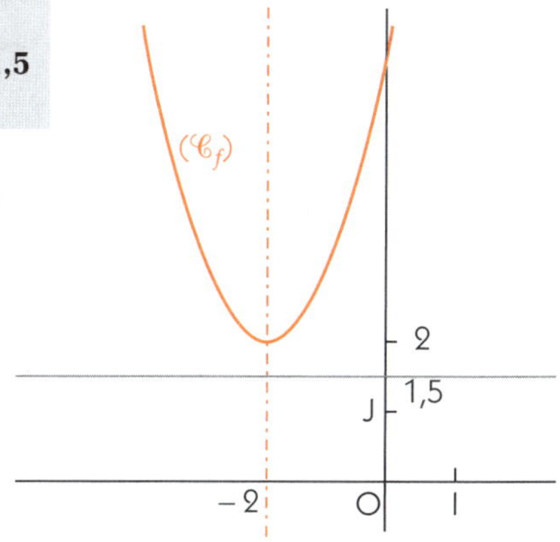


Il s'agit donc de démontrer que : pour tout nombre réel $x$, $f(x) \geqslant 1{,}5$.

• ***Étudions le signe de f(x) – 1,5 ;***

$f(x) - 1{,}5 = x^2 + 4x + 4{,}5$ ;

le discriminant de $x^2 + 4x + 4{,}5$ étant négatif, on en déduit que :

pour tout nombre réel $x$, $x^2 + 4x + 4{,}5 > 0$ ;

d'où : pour tout nombre réel $x$, $f(x) > 1{,}5$,

1,5 est donc un minorant de $f$ sur $\mathbb{R}$.

Vérifier que 1,5 n'est pas le minimum de $f$.

• ***On pourra remarquer que : $f(x) = (x + 2)^2 + 2$.***

Utilisons le programme de calcul séquentiel correspondant à cette forme canonique.

$x$ étant un nombre réel,

on a : $(x + 2)^2 \geq 0$,

d'où : $(x + 2)^2 + 2 \geq 2$.

**On donne les fonctions *f* et *g* de $\mathbb{R}$ vers $\mathbb{R}$ définies par : $f(x) = \dfrac{1}{x^2+1}$ et $g(x) = \dfrac{3x^2+2}{x^2+1}$.**

**Sont-elles minorées ? Majorées ?**

■ **$f(x)$ est écrit sous forme canonique ce qui, en général, permet d'en trouver aisément un encadrement.**

Ici, on constate directement que,

pour tout nombre réel $x$, $\dfrac{1}{x^2+1} > 0$ et $\dfrac{1}{x^2+1} \leqslant 1$ ;

donc, pour tout nombre réel $x$, $0 < f(x) \leqslant 1$.

La fonction $f$ est minorée par 0 et majorée par 1 ; elle est bornée.

■ **Le cas de $f(x)$ suggère d'écrire $g(x)$ sous une forme canonique pour procéder à son encadrement.**

***Forme canonique de g(x)***

pour tout nombre réel $x$, $g(x) = 3 - \dfrac{1}{x^2+1}$.

***Encadrement de g(x)***

$x$ étant un nombre réel,

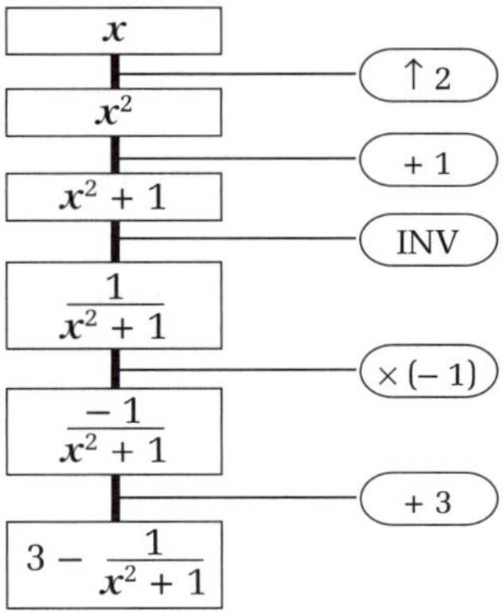


On a : $0 < \dfrac{1}{x^2+1} \leqslant 1$

$-1 \leqslant \dfrac{-1}{x^2+1} < 0$

$2 \leqslant 3 - \dfrac{1}{x^2+1} < 3$

Donc : pour tout nombre réel $x$ , $2 \leqslant g(x) < 3$.
La fonction $g$ est minorée par 2 et majorée par 3 ; elle est bornée.

**On donne la fonction $f$ de $\mathbb{R}$ vers $\mathbb{R}$ définie par : $f(x) = \sin x - 2\cos x$.**
**La fonction $f$ est-elle bornée ?**

$x$ étant un nombre réel, on a :

$$-1 \leqslant \sin x \leqslant 1$$
$$-1 \leqslant \cos x \leqslant 1$$
$$-2 \leqslant -2\cos x \leqslant 2$$
$$-3 \leqslant \sin x - 2\cos x \leqslant 3$$

Donc : pour tout nombre réel $x$, $-3 \leqslant f(x) \leqslant 3$
Par conséquent, la fonction $f$ est bornée.

**On donne la fonction $f$ de $\mathbb{R}$ vers $\mathbb{R}$ définie par : $f(x) = \sqrt{x}$.**
**La fonction $f$ est-elle majorée sur $[0 ; +\infty[$ ?**

$f$ est positive sur $[0 ; +\infty[$, donc minorée par 0 sur $[0 ; +\infty[$.

- Utilisons un raisonnement par l'absurde pour démontrer que ***f n'est pas majorée sur [0 ; + ∞[***.

– Supposons vraie l'hypothèse : « $f$ est majorée ».
On en déduit qu'il existe un nombre réel M tel que, pour tout nombre réel $x$ positif, $f(x) \leqslant M$.
– Or cette dernière proposition est fausse car l'image du nombre $(M+1)^2$ par $f$ est plus grande que M.
– On en conclut donc que $f$ n'est pas majorée sur $[0 ; +\infty[$.

- ***Cependant, on démontre que f est bornée sur tout intervalle [a ; b] inclus dans [0 ; + ∞[.***

En effet : pour tout nombre réel $x$, $[0 \leqslant a \leqslant x \leqslant b] \Rightarrow [0 \leqslant \sqrt{a} \leqslant \sqrt{x} \leqslant \sqrt{b}]$.

## Remarques

*– la fonction racine carrée est minorée, mais non majorée sur $[0 ; +\infty[$,*
*– la fonction carré est minorée, mais non majorée sur $\mathbb{R}$,*
*– la fonction inverse n'est ni minorée, ni majorée sur $\mathbb{R}^*$,*
*– la fonction cube n'est ni minorée, ni majorée sur $\mathbb{R}$,*
*– toute fonction affine non constante n'est ni minorée, ni majorée sur $\mathbb{R}$.*
*– la fonction sinus et la fonction cosinus sont bornées sur $\mathbb{R}$.*

- Justifier chacune de ces remarques.

# Exercices

**1.h** On donne la fonction $f$ de $\mathbb{R}$ vers $\mathbb{R}$ définie par :
$f(x) = x^2 + 2x - 3$.
Préciser les ensembles des $x$ tels que :
$f(x) \geqslant 0$ ; $f(x) \leqslant 0$.
(Donner une illustration graphique.)

**1.i** On donne la fonction numérique $f$ définie sur $\left[-\frac{1}{2} ; \frac{1}{2}\right]$ par : $f(x) = \dfrac{1}{x+1}$.
Démontrer que $f$ est une fonction bornée.
(Donner une illustration graphique.)

## 1.4. Minimum, maximum relatifs d'une fonction

### *Activités*

**Le plan est muni d'un repère.**
**On donne la représentation graphique ($\mathscr{C}_f$) d'une fonction numérique $f$ d'ensemble de définition $[a_0 ; a_5]$.**
**On veut étudier le comportement de la fonction $f$, autour des nombres réels $a_0$, $a_1$, $a_2$, $a_3$, $a_4$, $a_5$, abscisses des points « saillants » $A_0$, $A_1$, $A_2$, $A_3$, $A_4$, $A_5$ de la courbe ($\mathscr{C}_f$).**

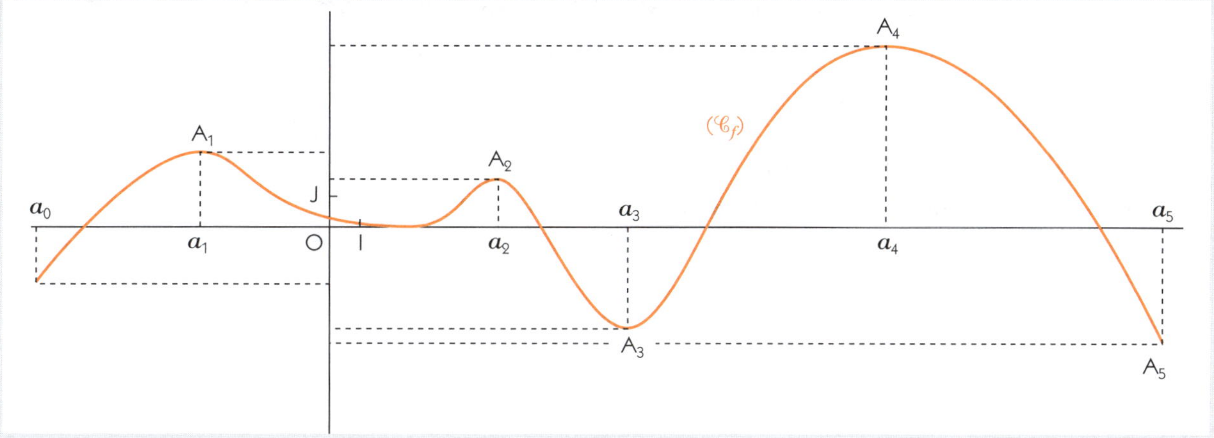


- Expliquer pourquoi :
  – le nombre $f(a_2)$ n'est pas le maximum de $f$,
  – le nombre $f(a_3)$ n'est pas le minimum de $f$.
- Cependant, trouver :
  – un intervalle ouvert K contenant $a_2$ tel que $f(a_2)$ soit le maximum de $f$ sur K,
  – un intervalle ouvert K' contenant $a_3$ tel que $f(a_3)$ soit le minimum de $f$ sur K'.

On dit que la fonction $f$ admet :

– un **maximum relatif** en $a_2$ égal à $f(a_2)$,

– un **minimum relatif** en $a_3$ égal à $f(a_3)$.

- Citer un autre maximum relatif et un autre minimum relatif de $f$.
- Le nombre réel $f(a_4)$ est-il le maximum de $f$ ? est-il un maximum relatif de $f$ ?
- Le nombre réel $f(a_5)$ est-il le minimum de $f$ ? est-il un minimum relatif de $f$ ?

### Définition

**$f$ est une fonction de $\mathbb{R}$ vers $\mathbb{R}$ d'ensemble de définition $D_f$, $a$ un élément de $D_f$.**

- **On dit que :**
**la fonction $f$ admet un *minimum relatif* en $a$ s'il existe un intervalle ouvert K contenant $a$ tel que $f(a)$ soit le minimum de $f$ sur $K \cap D_f$.**

- **On dit que :**
**la fonction $f$ admet un *maximum relatif* en $a$ s'il existe un intervalle ouvert K contenant $a$ tel que $f(a)$ soit le maximum de $f$ sur $K \cap D_f$.**

- **On dit que la fonction $f$ admet un *extrémum relatif* en $a$ si elle admet un maximum relatif ou un minimum relatif en $a$.**

### Remarque

*Si $f(a)$ est le minimum de $f$ (resp. le maximum de $f$), alors $f$ admet un minimum relatif en $a$. (resp. un maximum relatif en $a$).*

# 2 Opérations sur les fonctions

## 2.1. Sommes, produits, quotients de fonctions

### Présentation

**Définition**

**$f$ et $g$ sont des fonctions numériques, d'ensembles de définition respectifs $D_f$ et $D_g$.**

- **On appelle *somme de f et g* la fonction numérique : $x \mapsto f(x) + g(x)$.**

**On la note : $(f+g)$.**

**Son ensemble de définition $D_{f+g}$ est tel que : $D_{f+g} = D_f \cap D_g$.**

- **On appelle *produit de f et g* la fonction numérique : $x \mapsto f(x) \times g(x)$.**

**On la note : $fg$.**

**Son ensemble de définition $D_{fg}$ est tel que : $D_{fg} = D_f \cap D_g$.**

- **On appelle *quotient de f par g* la fonction numérique $x \mapsto \dfrac{f(x)}{g(x)}$.**

**On la note : $\dfrac{f}{g}$.**

**Son ensemble de définition $D_{f/g}$ est tel que : $x \in D_{f/g} \Leftrightarrow [x \in D_f$ *et* $x \in D_g$ *et* $g(x) \neq 0]$.**

**Cas particuliers**

On obtient des cas particuliers dans les situations suivantes :

– la fonction $g$ est une fonction constante, et prend la valeur $\lambda$, on écrit $\lambda f$, au lieu de $fg$.

– la fonction $f$ est une fonction constante, et prend la valeur 1, on écrit $\dfrac{1}{g}$ ; c'est l'inverse de $g$.

– les fonctions $f$ et $g$ sont égales, on écrit $f^2$ au lieu de $ff$ et $f^n$ au lieu de $\underbrace{ff\ldots f}_{n \text{ fonctions}}$.

### Exemples

**On donne les fonctions $f$ et $g$ de $\mathbb{R}$ vers $\mathbb{R}$, d'ensembles de définition $D_f$, $D_g$ et définies par :**

$$f(x) = \frac{1}{x^2} \ ; \ g(x) = \frac{1}{x+1}.$$

**Déterminons la fonction $(f+g)$.**

Par définition : $D_{f+g} = D_f \cap D_g = \mathbb{R} \setminus \{-1 \ ; 0\}$.

Pour tout nombre réel $x$ de $D_f \cap D_g$, $\quad (f+g)(x) = \dfrac{1}{x^2} + \dfrac{1}{x+1} = \dfrac{x^2+x+1}{(x+1)\,x^2}$

$(f+g)$ est la fonction de $\mathbb{R}$ vers $\mathbb{R}$ définie par : $(f+g)(x) = \dfrac{x^2+x+1}{(x+1)\,x^2}$.

**On donne les fonctions $f$ et $g$ de $\mathbb{R}$ vers $\mathbb{R}$, d'ensembles de définition $D_f$, $D_g$ et définies par :**

$$f(x) = x - \frac{1}{x} \ ; \ g(x) = x^2 + \frac{1}{x}.$$

**Déterminons la fonction $(f+g)$.**

Par définition : $D_{f+g} = D_f \cap D_g = \mathbb{R}^*$.

Pour tout nombre réel $x$ de $D_f \cap D_g$, $(f+g)(x) = x - \dfrac{1}{x} + x^2 + \dfrac{1}{x} = x^2 + x$.

L'expression $(f+g)(x)$ ne suffit pas à elle seule pour déterminer la fonction $(f+g)$.
Dans ce cas, il est nécessaire de préciser l'ensemble de définition de cette fonction.

On dira que $(f+g)$ est la fonction de $\mathbb{R}$ vers $\mathbb{R}$, d'ensemble de définition $\mathbb{R}^*$ telle que : $(f+g)(x) = x^2 + x$.
ou que $(f+g)$ est la fonction de $\mathbb{R}^*$ vers $\mathbb{R}$, définie par : $(f+g)(x) = x^2 + x$.

# Exercices

**2.a** On donne les fonctions $f$ et $g$ de $\mathbb{R}$ vers $\mathbb{R}$ définies par :

$$f(x) = 2x + 3 \quad ; \quad g(x) = x^2 - 1$$

Déterminer l'ensemble de définition de chacune des fonctions :

$$f + g \quad ; \quad fg \quad ; \quad \frac{f}{g}.$$

**2.b** On donne les fonctions $f$ et $g$ de $[0\ ;\ 2\pi[$ vers $\mathbb{R}$ définies par :

$$f(x) = \sin x \quad ; \quad g(x) = \cos x$$

Déterminer l'ensemble de définition de chacune des fonctions :

$$\frac{1}{f+g} \ ; \ \frac{1}{f-g}.$$

**2.c** On donne les fonctions $f$, $g$, $h$ de $\mathbb{R}$ vers $\mathbb{R}$ définies par :

$$f(x) = \sqrt{x+1}\ ;\ g(x) = \sqrt{x-1}\ ;\ h(x) = \sqrt{x^2-1}.$$

Démontrer que $fg$ est la restriction de $h$ à un ensemble que l'on précisera.

**2.d** On donne les fonctions tan et cotan de $[0\ ;\ 2\pi[$ vers $\mathbb{R}$ définies par :

$$\tan x = \frac{\sin x}{\cos x}\ ;\ \text{cotan}\ x = \frac{\cos x}{\sin x}.$$

Les fonctions $\frac{1}{\tan}$ et cotan sont-elles égales ?

## 2.2. Composition de fonctions

### Activités introductives

**On donne les fonctions $f$, $g$, $h$ de $\mathbb{R}$ vers $\mathbb{R}$ définies par : $f(x) = 2x - 3$ ; $g(x) = x^2$ ; $h(x) = (2x - 3)^2$.**
**On veut définir la fonction de $\mathbb{R}$ vers $\mathbb{R}$ qui à $x$ associe $g[f(x)]$.**

• Compléter les tableaux ci-contre, où $a$ désigne un nombre réel.

• Comparer $g[f(4)]$ et $h(4)$, $g[f(-1)]$ et $h(-1)$, $g[f(a)]$ et $h(a)$.

On dit que $h$ est **la composée de $f$ suivie de** $g$.
On note : $h = g \circ f$.

| $f$ | |
|---|---|
| 4 | … |
| – 1 | … |
| $a$ | … |

| $g$ | |
|---|---|
| $f(4)$ | … |
| $f(-1)$ | … |
| $f(a)$ | … |

| $h$ | |
|---|---|
| 4 | … |
| – 1 | … |
| $a$ | … |

**On donne les fonctions $f$ et $g$ de $\mathbb{R}$ vers $\mathbb{R}$ définies par : $f(x) = x - 3$ ; $g(x) = \sqrt{x}$.**
**On veut étudier la fonction $h$ de $\mathbb{R}$ vers $\mathbb{R}$ définie par : $h(x) = g[f(x)]$.**

• Calculer $g[f(5)]$

• Calculer $f(2)$. Peut-on trouver l'image par $g$ de $f(2)$ ?

• $a$ étant un nombre réel, quelle est la condition pour que l'on puisse trouver l'image par $g$ de $f(a)$ ?

• Trouver l'ensemble de définition de $h$.

La fonction $h$ est la composée de $f$ suivie de $g$.

**On donne les fonctions $f$, $g$, $h$ de $\mathbb{R}$ vers $\mathbb{R}$ définies par : $f(x) = \frac{1}{x}$ ; $g(x) = \frac{2}{x}$ ; $h(x) = 2x$.**
**La fonction $h$ est-elle égale à la fonction $g \circ f$ ? Comment définir $g \circ f$ ?**

• Compléter le schéma de calcul séquentiel ci-contre, formé d'un schéma de calcul séquentiel de $f$ suivi d'un schéma de calcul séquentiel de $g$.
La fonction associée à ce nouveau schéma de calcul séquentiel est la composée de $f$ suivie de $g$.

• Justifier que $g \circ f$ et $h$ sont différentes.
On pourra trouver l'élément qui a une image par $h$, et qui cependant n'a pas d'image par $g \circ f$.

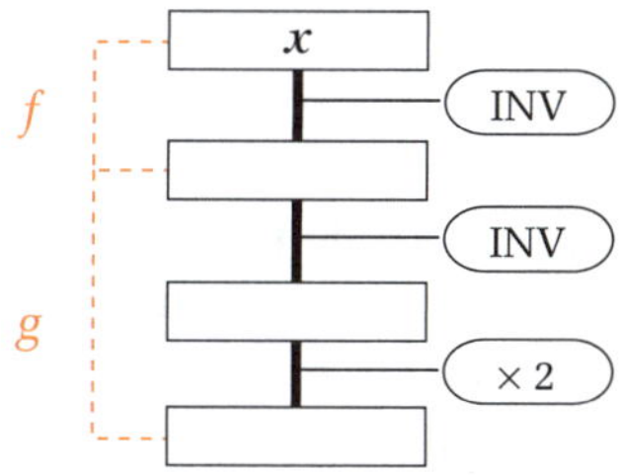

## Définition

**A, B et C sont des parties de l'ensemble des nombres réels,**
**$f$ une fonction numérique de A vers B, ayant $D_f$ pour ensemble de définition,**
**$g$ une fonction numérique de B vers C, ayant $D_g$ pour ensemble de définition.**

**On appelle *composée de $f$ suivie de $g$*, la fonction $x \mapsto g[f(x)]$. On la note $g \circ f$.**

**Son ensemble de définition $D_{g \circ f}$ est tel que : $x \in D \Leftrightarrow [\, x \in D_f$ *et* $f(x) \in D_g \,]$.**

**On dit que les fonctions $f \circ g$ et $g \circ f$ sont *les composées de $f$ et $g$*.**

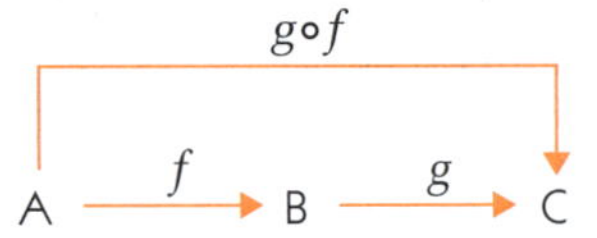


| | | | | |
|---|---|---|---|---|
| | $x$ | $\longmapsto$ | | $(g \circ f)(x)$ |
| | $x$ | $\longmapsto$ $f(x)$ | $\longmapsto$ | $g[f(x)]$ |
| Conditions d'exécution | $x \in D_f$ | $f(x) \in D_g$ | | |

## Conséquence

*Si $f$ est une application de A vers B et $g$ une application de B vers C,*
*alors $g \circ f$ est une application de A vers C.*

## Détermination de la composée de deux fonctions

**Dans chacun des cas ci-dessous, on donne les fonctions $f$ et $g$. Déterminons $g \circ f$.**
**On désigne par $D_f$, $D_g$ et $D_{g \circ f}$ les ensembles de définition de $f$, $g$ et $g \circ f$.**

$f : \mathbb{R} \to \mathbb{R}$, $x \mapsto x - 3$ ; $g : \mathbb{R} \to \mathbb{R}$, $x \mapsto \dfrac{1}{x}$

***Ensemble de définition de $g \circ f$***

On a : $x \in D_{g \circ f} \Leftrightarrow x \in D_f$ *et* $f(x) \in D_g$

$x \in D_{g \circ f} \Leftrightarrow x \in \mathbb{R}$ *et* $x - 3 \neq 0$

d'où : $D_{g \circ f} = \mathbb{R} \setminus \{ 3 \}$

***Expression explicite de $g \circ f$***

$x$ étant un élément de $\mathbb{R} \setminus \{ 3 \}$

$$g \circ f(x) = g[f(x)] = g(x - 3) = \frac{1}{x - 3}$$

Pour tout élément de $\mathbb{R} \setminus \{ 3 \}$, $g \circ f(x) = \dfrac{1}{x - 3}$

***Détermination de $g \circ f$***

$g \circ f : \mathbb{R} \setminus \{3\} \to \mathbb{R}$

$x \mapsto \dfrac{1}{x - 3}$

$f : \mathbb{R} \to \mathbb{R}$, $x \mapsto \sqrt{x}$ ; $g : \mathbb{R} \to \mathbb{R}$, $x \mapsto x^2$

***Ensemble de définition de $g \circ f$***

On a : $x \in D_{g \circ f} \Leftrightarrow x \in D_f$ *et* $f(x) \in D_g$

$x \in D_{g \circ f} \Leftrightarrow x \in \mathbb{R}^+$ *et* $\sqrt{x} \in \mathbb{R}$

d'où : $D_{g \circ f} = \mathbb{R}^+$

***Expression explicite de $g \circ f$***

$x$ étant un élément de $\mathbb{R}^+$

$$g \circ f(x) = g[f(x)] = g(\sqrt{x}) = (\sqrt{x})^2$$

Pour tout élément de $\mathbb{R}^+$, $g \circ f(x) = (\sqrt{x})^2$

***Détermination de $g \circ f$***

$g \circ f : [0 ; +\infty[ \to \mathbb{R}$

$x \mapsto x$

## Propriété de la composée d'applications

**Composée de deux applications**

On donne les applications $f$, $g$ et $h$ de $\mathbb{R}$ vers $\mathbb{R}$ définies par : $f(x) = |x|$ ; $g(x) = x^2$ ; $h(x) = x$.

- Calculer $g \circ f(-2)$ et $f \circ g(-2)$ ; $h \circ f(5)$ et $f \circ h(5)$.
- A-t-on : $g \circ f = f \circ g$ ? $h \circ f = f \circ h$ ?

## Remarque

*$f$ et $g$ étant deux applications, $f \circ g$ et $g \circ f$ sont généralement différentes.*

**Composée de trois applications**

On donne les applications $f$, $g$ et $h$ de $\mathbb{R}$ vers $\mathbb{R}$ définies par : $f(x) = |x|$ ; $g(x) = x^2$ ; $h(x) = x$.

- Calculer $[(g \circ f) \circ h](-2)$ et $[g \circ (f \circ h)](-2)$ ; $[(g \circ f) \circ h](5)$ et $[g \circ (f \circ h)](5)$.
- Démontrer que $(g \circ f) \circ h = g \circ (f \circ h)$.

## Propriété

**$f$ est une application de A dans B, $g$ une application de B dans C et $h$ une application de C dans D. Les applications $h\circ(g\circ f)$ et $(h\circ g)\circ f$ de A dans D sont égales.**

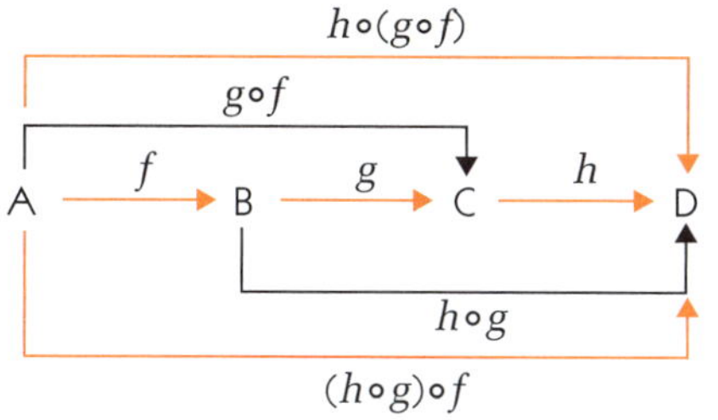


On note : $h\circ(g\circ f) = (h\circ g)\circ f = h\circ g\circ f$

### Démonstration guidée.

$x$ étant un élément de A, comparer $[h\circ(g\circ f)](x)$ et $[(h\circ g)\circ f](x)$ ; conclure.

## Expression d'une fonction comme composée de fonctions de référence

**On donne les fonctions $f$, $g$ et $h$ de $\mathbb{R}$ vers $\mathbb{R}$ définies par :**

$$f(x) = \sqrt{|x+3|} \quad ; \quad g(x) = \frac{3x+4}{x+1} \quad ; \quad h(x) = x^2 - 2x + 5$$

**Écrivons chacune de ces fonctions comme composées de fonctions de référence.**

– L'écriture $\sqrt{|x+3|}$ correspond à un programme de calcul séquenciel. C'est une forme canonique. Elle donne immédiatement $f$ comme composée de fonctions de référence.

– Écrivons $g(x)$ et $h(x)$ sous forme canonique : $g(x) = 3 + \dfrac{1}{x+1}$ ; $h(x) = (x-2)^2 + 1$.

– Écrivons $f$, $g$ et $h$ comme composées de fonctions de référence, après avoir complété les schémas suivants.

Fonction $f$

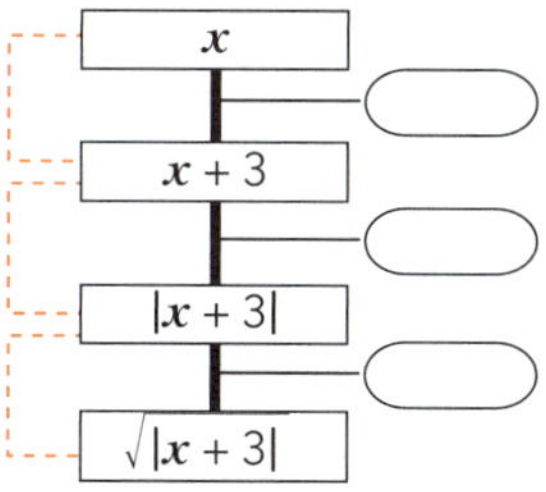


On pose : $f_1 : x \mapsto x + 3$
$f_2 : x \mapsto |x|$
$f_3 : x \mapsto \sqrt{x}$

On a : $f = f_3\circ f_2\circ f_1$

Fonction $g$

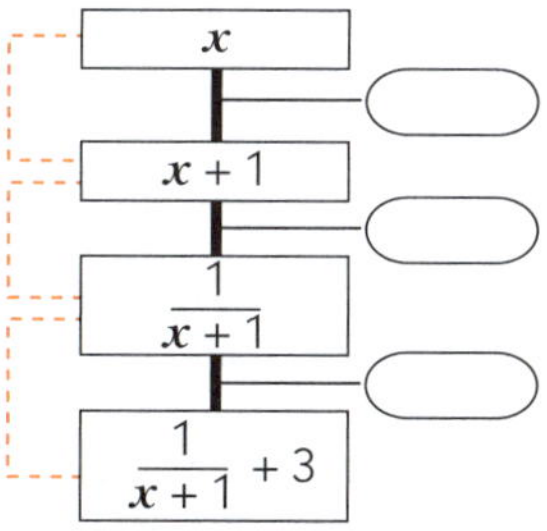


On pose : $g_1 : x \mapsto$
$g_2 : x \mapsto$
$g_3 : x \mapsto$

On a : $g = g_3\circ g_2\circ g_1$

Fonction $h$

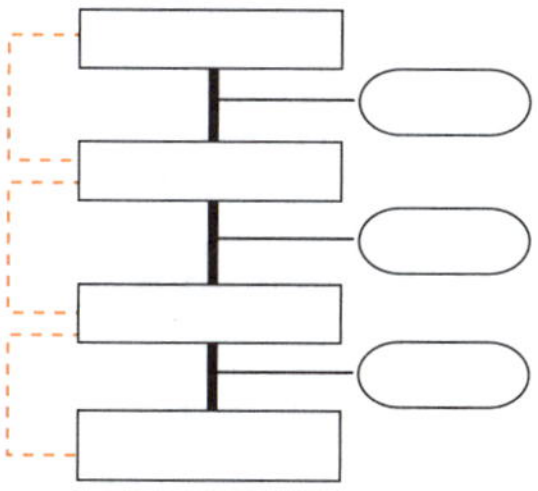

On pose : $h_1 : x \mapsto$
$h_2 : x \mapsto$
$h_3 : x \mapsto$

On a : $h = h_3\circ h_2\circ h_1$

# Exercices

**2.e** Dans chacun des cas suivants, déterminer $g\circ f$ et $f\circ g$, puis vérifier que $g\circ f \neq f\circ g$.

(1) $f : \mathbb{R} \to \mathbb{R}$, $x \mapsto 5x - 4$ et $g : \mathbb{R} \to \mathbb{R}$, $x \mapsto x - 3$

(2) $f : \mathbb{R} \to \mathbb{R}$, $x \mapsto \dfrac{x+1}{x-1}$ et $g : \mathbb{R} \to \mathbb{R}$, $x \mapsto \sqrt{x}$

**2.f** On donne les fonctions $f$, $g$ et $h$. Déterminer, $g\circ f\circ h$ et $h\circ g\circ f$, puis vérifier que $g\circ f\circ h \neq h\circ g\circ f$.

$f : \mathbb{R} \to \mathbb{R}$, $x \mapsto 2x - 1$ ; $g : \mathbb{R} \to \mathbb{R}$, $x \mapsto \dfrac{1}{x-3}$ ; $h : \mathbb{R} \to \mathbb{R}$, $x \mapsto x^2 - 2$

# 3 Applications bijectives

## 3.1 Bijection

### Définition

**On appelle *bijection* d'un ensemble A dans un ensemble B toute application $f$ de A dans B telle que chaque élément de B soit l'image par $f$ d'un élément de A et d'un seul.**

### Justifier qu'une application est bijective

**On donne l'application $f$ : $[2\ ;5] \to [-1\ ;8]$**
**$x \mapsto x^2 - 4x + 3$**
**Démontrons que $f$ est une bijection.**

$b$ est un élément de $[-1\ ;8]$. Démontrons que $b$ admet un unique antécédent par $f$.

***Approche graphique***

On a construit ci-contre la représentation graphique $(\mathscr{C}_f)$ de $f$ dans le plan muni du repère orthogonal (O, I, J).

Considérons la droite $(\mathscr{D})$ d'équation : $y = b$.

On vérifie sur ce graphique que la droite $(\mathscr{D})$ coupe la courbe $(\mathscr{C}_f)$ en un point et un seul.
L'abscisse de ce point est l'unique antécédent de $b$ par $f$.

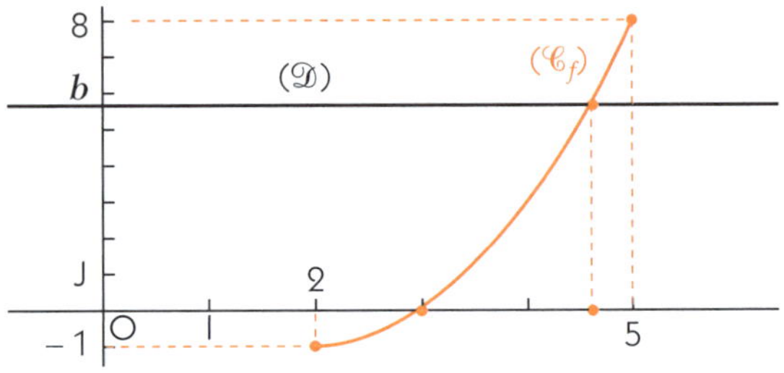


***Étude algébrique***

L'ensemble des antécédents de $b$ est l'ensemble des solutions de l'équation (E) : $f(x) = b$.
Considérons l'équation (E') : $x^2 - 4x + 3 - b = 0$
L'ensemble des solutions de (E) est l'ensemble des solutions de (E') appartenant à l'ensemble de définition de $f$.

(E') $x^2 - 4x + 3 - b = 0$
$\Delta = 4(1 + b)$
$\Delta \geqslant 0$

(E') est une équation du second degré avec un paramètre $b$. $\Delta$ est le discriminant.
car : $-1 \leqslant b \leqslant 8$
$0 \leqslant b + 1 \leqslant 9$

(E') a pour solutions : $2 + \sqrt{b+1}$ et $2 - \sqrt{b+1}$.

– Pour $b = -1$
2 est l'unique solution de (E)
car : $2 + \sqrt{b+1} = 2 - \sqrt{b+1} = 2$
***et*** $2 \in [2; 5]$

– Pour $-1 < b \leqslant 8$,
$2 - \sqrt{b+1}$ n'est pas solution de (E)
car : $0 < b + 1 \leqslant 9$
$0 < \sqrt{b+1} \leqslant 3$
$(2 - \sqrt{b+1}) \notin [2\ ;5]$
$(2 + \sqrt{b+1}) \in [2\ ;5]$

$2 + \sqrt{b+1}$ est l'unique solution de (E).

*On peut démontrer la propriété suivante :*

### Propriété

**$f$ est une application d'un ensemble A dans un ensemble B.**
**$f$ est une bijection *si et seulement si*, pour tout élément $b$ de B, l'équation : $f(x) = b$ admet une solution unique.**

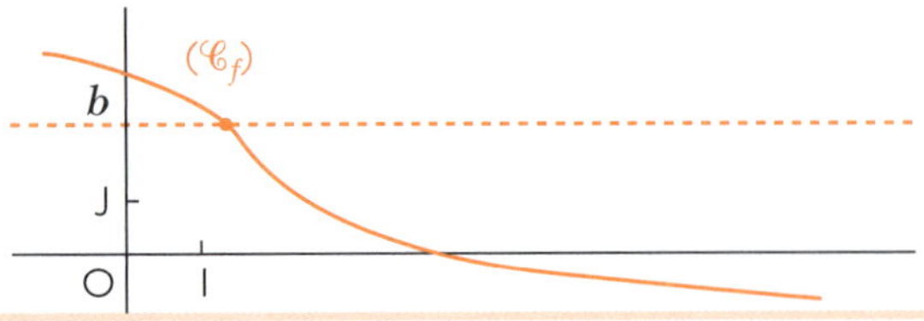


Toute droite d'équation : $y = b$ coupe $(\mathscr{C}_f)$ en un unique point.

*Exemple*

Toute application affine non constante est une bijection.

- Le démontrer.

## Remarques

*Les fonctions élémentaires suivantes ne sont pas des bijections,*

$$\begin{array}{ccccc} \mathbb{R} \to \mathbb{R} \;; & \mathbb{R} \to \mathbb{R} \;; & \mathbb{R} \to \mathbb{R} \;; & \mathbb{R} \to \mathbb{R} \;; & \mathbb{R} \to \mathbb{R}\;. \\ x \mapsto \dfrac{1}{x} & x \mapsto \sqrt{x} & x \mapsto x^2 & x \mapsto \sin x & x \mapsto \cos x \end{array}$$

- *Expliquer pourquoi.*

*On constate graphiquement et on admet la propriété suivante :*

**Propriété**

**La fonction cube $x \mapsto x^3$ est une bijection de $\mathbb{R}$ vers $\mathbb{R}$.**

## Composée de bijections

**On donne les applications bijectives suivantes :**

$$\begin{array}{ccc} f : \mathbb{R} \setminus \{1\} \to \mathbb{R}^* \;; & g : \mathbb{R}^* \to \mathbb{R}^* \;; & h : \mathbb{R} \setminus \{1\} \to \mathbb{R}^*\;. \\ x \mapsto x - 1 & x \mapsto \dfrac{1}{x} & x \mapsto \dfrac{1}{x-1} \end{array}$$

**Démontrer que : $h = g \circ f$.**

- Vérifier que les applications $f$, $g$, $h$ sont bien des bijections.
- Calculer $g[f(x)]$ et déterminer $g \circ f$.
- Faire un schéma pour illustrer la composée de $f$ suivie de $g$.

*On peut démontrer la propriété suivante :*

**Propriété**

**Si $f$ est une bijection d'un ensemble A dans un ensemble B,**
**$g$ une bijection de l'ensemble B dans un ensemble C,**
**alors $g \circ f$ est une bijection de l'ensemble A dans l'ensemble C.**

*Exemple*

$$f : \mathbb{R}_+^* \to \mathbb{R}_+^*, \quad x \mapsto \frac{1}{\sqrt{x}}$$

est une bijection. C'est la composée de $g$ suivie de $h$, $g$ et $h$ étant des bijections de $\mathbb{R}_+^*$ dans $\mathbb{R}_+^*$ définie par : $f(x) = \sqrt{x}$ ; $g(x) = \dfrac{1}{x}$.

# Exercices

**3.a** Parmi les applications suivantes, préciser celles qui sont des bijections.

$$\begin{array}{ccc} \mathbb{R} \to \mathbb{R}^+ \;; & [-1\,;0] \to [0\,;1] \;; & \mathbb{R}^+ \to \mathbb{R} \\ x \mapsto x^2 & x \mapsto x^2 & x \mapsto x^2 \\ \\ \mathbb{R}^+ \to \mathbb{R}^+ \;; & \mathbb{R} \to \mathbb{R} \;; & \mathbb{R}^+ \to \mathbb{R} \\ x \mapsto x^2 & x \mapsto x^2 & x \mapsto \sqrt{x} \end{array}$$

**3.b** Trouver des parties A et B de $\mathbb{R}$ pour que l'application de A dans B qui à $x$, associe $\sqrt{x}$, soit une bijection de A dans B.

**3.c** On donne la fonction polynôme définie par : $f(x) = (2x + 1)^3$.
Justifier que $f$ est une bijection.

## 3.2. Bijections réciproques

### Présentation

**On donne les bijections :** $f : [-3 ; 3] \to [-5 ; 7]$, $x \mapsto 2x + 1$ ; $g : [-5 ; 7] \to [-3 ; 3]$, $x \mapsto \dfrac{x-1}{2}$

**On veut définir les fonctions $g \circ f$ et $f \circ g$.**

• Vérifier les résultats des deux premiers tableaux ; et compléter le troisième.

• $a$ est un nombre réel.
Calculer $(g \circ f)(a)$ et $(f \circ g)(a)$. Définir $g \circ f$ et $f \circ g$.

| $f$ | | $g$ | | $h$ | |
|---|---|---|---|---|---|
| – 2 | – 3 | – 3 | – 2 | – 2 | … |
| – 0,5 | 0 | 0 | – 0,5 | – 0,5 | … |
| 0 | 1 | 1 | 0 | 0 | … |
| 0,5 | 2 | 2 | 0,5 | 0,5 | … |
| 1 | 3 | 3 | 1 | 1 | … |

### Définition

**$f$ étant une bijection d'un ensemble A dans un ensemble B,**
**on appelle *bijection réciproque* de $f$ l'application de B dans A, notée $f^{-1}$ qui, à tout élément de B, associe son unique antécédent par $f$.**

Pour tout $x$ de A et pour tout $y$ de B
$f(x) = y \Leftrightarrow x = f^{-1}(y)$

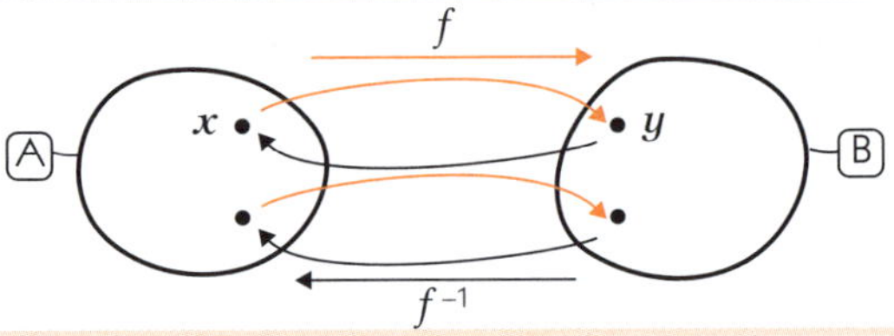


*On peut démontrer la propriété suivante.*

### Propriété

**Si** **$f$ est une bijection d'un ensemble A dans un ensemble B, et $f^{-1}$ sa bijection réciproque,**
**alors** **$f$ est la bijection réciproque de $f^{-1}$ ;**
**$f^{-1} \circ f$ est l'application identique de A ; $f \circ f^{-1}$ est l'application identique de B.**

On dit que $f$ et $f^{-1}$ sont **des bijections réciproques.**

### Exemples de bijections réciproques

La bijection $\mathbb{R} \to \mathbb{R}$, $x \mapsto x + b$ a pour bijection réciproque : $\mathbb{R} \to \mathbb{R}$, $x \mapsto x - b$

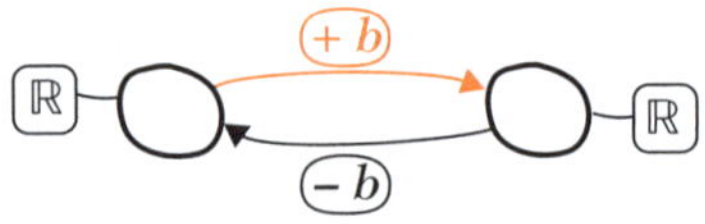


La bijection $\mathbb{R} \to \mathbb{R}$, $x \mapsto ax$ a pour bijection réciproque : $\mathbb{R} \to \mathbb{R}$, $x \mapsto \dfrac{x}{a}$

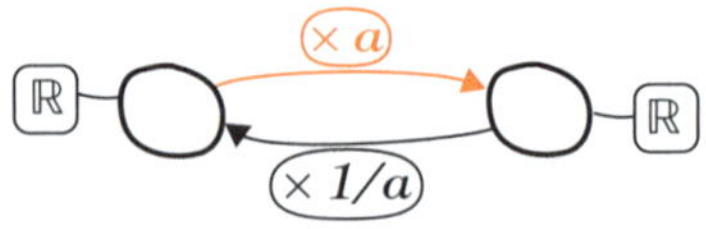


La bijection $\mathbb{R}^* \to \mathbb{R}^*$, $x \mapsto \dfrac{1}{x}$ a pour bijection réciproque : $\mathbb{R}^* \to \mathbb{R}^*$, $x \mapsto \dfrac{1}{x}$

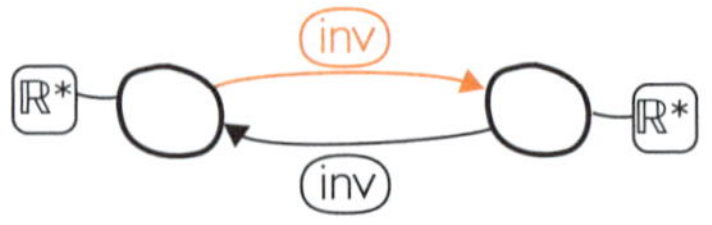


La bijection $\mathbb{R}^+ \to \mathbb{R}^+$, $x \mapsto x^2$ a pour bijection réciproque : $\mathbb{R}^+ \to \mathbb{R}^+$, $x \mapsto \sqrt{x}$

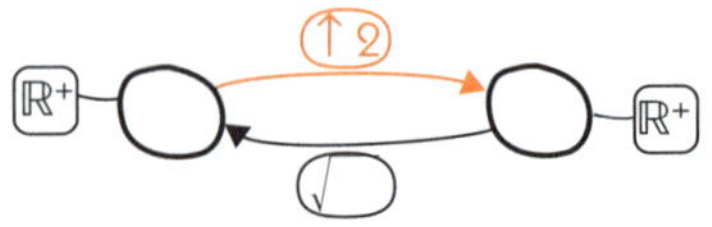

## Détermination de la bijection réciproque d'une bijection

**On donne la bijection** $f: \mathbb{R} \setminus \{-3\} \to \mathbb{R} \setminus \{2\}$

$$x \mapsto \frac{2x+1}{x+3}$$

**On veut trouver la bijection réciproque $f^{-1}$ de $f$.**

■ ***Méthode 1***

Écrivons $f(x)$ sous forme canonique : $f(x) = 2 - \dfrac{7}{x+3}$.

Pour trouver la réciproque $f^{-1}$ de $f$, cette forme canonique permet d'utiliser un schéma de calcul séquentiel.

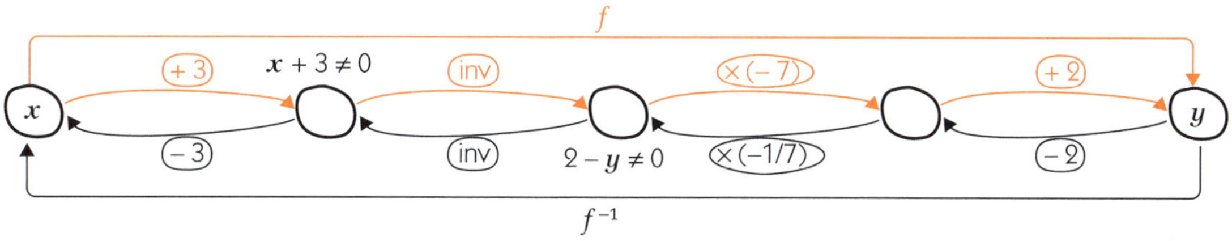


La bijection $f: \mathbb{R} \setminus \{-3\} \to \mathbb{R} \setminus \{2\}$, $x \mapsto 2 - \dfrac{7}{x+3}$ admet pour bijection réciproque : $f^{-1} : \mathbb{R} \setminus \{2\} \to \mathbb{R} \setminus \{-3\}$, $y \mapsto -3 - \dfrac{7}{y-2}$.

■ ***Méthode 2***

Démontrons que :
chaque élément de $\mathbb{R} \setminus \{2\}$ a un seul antécédent ;
aucun élément de $\mathbb{R} \setminus \{-3\}$ n'a $(+2)$ pour image.

$b$ est un élément de $\mathbb{R} \setminus \{2\}$.

***Résolvons l'équation (E) $f(x) = b$***

L'ensemble de validité de (E) est $\mathbb{R} \setminus \{-3\}$.

$$\text{(E)} \qquad \frac{2x-1}{x+3} = b$$

$$2x - 1 - b(x+3) = 0$$

$$(2-b)x - (1+3b) = 0$$

$$x = \frac{1+3b}{2-b}$$

***Justifions que $\dfrac{1+3b}{2-b}$ appartient à l'ensemble de validité de (E).***

Cela revient à démontrer que :

si $b \neq 2$, alors $\dfrac{1+3b}{2-b} \neq -3$.

Nous utilisons un raisonnement par l'absurde :

- Supposons vraie l'hypothèse : « il existe un nombre $b$ différent de 2, tel que : $\dfrac{1+3b}{2-b} = -3$. »
- On en déduit que : $0b = 7$.
- Or cette dernière proposition est fausse.
- On conclut donc que : pour tout nombre réel $b$ différent de 2, $\dfrac{1+3b}{2-b} \neq -3$.

Par définition, la bijection réciproque $f^{-1}$ de $f$ est l'application qui, à chaque élément $b$ de $\mathbb{R} \setminus \{2\}$, associe son antécédent $\dfrac{1+3b}{2-b}$ par $f$ dans $\mathbb{R} \setminus \{-3\}$,

donc la bijection réciproque de $f$ est

$$f^{-1} : \mathbb{R} \setminus \{2\} \to \mathbb{R} \setminus \{-3\}$$

$$x \mapsto \frac{1+3x}{2-x}$$

# Exercices

**3.d** On donne l'application $f: [-2\ ;\ 5] \to [-5\ ;\ 9]$
$x \mapsto -2x + 5$
Démontrer que f est une bijection et déterminer sa bijection réciproque.

**3.e** On donne l'application $f: [-8\ ;\ 15] \to [-4\ ;\ 19]$
$x \mapsto -x + 11$
Démontrer que $f$ est une bijection et déterminer sa bijection réciproque.

**3.f** On donne la bijection $f: \mathbb{R} \to \mathbb{R}$
$x \mapsto x^3$
Trouver l'image, par la bijection réciproque $f^{-1}$ de $f$, de chacun des nombres réels suivants : $-125\ ;\ -8\ ;\ 27\ ;\ 64$.

## 3.3. Représentation graphique de deux bijections réciproques

**On donne les bijections : $f: \mathbb{R}^+ \to \mathbb{R}^+$, $x \mapsto x^2$ et $g: \mathbb{R}^+ \to \mathbb{R}^+$, $x \mapsto \sqrt{x}$**
**Dans le plan muni du repère orthonormé (O, I, J), on a construit les représentations graphiques $(\mathscr{C}_f)$ de $f$ et $(\mathscr{C}_g)$ de $g$.**
**$(\Delta)$ est la droite d'équation : $y = x$.**
**$(\mathscr{C}_f)$ et $(\mathscr{C}_g)$ semblent être symétriques par rapport à $(\Delta)$.**
**On veut démontrer qu'il en est ainsi.**

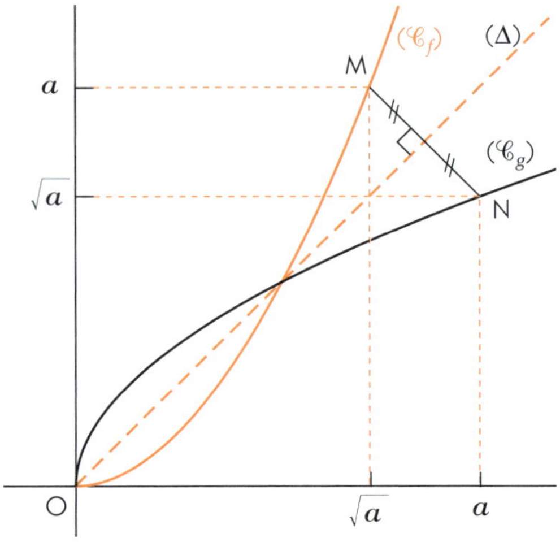


- Vérifier que $f$ et $g$ sont des bijections réciproques.
- Vérifier que les points $A(\sqrt{2}\ ;\ 2)$ de $(\mathscr{C}_f)$ et $B(2\ ;\ \sqrt{2})$ de $(\mathscr{C}_g)$ sont symétriques par rapport à $(\Delta)$.

$a$ est un nombre réel positif.
- Démontrer que les points $M(\sqrt{a}\ ;\ a)$ de $(\mathscr{C}_f)$ et $N(a\ ;\ \sqrt{a})$ de $(\mathscr{C}_g)$ sont symétriques par rapport à $(\Delta)$.
- Conclure.

### Propriété

**Dans le plan muni d'un repère orthonormé, les représentations graphiques de deux bijections réciproques sont symétriques par rapport à la droite d'équation : $y = x$.**

### Démonstration

Le plan est muni d'un repère orthonormé.
$f$ et $g$ sont des bijections réciproques, $(\mathscr{C}_f)$ et $(\mathscr{C}_g)$ leurs représentations graphiques respectives.
$(\Delta)$ est la droite d'équation : $y = x$.
$S_{(\Delta)}$ est la symétrie orthogonale d'axe $(\Delta)$.
$x_0$ et $y_0$ sont des nombres réels quelconques.

$$M(x_0\ ;\ y_0) \in (\mathscr{C}_f) \Leftrightarrow N(y_0\ ;\ x_0) \in (\mathscr{C}_g)$$

Par conséquent, $(\mathscr{C}_f)$ est l'image de $(\mathscr{C}_g)$ par $S_{(\Delta)}$ et $(\mathscr{C}_g)$ est l'image de $(\mathscr{C}_f)$ par $S_{(\Delta)}$ ;
$(\mathscr{C}_f)$ et $(\mathscr{C}_g)$ sont donc symétriques par rapport à $(\Delta)$.

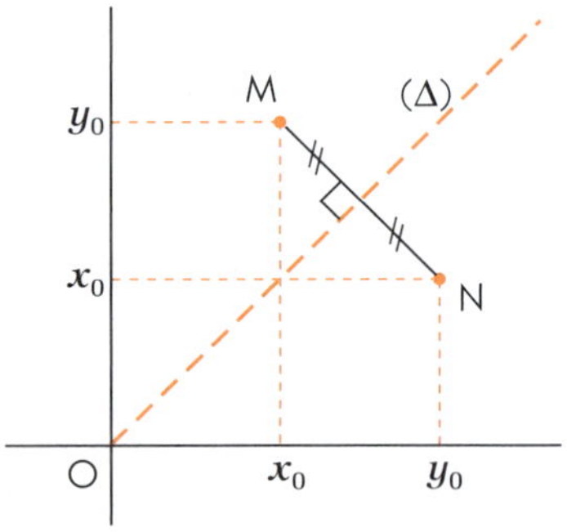


# Exercices

**3.g** Le plan est muni d'un repère orthonormé.
On donne la bijection $x \mapsto x^3$.
Construire la représentation graphique de sa bijection réciproque.

**3.h** Le plan est muni d'un repère orthonormé (O,I,J).
$f$ est l'application de $[-1\ ;\ 4]$ dans $[0\ ;\ 4]$, de représentation graphique ci-contre.
Définir explicitement $f$.
Démontrer que $f$ est bijective.
Construire sa bijection réciproque $f^{-1}$.

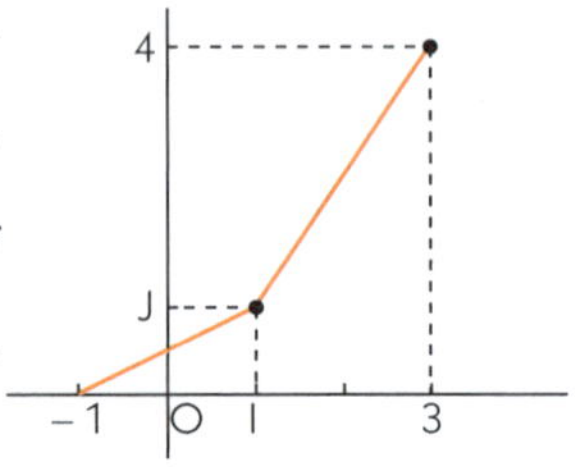

# TP Travaux pratiques

## TP1 Représentation graphique de la somme de deux fonctions

### Exemple

**Le plan est muni d'un repère.**
**Construisons la courbe $(\mathscr{C})$ et la droite (D), d'équations respectives : $y = \sqrt{x}$ ; $y = x + 1$.**
**On donne la fonction $f$ de $\mathbb{R}$ vers $\mathbb{R}$ définie par : $f(x) = x + \sqrt{x} + 1$.**
**Construisons point par point la représentation graphique $(\mathscr{C}_f)$ de $f$ en utilisant $(\mathscr{C})$ et (D).**
**(On suppose que $(\mathscr{C}_f)$ est une courbe d'un seul morceau, ne contenant pas de segment.)**

– L'ensemble de définition de $f$ est $[0 ; +\infty[$.

– La fonction $f$ est la somme des fonctions $f_1$ et $f_2$ de $\mathbb{R}$ vers $\mathbb{R}$ définies par : $f_1(x) = \sqrt{x}$ ; $f_2(x) = x + 1$

– $x$ est un nombre réel positif.

On a : $f(x) = f_1(x) + f_2(x)$

$M_1$ le point de $(\mathscr{C})$ d'abscisse $x$
$M_2$ le point de (D) d'abscisse $x$
M le point de $(\mathscr{C}_f)$ d'abscisse $x$.

On a : $M_1(x ; f_1(x))$ ; $M_2(x ; f_2(x))$ ; $M(x ; f_1(x) + f_2(x))$

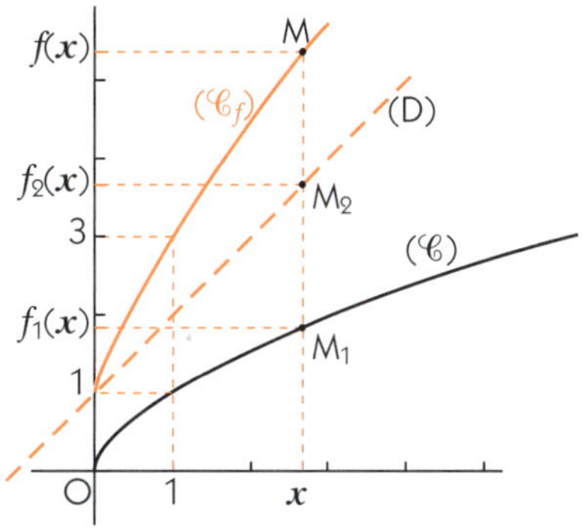


### Application

**Dans le plan muni d'un repère orthogonal, construire la représentation graphique de la fonction numérique $f$ définie sur $[-\pi ; \pi]$ par : $f(x) = \sin x + \cos x$.**

## TP2 Utilisation graphique de la composée de fonctions

### Exemple

**On donne les fonctions numériques $f$ et $g$ définies par : $f(x) = \dfrac{1}{x}$ ; $g(x) = x^2$.**
**Le plan est muni du repère orthonormé (O, I, J). $(\mathscr{C}_f)$ et $(\mathscr{C}_g)$ désignent les représentations graphiques de $f$ et $g$. $(\Delta)$ désigne la droite d'équation $y = x$.**
**$a$ étant un nombre réel différent de zéro, $f \circ g(a) = g \circ f(a) = \dfrac{1}{a^2}$.**
**Trouver un programme de construction du point $A\left(a ; \dfrac{1}{a^2}\right)$ utilisant $(\mathscr{C}_f)$, $(\mathscr{C}_g)$ et $(\Delta)$.**

$a$ est un nombre réel positif. Sur le graphique ci-contre,

– placer : $a$ sur (OI) ; $a^2$ sur (OJ) ; $a^2$ sur (OI) ; $\dfrac{1}{a^2}$ sur (OJ) ;

– marquer : $A\left(a ; \dfrac{1}{a^2}\right)$.

• Construire les points $M\left(0,7 ; \dfrac{1}{0,49}\right)$ et $N\left(1,4 ; \dfrac{1}{1,96}\right)$.

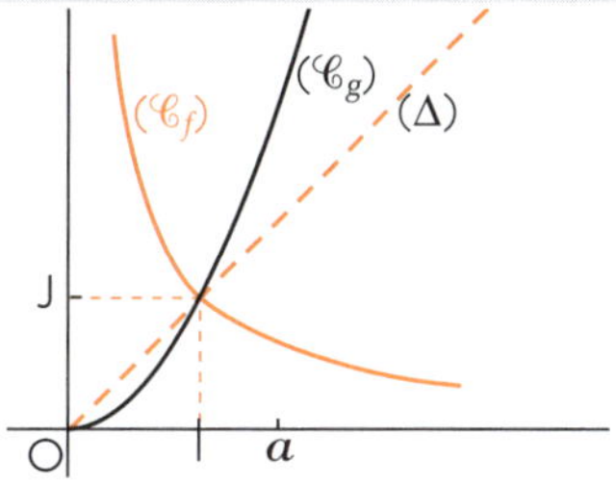


### Application

**Dans le plan muni du repère orthonormé (O, I, J), construire les points $A\left(1,5 ; \dfrac{1}{\sqrt{1,5}}\right)$ ; $B\left(0,5 ; \dfrac{1}{\sqrt{0,5}}\right)$ ; $\left(2 ; \dfrac{1}{\sqrt{2}}\right)$.**

On pourra écrire $\dfrac{1}{\sqrt{a}}$ comme l'image d'un nombre réel strictement positif par la composée de deux fonctions élémentaires. On utilisera alors un programme de construction analogue à celui dégagé dans l'exemple précédent.

# TP3 Schéma de calcul séquentiel et variation de fonction

*L'objet de ce TP est l'utilisation d'une forme canonique et d'un schéma de calcul séquentiel pour organiser l'étude du sens de variation d'une fonction que l'on peut écrire comme composée de fonctions dont on connaît le sens de variation.*

## Exemple

**On veut étudier sur $]-\infty\,;\frac{3}{2}[$ le sens de variation de la fonction $f$ de $\mathbb{R}$ vers $\mathbb{R}$ définie par :**

$$f(x) = \frac{1}{\sqrt{-2x+3}}$$

$u$ et $v$ sont tels que : $u < v < \frac{3}{2}$

On a donc : $g(u) > g(v) > 0$ — $g$

$h[g(u)] > h[g(v)] > 0$ — $h$

$0 < k\,[h \circ g(u)] < k\,[h \circ g(v)]$ — $k$

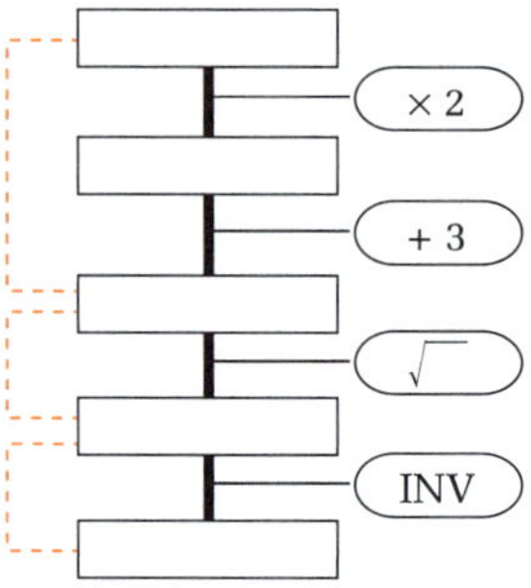


***Justification***

$g$ est une application affine de coefficient directeur $-2$ ; elle est donc décroissante sur $\mathbb{R}^+$.

$h$ est croissante sur $\mathbb{R}^+$.

$k$ est décroissante sur $\mathbb{R}^*_+$ et sur $\mathbb{R}^*_-$.

Par conséquent : pout tout $u$ et $v$ éléments de $]-\infty\,;\frac{3}{2}[$, $[u < v] \Rightarrow [f(u) < f(v)]$.

la fonction $f$ est donc croissante sur $]-\infty\,;\frac{3}{2}[$.

## Application

**Dans chacun des cas suivants, déterminer le sens de variation de la fonction $f$ sur l'intervalle K.**

**(1)** $f : x \mapsto \sin\sqrt{x}$ — $K = [0\,;\frac{\pi^2}{4}]$

**(2)** $f : x \mapsto \tan\frac{1}{x}$ — $K = [\frac{2}{\pi}\,;\frac{3}{\pi}]$

**(3)** $f : x \mapsto \frac{3x^2+4}{x^2+1}$ — $K = \mathbb{R}$

# TP4 Démonstration par l'absurde

## Méthode de démonstration par l'absurde

**Pour démontrer qu'une proposition (P) est vraie, on prouve que sa négation (non p) est fausse.**

Pour cela, on peut procéder comme suit :

- on suppose que (non P) est vraie ;
- on cherche à en déduire une proposition (Q) que l'on sait fausse.

Ainsi, lorsque l'on y parvient, on aboutit à une contradiction. On en déduit alors que (non P) est fausse, donc que (P) est vraie.

## Application

**Analyser l'utilisation du raisonnement par l'absurde dans ce chapitre.**

Dans chacun des cas ,

- expliciter les propositions (P), (non P) et (Q) ;
- quelle est l'implication qui permet d'aboutir à une contradiction ? Expliquer cette contradiction.

# TP5 Résolution d'un problème

**Le plan est muni du repère orthogpnal (O, I, J).**
**On considère les fonctions $f$ et $g$ de $\mathbb{R}$ vers $\mathbb{R}$ définies par : $f(x) = x^2 - 1$ et $g(x) = \sqrt{x}$.**
**On désigne par $(\mathscr{C}_f)$ et $(\mathscr{C}_g)$ les représentations graphiques respectives des fonctions $f$ et $g$.**
**On considère la fonction $h$ notée $g \circ f$.**
**1. Déterminer la fonction $h$, préciser son ensemble de définition. Étudier sa parité.**
**2. Construire $(\mathscr{C}_f)$, $(\mathscr{C}_g)$ et $(\Delta)$ la droite d'équation : $y = x$.**
**Construire, sans calcul préalable, les points A, B, C de $(\mathscr{C}_h)$ d'abscisses respectives : 1 ; 2 ; 3.**
**3. Quel est le sens de variation des fonctions $f$ et $g$ ?**
**En déduire celui de $h$ et préciser la variation de $h$ lorsque $x$ varie de 1 à 4.**

**1. Fonction $h$ définie par : $h = g \circ f$.**

***Ensemble de définition de h***

Désignons par $D_f$, $D_g$, $D_h$ les ensembles de $f$, $g$, $h$.

On a : $x \in D_h \Leftrightarrow x \in D_f$ et $f(x) \in D_g$

$x \in D_h \Leftrightarrow x \in \mathbb{R}$ et $x^2 - 1 \geq 0$

Donc : $D_h = ]-\infty ; -1] \cup [1 ; +\infty[$

| $x$ | $-\infty$ | | $-1$ | | $1$ | | $+\infty$ |
|---|---|---|---|---|---|---|---|
| $x^2 - 1$ | | + | 0 | − | 0 | + | |

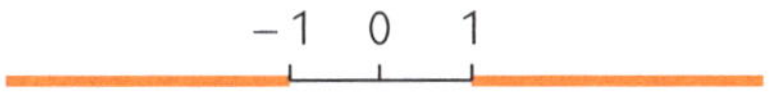


***Détermination de h***

On obtient : pour tout $x \in D_h$, $h(x) = \sqrt{x^2 - 1}$

***Étude de la parité de h***

On obtient : pour tout $x \in D_f$, $-x \in D_f$ et $h(-x) = h(x)$

**2. Variations des fonction $f$, $g$ et $h$**

$(\mathscr{C}_2)$ est la translatée de vecteur $-\vec{OJ}$ de la parabole d'équation : $y = x^2$.

| $x$ | $-1$ | $0$ | $1$ | $4$ |
|---|---|---|---|---|
| $f(x)$ | 0 ↘ | $-1$ | ↗ 0 | 15 |

$f : x \to x^2 - 1$ est croissante sur $\mathbb{R}^+$, et décroissante sur $\mathbb{R}^-$.

| $x$ | (hachuré) | $0$ | | $15$ |
|---|---|---|---|---|
| $g(x)$ | | 0 | ↗ | $\sqrt{15}$ |

On sait que la fonction $g : x \to \sqrt{x}$ est croissante sur $\mathbb{R}^+$.

| $x$ | | $-1$ | $0$ | $1$ | | $4$ |
|---|---|---|---|---|---|---|
| $h(x)$ | ↘ | 0 | (hachuré) | 0 | ↗ | $\sqrt{15}$ |

Par conséquent, la fonction $h$ composée de $f$ suivie de $g$ est :
– croissante sur $[1 ; +\infty[$
– décroissante sur $]-\infty ; -1]$.

Lorsque $x$ varie de 1 à 4, $f$ croit de 0 à 15 et $h$ croit de 0 à $\sqrt{15}$.

**3. Construction de $(\mathscr{C}_f)$, $(\mathscr{C}_g)$, $(\Delta)$**

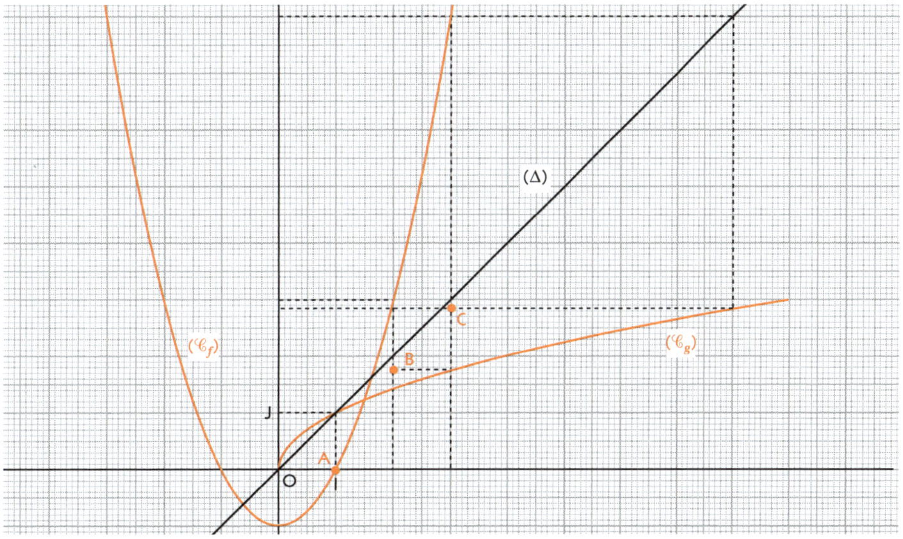


On contrôle graphiquement les résultats obtenus dans la question **2**.

# Exercices

## APPRENTISSAGE

### Généralités sur les fonctions

*Restriction d'une fonction*

**1** Le plan est muni du repère orthogonal (O, I, J). On donne d'une part les cinq fonctions $f$, $g$, $h$, $k$, $i$ de $\mathbb{R}$ vers $\mathbb{R}$ définies par :

$$f(x) = x^3 - 1$$

$$g(x) = -3x + 7$$

$$h(x) = -3(x-1)^2 + 4$$

$$k(x) = \sqrt{4-(x-1)^2}$$

On donne d'autre part, dans le désordre, les courbes $(\mathscr{C}_1)$, $(\mathscr{C}_2)$, $(\mathscr{C}_3)$, $(\mathscr{C}_4)$, représentations graphiques des fonctions précédentes.

**1.** Associer à chaque fonction sa représentation graphique.

**2.** Tracer la restriction à l'intervalle [0 ; 2] de l'opposée de chacune de ces fonctions.

**3.** Dresser le tableau de variation de chacune de ces restrictions.

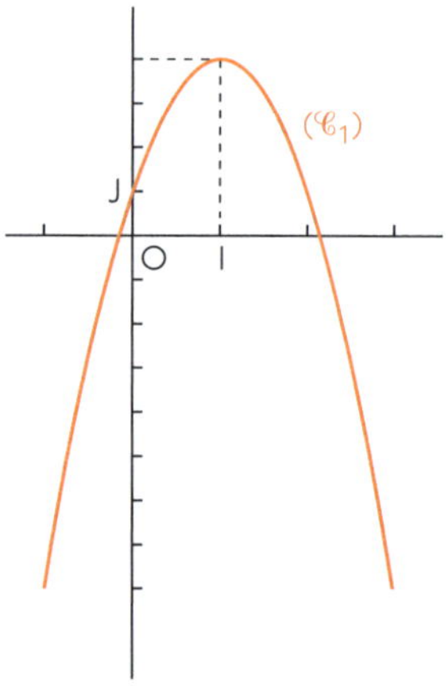


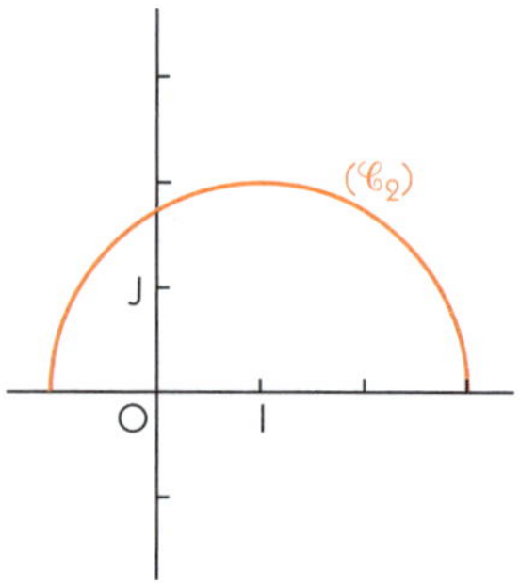


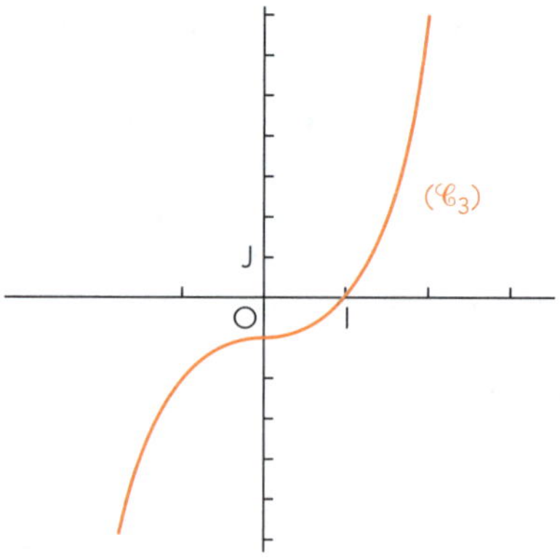


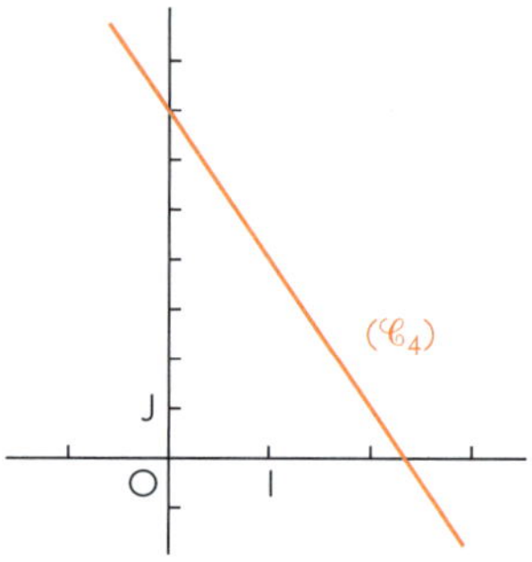


**2** On donne la fonction $f : \mathbb{R} \to \mathbb{R}$, $x \mapsto \dfrac{x^3}{|x|} + 1$

Donner la restriction de $f$ à chacun des ensembles : $\mathbb{R}_+^*$ ; $\mathbb{R}_-^*$ ; $[-1\,;1] \setminus \{0\}$.

**3** On donne la fonction $f : \mathbb{R} \to \mathbb{R}$, $x \mapsto \dfrac{x-1}{|x|-1}$

Donner la restriction de $f$ à chacun des ensembles : $\mathbb{R}^+ \setminus \{1\}$ ; $\mathbb{R}^- \setminus \{1\}$.

**4** On donne la fonction $f : \mathbb{R} \to \mathbb{R}$, $x \mapsto |2x+1| - |x-3|$

Donner la restriction de $f$ à chacun des ensembles : $]-\infty\,; -\frac{1}{2}]$ ; $[-\frac{1}{2}\,; 3]$ et $[3\,; +\infty[$.

*Ensemble de définition*

**5** Déterminer l'ensemble de définition de chacune des fonctions de $\mathbb{R}$ vers $\mathbb{R}$ ci-dessous :

$f : x \mapsto 7\sqrt{3-2x}$

$g : x \mapsto \sqrt{x-3} + 2\sqrt{3x-1}$

$h : x \mapsto \dfrac{5x}{\sqrt{x-4}}$

$i : x \mapsto \dfrac{1}{\sqrt{3x+1} - 5}$

$j : x \mapsto \dfrac{1}{\sqrt{2x-1} + \sqrt{12-2x}}$

$k : x \mapsto \dfrac{7x^2+1}{\sqrt{x+3} - \sqrt{2x-1}}$

### *Images et antécédents*

**6** On donne la fonction polynôme $f$ définie par :

$f(x) = x^2 - 3x - 4.$

**1.** Déterminer à l'aide de la calculatrice l'image par $f$ de chacun des nombres réels suivants :

$-3{,}75$ ; $-0{,}5$ ; $\frac{9}{8}$ ; $0{,}125$ ; $\sqrt{2}$ ; $1{,}25$ ; $\sqrt{5}$ ; $\frac{7}{3}$.

On donnera éventuellement une valeur approchée à $10^{-2}$ près de $f(x)$.

**2.** Déterminer les antécédents par $f$ de chacun des nombres réels suivants : 0 ; 6 ; – 6.

**7** On donne la fonction $f$ de $\mathbb{R}$ vers $\mathbb{R}$ définie par :

$f(x) = 3{,}125x^2 - 2{,}155x + 3.$

Déterminer à l'aide de la calculatrice l'image par $f$ de chacun des nombres réels suivants :

0,24 ; 1,52 ; 3,44.

**8** On donne la fonction $f$ de $\mathbb{R}$ vers $\mathbb{R}$ définie par :

$$f(x) = \frac{x}{x^2 + 1}.$$

Déterminer à l'aide de la calculatrice l'image par $f$ de chacun des nombres réels suivants :

– 0,25 ; – 0,8 ; 1,4 ; 2,2.

On donnera une valeur approchée à $10^{-2}$ près du résultat.

Déterminer les antécédents par $f$ de chacun des nombres réels suivants :

$1$ ; $\frac{1}{2}$ ; $\frac{\sqrt{3}}{4}$.

### *Comparaison de fonctions*

**9** Dans chacun des cas suivants, justifier que les fonctions $f$ et $g$ de $\mathbb{R}$ vers $\mathbb{R}$ définies ci-dessous sont égales.

(1) $f(x) = \dfrac{x+1}{x-1}$ ; $g(x) = \dfrac{x^3 + x^2 + 4x + 4}{x^3 - x^2 + 4x - 4}$

(2) $f(x) = \dfrac{|x+2|}{x+2}$ ; $g(x) = \dfrac{x+2}{\sqrt{x^2 + 4x + 4}}$

(3) $f(x) = (\sin x - \cos x)^2$ ; $g(x) = 1 - 2\sin x \cos x$

**10** $f$ et $g$ sont deux fonctions définies sur $]3 ; +\infty[$ par : $f(x) = \dfrac{4x^2 - 15x + 11}{x - 3}$ ; $g(x) = ax + b + \dfrac{c}{x-3}$

Déterminer $a$, $b$ et $c$ pour que : $f = g$.

**11** On donne les fonctions $f$ et $g$ de $\mathbb{R}$ vers $\mathbb{R}$ définies par : $f(x) = \dfrac{|x^2 - 2x - 3|}{x + 1}$ ; $g(x) = x - 3$

Sur quel intervalle les restrictions de $f$ et $g$ sont-elles égales ? opposées ?

**12** $f$ et $g$ sont deux fonctions définies sur $[-6 ; 6]$ de représentations graphiques ci-dessous.

**1.** Comparer $f$ et $g$.

**2.** Tracer en rouge la représentation graphique de la fonction $h$ définie par :

$h(x) = \max\,[f(x) ; g(x)]$.

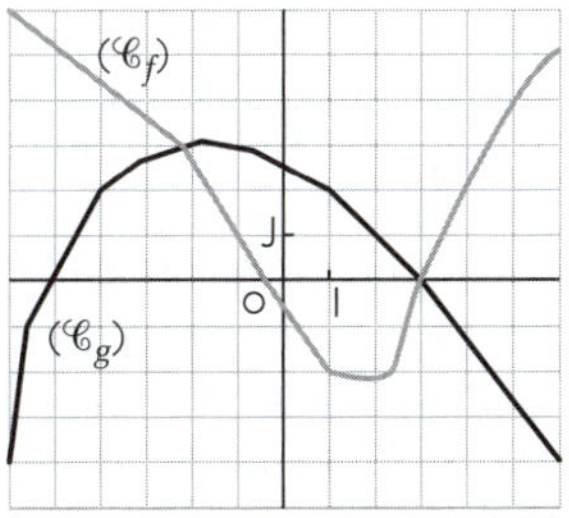


**13** $\alpha$ étant un nombre réel de $[0 ; \frac{\pi}{2}]$, comparer graphiquement les mesures des segments [OK], [AI] et de l'arc $\widehat{AI}$.

En déduire une comparaison de :

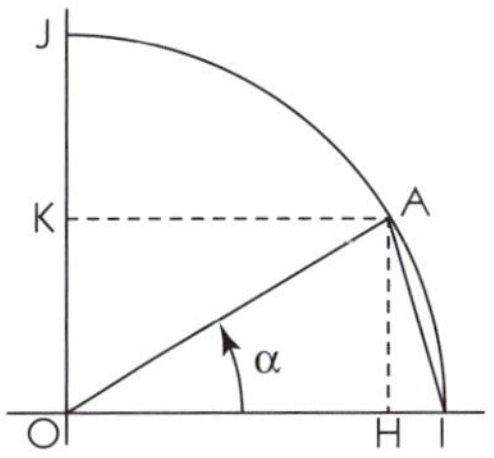


**1.** $\alpha$ et $\sin \alpha$.

**2.** $\dfrac{1}{3\alpha - 1}$ et $\dfrac{1}{3\sin\alpha - 1}$

**14** **1.** Déterminer le signe de $-3x^2 + 8x + 8$.

On donne les fonctions numériques $f$ et $g$, définies par :

$f(x) = 2\sqrt{4 - (x-1)^2}$ ; $g(x) = \sqrt{4 - x^2}$.

**2.** Comparer ces fonctions sur l'intervalle $[0 ; +1]$.

**15** $x$ étant un nombre réel plus grand que 1, ordonner les nombres réels :

$x^3$ ; $x$ ; $x^2$ ; $\sqrt{x}$.

Puis ordonner les nombres réels :

$7\sqrt{x} + 5$ ; $7x^3 + 5$ ; $7x + 5$ ; $7x^2 + 5$.

Enfin ordonner les nombres réels :

$\dfrac{1}{7\sqrt{x} + 5}$ ; $\dfrac{1}{7x^3 + 5}$ ; $\dfrac{1}{7x + 5}$ ; $\dfrac{1}{7x^2 + 5}$.

**16** **1.** Comparer les fonctions polynômes $f$ et $g$ définies par : $f(x) = 2x + 4$ et $g(x) = 4 - x^2$.

**2.** Comparer les fonctions $f$ et $g$ de $\mathbb{R}$ vers $\mathbb{R}$ définies par :

$f(x) = \dfrac{6 - 2x}{x - 1}$ et $g(x) = 2x - 2$.

**17** On considère les fonctions $f$, $g$ et $h$ définies par :

$f(x) = \dfrac{1}{x^2 + 1}$ ; $g(x) = -\dfrac{x}{2} + 1$ ; $h(x) = \dfrac{x^2}{2} + 1$.

Démontrer que, pour tout nombre réel $x$ de $[0 ; 1]$,

$g(x) < f(x) < h(x)$.

**18** $f$ est la fonction rationnelle définie par :

$$f(x) = \frac{x^3 + x^2 + 2x + 1}{x^2 + 2}.$$

Démontrer que, pour tout nombre réel $x$,

$x + \frac{1}{2} \leq f(x) < x + 1$.

**19** Le plan est muni d'un repère orthonormé (O, I, J). La représentation graphique ci-dessous est celle d'une fonction $f$ d'ensemble de définition $[0 ; 6]$.

**1.** Déterminer graphiquement : $f(0)$, $f(1)$, $f(2)$, $f(3)$, $f(4)$, $f(5)$ et $f(6)$.

**2.** Quelle est l'image de $f$ ?

**3.** Résoudre graphiquement chacune des équations suivantes :

(1) $f(x) = 0$ (4) $f(x) = \frac{2}{3}$

(2) $f(x) = -2$ (5) $f(x) = -6$

(3) $f(x) = \frac{3}{2}$ (6) $f(x) = 1$

**4.** Résoudre graphiquement chacune des inéquations suivantes :

(1) $f(x) > 0$ (3) $f(x) \geq -2$

(2) $f(x) \leq 0$ (4) $f(x) < 2$

**20** $f$ est la fonction définie au n° 19.

**1.** Tracer sur le même dessin la droite d'équation :

$$y = \frac{2}{3}(x - 4).$$

Résoudre graphiquement l'équation : $f(x) = \frac{2}{3}(x - 4)$.

Résoudre graphiquement l'inéquation : $f(x) > \frac{2}{3}(x - 4)$.

**2.** Dresser le tableau de variation de $f$. la fonction $f$ admet-elle un maximum ? Si oui, préciser pour quelle valeur ce maximum est atteint.

**3.** On suppose que $f$ est la restriction à [0 ; 6] d'une fonction polynôme du second degré. Déterminer $f(x)$.

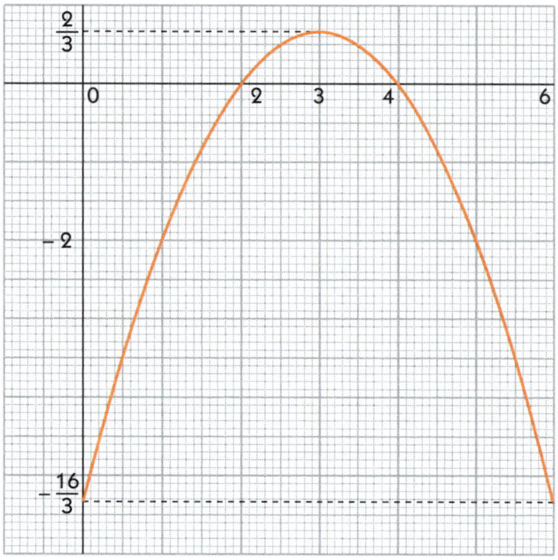


**21** Une fonction $f$ d'ensemble de définition [– 5 ; 5] vérifie les conditions suivantes :
sa valeur en 4 est 1 et son tableau de variation est :

| $x$ | – 5 | – 3 | 2 | 5 |
|---|---|---|---|---|
| $f(x)$ | 6 ↘ | 1 ↗ | 3 ↘ | – 4 |

**1.** Déterminer les extremums relatifs de $f$ et préciser les valeurs pour lesquelles ils sont atteints.

**2.** Résoudre l'équation $f(x) = 1$ et l'inéquation $f(x) > 1$.

**3.** Discuter suivant les valeurs du nombre réel $m$ le nombre de solutions de l'équation $f(x) = m$.

**22** Le plan est muni du repère orthonormé (O, I, J).
On donne la fonction $f$ de $\mathbb{R}$ vers $\mathbb{R}$ de représentation graphique ci-après.

**1.** Déterminer graphiquement son ensemble de définition $D_f$ et les images suivantes : $f(0)$, $f(1)$, $f(2)$, $f(3)$, $f(4)$.

**2.** Quelle est l'image de $f$ ?

**3.** Trouver graphiquement le nombre et le signe des solutions de l'équation $f(x) = 0$. Donner une valeur approchée à $125.10^{-3}$ près de la solution négative.

**4.** Résoudre graphiquement chacune des équations et inéquations suivantes :

$f(x) = 4$ ; $f(x) = -4$ ; $f(x) = -\frac{25}{4}$ ;

$f(x) \geq 0$ ; $f(x) < 0$ ; $f(x) \leq 4$ ; $f(x) < -4$.

**5.** Dresser le tableau de variation et indiquer le minimum et le maximum de $f$.

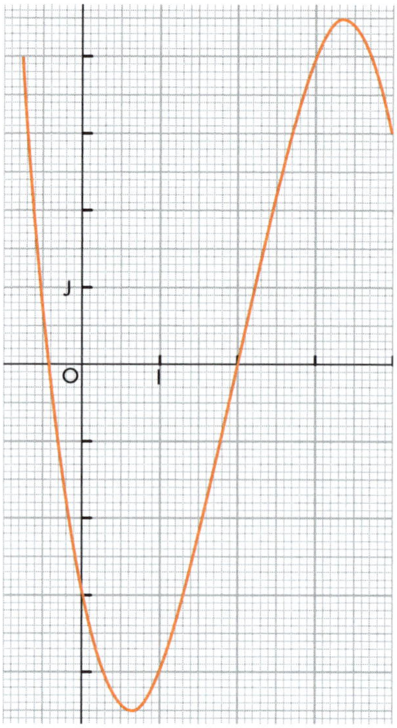


**23** Le plan est muni du repère orthogonal (O, I, J).
On désigne par $g$ la restriction à [0 ; 44] de la fonction numérique $f$ définie sur [– 2 ; + ∞[ par :

$$f(x) = 2x + 4.$$

**1.** Représenter graphiquement les fonctions $f$ et $g$ avec des couleurs différentes.

**2.** Trouver graphiquement l'image de $g$.

**3.** Trouver un nombre entier relatif $n$ tel que $n$ est un minorant de $f$ et $-n$ est un majorant de $g$.

**24** On considère la fonction polynôme définie par : $f(x) = x^2 - 8x + 7$.

**1.** Écrire $f(x)$ sous forme canonique.

**2.** Démontrer que la fonction $f$ admet un minimum. préciser ce minimum et le nombre réel où $f$ atteint ce minimum.

**3.** Démontrer que, pour tout nombre réel $x$ de [4 ; 5],

$$-\frac{1}{8} \leq \frac{1}{f(x)} \leq -\frac{1}{9}.$$

**25** On donne la fonction numérique $f$ définie sur ]– 2 ; 4[ par :

$$f(x) = (x^2 - 2x - 3)^2 - 4.$$

On désigne par $(\mathscr{C}_f)$ sa représentation graphique.

**1.** Trouver les antécédents de – 4, de – 3 et de 0.

**2.** – 4 est le minimum de $f$ sur ]– 2 ; 0[, expliquer pourquoi.

**3.** Préciser si 21 est le maximum de $f$ ou un majorant de $f$.

**4.** Justifier que 12 est un maximum relatif de $f$ sur ]0 ; 2[.

**5.** Dresser le tableau de variation de $f$ sur [– 2 ; 4].

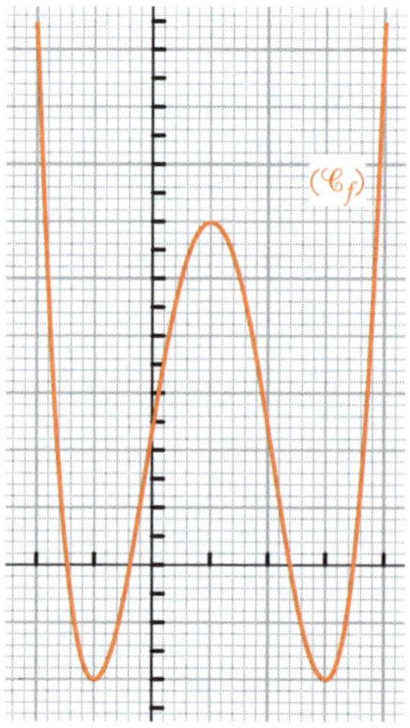

# Opérations sur les fonctions

## *Somme, produit et quotient de fonctions*

**26** $f$ et $g$ sont les fonctions rationnelles définies par :

$$f(x) = \frac{x+1}{x-1} \quad ; \quad g(x) = \frac{2x}{x+1}.$$

Déterminer les fonctions :

$$f+g \quad ; \quad 2f-g \quad ; \quad (2f-g)^2 \quad ; \quad fg \quad ; \quad \frac{f}{g}.$$

Préciser leurs ensembles de définition.

**27** On donne les fonctions $f$ et $g$ de ℝ vers ℝ définies par :

$$f(x) = \frac{6-2x}{x-1} \quad ; \quad g(x) = 2x-2.$$

Déterminer et représenter graphiquement la fonction $fg$.

**28** On donne les fonctions rationnelles $f$ et $g$ définies par :

$$f(x) = \frac{6x-2x^2-2}{2x-2} \quad ; \quad g(x) = \frac{6x^2-8x+2}{2x-2}.$$

Déterminer et représenter graphiquement la fonction $f+g$.

**29** On donne les fonctions rationnelles $f$, $g$, $h$ et $l$ définies par :

$$f(x) = \frac{1}{x+1} \quad ; \quad g(x) = \frac{2}{(x+1)(x+2)} ;$$

$$h(x) = \frac{1}{x+2} \quad ; \quad l(x) = \frac{3}{(x+1)(x+2)}.$$

Justifier que les fonctions $f+g$ et $h+l$ sont égales.

**30** Démontrer que la somme de deux fonctions croissantes (resp. décroissantes) sur un intervalle K est une fonction croissante (resp. décroissante) sur K.

**Application**

Dans chacun des cas suivants, déterminer le sens de variation de la fonction $f$ sur l'intervalle K.

(1) $f : x \mapsto x^3 + \sqrt{x}$  
$K = \mathbb{R}^+$

(2) $f : x \mapsto x^2 - 2x + 7$  
$K = \mathbb{R}^-$

(3) $f : x \mapsto x^3 + \sin x$  
$K = [0 ; \frac{\pi}{2}]$

(4) $f : x \mapsto \frac{1}{x} + \cos x$  
$K = ]0 ; \frac{\pi}{2}]$

**31** Déterminer l'inverse de la fonction $f$ de ℝ vers ℝ dans chacun des cas suivants.

On précisera son ensemble de définition.

(1) $f : x \mapsto \frac{x^2-x-6}{x-1}$

(2) $f : x \mapsto \frac{x^4-16}{|x|-2}$

(3) $f : x \mapsto |2x-1| - |x+2|$

(4) $f : x \mapsto |x-1| - x + 1$

(5) $f : x \mapsto \frac{\sqrt{-2x^2-3x+5} - x}{x^2}$

## *Composition de fonctions*

**32** On donne les fonctions $f$ et $g$ de ℝ vers ℝ définies par :

$$f(x) = \frac{20}{x+4} \quad ; \quad g(x) = \frac{20}{x} - 4.$$

Déterminer $f \circ g$.

**33** Dans chacun des cas suivants, trouver les ensembles de définition des fonctions $f$ et $g$ de ℝ vers ℝ puis déterminer les fonctions composées $f \circ g$ et $g \circ f$ ; préciser leur ensemble de définition.

(1) $f : x \mapsto -x + 5$ ; $g : x \mapsto \frac{1}{x}$.

(2) $f : x \mapsto \frac{3x-1}{x+3}$ ; $g : x \mapsto \frac{1}{x}$.

(3) $f : x \mapsto \frac{3x+1}{x+1}$ ; $g : x \mapsto 2x + 3$.

(4) $f : x \mapsto \frac{5-2x}{x-1}$ ; $g : x \mapsto \frac{x-1}{2x+3}$.

(5) $f : x \mapsto x^2$ ; $g : x \mapsto \sqrt{x}$.

(6) $f : x \mapsto x^2 - x - 2$ ; $g : x \mapsto \sqrt{x}$.

**34** On donne les fonctions suivantes de ℝ vers ℝ :

$f : x \mapsto x^2 - 4$ ; $g : x \mapsto \frac{1}{x}$ ; $h : x \mapsto \sqrt{x}$ ;

$i : x \mapsto 2x - 3$ ; $j : x \mapsto x^3$.

Écrire chacune des fonctions suivantes de ℝ vers ℝ comme composée des fonctions $f$, $g$, $h$, $i$ et $j$.

a) $f_1 : x \mapsto 2\sqrt{x} - 3$

b) $f_2 : x \mapsto \sqrt{x^2-4}$

c) $f_3 : x \mapsto \frac{1}{2x-3}$

d) $f_4 : x \mapsto (2x-3)^2$

e) $f_5 : x \mapsto \frac{1}{x^2-4}$

f) $f_6 : x \mapsto \sqrt{2x-3}$

**35** Dans chacun des cas suivants, écrire la fonction $f$ de ℝ vers ℝ, définie par sa formule explicite, comme composée de trois fonctions polynômes, rationnelles ou de référence.

(1) $f(x) = 5x^2 - 3$

(2) $f(x) = \frac{1}{3x-2}$

(3) $f(x) = \sqrt{5x-2}$

(4) $f(x) = 3\sqrt{x} + 2$

(5) $f(x) = 2x^3 + 1$

(6) $f(x) = \frac{5}{x} - 1$

(7) $f(x) = \frac{1}{x^3}$

(8) $f(x) = -2x^2 + 3|x| - 1$

**36** Dans chacun des cas suivants, écrire la fonction $f$ de ℝ vers ℝ, définie par sa formule explicite, comme composée de trois fonctions polynômes, rationnelles ou de référence.

(1) $f(x) = 3(x-5)^2 + 1$

(2) $f(x) = \frac{1}{(3x-1)^2}$

(3) $f(x) = 5\sqrt{x+1} + 2$

(4) $f(x) = 3\cos 2x - 1$

(5) $f(x) = \frac{3}{x^2} - 1$

(6) $f(x) = \frac{3}{x+2} - 1$

(7) $f(x) = \sqrt{|5x+1|}$

(8) $f(x) = \frac{\sin^3 x - 1}{\sin^3 x + 2}$

**37** $f$, $g$ et $h$ sont les fonctions de ℝ vers ℝ, définies par : $f(x) = 2x - 1$ ; $g(x) = \frac{1}{x-3}$ ; $h(x) = x^2 - 2$.

Déterminer $h \circ g \circ f(x)$ et $g \circ h \circ f(x)$.

Préciser leurs ensembles de définition.

# Applications bijectives

**38** Le plan est muni du repère orthonormé (O, I, J). $f$ est l'application de $[-2 ; 3]$ dans $[-3 ; 4]$ de représentation graphique $[AB] \cup [BC]$.

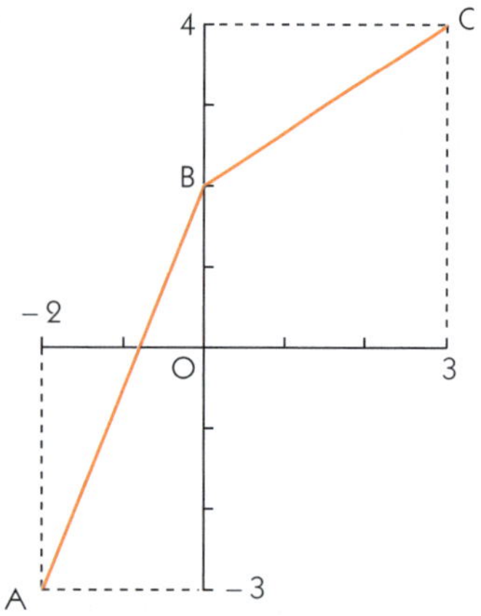


**1.** Calculer $f(x)$ pour tout nombre réel $x$ de $[-2 ; 3]$.
**2.** Démontrer que $f$ est bijective. Déterminer $f^{-1}$.
**3.** Construire sur le même dessin la représentation graphique de $f^{-1}$.

**39** $f$ est la fonction polynôme définie par :
$f(x) = 8x^3 - 12x^2 + 6x - 1$.
**1.** Démontrer que $f$ est la composée de deux fonctions, dont la fonction cube.
**2.** En déduire que $f$ est une bijection de $\mathbb{R}$ vers $\mathbb{R}$.

**40** $f$ est la fonction polynôme définie par :
$f(x) = 8x^3 + 1$.
Justifier que $f$ est une bijection de $\mathbb{R}$ vers $\mathbb{R}$.

**41** $f$ est la fonction de $\mathbb{R}$ vers $\mathbb{R}$ définie par :
$f(x) = \sqrt{x^3 + 1}$.
Justifier que $f$ est une bijection de $\mathbb{R}^+$ dans $[1 ; +\infty[$.

**42** $f$ est la fonction rationnelle définie par :
$$f(x) = \frac{1}{8x^3 + 1}.$$
Justifier que $f$ est une bijection de $]-\frac{1}{2} ; +\infty[$ dans $]0 ; +\infty[$.

**43** On donne l'application $f : [2 ; +8[ \to \mathbb{R}^+$
$x \mapsto \sqrt{2x - 4}$.
**1.** Démontrer que $f$ est une bijection. Déterminer $f^{-1}$.
**2.** Construire la courbe représentative de $f^{-1}$ dans le plan muni d'un repère orthonormé. En déduire celle de $f$.

**44** On donne l'application $f : \mathbb{R} \setminus \{1\} \to \mathbb{R} - \{2\}$
$$x \mapsto \frac{2x - 3}{x - 1}.$$
Démontrer que $f$ est une bijection. Déterminer $f^{-1}$.

## APPROFONDISSEMENT

**45** On considère la fonction rationnelle $f$ définie par : $f(x) = \dfrac{x^2 + 1}{x^2 + 5}$
**1.** Écrire $f(x)$ sous forme canonique (c'est-à-dire une écriture correspondant à un schéma de calcul séquentiel).
**2.** Démontrer que :
pour tout nombre réel $x$, $0 < \dfrac{1}{x^2 + 5} \leq \dfrac{1}{5}$.
**3.** Démontrer que :
pour tout nombre réel $x$, $\dfrac{1}{5} \leq f(x) < 1$.

**46** On donne les fonctions $f$ et $g$ de $\mathbb{R}$ vers $\mathbb{R}$ définies par :
$$f(x) = \frac{4x^2 + 1}{2x^2 + 1} \quad ; \quad g(x) = 3x - 2.$$
**1.** Démontrer que pour tout nombre réel $x$, $1 \leq f(x) \leq 2$.
**2.** La fonction $g$ est-elle bornée sur $\mathbb{R}$ ?
**3.** Démontrer que $f \circ g$ est bornée sur $\mathbb{R}$.
**4.** Démontrer que $g \circ f$ est bornée sur $\mathbb{R}$.

**47** Le plan est muni du repère (O, I, J).
On donne la fonction $f : \mathbb{R} \to \mathbb{R}$
$$x \mapsto \frac{x^2 + 1}{x}$$
**1.** Démontrer que la représentation graphique $(\mathscr{C}_f)$ de $f$ admet un centre de symétrie.
**2.** $D_f$ étant l'ensemble de définition de $f$, en déduire l'ensemble des solutions du système d'inéquations :
$$-2 < f(x) < 2.$$
**3.** Démontrer que :
– pour tout nombre réel strictement positif $x$,
$f(x) > x$ ;
– pour tout nombre réel strictement négatif $x$,
$f(x) < x$.

**48** On donne la fonction rationnelle $f$ définie par :
$$f(x) = \frac{3x^2 + 1}{x^2 + 1}.$$
**1.** Quelle est l'ensemble de définition de $f$ ?
**2.** Écrire $f(x)$ sous forme canonique.
**3.** Écrire $f$ comme la composée de trois fonctions rationnelles.
**4.** En se référant au TP3, étudier le sens de variation de $f$.
**5.** Démontrer que $f$ est bornée sur $\mathbb{R}$.

**49** $f$ et $g$ sont des applications de $\mathbb{R}$ dans $\mathbb{R}$,
**1.** Étudier la parité de la fonction $g \circ f$ dans chacun des cas suivants :
*a)* $f$ et $g$ sont paires ;
*b)* $f$ et $g$ sont impaires ;
*c)* $f$ est paire et $g$ est impaire ;
*d)* $f$ est impaire et $g$ est paire.
**2.** Justifier que $g \circ f$ est paire lorsque $f$ est paire.

**50** $f$, $g$ et $h$ sont des fonctions numériques dont l'ensemble de départ est $[-3 ; 5[$ et l'ensemble d'arrivée est A pour $f$, B pour $g$ et C pour $h$. Elles sont définies respectivement par :
$$f(x) = 3x - 5 \quad ; \quad g(x) = x^2 - 10x + 25 \quad ; \quad h(x) = \frac{3}{x + 5}.$$
Déterminer les ensembles A, B et C pour que les fonctions $f$, $g$ et $h$ soient des bijections.
Dans ce cas, chercher la formule explicite de chacune des bijections réciproques $f^{-1}$, $g^{-1}$ et $h^{-1}$.

5

# Limites
# Continuité

Aujourd'hui, le médecin peut disposer d'une gamme complète d'outils de diagnostic scanographique. Il peut procéder à une investigation de la région à examiner par des images séquentielles données par des prises de couches transversales et très fines.

*Pour mettre en évidence un maximum de détails, les coupes acquises peuvent être reconstruites avec un certain chevauchement. On obtient alors une visualisation précise et sans rupture d'une région anatomique pour une meilleure interprétation. La continuité des images volumiques est obtenue par une technique d'acquisition spéciale et rend ces images aussi belles qu'une image séquentielle.*

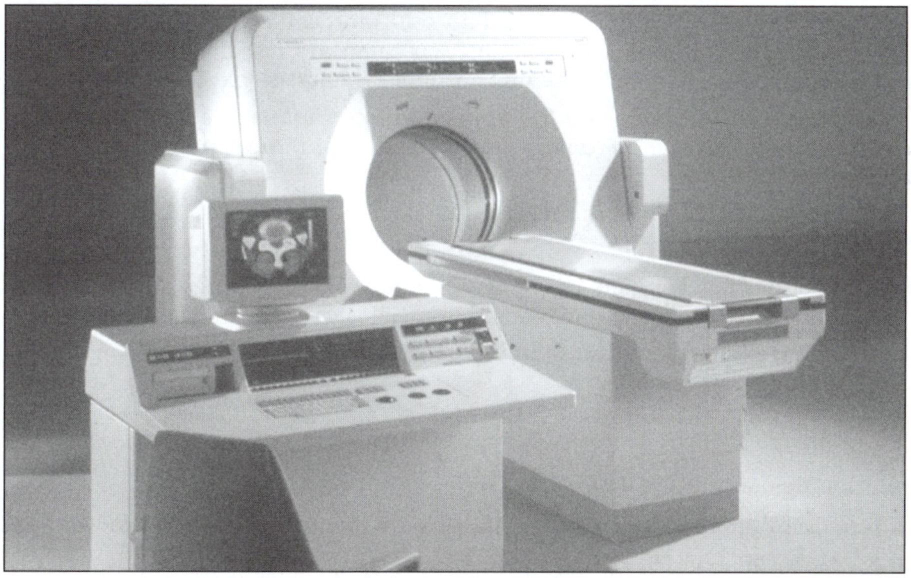



## SOMMAIRE

# 1 Limite et continuité en $a$

## 1.1. Approche de la notion

### Activité introductrice

Le plan est muni du repère orthogonal (O, I, J).
On considère la fonction $f : ]\,0\,;\,2\pi\,[ \;\to\; \mathbb{R}$

$$x \mapsto \frac{x-\pi}{\sin x}$$

$(\mathscr{C}_f)$ est sa représentation graphique.
$D_f$ est son ensemble de définition.

On veut étudier le comportement de $f$ autour de $\pi$ où elle n'est pas définie et autour de $\frac{3\pi}{2}$ où elle est définie.

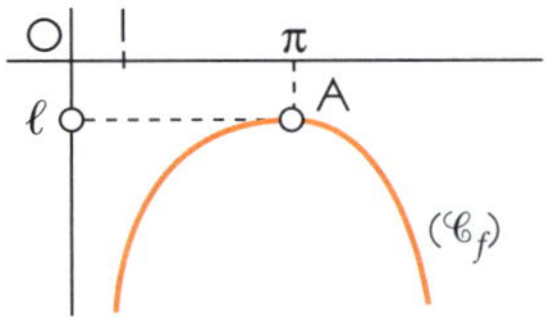


$D_f = ]\,0\,;\,\pi\,[ \cup ]\,\pi\,;\,2\pi\,[$

#### Notion de limite

***La fonction $f$ n'étant pas définie en $\pi$, étudions le comportement de $f$ lorsque la variable prend, dans $D_f$ toutes les valeurs suffisamment proches de $\pi$.***

- ***Que deviennent les images $f(x)$ lorsque $x$ prend, dans $D_f$ toutes les valeurs suffisamment proches de $\pi$ ?***

La représentation graphique suggère de considérer le point $A(\pi\,;\,\ell)$; ce n'est pas un point de $(\mathscr{C}_f)$.
Cependant $(\mathscr{C}_f) \cup \{A\}$ est une courbe d'un seul morceau.
Déterminons une valeur approchée de $\ell$, en calculant les images par $f$ d'éléments de $D_f$ choisis de plus en plus proches de $\pi$.

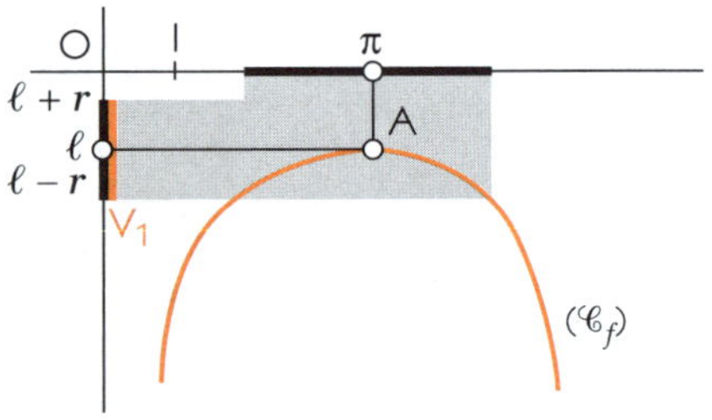


- ***Comment choisir $x$ pour que $f(x)$ appartienne à l'intervalle $V_1$ de centre $\ell$ et de rayon $r$, $r$ étant un nombre réel positif aussi petit que l'on veut ?***

(On pourra déterminer graphiquement l'image réciproque de $V_1$)

- ***Conclusion***

Nous admettons que l'on peut approcher le nombre $\ell$ d'aussi près que l'on veut par des images $f(x)$, pourvu que les nombres réels $x$ prennent dans $D_f$ toutes les valeurs suffisamment proches de $\pi$.

On dit que le nombre réel $\ell$ est **la limite de $f(x)$ lorsque $x$ tend vers** $\pi$, ou que le nombre réel $\ell$ est **la limite de** la fonction $f$ **en** $\pi$.

On écrit : $\lim\limits_{x \to \pi} f(x) = \ell$

#### Notion de continuité

***La fonction $f$ étant définie en $\frac{3\pi}{2}$, étudions le comportement de $f$ lorsque la variable prend, dans $D_f$ toutes les valeurs suffisamment proches de $\frac{3\pi}{2}$.***

- ***Que deviennent les images $f(x)$ lorsque $x$ prend, dans $D_f$ toutes les valeurs suffisamment proches de $\frac{3\pi}{2}$ ?***
- ***Comment choisir $x$ pour que $f(x)$ appartienne à l'intervalle $V_2$ de centre $-\frac{\pi}{2}$ et de rayon $r$, $r$ étant un nombre réel positif aussi petit que l'on veut ?***

(On pourra déterminer graphiquement l'image réciproque de $V_2$)

- ***Conclusion***

La fonction $f$ admet une limite en $\frac{3\pi}{2}$ et : $\lim\limits_{x \to \frac{3\pi}{2}} f(x) = f\left(\frac{3\pi}{2}\right)$

On dit que la fonction $f$ est **continue** en $\frac{3\pi}{2}$.

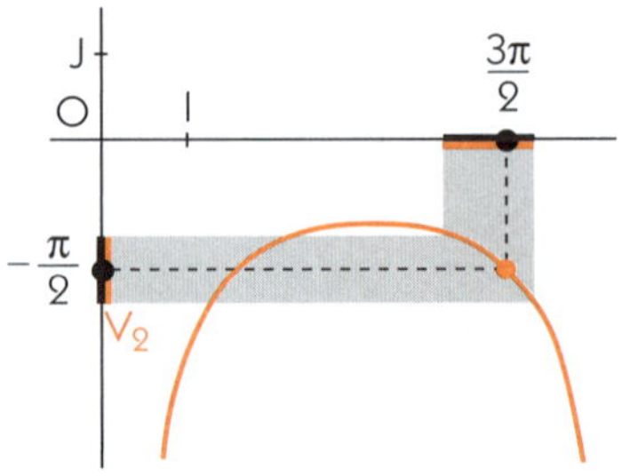


#### Problème d'unicité

*On démontre et nous admettons que :*

Lorsqu'une fonction admet une limite en $a$, elle n'admet pas d'autre limite en $a$.

## Définition intuitive

$f$ étant une fonction d'ensemble de définition $D_f$, $a$ et $\ell$ des nombres réels,
le nombre réel $\ell$ est la limite de $f$ en $a$ ou encore $\ell$ est la limite de $f(x)$ lorsque $x$ tend vers $a$

*signifie que*

pour tout intervalle ouvert V de centre $\ell$, il existe un intervalle K de centre $a$ tel que l'image par $f$ de $K \cap D_f$ soit contenue dans V.

$f$ n'est pas définie en $a$.

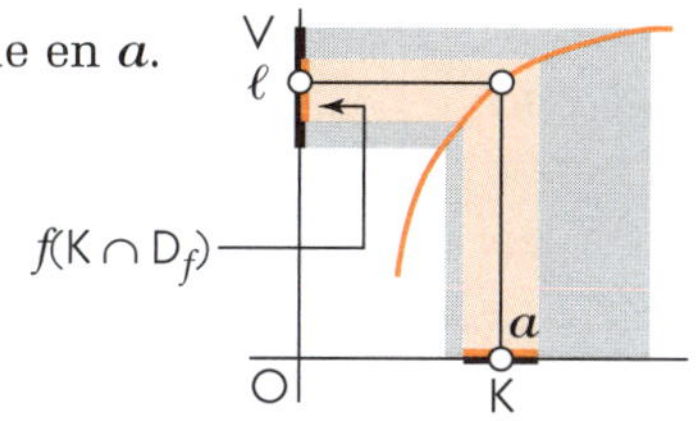


$f$ est définie en $a$.

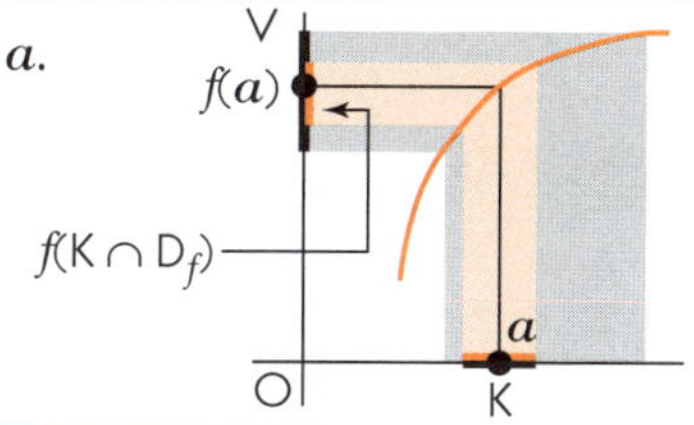


## Notation

*Lorsque $\ell$ est la limite en $a$ de la fonction $f$, on note :* $\lim\limits_{x \to a} f(x) = \ell$.

*On démontre et nous admettons la propriété suivante :*

## Propriété – Définition

**Lorsqu'une fonction $f$ est définie en $a$ et admet une limite en $a$, alors cette limite est égale à $f(a)$.**
**On dit que la fonction $f$ est continue en $a$.**

$$\lim_{x \to a} f(x) = f(a) \quad \Leftrightarrow \quad f \text{ est continue en } a.$$

## Illustrations graphiques

### La fonction est définie en $a$

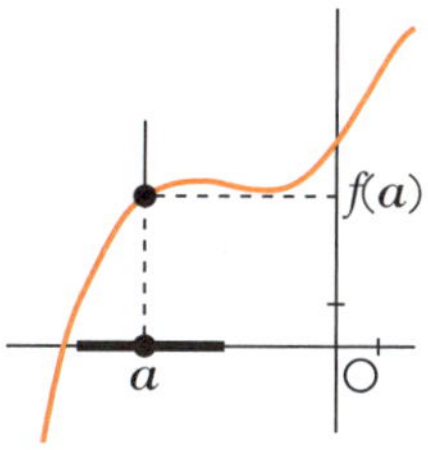


$\lim\limits_{x \to a} f(x) = f(a)$

$f$ est continue en $a$

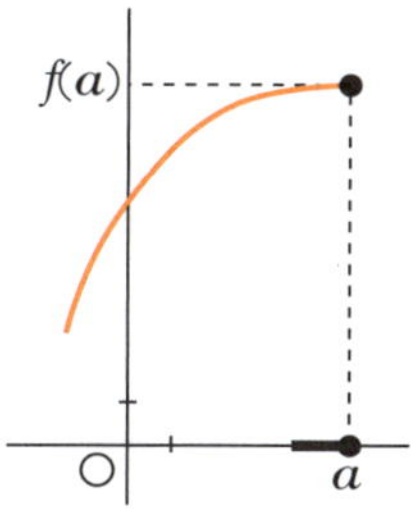


$\lim\limits_{x \to a} f(x) = f(a)$

$f$ est continue en $a$

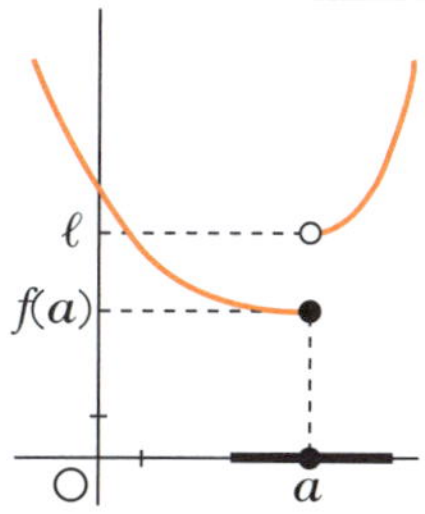


$f$ n'a pas de limite en $a$

$f$ n'est pas continue en $a$

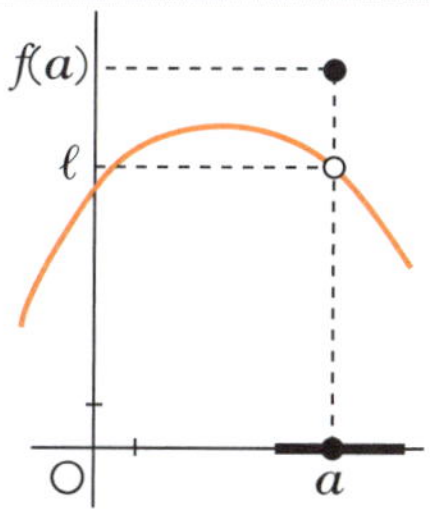


$f$ n'a pas de limite en $a$

$f$ n'est pas continue en $a$

### La fonction n'est pas définie en $a$

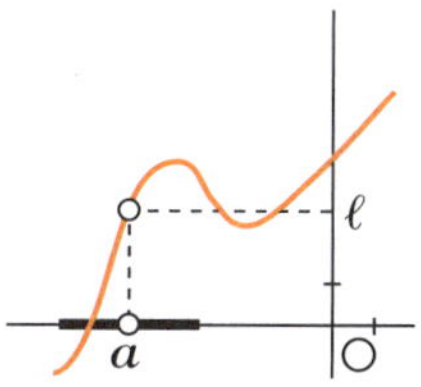


$\lim\limits_{x \to a} f(x) = \ell$

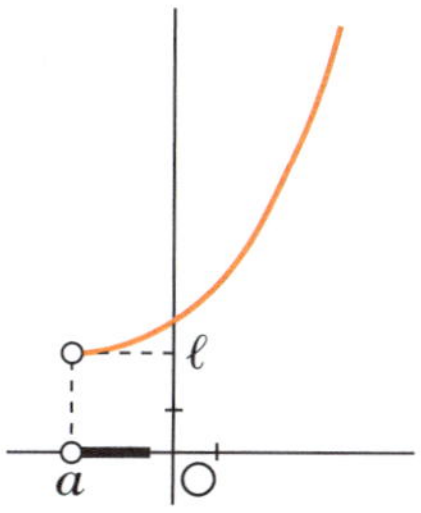


$\lim\limits_{x \to a} f(x) = \ell$

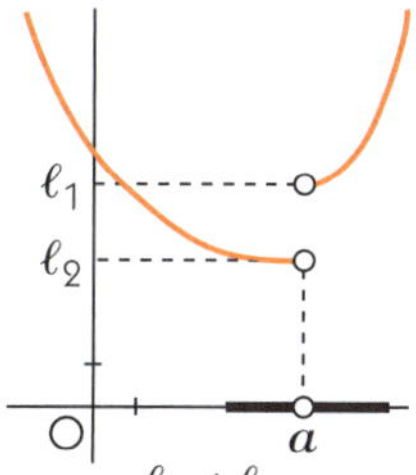


$\ell_1 \neq \ell_2$

$f$ n'a pas de limite en $a$

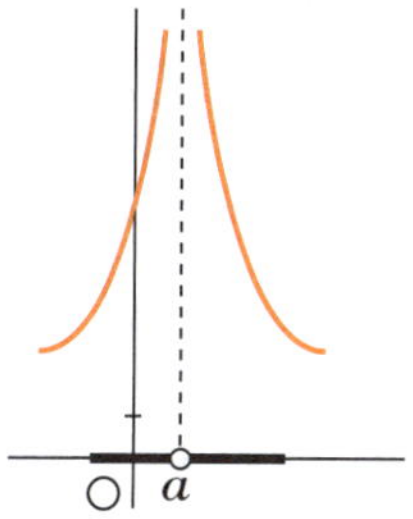


$|f(x)|$ devient aussi grand que l'on veut lorsque $x$ est de plus en plus proche de $a$.

$f$ n'a pas de limite (finie) en $a$

## 1.2. Comment reconnaître une fonction continue en $a$ ?

### Continuité en $a$ et fonctions élémentaires

Par une étude graphique, on vérifie et nous admettons que les fonctions élémentaires ci-dessous sont continues en tout élément de leur ensemble de définition.

| | | | | | |
|---|---|---|---|---|---|
| $\times a$ <br> $a \in \mathbb{R}$ | $\mathbb{R} \to \mathbb{R}$ <br> $x \mapsto ax$ | $+b$ <br> $b \in \mathbb{R}$ | $\mathbb{R} \to \mathbb{R}$ <br> $x \mapsto x + b$ | $C^{te}$ <br> $c \in \mathbb{R}$ | $\mathbb{R} \to \mathbb{R}$ <br> $x \mapsto c$ |
| $\uparrow 2$ | $\mathbb{R} \to \mathbb{R}$ <br> $x \mapsto x^2$ | $\uparrow 3$ | $\mathbb{R} \to \mathbb{R}$ <br> $x \mapsto x^3$ | $\sqrt{\phantom{x}}$ | $\mathbb{R} \to \mathbb{R}$ <br> $x \mapsto \sqrt{x}$ |
| inv | $\mathbb{R} \to \mathbb{R}$ <br> $x \mapsto \dfrac{1}{x}$ | cos | $\mathbb{R} \to \mathbb{R}$ <br> $x \mapsto \cos x$ | sin | $\mathbb{R} \to \mathbb{R}$ <br> $x \mapsto \sin x$ |

### Critère de continuité en $a$

*On démontre et nous admettons la propriété suivante :*

**Propriété**

**Toute fonction qui est somme, produit ou quotient de fonctions élémentaires, est continue en tout élément de son ensemble de définition.**

*Exemples*

– Les fonctions polynômes sont continues en tout élément de $\mathbb{R}$.
– Les fonctions rationnelles sont continues en tout élément de leur ensemble de définition.
– La fonction tangente est une fonction définie en tout élément de son ensemble de définition
En effet, la fonction tangente notée tan est une fonction de $\mathbb{R}$ vers $\mathbb{R}$ définie par : $\tan x = \dfrac{\sin x}{\cos x}$.

### Remarque

*Nous ne parlerons de limite en $a$ d'une fonction $f$ d'ensemble de définition $D_f$ que s'il existe un intervalle ouvert K de centre $a$ tel que $K \cap D_f$ est l'un des ensembles représentés ci-contre.*

*Nous parlerons de continuité en a, lorsque a appartient à un tel intervalle.*

## Exercices

**1.a** Calculer les limites suivantes :

$\lim\limits_{x \to 2} (5x + 3)$ ; $\lim\limits_{x \to -1} (x^3 + 8x^2 - 2)$

$\lim\limits_{x \to 1} \dfrac{1}{\sqrt{x}}$ ; $\lim\limits_{x \to 3} \dfrac{x^3 - 7}{x - 4}$

$\lim\limits_{x \to \frac{\pi}{3}} (x - \sin x)$ ; $\lim\limits_{x \to \frac{5\pi}{6}} \dfrac{3}{\cos x}$

$\lim\limits_{x \to 0} (\sqrt{x} - 3\,x)$ ; $\lim\limits_{x \to \frac{\pi}{4}} \tan x$

**1.b** $(\mathcal{C}_f)$ est la représentation graphique d'une fonction $f$.

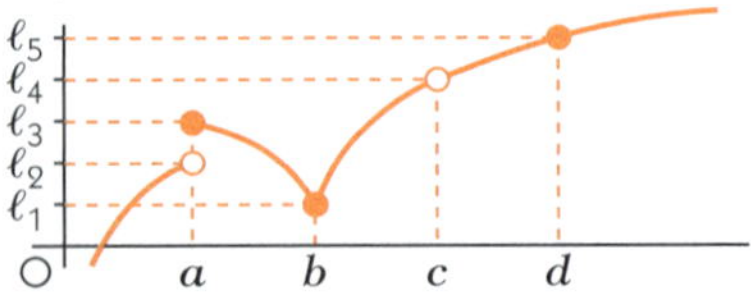


À l'aide de ce graphique, expliquer pourquoi $f$ est continue en $b$ et $d$, $f$ n'est pas continue en $a$ et pourquoi on ne peut pas parler de continuité de $f$ en $c$ ?

## 1.3. Calcul de limites

### La fonction n'est pas définie en $a$

Il s'agit ici de calculer la limite en $a$ d'une fonction $f$ qui est une restriction d'une fonction $g$ continue en $a$.

**Exemple introductif**

**On considère la fonction rationnelle $f$ définie par : $f(x) = \dfrac{x^3 - 2x^2 + x - 2}{x - 2}$**

**La fonction $f$ n'est pas définie en 2. On veut étudier la limite de $f$ en 2.**

– Le numérateur et le dénominateur de $f(x)$ s'annulent pour $x = 2$.
On peut simplifier par $x - 2$.
Pour tout nombre réel $x$ différent de 2, $f(x) = x^2 + 1$.

– On considère la fonction $g : \mathbb{R} \rightarrow \mathbb{R}$

$$x \mapsto x^2 + 1$$

$g$ est une fonction polynôme donc continue en 2 et :

$$\lim_{x \to 2} g(x) = g(2) = 5$$

$f$ n'est pas définie en 2 et elle est la restriction de $g$ à $\mathbb{R} \setminus \{2\}$.

On constate graphiquement que $f$ et $g$ ont la même limite en 2 :

$$\lim_{x \to 2} f(x) = \lim_{x \to 2} g(x) = g(2) = 5.$$

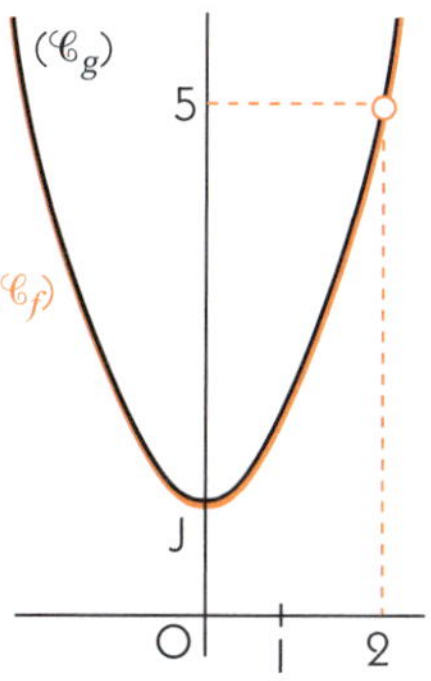


*On démontre et nous admettons la propriété suivante :*

**Propriété**

**$a$ est un nombre réel,**
**K un intervalle ouvert contenant $a$,**
**$f$ une fonction définie sur K $\setminus\{a\}$ et non définie en $a$.**

**Si $g$ est une fonction continue en $a$ qui coïncide avec $f$ sur K $\setminus\{a\}$**

**alors $f$ admet une limite en $a$ égale à $g(a)$.**

$$\lim_{x \to a} f(x) = g(a).$$

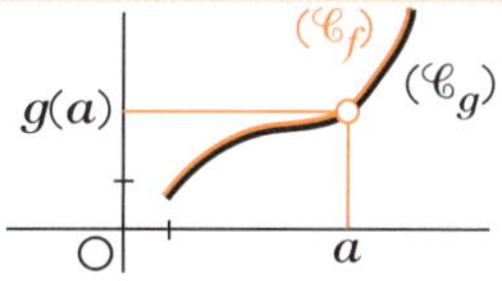


**Exemple 1**

**Calculons la limite en 2 de la fonction $f$ définie par : $f(x) = \dfrac{5x^2 - 9x - 2}{2x^2 - 7x + 6}$.**

- Ensemble de définition de $f$ : $D_f = \mathbb{R} \setminus \{2 ; \frac{3}{2}\}$.
- Transformation de l'écriture de $f(x)$ : pour tout nombre réel $x$ différent de 2 et de $\frac{3}{2}$, $f(x) = \dfrac{5x + 1}{2x - 3}$.
- Donc $\lim\limits_{x \to 2} f(x) = \lim\limits_{x \to 2} \dfrac{5x + 1}{2x - 3} = 11$.

**M**

***Pour calculer la limite en a de certaines fonctions f du type $\frac{g}{h}$,***
***g et h étant des fonctions qui s'annulent en a,***
***on peut procéder comme suit :***

– on détermine l'ensemble de définition de la fonction $f$,
– on transforme l'écriture de $g(x)$ et celle de $h(x)$ pour faire apparaître le facteur $(x - a)$,
– on simplifie par $(x - a)$ pour obtenir une nouvelle écriture de $f(x)$ :

Pour tout élément $x$ de $D_f$, $f(x) = \dfrac{\varphi(x)}{\psi(x)}$

– on étudie la limite en $a$ de $\dfrac{\varphi}{\psi}$.

■ **Exemple 2**

**Calculons la limite en 4 de la fonction $f$ définie par : $f(x) = \dfrac{x - 2\sqrt{x}}{x - 4}$**

– Ensemble de définition de $f$ :

$D_f = \mathbb{R}^+ \setminus \{4\} = [0 ; 4[ \cup ]4 ; +\infty[$.

Il existe un intervalle ouvert K contenant 4 tel que : $K \setminus \{4\} \subset D_f$.

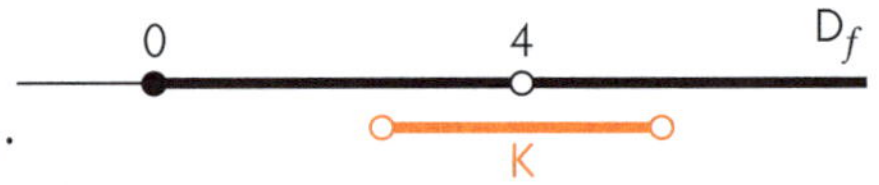


– Le numérateur et le dénominateur de $f(x)$ s'annulent en 4.
Transformons l'écriture de $f(x)$ en multipliant le numérateur et le dénominateur par $x + 2\sqrt{x}$, expression conjuguée du numérateur $x - 2\sqrt{x}$.

Pour tout nombre réel strictement positif $x$, différent de 4, $f(x) = \dfrac{(x - 2\sqrt{x})(x + 2\sqrt{x})}{(x - 4)(x + 2\sqrt{x})} = \dfrac{x}{x + 2\sqrt{x}}$

– Donc la fonction $f$ coincide sur $K \setminus \{4\}$ avec la fonction $g : \mathbb{R} \to \mathbb{R}$

$$x \mapsto \frac{x}{x + 2\sqrt{x}}.$$

Or, $g$ est une fonction continue en 4, d'après le critère de continuité.

Donc : $\lim\limits_{x \to 4} f(x) = g(4) = \dfrac{1}{2}$.

## La fonction est définie en $a$

La remarque suivante permettra d'étudier la continuité en $a$ de fonctions pour lesquelles on ne peut pas directement appliquer le critère de continuité.

### Remarque

*Étant donné deux fonctions qui coïncident sur un intervalle ouvert K, si l'une est continue en un élément $a$ de K alors l'autre est aussi continue en $a$.*

■ **Exemple 1**

**Étudions la limite en 2,5 de la fonction $f$ de $\mathbb{R}$ vers $\mathbb{R}$ définie par : $f(x) = x\,E(x)$.**

$f$ coïncide sur ]2 ; 3[ avec la fonction $g : \mathbb{R} \to \mathbb{R}$

$x \mapsto 2x$

Or $g$ est continue en 2,5.

Donc : $\lim\limits_{x \to 2,5} f(x) = g(2,5) = 5$

| $x$ | 2 | | 3 |
|---|---|---|---|
| $E(x)$ | 2 | 2 | 3 |
| $x\,E(x)$ | 4 | $2x$ | 6 |

■ **Exemple 2**

**Étudions la limite en 0 et la limite en 3 de la fonction $f$ de $\mathbb{R}$ vers $\mathbb{R}$ définie par : $f(x) = \min(x + 2 \,;\, x^2)$.**

– La représentation graphique de $f$ est la courbe ci-dessous tracée en couleur.

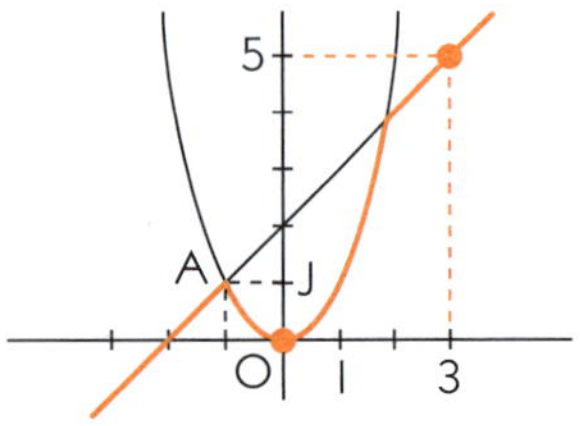


| $x$ | | $-1$ | | 2 | |
|---|---|---|---|---|---|
| $f(x)$ | $x + 2$ | 1 | $x^2$ | 4 | $x + 2$ |

– On obtient : $\lim\limits_{x \to 0} f(x) = \lim\limits_{x \to 0} x^2 = 0$

$\lim\limits_{x \to 3} f(x) = \lim\limits_{x \to 3} (x + 2) = 5$

■ **Exemple 3**

**Étudions la limite en 2 de la fonction $f$ de $\mathbb{R}$ vers $\mathbb{R}$ définie par :**

$$\begin{cases} \text{pour } x \in ]-\infty\,;\,2] & f(x) = -x + 3 \\ \text{pour } x \in ]2\,;\,+\infty] & f(x) = 0{,}5x + 1 \end{cases}$$

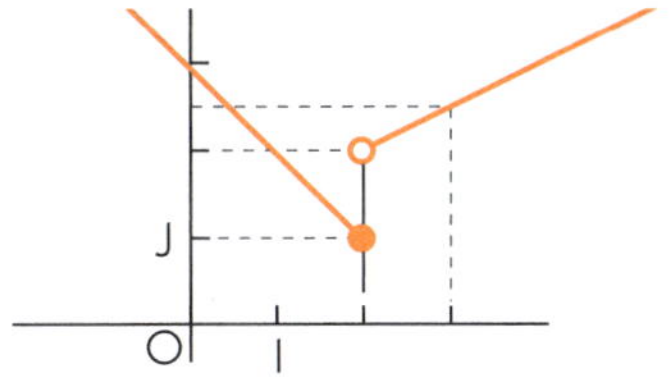


On a : $\lim\limits_{\substack{x \to 2 \\ <}} f(x) = \lim\limits_{x \to 2} (-x + 3) = 1$

$\lim\limits_{\substack{x \to 2 \\ >}} f(x) = \lim\limits_{x \to 2} (0{,}5x + 1) = 2$

$f$ n'admet pas de limite en 2.

## Opérations et limites en $a$

*On démontre et nous admettons les propriétés suivantes :*

### Propriétés

**$f$ et $g$ sont des fonctions, $a$, $\ell$, $\ell'$ des nombres réels.**

**Si** $\lim\limits_{x \to a} f(x) = \ell$ **et** $\lim\limits_{x \to a} g(x) = \ell'$ **alors** $\lim\limits_{x \to a} (f + g)(x) = \ell + \ell'$ ; $\lim\limits_{x \to a} fg(x) = \ell\ell'$

**Si de plus** $\ell' \neq 0$ **alors** $\lim\limits_{x \to a} \dfrac{f}{g}(x) = \dfrac{\ell}{\ell'}$

### Cas particuliers

$f$ est une fonction

$a$, $\ell$, $\ell'$, $k$ des nombres réels

$n$ un nombre entier naturel différent de 0.

Si $\lim\limits_{x \to a} f(x) = \ell$ alors $\lim\limits_{x \to a} k\,f(x) = k\,\ell$, $\lim\limits_{x \to a} (f(x) + k) = \ell + k$ , $\lim\limits_{x \to a} f^n(x) = \ell^n$.

Si de plus $\ell \neq 0$ alors $\lim\limits_{x \to a} \dfrac{1}{f}(x) = \dfrac{1}{\ell}$.

*Des résultats qui précèdent, on déduit aisément les propriétés suivantes sur les fonctions continues en $a$.*

### Propriétés

**– La somme de deux fonctions continues en $a$ est une fonction continue en $a$.**

**– Le produit de deux fonctions continues en $a$ est une fonction continue en $a$.**

**– Le quotient d'une fonction $f$, continue en $a$, par une fonction $g$ continue en $a$ et telle que $g(a)$ soit différent de zéro, est une fonction continue en $a$.**

# Exercices

**1.c** Déterminer l'ensemble de définition de chacune des fonctions $f$, $g$, $h$ de $\mathbb{R}$ vers $\mathbb{R}$ définies par :

$f(x) = \dfrac{x^3 + 8}{x + 2}$ ; $g(x) = \dfrac{x - 4}{2 - \sqrt{x}}$

$h(x) = \dfrac{|x| - 1}{x^2 - 1}$.

Étudier la limite de $f$ en $-2$, la limite de $g$ en 4, les limites de $h$ en $-1$ et en 1.

**1.d** On donne les fonctions $f$, $g$, $h$, $k$ de $\mathbb{R}$ vers $\mathbb{R}$ définies par :

$f(x) = x - \mathrm{E}(x)$ ; $g(x) = |2x - 3|$

$h(x) = |2x^2 - x - 1|$ ; $k(x) = |\tan x|$.

Étudier la limite de $f$ en 5,2 ; la limite de $g$ en 0 ; la limite de $h$ en $-1$ ; les limites de $k$ en $\dfrac{\pi}{4}$ et en $\dfrac{2\pi}{3}$.

# 2 Limite à gauche. Limite à droite

## 2.1. Présentation de la notion

### Exemple introductif

**E est la fonction partie entière,**
***g* la restriction de E à $]-\infty\ ;\ 2[$,**
***h* la restriction de E à $]2\ ;\ +\infty[$.**
**Étudions graphiquement la limite en 2 des fonctions E, *g* et *h*.**

$\text{E} : \mathbb{R} \to \mathbb{R}$
$x \mapsto \text{E}(x)$

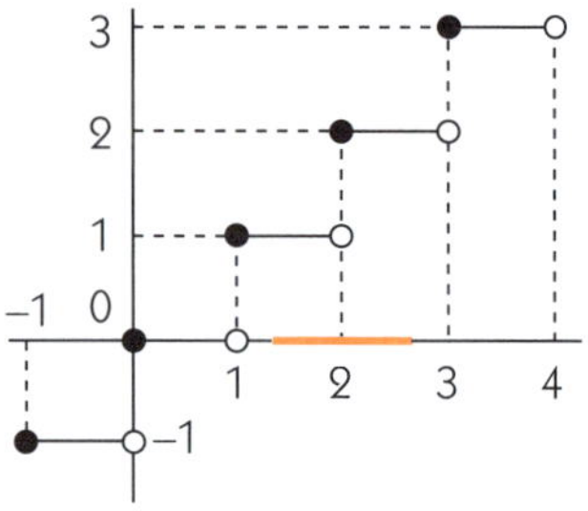


E(2) = 2
E n'a pas de limite en 2

$g : ]-\infty\ ,\ 2[ \to \mathbb{R}$
$x \mapsto \text{E}(x)$

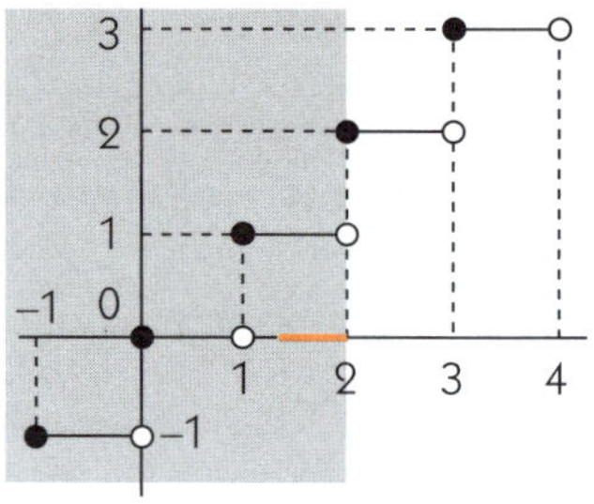


*g* est la restriction de E à $]-\infty\ ;\ 2[$ et

$$\lim_{x \to 2} g(x) = 1$$

On dit que E a une **limite à gauche en 2**, égale à 1
ou encore que
E($x$) tend vers 1 lorsque $x$ tend vers 2 **par valeurs plus petites que 2**.

On note :

$$\lim_{\substack{x \to 2 \\ <}} \text{E}(x) = \lim_{x \to 2} g(x) = 1$$

$h : ]2\ ,\ +\infty[ \to \mathbb{R}$
$x \mapsto \text{E}(x)$

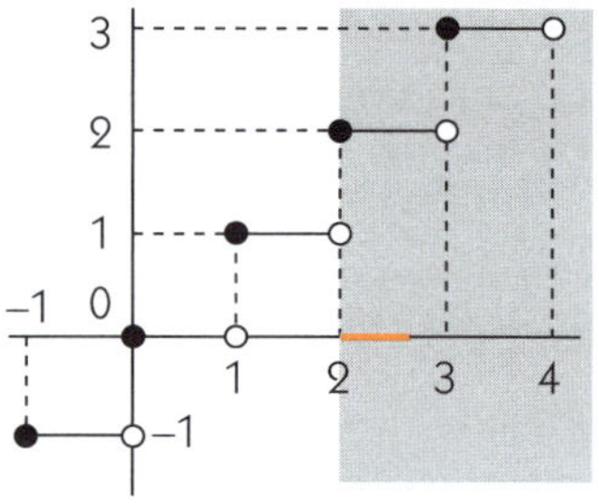


*h* est la restriction de E à $]2\ ;\ +\infty[$ et

$$\lim_{x \to 2} h(x) = 2$$

On dit que E a une **limite à droite en 2**, égale à 2
ou encore que
E($x$) tend vers 2 lorsque $x$ tend vers 2 **par valeurs plus grandes que 2**.

On note :

$$\lim_{\substack{x \to 2 \\ >}} \text{E}(x) = \lim_{x \to 2} h(x) = 2$$

La fonction partie entière n'a pas de limite en 2 ; cependant elle admet une limite à gauche et une limite à droite en 2.

### Définitions

***a* et $\ell$ sont des nombres réels, *f* une fonction d'ensemble de définition $D_f$**

- **On dit que *f* admet une limite à gauche en *a* égale à $\ell$ lorsque la restriction *g* de *f* à $D_f \cap\ ]-\infty\ ;\ a[$ admet en *a* une limite égale à $\ell$.**

On note $\displaystyle\lim_{\substack{x \to a \\ <}} f(x) = \lim_{x \to a} g(x) = \ell$

On lit : $\ell$ est la limite à gauche en *a* de *f*
ou *f*($x$) tend vers $\ell$ lorsque $x$ tend vers *a*
par valeurs inférieures à *a*.

- **On dit que *f* admet une limite à droite en *a* égale à $\ell$ lorsque la restriction *h* de *f* à $D_f \cap\ ]a\ ;\ +\infty[$ admet en *a* une limite égale à $\ell$.**

On note $\displaystyle\lim_{\substack{x \to a \\ >}} f(x) = \lim_{x \to a} h(x) = \ell$

On lit : $\ell$ est la limite à droite en *a* de *f*.
ou *f*($x$) tend vers $\ell$ lorsque $x$ tend vers *a*
par valeurs supérieures à *a*.

## 2.2. Limite à gauche et limite à droite pour étudier une limite

### Illustrations graphiques

**La fonction est définie en $a$**

| | | | |
|---|---|---|---|
| 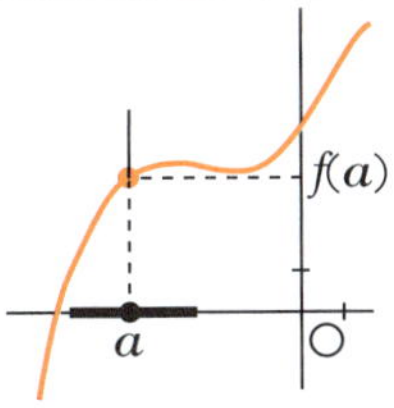 | 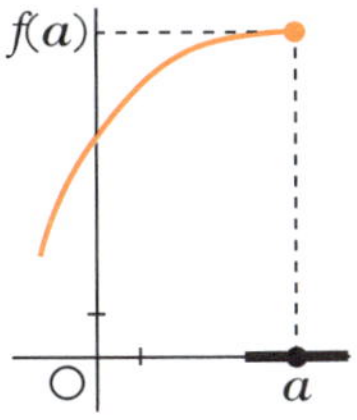 | 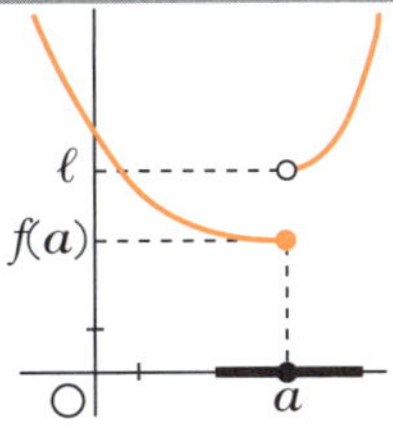 | 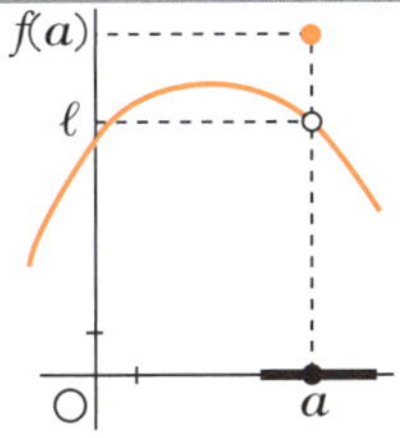 |
| $\lim\limits_{\substack{x \to a \\ <}} f(x) = f(a)$<br>$\lim\limits_{\substack{x \to a \\ >}} f(x) = f(a)$<br>$\boldsymbol{\lim\limits_{x \to a} f(x) = f(a)}$ | $\lim\limits_{\substack{x \to a \\ <}} f(x) = f(a)$<br>$f$ n'est pas définie pour $x > a$.<br>$\boldsymbol{\lim\limits_{x \to a} f(x) = f(a)}$ | $\lim\limits_{\substack{x \to a \\ <}} f(x) = f(a)$<br>$\lim\limits_{\substack{x \to a \\ >}} f(x) = \ell$ ; $\ell \neq f(a)$<br>**$f$ n'a pas de limite en $a$.** | $\lim\limits_{\substack{x \to a \\ <}} f(x) = \ell$<br>$\lim\limits_{\substack{x \to a \\ >}} f(x) = \ell$ ; $\ell \neq f(a)$<br>**$f$ n'a pas de limite en $a$.** |

**La fonction n'est pas définie en $a$**

| | | | |
|---|---|---|---|
| 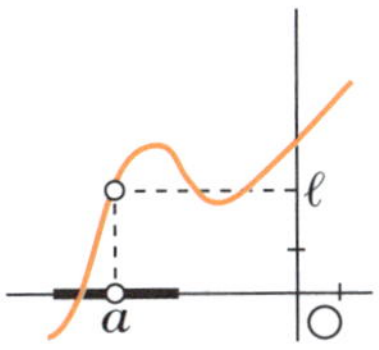 | 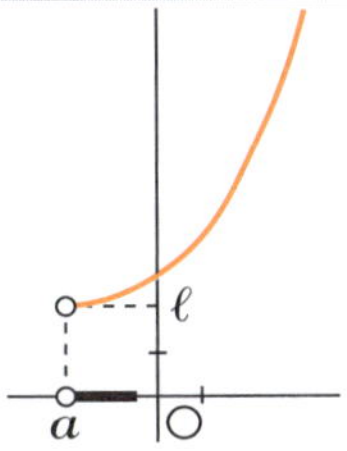 | 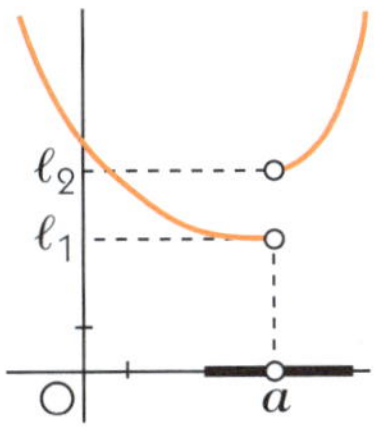 | 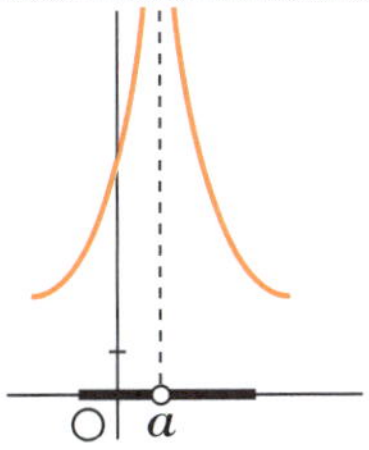 |
| $\lim\limits_{\substack{x \to a \\ <}} f(x) = \ell$<br>$\lim\limits_{\substack{x \to a \\ >}} f(x) = \ell$<br>$\boldsymbol{\lim\limits_{x \to a} f(x) = \ell}$ | $f$ n'est pas définie pour $x < a$.<br>$\lim\limits_{\substack{x \to a \\ >}} f(x) = \ell$<br>$\boldsymbol{\lim\limits_{x \to a} f(x) = \ell}$ | $\lim\limits_{\substack{x \to a \\ <}} f(x) = \ell_1$<br>$\lim\limits_{\substack{x \to a \\ >}} f(x) = \ell_2$ ; $\ell_1 \neq \ell_2$<br>**$f$ n'a pas de limite en $a$.** | $f$ n'a pas de limite (finie) à gauche ni de limite (finie) à droite en $a$.<br>**$f$ n'a pas de limite (finie) en $a$.** |

### Étude de limites en $a$

Pour étudier la limite en $a$, on peut dans certains cas, étudier la limite à gauche, la limite à droite et utiliser la propriété suivante que nous admettons :

**Propriété**

**$a$ et $\ell$ sont des nombres réels, $f$ une fonction définie sur un intervalle ouvert centré en $a$ sauf éventuellement en $a$.**

- **Dans le cas où $f$ n'est pas définie en $a$ :**

  **$f$ admet une limite $\ell$ en $a$**
  ***si et seulement si***
  **$f$ admet en $a$, une limite à gauche et une limite à droite égales à $\ell$.**

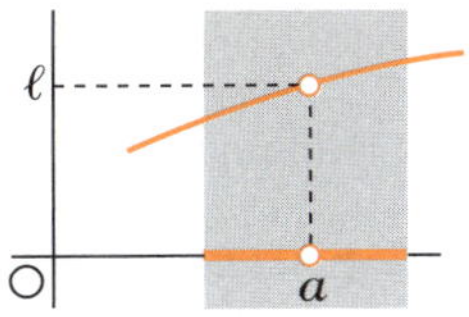

$$\lim_{x \to a} f(x) = \ell$$

*si et seulement si*

$$\lim_{\substack{x \to a \\ <}} f(x) = \lim_{\substack{x \to a \\ >}} f(x) = \ell$$

- **Dans le cas où $f$ est définie en $a$ :**

  **$f$ admet une limite en $a$**
  ***si et seulement si***
  **$f$ admet en $a$, une limite à gauche et une limite à droite égales à $f(a)$.**

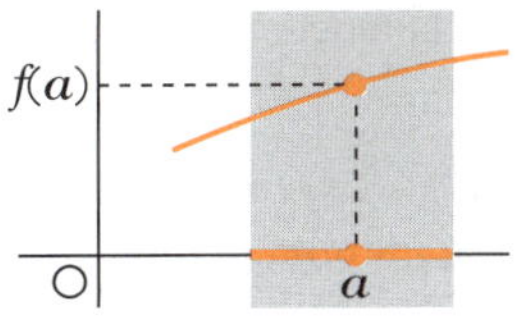

$$\lim_{x \to a} f(x) = f(a)$$

*si et seulement si*

$$\lim_{\substack{x \to a \\ <}} f(x) = \lim_{\substack{x \to a \\ >}} f(x) = f(a)$$

## Exemple

**Étudions la limite en 0 de chacune des fonctions suivantes d'ensemble de définition $\mathbb{R}^*$ :**

$$f : \mathbb{R} \to \mathbb{R}, \quad x \mapsto \frac{x}{|x|} \qquad\qquad g : \mathbb{R} \to \mathbb{R}, \quad x \mapsto \frac{x^2}{|x|}$$

| $x$ | | 0 | |
|---|---|---|---|
| $\frac{x}{\lvert x \rvert}$ | $-1$ | ‖ | $1$ |

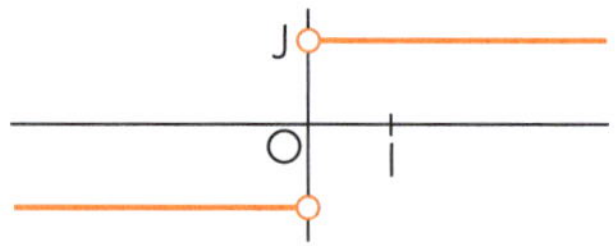


$\lim\limits_{\substack{x \to 0 \\ <}} \frac{x}{|x|} = \lim\limits_{x \to 0} (-1) = -1$ ; $\lim\limits_{\substack{x \to 0 \\ >}} \frac{x}{|x|} = \lim\limits_{x \to 0} 1 = 1$

Donc la fonction $f$ n'a pas de limite en 0.

| $x$ | | 0 | |
|---|---|---|---|
| $\frac{x^2}{\lvert x \rvert}$ | $-x$ | ‖ | $x$ |

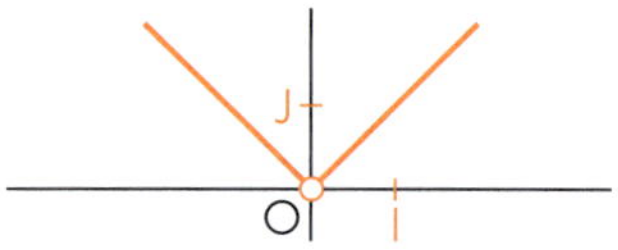


$\lim\limits_{\substack{x \to 0 \\ <}} \frac{x^2}{|x|} = \lim\limits_{x \to 0} (-x) = 0$ ; $\lim\limits_{\substack{x \to 0 \\ >}} \frac{x^2}{|x|} = \lim\limits_{x \to 0} x = 0$

Donc la fonction $g$ a une limite en 0, égale à 0.

## Continuité en $a$ et fonction « valeur absolue »

**On veut étudier la continuité en $a$ de la fonction valeur absolue $f : \mathbb{R} \to \mathbb{R}$, $x \mapsto |x|$**

| $x$ | | 0 | |
|---|---|---|---|
| $\lvert x \rvert$ | $-x$ | 0 | $x$ |

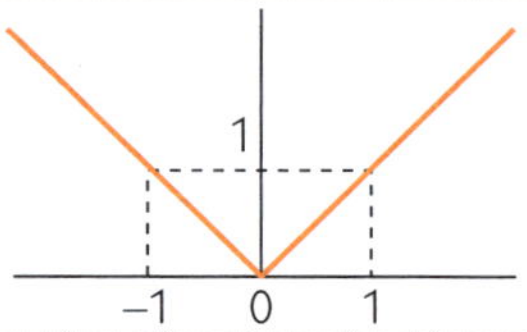


- Pour $a \neq 0$

Si $a \in ]-\infty ; 0[$ ; $\lim\limits_{x \to a} f(x) = \lim\limits_{x \to a} (-x) = -a = f(a)$

Si $a \in ]0 ; +\infty[$ ; $\lim\limits_{x \to a} f(x) = \lim\limits_{x \to a} x = a = f(a)$.

Donc $f$ est continue en tout élément $a$ de $\mathbb{R}^*$.

- Pour $a = 0$

$\lim\limits_{\substack{x \to 0 \\ <}} |x| = \lim\limits_{x \to 0} (-x) = 0$ ; $\lim\limits_{\substack{x \to 0 \\ >}} |x| = \lim\limits_{x \to 0} x = 0$

or : $f(0) = 0$.

donc : $f$ est continue en 0.

*On a ainsi démontré la propriété suivante :*

### Propriété

**La fonction valeur absolue est continue en tout élément de $\mathbb{R}$.**

# Exercices

**2.a** On considère les fonctions $f$, $g$ et $h$ suivantes :

$f : \mathbb{R} \to \mathbb{R}$, $x \mapsto x\,\mathrm{E}(x)$ ; $g : \mathbb{R} \to \mathbb{R}$, $x \mapsto \dfrac{x^2 + |x|}{|x|}$ ; $h : \mathbb{R} \to \mathbb{R}$, $x \mapsto x - \mathrm{E}(x)$

Étudier la limite en 0 de chacune des fonctions $f$, $g$ et $h$.

**2.b** Étudier la limite en 1 de la fonction $f$ définie par :

$$\begin{cases} \text{pour } x \in ]-\infty ; 1],\ f(x) = -x + 1 ; \\ \text{pour } x \in ]1 ; +\infty],\ f(x) = \sqrt{x - 1} ; \end{cases}$$

Donner une illustration graphique.

**2.c**

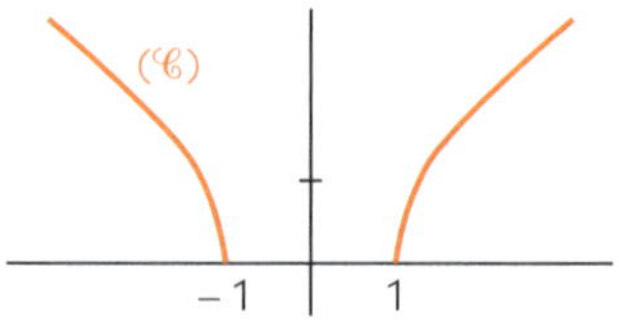


(𝒞) est la représentation graphique de la fonction $f$ de $\mathbb{R}$ vers $\mathbb{R}$ définie par $f(x) = \sqrt{x^2 - 1}$

On considère l'application : $g : [-1 ; 1] \to \mathbb{R}$, $x \mapsto x^2 + bx + c$

(𝒞') est la représentation graphique de $g$.

Déterminer $b$ et $c$ afin que (𝒞) ∪ (𝒞') soit la représentation graphique d'une fonction continue en 1 et – 1. Justifier et construire (𝒞').

# Exercices

## APPRENTISSAGE

### Limite et continuité en $a$

*Reconnaître qu'une fonction est continue en a.*

**1** Énoncer la propriété qui permet d'affirmer que chacune des fonction $f$, $g$ et $h$ est continue en $a$.

$f : x \mapsto x^2 + x$ ; $a = -2$

$g : x \mapsto \dfrac{1}{x}$ ; $a = 1$

$h : x \mapsto \dfrac{x+1}{x-1}$ ; $a = 2$

**2** Étudier la continuité de chacune des fonctions suivantes, en tout élément de son ensemble de définition.

$f : x \mapsto \left(\dfrac{2x^3 + x^2 + 5}{3x}\right)^2$ ; $g : x \mapsto \left(\dfrac{x+1}{\sqrt{x-2}}\right)^2 + 1$

*Calcul de limite en a d'une fonction définie en a*

**3** Calculer les limites suivantes :

(1) $\lim\limits_{x \to 1515} 3$

(2) $\lim\limits_{x \to \sqrt{3}} 2 - \sqrt{7}$

(3) $\lim\limits_{x \to \sqrt{2}+\sqrt{3}} 4\sqrt{3}$

(4) $\lim\limits_{x \to \sqrt{2}} x^2$

(5) $\lim\limits_{x \to \frac{3}{2}} \left(1 - x + \dfrac{3}{x}\right)$

(6) $\lim\limits_{x \to -5} \dfrac{x^2 - 20x + 3}{x - 2}$

(7) $\lim\limits_{x \to \frac{1}{2}} \dfrac{x-7}{x+2}$

(8) $\lim\limits_{x \to \frac{1}{9}} \sqrt{x}$

(9) $\lim\limits_{x \to 4} \sqrt{x+5}$

(10) $\lim\limits_{x \to \pi} \dfrac{1}{\sqrt{x}}$

**4** Calculer les limites suivantes :

(1) $\lim\limits_{x \to -\frac{\pi}{6}} \dfrac{\sin x}{\cos x}$

(2) $\lim\limits_{x \to \frac{\pi}{4}} \dfrac{1}{\tan x}$

(3) $\lim\limits_{x \to \frac{\pi}{2}} (\cos^2 x - \sin x)$

(4) $\lim\limits_{x \to \frac{\pi}{3}} (4\sin x - 3\cos x)$

(5) $\lim\limits_{x \to 0} \dfrac{x-2}{4 + \cos x}$

(6) $\lim\limits_{x \to \pi} \dfrac{\cos x}{\sqrt{x}}$

**5** Calculer les limites suivantes :

(1) $\lim\limits_{x \to -4} 2|x| - 8$

(2) $\lim\limits_{x \to -3} \dfrac{x-3}{|x| + 3}$

(3) $\lim\limits_{x \to -3} (x^2 - 2|x| + 7)$

(4) $\lim\limits_{x \to -2} \dfrac{x + |x-2|}{x^2 + 3}$

*Calcul de limite en a d'une fonction non définie en a*

**6** Calculer les limites suivantes :

(1) $\lim\limits_{x \to -2} \dfrac{x^2+4}{x+2}$

(2) $\lim\limits_{x \to 4} \dfrac{x-4}{x^2 - 3x - 4}$

(3) $\lim\limits_{x \to 2} \dfrac{3x^2 - 5x - 2}{x - 2}$

(4) $\lim\limits_{x \to 1} \dfrac{1 - x^3}{x - 1}$

(5) $\lim\limits_{x \to -3} \dfrac{2x^2 + 5x - 3}{x^2 + 2x - 3}$

(6) $\lim\limits_{x \to -5} \dfrac{x^2 - 25}{x + 5}$

(7) $\lim\limits_{x \to 1} \dfrac{x^3 + x - 2}{x^3 + x^2 + x - 3}$

(8) $\lim\limits_{x \to -2} \dfrac{x^3 - 2x^2 - 4x + 8}{x^2 - 4}$

(9) $\lim\limits_{x \to 3} \dfrac{x^2 - 4x + 3}{x^2 - x - 6}$

(10) $\lim\limits_{x \to \frac{4}{3}} \dfrac{(x-2)(3x-4)}{3x - 4}$

(11) $\lim\limits_{x \to 7} \dfrac{7 + 13x - 2x^2}{x - 7}$

(12) $\lim\limits_{x \to -1} \dfrac{1 + x^3}{x^3 + x^2 + 4x + 4}$

(13) $\lim\limits_{x \to -2} \dfrac{x^3 + 3x^2 + 2x}{x + 2}$

(14) $\lim\limits_{x \to 0} \dfrac{3x^3 - 3x^2}{x}$

**7** Calculer les limites suivantes :

(1) $\lim\limits_{x \to 4} \dfrac{x - \sqrt{x} - 2}{\sqrt{x} - 2}$

(2) $\lim\limits_{x \to 3} \dfrac{x^2 - x - 6}{\sqrt{x} - \sqrt{3}}$

(3) $\lim\limits_{x \to 4} \dfrac{x - \sqrt{x} - 2}{x - 4}$

(4) $\lim\limits_{x \to 9} \dfrac{3 - \sqrt{x}}{9 - x}$

(5) $\lim\limits_{x \to 2} \dfrac{x - \sqrt{x+2}}{\sqrt{4x+1} - 3}$

(6) $\lim\limits_{x \to -3} \dfrac{x^3 + 27}{x + 3}$

**8** Calculer les limites suivantes :

(1) $\lim\limits_{x \to \frac{\pi}{4}} \dfrac{\cos^2 x - \sin^2 x}{\cos x - \sin x}$

(2) $\lim\limits_{x \to 0} \dfrac{\tan^2 x - \sin^2 x}{\sin x}$

*Limite à gauche, limite à droite en a*

**9** On donne la fonction $f$ de $\mathbb{R}$ vers $\mathbb{R}$ définie par :

$$\begin{cases} \text{pour } x < 1 & f(x) = 3x - 1 \\ \text{pour } x \geq 1 & f(x) = \dfrac{x-1}{x+1} \end{cases}$$

Calculer la limite à gauche et la limite à droite en 1 de $f$. La fonction $f$ admet-elle une limite en 1 ?

**10** On donne la fonction $f$ de $\mathbb{R}$ vers $\mathbb{R}$ définie par :

$$\begin{cases} \text{pour } x \leq 2 & f(x) = 2x^2 - x + 5 \\ \text{pour } x > 2 & f(x) = 3x + 1 \end{cases}$$

Calculer la limite à gauche et la limite à droite en 2 de $f$. La fonction $f$ admet-elle une limite en 2 ?

**11** On donne la fonction $f$ de $\mathbb{R}$ vers $\mathbb{R}$ définie par :

$$\begin{cases} \text{pour } x < 0 & f(x) = \dfrac{2x - 3}{x^2 + 2} \\ \text{pour } x > 0 & f(x) = \dfrac{2x^2 + x + 3}{x^2 + 5x - 2} \\ & f(0) = 0 \end{cases}$$

Calculer la limite à gauche et la limite à droite en 0 de $f$. La fonction $f$ admet-elle une limite en 0 ?

**12** Dans chacun des cas suivants, $f$ est une fonction de $\mathbb{R}$ vers $\mathbb{R}$ définie par une formule explicite.
Calculer la limite à gauche et la limite à droite en $a$.

(1) $f(x) = |x - 3|$ ; $a = 3$

(2) $f(x) = |x - 1|$ ; $a = 1$

(3) $f(x) = \dfrac{|2x - 1|}{x}$ ; $a = 0{,}5$

(4) $f(x) = \dfrac{x(x+1)}{|x|}$ ; $a = 0$

## APPROFONDISSEMENT

**13** On considère la fonction $f$ de $\mathbb{R}$ vers $\mathbb{R}$ définie par :

$$\begin{cases} \text{pour } x \neq \frac{2}{3} & f(x) = \frac{2-3x}{9x^2-4} \\ & f(\frac{2}{3}) = -\frac{1}{4} \end{cases}$$

Déterminer l'ensemble de définition de $f$.

$f$ est-elle continue en $\frac{2}{3}$ ?

**14** On considère la fonction $f$ de $\mathbb{R}$ vers $\mathbb{R}$ définie par :

$$\begin{cases} \text{pour } x \neq 3 \text{ et } x \neq -3 & f(x) = \frac{x^2-9}{|x|-3} \\ & f(-3) = f(3) = 6 \end{cases}$$

Déterminer l'ensemble de définition de $f$.

$f$ est-elle continue en $-3$ et en $3$ ?

**15** On considère deux fonctions $f$ et $g$ de $\mathbb{R}$ vers $\mathbb{R}$ définies par :

$f(x) = \frac{x+2}{x-3}$ ; $g(x) = x - 3$

**1.** Déterminer la fonction $fg$.

**2.** On considère la fonction $h$ de $\mathbb{R}$ vers $\mathbb{R}$ définie par :

$$\begin{cases} \text{pour } x \neq 3, & h(x) = (fg)(x) \\ & h(3) = 5 \end{cases}$$

Étudier la continuité en 3 de la fonction $h$.

**16** On considère la fonction $f$ de $\mathbb{R}$ vers $\mathbb{R}$ définie par :

$$\begin{cases} \text{pour } x < 2 & f(x) = x^2 + x - 6 \\ \text{pour } x > 2 & f(x) = 2x - a \\ & f(2) = b \end{cases}$$

Pour quelles valeurs des nombres réels $a$ et $b$, la fonction $f$ est-elle continue en 2 ?

**17** On considère la fonction $f$ de $\mathbb{R}$ vers $\mathbb{R}$ définie par :

$$\begin{cases} \text{pour } x \neq 3 & f(x) = \frac{x^2 - x - 6 + |x-3|}{x^2-9} \\ & f(3) = a \end{cases}$$

*a)* Déterminer l'ensemble de définition de $f$.

*b)* Calculer la limite à droite et la limite à gauche en 3.

*c)* Existe-il des valeurs du nombre réel $a$ pour lesquelles $f$ soit continue en 3 ?

**18** On donne la fonction $f$ de $\mathbb{R}$ vers $\mathbb{R}$ définie par :

$$f(x) = \frac{1 - \cos 2x}{\sin 2x}$$

**1.** Déterminer l'ensemble de définition de $f$ et donner une écriture simplifiée de $f(x)$.

**2.** Calculer : $\lim_{x \to 0} f(x)$

**19** Exprimer en fonction de $\cos \frac{x}{2}$ et $\sin \frac{x}{2}$ les expressions :

$1 + \cos x + \sin x$ ; $1 - \cos x + \sin x$

Calculer :

$$\lim_{x \to \pi} \frac{1 + \cos x + \sin x}{\cos \frac{x}{2}}$$

$$\lim_{x \to 0} \frac{1 - \cos x + \sin x}{2 \sin \frac{x}{2}}$$

### Information historique

Les notations mathématiques ont évoluées au cours des temps.

- Les équations n'ont pas toujours été écrites aussi simplement qu'aujourd'hui.
- Le signe d'égalité (=) est introduit par l'Anglais RECORDE en 1557.
  Les signes + et – sont utilisés pour la première fois par l'Allemand WIDMANN en 1489.
  Le signe > est dû à l'Anglais HARRIOT (1560 - 1621).
  Le signe $\sqrt{\phantom{x}}$ à l'Allemand RUDOLF (1500 - 1545).
  Le signe × à l'Anglais OUGHTRED (1574 - 1660).
- Les grandeurs connues ou inconnues sont représentées par des lettres majuscules A, B, C... avec VIÈTE (1540 - 1603) et par des lettres minuscules $a$, $b$,... $x$, $y$..., avec DESCARTES.
  VIÈTE réserve les voyelles A, I, E,... pour désigner les inconnues, tandis que DESCARTES utilise les dernières lettres de l'alphabet $x$, $y$, $z$ à cette fin.
- La notation actuelle des exposants a été introduite par DESCARTES ainsi que le principe du calcul sur les puissances.

# 6 Dérivation

NEWTON (1642 - 1727)

LEIBNIZ (1646 - 1716)

*Pour résoudre des problèmes de recherche de trajectoires, de vitesses, de tangentes, d'extremums, NEWTON se dota d'un outil mathématique adapté : « le calcul différentiel ».*
*Il utilisa la notation $\dot{y}$ pour les dérivées, qu'il appela : fluxions.*

*À la recherche d'un langage commun aux sciences et à la philosophie, LEIBNITZ, indépendamment de Newton et à la même période, créa « le calcul différentiel ».*
*Il réussit alors à exprimer les règles de dérivation par des formules de type algébriques.*

## SOMMAIRE

# 1 Dérivation en $a$

## 1.1. Nombre dérivé

### Exemple introductif

**Le plan est muni du repère (O, I, J). On considère la fonction polynôme $f$ définie par : $f(x) = (x-3)^2 + 1$.**

**$(\mathscr{C})$ est la représentation graphique de $f$.**
**A est le point de $(\mathscr{C})$ d'abscisse 4.**

**$x$ est un nombre réel quelconque différent de 4 et M le point de $(\mathscr{C})$ distinct de A, d'abscisse $x$.**
**(AM) est une sécante à $(\mathscr{C})$.**

**On veut étudier la « position limite » de la droite (AM) lorsque $x$ est de plus en plus proche de 4.**

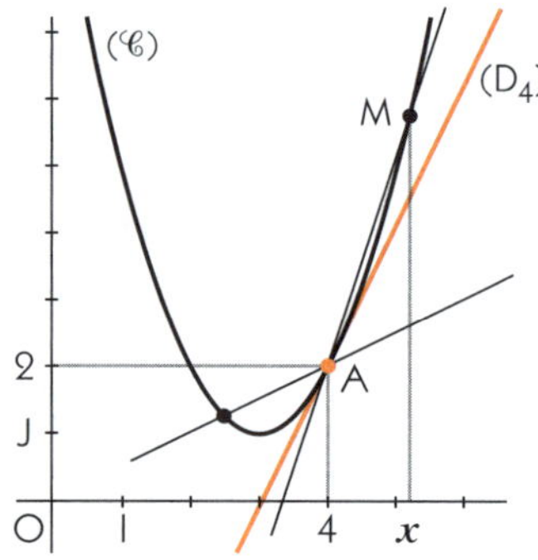


- ***Taux de variation de f***

Le coefficient directeur de (AM) est : $\dfrac{f(x)-f(4)}{x-4}$,

pour tout nombre réel $x$ différent de 4, $\dfrac{f(x)-f(4)}{x-4} = \dfrac{[(x-3)^2+1]-2}{x-4} = \dfrac{(x-2)(x-4)}{x-4} = x-2$.

On appelle **taux de variation de $f$ en 4** la fonction $T_4$ définie sur $D_f \setminus \{4\}$ par : $T_4(x) = \dfrac{f(x)-f(4)}{x-4}$.

- ***Nombre dérivé de f en 4***

Lorsque $x$ tend vers 4, le taux de variation de $f$ en 4 admet une limite appelée nombre dérivé de $f$ en 4.

On le note $f'(4)$. $\quad f'(4) = \lim\limits_{x \to 4} \dfrac{f(x)-f(4)}{x-4} = \lim\limits_{x \to 4} (x-2) = 2$

On dit que la fonction **$f$ est dérivable en 4.**

- ***Aspect géométrique***

La droite $(D_4)$, « position limite » de la sécante (AM), est la droite passant par A et de coefficient directeur 2, le nombre dérivé de $f$ en 4. Elle est appelée **tangente en A à la courbe** $(\mathscr{C})$.

### Définition

**$f$ est une fonction d'ensemble de définition $D_f$,**
**$a$ un nombre réel appartenant à un intervalle ouvert contenu dans $D_f$.**

- **On appelle *taux de variation de f en a*, la fonction notée $T_a$ et définie sur $D_f \setminus \{a\}$ par : $T_a(x) = \dfrac{f(x)-f(a)}{x-a}$.**
- **On dit que la fonction $f$ est *dérivable* en $a$ lorsque le taux de variation de $f$ en $a$ admet une limite en $a$. Cette limite est appelée le *nombre dérivé* de $f$ en $a$. On le note : $f'(a)$.**
- **Le plan étant muni d'un repère, la droite de coefficient directeur $f'(a)$ passant par le point $A(a\,;\,f(a))$ est appelée *tangente en A* à la représentation graphique de $f$.**

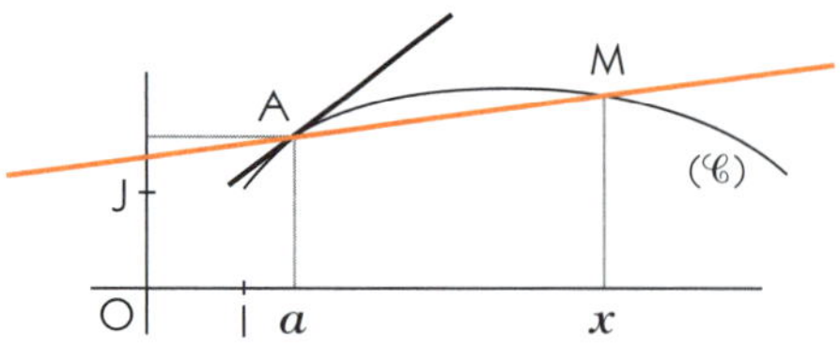


Équation de la tangente en A à $(\mathscr{C})$

$$y - f(a) = f'(a)(x-a)$$

## 1.2. Dérivation en $a$ et fonctions élémentaires

### Fonction constante

**$a$ est un nombre réel. Étudions la dérivabilité en $a$ de $f : x \mapsto c$ [$c \in \mathbb{R}$].**

Pour tout nombre réel $x$ différent de $a$,

$$\frac{f(x) - f(a)}{x - a} = 0$$

donc : $\displaystyle\lim_{x \to a} \frac{f(x) - f(a)}{x - a} = 0$

Toute fonction constante $f : x \mapsto c$ [$c \in \mathbb{R}$].
est dérivable en tout nombre réel $a$ et :

$$f'(a) = 0$$

### Fonction puissance

**$a$ est un nombre réel ; étudions la dérivabilité en $a$ de $f : x \mapsto x$ ; $g : x \mapsto x^2$ ; $h : x \mapsto x^3$**

Pour tout nombre réel $x$ différent de $a$,

$$\frac{f(x) - f(a)}{x - a} = \frac{x - a}{x - a} = 1 \quad ; \quad \frac{g(x) - g(a)}{x - a} = \frac{x^2 - a^2}{x - a} = x + a \quad ; \quad \frac{h(x) - h(a)}{x - a} = \frac{x^3 - a^3}{x - a} = x^2 + ax + a^2$$

On obtient : $f'(a) = 1$ ; $g'(a) = 2a$ ; $h'(a) = 3a^2$

**Plus généralement,**
**$a$ est un nombre réel ; étudions la dérivabilité en $a$ de $f : x \mapsto x^n$ [$n \in \mathbb{N}^*$].**

Pour tout nombre réel $x$ différent de $a$

$$\frac{f(x) - f(a)}{x - a} = \frac{x^n - a^n}{x - a}$$

On admet que :
pour tout nombre réel $x$
pour tout nombre entier naturel non nul $n$
$x^n - a^n = (x - a)(x^{n-1} + ax^{n-2} + \ldots + a^{n-2}x + a^{n-1})$

donc : $\displaystyle\lim_{x \to a} \frac{f(x) - f(a)}{x - a} = na^{n-1}$

$n$ étant un nombre entier naturel différent de 0,
la fonction puissance $f : x \mapsto x^n$
est dérivable en tout nombre réel $a$ et :

$$f'(a) = na^{n-1}.$$

### Fonction inverse

**$a$ est un nombre réel différent de 0. Étudions la dérivabilité en $a$ de $f : x \mapsto \dfrac{1}{x}$.**

Pour tout nombre réel $x$ différent de $a$ et de 0,

$$\frac{f(x) - f(a)}{x - a} = \frac{1/x - 1/a}{x - a} = -\frac{1}{ax}$$

donc : $\displaystyle\lim_{x \to a} \frac{f(x) - f(a)}{x - a} = -\frac{1}{a^2}$

La fonction inverse $f : x \mapsto \dfrac{1}{x}$
est dérivable en tout nombre réel $a$ ($a \neq 0$) et :

$$f'(a) = -\frac{1}{a^2}$$

### Fonction racine carrée

**$a$ est un nombre réel strictement positif. Étudions la dérivabilité en $a$ de $f : x \mapsto \sqrt{x}$.**

Pour tout nombre réel $x$ positif différent de $a$,

$$\frac{f(x) - f(a)}{x - a} = \frac{\sqrt{x} - \sqrt{a}}{x - a} = \frac{1}{\sqrt{x} + \sqrt{a}}$$

donc : $\displaystyle\lim_{x \to a} \frac{f(x) - f(a)}{x - a} = \frac{1}{2\sqrt{a}}$

La fonction racine carrée $f : x \mapsto \sqrt{x}$
est dérivable en tout nombre réel $a$ ($a > 0$) et :

$$f'(a) = \frac{1}{2\sqrt{a}}$$

## Fonction sinus, fonction cosinus

**$a$ est un nombre réel. Étudions la dérivabilité en $a$ des fonctions sinus et cosinus.**

### Cas particulier : $a = 0$

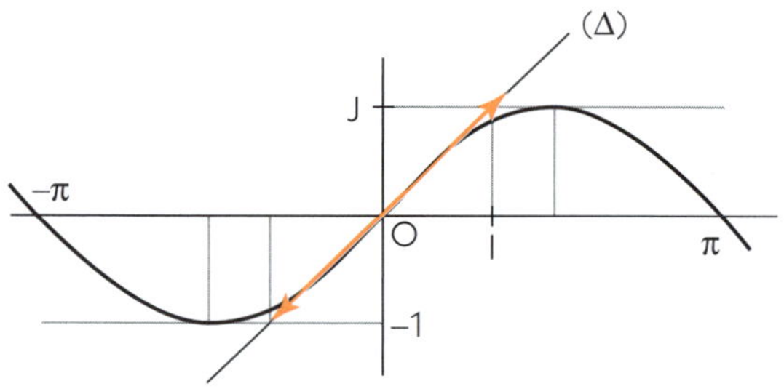


On admet que la tangente en O à la représentation graphique de la fonction sinus est la droite d'équation : $y = x$.
Donc : $\sin'(0) = 1$

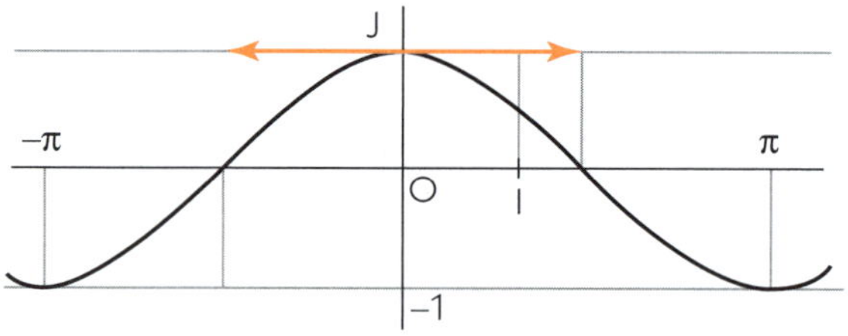


On admet que la tangente en J à la représentation graphique de la fonction cosinus est parallèle à (OI) ; c'est la droite d'équation $y = 1$.
Donc : $\cos'(0) = 0$

Les fonctions sinus et cosinus sont dérivables en 0 et :

$$\lim_{x \to 0} \frac{\sin x}{x} = \sin'(0) = 1 \quad ; \quad \lim_{x \to 0} \frac{\cos x - 1}{x} = \cos'(0) = 0$$

### Cas général

- Pour calculer des nombres dérivés on utilise l'une ou l'autre des deux formules ci-dessous.

$$f'(a) = \lim_{x \to a} \frac{f(x) - f(a)}{x - a} \quad ; \quad f'(a) = \lim_{h \to 0} \frac{f(h + a) - f(a)}{h}$$

Pour obtenir la deuxième formule on a posé : $h = x - a$

- $h$ étant un nombre réel différent de 0,

on a :
$$\frac{\sin(a + h) - \sin a}{h} = \frac{\sin a \cos h + \sin h \cos a - \sin a}{h} = \sin a \left(\frac{\cos h - 1}{h}\right) + \cos a \left(\frac{\sin h}{h}\right)$$

donc :
$$\lim_{h \to 0} \frac{\sin(a + h) - \sin a}{h} = \sin a \left(\lim_{h \to 0} \frac{\cos h - 1}{h}\right) + \cos a \left(\lim_{h \to 0} \frac{\sin h}{h}\right) = \cos a$$

d'où :
$$\sin' a = \cos a$$

- Étudier de la même manière la dérivabilité de la fonction cosinus.

Les fonctions sinus et cosinus sont dérivables en tout nombre réel $a$ et :
$\sin' a = \cos a$ ; $\cos' a = -\sin a$

# Exercices

**1.a** On donne la fonction polynôme $f$ définie par :
$f(x) = 5x^3 - x^2 + 2x - 7$
Démontrer que cette fonction est dérivable en 1 et calculer son nombre dérivé en 1.
$(\mathscr{C}_f)$ est la représentation graphique de la fonction dans le plan muni du repère orthogonal (O, I, J). A est le point de $(\mathscr{C}_f)$ d'abscisse 1.
Déterminer un vecteur directeur de la tangente en A à $(\mathscr{C}_f)$. Tracer cette droite.

**1.b** On donne les fonctions $f$ et $g$ de $\mathbb{R}$ vers $\mathbb{R}$ définies par : $f(x) = \sqrt{x}$ et $g(x) = x\sqrt{x}$.
Étudier la dérivabilité en 0 de chacune de ces fonctions.

# 2 Détermination de la dérivée

## 2.1. Fonction dérivée

### Exemple introductif

On considère la fonction racine carrée $f : x \mapsto \sqrt{x}$.
On sait que cette fonction est dérivable en tout élément $a$ de $]0 ; +\infty[$ et que : $f'(a) = \frac{1}{2\sqrt{a}}$.

La fonction qui, à tout élément $x$ de $]0 ; +\infty[$, fait correspondre le nombre dérivé de $f$ en $x$, est appelée **fonction dérivée** de $f$, ou encore **dérivée** de $f$. On la note $f' : x \mapsto \frac{1}{2\sqrt{x}}$.
Son ensemble de définition est l'intervalle $]0 ; +\infty[$.

**Définition**

**$f$ est une fonction d'ensemble de définition $D_f$,**
**D l'ensemble des éléments de $D_f$ pour lesquels $f$ est dérivable.**

- **La fonction qui, à chaque élément $x$ de D, fait correspondre le nombre dérivé $f'(x)$ est appelée la *fonction dérivée* de $f$ ou la *dérivée* de $f$.**
**On la note $f'$.**
- **Si K est un intervalle ouvert inclus dans D, on dit que la fonction $f$ est *dérivable sur K*.**

### Dérivée des fonctions élémentaires

| $f(x)$ | Ensemble de définition de $f$ | $f$ est dérivable en tout élément de | $f'(x)$ |
|---|---|---|---|
| $c$ ; $c \in \mathbb{R}$ | $\mathbb{R}$ | $\mathbb{R}$ | 0 |
| $x$ | $\mathbb{R}$ | $\mathbb{R}$ | 1 |
| $x^n$ ; $n \in \mathbb{N}^* \backslash \{1\}$ | $\mathbb{R}$ | $\mathbb{R}$ | $nx^{n-1}$ |
| $\frac{1}{x}$ | $\mathbb{R}^*$ | $\mathbb{R}^*$ | $-\frac{1}{x^2}$ |
| $\sqrt{x}$ | $\mathbb{R}_+$ | $\mathbb{R}_+^*$ | $\frac{1}{2\sqrt{x}}$ |
| $\sin x$ | $\mathbb{R}$ | $\mathbb{R}$ | $\cos x$ |
| $\cos x$ | $\mathbb{R}$ | $\mathbb{R}$ | $-\sin x$ |

### Dérivabilité et continuité en $a$

- Examiner les fonctions de référence et conjecturer un lien entre la dérivabilité en $a$ et la continuité en $a$ d'une fonction.

*On démontre et nous admettons la propriété suivante :*

**Propriété**

**Si une fonction est dérivable en $a$, alors elle est continue en $a$.**

**Remarque**

*La réciproque de cette propriété est fausse.*
*Par exemple la fonction valeur absolue est continue en 0, cependant elle n'est pas dérivable en 0.*

*En effet, le taux de variation en 0 de la fonction valeur absolue est la fonction $T_0$ définie par :*

$$T_0(x) = \frac{|x|}{x}.$$

*Elle n'admet pas de limite en 0 car :* $\lim\limits_{\substack{x \to 0 \\ <}} \frac{|x|}{x} = -1$ ; $\lim\limits_{\substack{x \to 0 \\ >}} \frac{|x|}{x} = 1$

## 2.2. Opérations sur les fonctions dérivables

### Propriétés fondamentales

Pour déterminer la dérivée de certaines fonctions, par exemple, celles qui sont sommes, produits, quotients de fonctions dérivables sur un intervalle ouvert, on a souvent recours aux propriétés fondamentales suivantes.

**Propriétés**

**$f$ et $g$ sont des fonctions, dérivables sur un intervalle ouvert K,**
**$c$ un nombre réel,**
**$n$ un nombre entier plus grand que 1.**
**$f + g$, $fg$, $cf$, $f^n$ sont des fonctions dérivables sur I et,**

$$(f+g)' = f' + g' \quad ; \quad (fg)' = f'g + fg' \quad ; \quad (cf)' = cf' \quad ; \quad (f^n)' = nf'f^{n-1}$$

**si, de plus, la fonction $g$ ne s'annule pas sur I, $\frac{1}{g}$ et $\frac{f}{g}$ sont des fonctions dérivables sur I et,**

$$\left(\frac{1}{g}\right)' = -\frac{g'}{g^2} \quad ; \quad \left(\frac{f}{g}\right)' = \frac{f'g - fg'}{g^2}$$

### Démonstration guidée

$a$ est un élément de l'intervalle ouvert K et $h$ un nombre réel non nul.

– Établir les égalités suivantes :

(1) $$\frac{(f+g)(x) - (f+g)(a)}{x-a} = \frac{f(x) - f(a)}{x-a} + \frac{g(x) - g(a)}{x-a}$$

(2) $$\frac{fg(x) - fg(a)}{x-a} = \frac{fg(x) + f(a)g(x) - f(a)g(x) - fg(a)}{x-a}$$
$$= \frac{f(x) - f(a)}{x-a} \times g(x) + \frac{g(x) - g(a)}{x-a} \times f(a)$$

(3) $$\frac{f^n(x) - f^n(a)}{x-a} = \frac{f^n(x) - f^n(a)}{f(x) - f(a)} \times \frac{f(x) - f(a)}{x-a}$$
$$= \left[f(x)^{n-1} + f(a)f(x)^{n-2} + \ldots + f(a)^{n-2}f(x) + f(a)^{n-1}\right] \times \frac{f(x) - f(a)}{x-a}$$

La simplification est obtenue en utilisant la formule donnant une factorisation de $x^n - a^n$

(4) $$\frac{\frac{1}{g}(x) - \frac{1}{g}(a)}{x-a} = \frac{-g(x) + g(a)}{x-a} \times \frac{1}{g(a) \times g(x)}$$

– On remarque par ailleurs que les fonctions $f$ et $g$ étant dérivables en $a$, elles sont continues en $a$.

donc : $\lim\limits_{x \to a} f(x) = f(a)$ ; $\lim\limits_{x \to a} g(x) = g(a)$

• Achever la démonstration des propriétés.

### Remarque

– *Toute fonction polynôme est dérivable sur* $\mathbb{R}$.
– *Toute fonction rationnelle est dérivable sur tout intervalle inclus dans son ensemble de définition.*

### Notation pratique

*Lorsqu'une fonction est dérivable en $x$, on peut utiliser la formule explicite de cette fonction pour exprimer son nombre dérivé en $x$.*
*Ainsi pour :* $f(x) = x^2$,
*on écrit indifféremment :* $f'(x) = 2x$ *ou* $(x^2)' = 2x$.

## Exemple 1

**Sur des exemples, déterminons les dérivées des sommes, produits et quotients de fonctions.**

| | |
|---|---|
| **Dérivée de la somme de deux fonctions :** $x \mapsto x + \cos x$ | $x$ étant un nombre réel<br>$(x + \cos x)' = (x)' + (\cos x)' = 1 - \sin x$ |
| **Dérivée du produit de deux fonctions :** $x \mapsto x \sin x$ | $x$ étant un nombre réel<br>$(x \sin x)' = (x)' \sin x + x(\sin x)' = \sin x + x \cos x$ |
| **Dérivée de l'inverse d'une fonction :**<br>(1) $x \mapsto \frac{1}{x^4}$ | $x$ étant un nombre réel différent de 0<br>$x \mapsto \frac{1}{x^4}$ est dérivable sur $]-\infty\,;0[$ et sur $]0\,;+\infty[$ et :<br>$\left(\frac{1}{x^4}\right)' = \frac{-(x^4)'}{(x^4)^2} = \frac{-4x^3}{x^8} = \frac{-4}{x^5}$ |
| (2) $x \mapsto \frac{1}{(ax+b)^n}$ $[n \in \mathbb{N}^*]$ | $x$ étant un nombre réel différent de $-\frac{b}{a}$.<br>$x \mapsto \frac{1}{(ax+b)^n}$ est dérivable sur $]-\infty\,;-\frac{b}{a}[$ et sur $]-\frac{b}{a}\,;+\infty[$ et : $\left[\frac{1}{(ax+b)^n}\right]' = \frac{-na}{(ax+b)^{n+1}}$ |
| **Dérivée de la puissance entière d'une fonction :**<br>(1) $x \mapsto \sin^2 x$<br>(2) $x \mapsto (ax+b)^n$ $[n \in \mathbb{N}^*]$ | $x$ étant un nombre réel<br>$(\sin^2 x)' = 2(\sin x)(\sin x)' = 2 \sin x \cos x$<br>$(ax + b^n)' = na\,(ax+b)^{n-1}$ |
| **Dérivée du quotient de deux fonctions :** $x \mapsto \frac{\cos x}{x}$ | $x$ étant un nombre réel différent de 0<br>$x \mapsto \frac{\cos x}{x}$ est dérivable sur $]-\infty\,;0[$ et sur $]0\,;+\infty[$ et :<br>$\left(\frac{\cos x}{x}\right)' = \frac{(\cos x)'x - (x)'\cos x}{x^2} = \frac{-x \sin x - \cos x}{x^2}$ |
| **Dérivée d'une fonction polynôme :** $x \mapsto ax^3 + bx^2 + cx + d$ | $x$ étant un nombre réel<br>$(ax^3 + bx^2 + cx + d)' = 3ax^2 + 2bx + c$ |
| **Dérivée d'une fonction homographique :** $x \mapsto \frac{5x-2}{3x+6}$ | $x$ étant un nombre réel différent de $-3$<br>$x \mapsto \frac{5x-2}{3x+6}$ est dérivable sur $]-\infty\,;-2[$ et sur $]-2\,;+\infty[$ et :<br>$\left(\frac{5x-2}{3x+6}\right)' = \frac{(5x-2)'(3x+6) - (3x+6)'(5x-2)}{(3x+6)^2}$<br>$= \frac{5(3x+6) - 3(5x-2)}{(3x+6)^2} = \frac{36}{(3x+6)^2}$ |
| **Dérivée d'une fonction rationnelle :** $x \mapsto \frac{3x^2-4x+5}{x^2+1}$ | $x$ étant un nombre réel<br>$x \mapsto \frac{3x^2-4x+5}{x^2+1}$ est dérivable sur $\mathbb{R}$ et :<br>$\left(\frac{3x^2-4x+5}{x^2+1}\right)' = \frac{(3x^2-4x+5)'(x^2+1) - (x^2+1)'(3x^2-4x+5)}{(x^2+1)^2}$<br>$= \frac{(6x-4)(x^2+1) - 2x\,(3x^2-4x+5)}{(x^2+1)^2}$<br>$= \frac{4(x^2-x-1)}{(x^2+1)^2}$ |

## Exemple 2

**Déterminons la dérivée de la fonction $f$ de $\mathbb{R}$ vers $\mathbb{R}$ dans chacun des cas suivants.**

| | |
|---|---|
| $f : x \mapsto \frac{1}{\sqrt{x}}$<br>La fonction $f$ est l'inverse de la fonction $x \mapsto \sqrt{x}$ dérivable sur $]0\ ;+\infty[$ qui ne s'annule pas sur $]0\ ;+\infty[$.<br>Donc $f$ est dérivable sur $]0\ ;+\infty[$ et : | $\left(\frac{1}{\sqrt{x}}\right)' = \frac{-(\sqrt{x})'}{(\sqrt{x})^2} = \frac{-\frac{1}{2\sqrt{x}}}{x} = \frac{-1}{2x\sqrt{x}}$<br>$\left(\frac{1}{\sqrt{x}}\right)' = -\frac{1}{2x\sqrt{x}}$ |
| $f : x \mapsto \tan x$<br>La fonction $f$ est le quotient des fonctions sin et cos dérivables sur $\mathbb{R}$ ; pour tout nombre réel différent de $(2k+1)\frac{\pi}{2}$,<br>$k$ étant un nombre entier relatif, la fonction cos est non nulle.<br>Donc $f$ est dérivable sur tout intervalle du type suivant<br>$](2k-1)\frac{\pi}{2}\ ;(2k+1)\frac{\pi}{2}[\ \ [k \in \mathbb{Z}]$ et : | $(\tan x)' = \left(\frac{\sin x}{\cos x}\right)'$<br>$= \frac{(\sin x)'\cos x - (\cos x)'\sin x}{\cos^2 x}$<br>$= \frac{\cos^2 x + \sin^2 x}{\cos^2 x} = 1 + \frac{\sin^2 x}{\cos^2 x}$<br>$(\tan x)' = \frac{1}{\cos^2 x} = 1 + \tan^2 x$ |
| $f : x \mapsto \frac{1}{x^n}$<br>La fonction $f$ est l'inverse de la fonction $x \mapsto x^n$, dérivable sur $\mathbb{R}$ et ne s'annule pas sur $\mathbb{R}^*$.<br>Donc $f$ est dérivable sur $]-\infty\ ;0[$ et sur $]0\ ;+\infty[$ et : | $\left(\frac{1}{x^n}\right)' = \frac{-(x^n)'}{(x^n)^2} = \frac{-nx^{n-1}}{x^{2n}} = \frac{-n}{x^{n+1}}$<br>$\left(\frac{1}{x^n}\right)' = \frac{-n}{x^{n+1}}$ |
| $f : x \mapsto \frac{ax+b}{cx+d}$ ; $[c \neq 0]$<br>La fonction $f$ est une fonction homographique.<br>Donc $f$ est dérivable sur $]-\infty\ ;-\frac{d}{c}[$ et sur $]-\frac{d}{c}\ ;+\infty[$ et : | $\left(\frac{ax+b}{cx+d}\right)' = \frac{(ax+b)'(cx+d)-(cx+d)'(ax+b)}{(cx+d)^2}$<br>$= \frac{a(cx+d)-c(ax+b)}{(cx+d)^2} = \frac{ad-bc}{(cx+d)^2}$<br>$\left(\frac{ax+b}{cx+d}\right)' = \frac{ad-bc}{(cx+d)^2}$ |

## Dérivée des fonctions $x \mapsto g(\alpha x + \beta)$

*On démontre et nous admettons la propriété suivante :*

### Propriété

**$a$, $\alpha$ et $\beta$ sont des nombres réels,**
**$g$ une fonction et $f$ la fonction définie par $f : g \mapsto g(\alpha x + \beta)$.**
**Si $g$ est dérivable en $a\alpha + \beta$, alors $f$ est dérivable en $a$ et $f'(a) = \alpha g'(\alpha a + \beta)$**

***Exemples***

$f : x \mapsto \sin(ax+b)$ ; $f' : x \mapsto a\cos(ax+b)$

$f : x \mapsto \cos(ax+b)$ ; $f' : x \mapsto -a\sin(ax+b)$

$f : x \mapsto \sqrt{(ax+b)}$ ; $f' : x \mapsto \frac{a}{2\sqrt{(ax+b)}}$

# Exercices

**2.a** Dans chacun des cas ci-dessous, déterminer la dérivée $f'$ de la fonction $f$.

(1) $f : x \mapsto 5x^3 - 7x + 2$ ;

(2) $f : x \mapsto (2x+1)^3$ ;

(3) $f : x \mapsto \sqrt{x}\cos x$ ;

(4) $f : x \mapsto \frac{1}{3x^2+4}$ ;

**2.b** Dans chacun des cas ci-dessous, déterminer la dérivée $f'$de la fonction $f$.

(1) $f : x \mapsto \frac{1}{\sqrt{3x+5}}$ ;

(2) $f : x \mapsto \sin 2x \times \cos 3x$ ;

(3) $f : x \mapsto \tan(5x - \frac{\pi}{2})$.

# 3 Dérivée et sens de variation

## 3.1. Sens de variation d'une fonction dérivable

### Activité 1

**Le sens de variation d'une fonction dérivable dépend-t-il du signe de sa dérivée ?**

Le plan est muni du repère (O, I, J). On considère la fonction $g$ dérivable et croissante sur $]a\ ;\ b[$, de courbe représentative $(\mathscr{C}_g)$. Aux points de $(\mathscr{C}_g)$ d'abscisse $x_1$, $x_2$, $x_3$, $x_4$ sont tracées les tangentes $(D_1)$, $(D_2)$, $(D_3)$, $(D_4)$ à $(\mathscr{C}_g)$.

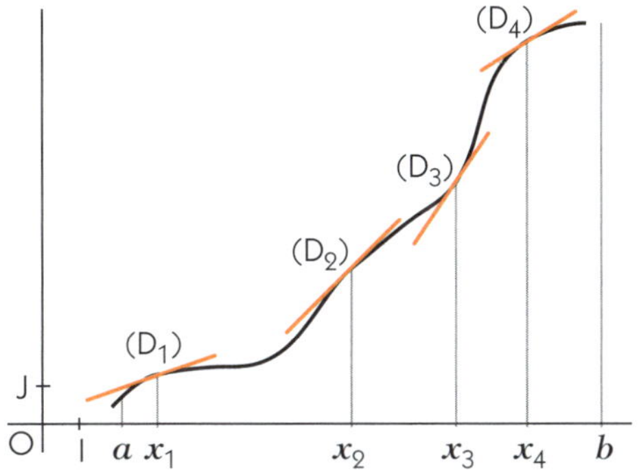


- Observer les tangentes à $(\mathscr{C}_g)$ et déterminer le signe de leur coefficient directeur.
- Compléter le tableau suivant :

| Abscisses $x_i$ | $x_1$ | $x_2$ | $x_3$ | $x_4$ |
|---|---|---|---|---|
| Signe de $g'(x_i)$ | | | | |

Le plan est muni du repère (O, I, J). On considère la fonction $h$ dérivable et décroissante sur $]a\ ;\ b[$, de courbe représentative $(\mathscr{C}_h)$. Aux points de $(\mathscr{C}_h)$ d'abscisse $x_1$, $x_2$, $x_3$, $x_4$ sont tracées les tangentes $(L_1)$, $(L_2)$, $(L_3)$, $(L_4)$ à $(\mathscr{C}_h)$.

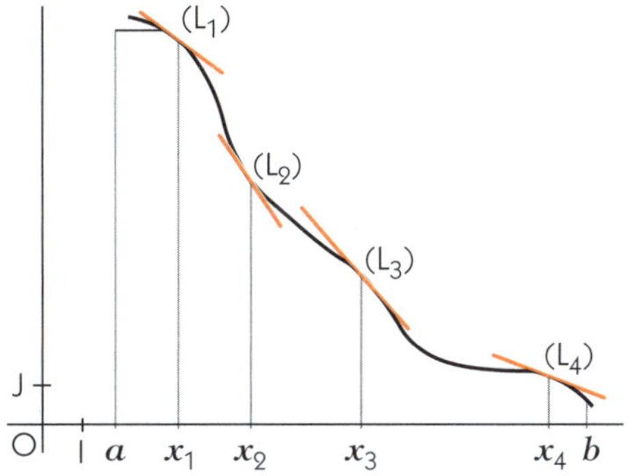


- Observer les tangentes à $(\mathscr{C}_h)$ et déterminer le signe de leur coefficient directeur.
- Compléter le tableau suivant :

| Abscisses $x_i$ | $x_1$ | $x_2$ | $x_3$ | $x_4$ |
|---|---|---|---|---|
| Signe de $h'(x_i)$ | | | | |

### Activité 2

**On donne la fonction polynôme $f$ définie par :**

$$f(x) = \frac{x^3}{3} - x^2 - 3x + 2$$

**On veut étudier le lien entre le signe de la dérivée et le sens de variation de $f$.**

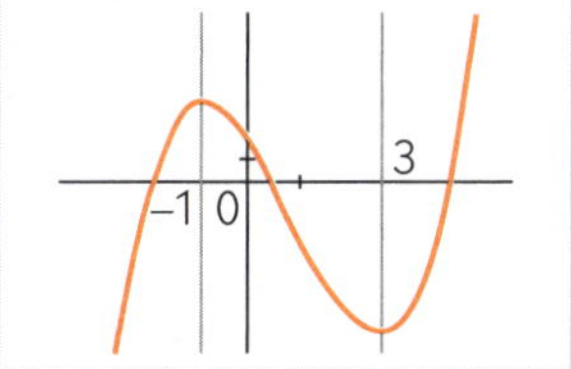


- Vérifier que sa dérivée $f'$ est définie par :

$$f'(x) = (x+1)(x-3)$$

- Compléter le tableau ci-contre.

| $x$ | $-\infty$ | | | $+\infty$ |
|---|---|---|---|---|
| Signe de $f'(x)$ | | | | |
| Sens de variation de $f$ | | | | |

*On démontre et nous admettons les propriétés suivantes :*

**Propriété 1**

**$f$ est une fonction dérivable sur un intervalle ouvert K**

**$f'$ est positive sur K *si et seulement si* $f$ est croissante sur K.**
**$f'$ est négative sur K *si et seulement si* $f$ est décroissante sur K.**
**$f'$ est nulle sur K *si et seulement si* $f$ est constante sur K.**

## Propriété 2

**$f$ est une fonction dérivable sur un intervalle ouvert K.**

**Si $f'$ est strictement positive sur K *alors* $f$ est strictement croissante sur K.**
**Si $f'$ est strictement négative sur K *alors* $f$ est strictement décroissante sur K.**

### Remarque

*La réciproque de la propriété 2 n'est pas vraie car il existe des fonctions strictement croissantes sur K dont la dérivée n'est pas strictement positive sur K.*
*Par exemple la fonction $x \mapsto x^3$ est dérivable et strictement croissante sur $\mathbb{R}$ et cependant la dérivée s'annule en 0.*

### Étude d'un exemple

**Étudions le sens de variation de la fonction polynôme $f$ définie par : $f(x) = -x^3 + 3x^2 - 3$.**

***Ensemble de définition***

$D_f = \mathbb{R}$

***Détermination de la dérivée***

$f$ est une fonction polynôme, elle est donc dérivable sur $\mathbb{R}$ et sa dérivée est la fonction polynôme $f'$ définie par : $f'(x) = -3x^2 + 6x$
$= 3x(2 - x)$

***Signe de la dérivée et tableau de variation***

$f'(x) = 0 \iff [x = 0 \text{ ou } x = 2]$

| $x$ | $-\infty$ | | 0 | | 2 | | $+\infty$ |
|---|---|---|---|---|---|---|---|
| $f'(x)$ | | $-$ | 0 | $+$ | 0 | $-$ | |
| $f(x)$ | | ↘ | $-3$ | ↗ | 1 | ↘ | |

## Exercices

**3.a** On donne la fonction polynôme $f$ définie par :
$f(x) = \frac{x^3}{3} - 2x^2 - 5x + 7$.
Étudier le sens de variation de $f$.

**3.b** On donne la fonction rationnelle $f$ définie par :
$f(x) = \frac{x^2 - 2x - 4}{x^2 + 2}$.
Étudier le sens de variation de $f$.

**3.c** On donne la fonction rationnelle $f$ définie par :
$f(x) = \frac{3x^2 - 3x - 8}{x - 1}$.
Étudier le sens de variation de $f$.

**3.d** On donne la fonction $f$ définie par :
$f(x) = \sqrt{3x - 4}$.
Étudier le sens de variation de $f$.

## 3.2. Extremum relatif d'une fonction

### Comment trouver un minimum ou un maximum relatif

On considère la fonction polynôme $f$ de l'exemple précédent, définie par : $f(x) = -x^3 + 3x^2 - 3$

| $x$ | $-\infty$ | | 0 | $a$ | 2 | $b$ | $+\infty$ |
|---|---|---|---|---|---|---|---|
| $f'(x)$ | | $-$ | 0 | $+$ | 0 | $-$ | |
| $f(x)$ | | ↘ | $-3$ | ↗ | 1 | ↘ | |

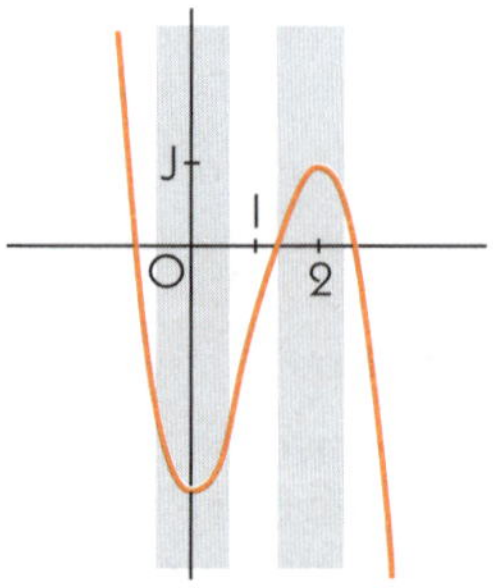

La fonction $f$ admet un minimum relatif en 0 et un maximum relatif en 2.

Examinons le comportement de la fonction $f$ dans un intervalle ouvert contenant 2.
De plus sur le tableau de variation on constate qu'il existe un intervalle $]a\,;b[$ de centre 2 tel que :

pour tout $x$ élément de $]a\,;2[$, $f'(x) > 0$

pour tout $x$ élément de $]2\,;b[$, $f'(x) < 0$.

On dit que $f'$ s'annule en 2 en **changeant de signe**.

- Monter de même que $f'$ s'annule en 0 en changeant de signe.

*On démontre et nous admettons la propriété suivante.*

## Propriété 1

**$f$ est une fonction dérivable sur un intervalle ouvert K,**

**$x_0$ un nombre réel appartenant à K,**

**$f(x_0)$ est un extremum relatif de la fonction $f$ *si et seulement si* $f'$ s'annule en $x_0$ en changeant de signe.**

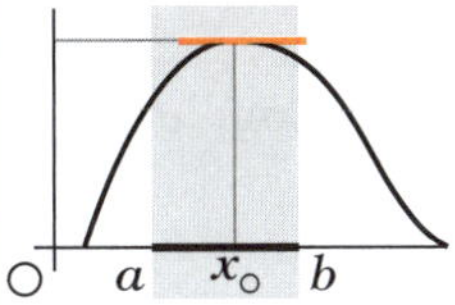


| $x$ | $a$ | $x_0$ | $b$ |
|---|---|---|---|
| $f'(x)$ | + | 0 | – |
| $f(x)$ | ↗ | | ↘ |

$x_o$ est un maximum relatif

| $x$ | $a$ | $x_0$ | $b$ |
|---|---|---|---|
| $f'(x)$ | – | 0 | + |
| $f(x)$ | ↘ | | ↗ |

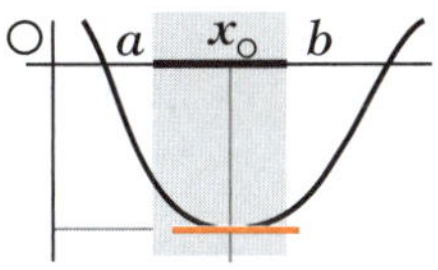


$x_o$ est un minimum relatif

### Remarque

*Une fonction dérivable sur un intervalle ouvert K qui s'annule en un élément $x_o$ de K n'admet pas nécessairement un extremum en $x_o$.*
*C'est le cas de la fonction cube : $x \mapsto x^3$*

| $x$ | $a$ | 0 | $b$ |
|---|---|---|---|
| $f'(x)$ | + | 0 | + |
| $f(x)$ | ↗ | | ↗ |

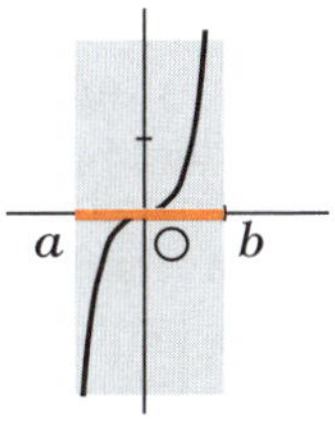


## Exemple

**On donne la fonction polynôme $f$ définie par : $f(x) = -3x^4 + 4x^3 - 2$.**
**À l'aide du tableau de variation déterminons, s'ils en existent, les extremums relatifs de $f$.**

***Détermination de la dérivée***

$(-3x^4 + 4x^3 - 2)' = 12x^2(1 - x)$

$f'$ est la fonction polynôme définie par :

$f'(x) = 12x^2(1 - x)$

***Signe de la dérivée et tableau de variation***

$f'(x) = 0 \iff [x = 0 \text{ ou } x = 1]$

| $x$ | $-\infty$ | | 0 | $a$ | 1 | $b$ $+\infty$ |
|---|---|---|---|---|---|---|
| $f'(x)$ | | + | 0 | + | 0 | – |
| $f(x)$ | ↗ | | – 2 | ↗ | – 1 | ↘ |

***Extremums***

Le tableau de variation de $f$ indique que

$f'$ s'annule en 1, est positive sur $]-\infty\,;1[$, négative sur $]1\,;+\infty[$. Donc $f'$ s'annule en 1 en changeant de signe.

$f'$ s'annule en 0, est positive sur $]-\infty\,;0[$, positive sur $]0\,;1[$. Donc $f'$ s'annule en 0 sans changer de signe.

$f$ admet un maximum en 1 et n'admet pas d'extremum relatif sur $]-\infty\,;1[$ ni sur $]1\,;+\infty[$.

# Exercices

**3.e** On donne les fonctions polynômes $f$, $g$, $h$, définies par :

$f(x) = \frac{x^4}{4} - \frac{5}{3}x^3 - \frac{x^2}{2} + 5x + 1$ ;

$g(x) = \frac{x^4}{4} + \frac{x^3}{3} - \frac{5}{2}x^2 + 3x - 7$ ;

$h(x) = \frac{x^3}{3} + \frac{x^2}{2} + x + 9$ ;

Déterminer, s'ils existent, les extremums relatifs de chacune des fonctions $f$, $g$, $h$.

# TP Travaux pratiques

## TP1 Tangente à un demi-cercle, aspects analytique et géométrique

**Le plan est muni du repère orthonormé (O, I, J).**
**Le demi-cercle ($\mathscr{C}$) ci-contre est la représentation graphique de la fonction $f$ de $\mathbb{R}$ vers $\mathbb{R}$ définie par :**

$$f(x) = \sqrt{9 - x^2}.$$

**A est le point de ($\mathscr{C}$) d'abscisse $a$ ($a \neq 3$ et $a \neq -3$).**

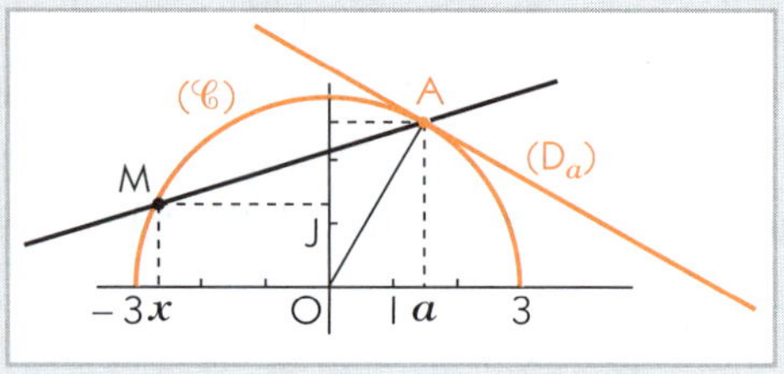


- **Démontrer que $f$ est dérivable en $a$ et $f'(a) = \dfrac{-a}{\sqrt{9-x^2}}$.**
- **Démontrer que la droite ($D_a$) passant par le point $A\big(a\,;f(a)\big)$ est orthogonale à (OA). Conclure.**

## TP2 Approximations

### Une configuration remarquable en analyse

Le plan est muni du repère orthonormé (O, I, J).
La courbe ($\mathscr{C}_f$) ci-contre est la représentation graphique d'une fonction $f$ dérivable sur un intervalle ouvert K contenant $a$ et $a + h$, ($h$ étant un nombre réel aussi petit que l'on veut en valeur absolue).

A est le point de ($\mathscr{C}_f$) d'abscisse $a$ ;
($\Delta_a$) est la tangente en A à ($\mathscr{C}_f$) ;
M est le point de ($\mathscr{C}_f$) d'abscisse $a + h$.

La configuration remarquable ci-dessus traduit la position de ($\mathscr{C}_f$) et ($\Delta_a$) autour de $a$. Elle illustre la méthode suivante d'approximation que nous admettrons :

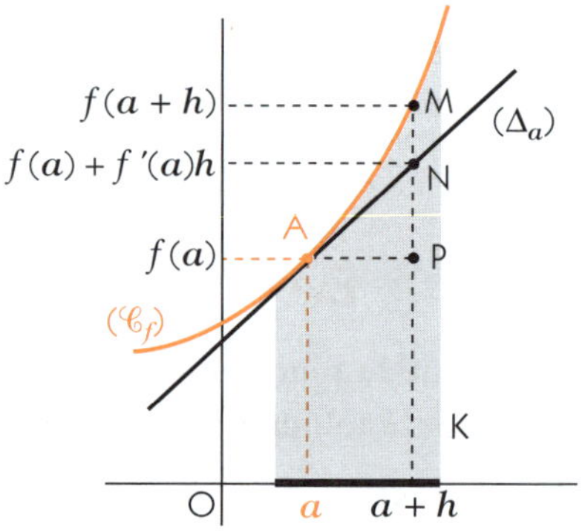


> pour tout $h$ proche de 0, $f(a + h) \approx f(a) + f'(a)h$

### Application

**Trouver une valeur approchée de chacun des nombres réels suivants ; comparer les résultats obtenus avec ceux affichés par la calculatrice.**

**(1) $(5{,}998)^4$ (2) $\sqrt{1{,}076}$ (3) $\dfrac{1}{0{,}997}$**

**pour le (1)**
On a : $(5{,}998)^4 = (6 - 0{,}002)^4$
On considère la fonction $f : x \mapsto x^4$
On pose : $a = 6$, $h = 0{,}002$
donc : $f(6 - 0{,}002)^4 = f(6) + f'(6) \times 0{,}002$.

**Information historique**

La notation $f'$ qui désigne la dérivée de la fonction $f$ est due au mathématicien et astronome français Joseph-Louis LAGRANGE (1736 - 1813). Il créa la géométrie analytique.

# Exercices

## APPRENTISSAGE

### Dérivabilité en $a$

*Nombre dérivé*

**1** Dans chacun des cas suivants, $f$ est une fonction de $\mathbb{R}$ vers $\mathbb{R}$ définie par son expression explicite.
À l'aide du taux de variation de $f$ en 1, étudier la dérivabilité de $f$ en 1.

(1) $f(x) = -2x + 7$

(2) $f(x) = 3x^2 + 5$

(3) $f(x) = x^3 - 9$

(4) $f(x) = \sqrt{x+1}$

(5) $f(x) = \dfrac{1}{x^2+1}$

(6) $f(x) = \dfrac{x^2}{x+1}$

**2** Étudier la dérivabilité en 0 de chacune des fonctions $f$, $g$, $h$, définies par :
$f(x) = |x^3|$ ; $g(x) = x|x|$ ; $h(x) = \sqrt{|x|}$

**3** On donne la fonction $f$ définie par :

$$\begin{cases} \text{pour } x \geq 3 & f(x) = x + 1 \\ \text{pour } x < 3 & f(x) = ax^2 - 2x \end{cases}$$

Déterminer le nombre réel $a$ pour que $f$ soit continue en 3. $f$ est-elle dérivable en 3 pour cette valeur de $a$ ?

**4** Le plan est muni d'un repère orthogonal.
Dans chacun des cas de l'exercice 1, on désigne par $(\mathscr{C}_f)$ la représentation graphique de la fonction $f$.
Construire la droite $(\Delta)$, tangente à $(\mathscr{C}_f)$ au point $A\big(1 ; f(1)\big)$. Donner le programme de construction.
Donner une équation de $(\Delta)$.

**5** Le plan est muni d'un repère orthogonal.
Représenter graphiquement chacune des fonctions $f$, $g$, $h$, de l'exercice 2, traduire graphiquement les résultats obtenus.

*Fonction dérivée*

**6** Démontrer que la fonction $f$ de $\mathbb{R}$ vers $\mathbb{R}$ définie par : $f(x) = |x|x^2$
est dérivable sur $\mathbb{R}$.
Déterminer $f'$.
Dans le plan muni d'un repère orthogonal, construire les représentations graphiques de $f$ et de $f'$.

**7** Démontrer que la fonction $f$ de $\mathbb{R}$ vers $\mathbb{R}$ définie par : $f(x) = x^2\sqrt{x}$
est dérivable en 0 et sur $]0 ; +\infty[$.
Déterminer $f'$.

**8** Le plan est muni d'un repère (O, I, J). La courbe $(\mathscr{C})$ est la représentation graphique de la fonction $f$ définie par : $f(x) = x^4 - 2x^2 + 2x$.
Démontrer que la droite $(\Delta)$ d'équation $y = 2x - 1$ est tangente en deux points de la courbe $(\mathscr{C})$.

*Opérations sur les fonctions dérivables*

**9** $f$ étant une fonction polynôme, déterminer sa dérivée $f'$ dans chacun des cas suivants.

(1) $f(x) = -3x + 1$

(2) $f(x) = -3x^2 + \frac{1}{2}x - 2$

(3) $f(x) = (3x - 2)^3$

(4) $f(x) = 2x^2 + 6x - 1$

(5) $f(x) = (x^2 - 1)^4$

(6) $f(x) = 3x(x - 4)^2(3x + 1)^3$

(7) $f(x) = -\frac{1}{4}x^4 + \frac{2}{3}x^3 - \frac{1}{2}x^2 + x - 5$

(8) $f(x) = (2x + 1)^3(1 - 5x)^4$

(9) $f(x) = \frac{1}{3}x3 + 3x^2 - \frac{3}{4}x - 5$

(10) $f(x) = x^4 - x^3 + 3x^2 - 7$

(11) $f(x) = -\frac{3}{5}x3 - 5x^2 + \frac{2}{3}x - 2$

(12) $f(x) = x^4(x^3 + 4x - 3)^3$

**10** $f$ étant une fonction rationnelle, déterminer sa dérivée $f'$ dans chacun des cas suivants. Préciser l'ensemble où $f$ est dérivable.

(1) $f(x) = \dfrac{3}{2x-1}$

(2) $f(x) = \dfrac{1-3x}{x+4}$

(3) $f(x) = \dfrac{3x^2 - x + 2}{3x - 1}$

(4) $f(x) = \dfrac{x^2-3}{5x^2 - x - 1}$

(5) $f(x) = \dfrac{1}{x^2+3}$

(6) $f(x) = \dfrac{3x+2}{2x-3}$

(7) $f(x) = \dfrac{x^3 - 3x^2 + 6x}{7 - 4x}$

(8) $f(x) = \dfrac{2 + 3x}{-x^2 + 3x - 2}$

(9) $f(x) = \dfrac{(x-3)^2}{(3x+5)^3}$

(10) $f(x) = \dfrac{3x(x^2+4)}{(x-5)^4}$

**11** $f$ étant une fonction de $\mathbb{R}$ vers $\mathbb{R}$, déterminer sa dérivée dans chacun des cas suivants. Préciser l'ensemble des nombres réels où $f$ est dérivable.

(1) $f(x) = 3x - 4 + \dfrac{2}{2x+7}$

(2) $f(x) = 3x^2 - 1 + \dfrac{3}{x}$

(3) $f(x) = x^2\sqrt{x} + \dfrac{2}{\sqrt{x}}$

(4) $f(x) = \sqrt{x} - \dfrac{1}{x-1}$

(5) $f(x) = x + \sqrt{x}$

(6) $f(x) = \dfrac{x^2}{\sqrt{x}}$

**12** $f$ étant une fonction de $\mathbb{R}$ vers $\mathbb{R}$, déterminer sa dérivée dans chacun des cas suivants. Préciser l'ensemble des nombres réels où $f$ est dérivable.

(1) $f(x) = 2\cos^2 x - 3\cos x + 1$

(2) $f(x) = \sin^5 x + \cos^3 x$

(3) $f(x) = \dfrac{2\sin x}{1 + \sin x}$

(4) $f(x) = \sin^2 x \cos x - 3\cos^3 x$

(5) $f(x) = 2x - \cos x$

(6) $f(x) = x \sin x$

(7) $f(x) = \dfrac{\sin^2 x}{\cos^3 x}$

(8) $f(x) = \dfrac{\tan x}{1 + \tan x}$

**13** $f$ étant une fonction de $\mathbb{R}$ vers $\mathbb{R}$, déterminer sa dérivée, dans chacun des cas suivants. Préciser l'ensemble des nombres réels où $f$ est dérivable.

(1) $f(x) = \sqrt{2x - 3}$

(2) $f(x) = x - \sqrt{2x + 3}$

(3) $f(x) = \dfrac{1}{\sqrt{3 - 5x}}$

(4) $f(x) = x\sqrt{x}$

(5) $f(x) = \sin 3x$

(6) $f(x) = \tan 2x$

(7) $f(x) = \sin(x + 1)$

(8) $f(x) = \cos(3x + 2)$

**14** Dans chacun des cas suivants, $f$ est une fonction polynôme écrit sous forme factorisée.
Donner une forme développer et réduite de $f(x)$.
Déterminer la dérivée $f'$ de $f$, de deux manières différentes.

(1) $f(x) = (x + 1)^2 (3 - 2x)$
(2) $f(x) = (4x^2 - 5)(7x + 9)$

**15** Dans chacun des cas suivants, $f$ est une fonction rationnelle qui admet un schéma de calcul séquentiel.
Écrire $f(x)$ sous forme canonique.
Déterminer la dérivée $f'$ de $f$, de deux manières différentes.

(1) $f(x) = \dfrac{1 - 3x}{2x + 9}$ (3) $f(x) = \dfrac{2x^3 - 5}{x^3 + 1}$

(2) $f(x) = \dfrac{4x^2 + 7}{x^2 + 1}$ (4) $f(x) = 25x^2 + 30x + 3$

**16** Dans chacun des cas suivants, $f$ est une fonction qui peut s'écrire sous la forme:
$$f(x) = ax + b + g(x)$$
Écrire $f(x)$ sous cette forme.
Déterminer la dérivée $f'$ de $f$ de deux manières différentes.

(1) $f(x) = \dfrac{2x^2 + 5x - 2}{x + 3}$ (3) $f(x) = \dfrac{x^4 + x^3 + x + 1}{x^3}$

(2) $f(x) = \dfrac{x^3 + x^2 + x + 2}{x^2 + 1}$ (4) $f(x) = \dfrac{7x + 3}{x - 1}$

**17** $f$ et $g$ sont deux fonctions polynômes définies par :
$$f(x) = 5x^2 + 3 \quad ; \quad g(x) = x + 2$$
Déterminer la dérivée de chacune des fonctions suivantes ; préciser les ensembles des nombres réels où ces fonctions sont dérivables.
$$f - g \quad ; \quad 2f + 3g \quad ; \quad fg \quad ; \quad g^2 \quad ; \quad \frac{1}{g} \quad ; \quad \frac{f}{g}.$$

**18** $f$ étant une fonction polynôme, calculer les nombres dérivés dans chacun des cas suivants :

(1) $f'(2)$ et $f'(-2)$ ; $f(x) = x^2 - 5x - 3$
(2) $f'(0)$ et $f'(4)$ ; $f(x) = 2x^3 + 3x^2 - x + 5$
(3) $f'(3)$ et $f'(-3)$ ; $f(x) = x^4 - x^3 - 4x^2 + x + 2$
(4) $f'(\sqrt{2})$ et $f'(-\sqrt{2})$ ; $f(x) = -x^3 - 3x^2 + 2$

**19** $f$ étant une fonction rationnelle, calculer les nombres dérivés dans chacun des cas suivants :

(1) $f'(-1)$ et $f'(1)$ ; $f(x) = \dfrac{x^2 - 5}{3 + 2x}$

(2) $f'(-2)$ et $f'(3)$ ; $f(x) = \dfrac{2x^2 + 1}{x^2 + 3}$

**20** $f$ étant une fonction de $\mathbb{R}$ vers $\mathbb{R}$, calculer les nombres dérivés en $a$, dans chacun des cas suivants :

(1) $f(x) = 3x^4 + 5x^2 + 1$ ; $a = -2$

(2) $f(x) = \dfrac{3x - 1}{x^2 + 2}$ ; $a = -1$

(3) $f(x) = 2x^3 + \dfrac{4}{x^2 + 1}$ ; $a = -1$

(4) $f(x) = \sqrt{3x + 5}$ ; $a = 0$

(5) $f(x) = \dfrac{1}{\sqrt{1 - 2x}}$ ; $a = 0$

(6) $f(x) = \cos x + \sin x$ ; $a = \dfrac{\pi}{6}$

(7) $f(x) = x \sin x + 1$ ; $a = \dfrac{\pi}{3}$

(8) $f(x) = (x^2 + 1) \tan x$ ; $a = \dfrac{\pi}{4}$

(9) $f(x) = \sin^2 x - 3 \sin x$ ; $a = \dfrac{5\pi}{6}$

(10) $f(x) = \cos (x - 2)$ ; $a = \dfrac{\pi}{3} + 2$

**21** $f$ étant la fonction rationnelle définie par :
$$f(x) = \frac{x - a}{x + a},$$
déterminer le nombre réel $a$ pour que la fonction $f$ ait un nombre dérivé en a égale à $\dfrac{1}{2}$.

**22** Le plan est muni du repère (O, I, J). On donne les représentations graphiques $(\mathscr{C}_f)$, $(\mathscr{C}_g)$, $(\mathscr{C}_h)$ des fonctions $f$, $g$, $h$.

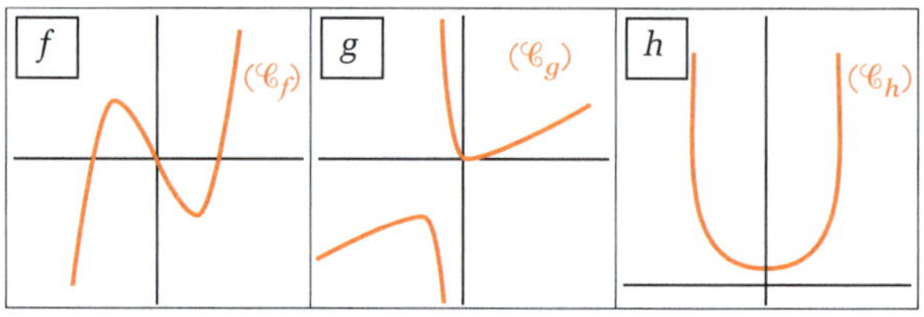


Les représentations graphiques suivantes sont, dans le désordre, celles des fonctions dérivées $f'$, $g'$, $h'$.
Préciser pour chacune de ces courbes de quelle fonction dérivée elle est la représentation.

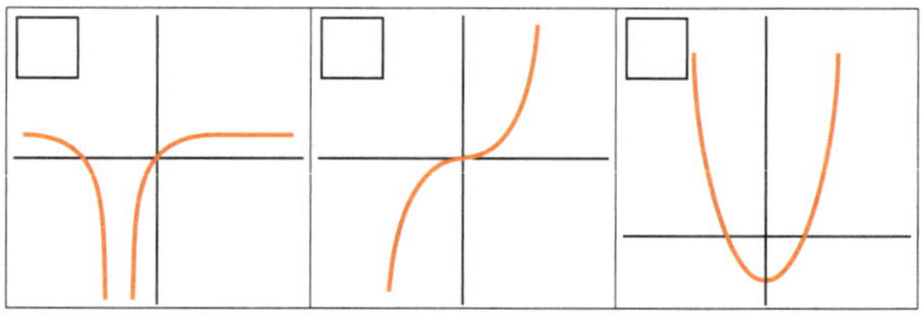

### *Dérivées successives*

**23** *Si la dérivée $f'$ d'une fonction $f$ est dérivable sur un intervalle K, elle admet une dérivée, appelée dérivée seconde de $f$ et notée $f''$.*
*Si $f''$ est elle-même dérivable sur K, elle admet une dérivée, appelée dérivée troisième de $f$ et notée $f'''$.*
*Ainsi de suite pour la dérivée quatrième ($f''''$ ou $f^{(4)}$), cinquième ($f'''''$ ou $f^{(5)}$),...*

**1.** Pour chacune des fonctions $f$ suivantes, calculer les dérivées successives jusqu'à obtenir la fonction nulle :

(1) $f(x) = 3x^2 - 5x + 1$
(2) $f(x) = x^4 - x^3 + x^2 - 3x - 1$
(3) $f(x) = -3x^3 + 6x^2 - 5x + 7$
(4) $f(x) = x^5 + 3x^3 - 7x + 4$

**2.** On considère la fonction $f$ définie sur $\mathbb{R} - \{1\}$ par :
$$f(x) = \frac{1}{x - 1}$$
Calculer $f'(x)$, $f''(x)$, $f'''(x)$ et $f^{(4)}(x)$.

**24** Vérifier qu'un polynôme P($x$) du 2° degré peut s'écrire :
$$P(x) = P(0) + x\,P'(x) + \frac{x^2}{2} P''(0).$$
Vérifier qu'un polynôme Q($x$) du 3° degré peut s'écrire :
$$Q(x) = Q(0) + x\,Q'(x) + \frac{x^2}{2} Q''(0) + \frac{x^3}{6} Q'''(x).$$

*Tangentes à une représentation graphique*

**25** Le plan est muni du repère (O, I, J). On donne la fonction polynôme $f$ de $\mathbb{R}$ vers $\mathbb{R}$ définie par :

$$f(x) = x^3 - 3x^2 + 4$$

**1.** Démontrer que la représentation graphique $(\mathscr{C}_f)$ de $f$ coupe (OI) en deux points A et B dont l'un a pour abscisse – 1.
**2.** Déterminer les équations des tangentes à $(\mathscr{C}_f)$ en A et en B.

**26** Le plan est muni du repère (O, I, J). On donne la fonction polynôme $f$ de $\mathbb{R}$ vers $\mathbb{R}$ définie par :

$$f(x) = 3x^2 - x - 1$$

**1.** Déterminer le point de la représentation graphique $(\mathscr{C}_f)$ de $f$, où la tangente à $(\mathscr{C}_f)$ est parallèle à la droite d'équation : $y = 11x - 3$.
**2.** Déterminer le point de la représentation graphique $(\mathscr{C}_f)$ de $f$, où la tangente à $(\mathscr{C}_f)$ est perpendiculaire à la droite d'équation : $y = 2x + 5$.
**3.** Contrôler graphiquement les résultats obtenus.

**27** Le plan est muni du repère (O, I, J). On donne la fonction polynôme $f$ de $\mathbb{R}$ vers $\mathbb{R}$ définie par :

$$f(x) = x^3 - 2x^2 + 1$$

**1.** Déterminer les points de la représentation graphique $(\mathscr{C}_f)$ de $f$, où la tangente à $(\mathscr{C}_f)$ est parallèle à la droite d'équation : $y = 7x - 9$.
**2.** Déterminer les points de la représentation graphique $(\mathscr{C}_f)$ de $f$, où la tangente à $(\mathscr{C}_f)$ est perpendiculaire à la droite d'équation : $y = x + 3$.

# Application de la dérivée

*Sens de variation d'une fonction dérivable*

**28** Dans chacun des cas suivants, étudier le sens de variation de la fonction polynôme $f$ :

(1) $f(x) = 3x^2 - 5x + 2$ (2) $f(x) = -2x^2 + x - 3$

(3) $f(x) = -\frac{1}{3}x^3 - x^2 + 1$ (4) $f(x) = x^4 - 2x^2 + 1$

(5) $f(x) = x^3 - \frac{1}{2}x^2 + x - 2$

(6) $f(x) = -\frac{3}{4}x^4 + \frac{1}{3}x^3 + 2$

(7) $f(x) = \frac{1}{2}x^4 + \frac{5}{3}x^3 - x^2 - 5x$

(8) $f(x) = (x^2 + 1)(5x - 7)$

**29** Dans chacun des cas suivants, étudier le sens de variation de la fonction rationnelle $f$ définie par :

(1) $f(x) = \dfrac{-2x + 1}{3x + 5}$ (2) $f(x) = x + 3 + \dfrac{4}{x - 1}$

**30** Dans chacun des cas suivants, étudier le sens de variation de la fonction $f$ de $\mathbb{R}$ vers $\mathbb{R}$, définie par :

(1) $f(x) = \sqrt{2x + 1}$ (2) $f(x) = \dfrac{1}{\sqrt{3x - 1}}$

*Extremums relatifs*

**31** Dans chacun des cas suivants, $f$ est une fonction de $\mathbb{R}$ vers $\mathbb{R}$. Déterminer, si il en existe, chaque extremum relatif de $f$, et préciser le nombre réel où il est atteint.

(1) $f(x) = x^3 + \frac{11}{2}x^2 - 4x + 5$

(2) $f(x) = \frac{x^3}{3} + 2x^2 + 4x - 7$

(3) $f(x) = \frac{x^4}{4} - 2x^3 + \frac{9x^2}{2} - 4x + 1$

(4) $f(x) = -\frac{x^4}{4} - x^3 + \frac{x^2}{2} + 3x - 1$

(5) $f(x) = x + 3 + \dfrac{4}{x - 1}$

(6) $f(x) = x^3 + x^2 - x - 1$

**32** Le plan est muni d'un repère orthonormé (O, I, J). $(\mathscr{P})$ est la parabole d'équation $y = x^2 - 1$.
Déterminer les coordonnées des points de $(\mathscr{P})$ dont la distance à l'origine du repère est minimal.
*(On pourra construire $(\mathscr{P})$ et on recherchera le minimum de la fonction qui, à l'abscisse de chaque point de $(\mathscr{P})$, associe le carré de sa distance à 0).*

*Approximations*

*Utiliser le résultat suivant, vu en TP2 :*
*si $h \approx 0$ alors $f(a + h) \approx f(a) + hf'(a)$.*

**33** Trouver une valeur approchée de chacun des nombres suivants et comparer les résultats obtenus à ceux affichés par la calculatrice.

$(0{,}999)^2$ ; $(1{,}048)^3$ ; $(0{,}98)^3$ ; $\sqrt{0{,}998}$ ; $\dfrac{1}{1{,}024}$ ; $\dfrac{1}{1{,}012^3}$.

## APPROFONDISSEMENT

**34** $f$ étant la fonction de $\mathbb{R}$ vers $\mathbb{R}$, calculer les nombres dérivés dans chacun des cas suivants.

(1) $f'(-3)$ et $f'(2)$ ; $f(x) = |1 + x| + 2x^2$
(2) $f'(-2)$ et $f'(0)$ ; $f(x) = |1 - x^2| - x$

**35** $f$ et $g$ sont deux fonctions polynômes définies par :

$$f(x) = (3x + 1)(2x - 1) \quad ; \quad g(x) = 6x^2 - x + 9$$

Comparer leurs dérivées $f'$ et $g'$.
Retrouver le résultat obtenu à l'aide de $f(x) - g(x)$.

**36** Trouver trois fonctions admettant pour dérivée la fonction polynôme :

$$x \mapsto 3x^2 + 10x + 7$$

Quelle est celle qui prend la valeur 9 en 2 ?

**37** Dans chaque cas suivant, trouver la fonction $f$ définie sur $\mathbb{R}$ qui s'annule en 1 et dont $f'$ est la dérivée :

(1) $f'(x) = 3x - 1$ (2) $f'(x) = x^3 - 3x^2 - 7x + 1$
(3) $f'(x) = x^2 - 5x + 7$ (4) $f'(x) = -x^4 + 2x^3 + 5x^2 - 8$

**38** ***Comparaison de fonctions***
Vérifier que :
si $h$ est une fonction croissante sur l'intervalle $[a\,;\,b[$ et $h(a) \geq 0$ alors $h$ est positive sur $[a\,;\,b[$.
En déduire une méthode qui permet de comparer deux fonctions $f$ et $g$ sur $[a\,;\,b[$.

**Application**
Comparer les fonctions $f$ et $g$, dans chacun des cas suivants :

(1) $f(x) = x^3 + x^2$ ; $g(x) = \frac{x^4}{4} - \frac{x^3}{3} - \frac{x^2}{2}$

(2) $f(x) = \frac{2}{3} + \dfrac{4}{x - 1}$ ; $g(x) = \dfrac{2x + 1}{3x + 5}$

**39** ***Factorisation de polynôme***

$P(x)$ est un polynôme.

**1.** Démontrer que si $P(x)$ est factorisable par $(x - a)^2$, alors $P(a) = P'(a) = 0$.

**2.** Démontrer que si $P(a) = P'(a) = 0$, alors $P(x)$ est factorisable par $(x - a)^2$.

**3.** En déduire une caractérisation des polynômes factorisables par $(x - a)^2$.

**Application**

On donne $P(x) = x^4 - 5x^3 + 2x^2 + 15x - 9$.

Démontrer que $P(x)$ est factorisable par $(x - 3)^2$ et résoudre $P(x) = 0$.

**40** $P(x)$ est un polynôme du troisième degré admettant trois zéros (distincts) $\alpha$, $\beta$, $\gamma$.

**1.** Donner une écriture factorisée de $P(x)$.

**2.** Démontrer que la fonction polynôme P admet en $\alpha$, $\beta$, $\gamma$, des nombres dérivés différents de zéro.

**3.** Démontrer que $\dfrac{\alpha}{P'(\alpha)} + \dfrac{\beta}{P'(\beta)} + \dfrac{\gamma}{P'(\gamma)} = 0$

*Dériver la forme factorisée de P et exprimer $P'(\alpha)$, $P'(\beta)$, $P'(\gamma)$...*

**41** On donne le polynôme $P(x)$ défini par :

$$P(x) = 4x^3 - 11x^2 + 10x - 3$$

Démontrer que $P(x)$ est factorisable par $(x - 1)^2$.

**42** $u$ et $v$ sont des fonctions dérivables sur un intervalle K et telles que pour tout $x$ de K, $v(x) \neq 0$.

On considère la fonction de $\mathbb{R}$ vers $\mathbb{R}$ définie par :

$$f(x) = \frac{u(x)}{v(x)}.$$

**1.** $a$ étant un élément de K, démontrer que :

si $f'(a) = 0$ et $v'(a) \neq 0$ alors $f(a) = \dfrac{u'(a)}{v'(a)}$.

**2. Application**

On considère la fonction rationnelle $g$ définie par :

$$g(x) = \frac{2x^3 - x^2 + 1}{x^2 - 1}.$$

Déterminer la dérivée $g'$ de $g$ et vérifier qu'elle s'annule pour trois valeurs 0, $a$ et $b$.

Calculer $g(a)$ et $g(b)$ de manière performante.

**43** Le plan est muni d'un repère orthogonal (O, I, J).

On considère la fonction rationnelle $f$ définie par :

$$f(x) = \frac{-2x^2}{3x - 1}$$

$(\mathscr{C}_f)$ est la représentation graphique de $f$.

Calculer de manière performante les ordonnées des points de $(\mathscr{C}_f)$ pour lesquels il existe une tangente parallèle à (OI).

*Utiliser l'exercice précédent.*

## *Utilisation de nombre dérivé pour calculer des limites*

**44** On donne la fonction numérique $f$ définie sur $[2 ; +\infty[$ par : $\quad f(x) = \sqrt{x - 2}$

Déterminer la dérivée $f'$ de $f$.

En déduire : $\lim\limits_{x \to 3} \dfrac{\sqrt{x - 2} - 1}{x - 3}$

**45** En procédant comme dans l'exercice n° 44, calculer :

(1) $\lim\limits_{x \to 0} \dfrac{\sqrt{5x + 4} - 2}{x}$ (3) $\lim\limits_{x \to 4} \dfrac{\sqrt{2x + 1} - 3}{x + 2}$

(2) $\lim\limits_{x \to -2} \dfrac{\sqrt{1 - 2x} - \sqrt{5}}{x + 2}$ (4) $\lim\limits_{x \to 2} \dfrac{\sqrt{3x - 5} - 1}{x^2 - 4}$

**46** Exprimer $\sin 2x$ en fonction de $\sin x$ et $\cos x$.

Calculer : $\lim\limits_{x \to 0} \dfrac{\sin 2x}{\pi x}$

## *Courbes tangentes*

*On dira que deux **courbes** sont **tangentes** au point A lorsqu'elles passent par A et admettent la même tangente en A.*

**47** Le plan est muni d'un repère orthonormé (O, I, J).

On considère les fonctions polynômes $f$, $g$, $h$ définies par : $f(x) = x^2$ ; $g(x) = 3x^2 - 4x + 2$ ;
$h(x) = -2x^2 + 6x - 3$.

**1.** Démontrer que les représentations graphiques de chacune de ces fonctions passent par le point A(1 ; 1) et admettent en A la même tangente (D).

**2.** Déterminer une équation de (D) et étudier la position relative de chacune de ces représentations graphiques par rapport à (D).

**48** Le plan est muni d'un repère orthogonal (O, I, J).

On considère la fonction polynôme $f_m$ définie par :

$$f_m(x) = mx^2 + (2 - 4m)x + 4m \quad [m \in \mathbb{R} \setminus \{0 ; \tfrac{1}{2}\}]$$

**1.** Démontrer que :

– les courbes $(\mathscr{C}_1)$ et $(\mathscr{C}_2)$ ont en commun un point A dont on précisera les coordonnées;

– les coubes $(\mathscr{C}_1)$ et $(\mathscr{C}_2)$ sont tangentes en A à une même doite (D) dont on donnera une équation.

**2.** Démontrer que lorsque $m$ décrit $\mathbb{R} \setminus \{0 ; \frac{1}{2}\}$, la courbe $(\mathscr{C}_m)$ passe par le point A et est tangente en A à la droite (D).

## *Courbes orthogonales*

*On dit que deux **courbes** sont **orthogonales** en A lorsqu'elles passent par A et admettent en A des tangentes perpendiculaires.*

**49** Le plan est muni d'un repère orthonormé (O, I, J).

On considère les fonctions $f$ et $g$ définies par :

$$f(x) = \frac{1}{x + a} \quad ; \quad g(x) = \sqrt{x + b}$$

**1.** Déterminer les nombres réels $a$ et $b$ pour que les représentations graphiques $(\mathscr{C}_f)$ et $(\mathscr{C}_g)$ aient en commun le point A(0 ; 2).

Démontrer que $(\mathscr{C}_f)$ et $(\mathscr{C}_g)$ admettent en A des tangentes (D) et (L) perpendiculaires.

**2.** Construire $(\mathscr{C}_f)$, $(\mathscr{C}_g)$, (D) et (L).

**50** Le plan est muni d'un repère orthonormé (O, I, J).

On considère la fonction rationnelle $f$ et la fonction polynôme $g$ définies par :

$$f(x) = \frac{1}{x + 1} \quad ; \quad g(x) = x^2 + bx + c$$

**1.** Déterminer les nombres réels $b$ et $c$ pour que les représentations graphiques $(\mathscr{C}_f)$ et $(\mathscr{C}_g)$ aient le point J en commun et admettent en J des tangentes (D) et (L) perpendiculaires.

**2.** Construire $(\mathscr{C}_f)$, $(\mathscr{C}_g)$, (D) et (L) pour chaque solution trouvée.

## *Recherche d'extremum*

**51** On considère l'équation :

(E) $x^2 + (2 - a)x - a - 3 = 0 \quad [a \in \mathbb{R}]$.

**1.** Démontrer que (E) admet 2 solutions $x'$ et $x''$.

**2.** Déterminer $a$ dans les cas suivants :
*a)* la somme $x'^2 + x''^2$ est minimale ;
*b)* la somme $x'x''^2 + x''x'^2$ est maximale ;
*c)* la somme $\dfrac{1}{x'^2} + \dfrac{1}{x''^2}$ est minimale.

## PROBLÈMES

### *Problèmes d'optimisation*

**52** On considère un rectangle de périmètre 12 cm. On note $x$ et $y$ les mesures (en cm) des côtés de l'angle droit.
Démontrer que l'aire du rectangle est maximale si c'est un carré.

**53** Le gérant d'une salle de cinéma a remarqué qu'en faisant payer 1 000 FCFA la place, il pouvait compter sur 500 spectateurs et que chaque baisse de 100 FCFA lui amenait 100 personnes en plus.
Combien doit-il faire payer la place pour obtenir un bénéfice maximal et quel est ce bénéfice sachant que chaque séance lui coûte 100 000 FCFA de frais fixes (location du film, personnel, éclairage,...) ?

**54** Un taxi-brousse consomme, par heure, un nombre de litres de gas-oil égal à $\dfrac{2v^2}{1\,000}$ où $v$ est sa vitesse en km/h. Le gas-oil coûte 275 F le litre et les charges fixes s'élèvent à 58 800 F par jour.
Quelle est la vitesse la plus économique pour un voyage de 100 km effectué sans arrêt ?

**55** Mr Bamba, artisan tôlier, désire fabriquer des cantines métalliques avec du métal de récupération qu'il achète par plaque, à 2 200 FCFA le m$^2$. Une cantine est un parallèlépipède rectangle de longueur 1 m et de volume 0,25 m$^3$.
Déterminer la largeur et la hauteur de ces cantines pour que son prix de revient soit minimal.
Calculer dans ce cas le prix de revient d'une cantine.

**56** Un stade de football peut accueillir 80 000 personnes.
Les charges fixes de fonctionnement du stade sont de 10 000 000 FCFA par match et les charges variables sont évaluées à 500 FCFA par spectateur.
Le nombre $x$ de spectateurs est une fonction affine décroissante du prix $p$ du billet d'entrée définie par $x = -25p + 80\,000$.
**1.** Déterminer quel doit être le prix du billet pour couvrir les dépenses et avoir le maximum de spectateurs.
**2.** Déterminer quel doit être le prix du billet pour couvrir les dépenses et avoir un bénéfice maximal.

**57** Mr Youssouf veut créer dans une grande savane, une ferme de deux hectares de forme rectangulaire. Comment doit-il choisir les dimensions de sa ferme afin de minimiser le coût de la clôture ?

**58** On donne un cylindre de révolution de volume $\mathcal{V}$, ayant pour base un cercle de rayon $x$.
Exprimer en fonction de $x$ et de $\mathcal{V}$ la hauteur $h(x)$ et l'aire totale $\mathcal{A}(x)$ de ce cylindre.
On considère la fonction $\mathcal{A} : x \mapsto \mathcal{A}(x)$.
**1.** Étudier les variations de $\mathcal{A}$.
Dresser son tableau de variation, vérifier que la fonction $\mathcal{A}$ admet un minimum en $a$ tel que $a^3 = \dfrac{\mathcal{V}}{2\pi}$.
**2.** Quelle est la hauteur de la boîte cylindrique de volume $\mathcal{V}$ ayant une aire minimale ?

**59** Avec un fil de longueur $l$, on forme un triangle équilatéral de côté $x$ et un carré.

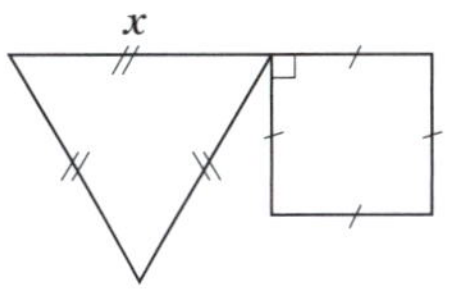


On désigne par $\mathcal{A}(x)$ la somme des aires du triangle et du carré.
**1.** Exprimer $\mathcal{A}(x)$ en fonction de $x$ et de $l$.
**2.** Pour quelle valeur de $x$, $\mathcal{A}(x)$ est minimale ?
Quelle est alors la valeur de $\dfrac{x}{l}$ ?

**60** Le plan est muni d'un repère orthonormé (O, I, J).
On considère le point A(3 ; 1) et une droite (D) passant par A. (D) coupe ]OI) en B et ]OJ) en C.
Trouver une équation de (D) pour laquelle le triangle OBC a une aire minimale.

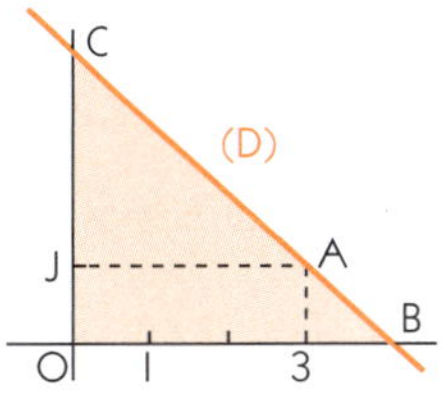


**61** Le bouchon d'un flacon de parfum est un cône de révolution dans lequel est creusé un cylindre droit suivant le schéma ci-contre
Calculer $x$ pour que le volume du cylindre soit le plus grand possible.

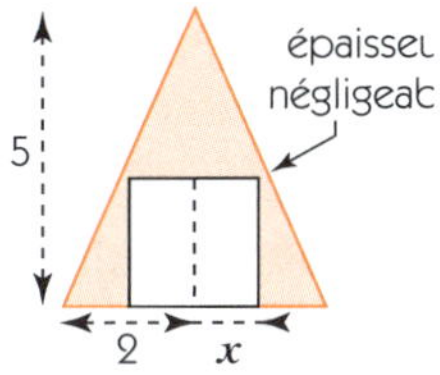


**62** Un paysan désire clôturer un terrain rectangulaire situé le long d'une rivière (supposée rectiligne à cet endroit) pour parquer ses chèvres pendant la nuit. Il dispose pour cela de 200 m de grillage et ne pose pas de clôture le long de la rivière.
Déterminer les dimensions du terrain d'aire maximale que ce paysan peut clôturer avec ses 200 m de grillage.

**63** ABC est un triangle équilatéral de côté $a$.
MNPQ est un rectangle inscrit dans ABC.
On pose MN = $x$.

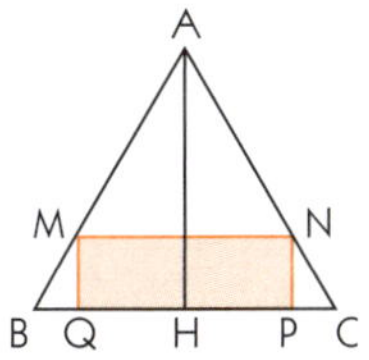


**1.** Calculer l'aire du rectangle MNPQ en fonction de $x$.
**2.** Déterminer la position du point Q pour laquelle l'aire du rectangle est maximale.

**64** Un producteur de jus de fruit envisage de conditionner ses jus dans un récipient en carton obtenu par pliage et assemblage d'une feuille carrée dans laquelle on a découpé deux bandes de même largeur.

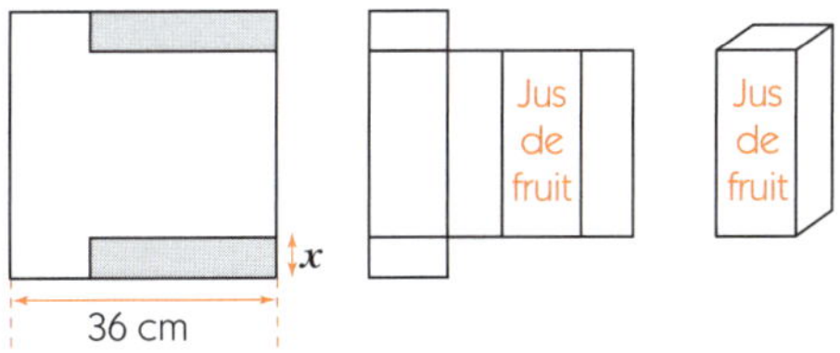

Le côté de la feuille mesure 36 cm et la largeur de la bande découpée est $x$ (en cm).
**1.** Déterminer en fonction de $x$, le volume $V(x)$ d'une brique de jus. Tracer la courbe d'équation $y = V(x)$.
**2.** Pour quelle valeur de $x$, $V(x)$ est-il maximal ?
**3.** Trouver la valeur de $x$, à 0,1 cm près, pour que la contenance d'une brique soit d'un litre.

### *Utilisation des approximations*

**60 Coût Marginal**

**1.** En francs CFA, le coût de fabrication de $n$ objets par une entreprise est : $1\,000 + 100n + 0{,}1n^2$ $[n \in \mathbb{N}^*]$.
Calculer le coût de fabrication de 1 000 objets, de 1 001 objets.
Calculer l'augmentation du coût de fabrication correspondant à la fabrication du 1 001ᵉ objet.
**2.** Dans la pratique, on considère la fonction coût, définie de $\mathbb{R}$ vers $\mathbb{R}$ par :

$$C(x) = 1\,000 + 100x + 0{,}1x^2.$$

Exprimer en fonction de $x$ le coût de fabrication de $(x + 1)$ objets.
Calculer l'augmentation du coût de fabrication correspondant à la fabrication du $(x + 1)^e$ objet.
$C(x + 1) - C(x)$ est appelé le coût marginal au rang $x$.
Déterminer la dérivée C' de C.
**3.** Il est d'usage de prendre $C'(x)$ comme valeur du coût marginal au rang $x$.
Quelle est l'erreur commise ?
À l'aide de C'(1 000), contrôler le résultat obtenu dans la question **1**.

**66 Mécanique Relativiste**

On désigne par $m_0$ la masse d'un corps au repos, $c$ la vitesse de la lumière, $m$ la masse de ce corps à la vitesse $v$.

(1) $$m = \frac{1}{\sqrt{1 - \frac{v^2}{c^2}}}$$

L'énergie cinétique E d'un corps est donnée par :

(2) $$E = (m - m_0)c^2$$

Démontrer que si $\frac{v}{c}$ est suffisamment petit, on a :

(3) $$E \approx \frac{1}{2}mv^2$$

(Poser $\frac{v^2}{c^2} = x$ et utiliser la fonction $f$ ci-dessous pour trouver une approximation de E pour $x$ assez petit.

$$f : x \mapsto \frac{1}{\sqrt{1 - x}} - 1$$

*Les formules (1) et (2) sont utilisées en mécanique relativiste ; la formule (3) est utilisée en mécanique classique. On remarque qu'elle est une approximation de la formule (2).*

**67** Madame Fatima, boulangère, veut construire un four en géobéton, formé d'un cylindre droit d'épaisseur $h$ de hauteur $x$, recouvert d'un cône de revolution de hauteur $\frac{x}{2}$ d'épaisseur $k$, conformément au croquis ci-contre.
Exprimer en fonction de $x$ le volume intérieur $V(x)$ du four.
Exprimer $k$ en fonction de $h$.
Exprimer le volume total $V(x + h)$ du four en fonction de $x$ et de $h$.
Donner en fonction de $h$ une approximation de la quantité de géobéton nécessaire à la construction du four.

**Application numérique**

$x = 1$ (en mètre), $h = 10$ (en cm).
Calculer $k$ et le volume de géobéton nécessaire à la construction du four.

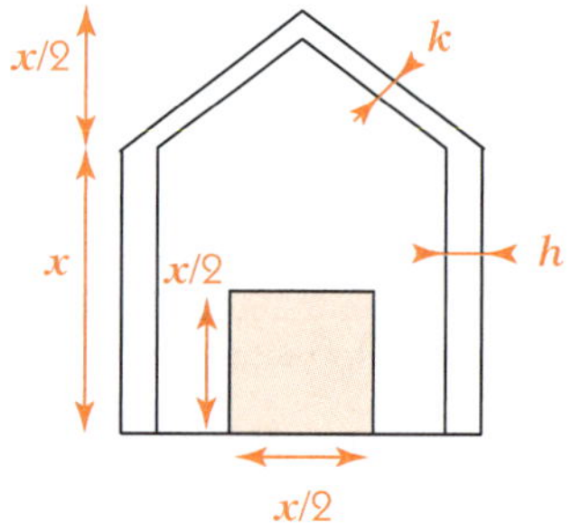

# 7

# Extension de la notion de limite

*L'homme de l'antiquité et du Moyen-Âge qui ne faisait ses observations qu'à l'œil nu ne pouvait imaginer ce que cachent l'infiniment grand et l'infiniment petit !*

© CNRS-LAL

*L'exploration de l'infiniment grand démarre aux environs de 1610 avec GALILÉE qui scrute le ciel à l'aide de lunettes grossissant 30 fois.*
*De nos jours, les astronomes utilisent des télescopes. Le plus puissant est celui de Palomar (USA) qui a permis de repousser l'horizon à un milliard d'années-lumière et révèle un milliard de galaxies !…*
*Le télescope électronique dont on installe un spécimen à Saint Michel de Provins est encore plus puissant.*

*L'exploration de l'infiniment petit démarre vers 1350 avec des bésicles, verres grossissants. Le microscope optique, né au début du XVIIIe siècle, se perfectionne de plus en plus et recule les limites observables de l'infiniment petit. La microphotographie en ultra-violet et le microscope électronique améliorent considérablement cette observation !…*

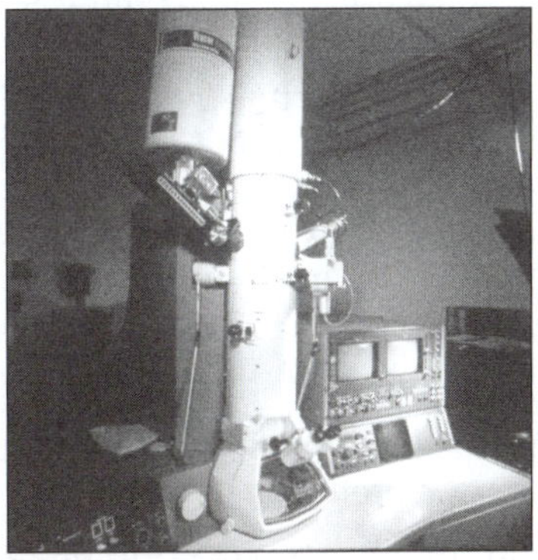

© PUBLIPHOTO-CNRP

## SOMMAIRE

# 1 Limite infinie, limite à l'infini

## 1.1. Limite infinie en $a$ – Notion d'asymptote verticale

### Limite infinie en $a$

**Le plan est muni du repère (O, I, J).**
**On considère la fonction rationnelle $h$ définie par :**

$$h(x) = \frac{1}{(x-2)^2}$$

**de représentation graphique ($\mathscr{C}_h$), d'ensemble de définition $\mathbb{R} \setminus \{2\}$.**
**On veut étudier le comportement de la fonction $h$ pour des nombres réels de plus en plus proches de 2.**

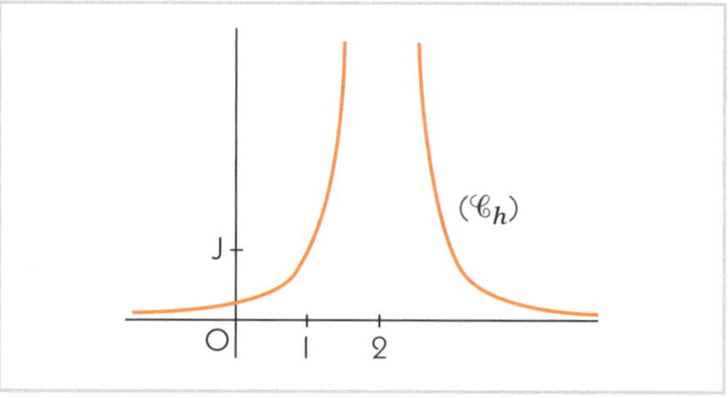


• ***Que deviennent les images h(x) lorsque x prend dans $D_h$ toutes les valeurs suffisamment proches de 2 ?***

*À l'aide de la calculatrice,*
calculer les images par $h$ d'éléments de $D_h$ choisis de plus en plus proches de 2.

*À l'aide du graphique,*
M étant un point de ($\mathscr{C}_h$) et $x$ son abscisse, on peut observer que, lorsque $x$ prend dans $D_h$ toutes les valeurs suffisamment proches de 2,
- le point M se rapproche de la droite d'équation $x = 2$ ;
- l'ordonnée $h(x)$ de ce point M prend des valeurs de plus en plus grandes.

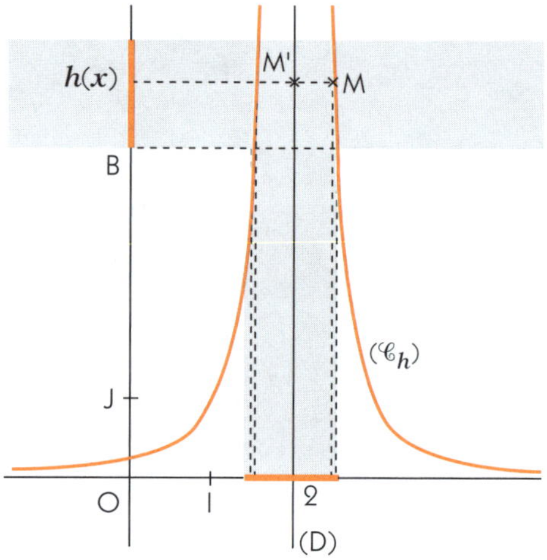


• ***Comment choisir x pour que h(x) appartienne à l'intervalle ]B ; +∞[ , B étant un nombre réel strictement positif, aussi grand que l'on veut ?***

On pourra déterminer graphiquement l'image réciproque de l'intervalle ]B ; +∞[.

• ***Conclusion***

Nous admettons que les images $h(x)$ peuvent être aussi grandes que l'on veut, pourvu que les nombres réels $x$ prennent dans $D_h$ toutes les valeurs suffisamment proches de 2.

On dit que **+ ∞ est la limite de $h(x)$ lorsque $x$ tend vers** 2 ou que **+ ∞ est la limite de $h$ en** 2.

On écrit : $\lim\limits_{x \to 2} \frac{1}{(x-2)^2} = +\infty$

• ***Interprétation graphique***

On considère la droite (D) d'équation : $x = 2$.
M étant un point de ($\mathscr{C}_h$) d'ordonnée $y$, M' le point de (D) d'ordonnée $y$, $|x - 2|$ est la distance entre MM'.

| | | |
|---|---|---|
| $\left[\lim\limits_{x \to 2} h(x) = +\infty\right]$ | *signifie que* (graphiquement) | [($\mathscr{C}_h$) se rapproche de plus en plus de (D), lorsque $h(x)$ devient infini.] |

On dit que la droite (D) est une **asymptote verticale** à la courbe ($\mathscr{C}_h$).

## Limite à gauche, limite à droite infinies

Afin d'étudier la limite infinie en $a$ de certaines fonctions, nous étendrons aux limites infinies, les notions de limite à gauche et de limite à droite en $a$.

### Définitions

**$f$ est une fonction d'ensemble de définition $D_f$, $a$ un nombre réel**

• **Lorsque la restriction de $f$ à $D_f \cap ]-\infty\,;a[$ admet $+\infty$ (resp. $-\infty$) pour limite en $a$, on dit que $+\infty$ (resp. $-\infty$) est la limite à gauche de $f$ en $a$.**
**On écrit : $\lim\limits_{\substack{x \to a \\ <}} f(x) = +\infty$ (resp $\lim\limits_{\substack{x \to a \\ <}} f(x) = -\infty$)**

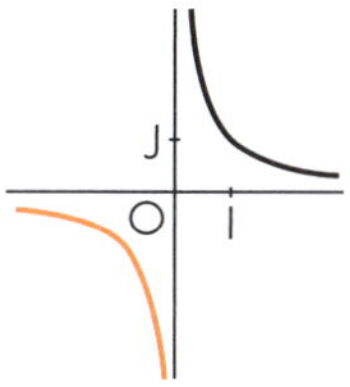


$\lim\limits_{\substack{x \to 0 \\ <}} \frac{1}{x} = -\infty$

• **Lorsque la restriction de $f$ à $D_f \cap ]a\,;+\infty[$ admet $+\infty$ (resp. $-\infty$) pour limite en $a$, on dit que $+\infty$ (resp. $-\infty$) est la limite à droite de $f$ en $a$.**
**On écrit : $\lim\limits_{\substack{x \to a \\ >}} f(x) = +\infty$ (resp $\lim\limits_{\substack{x \to a \\ >}} f(x) = -\infty$)**

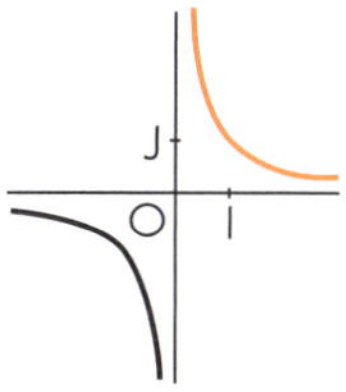


$\lim\limits_{\substack{x \to 0 \\ >}} \frac{1}{x} = +\infty$

### Propriétés

**$f$ est une fonction d'ensemble de définition $D_f$, $a$ un nombre réel n'appartenant pas à $D_f$ (on suppose qu'il existe un intervalle I de centre $a$ tel que $I \setminus \{a\} \subset D_f$). On a :**

$$\lim_{x \to a} f(x) = +\infty \iff \lim_{\substack{x \to a \\ <}} f(x) = \lim_{\substack{x \to a \\ >}} f(x) = +\infty$$

$$\lim_{x \to a} f(x) = -\infty \iff \lim_{\substack{x \to a \\ <}} f(x) = \lim_{\substack{x \to a \\ >}} f(x) = -\infty$$

## Asymptote verticale

### Définition

**Lorsque la fonction $f$ admet une limite infinie en $a$, on dit alors que sa représentation graphique admet une asymptote verticale, la droite d'équation : $x = a$.**

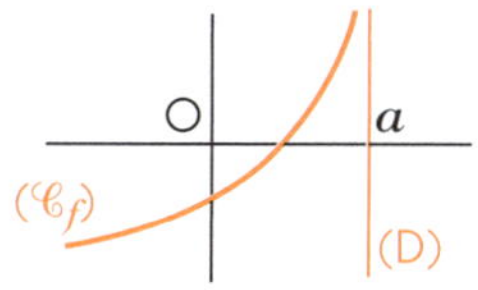


$\lim\limits_{\substack{x \to a \\ <}} f(x) = +\infty$

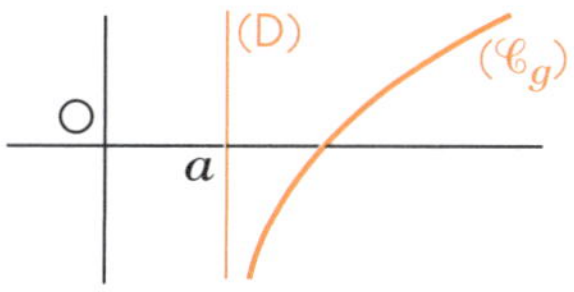


$\lim\limits_{\substack{x \to a \\ >}} f(x) = -\infty$

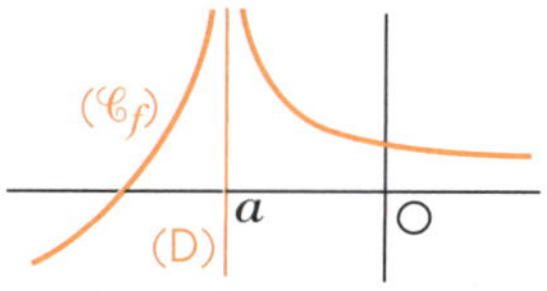


$\lim\limits_{x \to a} f(x) = +\infty$

## 1.2. Limite à l'infini – Notion d'asymptote horizontale

### Limite finie à l'infini

**Le plan est muni du repère (O, I, J).**
**On considère la fonction rationnelle $f$ définie par :**

$$f(x) = \frac{3x^2 - 5x + 1}{x^2 + x + 2}$$

**de représentation graphique ($\mathscr{C}_f$), d'ensemble de définition $\mathbb{R}$.**
**On veut étudier le comportement de la fonction $f$ pour des nombres réels de valeurs absolues de plus en plus grandes.**

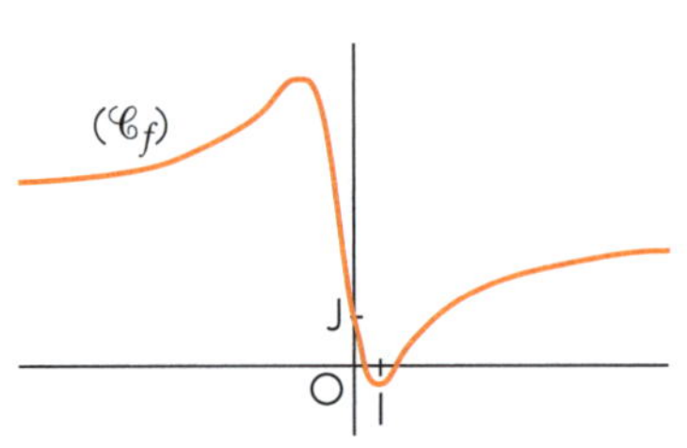


• ***Que deviennent les images f(x) lorsque x prend dans $D_f$ toutes les valeurs suffisamment grandes en valeur absolue ?***

*À l'aide de la calculatrice,*
calculer les images par $f$ d'éléments de $D_f$ ayant des valeurs absolues de plus en plus grandes.
On constate que $f(x)$ prend des valeurs de plus en plus proches d'un nombre réel qu'on désignera par $b$.

*À l'aide du graphique,*
M étant un point de ($\mathscr{C}_f$) et $x$ son abscisse, on peut observer que, lorsque $x$ prend dans $D_f$ toutes les valeurs suffisamment grandes en valeur absolue,
– le point M se rapproche de la droite d'équation $y = b$ ;
– l'ordonnée $f(x)$ de ce point M prend des valeurs de plus en plus proches de $b$.

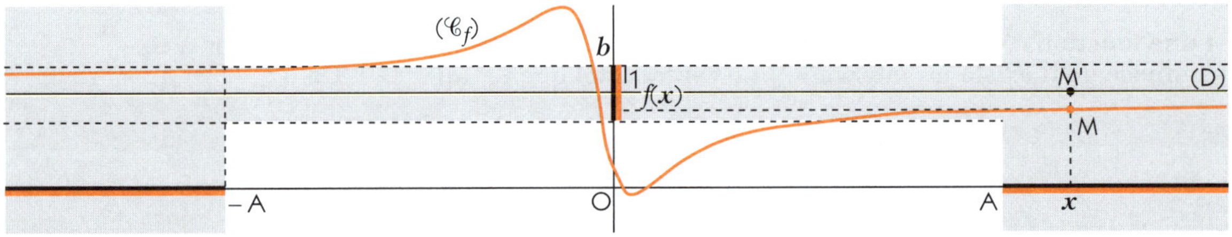


• ***Comment choisir x grand en valeur absolue pour que f(x) appartienne à l'intervalle $I_1$ de centre b et de rayon r, r étant un nombre réel strictement positif, aussi petit que l'on veut ?***
On pourra déterminer graphiquement l'image réciproque de $I_1$ et ne s'intéresser qu'aux intervalles des types $]-\infty\,;-A[$ et $]A\,;+\infty[$.

• ***Conclusion***
Nous admettons que l'on peut approcher le nombre $b$ d'aussi près que l'on veut par des images $f(x)$ pourvu que les nombres réels $x$ prennent dans $D_f$ toutes les valeurs suffisamment grandes en valeurs absolues.

On dit que **le nombre réel $b$ est la limite de $f(x)$ lorsque $x$ tend vers $-\infty$ et vers $+\infty$,**
ou que **le nombre réel $b$ est la limite de $f$ en** $-\infty$ et **en** $+\infty$.

On écrit : $\lim\limits_{x \to -\infty} f(x) = b$ ; $\lim\limits_{x \to +\infty} f(x) = b$

• ***Interprétation graphique***
On considère la droite (D) d'équation : $y = b$.
M étant un point de ($\mathscr{C}_f$) d'abscisse $x$, M' le point de (D) d'abscisse $x$, $|f(x) - b|$ est la distance entre M et M'.

$$\left[\begin{array}{l} \lim\limits_{x \to -\infty} |f(x) - b| = 0 \\ \text{et} \\ \lim\limits_{x \to +\infty} |f(x) - b| = 0 \end{array}\right]$$

*signifie que* (graphiquement)

[($\mathscr{C}_f$) se rapproche de plus en plus de (D), lorsque $x$ tend vers $-\infty$ et vers $+\infty$.]

On dit que la droite (D) est une **asymptote horizontale** à la courbe ($\mathscr{C}_f$) **en** $-\infty$ et **en** $+\infty$.

## Limite infinie à l'infini

**Le plan est muni du repère (O, I, J).**
**On considère la fonction polynôme $g$ définie par :**
**$g(x) = -x^3 + 2x^2 + 5x - 6$**
**de représentation graphique $(\mathscr{C}_g)$, d'ensemble de définition $\mathbb{R}$.**
**On veut étudier le comportement de $g$ pour des nombres réels de valeurs absolues de plus en plus grandes.**

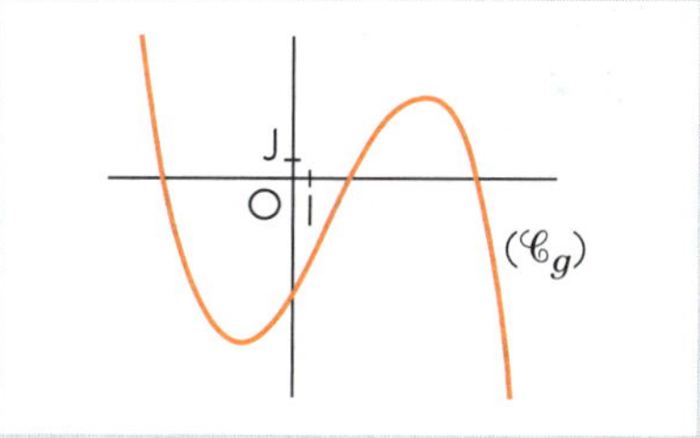


• ***Que deviennent les images $g(x)$ lorsque $x$ prend dans $D_g$ toutes les valeurs suffisamment grandes en valeur absolue ?***

*À l'aide de la calculatrice,*
calculer les images par $g$ d'éléments de $D_g$ ayant des valeurs absolues de plus en plus grandes.

*À l'aide du graphique,*
M étant un point de $(\mathscr{C}_g)$ et $x$ son abscisse, on peut observer que, lorsque $x$ prend dans $D_g$ toutes les valeurs suffisamment grandes en valeur absolue, le point M a son ordonnée $g(x)$ qui prend des valeurs de plus en plus grandes en valeur absolue.

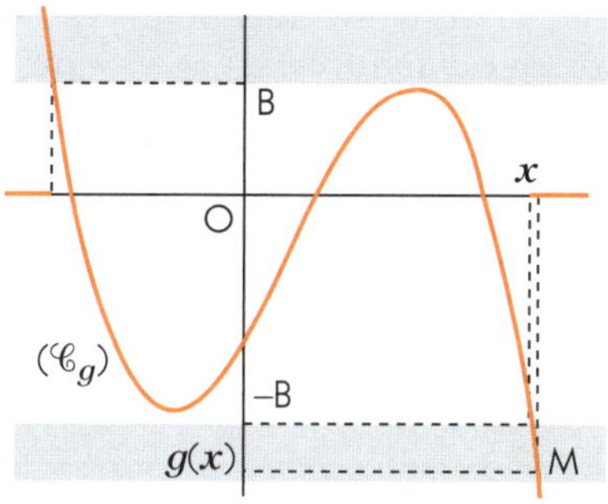


• ***Comment choisir $x$ grand en valeur absolue pour que $g(x)$ appartienne à l'intervalle $]B\,;+\infty[$ (resp. $]-\infty\,;-B[$), B étant un nombre réel strictement positif, aussi grand que l'on veut ?***
On pourra déterminer graphiquement l'image réciproque de $]B\,;+\infty[$ ainsi que celle de $]-\infty\,;-B[$.

• ***Conclusion***
Nous admettons que :
– les images $g(x)$ positives sont aussi grandes que l'on veut pourvu que les nombres réels $x$ soient négatifs et prennent dans $D_g$ toutes les valeurs suffisamment grandes en valeurs absolues.
– les images $g(x)$ négatives sont aussi grandes que l'on veut en valeur absolue pourvu que les nombres réels $x$ prennent dans $D_g$ toutes les valeurs suffisamment grandes.
On dit que :

**$+\infty$ est la limite de $g(x)$ lorsque $x$ tend vers $-\infty$** ou que **$+\infty$ est la limite de $g$ en $-\infty$.**

**$-\infty$ est la limite de $g(x)$ lorsque $x$ tend vers $+\infty$** ou que **$-\infty$ est la limite de $g$ en $+\infty$.**

On écrit : $\lim\limits_{x \to -\infty} g(x) = +\infty$ ; $\lim\limits_{x \to +\infty} g(x) = -\infty$

## Limite à l'infini des fonctions élémentaires

*On admet les résultats suivants illustrés par les graphiques ci-dessous.*

| | | | |
|---|---|---|---|
| 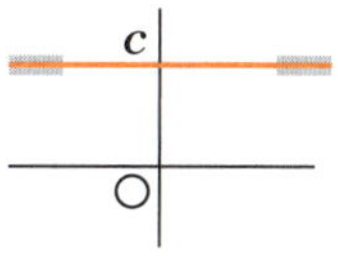 | 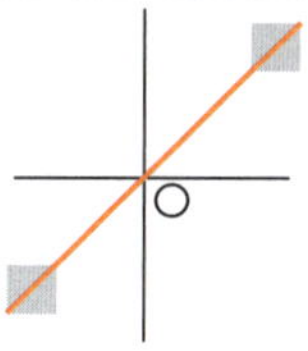 | 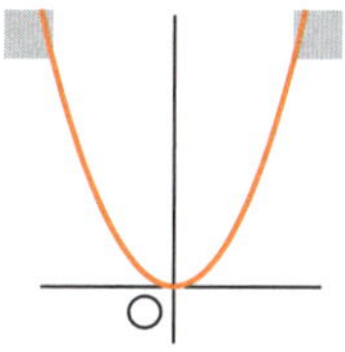 | 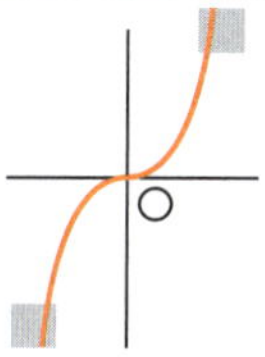 |
| $\lim\limits_{x \to -\infty} c = c$ ; $\lim\limits_{x \to +\infty} c = c$ | $\lim\limits_{x \to -\infty} x = -\infty$ ; $\lim\limits_{x \to +\infty} x = +\infty$ | $\lim\limits_{x \to -\infty} x^2 = +\infty$ ; $\lim\limits_{x \to +\infty} x^2 = +\infty$ | $\lim\limits_{x \to -\infty} x^3 = -\infty$ ; $\lim\limits_{x \to +\infty} x^3 = +\infty$ |
| 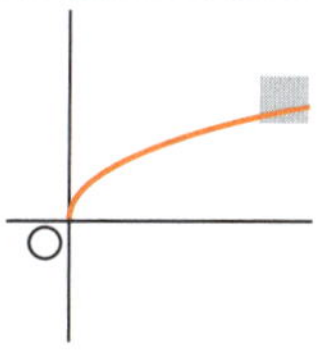 | 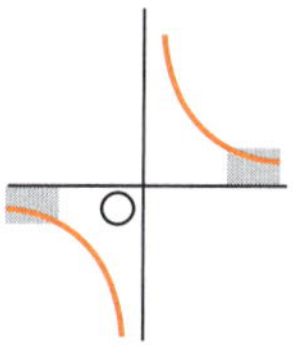 | 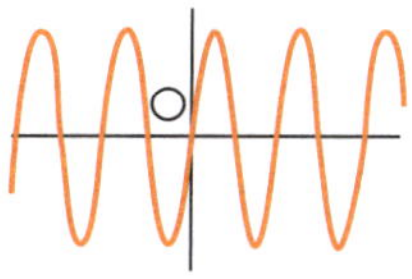 | 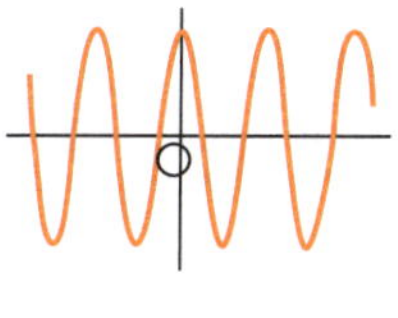 |
| $\lim\limits_{x \to +\infty} \sqrt{x} = +\infty$ | $\lim\limits_{x \to -\infty} \frac{1}{x} = 0$ ; $\lim\limits_{x \to +\infty} \frac{1}{x} = 0$ | les fonctions sinus et cosinus n'admettent pas de limite à l'infini. | |

# 2 Calcul de limites

## 2.1. Limites et opérations

### Propriétés

**Limite et somme de fonctions**

*On démontre et nous admettons les résultats résumés dans le tableau ci-dessous :*

$f$ et $g$ sont des fonctions numériques, $a$, $\ell$ et $\ell'$ des nombres réels.
Lorsque $x$ tend vers $+\infty$, $-\infty$ ou $a$,

| si $f$ a pour limite | et si $g$ a pour limite | alors $(f+g)$ a pour limite |
|---|---|---|
| $+\infty$ | $+\infty$ | $+\infty$ |
| $+\infty$ | $\ell$ | $+\infty$ |
| $\ell$ | $\ell'$ | $\ell+\ell'$ |
| $-\infty$ | $\ell$ | $-\infty$ |
| $-\infty$ | $-\infty$ | $-\infty$ |

**Exemples**

1) $\lim\limits_{x \to +\infty} x^2 + x = +\infty$,

car : $\lim\limits_{x \to +\infty} x^2 = +\infty$ et $\lim\limits_{x \to +\infty} x = +\infty$.

2) $\lim\limits_{x \to -\infty} x^3 + x = -\infty$,

car : $\lim\limits_{x \to -\infty} x^3 = -\infty$ et $\lim\limits_{x \to -\infty} x = -\infty$.

3) $\lim\limits_{x \to +\infty} x^2 + \frac{1}{x} = +\infty$,

car : $\lim\limits_{x \to +\infty} x^2 = +\infty$ et $\lim\limits_{x \to +\infty} \frac{1}{x} = 0$.

**Limite et produit de fonctions**

*On démontre et nous admettons les résultats résumés dans le tableau ci-dessous :*

$f$ et $g$ sont des fonctions numériques, $a$, $\ell$ et $\ell'$ des nombres réels.
Lorsque $x$ tend vers $a$, $+\infty$ ou $-\infty$,

| si $f$ a pour limite | et si $g$ a pour limite | alors $fg$ a pour limite |
|---|---|---|
| $+\infty$ | $+\infty$ | $+\infty$ |
| $+\infty$ | $\ell$ ; $\ell > 0$ | $+\infty$ |
| $+\infty$ | $\ell$ ; $\ell < 0$ | $-\infty$ |
| $+\infty$ | $-\infty$ | $-\infty$ |
| $\ell$ | $\ell'$ | $\ell \times \ell'$ |
| $-\infty$ | $+\infty$ | $-\infty$ |
| $-\infty$ | $\ell$ ; $\ell > 0$ | $-\infty$ |
| $-\infty$ | $\ell$ ; $\ell < 0$ | $+\infty$ |
| $-\infty$ | $-\infty$ | $+\infty$ |

**Exemples**

1) $\lim\limits_{x \to +\infty} x^2 \sqrt{x} = +\infty$,

car : $\lim\limits_{x \to +\infty} x^2 = +\infty$ et $\lim\limits_{x \to +\infty} \sqrt{x} = +\infty$.

2) $\lim\limits_{x \to -\infty} -5x^3 = +\infty$,

car : $\lim\limits_{x \to -\infty} x^3 = -\infty$ et $\lim\limits_{x \to -\infty} -5 = -5$.

3) $\lim\limits_{x \to -\infty} x^5 = -\infty$,

car : $\lim\limits_{x \to -\infty} x^2 = +\infty$ et $\lim\limits_{x \to -\infty} x^3 = -\infty$.

**Remarque**

*$k$ désignant un nombre réel non nul et $f$ une fonction, pour calculer la limite de la fonction $kf$, il suffit de considérer que cette fonction $kf$ est obtenue comme produit de $f$ par la fonction constante $x \mapsto k$.*

**Limite et inverse d'une fonction**

*On démontre et nous admettons les résultats résumés dans le tableau ci-dessous :*

$g$ est une fonction numérique, $\ell$ et $a$ des nombres réels.
Lorsque $x$ tend vers $a$, $+\infty$ ou $-\infty$,

| si $g$ a pour limite | alors $\frac{1}{g}$ a pour limite |
|---|---|
| $+\infty$ | $0$ |
| $\ell$ ; $\ell \neq 0$ | $\frac{1}{\ell}$ |
| $-\infty$ | $0$ |

**Exemples**

1) $\lim\limits_{x \to +\infty} \frac{1}{x^2} = 0$ car $\lim\limits_{x \to +\infty} x^2 = +\infty$

$\lim\limits_{x \to -\infty} \frac{1}{x^3} = 0$ car $\lim\limits_{x \to -\infty} x^3 = -\infty$.

## 2.2. Calculs de limites d'une somme et d'un produit

Dans les exemples précédents, nous avons utilisé directement les propriétés des limites et opérations. Ces propriétés ne nous permettent pas de calculer la limite

– de la somme de deux fonctions dont l'une a pour limite $+\infty$ et l'autre $-\infty$ ;

– du produit de deux fonctions dont l'une a pour limite $+\infty$ ou $-\infty$ et l'autre 0.

Examinons ces cas.

### Somme de deux fonctions

**Dans chacun des cas ci-dessous, on considère les fonctions $f$ et $g$ définies par leur formule explicite. Calculons la limite en $+\infty$ de leur somme $f+g$.**

| $f(x) = x^2 + x$ ; $g(x) = -x^2$ | $f(x) = x^2 + 2$ ; $g(x) = -x^2$ | $f(x) = x^2$ ; $g(x) = -x^3 - x^2$ |
|---|---|---|
| On a : $(f+g)(x) = x$ | On a : $(f+g)(x) = 2$ | On a : $(f+g)(x) = -x^3$ |
| et $\lim\limits_{x \to +\infty} (f+g)(x) = +\infty$ | et $\lim\limits_{x \to +\infty} (f+g)(x) = 2$ | et $\lim\limits_{x \to +\infty} (f+g)(x) = -\infty$ |

On peut remarquer que dans chacun des cas on a : $\lim\limits_{x \to +\infty} f(x) = +\infty$ et $\lim\limits_{x \to +\infty} g(x) = -\infty$.

Cependant, la limite en $+\infty$ de la somme $f+g$ n'est pas la même.

### Produit de deux fonctions

**Dans chacun des cas ci-dessous, on considère les fonctions $f$ et $g$ définies par leur formule explicite. Calculons la limite en $+\infty$ de leur produit $f\,g$.**

| $f(x) = x^2$ ; $g(x) = \frac{1}{x}$ | $f(x) = 2x^2$ ; $g(x) = \frac{1}{x^2}$ | $f(x) = 3x^2$ ; $g(x) = \frac{1}{x^3}$ |
|---|---|---|
| On a : $f\,g(x) = x$ | On a : $f\,g(x) = 2$ | On a : $f\,g(x) = \frac{3}{x}$ |
| et $\lim\limits_{x \to +\infty} f\,g(x) = +\infty$ | et $\lim\limits_{x \to +\infty} f\,g(x) = 2$ | et $\lim\limits_{x \to +\infty} f\,g(x) = 0$ |

On peut remarquer que dans chacun des cas on a : $\lim\limits_{x \to +\infty} f(x) = +\infty$ et $\lim\limits_{x \to +\infty} g(x) = 0$.

Cependant, la limite en $+\infty$ du produit $f\,g$ n'est pas la même.

### Remarque

*– Pour calculer la limite d'une somme de deux fonctions, lorsque l'une des fonctions a pour limite $+\infty$ et l'autre $-\infty$, on ne peut utiliser aucune des propriétés de : LIMITE ET SOMME DE FONCTIONS.*
*On calculera alors la limite en choisissant l'écriture adaptée de $(f+g)(x)$ qui permettra le calcul de cette limite.*

*– Pour calculer la limite d'un produit de deux fonctions, lorsque l'une des fonctions a pour limite $+\infty$ et l'autre 0, on ne peut utiliser aucune des propriétés de : LIMITE ET PRODUIT DE FONCTIONS.*
*On calculera alors la limite en choisissant l'écriture adaptée de $f\,g(x)$ qui permettra le calcul de cette limite.*

## Exercices

**3.a** Calculer les limites en $+\infty$ et en $-\infty$ des fonctions monômes définies par :

$f(x) = -3x^2$ ; $g(x) = 5x^3$ ; $h(x) = -2x^3$ ;

$k(x) = 7x^4$ ; $l(x) = -\frac{2}{3}x^4$ ; $m(x) = 2x^5$.

**3.b** Calculer les limites en $+\infty$ et en $-\infty$ des fonctions définies par :

$l(x) = \frac{1}{-5x}$ ; $m(x) = \frac{1}{3x^2}$ ; $n(x) = \frac{1}{-2x^3}$ ;

$p(x) = \frac{2}{x^4}$ ; $q(x) = -\frac{3}{5x^4}$ ; $r(x) = -\frac{5}{3x^5}$.

## 2.3. Limite en $a$ d'une fonction rationnelle non définie en $a$

– Il s'agit d'étudier la limite en $a$ d'une fonction rationnelle $\frac{p}{q}$, d'ensemble de définition D, $p$ et $q$ étant des fonctions polynômes telles que : $p(a) \neq 0$ et $q(a) = 0$.

• Vérifier que : pour tout $x$ élément de D, $\frac{p}{q}(x) = \frac{1}{(x-a)^n} \times r(x) \quad [n \in \mathbb{N}^*]$ ;

$r$ étant une fonction rationnelle définie en $a$. On a : $\lim\limits_{x \to a} r(x) = r(a)$ et $r(a) \neq 0$.

### Limite des fonctions : $x \mapsto \frac{1}{(x-a)^n}$ $[a \in \mathbb{R}, n \in \mathbb{N}^*]$

**Étude d'un exemple**

**On considère la fonction rationnelle $f$ définie par :**

$$f(x) = \frac{1}{x-2},$$

**d'ensemble de définition $\mathbb{R} \setminus \{2\}$ et de représentation graphique $(\mathscr{C}_f)$.**
**On veut étudier le comportement de $f$ pour des nombres de plus en plus proches de 2.**

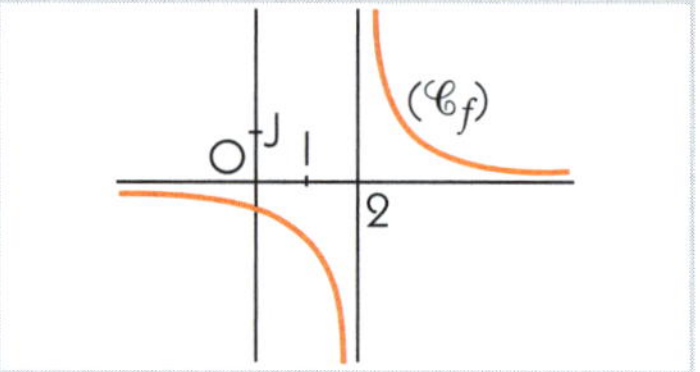


À l'aide de la représentation graphique de $f$, on peut observer que $f$ n'a pas de limite lorsque $x$ tend vers 2. Toutefois, la restriction de $f$ à $]-\infty ; 2[$ tend vers $-\infty$ lorsque $x$ tend vers 2 et la restriction à $]2 ; +\infty[$ tend vers $+\infty$ lorsque $x$ tend vers 2.

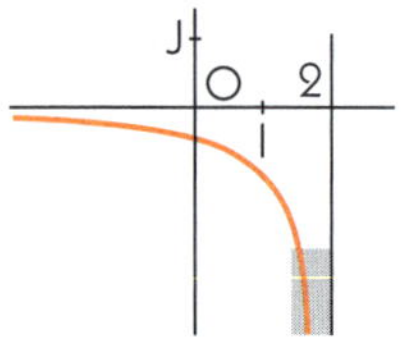


$$\lim_{\substack{x \to 2 \\ <}} \frac{1}{x-2} = -\infty$$

$$\lim_{\substack{x \to 2 \\ >}} \frac{1}{x-2} = +\infty$$

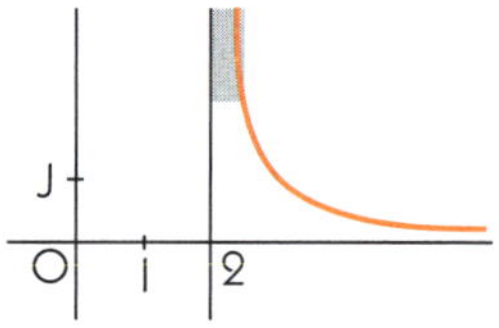


Par ailleurs, on a vu dans l'activité introductive du paragraphe 1.1 que : $\lim\limits_{x \to 2} \frac{1}{(x-2)^2} = +\infty$

**Plus généralement,**

- lorsque $n$ est un nombre entier naturel **pair**, on peut remarquer que les fonctions du type $x \mapsto \frac{1}{(x-a)^n}$,
  - sont positives sur leur ensemble de définition $\mathbb{R} \setminus \{a\}$.
  - ont $+\infty$ pour limite à gauche et pour limite à droite lorsque $x$ tend vers $a$ ; leur limite en $a$ est donc $+\infty$.
- lorsque $n$ est un nombre entier naturel **impair**, on peut remarquer que les fonctions du type $x \mapsto \frac{1}{(x-a)^n}$,
  - changent de signe en $a$ : elles sont négatives sur $]-\infty ; a[$ et positives sur $]a ; +\infty[$.
  - ont pour limite à gauche $-\infty$ et pour limite à droite $+\infty$ lorsque $x$ tend vers $a$.

*On démontre et nous admettons les propriétés suivantes :*

**Propriétés**

**Pour tout nombre réel $a$ et pour tout nombre entier naturel $n$ différent de 0,**

**si $n$ est pair** $\lim\limits_{x \to a} \frac{1}{(x-a)^n} = +\infty$ ;

**si $n$ est impair** $\lim\limits_{\substack{x \to a \\ <}} \frac{1}{(x-a)^n} = -\infty$ **et** $\lim\limits_{\substack{x \to a \\ >}} \frac{1}{(x-a)^n} = +\infty$.

**Remarque**

| $x$ | | $a$ | |
|---|---|---|---|
| $x - a$ | $-$ | 0 | $+$ |

*Le tableau des signes de $x - a$ confirme le signe de la limite à gauche en $a$ et de la limite à droite en $a$ de la fonction $x \mapsto \frac{1}{x-a}$*

$$\lim_{\substack{x \to a \\ <}} \frac{1}{x-a} = -\infty \quad ; \quad \lim_{\substack{x \to a \\ >}} \frac{1}{x-a} = +\infty$$

## Exemples

**Étude de la limite en 2 des fonctions rationnelles $f$ et $g$ définies par : $f(x) = \dfrac{2x+3}{x-2}$ ; $g(x) = \dfrac{x-7}{x-2}$**

$$f(x) = \frac{2x+3}{x-2} = (2x+3)\,\frac{1}{x-2}$$

On a : $\lim\limits_{\substack{x \to 2 \\ <}} \dfrac{1}{x-2} = -\infty$ ; $\lim\limits_{\substack{x \to 2 \\ >}} \dfrac{1}{x-2} = +\infty$

$\lim\limits_{x \to 2} (2x+3) = 7$

Donc : $\lim\limits_{\substack{x \to 2 \\ <}} \dfrac{2x+3}{x-2} = -\infty$ ; $\lim\limits_{\substack{x \to 2 \\ <}} \dfrac{2x+3}{x-2} = +\infty$

$$g(x) = \frac{x-7}{x-2} = (x-7)\,\frac{1}{x-2}$$

On a : $\lim\limits_{\substack{x \to 2 \\ <}} \dfrac{1}{x-2} = -\infty$ ; $\lim\limits_{\substack{x \to 2 \\ >}} \dfrac{1}{x-2} = +\infty$

$\lim\limits_{x \to 2} (x-7) = -5$

Donc : $\lim\limits_{\substack{x \to 2 \\ <}} \dfrac{x-7}{x-2} = +\infty$ ; $\lim\limits_{\substack{x \to 2 \\ >}} \dfrac{x-7}{x-2} = -\infty$

Les fonctions $f$ et $g$ n'ont pas de limite en 2.

**Étude de la limite en 1 de la fonction rationnelle $f$ définie par : $f(x) = \dfrac{3x-8}{(x-1)^2}$**

$$f(x) = \frac{3x-8}{(x-1)^2} = (3x-8)\,\frac{1}{(x-1)^2}$$

On a : $\lim\limits_{x \to 1} \dfrac{1}{(x-1)^2} = +\infty$ et $\lim\limits_{x \to 1} (3x-8) = -5$ ; donc : $\lim\limits_{x \to 1} \dfrac{3x-8}{(x-1)^2} = -\infty$

**Étude de la limite en – 4 de la fonction rationnelle $f$ définie par : $f(x) = \dfrac{x^2-5x+6}{x^2+3x-4}$**

$$f(x) = \frac{(3x-8)(x-3)}{(x-1)(x+4)} = \frac{1}{x+4}\,\frac{(x-2)(x-3)}{x-1}$$

On a : $\lim\limits_{\substack{x \to -4 \\ <}} \dfrac{1}{x+4} = -\infty$ et $\lim\limits_{x \to -4} \dfrac{(x-2)(x-3)}{x-1} = -5$ ; donc : $\lim\limits_{\substack{x \to -4 \\ <}} f(x) = -\infty$

On a : $\lim\limits_{\substack{x \to -4 \\ >}} \dfrac{1}{x+4} = +\infty$ et $\lim\limits_{x \to -4} \dfrac{(x-2)(x-3)}{x-1} = \dfrac{2}{3}$ ; donc : $\lim\limits_{\substack{x \to -4 \\ >}} f(x) = +\infty$

**M**

***Pour calculer la limite en $a$ de la fonction rationnelle $\dfrac{p}{q}$,***
***$p$ et $q$ étant des fonctions polynômes telles que : $p(a) \neq 0$ et $q(a) = 0$,***
**on peut procéder comme suit :**

- **écrire $\dfrac{p}{q}(x)$ sous la forme $\dfrac{1}{(x-a)^n}\,r(x)$ [$n \in \mathbb{N}^*$], $r$ étant une fonction rationnelle définie en $a$ ;**
- **étudier les limites en $a$ de chacune des fonctions $\dfrac{1}{(x-a)^n}$ et $r(x)$ ;**
- **appliquer les propriétés « limite et produit de fonctions » et conclure.**

# Exercices

**1.a** Quelle est la limite en 0 de chacune des fonctions suivantes :

$x \mapsto \dfrac{1}{x^4}$ ; $x \mapsto \dfrac{1}{x^5}$ ; $x \mapsto \dfrac{1}{x^n}$ [$n \in \mathbb{N}^*$] ;

$x \mapsto \dfrac{2x-1}{x^2}$ ; $x \mapsto \dfrac{x+1}{x^3}$.

**1.b** Étudier la limite en – 7 de chacune des fonctions suivantes :

$x \mapsto \dfrac{1}{x+7}$ ; $x \mapsto \dfrac{1}{(x+7)^2}$ ;

$x \mapsto \dfrac{x-1}{(x+7)^3}$ ; $x \mapsto \dfrac{2x+13}{(x+7)^6}$.

## 2.4. Limites à l'infini des fonctions polynômes et rationnelles

### Limite à l'infini de $x \mapsto x^n$ et de $x \mapsto \frac{1}{x^n}$

– On sait que : $\lim\limits_{x \to -\infty} x = -\infty$ ; $\lim\limits_{x \to +\infty} x = +\infty$,

– Les propriétés sur la limite du produit de fonctions permettent d'obtenir les résultats suivants :

$$\lim_{x \to -\infty} x^2 = (\lim_{x \to -\infty} x)\ (\lim_{x \to -\infty} x) = +\infty \quad ; \quad \lim_{x \to +\infty} x^2 = (\lim_{x \to +\infty} x)\ (\lim_{x \to +\infty} x) = +\infty$$

$$\lim_{x \to -\infty} x^3 = (\lim_{x \to -\infty} x^2)\ (\lim_{x \to -\infty} x) = -\infty \quad ; \quad \lim_{x \to +\infty} x^3 = (\lim_{x \to +\infty} x^2)\ (\lim_{x \to +\infty} x) = +\infty$$

*On démontre les propriétés suivantes :*

**Propriétés**

**– Pour tout nombre entier naturel $n$ différent de 0**

$$\lim_{x \to -\infty} x^n = \begin{cases} +\infty, & \text{si } n \text{ est pair} \\ -\infty, & \text{si } n \text{ est impair} \end{cases} \quad ; \quad \lim_{x \to +\infty} x^n = +\infty$$

**– Pour tout nombre entier naturel $n$ différent de 0**

$$\lim_{x \to +\infty} \frac{1}{x^n} = 0 \quad ; \quad \lim_{x \to -\infty} \frac{1}{x^n} = 0$$

### Limite à l'infini d'une fonction polynôme

**Exemple introductif**

**Calculons la limite en $-\infty$ et en $+\infty$ de la fonction polynôme $f$ définie par : $f(x) = 3x^2 - 5x + 2$.**

• Pour calculer la limite en $-\infty$ de cette fonction, on peut utiliser les propriétés de la limite d'une somme mais pas pour calculer la limite en $+\infty$, car :

$$\lim_{x \to +\infty} (3x^2) = +\infty \quad \text{et} \quad \lim_{x \to +\infty} (-5x + 2) = -\infty.$$

• Transformons l'écriture de $f(x)$ afin d'exprimer $f$ comme le produit de deux fonctions dont l'une a une limite finie différente de zéro et l'autre une limite infinie.

pour tout nombre réel $x$ différent de 0, $f(x) = 3x^2\ (1 - \frac{5}{3x} + \frac{2}{3x^2})$.

Or : $\lim\limits_{x \to +\infty} (3x^2) = +\infty$ et $\lim\limits_{x \to +\infty} (1 - \frac{5}{3x} + \frac{2}{3x^2}) = 1$.

Donc : $\lim\limits_{x \to +\infty} f(x) = \lim\limits_{x \to +\infty} (3x^2) = +\infty$.

En utilisant cette même écriture, on obtient : $\lim\limits_{x \to -\infty} f(x) = \lim\limits_{x \to -\infty} (3x^2) = +\infty$.

*Plus généralement, on peut démontrer la propriété suivante :*

**Propriété**

**La limite à l'infini d'une fonction polynôme $f$ est la limite de la fonction monôme définie par le terme de plus haut degré de $f(x)$.**

$$\lim_{x \to +\infty} (a_n x^n + a_{n-1} x^{n-1} + .... + a_1 x + a_0) = \lim_{x \to +\infty} (a_n x^n)$$

$$\lim_{x \to -\infty} (a_n x^n + a_{n-1} x^{n-1} + .... + a_1 x + a_0) = \lim_{x \to -\infty} (a_n x^n)$$

**Exemple**

**Calculons la limite en $-\infty$ et $+\infty$ de la fonction polynôme $g$ définie par : $g(x) = -5x^3 + 7x^2 - 1$.**

$$\lim_{x \to -\infty} (-5x^3 + 7x^2 - 1) = \lim_{x \to -\infty} (-5x^3) = +\infty \quad ; \quad \lim_{x \to +\infty} (-5x^3 + 7x^2 - 1) = \lim_{x \to +\infty} (-5x^3) = -\infty.$$

## Limite à l'infini d'une fonction rationnelle

### Exemple introductif

**Calculons la limite en $-\infty$ et en $+\infty$ de la fonction polynôme $f$ définie par : $f(x) = \dfrac{3x^3 - 2x^2 - 1}{x - 1}$.**

• Pour calculer la limite en $+\infty$ ou en $-\infty$ de cette fonction, on ne peut pas utiliser les propriétés de la limite d'un produit de fonctions car :

$$\lim_{x \to +\infty} (3x^3 - 2x^2 - 1) = +\infty \quad \text{et} \quad \lim_{x \to +\infty} \frac{1}{x - 1} = 0$$

• Transformons l'écriture de $f(x)$ afin d'exprimer $f$ comme le produit de deux fonctions dont l'une a une limite finie non nulle et l'autre une limite infinie.

Pour tout nombre réel $x$ différent de 0, $f(x) = \dfrac{3x^3\left(1 - \dfrac{2}{3x^2} - \dfrac{1}{3x^3}\right)}{x\left(1 - \dfrac{1}{x}\right)} = \dfrac{3x^3}{x} \times \dfrac{1 - \dfrac{2}{3x^2} - \dfrac{1}{3x^3}}{1 - \dfrac{1}{x}}$.

Or : $\displaystyle\lim_{x \to +\infty} \frac{1 - \frac{2}{3x^2} - \frac{1}{3x^3}}{1 - \frac{1}{x}} = 1$ et $\displaystyle\lim_{x \to +\infty} \frac{3x^3}{x} = \lim_{x \to +\infty} 3x^2 = +\infty$.

Donc : $\displaystyle\lim_{x \to +\infty} f(x) = \lim_{x \to +\infty} \frac{3x^3}{x} = \lim_{x \to +\infty} 3x^2 = +\infty$.

En utilisant cette même écriture, on obtient : $\displaystyle\lim_{x \to -\infty} f(x) = \lim_{x \to -\infty} \frac{3x^3}{x} = \lim_{x \to -\infty} 3x^2 = +\infty$.

*Plus généralement, on peut démontrer la propriété suivante :*

### Propriété

**La limite à l'infini d'une fonction rationnelle $\dfrac{p}{q}$ est la limite à l'infini de la fonction rationnelle définie par le quotient des monômes de plus haut degré de $p(x)$ et de $q(x)$.**

$$\lim_{x \to -\infty} \frac{a_n x^n + a_{n-1} x^{n-1} + \dots + a_1 x + a_0}{b_p x^p + b_{p-1} x^{p-1} + \dots + b_1 x + b_0} = \lim_{x \to -\infty} \frac{a_n x^n}{b_p x^p}$$

$$\lim_{x \to +\infty} \frac{a_n x^n + a_{n-1} x^{n-1} + \dots + a_1 x + a_0}{b_p x^p + b_{p-1} x^{p-1} + \dots + b_1 x + b_0} = \lim_{x \to +\infty} \frac{a_n x^n}{b_p x^p}$$

### Exemple

**Calculons les limites en $+\infty$ et en $-\infty$ de chacune des fonctions rationnelles $f$, $g$, $h$ définies par :**

**$f(x) = \dfrac{2x^3 + 1}{x^3 + x^2 + 5}$ ; $g(x) = \dfrac{5x^4 + x + 3}{-x + 1}$ ; $h(x) = \dfrac{x + 1}{2x^3 + 7}$.**

$\displaystyle\lim_{x \to -\infty} f(x) = \lim_{x \to -\infty} \frac{2x^3}{x^3} = \lim_{x \to -\infty} 2 = 2$ ; $\displaystyle\lim_{x \to +\infty} f(x) = \lim_{x \to +\infty} \frac{2x^3}{x^3} = \lim_{x \to +\infty} 2 = 2$.

$\displaystyle\lim_{x \to -\infty} g(x) = \lim_{x \to -\infty} \frac{5x^4}{-x} = \lim_{x \to -\infty} (-5x^3) = +\infty$ ; $\displaystyle\lim_{x \to +\infty} g(x) = \lim_{x \to +\infty} \frac{5x^4}{-x} = \lim_{x \to +\infty} (-5x^3) = -\infty$.

$\displaystyle\lim_{x \to -\infty} h(x) = \lim_{x \to -\infty} \frac{x}{2x^3} = \lim_{x \to -\infty} \frac{1}{2x^2} = 0$ ; $\displaystyle\lim_{x \to +\infty} h(x) = \lim_{x \to +\infty} \frac{x}{2x^3} = \lim_{x \to +\infty} \frac{1}{2x^2} = 0$.

## Exercices

**3.c** Calculer les limites en $+\infty$ et en $-\infty$ des fonctions polynômes définies par :

$m(x) = -2x^2 + 5x - 1$ ; $n(x) = 2x^3 - 7x^2 + 3$ ;

$p(x) = -3x^3 + 6x^2 - 5x + 1$ ; $q(x) = x^4 - 3x^2 - 2$.

**3.d** Calculer les limites en $+\infty$ et en $-\infty$ des fonctions rationnelles définies par :

$f(x) = \dfrac{3}{2x - 1}$ ; $g(x) = \dfrac{-1}{1 - 2x}$

$h(x) = \dfrac{3x + 2}{5x - 1}$ ; $j(x) = \dfrac{3x^2 - 5x + 1}{2x + 3}$

**Information historique**

## Intrusion de la notion de limite dans la Mathématique grecque

C'est par le biais de la découverte des grandeurs incommensurables que l'infini fait irruption dans la Mathématique grecque. Deux conceptions de la limite s'opposaient :

- la **conception continuiste** imaginait le nombre, l'espace et la matière comme divisibles à l'infini ;
- la **conception atomiste** supposait l'existence d'éléments premiers indivisibles.

ZÉNON, philosophe grec d'Élée (environ – 480), tenta par ses célèbres paradoxes d'établir que ces deux hypothèses aboutissent à une impasse.

*Le paradoxe d' « Achille et la tortue » s'oppose à la divisibilité infinie de l'espace et du temps*

**Description du paradoxe**

Pendant qu'Achille parcourt la distance qui le sépare de la tortue, cette dernière avance encore, et ainsi de suite…, la tortue gardant son avance. Achille ne pourra donc jamais rattraper la tortue !…

**Arguments dans la dichotomie**

Avant de parcourir une distance entière, un point mobile doit d'abord couvrir la moitié de cette distance, puis la moitié de cette moitié, et ainsi de suite jusqu'à l'infini !…

*Le paradoxe de « la flèche » suppose que l'espace et le temps sont composés de parties indivisibles : les « points » et les « instants »*

**Description du paradoxe**

À un instant de son vol, une flèche occupe un « point » de l'espace et y est au repos. Cela étant vrai à chaque instant de son vol, la flèche ne peut pas être en mouvement !…

**Arguments dans la vitesse instantanée**

Quelle valeur attribuer au rapport $\frac{\Delta x}{\Delta t}$ ($\Delta x$ étant la distance parcourue et $\Delta t$ l'intervalle de temps), lorsque $\Delta t$ devient très petit ?

– Les anciens, incapables d'imaginer $\Delta t$ très petit sans être nul, lui donne la valeur 0, d'où blocage !

– Aujourd'hui nous savons que la **vitesse instantanée** $v(t)$ est la limite de $\frac{\Delta x}{\Delta t}$ lorsque $\Delta t$ tend vers 0.

## Méthode infinitésimale d'ARCHIMÈDE et Analyse algébrique

ARCHIMÈDE (– 287, – 212), dans la quadrature du segment de parabole, adopte une démarche présentant une investigation infinitésimale (c'est-à-dire qui concerne des quantités aussi petites que l'on veut). Dans son étude, on ne peut donc pas nier une idée de limite même si celle-ci n'est pas explicite.
La méthode infinitésimale d'ARCHIMÈDE est reprise par les Arabes. Le goût des mathématiciens pour les considérations infinitésimales se développe peu à peu à partir du modèle d'ARCHIMÈDE.
L'étude des algorithmes illimités de nombres conduit à l'**Analyse algébrique** qui a été au cœur des recherches des mathématiciens du XVIII$^{e}$ siècle. Ainsi, EULER et à sa suite les autres géomètres abandonnent le langage, le choix et l'organisation des mathématiques qui leur sont antérieurs et c'est le concept de fonction qui devient la base de l'édifice.

## Avènement des concepts de base spécifiques à l'Analyse

Cependant, le refus d'utiliser la notion de limite crée un blocage qui sera levé par deux séries de travaux :
– GAUSS, CAUCHY, BOLZANO, ABEL se caractérisent par des préoccupations nouvelles de rigueur et de fondements qui conduisent à préciser des concepts de base spécifiques à l'analyse :

infiniment petit, limite, continuité, convergence, etc…

– Les recherches menées par FOURIER, LEJEUNE-DIRICHET, RIEMAN prennent leurs sources dans les problèmes posés par la physique et ouvrent une nouvelle voie à la recherche mathématique.
Un long processus à propos des notions de limite et de fonction, et de la pratique de l'Analyse algébrique, vient à maturité au début du XIX$^{e}$ siècle.
Le désir d'asseoir les mathématiques sur des bases plus rigoureuses est général.
CAUCHY et BOLZANO précisent la notion de continuité, donne une définition proche de celle d'aujourd'hui et posent la continuité comme une propriété locale d'une fonction. Cependant cette définition n'étant pas quantifiée entraîne des ambiguïtés.

# Exercices

## APPRENTISSAGE

### Calcul de limites

*Limite infinie en a*

**1** Dans chacun des cas suivants, $f$ est une fonction rationnelle définie par une formule explicite.
Calculer sa limite à droite et sa limite à gauche en $a$.

(1) $f(x) = \dfrac{-7}{2x+4}$ ; $a = -2$

(2) $f(x) = \dfrac{5}{5-x}$ ; $a = 5$

(3) $f(x) = \dfrac{-2}{x+1}$ ; $a = -1$

(4) $f(x) = \dfrac{2}{5x+4}$ ; $a = -0{,}8$

**2** Dans chacun des cas suivants, $f$ est une fonction rationnelle définie par une formule explicite.
Calculer sa limite à droite et sa limite à gauche en $a$ et en $b$.

(1) $f(x) = \dfrac{1}{(x-1)(2x-1)}$ ; $a = 1$ ; $b = 0{,}5$

(2) $f(x) = \dfrac{-2}{(3x+6)(x+9)}$ ; $a = -9$ ; $b = -2$

(3) $f(x) = \dfrac{3}{(2+x)(3+x)}$ ; $a = -2$ ; $b = -3$

(4) $f(x) = \dfrac{-3}{(-1-x)(-2-x)}$ ; $a = -1$ ; $b = -2$

(5) $f(x) = \dfrac{4}{6x^2-9x-6}$ ; $a = -0{,}5$ ; $b = 2$

**3** Dans chacun des cas suivants, $f$ est une fonction rationnelle définie par une formule explicite.
Calculer sa limite à droite et sa limite à gauche en 0.

(1) $f(x) = \dfrac{3}{x^2}$

(2) $f(x) = \dfrac{2}{x^5}$

(3) $f(x) = \dfrac{-1}{x^8}$

(4) $f(x) = \dfrac{-11}{x}$

(5) $f(x) = \dfrac{6\,500}{x^4}$

(6) $f(x) = \dfrac{720}{x^5}$

(7) $f(x) = \dfrac{-3}{x^2}$

(8) $f(x) = \dfrac{-36}{x^3}$

**4** Dans chacun des cas suivants, $f$ est une fonction rationnelle définie par une formule explicite.
Calculer sa limite à droite et sa limite à gauche en $a$.

(1) $f(x) = \dfrac{-1}{(x-2)^2}$ ; $a = 2$

(2) $f(x) = \dfrac{9}{(x+1)^3}$ ; $a = -1$

(3) $f(x) = \dfrac{-2}{(x-3)^5}$ ; $a = 3$

(4) $f(x) = \dfrac{4}{(x+4)^6}$ ; $a = -4$

(5) $f(x) = \dfrac{3}{(x-1)^2}$ ; $a = 1$

**5** Dans chacun des cas suivants, $f$ est une fonction rationnelle définie par une formule explicite.
Calculer sa limite à droite et sa limite à gauche en $a$.

(1) $f(x) = \dfrac{2x-3}{x-5}$ ; $a = 5$

(2) $f(x) = \dfrac{x^2+3}{2x+1}$ ; $a = -0{,}5$

(3) $f(x) = \dfrac{x}{6-3x}$ ; $a = 2$

(4) $f(x) = \dfrac{4x}{x+1}$ ; $a = -1$

(5) $f(x) = \dfrac{x^2}{7x-21}$ ; $a = 3$

(6) $f(x) = \dfrac{3-x}{x+7}$ ; $a = -7$

**6** Dans chacun des cas suivants, $f$ est une fonction rationnelle définie par une formule explicite.
Calculer sa limite à droite et sa limite à gauche en $a$ et en $b$.

(1) $f(x) = \dfrac{x^2-2x}{3x^2+x}$ ; $a = -\dfrac{1}{3}$ ; $b = 0$

(2) $f(x) = \dfrac{(x+4)(x-2)}{(x+2)(x-4)}$ ; $a = -2$ ; $b = 4$

(3) $f(x) = \dfrac{x+2}{3x^2+2x-8}$ ; $a = -2$ ; $b = \dfrac{4}{3}$

(4) $f(x) = \dfrac{4x^3+1}{2x^2-5x-3}$ ; $a = 3$ ; $b = -0{,}5$

(5) $f(x) = \dfrac{2x+3}{x^3(x+7)}$ ; $a = -7$ ; $b = 0$

(6) $f(x) = \dfrac{-x^3+2x+1}{-2x^2+11x-5}$ ; $a = 5$ ; $b = 0{,}5$

*Asymptotes verticales*

**7** Dans chacun des cas suivants, $f$ est une fonction rationnelle définie par une formule explicite.
Déterminer l'ensemble de définition de $f$.
Trouver les asymptotes verticales à la représentation graphique de $f$.

(1) $f(x) = \dfrac{3x+2}{x-2}$

(2) $f(x) = \dfrac{12}{x-4}$

(3) $f(x) = \dfrac{8-x}{2x-2}$

(4) $f(x) = \dfrac{-2x}{2x-5}$

(5) $f(x) = x + \dfrac{2}{x^2}$

(6) $f(x) = \dfrac{2x^2-3x-1}{x-2}$

(7) $f(x) = \dfrac{4}{(x-3)(x+5)}$

(8) $f(x) = \dfrac{x^2-3x}{x^3-1}$

(9) $f(x) = \dfrac{(x+1)(x-2)}{-x^2+4x-3}$

(10) $f(x) = \dfrac{x^2+3x-1}{x^2-x-6}$

(11) $f(x) = x - 1 + \dfrac{5}{x-3}$

(12) $f(x) = \dfrac{x^3+1}{x^2-1}$

### *Limite à l'infini d'une fonction polynôme*

**8** Dans chacun des cas suivants, $f$ est une fonction polynôme définie par une formule explicite.
Calculer $\lim_{x \to +\infty} f(x)$ et $\lim_{x \to -\infty} f(x)$.

(1) $f(x) = 2x - 3$

(2) $f(x) = (3x + 4)(2x - 5)$

(3) $f(x) = -\frac{12}{5}x^3 - 565$

(4) $f(x) = -11x^4 + 2x^3 - 5x^2 + 11\,000$

(5) $f(x) = 11x^5 - 16x^3 - 3x^2 + 12x + 55$

(6) $f(x) = -6x^4 + 68x^3 + 14x^2 - 7x$

(7) $f(x) = 3x^5 + 36x^3 + 25x^2 + 25$

(8) $f(x) = (-2x + 8)(3 + 5x)$

(9) $f(x) = -\frac{4}{5}x^3 + \frac{6}{15}x^3$

(10) $f(x) = 7x^{135} + 6x^{39} - 5x^{122}$

(11) $f(x) = = -23x^{35} + 69\,696x^3 - 23x^2$

(12) $f(x) = 65x^{41} + x^3 - 3x^2 + 2x - 5$

(13) $f(x) = 11x^{361} - 21x^{398} - 321x^{21} + 421x - 1$

(14) $f(x) = -x^{2001} + x^{1999}$

### *Limite à l'infini d'une fonction rationnelle*

**9** Dans chacun des cas suivants, $f$ est une fonction rationnelle définie par une formule explicite.
Calculer $\lim_{x \to +\infty} f(x)$ et $\lim_{x \to -\infty} f(x)$.

(1) $f(x) = \dfrac{x + 6}{x^2 - 35}$

(2) $f(x) = \dfrac{1}{x + 1}$

(3) $f(x) = \dfrac{8 - x}{3x + 2}$

(4) $f(x) = \dfrac{3x^3 - 7}{2x^2 - 8x + 5}$

(5) $f(x) = \dfrac{x^4 + 5x^2 - 1}{-3x^2 + x + 2}$

(6) $f(x) = \dfrac{-2x + 3}{5x^3 - x + 7}$

(7) $f(x) = \dfrac{3x^2 - 1}{8x + 2}$

(8) $f(x) = \dfrac{5x^3 + 4x - 7}{-2x^3 + 3x + 1}$

(9) $f(x) = \dfrac{-x^4 + 3x^2 - 1}{x + 1}$

(10) $f(x) = \dfrac{4x}{5x^4 - 2}$

### *Asymptotes horizontales*

**10** Dans chacun des cas suivants, $f$ est une fonction rationnelle définie par une formule explicite.
Déterminer l'ensemble de définition de $f$.
Trouver les asymptotes horizontales éventuelles à la représentation graphique de $f$.

(1) $f(x) = \dfrac{3x + 2}{x - 2}$

(2) $f(x) = \dfrac{12}{x - 4}$

(3) $f(x) = \dfrac{8 - x}{2x - 2}$

(4) $f(x) = \dfrac{-2x}{2x - 5}$

(5) $f(x) = \dfrac{4}{(x - 3)(x + 5)}$

(6) $f(x) = \dfrac{x^2 - 3x}{x^3 - 1}$

(7) $f(x) = \dfrac{(x + 1)(x - 2)}{-x^2 + 4x + 4}$

(8) $f(x) = \dfrac{x^2 + 3x - 1}{x^2 - x - 6}$

## APPROFONDISSEMENT

### *Tableau de variation*

**11** $f$ est la fonction polynôme définie par :

$$f(x) = x^3 + ax + b \quad [a \in \mathbb{R}, b \in \mathbb{R}].$$

**1.** Déterminer $a$ et $b$ pour que $f$ admette en $-1$ un extremum égal à 4.
**2.** Étudier le sens de variation de $f$ et donner son tableau de variation.
**3.** On considère la fonction rationnelle $g$ définie par :

$$g(x) = \frac{f(x)}{x^2 + 3x + 2}$$

Étudier le sens de variation de $g$ et donner son tableau de variation.

**12** $f$ est la fonction rationnelle définie par :

$$f(x) = \frac{x^2 - 3}{x - 2}$$

**1.** Étudier le sens de variation de $f$ et donner son tableau de variation.
**2.** Trouver les asymptotes verticales et horizontales éventuelles à la représentation graphique de $f$.

**13** $f$ est la fonction rationnelle définie par :

$$f(x) = \frac{2x^2 + x - 3}{x - 1}$$

**1.** Étudier le sens de variation de $f$, donner son tableau de variation et préciser les extrémums relatifs éventuels de $f$.
**2.** Trouver les asymptotes verticales et horizontales éventuelles à la représentation graphique de $f$.

### *Calcul de limites*

**14** Dans chacun des cas suivants, $f$ est une fonction définie par une formule explicite.
Calculer $\lim_{x \to +\infty} f(x)$ et $\lim_{x \to -\infty} f(x)$.

(1) $f(x) = \dfrac{2}{x^4} - \dfrac{20}{x^3} + \dfrac{200}{x^2}$

(2) $f(x) = \dfrac{x + 1}{x - 3} - \dfrac{x - 3}{x + 1}$

(3) $f(x) = \dfrac{5 - x}{2x + 3} - \dfrac{3 - 3x}{4x}$

(4) $f(x) = \dfrac{7}{3}x + 5 - \dfrac{7x^2 + 2x - 5}{1 + 3x}$

(5) $f(x) = -\dfrac{2}{3}x + 11 + \dfrac{4x^2 + 2}{3x + 2}$

(6) $f(x) = \dfrac{x^4 - 6x^3 - 3x^2 + 2x - 5}{x^3 - 3x^2 + 2} + \dfrac{1 - 3x}{3x}$

**15** $f$ est la fonction numérique définie sur $[0\,, +\infty[$ par : $f(x) = x - \sqrt{x}$
**1.** Donner une autre écriture de $f(x)$ en mettant $\sqrt{x}$ en facteur dans l'expression $x - \sqrt{x}$.
**2.** À l'aide de cette nouvelle écriture, calculer : $\lim_{x \to +\infty} f(x)$.

**16** $f$ est la fonction numérique définie sur $]0\,, +\infty[$ par : $f(x) = \dfrac{x + 1}{\sqrt{x}}$

**1.** Donner une autre écriture de $f(x)$ en divisant numérateur et dénominateur par $\sqrt{x}$.
**2.** À l'aide de cette nouvelle écriture, calculer : $\lim_{x \to +\infty} f(x)$.

# 8

# Étude de fonctions

*Des méthodes de résolution approchées basées sur l'analyse ont été imaginées par certains mathématiciens du XVIII^e^ siècle tels que :*

© BOYER - VIOLLET

Daniel BERNOULLI
(1700 - 1782)

© HACHETTE

Louis LAGRANGE
(1736 - 1813)

*Certaines méthodes approchées, basées à la fois sur l'algèbre et l'analyse, furent trouvées par d'autres mathématiciens, dont HÖRNER (1818).*

## SOMMAIRE

# 1 Étude de fonctions

## 1.1. Exemple d'étude d'une fonction polynôme

**Étudions la fonction polynôme $f$ définie par : $f(x) = x^3 - 3x + 1$**

### Variations de la fonction $f$

***Ensemble de définition***

$D_f = \mathbb{R}$

***Calcul des limites***

$\lim\limits_{x \to +\infty} f(x) = \lim\limits_{x \to +\infty} x^3 = +\infty$ ; $\lim\limits_{x \to -\infty} f(x) = \lim\limits_{x \to -\infty} x^3 = -\infty$

***Détermination de la dérivée***

$f$ est une fonction polynôme ;
elle est donc dérivable en tout nombre réel.

Pour tout nombre réel $x$,

$f'(x) = 3x^2 - 3 = 3(x - 1)(x + 1)$

***Tableau de variation***

| $x$ | $-\infty$ | | $-1$ | | $1$ | | $+\infty$ |
|---|---|---|---|---|---|---|---|
| $f'(x)$ | | + | 0 | − | 0 | + | |
| $f(x)$ | $-\infty$ | ↗ | 3 | ↘ | $-1$ | ↗ | $+\infty$ |

### Représentation graphique de $f$

Le plan est muni du repère (O,I,J). $(\mathscr{C}_f)$ désigne la représentation graphique de $f$.

***Points et droites remarquables du graphique***

Le tableau de variation donne les informations suivantes :

– la fonction $f$ admet un maximum relatif en $-1$, égal à 3 et un minimum relatif en 1, égal à $-1$.
– aux points A($-1$ ; 3) et B(1 ; $-1$), la courbe $(\mathscr{C}_f)$ admet des tangentes parallèles à (OI).

***Table de valeurs***

| $x$ | $-3$ | $-2$ | $-1$ | 0 | 1 | 2 | 3 |
|---|---|---|---|---|---|---|---|
| $f(x)$ | $-17$ | $-1$ | 3 | 1 | $-1$ | 3 | 18 |

À partir du tableau de variation et de la table de valeurs, on peut tracer à main levée une esquisse de $(\mathscr{C}_f)$.
Cette esquisse permettra de choisir un repère et une fenêtre afin de rendre plus lisible la représentation graphique.

***Esquisse de $(\mathscr{C}_f)$***

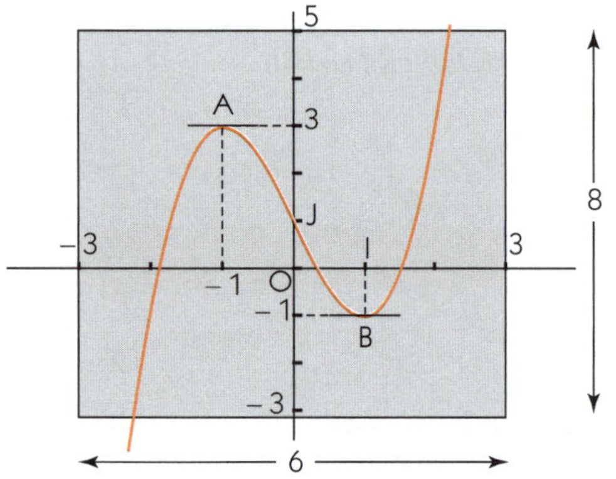


***Tracé de la représentation graphique***

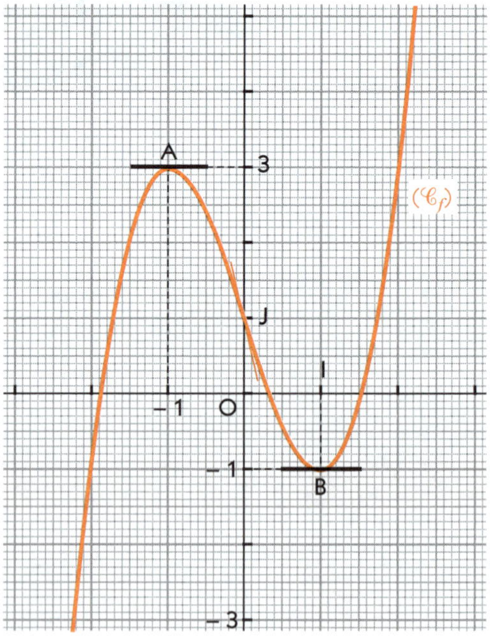


### Propriétés géométriques de $(\mathscr{C}_f)$

La courbe $(\mathscr{C}_f)$ semble admettre le point J(0 ; 1) comme centre de symétrie.

• Contrôler cette conjecture par le calcul.

Pour construire $(\mathscr{C}_f)$, on a choisi un repère orthonormé et une fenêtre de dimensions $6 \times 8$, avec :

$x_{min} = -3$ ; $x_{max} = 3$ ;
$y_{min} = -3$ ; $y_{max} = 5$ .

# Exercices

**1.a** Étudier les variations de la fonction polynôme $f$ définie par :

$f(x) = x^3 + 3x + 1$.

Construire sa représentation graphique $(\mathscr{C}_f)$.
Donner les propriétés géométriques de $(\mathscr{C}_f)$.

**1.b** Étudier les variations de la fonction polynôme $f$ définie par :

$f(x) = x^4 - 2x^2 + 8$.

Construire sa représentation graphique $(\mathscr{C}_f)$.
Donner les propriétés géométriques de $(\mathscr{C}_f)$.

## 1.2. Exemple d'étude d'une fonction rationnelle - Notion d'asymptote oblique.

### Exemple

**Étudions la fonction rationnelle $f$ définie par : $f(x) = x + 2 + \dfrac{1}{x-1}$**
**Pour les grandes valeurs de $x$ (en valeur absolue), étudions les positions relatives de la représentation graphique $(\mathscr{C}_f)$ de $f$ et de la droite (D) d'équation $y = x + 2$.**

#### Variations de la fonction $f$

***Ensemble de définition***

$D_f = \mathbb{R} \setminus \{ 1 \} = ]-\infty \,;\, 1[ \cup ]1 \,;\, +\infty[$

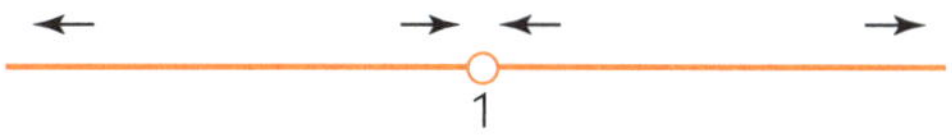

***Calcul des limites***

Pour calculer les limites, on peut choisir une écriture de $f(x)$ qui convient parmi les suivantes :

pour tout nombre réel $x$ différent de 1, $f(x) = x + 2 + \dfrac{1}{x-1} = \dfrac{x^2 + x - 1}{x - 1} = (x^2 + x - 1)\dfrac{1}{x-1}$

On obtient :

$\lim\limits_{x \to -\infty} f(x) = \lim\limits_{x \to -\infty} \dfrac{x^2}{x} = \lim\limits_{x \to -\infty} x = -\infty$ ; $\quad \lim\limits_{x \to +\infty} f(x) = \lim\limits_{x \to +\infty} \dfrac{x^2}{x} = \lim\limits_{x \to +\infty} x = +\infty$

$\lim\limits_{x \underset{<}{\to} 1} f(x) = \lim\limits_{x \underset{<}{\to} 1} (x^2 + x - 1)\dfrac{1}{x-1} = -\infty$ ; $\quad \lim\limits_{x \underset{>}{\to} 1} f(x) = \lim\limits_{x \underset{>}{\to} 1} (x^2 + x - 1)\dfrac{1}{x-1} = +\infty$

***Détermination de la dérivée***

$f$ est une fonction rationnelle ; elle est donc dérivable en tout élément de son ensemble de définition $D_f$.
Pour tout nombre réel $x$ différent de 1,

$$f'(x) = \frac{x(x-2)}{(x-1)^2}$$

***Tableau de variation***

| $x$ | $-\infty$ | | 0 | | 1 | | 2 | | $+\infty$ |
|---|---|---|---|---|---|---|---|---|---|
| $f'(x)$ | | + | 0 | − | ‖ | − | 0 | + | |
| $f(x)$ | $-\infty$ | ↗ | 1 | ↘ | $-\infty$ ‖ $+\infty$ | ↘ | 5 | ↗ | $+\infty$ |

Sur $D_f$, $(x-1)^2$ est strictement positif, donc le signe de $f'(x)$ est celui de $x(x-2)$.

#### Représentation graphique de $f$

Le plan est muni du repère (O,I,J). $(\mathscr{C}_f)$ désigne la représentation graphique de $f$.

***Points et droites remarquables du graphique***

Les limites à gauche et à droite en 1 de $f$ montrent que $(\mathscr{C}_f)$ admet une asymptote verticale (L) d'équation : $x = 1$.

Le tableau de variation donne les informations suivantes :

- la fonction $f$ admet un maximum relatif en 0, égal à 1 et un minimum relatif en 2, égal à 5.
- aux points J(0 ; 1) et B(2 ; 5), la courbe $(\mathscr{C}_f)$ admet des tangentes parallèles à (OI).

***Notion d'asymptote oblique***

$x$ est un nombre réel suffisamment grand en valeur absolue (donc différent de 1)
M est le point de $(\mathscr{C}_f)$ d'abscisse $x$
M' est le point de (D) d'abscisse $x$.

On a : $MM' = |f(x) - (x+2)| = \dfrac{1}{|x-1|}$.

Or : $\lim\limits_{x \to -\infty} \dfrac{1}{|x-1|} = \lim\limits_{x \to +\infty} \dfrac{1}{|x-1|} = 0$.

***Position de $(\mathscr{C}_f)$ par rapport à (D)***

| $x$ | $-\infty$     1 | $+\infty$ |
|---|---|---|
| $f(x) - (x+2)$ | − | + |
| $(\mathscr{C}_f)$ / (D) | $(\mathscr{C}_f)$ en-dessous de (D) | $(\mathscr{C}_f)$ au-dessus de (D) |

Par conséquent la distance entre M et M' a pour limite 0 lorsque $x$ tend vers $+\infty$ ou vers $-\infty$, ce qui signifie géométriquement que $(\mathscr{C}_f)$ se rapproche de plus en plus de (D) lorsque $x$ tend vers $+\infty$ ou vers $-\infty$.

On dit que la droite (D) est une **asymptote oblique** à $(\mathscr{C}_f)$.

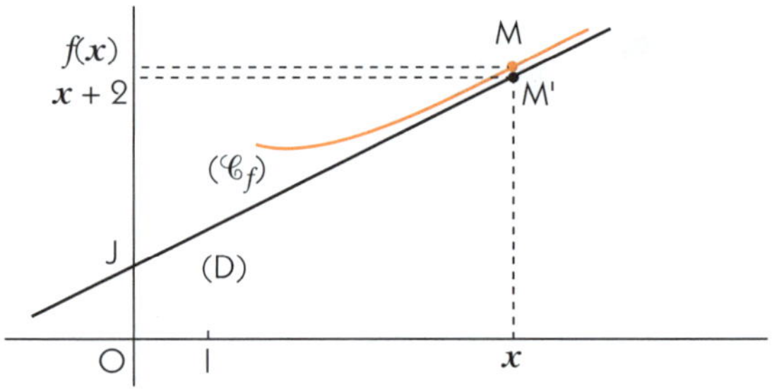


***Table de valeurs***

| $x$ | $-4$ | $-3$ | $-2$ | $-1$ | 0 | 0,5 | 1 | 1,5 | 2 | 3 | 4 | 5 | 6 |
|---|---|---|---|---|---|---|---|---|---|---|---|---|---|
| $f(x)$ | $-2{,}2$ | $-1{,}25$ | $-0{,}33$ | 0,5 | 1 | 0,5 | | 5,5 | 5 | 5,5 | 6,33 | 7,25 | 8,2 |

***Esquisse de $(\mathscr{C}_f)$***

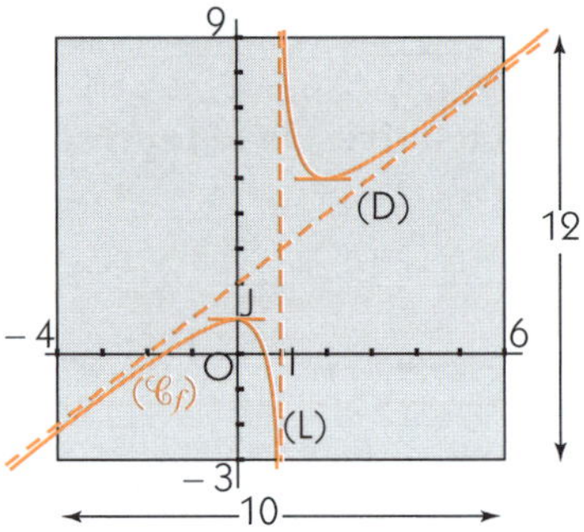


Pour construire $(\mathscr{C}_f)$, on peut choisir
- un repère orthonormé
- une fenêtre de dimensions $10 \times 12$,
  avec : $x_{min} = -4$ ; $x_{max} = 6$ ;
  $y_{min} = -3$ ; $y_{max} = 9$ .

***Tracé de la représentation graphique***

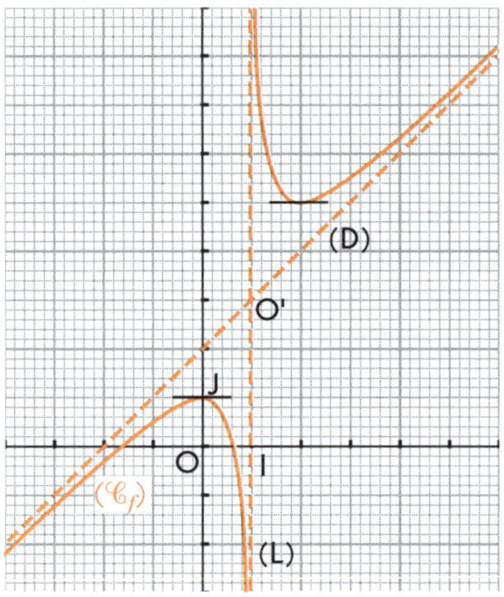


■ **Propriétés géométriques de $(\mathscr{C}_f)$**

$(\mathscr{C}_f)$ semble admettre le point O'(1 ; 3), point d'intersection de (D) et (L) comme centre de symétrie.

• Contrôler cette conjecture par le calcul.

La représentation graphique $(\mathscr{C}_f)$ est une **hyperbole** d'asymptotes (D) et (L), de centre O'.

## Notion d'asymptote oblique

### Définition

**Le plan est muni du repère (O,I,J).**

**$(\mathscr{C}_f)$ est la représentation graphique d'une fonction $f$**

**(D) la droite d'équation : $y = ax + b$ ; $[a \neq 0]$.**

**La droite (D) est une *asymptote oblique* à la courbe $(\mathscr{C}_f)$ en $+\infty$ (resp. en $-\infty$)**

***signifie que***

$$\lim_{x \to +\infty} [f(x) - (ax + b)] = 0 \quad \left(\text{resp. } \lim_{x \to -\infty} [(f(x) - (ax + b)] = 0\right)$$

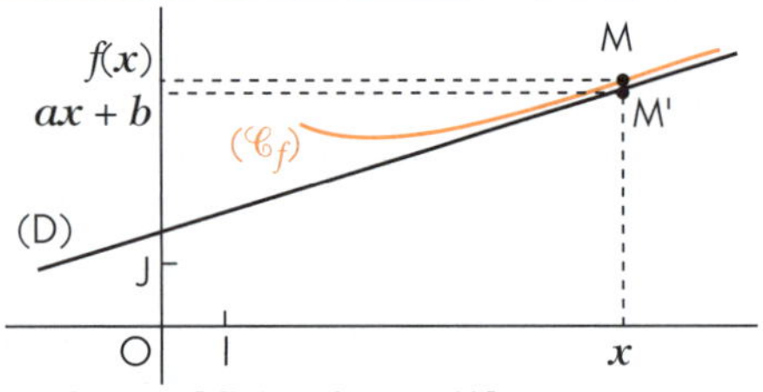


$\lim_{x \to +\infty} [f(x) - (ax + b)] = 0$

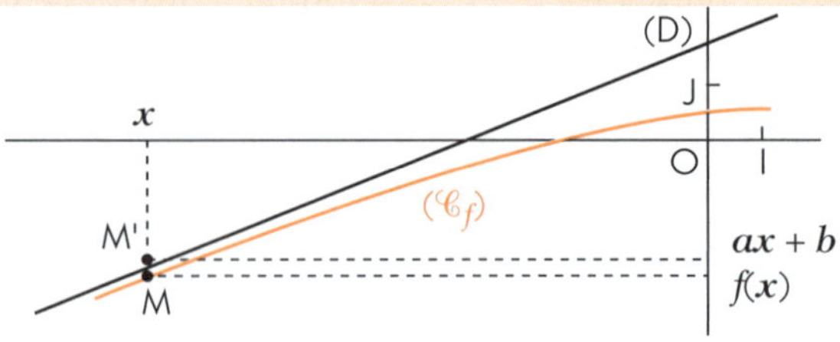


$\lim_{x \to -\infty} [f(x) - (ax + b)] = 0$

## Remarque

*La fonction f étudiée dans ce paragraphe est telle que :* $f(x) = ax + b + g(x)$ *;*

*avec* $\lim_{x \to +\infty} g(x) = 0$ *(resp.* $\lim_{x \to -\infty} g(x) = 0$*)*

*– Lorsque* $a \neq 0$ *la représentation graphique d'une telle fonction admet une asymptote oblique en* $+\infty$ *(resp. en* $-\infty$*), la droite d'équation :* $y = ax + b$*.*

*– Lorsque* $a = 0$*, nous avons vu que la représentation graphique de f admet une asymptote horizontale. Dans les cdeux cas, on dit que* $(\mathscr{C}_f)$ *admet en* $+\infty$ *(resp. en* $-\infty$*) une asymptote, la droite d'équation :*

$y = ax + b$*.*

De cette remarque on déduit la méthode suivante :

**M**

***Pour démontrer que la représentation graphique d'une fonction f admet une asymptote en*** $+\infty$ ***(resp. en*** $-\infty$***),***

**on peut procéder comme suit :**

**– on écrit** $f(x)$ **sous la forme :** $f(x) = ax + b + g(x)$

**– on justifie que :** $\lim_{x \to +\infty} g(x) = 0$ $\left(\text{resp. } \lim_{x \to -\infty} g(x) = 0\right)$

**– on conclut :** $(\mathscr{C}_f)$ **a pour asymptote en** $+\infty$ **(resp. en** $-\infty$**) la droite d'équation** $y = ax + b$**,**
**si** $a \neq 0$**, cette asymptote est oblique,**
**si** $a = 0$**, cette asymptote est horizontale.**

## Cas particulier

*Lorsque f est une fonction rationnelle définie par :* $f(x) = \dfrac{p(x)}{q(x)}$*,*

*p(x) et q(x) étant des polynômes tels que :* *[degré de p(x)]= 1 + [degré de q(x)],*

*la division euclidienne de p(x) par q(x) donne :* $f(x) = ax + b + g(x)$*, avec* $\lim_{x \to +\infty} g(x) = \lim_{x \to -\infty} g(x) = 0$*.*

# Exercices

**1.c** Le plan est muni du repère (O,I,J).
Étudier les variations de la fonction rationnelle définie par :

$$f(x) = \frac{x^2 - 6x + 5}{x - 3}$$

Écrire $f(x)$ sous la forme : $f(x) = ax + b + \dfrac{c}{x - 3}$ où $a$, $b$ et $c$ sont des nombres réels.

Justifier que la représentation graphique $(\mathscr{C}_f)$ de $f$ admet une asymptote oblique : la droite d'équation $y = ax + b$.
Construire la représentation graphique de $f$.

**1.d** Le plan est muni du repère (O,I,J)
Étudier les variations de la fonction rationnelle $f$ définie par :

$$f(x) = \frac{3x^2 + 1}{x^2 - 1}$$

Construire sa représentation graphique $(\mathscr{C}_f)$.

## 1.3. Étude de la fonction tangente

### Utilisation d'un ensemble d'étude

Des propriétés géométriques de la représentation graphique d'une fonction paire, impaire ou périodique, on déduit la méthode suivante :

**M**

***Pour étudier et représenter graphiquement une fonction f paire, impaire ou périodique, d'ensemble de définition*** $D_f$***, de représentation graphique*** $(\mathscr{C}_f)$***,***

**on peut procéder comme suit :**

**si** $f$ **est paire (resp. impaire)**

**– on étudie et on représente graphiquement** $f$ **sur** $D_f \cap [0\ ;+\infty[$ **;**

**– on obtient la courbe** $(\mathscr{C}_f)$ **par la symétrie orthogonale d'axe (OJ) (resp. par la symétrie centrale de centre O)**

**si** $f$ **est périodique, de période T**

**– on étudie et on représente graphiquement** $f$ **sur** $D_f \cap [-\frac{T}{2}\ ;\ \frac{T}{2}]$ **;**

**– on obtient la courbe** $(\mathscr{C}_f)$ **par les translations successives de vecteurs** $k\,T\,\overrightarrow{OI}$ **où** $k$ **décrit** $\mathbb{Z}$**.**

## Vocabulaire

*On dit que :*

*$D_f \cap [0 ; +\infty[$ est un **ensemble d'étude** pour la fonction paire ou impaire f ;*

*$D_f \cap [-\frac{T}{2} ; \frac{T}{2}]$ est un **ensemble d'étude** pour la fonction périodique f de période T.*

# Étude de la fonction tangente

*On a vu dans le chapitre Trigonométrie, la définition et les premières propriétés de la fonction tangente notée tan. On se propose, dans ce chapitre, d'étudier cette fonction.*

**Étudions les variations de la fonction tan et construisons sa représentation graphique ($\mathscr{C}_{tan}$) dans le plan muni du repère orthonormé (O,I,J).**

## Variations de la fonction tan

***Ensemble de définition $D_{tan}$***

$x \in D_{tan} \Leftrightarrow x \neq \frac{\pi}{2} + k\pi \quad [k \in \mathbb{Z}]$.

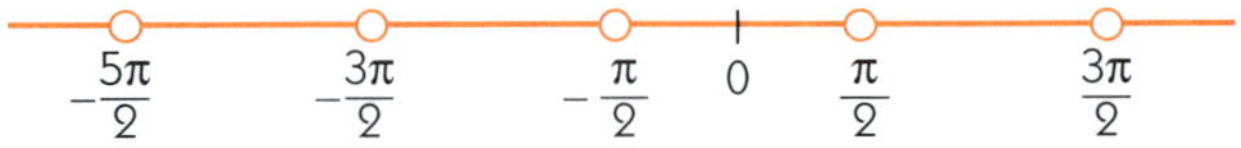


***Ensemble d'étude***

La fonction tangente est impaire et périodique de période π.
On peut donc prendre pour ensemble d'étude l'intervalle $[0 ; \frac{\pi}{2}[$.
En effet,

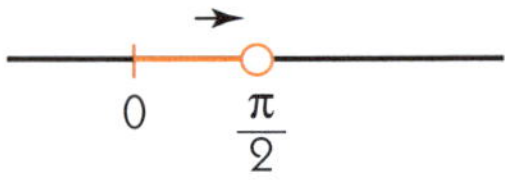


– la fonction f étant périodique de période π, on peut prendre pour ensemble d'étude : $]-\frac{\pi}{2} ; \frac{\pi}{2}[$.
– la fonction étant impaire, on peut prendre pour ensemble d'étude : $[0 ; \frac{\pi}{2}[$.

***Calcul des limites***

On a : $\tan x = \sin x \times \frac{1}{\cos x}$

Or : $\lim_{x \to \frac{\pi}{2}} \sin x = \sin\frac{\pi}{2} = 1$

De plus, le tableau ci-contre montre que :

– pour $x \in ]0 ; \frac{\pi}{2}[$, $\cos x > 0$,

– $\lim_{x \to \frac{\pi}{2}} \cos x = \cos\frac{\pi}{2} = 0$.

| $x$ | 0 | | $\frac{\pi}{2}$ | | π |
|---|---|---|---|---|---|
| $\cos x$ | | + | 0 | – | |

On démontre et nous admettrons que : $\lim_{x \underset{<}{\to} \frac{\pi}{2}} \frac{1}{\cos x} = +\infty$

donc : $\lim_{x \underset{<}{\to} \frac{\pi}{2}} \tan x = +\infty$.

***Détermination de la dérivée***

tan est le quotient de deux fonctions dérivables sur $\mathbb{R}$ ; elle est donc dérivable en tout élément de son ensemble de définition $D_{tan}$ :
pour tout nombre réel $x$ élément de $D_{tan}$,

$$\tan'(x) = \left(\frac{\sin x}{\cos x}\right)' = \frac{1}{\cos^2 x} = 1 + \tan^2 x.$$

***Tableau de variation***

| $x$ | 0 | | $\frac{\pi}{2}$ |
|---|---|---|---|
| $\tan' x$ | 1 | + | ‖ |
| $\tan x$ | 0 | ↗ $+\infty$ | ‖ |

## Représentation graphique de tan

Le plan est muni du repère orthonormé (O,I,J).

***Points et droites remarquables du graphique***

La limite à gauche en $\frac{\pi}{2}$ de tan montre que sur $[0 ; \frac{\pi}{2}[$, la représentation graphique ($\mathscr{C}_{tan}$) a une asymptote verticale ($L_0$) d'équation : $x = \frac{\pi}{2}$.

Le tableau de variation indique que la tangente à ($\mathscr{C}_{tan}$) au point O a pour coefficient directeur 1.

***Tracés de ($\mathscr{C}_{tan}$) sur $[0 ; \frac{\pi}{2}[$ et sur $]-\frac{\pi}{2} ; \frac{\pi}{2}[$***

Désignons par ($\mathscr{C}_0$) la représentation graphique de tan sur $[0 ; \frac{\pi}{2}[$ et par ($\mathscr{C}_0$') celle de tan sur $]-\frac{\pi}{2} ; \frac{\pi}{2}[$.
($\mathscr{C}_0$') s'obtient à partir de ($\mathscr{C}_0$) par la symétrie centrale de centre O.

*Table de valeurs*

| $x$ | $\tan x$ |
|---|---|
| 0 | 0 |
| $\frac{\pi}{6}$ | $\frac{\sqrt{3}}{3}$ |
| $\frac{\pi}{4}$ | 1 |
| $\frac{\pi}{3}$ | $\sqrt{3}$ |

*Tracé de ($\mathscr{C}_{tan}$) sur [0 ; $\frac{\pi}{2}$[*

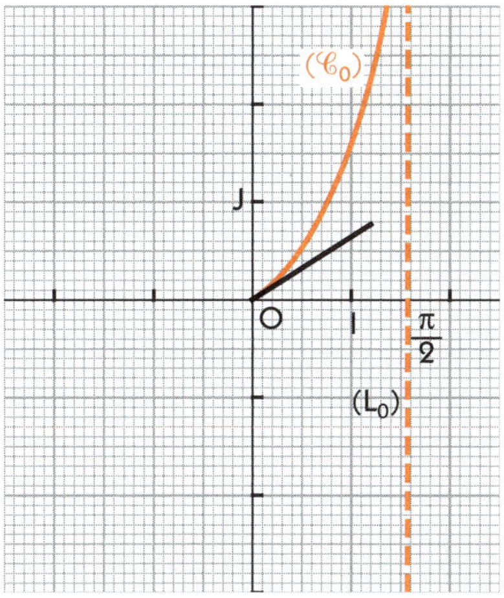


*Tracé de ($\mathscr{C}_{tan}$) sur ]– $\frac{\pi}{2}$ ; $\frac{\pi}{2}$[*

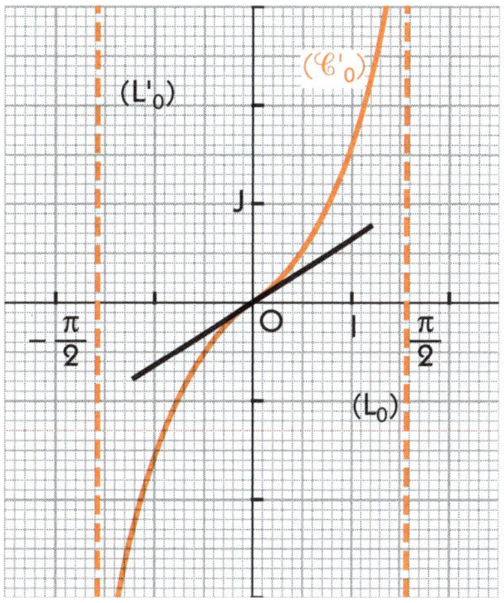


*Tracé de ($\mathscr{C}_{tan}$)*

On obtient la courbe ($\mathscr{C}_{\tan}$) à partir de ($\mathscr{C}_0$') par des translations successives de vecteurs $k\pi\,\overrightarrow{OI}$ [$k \in \mathbb{Z}$].

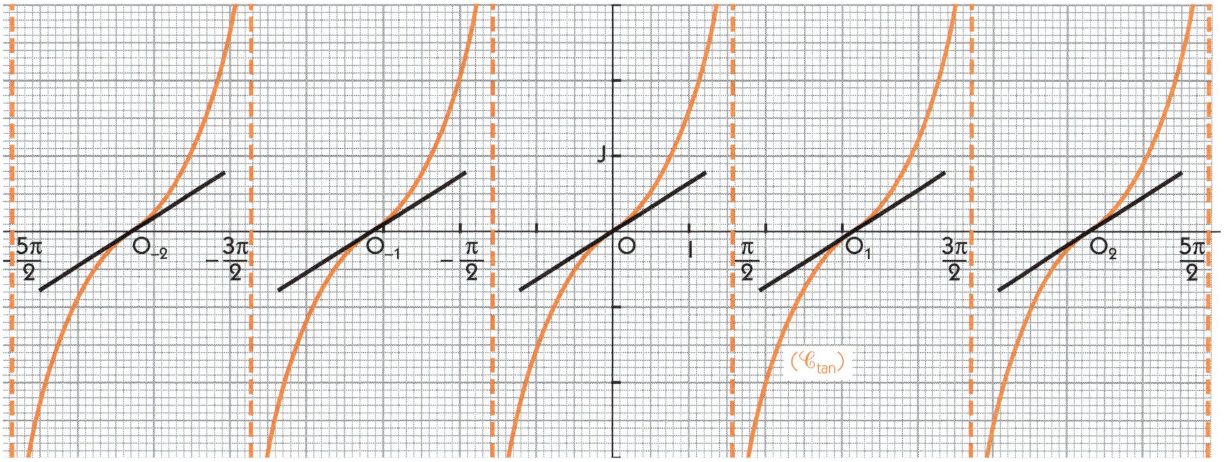


■ **Propriétés géométriques de ($\mathscr{C}_{\tan}$)**

$k$ étant un nombre entier relatif, chacun des points $O_k(k\pi ; 0)$ est un centre de symétrie de la courbe ($\mathscr{C}_{\tan}$).

## 1.4. Exemples d'études de fonctions

### Plan d'étude d'une fonction

Des exemples qui précèdent, on retiendra le plan général d'étude d'une fonction de $\mathbb{R}$ vers $\mathbb{R}$.

① **Variations de la fonction $f$**
- Ensemble de définition
- Ensemble d'étude
- Calcul des limites
- Détermination de la dérivée
- Tableau de variation

② **Représentation graphique de $f$**
- Points et droites remarquables du graphique
- Table de valeurs
- Esquisse de ($\mathscr{C}_f$)
- Tracé de la représentation graphique

③ **Propriétés géométriques de ($\mathscr{C}_f$)**
- Axes de symétrie
- Centres de symétrie

## Exemples de fonctions polynômes et fonctions rationnelles

**Dans chacun des cas suivants, $f$ est une fonction de $\mathbb{R}$ vers $\mathbb{R}$ définie par une formule explicite. Étudier la fonction $f$ et contrôler les résultats en vérifiant leur compatibilité avec la représentation graphique correspondante ci-dessous.**

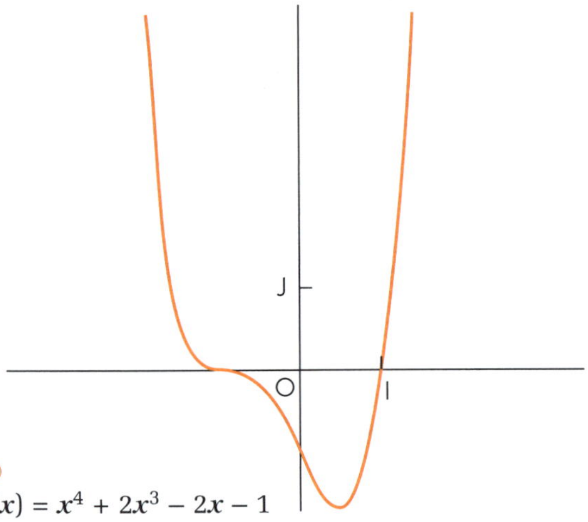


①
$f(x) = x^4 + 2x^3 - 2x - 1$

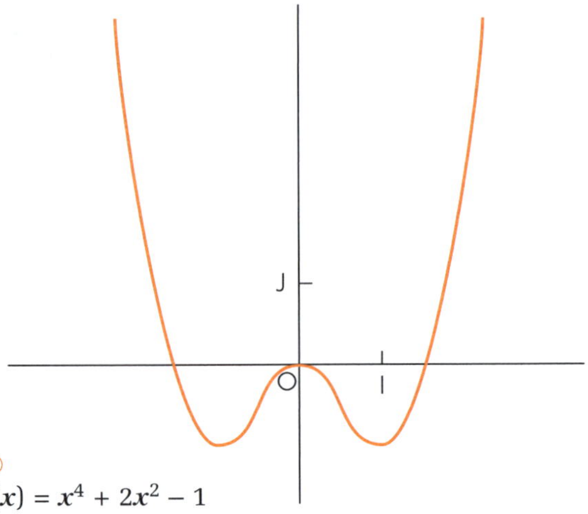


②
$f(x) = x^4 + 2x^2 - 1$

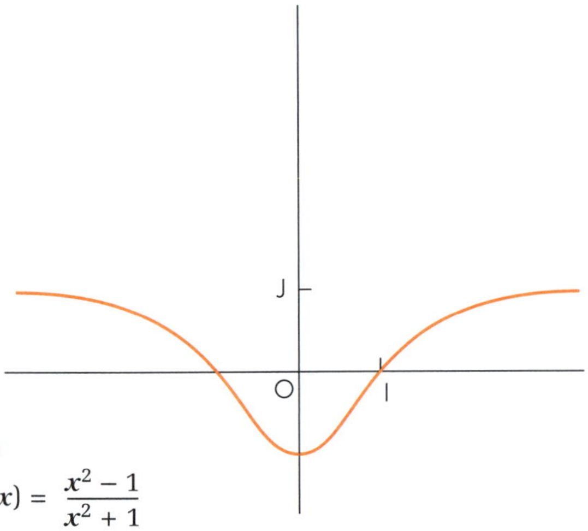


③
$f(x) = \dfrac{x^2 - 1}{x^2 + 1}$

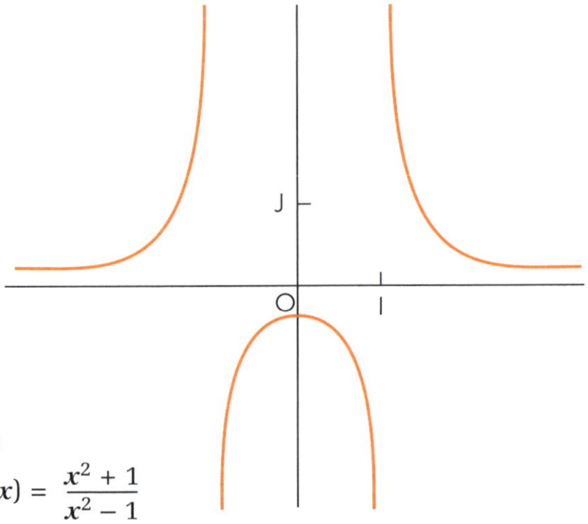


④
$f(x) = \dfrac{x^2 + 1}{x^2 - 1}$

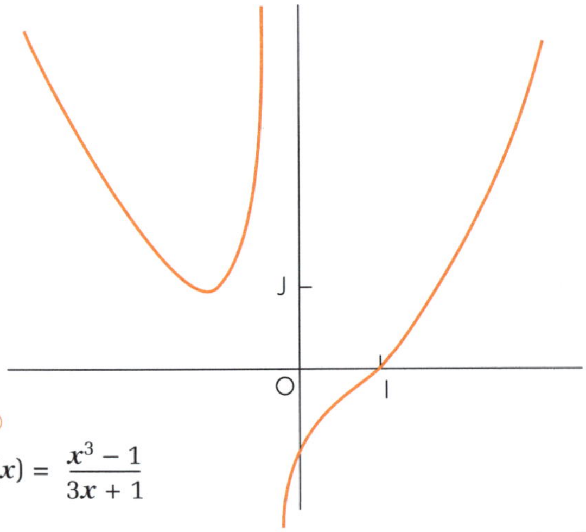


⑤
$f(x) = \dfrac{x^3 - 1}{3x + 1}$

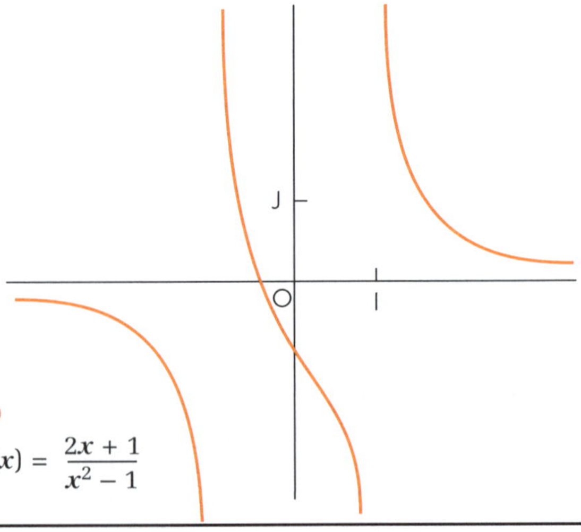


⑥
$f(x) = \dfrac{2x + 1}{x^2 - 1}$

# 2 Calcul approché des zéros d'une fonction

## 2.1. Zéros d'une fonction

**Le plan est muni du repère (O, I, J).**
**($\mathscr{C}_f$) est la représentation graphique de la fonction $f$ d'ensemble de définition $D_f$.**
**On veut déterminer les éléments de $D_f$ qui annulent la fonction $f$.**

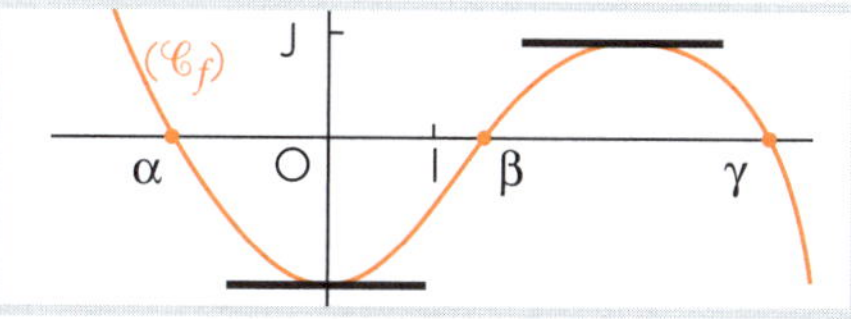


Ces éléments sont appelés les **zéros** de $f$.
– Graphiquement, ce sont les abscisses des points d'intersection de ($\mathscr{C}_f$) avec la droite (OI).
– Algébriquement, ce sont les solutions de l'équation $f(x) = 0$.

La propriété fondamentale ci-dessous, que nous admettons, nous permet de résoudre un tel problème.

### Définition

**On appelle *zéro d'une fonction numérique f*, d'ensemble de définition $D_f$, tout élément de $D_f$ qui annule cette fonction.**

α étant un élément de $D_f$.
α est un zéro de $f$ *signifie que* $f(\alpha) = 0$

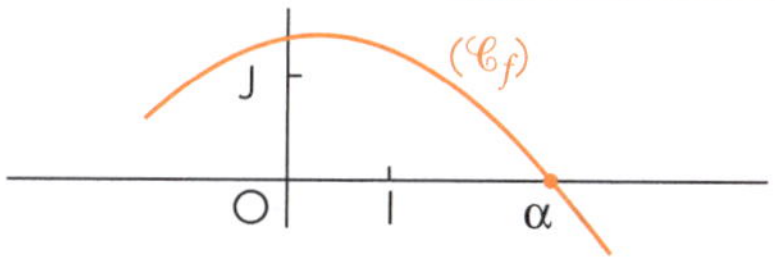


### Propriété fondamentale

**K est un intervalle ouvert contenant $[a ; b]$.**
**Si $f$ est une fonction dérivable sur K, strictement monotone sur $[a ; b]$ et telle que $f(a)$ et $f(b)$ sont de signes contraires, alors $f$ admet un zéro et un seul dans $]a ; b[$.**

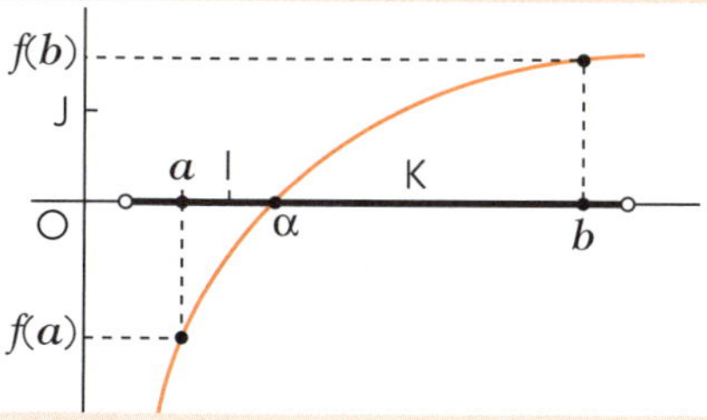


$f$ est dérivable sur l'intervalle ouvert K ;
$f$ est strictement croissante sur $[a ; b]$ ;
$f(a) < 0 < f(b)$.
α est l'unique élément de $]a ; b[$ tel que : $f(\alpha) = 0$.

## Exercices

**2.a** $f$ est une fonction strictement croissante sur $[1 ; 3]$ et telle que $f(1) < 0 < f(3)$.
Peut-on affirmer que $f$ admet un zéro unique dans $]1 ; 3[$ ?
Illustrer graphiquement l'argumentation trouvée.

**2.b** La condition d'existence d'un zéro unique d'une fonction $f$ sur un intervalle $]a ; b[$, décrite dans la propriété fondamentale ci-dessus est-elle une condition nécessaire ?
Illustrer graphiquement l'argumentation trouvée.

## 2.2. Calcul approché des zéros d'une fonction

### Exemple de détermination par dichotomie

**On donne la fonction polynôme $f$ définie par : $f(x) = -x^3 + 3x^2 - 3$.**
**On veut déterminer le nombre de zéros de la fonction $f$ et trouver un encadrement d'amplitude 0,25 de chacun de ces zéros.**

**Étude de la fonction $f$**

On a obtenu le tableau de variation et la représentation graphique de la fonction $f$.

| $x$ | $-\infty$ | | 0 | | 2 | | $+\infty$ |
|---|---|---|---|---|---|---|---|
| $f'(x)$ | | $-$ | 0 | $+$ | 0 | $-$ | |
| $f(x)$ | $+\infty$ | ↘ | $-3$ | ↗ | 1 | ↘ | $-\infty$ |

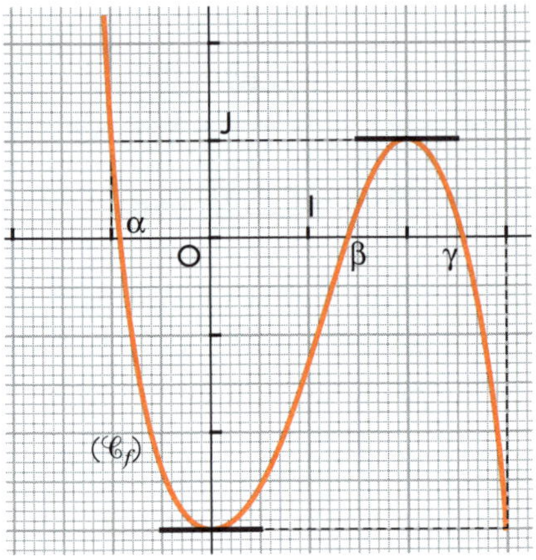


**Localisation des zéros de $f$**

La fonction $f$ est une fonction polynôme ; elle est donc dérivable sur $\mathbb{R}$, strictement décroissante sur $]-\infty ; 0]$, strictement croissante sur $[0 ; 2]$, strictement décroissante sur $[2 ; +\infty[$.

De la propriété fondamentale qui précède, on déduit que la fonction $f$ admet exactement trois zéros $\alpha$, $\beta$ et $\gamma$ tels que : $\alpha < 0$ ; $0 < \beta < 2$ ; $2 < \gamma$.

***Première approximation de chacun des zéros***

Sur la représentation graphique ($\mathscr{C}_f$) de $f$, on constate que les trois zéros $\alpha$, $\beta$ et $\gamma$ sont tels que :

$-1 < \alpha < 0$ ; $1 < \beta < 2$ ; $2 < \gamma < 3$ .

**Recherche d'encadrements de $\alpha$, de $\beta$, de $\gamma$**

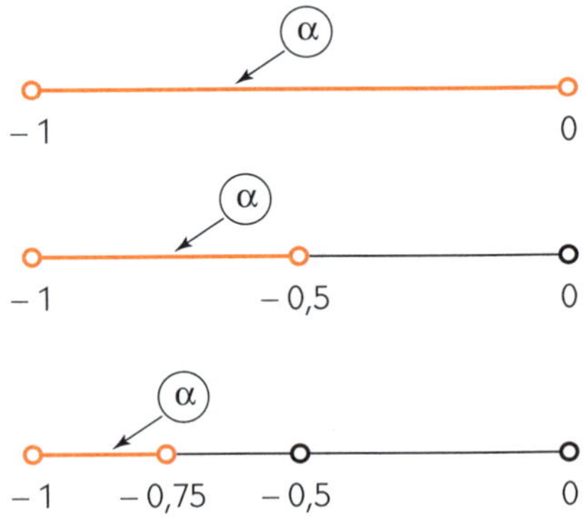


***Encadrement d'amplitude 1 : $\alpha \in ]-1 ; 0[$***

Le centre de cet intervalle $]-1 ; 0[$ est $-0,5$.
Pour situer $\alpha$ dans l'un des intervalles $]-1 ; -0,5[$ ou $]-0,5 ; 0[$, déterminons le signe de $f(-0,5)$.
On obtient $f(-1) < 0 < f(-0,5)$
Donc $-1 < \alpha < -0,5$

***Encadrement d'amplitude 0,5 : $\alpha \in ]-1 ; -0,5[$***

Le centre de cet intervalle $]-1 ; -0,5[$ est $-0,75$.
De la détermination du signe de $f(-0,75)$,
on déduit : $-1 < \alpha < -0,75$

***Encadrement d'amplitude 0,25 : $\alpha \in ]-1 ; -0,75[$***

Lorsqu'on utilise la méthode ci-dessus pour obtenir des encadrements des zéros d'une fonction, on dit qu'on a procédé par **dichotomie**. Les encadrements successifs obtenus sont :

$-1 < \alpha < 0$ ; $-1 < \alpha < -0,5$ ; $-1 < \alpha < -0,75$.

- De la même manière, trouver un encadrement d'amplitude 0,25 pour $\beta$ et $\gamma$.

### Exemple de détermination par balayage

**On donne la fonction polynôme $f$ définie par : $f(x) = \frac{x^3}{3} - 3x^2 + 8x - \frac{10}{3}$.**
**On veut déterminer le nombre de zéros de la fonction $f$ et trouver un encadrement de chacun de ces zéros par deux nombres décimaux consécutifs d'ordre 2.**

**Étude de la fonction $f$**

On a obtenu le tableau de variation et la représentation graphique de la fonction $f$.

| $x$ | $-\infty$ | | 2 | | 4 | | $+\infty$ |
|---|---|---|---|---|---|---|---|
| $f'(x)$ | | + | 0 | − | 0 | + | |
| $f(x)$ | $-\infty$ | ↗ | $\frac{10}{3}$ | ↘ | 2 | ↗ | $+\infty$ |

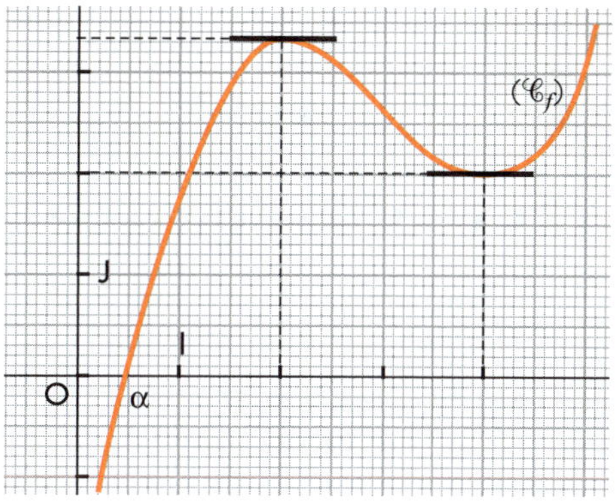


## Localisation des zéros de $f$

La fonction $f$ est une fonction polynôme ; elle est donc dérivable sur $\mathbb{R}$,
strictement croissante sur $]-\infty\ ;\ 2]$, strictement décroissante sur $[2\ ;\ 4]$, strictement croissante sur $[4\ ;\ +\infty[$. De plus, $f$ ne change de signe que sur l'intervalle $]-\infty\ ;\ 2]$.

De la propriété fondamentale qui précède, on déduit que la fonction $f$ admet exactement un zéro, $\alpha$ tel que : $\alpha < 2$.

***Première approximation du zéro***

Sur la représentation graphique $(\mathscr{C}_f)$ de $f$, on trouve un encadrement de $\alpha$ par deux nombres entiers consécutifs : $0 < \alpha < 1$.

## Recherche d'encadrements de $\alpha$

***Recherche d'un encadrement de $\alpha$ par deux nombres décimaux consécutifs d'ordre 1***

À l'aide d'une calculatrice, déterminons une valeur approchée de l'image par $f$ des nombres décimaux d'ordre 1 de l'intervalle $]0\ ;\ 1[$, du plus petit au plus grand et arrêtons-nous dès qu'on observe un changement de signe.

| $x$ | 0,1 | 0,2 | 0,3 | 0,4 | 0,5 | 0,6 | 0,7 | 0,8 | 0,9 | 1 |
|---|---|---|---|---|---|---|---|---|---|---|
| $f(x)$ | − 2,56 | − 1,85 | − 1,19 | − 0,59 | − 0,04 | 0,46 | | | | |

On obtient : $f(0{,}5) < 0 < f(0{,}6)$
Donc : $0{,}5 < \alpha < 0{,}6$

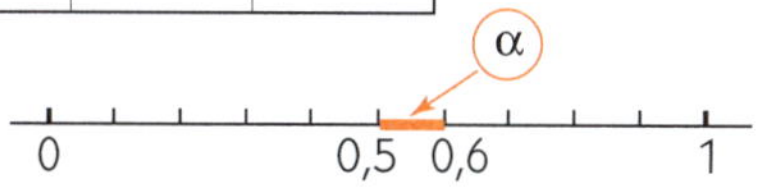


***Recherche d'un encadrement de $\alpha$ par deux nombres décimaux consécutifs d'ordre 2***

À l'aide d'une calculatrice, déterminons une valeur approchée de l'image par $f$ des nombres décimaux d'ordre 2 de l'intervalle $]0{,}5\ ;\ 0{,}6[$, du plus petit au plus grand et arrêtons-nous dès qu'on observe un changement de signe.

| $x$ | 0,5 | 0,51 | 0,52 | 0,53 | 0,54 | 0,55 | 0,56 | 0,57 | 0,58 | 0,59 | 0,6 |
|---|---|---|---|---|---|---|---|---|---|---|---|
| $f(x)$ | − 0,04 | 0,011 | | | | | | | | | |

On obtient : $f(0{,}50) < 0 < f(0{,}51)$
Donc : $0{,}50 < \alpha < 0{,}51$

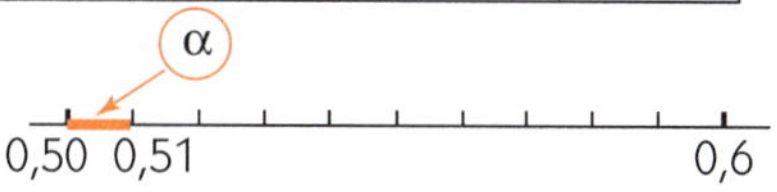


Lorsqu'on utilise la méthode ci-dessus pour obtenir des encadrements des zéros d'une fonction, on dit qu'on a procédé par **balayage**.
Les encadrements successifs obtenus sont :

$0 < \alpha < 1$ ; $0{,}5 < \alpha < 0{,}6$ ; $0{,}50 < \alpha < 0{,}51$

# Exercices

**2.c** On considère la fonction polynôme $f$ définie par :
$$f(x) = \frac{1}{4}x^4 - \frac{2}{3}x^3 - \frac{1}{2}x^2 + 2x.$$
Étudier la fonction $f$.
Déterminer graphiquement le nombre de zéros de $f$ et donner un encadrement de chacun de ces zéros par deux nombres entiers consécutifs.
Trouver l'approximation décimale d'ordre 2 par défaut de chacun de ces zéros.

**2.d** On considère la fonction rationnelle $f$ définie par :
$$f(x) = \frac{x^3 - 5x^2 + 7}{2x^2 - 3x + 1}.$$
Trouver un encadrement d'amplitude 0,25 de chacun des zéros de cette fonction.

# TP Travaux pratiques

## TP1 Équation du type : tan $x = a$

**On considère l'équation (E) : tan $x = \sqrt{3}$.**
**Résolvons graphiquement (E) dans $[-2\pi, 2\pi]$ et résolvons (E) dans $\mathbb{R}$.**

■ **Ensemble de validité de (E)**

L'ensemble de validité de l'équation (E) est l'ensemble de définition de la fonction tan : $D_{\tan}$.

■ **Recherche graphique dans $[-2\pi ; 2\pi]$ des solutions de l'équation (E)**

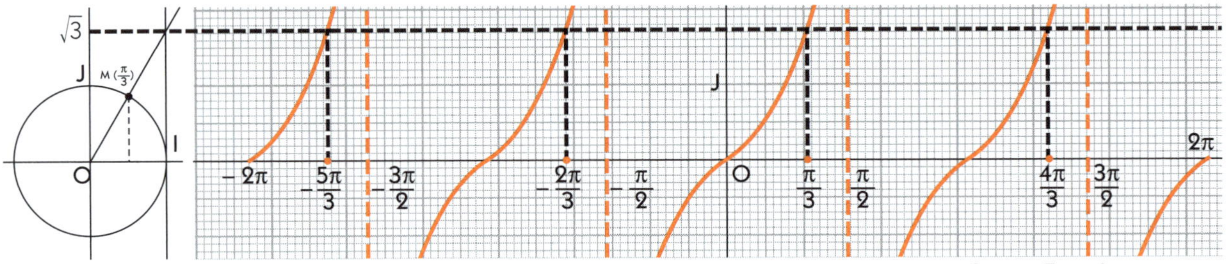


Graphiquement on constate que dans $[-2\pi ; 2\pi]$, (E) admet pour solutions : $\frac{\pi}{3}$ ; $-\frac{2\pi}{3}$ ; $-\frac{5\pi}{3}$ ; $\frac{4\pi}{3}$.

■ **Résolution de (E) dans $\mathbb{R}$**

$\frac{\pi}{3}$ est une solution particulière de l'équation (E) car $\tan\frac{\pi}{3} = \sqrt{3}$.

Soit $x$ un élément de $D_{\tan}$, on a : $\tan\frac{\pi}{3} = \sqrt{3} \iff \tan x = \tan\frac{\pi}{3}$

$\iff x = \frac{\pi}{3} + k \times \pi \quad [k \in \mathbb{Z}]$

On peut remarquer que les solutions de (E) appartenant à $[-2\pi ; 2\pi]$ sont celles obtenues en remplaçant $k$ dans l'expression $\frac{\pi}{3} + k \times \pi$ par un nombre entier relatif tel que : $-2\pi \leqslant \frac{\pi}{3} + k \times \pi \leqslant 2\pi$

$k$ est un nombre entier relatif tel que : $-2 \leqslant \frac{3k+1}{3} \leqslant 2$, ou encore : $-\frac{7}{3} \leqslant k \leqslant \frac{5}{3}$,

On obtient : $k = -2$ ; $k = -1$ ; $k = 0$ ; $k = 1$.

## TP2 Inéquation du type : tan $x < a$

**Résolvons graphiquement chacune des inéquations suivantes dans l'intervalle $[-\pi ; \frac{\pi}{2}[$.**

**(I) $\tan x > -1$ ; (I') $\tan x \leqslant \frac{\sqrt{3}}{3}$**

■ **Recherche dans $[-\pi ; \frac{\pi}{2}[$ des solutions des équations (E) et (E')**

(E) : $\tan x = -1$

$-\frac{\pi}{4}$ est une solution particulière de (E).

Dans $[-\pi ; \frac{\pi}{2}[$, (E) admet une seule solution : $-\frac{\pi}{4}$.

■ **Résolution graphique de (I) dans $[-\pi ; \frac{\pi}{2}[$**

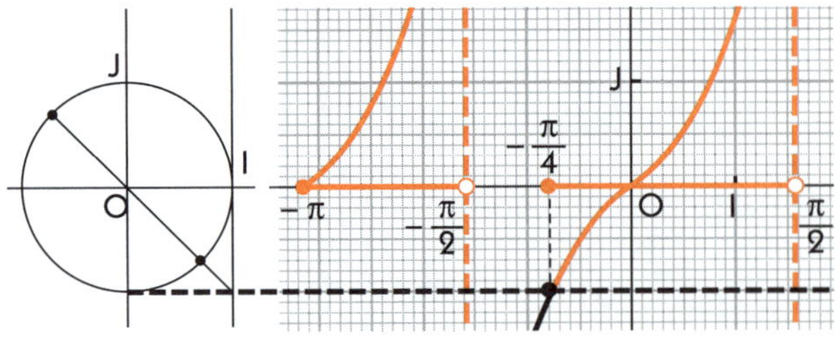


$S_{(I)} = [-\pi ; -\frac{\pi}{2}[ \cup ]-\frac{\pi}{4} ; \frac{\pi}{2}[$

(E') : $\tan x = \frac{\sqrt{3}}{3}$

$\frac{\pi}{6}$ est une solution particulière de (E').

Dans $[-\pi ; \frac{\pi}{2}[$, (E') admet deux solutions : $\frac{\pi}{6}$ et $-\frac{5\pi}{6}$.

■ **Résolution graphique de (I') dans $[-\pi ; \frac{\pi}{2}[$**

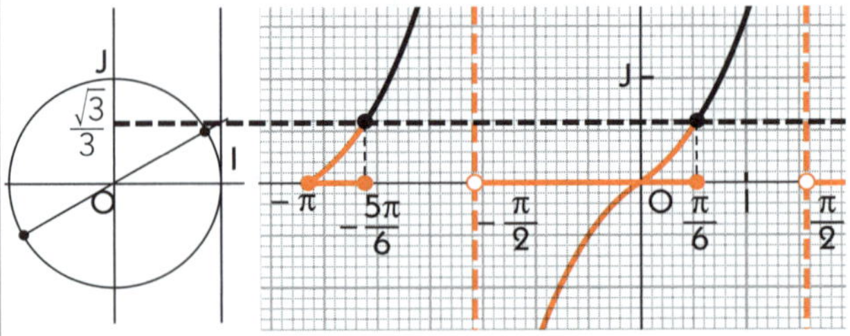


$S_{(I')} = [-\pi ; -\frac{5\pi}{6}] \cup ]-\frac{\pi}{2} ; \frac{\pi}{6}]$

# TP3 Résolution d'un problème

**Le plan est muni d'un repère orthonormé (O, I, J).**

**PARTIE A**

**On considère la fonction $f$ de $\mathbb{R}$ vers $\mathbb{R}$ définie par :**

$$f(x) = \frac{x^2 - 2x + 2}{x - 1}$$

**1. Étudier le sens de variation de la fonction $f$.**
**2. Vérifier que la courbe $(\mathscr{C})$ représentative de $f$ admet deux asymptotes ; donner leurs équations.**
**3. Déterminer une équation de la tangente à $(\mathscr{C})$ au point A d'abscisse 3.**
**4. Construire les asymptotes, la tangente en A à $(\mathscr{C})$.**

**PARTIE B**

**On considère la fonction $g$ de $\mathbb{R}$ vers $\mathbb{R}$ définie par :**

$$g_m(x) = (-m + 2)x^2 + 2(m - 1)x - 2 \quad [m \in \mathbb{R}]$$

**On désigne par $(\Gamma_m)$ sa représentation graphique.**
**1. Démontrer que toutes les courbes $(\Gamma_m)$ représentatives de $g_m$ passent par deux points dont les coordonnées sont indépendantes de $m$.**
**2. $m$ étant différent de 2, calculer les coordonnées du sommet $S_m$ de $(\Gamma_m)$.**
**Démontrer que : pour tout nombre réel $m$ différent de 2, $S_m \in (\mathscr{C})$.**

## PARTIE A

**1. Étude du sens de variation de la fonction $f$.**

***Ensemble de définition $D_f$ de $f$***

$D_f = \mathbb{R} \setminus \{1\}$

***Calcul de limites***

On obtient : $\lim\limits_{\substack{x \to 1 \\ <}} f(x) = -\infty$ ; $\lim\limits_{\substack{x \to 1 \\ >}} f(x) = +\infty$

$\lim\limits_{x \to -\infty} f(x) = -\infty$ ; $\lim\limits_{x \to -\infty} f(x) = +\infty$

***Détermination de la dérivée***

Pour tout nombre réel différent de 1,

$$f'(x) = \frac{x(x-2)}{(x-1)^2}$$

***Tableau de variation***

| $x$ | $-\infty$ | | 0 | | 1 | | 2 | | $+\infty$ |
|---|---|---|---|---|---|---|---|---|---|
| $f'(x)$ | | + | 0 | − | ‖ | − | 0 | + | |
| $f(x)$ | $-\infty$ | ↗ | $-2$ | ↘ | $-\infty$ ‖ $+\infty$ | ↘ | 2 | ↗ | $+\infty$ |

**2. Recherche des asymptotes à $(\mathscr{C})$**

– La limite à gauche et la limite à droite de $f$ en 1 étant infinies, $(\mathscr{C})$ admet une asymptote verticale, la droite (D) d'équation : $\boldsymbol{x = 1}$.

– Écriture de $f(x)$ sous la forme :

$$f(x) = ax + b + \frac{c}{x-1}$$

On obtient : $f(x) = x - 1 + \dfrac{1}{x-1}$

D'où : $\lim\limits_{x \to -\infty} [f(x) - (x-1)] = \lim\limits_{x \to -\infty} \dfrac{1}{x-1} = 0$

$\lim\limits_{x \to +\infty} [f(x) - (x-1)] = \lim\limits_{x \to +\infty} \dfrac{1}{x-1} = 0$

$(\mathscr{C})$ admet donc une asymptote oblique en $+\infty$ et $-\infty$, la doite (L) d'équation : $\boldsymbol{y = x - 1}$.

**3. Tangente à $(\mathscr{C})$ en A[3 ; $f(3)$]**

La tangente (T) à $(\mathscr{C})$ au point A a pour équation :

$y - f(3) = f'(3)(x - 3)$ ou encore : $y = \dfrac{3}{4}x + \dfrac{1}{4}$

**4. Construire la courbe $(\mathscr{C})$**

## PARTIE B

**1. Les courbes $(\Gamma_m)$ lorsque $m$ décrit $\mathbb{R}$**

***Points d'intersection des courbes $(\Gamma_0)$ et $(\Gamma_1)$***

$(\Gamma_0)$ a pour équation : $y = 2x^2 - 2x - 2$

$(\Gamma_1)$ a pour équation : $y = x^2 - 2$

Les coordonnées des points d'intersection de $(\Gamma_0)$ et $(\Gamma_1)$ sont solutions du système :

$$(\Sigma) \begin{cases} 2x^2 - 2x - 2 = x^2 - 2 \\ y = x^2 - 2 \end{cases}$$

or $(\Sigma)$ est équivalent au système $\begin{cases} x(x-2) = 0 \\ y = x^2 - 2 \end{cases}$

$(\Gamma_0)$ et $(\Gamma_1)$ ont deux points communs :

E(0 ; – 2) et F(2 ; 2).

***Démontrons que : pour tout $m$, $(\Gamma_m)$ passe par E et F***

$m$ est un nombre réel. Considérons la courbe $(\Gamma_m)$.
$(\Gamma_m)$ a pour équation :

$$y = (-m + 2)x^2 + 2(m - 1)x - 2$$

On vérifie que :

pour $x = 0$, $y = -2$

pour $x = 2$, $y = (-m + 2) + 2 \times 2(m - 1) - 2 = 2$

Par conséquent : $E \in (\Gamma_m)$ et $F \in (\Gamma_m)$.

**2. Sommet $S_m$ de $(\Gamma_m)$**

L'abscisse de $S_m$ annule donc $g'_m$.

Or : $g'_m(x) = 2[(-m + 2)x + m - 1]$

donc : pour tout nombre réel $m$ différent de 2,

$$g'_m(x) = 0 \iff x = \frac{m-1}{m-2}$$

par conséquent : $S_m \left( \dfrac{m-1}{m-2} \ ; \ \dfrac{m^2 - 4m + 5}{m-2} \right)$

On vérifie que : $f\left(\dfrac{m-1}{m-2}\right) = \dfrac{m^2 - 4m + 5}{m-2}$

par conséquent : $S_m \in (\mathscr{C}_f)$.

# Exercices

## APPRENTISSAGE

## Étude de fonctions

### *Fonctions polynômes*

**1** Le plan est muni du repère orthonormé (O, I, J). On considère une fonction polynôme $f$ admettant le tableau de variation et la table des valeurs ci-dessous.

| $x$ | $-\infty$ | | $-1$ | | $3$ | | $+\infty$ |
|---|---|---|---|---|---|---|---|
| $f'(x)$ | | $+$ | $0$ | $-$ | $0$ | $+$ | |
| $f(x)$ | $-\infty$ | ↗ | $16$ | ↘ | $-16$ | ↗ | $+\infty$ |

| $x$ | $-4$ | $-3$ | $-2$ | $0$ | $4$ | $5$ | $6$ |
|---|---|---|---|---|---|---|---|
| $f(x)$ | $-65$ | $-16$ | $9$ | $11$ | $-11$ | $16$ | $173$ |

On veut construire la représentation graphique $(\mathscr{C})$ de $f$ dans un carré de 9 cm de côté.
Tracer une esquisse de $(\mathscr{C})$.

**2** La courbe ci-dessous est la représentation graphique de la fonction polynôme $f$ définie par :
$f(x) = \frac{3}{625}x^4 - \frac{12}{125}x^3 + \frac{13}{25}x^2 - \frac{2}{5}x - 1.$

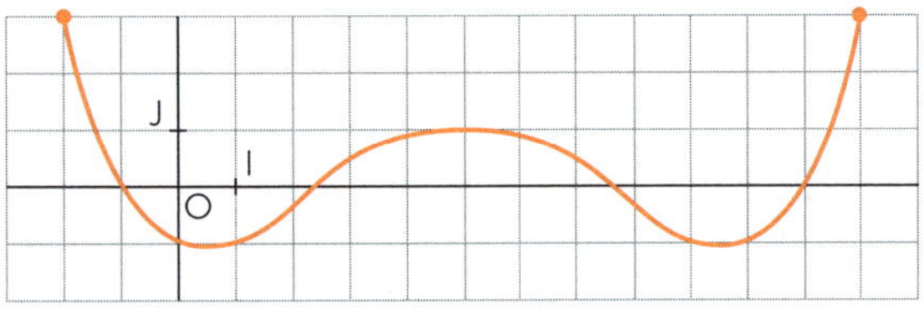


Cette courbe admet un axe de symétrie.
Déterminer graphiquement une équation de cet axe et contrôler par le calcul, le résultat obtenu graphiquement.

**3** La courbe ci-dessous est la représentation graphique de la fonction polynôme $f$ définie par :
$f(x) = x^3 - 3x^2 + 3.$

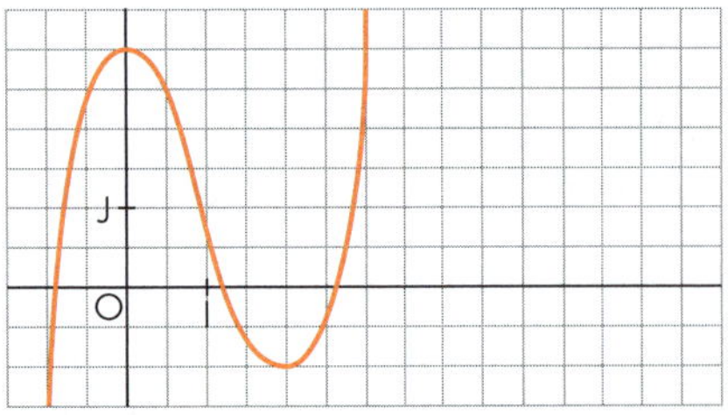


Cette courbe admet un centre de symétrie. Déterminer graphiquement les coordonnées de ce centre et contrôler par le calcul, le résultat obtenu graphiquement.

**4** Le plan est muni du repère orthonormé (O, I, J). Dans chacun des cas suivants, étudier la fonction polynôme définie par :

(1) $f(x) = 2x^2 + x$
(2) $f(x) = x^2 + 2x + 1$
(3) $f(x) = -3x^3 + 2x^2 - 3x + 2$
(4) $f(x) = 5x^3 - 11x^2 + 7x - 10$
(5) $f(x) = x^3 - 27x + 26$
(6) $f(x) = x^3 - 4x^2 + 5x - 2$
(7) $f(x) = -x^3 + x^2 + x$
(8) $f(x) = -3x^3 + 9x^2 + 27x$

**5** Le plan est muni d'un repère orthonormé. On donne la fonction $f$ définie par :
$f(x) = -\frac{1}{3}x^3 + \frac{1}{2}x^2 + 2x - 1.$
**1.** Étudier les variations de $f$ et construire sa courbe représentative $(\mathscr{C}_f)$.
**2.** $(D_m)$ est la droite d'équation : $y = mx - 1$.
Discuter suivant les valeurs de $m$ le nombre de points d'intersection de $(\mathscr{C}_f)$ avec $(D_m)$.
**3.** Déterminer les points de la courbe $(\mathscr{C}_f)$ où la tangente est parallèle à la droite d'équation : $y = 2x$.

**6** Le plan est muni du repère orthonormé (O, I, J).
**1.** Étudier la fonction polynôme définie par :
$f(x) = x^4 - x^2$.
On désigne par $(\mathscr{C}_f)$ sa représentation graphique.
**2.** Étudier la fonction polynôme définie par :
$g(x) = ax^2 \quad [a \in \mathbb{R}^*]$
On désigne par $(\mathscr{C}_g)$ sa représentation graphique.
**3.** Suivant les valeurs de $a$, étudier la position relative de $(\mathscr{C}_f)$ et $(\mathscr{C}_g)$.

**7** Le plan est muni d'un repère orthonormé (O, I, J). On considère l'équation $(E_m)$ : $x^3 - m(x - 1) + 4 = 0$, dépendant du paramètre $m$.
**1.** Vérifier que 1 n'est pas solution de $(E_m)$.
**2.** Déterminer une fonction $f$ de $\mathbb{R}$ vers $\mathbb{R}$ telle que l'équation (E') ci-dessous ait les mêmes solutions que l'équation $(Em)$ ; (E') : $f(x) = m$
**3.** Étudier la fonction $f$. On désigne par $(\mathscr{C}_f)$ sa représentation graphique.
**4.** Déterminer graphiquement, suivant les valeurs de $m$, le nombre de solutions de l'équation $(E_m)$.
**5.** Résoudre l'équation $(E_{12})$

### *Fonctions rationnelles*

**8** Le plan est muni du repère orthonormé (O, I, J). On considère une fonction rationnelle $f$ admettant le tableau de variation et la table des valeurs ci dessous.

| $x$ | $-\infty$ | | $0$ | | $1$ | | $+\infty$ |
|---|---|---|---|---|---|---|---|
| $f'(x)$ | | $+$ | $0$ | $-$ | $0$ | $+$ | |
| $f(x)$ | $-\infty$ | ↗ | $2$ | ↘ | $\frac{3}{2}$ | ↗ | $+\infty$ |

| $x$ | $-4$ | $-3$ | $-2$ | $-1$ | $2$ | $3$ | $4$ |
|---|---|---|---|---|---|---|---|
| $f(x)$ | $-3{,}6$ | $-2{,}5$ | $-1{,}2$ | $0{,}5$ | $2$ | $2{,}9$ | $3{,}9$ |

On veut construire la représentation graphique $(\mathscr{C})$ de $f$ dans un rectangle de 9 sur 13 cm de côté.
Tracer une esquisse de $(\mathscr{C})$.

**9** Dans chacun des cas suivants, étudier les variations de la fonction rationnelle $f$ définie par :

(1) $f(x) = \frac{1-x}{2+3x}$

(2) $f(x) = \frac{7x-9}{4x-5}$

(3) $f(x) = \frac{5x}{5x-3}$

(4) $f(x) = \frac{2-x^2}{2x^2-3}$

(5) $f(x) = \frac{5x^2-1}{5x+4}$

(6) $f(x) = \frac{x^2+2x}{x-3}$

(7) $f(x) = \frac{5+8x-2x^2}{4x+1}$

(8) $f(x) = \frac{x^3+4}{x-1}$

**10** Le plan est muni d'un repère orthonormé. On considère la fonction rationnelle $f$ définie par :

$f(x) = \frac{2x^2+3x}{x+2}$ .

**1.** Étudier les variations de $f$.
Déterminer l'asymptote verticale de $(\mathscr{C})$.

**2.** Trouver trois nombres réels $a$, $b$, $c$ tels que :

$$f(x) = ax + b + \frac{c}{x+2}.$$

En déduire que la représentation graphique $(\mathscr{C})$ de $f$ admet une asymptote oblique dont on précisera une équation.

**3.** Démontrer que le point de concours des asymptotes est un centre de symétrie de $(\mathscr{C})$.

**4.** Construire $(\mathscr{C})$.

**5.** $(D_m)$ est la droite d'équation : $y = mx - 1$. Discuter suivant les valeurs du paramètre $m$ le nombre de points d'intersection de $(D_m)$ et de $(\mathscr{C})$.

**11** Le plan est muni d'un repère orthonormé. On considère la fonction rationnelle $f$ définie par :

$f(x) = \frac{ax+b}{c+x}$. ($a$, $b$ et $c$ sont des nombres réels).

On désigne par $(\mathscr{C}_f)$ sa représentation graphique.

**1.** Déterminer les nombres réels $a$, $b$ et $c$ pour que :

– $(\mathscr{C}_f)$ admette les asymptotes d'équations respectives : $x = -2$ ; $y = 1$.

– la tangente à $(\mathscr{C}_f)$ au point d'abscisse $-1$ soit parallèle à la droite d'équation $y = -x$.

**2.** Construire $(\mathscr{C}_f)$.

**3.** En s'aidant de $(\mathscr{C}_f)$, construire la représentation graphique de la fonction rationnelle $g$ définie par :

$g(x) = \frac{-ax+b}{c-x}$ où $a$, $b$, $c$ sont les nombres réels déterminés à la première question.

**12** Le plan est muni du repère orthonormé (O, I, J). On considère la fonction rationnelle définie par :

$f(x) = \frac{2x^3-x^2-x+3}{x^2-1}$ .

**1.** Écrire $f(x)$ sous la forme $f(x) = ax + b + g(x)$
$[a \in \mathbb{R}$ ; $b \in \mathbb{R}]$

$$\text{avec} \begin{cases} \lim\limits_{x_1 \to -\infty} g(x) = 0 \\ \lim\limits_{x_1 \to +\infty} g(x) = 0 \end{cases}$$

**2.** En déduire que la représentation graphique $(\mathscr{C}_f)$ de $f$ admet une asymptote oblique (D).
Donner une équation de cette asymptote.

**3.** Étudier la position relative de $(\mathscr{C}_f)$ et de (D).

**13** Le plan est muni du repère orthonormé (O, I, J). On considère la fonction rationnelle définie par :

$f(x) = \frac{1}{1+x^2}$

**1.** Démontrer que $f$ est une fonction positive qui a pour maximum 1.

**2.** Étudier les variations de $f$ et construire sa représentation graphique $(\mathscr{C}_f)$ sur $[-3 ; 3]$.

**3.** Suivant les valeurs du nombre réel $m$, résoudre dans $\mathbb{R}$ l'équation $\frac{1}{1+x^2} = m$.

**14** Le plan est muni du repère orthonormé (O, I, J). On considère la fonction rationnelle définie par :

$f(x) = \frac{(x-1)^2}{1+x^2}$.

**1.** Étudier la fonction $f$.

**2.** Étudier graphiquement, suivant les valeurs du nombre réel $m$, le nombre et le signe des solutions de l'équation (E) $(m-1)\,x^2 + 2x - 1 + m = 0$

**15** Le plan est muni du repère orthonormé (O, I, J). On considère la fonction rationnelle définie par :

$f(x) = \frac{x^2-2x+3}{2-x}$ ;

**1.** Étudier la fonction $f$, on désigne par $(\mathscr{C}_f)$ sa représentation graphique.
*(On donnera les équations de l'asymptote oblique et de l'asymptote verticale à $(\mathscr{C}_f)$).*

**2.** Démontrer que le point d'intersection des asymptotes à $(\mathscr{C}_f)$ est un centre de symétrie de $(\mathscr{C}_f)$.

**3.** En utilisant $(\mathscr{C}_f)$, construire la représentation graphique de $|f|$.

**4.** Résoudre graphiquement, suivant les valeurs du nombre réel $m$, les équations suivantes :

(E) : $\frac{x^2-2x+3}{2-x} = \text{m}$ ;

(F) : $\left|\frac{x^2-2x+3}{2-x}\right| = \text{m}$.

**16** Le plan est muni du repère orthonormé (O, I, J). On considère la fonction rationnelle $f$ définie par :

$f(x) = \frac{x^2-1}{x}$ ;

**1.** Étudier la fonction $f$. On désigne par $(\mathscr{C}_f)$ sa représentation graphique (on précisera l'asymptote verticale et l'asymptote oblique).

**2.** Démontrer que le point d'intersection des asymptotes est un centre de symétrie de $(\mathscr{C}_f)$.

**3.** On désigne par $g$ la fonction de $\mathbb{R}$ vers $\mathbb{R}$ définie par $g(x) = f(|x|)$ (voir ch. 1 – TP1).

*a)* Démontrer que $g$ est paire et qu'elle coincide avec $f$ sur $\mathbb{R}^+$.

*b)* Construire la représentation graphique $(\mathscr{C}_g)$ de $g$ sur le même dessin que $(\mathscr{C}_f)$.

**4.** Résoudre graphiquement suivant les valeurs de $m$ le nombre et le signe des solutions de l'équation :

$$x^2 - m\,|x| + 1 = 0.$$

**17** Le plan est muni du repère orthonormé (O, I, J). On donne la fonction rationnelle $f$ définie par :

$f(x) = \frac{2-x}{2x+3}$.

**1.** Étudier les variations de $f$ et tracer la courbe $(\mathscr{C})$ de $f$.

**2.** On considère la fonction $g$ de $\mathbb{R}$ vers $\mathbb{R}$ définie par :

$g(x) = \frac{2-|x|}{2|x|+3}$ , de représentation graphique $(\mathscr{C}')$.

(voir ch. 1 – TP1).

*a)* Étudier la parité de $g$.

*b)* Déduire de $(\mathscr{C})$ et de la parité de $g$ le tracé de la représentation graphique $(\mathscr{C}')$ de $g$.

**18** Le plan est muni du repère orthonormé (O, I, J).
On considère la fonction rationnelle $f$ définie par :

$$f(x) = \frac{2(x-3)^2}{x^2 - 7x + 10}.$$

**1.** Étudier les variations de $f$ et construire la représentation graphique $(\mathscr{C})$ de $f$.
**2.** Discuter suivant les valeurs du paramètre réel $m$ le nombre et le signe des solutions de l'équations :
$(m-2)x^2 - (7m - 12)x + 2(5m - 9) = 0.$

**19** Le plan est muni du repère orthonormé (O, I, J).
On donne la fonction rationnelle $f$ définie par :

$$f(x) = \frac{(x-1)^2}{x^2+1}.$$

**1.** Étudier les variations de $f$ (justifier que $f$ admet une asymptote horizontale dont on précisera une équation).
**2.** Démontrer que le point S(0 ; 1) est un centre de symétrie de $(\mathscr{C})$. Donner une équation de la tangente (T) à $(\mathscr{C})$ au point S.
**3.** Construire (T) et $(\mathscr{C})$.
**4.** Tracer la courbe $(\mathscr{C}')$ de la fonction $g$ définie par : $g(x) = f(|x|)$. (voir ch. 1 – TP1.)
**5.** Résoudre graphiquement l'équation :
$(1 - m)(x^2 + 1) - 2x = 0$ où $m$ est un paramètre réel.

**20** Le plan est muni du repère orthonormé (O, I, J).
On considère la fonction rationnelle $f$ définie par :

$$f(x) = \frac{3x^2 + ax + b}{x^2+1}.$$

**1.** Déterminer les nombres réels $a$ et $b$ pour que la courbe représentative $(\mathscr{C})$ de $f$ soit tangente au point d'abscisse 0 à la droite d'équation $y = 4x + 3$.
**2.** Pour les valeurs de $a$ et $b$ trouvées à la 1re question, démontrer que : pour tout nombre réel $x$, $f(x) = 3 + \dfrac{4x}{x^2+1}$.
**3.** Étudier les variations de $f$.
**4.** Démontrer que le point I(0 ; 3) est un centre de symétrie de $(\mathscr{C})$.
**5.** Tracer $(\mathscr{C})$ et sa tangente au point I.
*b)* En déduire la courbe $(\mathscr{C}')$ de la fonction $g$ définie par $g(x) = -f(x)$.

### *Fonctions trigonométriques*

**21** Le plan est muni du repère orthogonal (O, I, J).
**1.** Construire la représentation graphique de la fonction sinus.
**2.** Dans chacun des cas suivants, en déduire la représentation graphique de la fonction $f$ associée à la fonction sinus.

(1) $f(x) = -\sin x$ (2) $f(x) = \sin(x + 2)$
(3) $f(x) = \sin(-x)$ (4) $f(x) = 3 + \sin x$
(5) $f(x) = -|\sin x|$ (6) $f(x) = 2 + \sin(x - 1)$

**22** Le plan est muni du repère orthogonal (O, I, J).
**1.** Construire la représentation graphique de la fonction tangente.
**2.** Dans chacun des cas suivants, en déduire la représentation graphique de la fonction $f$ associée à la fonction tangente.

(1) $f(x) = -\tan x$ (2) $f(x) = \tan(x + 2)$
(3) $f(x) = \tan(-x)$ (4) $f(x) = 3 + \tan x$
(5) $f(x) = -|\tan x|$ (6) $f(x) = 2 + \tan(x - 1)$

**23** Le plan est muni du repère orthogonal (O, I, J).
**1.** Construire la représentation graphique des fonctions sinus et cosinus sur un même graphique.
**2.** On considère la fonction $f$ de $\mathbb{R}$ vers $\mathbb{R}$ définie par $f(x) = \sin x + \cos x$
– Construire point par point la représentation graphique $(\mathscr{C}_f)$ de $f$, sur $]-\pi\,;\,\pi]$ (voir ch. 4 – TP1).
– Vérifier que $f$ est une fonction périodique de période $2\pi$. Déduire de la question précédente la représentation graphique $(\mathscr{C}_f)$ de $f$ sur $]-3\pi\,;\,3\pi]$.
**3.** Déduire de $(\mathscr{C}_f)$ le tableau de variation de $f$ sur l'intervalle $[-\pi\,;\,\pi]$.

**24** Résoudre graphiquement les équations suivantes, où $x$ est exprimé en radian.

(1) $\tan x = 11$ (3) $\tan x = \sqrt{3}$
(2) $\tan x = \dfrac{\sqrt{3}}{2}$ (4) $\tan x = -2$

## Calcul approché des zéros d'une fonction

**25** Dans chacun des cas suivants, vérifier que la fonction s'annule pour une unique valeur.
En utilisant la méthode du balayage, trouver un encadrement d'amplitude $10^{-2}$ de cette valeur.

(1) $f(x) = -x^3 + x^2 + x + 1$
(2) $f(x) = 2x^3 - 4x + 4$
(3) $f(x) = 3x^3 + x^2 + 1$
(4) $f(x) = -x^3 + x - 12$

**26** Dans chacun des cas suivants, en utilisant la méthode de dichotomie, trouver un encadrement d'amplitude 0,25 de chaque zéro de la fonction $f$.

(1) $f(x) = \dfrac{1}{6}x^3 - \dfrac{1}{4}x^2 - 3x + 1$
(2) $f(x) = -2x^3 + x^2 + 20x + 12$
(3) $f(x) = 3x^4 - 4x^3 - 1$
(4) $f(x) = 2x^4 - 4x^2 + \dfrac{1}{2}$

## APPROFONDISSEMENT

*Le plan est muni du repère orthonormé (O, I, J).*

**27** On considère la fonction homographique $f$ définie par :

$$f(x) = \frac{ax+1}{x+a} \quad [a \in \mathbb{R}^+]$$

**1.** Construire la courbe représentative $(\mathscr{C})$ dans les deux cas suivants : $0 < a < 1$ et $1 < a$.
(On prendra 0,5 et 2).
**2.** On donne la droite (D) d'équation $y - m\,x = 0$. Démontrer que les abscisses des points d'intersection de $(\mathscr{C})$ et de (D) sont les racines d'un polynôme du second degré que l'on déterminera.
En déduire la condition d'existence de ces points.

**28** **1.** Déterminer l'ensemble des nombres réels $x$ tels que : $-1 < \dfrac{4-x}{2x-4} < 1$
**2.** Tracer la représentation graphique de la fonction homographique $f$ définie par : $f(x) = \dfrac{4-x}{2x-4}$
Vérifier les résultats de la première question.
**3.** $m$ et $n$ sont des nombres différents de 2 et de somme égale à 6. Vérifier que le produit $f(m) \times f(n)$ reste constant.

**29** **1.** Tracer la représentation graphique de la fonction $f$ définie par : $f(x) = \dfrac{5}{2(x+1)}$.
La droite (D) d'équation : $y = 2(x + 1)$.
Déterminer les coordonnées des points d'intersection de ces deux courbes.
**2.** Par un point M de (D), on mène la droite parallèle à l'axe des ordonnées, qui coupe ($\mathscr{C}$) en A et la droite parallèle à l'axe des abscisses, qui coupe ($\mathscr{C}$) en B. Tracer le rectangle AMBP, et justifier que P est un point de (D). Quel est l'ensemble parcouru par le milieu H du segment [AB] quand M parcourt (D) ?

**30** $k$ étant un nombre réel, on considère la fonction $f_k$ définie par : $f_k(x) = x^2 - 2kx + k^2 + k + 1$.
**1.** Déterminer $k$ pour que la fonction $f_k$ ait un minimum égal à $-4$.
**2.** Tracer la courbe ($\mathscr{C}$) représentative de la fonction $f_{-5}$ correspondant à $k = -5$.
(D) est la droite d'équation $y = mx$.
Trouver les abscisses des points d'intersection de (D) et de ($\mathscr{C}$). Donner la condition d'existence de ces points. En déduire l'équation des deux tangentes à ($\mathscr{C}$) passant par l'origine O. M est le milieu des points d'intersection de ($\mathscr{C}$) et (D). Démontrer que M appartient à une parabole dont l'équation ne dépend pas de $m$.

**31** On donne les fonctions $f(x) = \dfrac{Ax+3}{x+D}$ et $g(x) = ax^2 + bx + 3$.
**1.** Calculer les valeurs des nombres $a$, $b$, A et D pour que chacune des courbes représentatives ($\mathscr{C}_f$) et ($\mathscr{C}_g$) passe par les points M($-2$ ; $-1$) et N($-3$ ; 0).
**2.** Tracer alors ($\mathscr{C}_f$) et ($\mathscr{C}_g$) et calculer les coordonnées de leur troisième point commun P.

## PROBLÈMES

**32** On considère la fonction rationnelle $f$ définie par : $f(x) = \dfrac{ax+b}{x^2-4}$ $[(a, b) \in \mathbb{R}^2]$.
**1.** Déterminer l'ensemble de définition de $f$.
**2.** Calculer la dérivée de $f$.
À quelle condition portant sur $a$ et $b$ la fonction $f$ est-elle strictement monotone sur chaque intervalle où elle est définie.
**3.** Déterminer $a$ et $b$ pour que la courbe représentative ($\mathscr{C}_f$) de $f$ passe par le point de coordonnées A$(0 ; -\frac{5}{4})$ et admette en ce point une tangente de coefficient directeur $\frac{1}{2}$.
**4.** $a$ et $b$ ayant les valeurs trouvées à la question 3), étudier les variations de $f$. Déterminer les points d'intersection de ($\mathscr{C}_f$) avec les axes de coordonnées et donner les équations des tangentes en ces points.
**5.** Tracer ($\mathscr{C}_f$) avec ses tangentes en A et aux points d'intersection avec les axes de coordonnées.
**6.** Discuter graphiquement l'existence et le nombre de solutions de l'équation : $mx^2 + 2x - (4m + 5) = 0$ (où $m$ est un paramètre réel). On précisera la position des solutions par rapport aux nombres 1 et 4.

**33** I) Le plan est muni du repère orthonormé (O, I, J). On considère la fonction $g$ de $\mathbb{R}$ vers $\mathbb{R}$ définie par :
$g(x) = \dfrac{-x^2+3x-1}{x^2}$
Étudier les variations de $g$ et construire la représentation graphique ($\mathscr{C}$) de $f$.
II) $m$ étant un paramètre, on considère la fonction $f_m$ de $\mathbb{R}$ vers $\mathbb{R}$ définie par :
$$f_m(x) = 8m\,x^4 - 2x^2 - 8m + 3.$$
On désigne par ($\mathscr{C}_m$) la courbe représentative de $f_m$ dans le plan muni du repère (O,I,J).
**1.** Démontrer que les courbes ($\mathscr{C}_m$) passent par deux points dont les coordonnées ne dépendent pas de $m$.
**2.** Étudier les variations de $f_m$ sur $[0 ; +\infty[$ et dresser son tableau de variation. (On distinguera les cas $m < 0$, $m = 0$ et $m > 0$).
**3.** Tracer sur le même dessin que ($\mathscr{C}$) la courbe ($\mathscr{C}_{\frac{1}{2}}$).

**34** On donne la fonction $f$ de $\mathbb{R}$ vers $\mathbb{R}$ définie par :
$f(x) = \dfrac{x+1}{x^2+1}$.
On note ($\mathscr{C}$) la courbe représentative de $f$ dans le plan muni d'un repère orthonormé (O,I, J).
**1.** Étudier les variations de $f$.
**2.** Déterminer les coordonnées du point A d'intersection de ($\mathscr{C}$) avec l'axe des abscisses et le point B d'intersection de ($\mathscr{C}$) avec la première bissectrice.
*a)* Donner les équations des tangentes $D_1$ et $D_2$ à la courbe ($\mathscr{C}$) en A et B respectivement.
*b)* Étudier suivant les valeurs de $x$ le signe de chacune des expressions suivantes :
$f(x) - \frac{1}{2}(x+1)$ ; $f(x) - \frac{1}{2}(x-3)$.
En déduire les positions relatives de ($\mathscr{C}$) et $D_1$ d'une part et de ($\mathscr{C}$) et $D_2$ d'autre part.
**3.** Construire ($\mathscr{C}$).
**4.** Discuter graphiquement le nombre de solutions dans $\mathbb{R}$ de l'équation :
$m\,x^2 - x + m - 1 = 0$ (où $m$ est paramètre).

**35** Le plan est muni du repère orthonormé (O, I, J). $m$ étant un paramètre, on considère la fonction $f_m$ de $\mathbb{R}$ vers $\mathbb{R}$ définie par :
$f_m(x) = \dfrac{x^2-(m+2)x+2m+2}{x-1}$
de représentation graphique ($\mathscr{C}_m$).
**1.** Démontrer que toutes les courbes ($\mathscr{C}_m$) passent par un point A dont les coordonnées ne dépendent pas de $m$.
**2.** Étudier la fonction $f_0$.
**3.** On suppose que $m$ est différent de 0.
Etudier les variations de $f_m$ suivant les valeurs de $m$.
**4.** Déterminer en fonction de $m$ les nombres réels $a$, $b$ et c tels que : $f_m(x) = ax + b + \dfrac{c}{x-1}$
et en déduire une équation de l'asymptote à ($\mathscr{C}_m$) à l'infini.
**5.** Démontrer que B(1 ; $-m-1$) est un centre de symétrie de ($\mathscr{C}_m$).
**6.** Construire les courbes ($\mathscr{C}_4$) et ($\mathscr{C}_{-4}$) sur le même dessin.

**7.** Discuter graphiquement suivant les valeurs du paramètre $a$ le nombre de solutions de l'équation :
$x^2 - (7 + a)x + 10 + a = 0$.

**36** Le plan est muni d'un repère orthonormé. On considère la fonction $f_m : \mathbb{R} \to \mathbb{R}$

$$x \mapsto 2x - m + \frac{8 - 2m^2}{x - 2m}$$

(où $m$ est un paramètre).
$(\mathscr{C}_m)$ est la représentation graphique de $f_m$.

**– Partie A –**

**1.** Étudier le sens de variation de la fonction $f_0$ correspondant à $m = 0$.
**2.** Démontrer que la représentation graphique $(\mathscr{C}_0)$ de $f_0$ admet un centre de symétrie et pour asymptote la droite d'équation : $y = 2x$.
**3.** Représenter graphiquement $(\mathscr{C}_0)$.
**4.** Utiliser la courbe $(\mathscr{C}_0)$ pour discuter l'existence et le signe des solutions de l'équation :
$ax^2 - kx + 8 = 0$

**– Partie B –**

**1.** Démontrer que toutes les courbes $(\mathscr{C}_m)$ passent par deux points A et B dont on déterminera les coordonnées.
**2.** Représenter sur le même graphique que $(\mathscr{C}_0)$, les courbes $(\mathscr{C}_1)$ et $(\mathscr{C}_{-1})$.

**37** Le plan est muni d'un repère orthogonal. On considère la fonction $f : \mathbb{R} \to \mathbb{R}$

$$x \mapsto \sin\left(-2x + \frac{\pi}{6}\right)$$

**1.** Démontrer que $f$ est une fonction périodique de période $\pi$.
**2.** $f'$ est la fonction dérivée de $f$. Vérifier que sur l'intervalle $[0 ; \pi]$, $\frac{\pi}{3}$ et $\frac{5\pi}{6}$ sont les deux solutions de l'équation : $f'(x) = 0$.
**3.** Étudier le signe de $\cos(-2x + \frac{\pi}{6})$ dans chacun des cas suivants : $x \in [0 ; \frac{\pi}{3}]$ ; $x \in [\frac{\pi}{3} ; \frac{5\pi}{6}]$ ; $x \in [\frac{5\pi}{6} ; \pi]$.
**4.** En déduire le sens de variation de la restriction à $[0 ; \pi]$ de la fonction $f$. Donner son tableau de variation. Calculer $f(0)$ et $f(\pi)$.
**5.** Vérifier que sur l'intervalle $[0 ; \pi]$, $\frac{\pi}{12}$ et $\frac{7\pi}{12}$ sont les deux solutions de l'équation : $f(x) = 0$.
**6.** Donner un tableau de valeurs de la restriction de $f$ à $[0 ; \pi]$.
**7.** Construire la représentation graphique de la restriction de $f$ à $[0 ; \pi]$. Comment peut-on obtenir la représentation graphique de $f$ sur $\mathbb{R}$.
**8.** Résoudre graphiquement dans l'intervalle $[-\pi ; \pi]$ l'équation : $f(x) = m$ (où $m$ est un paramètre).

**38** Le plan est muni d'un repère orthogonal. On donne la fonction :
$f : \mathbb{R} \to \mathbb{R}$

$$x \mapsto 1 - 2\cos\left(3x + \frac{\pi}{4}\right)$$

**1.** Vérifier que $f$ est une fonction périodique de période $\frac{2\pi}{3}$.
**2.** En s'inspirant de l'exercice précédent :
*a)* Étudier le sens de variation de $f$ sur l'intervalle $[0 ; \frac{2\pi}{3}]$.
*b)* Construire la représentation graphique de la restriction de $f$ à l'intervalle $[0 ; \frac{2\pi}{3}]$.
*c)* Construire la représentation graphique de $f$.

***En économie***

Pour un produit donné, $q$ étant la quantité produite, on désigne par :
$\mathscr{C}(q)$ le coût de production
$\mathscr{C}$ la fonction coût
$\mathscr{C}_m(q)$ le coût marginal au niveau $q$ ($\mathscr{C}_m(q) = \mathscr{C}(q+1) - \mathscr{C}(q)$)
$\mathscr{C}_M(q)$ le coût unitaire moyen ($\mathscr{C}_M(q) = \frac{\mathscr{C}(q)}{q}$)

**39** Une entreprise fabrique un produit A. La fonction coût $\mathscr{C}$ est définie par :
$\mathscr{C}(x) = x^3 + 3x^2 + 3x + 200$, ($\mathscr{C}(x)$ est le coût ou prix de revient en FCFA d'une quantité $x$ de produit A).
**1.** Étudier la fonction $\mathscr{C}$ sur $[0 ; 10]$.
**2.** Calculer le coût marginal $\mathscr{C}_m(x)$ au niveau $x$ :
$\mathscr{C}_m(x) = \mathscr{C}(x + 1) - \mathscr{C}(x)$
Étudier la fonction $\mathscr{C}_m$ sur $[0 ; 10]$.
**3.** Comparer $\mathscr{C}_m$ et la dérivée $\mathscr{C}'$ de la fonction coût $\mathscr{C}$. Étudier la fonction $\mathscr{C}'$ sur $[0 ; 10]$. Étudier la position relative des représentations graphiques de $\mathscr{C}_m$ et $\mathscr{C}$ ?
**4.** Sachant que le produit A est vendu à 7 500 F CFA l'unité, exprimer en fonction de $x$ le bénéfice B réalisé. (On suppose que la production est entièrement vendue.) Déterminer la production X qui procure un bénéfice maximum.

**40** Le coût unitaire moyen d'un produit est donné par la formule : $\mathscr{C}_M(q) = q^2 - 20q + 200$
(où $q$ est la quantité produite).
**1.** Déterminer la fonction coût $\mathscr{C}$ définie par $\mathscr{C}_M(q) = \frac{\mathscr{C}(q)}{q}$.
En déduire la fonction coût marginal $\mathscr{C}_m$ ($\mathscr{C}_m = \mathscr{C}'$).
**2.** Étudier les fonctions $\mathscr{C}$, $\mathscr{C}_M$, $\mathscr{C}_m$. (Construire leurs représentations graphiques sur le même dessin.) Vérifier que les représentations graphiques des fonctions $\mathscr{C}_M$ et $\mathscr{C}_m$ se coupent en un point dont l'ordonnée est la valeur minimum du coût moyen.

**41** Dans une entreprise, le coût de fabrication d'une pièce dépend du nombre $n$ de pièces fabriquées. Sachant que dans ces conditions, la fabrication d'une pièce d'un type donné coûte $C_A(n)$ avec une machine A et $C_B(n)$ avec une machine B telle que :

$$C_A(n) = 1\,400 + \frac{80\,000}{n}$$

$$C_B(n) = 1\,200 + \frac{300\,000}{n}$$

($n$ est un nombre entier relatif compris entre 400 et 2 000).
On veut étudier la machine la plus économique.
**1.** Construire sur le même dessin et sur $[400 ; 2\,000]$, les représentations graphiques $(\mathscr{C}_f)$ et $(\mathscr{C}_g)$ des fonctions $f$ et $g$ de $\mathbb{R}$ vers $\mathbb{R}$ définies par :

$$f(x) = 1\,400 + \frac{80\,000}{x} \qquad g(x) = 1\,200 + \frac{300\,000}{x}$$

**2.** Utiliser les graphiques pour déterminer, suivant les valeurs de $n$, la machine la plus économique.

# 9 Suites numériques

*Ensembles géométriques ou objets naturels, toutes ces fractales sont étonnantes et magnifiques.*
*Par quel processus parvient-on à obtenir le fait que toute partie d'une fractale ait la même structure irrégulière et fragmentée que le tout, bien sûr à des échelles différentes ?!!*
*Peut-on itérer indéfiniment le processus ?*

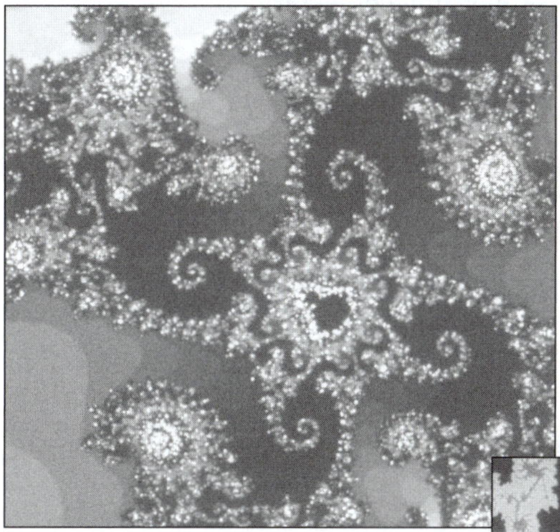



Géométrie fractale : zoom sur l'ensemble de MANDELBROT

Dendrites dans le calcaire de Solenhofen, Bavière

## SOMMAIRE

# 1 Généralités

## 1.1. Définition

On donne le segment $[OA_0]$ de longueur 1.
On construit, de proche en proche, les segments $[OA_1]$, $[OA_2]$, $[OA_3]$ de sorte que :

- les triangles $OA_0A_1$, $OA_1A_2$, $OA_2A_3$, soient rectangles respectivement en $A_0$, $A_1$, $A_2$ ;
- $OA_0 = A_0A_1 = A_1A_2 = A_2A_3 = 1$

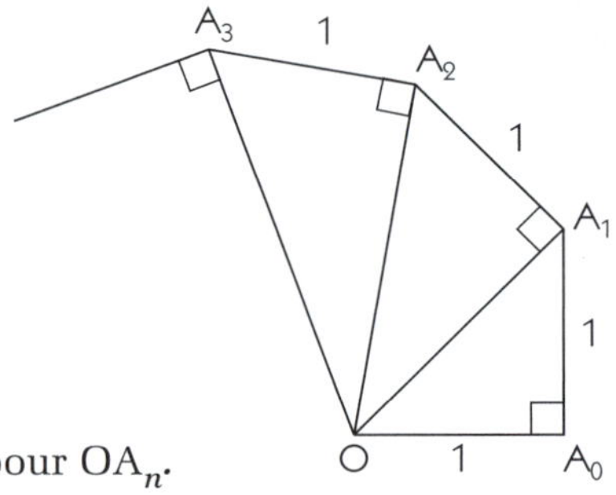


- Construire de la même manière $[OA_4]$, $[OA_5]$.
- Calculer $OA_1$, $OA_2$, $OA_3$ , $OA_4$.
- $n$ étant un nombre entier naturel, formuler une conjecture pour $OA_n$.

À chaque nombre entier naturel $n$, on peut associer la distance $OA_n$.
On définit ainsi une fonction de $\mathbb{N}$ vers $\mathbb{R}$, appelée **suite numérique**.

### Définition

**On appelle suite numérique toute fonction de $\mathbb{N}$ vers $\mathbb{R}$.**

$u : \mathbb{N} \to \mathbb{R}$, $n \mapsto u(n)$ est une suite numérique d'ensemble de définition E.

On note cette suite : $(u_n)_{n \in E}$

Lorsqu'il n'y a pas d'ambiguïté, la suite $(u_n)_{n \in E}$ est notée plus simplement $(u_n)$.

On note $u_n$ l'image de $n$ par $u$ ; c'est le **terme d'indice $n$** aussi appelé le **terme général** de la suite

### Remarque

*L'ensemble de définition d'une suite numérique est l'ensemble des nombres entiers naturels supérieurs ou égaux à un nombre entier naturel donné.*

## 1.2. Modes de détermination d'une suite

Une suite est déterminée par la donnée de tous ses termes ou par la donnée d'un moyen de les calculer.

### Suites définies par une formule explicite

■ On considère la suite numérique $u : \mathbb{N} \to \mathbb{R}$, $n \mapsto n(n+1)$

Cette suite numérique peut être définie par la formule explicite : $u_n = n(n+1)$.

- Calculer $u_1$ ; $u_2$ ; $u_{10}$ ; $u_{50}$ ; $u_{100}$.
- Exprimer en fonction de $n$, chacun des termes suivants : $u_{n-1}$ ; $u_{n+1}$ ; $u_{2n}$ ; $u_{2n+1}$.

■ Plus généralement,
on peut définir une suite numérique $(u_n)_{n \in E}$ par la donnée d'une formule explicite qui détermine le terme général $u_n$ en fonction de $n$.
Une telle suite est dite **définie par une formule explicite**.

*Exemple*

$f$ étant la fonction de $\mathbb{R}$ vers $\mathbb{R}$ définie par : $f(x) = \dfrac{1}{x^2+1}$,
on peut définir une suite numérique $(u_n)$ par la formule explicite : $u_n = f(n)$.

## Suites définies par récurrence

■ L'activité du §1.1 met en évidence la suite de terme général $OA_n$ et de premier terme $OA_0$ égal à 1.
On pose : $u_0 = OA_0$ ; $u_n = OA_n$.
En appliquant la propriété de Pythagore au triangle rectangle $OA_nA_{n+1}$, on obtient : $u_{n+1} = \sqrt{1 + u_n^2}$ .
Cette formule permet de calculer la valeur d'un terme quelconque de la suite dès que la valeur du terme précédent est connue. Ainsi, connaissant $u_0$, on peut calculer de proche en proche tous les termes de la suite.

$$u_1 = \sqrt{1 + u_0^2} = \sqrt{2} \ ; \qquad u_2 = \sqrt{1 + u_1^2} = \sqrt{3} \ ; \dots .$$

- Calculer $u_6$ ; $u_7$.
- Exprimer $u_{n+2}$ en fonction de $u_{n+1}$, puis de $u_n$.

La suite $(u_n)$ peut donc être définie par : $\begin{cases} u_0 = 1 \\ u_{n+1} = \sqrt{1 + u_n^2} \end{cases}$.

■ Plus généralement,
on peut définir une suite numérique $(u_n)_{n \in E}$, par la donnée :

– de son premier terme ou d'un terme défini par sa valeur numérique et son indice,
– d'une formule de récurrence explicitant le calcul de $u_{n+1}$ en fonction de $u_n$.

Une telle suite est dite **définie par récurrence**.

*Exemple*

$g$ étant la fonction de $\mathbb{R}$ vers $\mathbb{R}$ définie par : $g(x) = x + \dfrac{1}{x}$ ,
on peut définir par récurrence une suite numérique $(u_n)$ par : $\begin{cases} u_0 = 2 \\ u_{n+1} = g(u_n) \end{cases}$.

## Passage d'un mode de détermination à l'autre

### ■ Définir par récurrence une suite définie par une formule explicite

**La suite $(u_n)$ est définie par : $u_n = 2n + 3$.**
**Définissons cette suite $(u_n)$ par récurrence.**

***Calcul du premier terme de cette suite***

$$u_0 = 2 \times 0 + 3 = 3$$

***Expression du terme $u_{n+1}$ en fonction de $u_n$***

$$\begin{aligned} u_{n+1} &= 2(n + 1) + 3 \\ &= (2n + 3) + 2 \\ &= u_n + 2 \end{aligned}$$

La suite $(u_n)$ est définie par : $\begin{cases} u_0 = 3 \\ u_{n+1} = u_n + 2. \end{cases}$

**La suite $(v_n)$ est définie par : $v_n = \dfrac{5}{4^n}$ .**
**Définissons cette suite $(v_n)$ par récurrence.**

***Calcul du premier terme de cette suite***

$$v_0 = \frac{5}{4^0} = 5$$

***Expression du terme $v_{n+1}$ en fonction de $v_n$***

$$\begin{aligned} v_{n+1} &= \frac{5}{4^{n+1}} = \frac{1}{4} \times \frac{5}{4^n} \\ &= \frac{1}{4}\, u_n \end{aligned}$$

La suite $(v_n)$ est définie par : $\begin{cases} v_0 = 5 \\ v_{n+1} = \frac{1}{4} v_n. \end{cases}$

### ■ Définir par une formule explicite une suite définie par récurrence

**On donne la suite $(u_n)$, définie par : $\begin{cases} u_0 = 0{,}8 \\ u_{n+1} = 5u_n \end{cases}$**
**Définissons cette suite $(u_n)$ par une formule explicite.**

***Recherche d'une conjecture pour l'expression du terme général***

Calculons quelques termes afin de formuler une conjecture pour l'expression du terme général.

$$u_1 = 0{,}8 \times 5 \ ; \quad u_2 = 0{,}8 \times 5^2 \ ; \quad u_3 = 0{,}8 \times 5^3 \ ; \quad u_4 = 0{,}8 \times 5^4 \ ; \quad u_5 = 0{,}8 \times 5^5 \ ; \ \dots$$

Il semble que :
pour tout nombre entier naturel $n$, $u_n = 0{,}8 \times 5^n$.

***Contrôle de cette conjecture***

Considérons la suite de terme général : $0{,}8 \times 5^n$.
Son premier terme, le terme d'indice 0 est : 0,8.

Exprimons son terme d'indice $n + 1$ en fonction de son terme d'indice $n$.

$$\underbrace{0{,}8 \times 5^{n+1}}_{\text{terme d'indice } n+1} = 5 \times \underbrace{(0{,}8 \times 5^{n})}_{\text{terme d'indice } n}$$

Donc la suite numérique de terme général $0{,}8 \times 5^n$ n'est autre que la suite $(u_n)$.

**On donne la suite $(v_n)$, définie par : $\begin{cases} v_0 = 5 \\ v_{n+1} = v_n - 2 \end{cases}$**
**Définissons cette suite $(v_n)$ par une formule explicite.**

***Recherche d'une conjecture pour l'expression du terme général***
Calculons quelques termes afin de formuler une conjecture pour l'expression du terme général.

$v_1 = 5 - 2$ ; $v_2 = 5 - 2 \times 2$ ; $v_3 = 5 - 3 \times 2$ ; $v_4 = 5 - 4 \times 2$ ; $v_5 = 5 - 5 \times 2$ ; …

Il semble que :

pour tout nombre entier naturel $n$, $v_n = 5 - 2n$.

***Contrôle de cette conjecture***
Considérons la suite de terme général : $5 - 2n$.
Son premier terme, le terme d'indice 0, est : 5.
- Exprimer son terme d'indice $n + 1$ en fonction de son terme d'indice $n$.
- Conclure.

# Exercices

1.a $(u_n)$ est la suite définie par :

$$\begin{cases} u_0 = 10 \\ u_{n+1} = \frac{1}{2}u_n - 1 \end{cases}$$

Calculer $u_1$, $u_2$, $u_3$, $u_4$.

1.b $(u_n)_{n \in \mathbb{N}^*}$ est la suite définie par :

$$\begin{cases} u_1 = 4 \\ u_{n+1} = \frac{1}{2}(u_n + \frac{10}{u_n}) \end{cases}$$

Calculer le 3^e^ terme de la suite.

## 1.3. Représentation graphique des termes d'une suite

*Comme toute fonction, une suite numérique peut être représentée graphiquement dans le plan muni d'un repère. Cependant, une suite étant définie sur une partie de ℕ, il est possible d'en représenter les termes sur un axe. Une telle représentation permettra aussi de conjecturer le comportement de la suite.*

### Représentation et détermination numérique des termes

**■ Suites du type : $u_n = f(n)$**

**On donne la suite $(u_n)$ définie par :**

$$u_n = 3 + n \times (-1)^n$$

**On veut représenter sur un axe les premiers termes de cette suite.**

Après calcul, on obtient :
$u_0 = 3$ ; $u_1 = 2$ ; $u_2 = 5$ ; $u_3 = 0$ ; $u_4 = 7$ ; $u_5 = -2$.

Sur la droite de repère (O, I), nous marquons les points d'abscisses $u_0$, $u_1$, $u_2$, $u_3$, $u_4$, $u_5$.

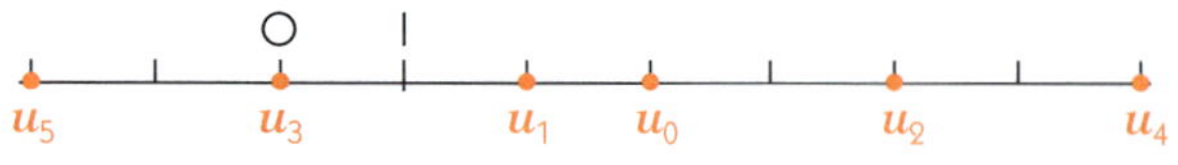


**■ Suites du type : $u_{n+1} = g(u_n)$**

**On donne la suite $(u_n)$ définie par :**

$$\begin{cases} u_0 = 10 \\ u_{n+1} = \frac{1}{2} u_n - 1 \end{cases}$$

**On veut représenter sur un axe les premiers termes de cette suite.**

Après calcul, on obtient :
$u_0 = 10$ ; $u_1 = 4$ ; $u_2 = 1$ ; $u_3 = -\frac{1}{2}$ ; $u_4 = -\frac{5}{4}$.

Sur la droite de repère (O, I), nous marquons les points d'abscisses $u_0$, $u_1$, $u_2$, $u_3$, $u_4$, $u_5$.

## Représentation et détermination graphique des termes

### Suites du type : $u_n = f(n)$

**On donne la suite $(u_n)$ définie par :**

$$u_n = \sqrt{n}$$

**On veut représenter sur un axe les premiers termes de cette suite.**

Dans le plan muni du repère orthogonal (O,I,J), on a tracé la représentation graphique $(\mathscr{C}_f)$ de la fonction $f$ de $\mathbb{R}$ vers $\mathbb{R}$, définie par : $f(x) = \sqrt{x}$.

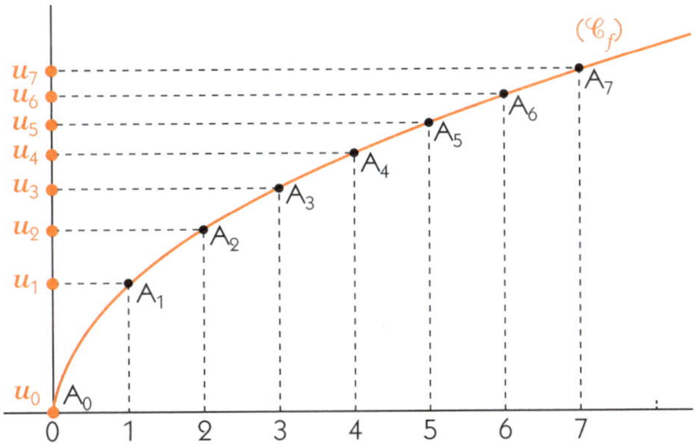


Dans le plan, la représentation graphique de la suite $(u_n)$ est l'ensemble des points $A_n(n\ ;\ u_n)$, points de $(\mathscr{C}_f)$ ayant pour abscisse un nombre entier naturel.

Cette représentation graphique détermine, par projection orthogonale des points $A_n$ sur (OJ), une représentation graphique de $(u_n)$ sur l'axe (OJ).

#### Remarque

*On peut également obtenir la représentation graphique de $(u_n)$ sur l'axe (OI) en utilisant la droite (D) d'équation : $y = x$.*

### Suites du type : $u_{n+1} = g(u_n)$

**On donne la suite $(u_n)$ définie par :**

$$\begin{cases} u_0 = 2 \\ u_{n+1} = \frac{1}{2}u_n + 4 \end{cases}$$

**On veut représenter sur un axe les premiers termes de cette suite.**

Dans le plan muni du repère orthogonal (O,I,J), on a tracé la représentation graphique $(\mathscr{C}_g)$ de la fonction $g$ de $\mathbb{R}$ vers $\mathbb{R}$, définie par : $g(x) = \frac{1}{2}x + 4$ et la droite (D) d'équation : $y = x$.

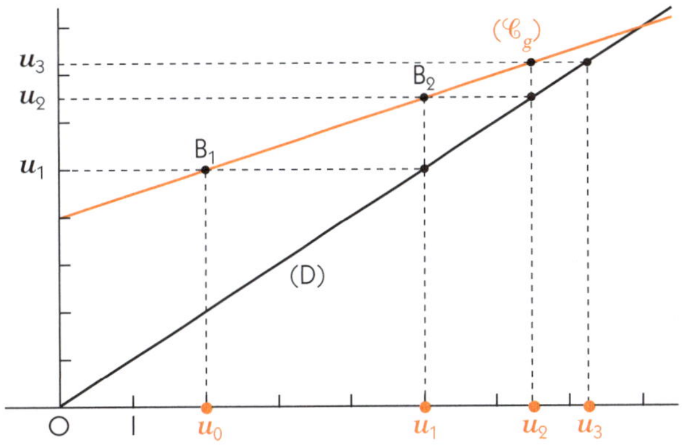


Marquer $u_0$ sur (OI)

*Construction de $u_1$*

À l'aide de $(\mathscr{C}_g)$ construire $B_1(u_0\ ,\ g(u_0))$.
On obtient $u_1$ sur (OJ).
À l'aide de (D), reporter $u_1$ sur (OI)

*Construction de $u_2$*

À l'aide de $(\mathscr{C}_g)$ construire $B_2(u_1\ ,\ g(u_1))$.
On obtient $u_2$ sur (OJ).
À l'aide de (D), reporter $u_2$ sur (OI) ...

Cette méthode permet de déterminer de proche en proche les premiers termes de la suite $(u_n)$.

## Exercices

**1.c** $(u_n)$ est la suite définie par $u_n = 2n - 8$.
Représenter sur l'axe (OI) les termes d'indices 0 à 5 de cette suite.

**1.d** $(u_n)$ est la suite définie par $\begin{cases} u_0 = 7 \\ u_{n+1} = u_n - 1 \end{cases}$

Représenter sur l'axe (OI) les termes d'indices 0 à 6 de cette suite.

**1.e** $(u_n)$ est la suite définie par $\begin{cases} u_0 = 3 \\ u_{n+1} = -u_n + 1 \end{cases}$

Représenter sur l'axe (OI) les termes d'indices 0 à 3 de cette suite.

# 2 Étude d'une suite numérique

## 2.1. Variations d'une suite numérique

### Définitions — Propriétés

Une suite étant une fonction de ℝ vers ℝ, on peut lui appliquer les définitions et propriétés générales des fonctions numériques d'une variable réelle.

Ainsi, une suite numérique $(u_n)_{n \in E}$ est :

– **croissante** lorsque,
pour tous nombres entiers naturels $m$ et $n$ de E,
$$m < n \Rightarrow u_m \leqslant u_n$$

– **strictement croissante** lorsque,
pour tous nombres entiers naturels $m$ et $n$ de E,
$$m < n \Rightarrow u_m < u_n$$

– **décroissante** lorsque,
pour tous nombres entiers naturels $m$ et $n$ de E,
$$m < n \Rightarrow u_m \geqslant u_n$$

– **strictement décroissante** lorsque,
pour tous nombres entiers naturels $m$ et $n$ de E,
$$m < n \Rightarrow u_m > u_n$$

Une suite est dite **monotone** lorsqu'elle est soit croissante, soit décroissante.
Une suite est dite **strictement monotone** lorsqu'elle est soit strictement croissante, soit strictement décroissante.

Les propriétés suivantes sont plus simples d'emploi que les définitions précédentes.

*On démontre et nous admettrons ces propriétés :*

**Propriétés**

**$(u_n)_{n \in E}$ est une suite numérique**

- **Si, pour tout nombre entier naturel $n$ de E, $u_n \leqslant u_{n+1}$ alors la suite $(u_n)_{n \in E}$ est croissante.**
- **Si, pour tout nombre entier naturel $n$ de E, $u_n < u_{n+1}$ alors la suite $(u_n)_{n \in E}$ est strictement croissante.**
- **Si, pour tout nombre entier naturel $n$ de E, $u_n \geqslant u_{n+1}$ alors la suite $(u_n)_{n \in E}$ est décroissante.**
- **Si, pour tout nombre entier naturel $n$ de E, $u_n > u_{n+1}$ alors la suite $(u_n)_{n \in E}$ est strictement décroissante.**

**Remarque**

*En général, on compare $u_n$ et $u_{n+1}$ en étudiant le signe de leur différence.*

### Exemple d'étude d'une suite du type : $u_n = f(n)$

**On donne la suite $(u_n)$ définie par : $u_n = n^2 + 2n - 2$.**
**Étudions le sens de variation de cette suite.**

***Méthode 1 : étude du signe de la différence de deux termes consécutifs***

$$\begin{aligned} u_{n+1} - u_n &= (n+1)^2 + 2(n+1) - 2 - (n^2 + 2n - 2) \\ &= 2n + 3 \end{aligned}$$

Pour tout nombre entier naturel $n$, $u_{n+1} - u_n > 0$.

La suite $(u_n)$ est donc strictement croissante.

***Méthode 2 : utilisation du tableau de variation ou de la représentation graphique de f***
*On suppose que l'on dispose du tableau de variation ou de la représentation graphique de la fonction f.*

| $x$ | $-\infty$ | $-1$ | $0$ | $+\infty$ |
|---|---|---|---|---|
| $f'(x)$ | $-$ | $0$ | $+$ | |
| $f(x)$ | ↘ | $-3$ | ↗ | |

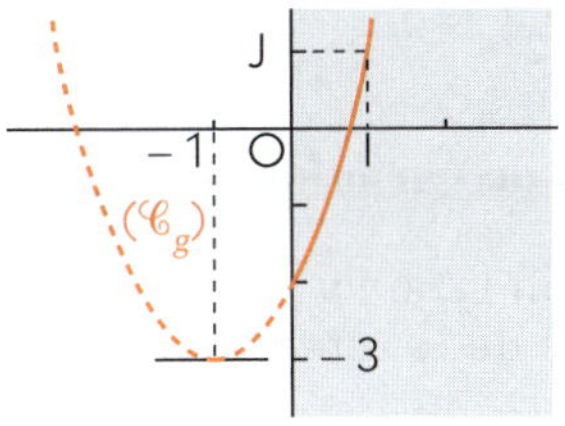


La fonction $f$ étant strictement croissante sur $[0 ; +\infty[$ on a :
pour tout nombre entier naturel $n$, $f(n) < f(n+1)$,
c'est à dire : pour tout nombre entier naturel $n$, $u_n < u_{n+1}$.
La suite $(u_n)$ est donc strictement croissante.

## Exemple d'étude d'une suite du type : $u_{n+1} = g(u_n)$

**On donne la suite $(u_n)$ définie par : $\begin{cases} u_0 = -12 \\ u_{n+1} = \dfrac{8}{11} u_n + 1 \end{cases}$**

**Étudions le sens de variation de cette suite.**

Cette suite est du type : $u_{n+1} = g(u_n)$

$g$ étant la fonction affine définie par : $g(x) = \dfrac{8}{11}x + 1$.

• ***Dans le plan muni du repère orthogonal (O, I, J)***, on a tracé la représentation graphique ($\mathscr{C}_g$) de la fonction $g$ et la droite (D) d'équation : $y = x$.

Puis on a représenté graphiquement sur (OJ) les premiers termes de $(u_n)$.

Il semble, sur le graphique ci-contre, que la suite $(u_n)$ est strictement croissante.

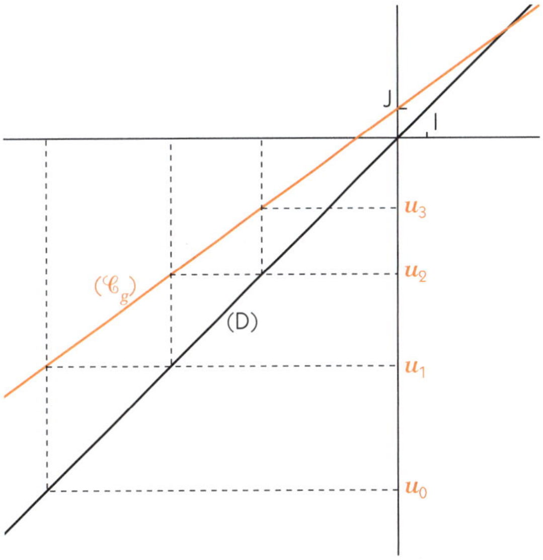


• ***La suite $(u_n)$ est-elle strictement croissante ?***
Calculons et déterminons le signe de $(u_1 - u_0)$.

$$u_1 - u_0 = -\frac{85}{11} + 12 = \frac{47}{11}$$

donc : $u_1 - u_0 > 0$

Exprimons en fonction de $(u_1 - u_0)$ les différences suivantes : $(u_2 - u_1)$, $(u_3 - u_2)$, $(u_4 - u_3)$ ;

on a : $u_2 - u_1 = \dfrac{8}{11}(u_1 - u_0)$

$$u_3 - u_2 = \left(\frac{8}{11}\right)^2 (u_1 - u_0)$$

$$u_4 - u_3 = \left(\frac{8}{11}\right)^3 (u_1 - u_0)$$

$\vdots$

On peut conjecturer et nous admettons que : pour tout nombre entier naturel, $u_{n+1} - u_n = \left(\dfrac{8}{11}\right)^n (u_1 - u_0)$.

Nous admettons que cette conjecture est vérifiée ; on en conclut alors que :
pour tout nombre entier naturel, $u_{n+1} - u_n > 0$
La suite $(u_n)$ est donc strictement croissante.

## Suites monotones à partir d'un certain indice

**On donne la suite $(u_n)$ définie par :**

$$u_n = \frac{3n - 2}{2n - 9}.$$

**Étudions le sens de variation de $(u_n)$.**

La suite $(u_n)$ est du type : $u_n = f(n)$,
$f$ étant la fonction de $\mathbb{R}$ vers $\mathbb{R}$ définie par :

$$f(x) = \frac{3x - 2}{2x - 9}.$$

L'étude de la fonction $f$ permet d'obtenir :

| $x$ | $-\infty$ $\quad$ 0 | $\frac{9}{2}$ | $+\infty$ |
|---|---|---|---|
| $f'(x)$ | $-$ | ‖ | $-$ |
| $f(x)$ | ↘ | ‖ | ↘ |

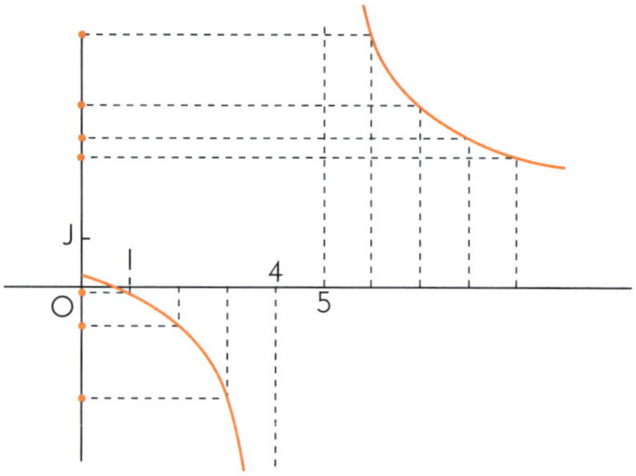


Du tableau de variation ci-dessus, on déduit que $f$ est décroissante sur $[0\ ;\ \frac{9}{2}[$ et sur $]\frac{9}{2}\ ;\ +\infty[$.
Donc, pour tout nombre entier naturel $n$ plus grand que 4, $u_n > u_{n+1}$ ;
la suite $(u_n)$ est décroissante sur $\mathbb{N} \cap [5\ ;\ +\infty[$.
$(u_n)$ est donc **décroissante à partir de l'indice 5**.

**On donne la suite $(u_n)$ définie par :**
$u_n = (n - 3)^2 + 1.$

**Étudions le sens de variation de $(u_n)$.**

La suite $(u_n)$ est du type : $u_n = f(n)$,
$f$ étant la fonction de $\mathbb{R}$ vers $\mathbb{R}$ définie par :
$f(x) = (x - 3)^2 + 1.$

L'étude de la fonction $f$ permet d'obtenir :

| $x$ | $-\infty$ $\quad$ 0 | 3 | $+\infty$ |
|---|---|---|---|
| $f'(x)$ | $-$ | 0 | $+$ |
| $f(x)$ | ↘ | 1 | ↗ |

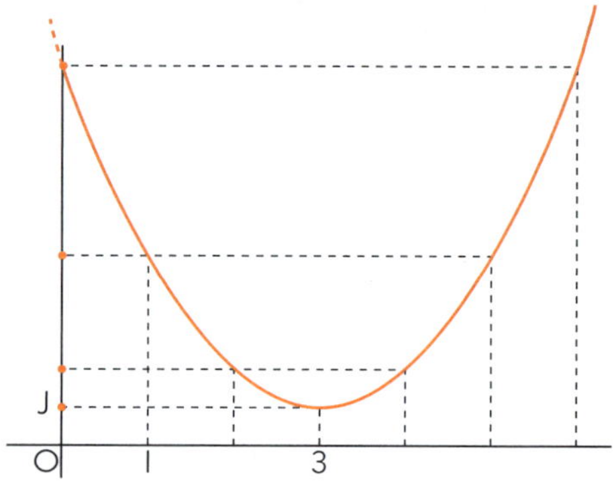


Du tableau de variation ci-dessus, on déduit que $f$ est décroissante sur $[0\ ;\ 3]$ et croissante sur $[3\ ;\ +\infty[$.
Donc, pour tout nombre entier naturel $n$ supérieur ou égal à 3, $u_n < u_{n+1}$ ;
la suite $(u_n)$ est croissante sur $\mathbb{N} \cap [3\ ;\ +\infty[$.
$(u_n)$ est donc **croissante à partir de l'indice 3**.

## Suite constante

**On donne la suite $(u_n)$ définie par :** $\begin{cases} u_0 = 2 \\ u_{n+1} = 3u_n - 4 \end{cases}$

**Étudions le sens de variation de cette suite.**

La suite $(u_n)$ est du type : $u_{n+1} = g(u_n)$ ($g$ est la fonction affine définie par : $g(x) = 3x - 4$).
Dans le plan muni d'un repère, on a tracé la représentation graphique $(\mathscr{C}_g)$ de la fonction $g$ et la droite (D) d'équation : $y = x$.

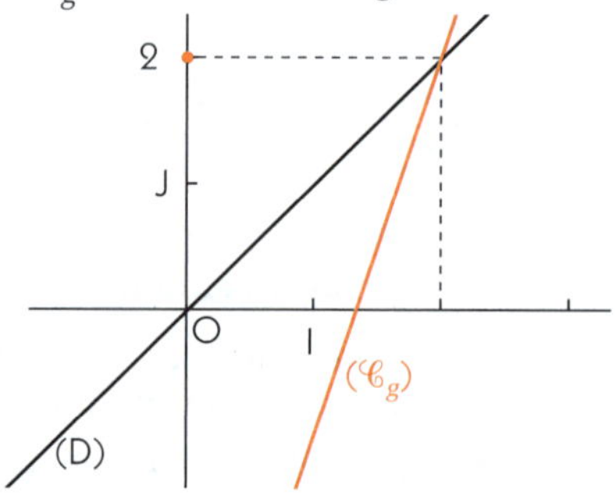


Par le calcul et par le graphique, il semble que tous les termes sont égaux à 2. Contrôlons cette conjecture.

Considérons la suite de terme général 2.
Son premier terme, le terme d'indice 0 est 2.
Ses termes d'indice $n + 1$ et d'indice $n$ sont égaux à 2 et sont tels que :

$$u_{n+1} = 3u_n - 4.$$

En effet, $\quad 2 = 3 \times 2 - 4.$
La suite $(u_n)$ est constante.

# Exercices

**2.a** On donne les suites numériques $(u_n)$ et $(v_n)$ définies par :

$$u_n = 17n - 289 \quad \text{et} \quad v_n = \frac{3}{4}n^2 + 3.$$

Étudier le sens de variation de ces suites.

**2.b** On donne la suite numérique $(u_n)$ définie par :

$$\begin{cases} u_0 = \alpha \\ u_{n+1} = 3u_n - 6 \end{cases}$$

À l'aide d'une représentation graphique, étudier le sens de variation de la suite $(u_n)$ dans chacun des cas suivants : $\alpha = 1$ ; $\alpha = 3$ ; $\alpha = 4$.

## 2.2. Notion de convergence d'une suite numérique

### Approche de la notion

#### Convergence d'une suite du type : $u_n = f(n)$

**On donne la suite numérique $(u_n)$ définie par : $u_n = \dfrac{2n+3}{n+5}$.**

**On veut étudier le comportement de $(u_n)$ pour les grandes valeurs de $n$.**

#### Convergence d'une suite du type : $u_{n+1} = g(u_n)$

**On donne la suite numérique $(u_n)$ définie par :**

$$\begin{cases} u_0 = 5 \\ u_{n+1} = 0{,}4(u_n - 1) \end{cases}$$

**On veut étudier le comportement de $(u_n)$ pour les grandes valeurs de $n$.**

**Approche graphique**

La suite $(u_n)$ est du type : $u_n = f(n)$, $f$ étant la fonction de $\mathbb{R}$ vers $\mathbb{R}$ définie par :

$$f(x) = \frac{2x+3}{x+5}.$$

La droite (D) d'équation $y = 2$ est asymptote à la représentation graphique $(\mathscr{C}_f)$ de $f$.

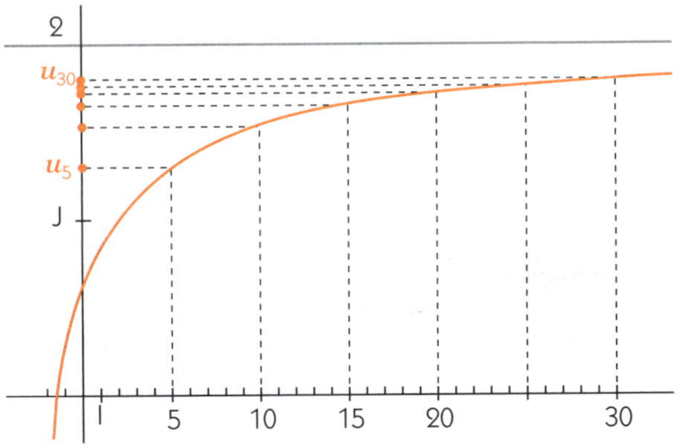


Les termes $u_5$, $u_{10}$, $u_{15}$, $u_{20}$ et $u_{30}$ sont de plus en plus proches de 2.

La suite $(u_n)$ est du type : $u_{n+1} = g(u_n)$, $g$ étant la fonction affine définie par :

$$g(x) = 0{,}4(x - 1).$$

La droite (D) d'équation $y = x$ coupe la représentation graphique $(\mathscr{C}_g)$ de $g$ au point d'abscisse $-\dfrac{2}{3}$.

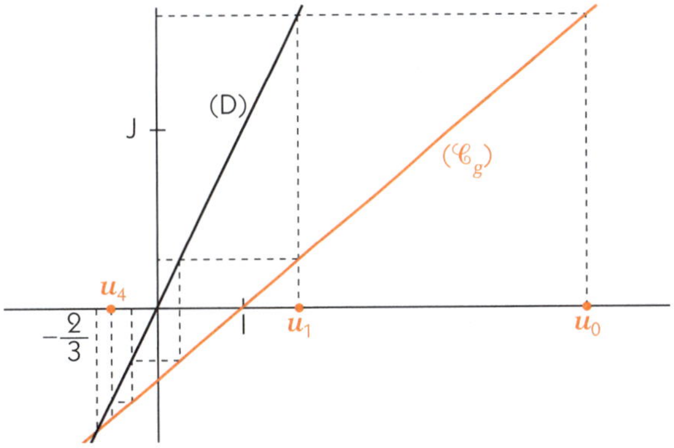


Les termes $u_0$, $u_1$, $u_2$, et $u_3$ sont de plus en plus proches de $-\dfrac{2}{3}$.

**Approche numérique**

Calculons quelques termes de la suite.

| $n$ | $u_n$ |
|---|---|
| 1 000 000 | 1,999 993 000 |
| 1 500 000 | 1,999 995 333 |
| 10 000 000 | 1,999 999 300 |
| 15 000 000 | 1,999 999 533 |
| 100 000 000 | 1,999 999 930 |
| 150 000 000 | 1,999 999 953 |

Calculons quelques termes de la suite.

| $n$ | $u_n$ | $n$ | $u_n$ |
|---|---|---|---|
| 1 | 1,600 00 | 7 | – 0,657 38 |
| 2 | 0,240 00 | 8 | – 0,662 95 |
| 3 | – 0,304 00 | 9 | – 0,665 18 |
| 4 | – 0,521 60 | 10 | – 0,666 07 |
| 5 | – 0,608 64 | 11 | – 0,666 43 |
| 6 | – 0,643 46 | 12 | – 0,666 57 |

**Conclusion**

La distance entre $u_n$ et 2 devient aussi petite que l'on veut dès que $n$ est un nombre entier suffisamment grand,

$$u_n \approx 2$$

On dit que la suite $(u_n)$ est une **suite convergente** et qu'elle **converge vers** 2.

La distance entre $u_n$ et $-\frac{2}{3}$ devient aussi petite que l'on veut dès que $n$ est un nombre entier suffisamment grand,

$$u_n \approx -\frac{2}{3}$$

On dit que la suite $(u_n)$ est une **suite convergente** et qu'elle **converge vers** $-\frac{2}{3}$.

### Suite divergente

Si on ne peut trouver aucun nombre réel dont les termes d'une suite $(v_n)$ se rapprochent de plus en plus dès que $n$ est un nombre entier suffisamment grand, cette suite $(v_n)$ n'est pas convergente ; on dit qu'elle est **divergente**.

*Exemples*

Les suites $(u_n)$ et $(v_n)$ définies respectivement ci-dessous sont des suites divergentes.

• Expliquer pourquoi.

$(u_n)$ est définie par : $u_n = (-1)^n$ ;

$(v_n)$ est définie par : $\begin{cases} v_0 = 1 \\ v_{n+1} = v_n + 2 \end{cases}$

## Propriétés

*On démontre et nous admettons les propriétés suivantes :*

**Propriétés**

**$\ell$ est un nombre réel, $f$ une fonction numérique, $(u_n)$ la suite définie par : $u_n = f(n)$.**

• **Si $\lim\limits_{x \to +\infty} f(x) = \ell$ alors la suite $(u_n)$ converge vers $\ell$.**

• **Si $\lim\limits_{x \to +\infty} f(x) = -\infty$, ou $\lim\limits_{x \to +\infty} f(x) = +\infty$ alors la suite $(u_n)$ est divergente.**

**Remarque**

*Si la fonction $f$ n'admet pas de limite en $+\infty$, on ne peut rien conclure quant à la convergence de la suite $(u_n)$ définie par : $u_n = f(n)$.*

*Exemple*

Considérons les fonctions $f_1$ et $f_2$, définies par : $f_1(x) = \sin\frac{(4x+1)\pi}{2}$ et $f_2(x) = \sin\frac{(4x+1)\pi}{6}$.

Ce sont des fonctions non constantes, périodiques (de période 1 pour $f_1$ et de période 3 pour $f_2$) ; elles n'ont donc pas de limite quand $x$ tend vers $+\infty$. Cependant,

la suite $(u_n)$ définie par $u_n = f_1(n)$ est convergente

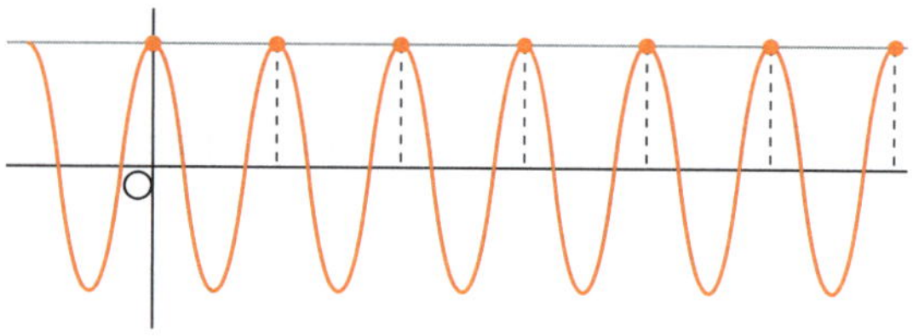

$u_0 = u_1 = u_2 = u_3 = u_4 = u_5 = u_6 = .... = 1$

la suite $(v_n)$ définie par $v_n = f_2(n)$ est divergente

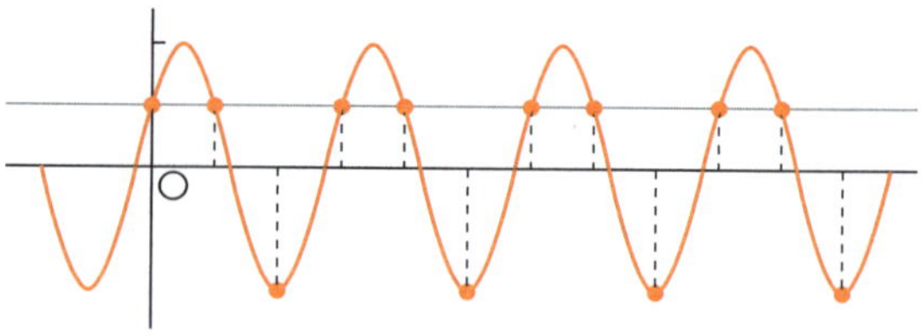

$v_0 = v_1 = 0{,}5$ ; $v_2 = -1$ ; $v_3 = v_4 = 0{,}5$ ; $v_5 = -1$ ...

# Exercices

**2.c** $(u_n)$ est la suite numérique définie par :

$$u_n = \frac{2}{n} + \frac{5}{n^2}.$$

Démontrer que $(u_n)$ est convergente.

**2.d** $(v_n)$ est la suite numérique définie par :

$$v_n = \frac{1}{3n+1}.$$

Démontrer que $(v_n)$ est convergente.

# 3 Suites arithmétiques – Suites géométriques

## 3.1. Notion de suite arithmétique

### Exemple introductif

**Un puisatier loue ses services aux conditions suivantes :**
**– le premier mètre creusé coûte 2 000 F**
**– chaque mètre supplémentaire creusé coûte 100 F de plus que le précédent.**
**Quel est le prix du 3^e^ mètre creusé ?**
**Trouver une formule explicite donnant en fonction de $n$ le prix du $n^e$ mètre creusé.**

***Calcul du prix du 3e mètre creusé***
Le prix du 1er mètre est 2 000 ; le prix du 2e mètre est 2 000 + 100 ; le prix du 3e mètre est 2 100 + 100.
Le 3e mètre creusé coûte 2 200 F.

***Recherche d'une suite permettant de décrire la situation***
On désigne par $u_n$ le prix du $n^e$ mètre creusé.

Chaque mètre supplémentaire creusé coûte 100 F de plus que le précédent.

On définit ainsi la suite numérique $(u_n)_{n \in \mathbb{N}^*}$ déterminée par : $\begin{cases} u_1 = 2\,000 \\ u_{n+1} = u_n + 100 \end{cases}$

***Définition de la suite $(u_n)_{n \in \mathbb{N}^*}$ par une formule explicite***
• Calculons quelques termes afin de formuler une conjecture pour l'expression du terme général.
$u_1 = 2\,000$ ; $u_2 = 2\,000 + 100$ ; $u_3 = 2\,000 + 100 \times 2$ ; $u_4 = 2\,000 + 100 \times 3$

Il semble que :
pour tout nombre entier naturel $n$ non nul, $u_n = 2\,000 + 100(n - 1)$.

• Contrôlons cette conjecture.
Considérons la suite définie sur $\mathbb{N}^*$, de terme général : $2\,000 + 100(n - 1)$
Son premier terme, le terme d'indice 1 est : 2 000.
Exprimons son terme d'indice $n + 1$ en fonction de son terme d'indice $n$.

$$\underbrace{2\,000 + 100n}_{\text{terme d'indice } n+1} = \underbrace{2\,000 + 100(n - 1)}_{\text{terme d'indice } n} + 100$$

Donc la suite numérique de terme général $2\,000 + 100(n - 1)$ n'est autre que la suite $(u_n)_{n \in \mathbb{N}^*}$.

### Vocabulaire

*Une suite $(u_n)$ dont chaque terme est obtenu en ajoutant une constante $r$ au terme qui le précède est appelée* ***suite arithmétique*** *; la constante $r$ est appelée* ***raison****.*

*$(u_n)$ est définie par :* $\begin{cases} u_0 = a \\ u_{n+1} = u_n + r \end{cases}$

***Exemple***
La suite $(v_n)$ définie par : $\begin{cases} v_0 = 1 \\ v_{n+1} = v_n + 2 \end{cases}$

est une suite arithmétique de raison 2 ; c'est la suite des nombres entiers naturels impairs.

## Détermination par une formule explicite

**$a$ et $r$ sont des nombres réels.**
**Considérons la suite arithmétique de raison $r$ et dont le terme d'indice 0 est $a$.**
**Démontrons que cette suite n'est autre que la suite $(u_n)$ définie par la formule explicite : $u_n = a + nr$.**

En effet,
– calculons le premier terme de $(u_n)$ : $u_0 = a + 0r = a$.
– exprimons le terme $u_{n+1}$ en fonction de $u_n$.

$$u_{n+1} = a + (n+1)r = a + nr + r = u_n + r.$$

### Remarque

*Une suite arithmétique $(u_n)_{n \in \mathbb{N}}$ de raison $r$ de premier terme $a$ est définie explicitement sur $\mathbb{N}$ par :*

$$u_n = a + nr.$$

## Somme de termes consécutifs d'une suite arithmétique

**Exemple**

**Considérons les dix premiers nombres impairs. Calculons la somme S de ces dix nombres.**

On a : $S = 1 + 3 + 5 + 7 + \ldots + 17 + 19$ (1).

Écrivons cette même somme en changeant l'ordre des termes.

$S = 19 + 17 + \ldots. + 5 + 3 + 1$ (2).

En additionnant membre à membre les expressions (1) et (2) et en regroupant les termes 2 à 2, on obtient:

$2S = (1 + 19) + (3 + 17) + \ldots + (17 + 3) + (19 + 1)$.

2S est ainsi écrit sous la forme d'une somme de dix termes égaux chacun à 20.
D'où : $2S = 20 \times 10 = 200$

La somme des dix premiers nombres impairs est donc égale à 100.

**Plus généralement,**

**$(u_n)$ étant une suite arithmétique de raison $r$, calculons la somme S de $p$ termes consécutifs :**

$$u_k + u_{k+1} + \ldots + u_{k+p-2} + u_{k+p-1}$$

Il s'agit de trouver une expression de la somme des $p$ termes de $u_k$ à $u_{k+p-1}$.

On a : $S = u_k + u_{k+1} + \ldots + u_{k+p-2} + u_{k+p-1}$

où : $u_{k+1} = u_k + r$ ; $u_{k+2} = u_k + 2r$ ; … ; $u_{k+p-2} = u_k + (p-2)r$ ; $u_{k+p-1} = u_k + (p-1)r$.

On écrit les termes de la somme S de deux manières différentes, puis on additionne membre à membre les deux égalités ; en regroupant les termes 2 à 2, on obtient:

$$S = u_k + u_k + r + \ldots + u_k + (p-2)r + u_k + (p-1)r$$
$$S = u_k + (p-1)r + u_k + (p-2)r + \ldots + u_k + r + u_k$$

d'où : $2S = [2u_k + (p-1)r] + [2u_k + (p-1)r] + \ldots + [2u_k + (p-1)r] + [2u_k + (p-1)r]$

$$2S = p[2u_k + (p-1)r] = p[u_k + \underbrace{u_k + (p-1)r}]$$

donc : $S = u_k + u_{k+1} + \ldots + u_{k+p-2} + u_{k+p-1} = \frac{1}{2}p(u_k + u_{k+p-1})$

($p$ : le nombre de termes ; $u_k$ : 1er terme ; $u_{k+p-1}$ : $p$e terme)

# Exercices

**3.a** $(u_n)$ est la suite numérique définie par :
$u_n = 3n + 1$.
Démontrer que $(u_n)$ est une suite arithmétique dont on déterminera la raison et le premier terme.

**3.b** $(v_n)$ est la suite numérique définie par :
$v_n = n - 1$
Démontrer que $(v_n)$ est une suite arithmétique dont on déterminera la raison et le premier terme.

## 3.2. Notion de suites géométriques

### Exemple introductif

**Le 1<sup>er</sup> octobre 2 000, juste après la naissance de sa fille, J. Ilunga lui ouvre un compte d'épargne en déposant la somme de 100 000 F. Chaque année, le 1er octobre, la banque verse sur ce compte une prime égale à 4 % des sommes restées immobilisées douze mois.**

**Quel est le solde du compte le 1er octobre 2 001 ? Le 1er octobre 2 003 ?**

**Trouver une formule explicite permettant de connaître le montant disponible après *n* années, en supposant qu'aucune somme n'aura été retirée.**

***Calcul du solde au 1er octobre 2 001 et au 1er octobre 2 003***

Solde du compte le 1/10/01 : $100\,000 + 100\,000 \times 4\% = 100\,000(1 + 0{,}04) = 104\,000$.

Solde du compte le 1/10/02 : $104\,000 + 104\,000 \times 4\% = 104\,000(1 + 0{,}04) = 108\,160$.

Solde du compte le 1/10/03 : $108\,160 + 108\,160 \times 4\% = 108\,160\,(1 + 0{,}04) = 112\,486{,}40$.

***Recherche d'une suite permettant de décrire la situation***

On désigne par $u_0$ la somme déposée le 1er octobre 2 000 et par $u_n$ le solde du compte après $n$ années. Chaque année, le solde du compte est celui de l'année précédente augmenté de la prime de 4 %.

$$u_{n+1} = u_n + u_n \times 4\ \% = u_n \times 1{,}04$$

On définit ainsi la suite numérique $(u_n)$, qui est déterminée par : $\begin{cases} u_0 = 100\,000 \\ u_{n+1} = 1{,}04u_n \end{cases}$

***Définition de la suite $(u_n)$ par une formule explicite***

- Calculons quelques termes afin de formuler une conjecture pour l'expression du terme général.

$$u_1 = 100\,000 \times 1{,}04 \quad ; \quad u_2 = 100\,000 \times 1{,}04^2 \quad ; \quad u_3 = 100\,000 \times 1{,}04^3$$

Il semble que :

pour tout nombre entier naturel $n$, $u_n = 100\,000 \times (1{,}04)^n$.

- Contrôlons cette conjecture.

Considérons la suite de terme général : $100\,000 \times (1{,}04)^n$.

Son premier terme, le terme d'indice 0 est : 100 000.

Exprimons son terme d'indice $n + 1$ en fonction de son terme d'indice $n$.

$$\underbrace{100\,000 \times (1{,}04)^{n+1}}_{\text{terme d'indice } n+1} = \underbrace{100\,000 \times (1{,}04)^{n}}_{\text{terme d'indice } n} \times 1{,}04$$

Donc la suite numérique de terme général $100\,000 \times (1{,}04)^n$ n'est autre que la suite $(u_n)$.

### Vocabulaire

*Une suite $(u_n)$ dont chaque terme est obtenu en multipliant par une constante $q$, le terme qui le précède est appelée* ***suite géométrique****, la constante $q$ est appelée* ***raison****.*

*$(u_n)$ est définie par :* $\begin{cases} u_0 = a \\ u_{n+1} = qu_n \end{cases}$

### Exemple

La suite $(u_n)$ définie par : $\begin{cases} u_0 = 1 \\ u_{n+1} = 2u_n \end{cases}$

est une suite géométrique de raison 2 ; c'est la suite des puissances de 2 dont l'exposant est un nombre entier naturel.

## Détermination par une formule explicite

**$a$ est un nombre réel et $q$ un nombre réel différent de 0.**
**Considérons la suite géométrique de raison $q$ et dont le terme d'indice 0 est $a$.**
**Démontrons que cette suite n'est autre que la suite $(u_n)$ définie par la formule explicite : $u_n = a \times q^n$.**

En effet,
– calculons le premier terme de $(u_n)$ : $u_0 = a \times q^0 = a$.
– exprimons le terme $u_{n+1}$ en fonction de $u_n$.

$$u_{n+1} = a \times q^{n+1} = a \times q^n \times q = u_n \times q.$$

### Remarque

*Une suite géométrique $(u_n)_{n \in \mathbb{N}}$ de raison $q$ et de premier terme $a$ est définie explicitement sur $\mathbb{N}$ par :*
$u_n = a \times q^n$.

## Somme de termes consécutifs d'une suite géométrique

**Exemple**

**Un souverain oriental voulant récompenser l'inventeur du jeu d'échecs lui demanda ce qu'il désirait. L'inventeur répondit : « Donnez-moi un grain de blé pour la première case, deux grains de blé pour la deuxième case, quatre pour la troisième case et doublez ainsi la quantité de grains de blé lorsque vous passez d'une case à la suivante et cela jusqu'à la soixante-quatrième case ». Le souverain était tout heureux d'avoir à offrir ce qu'il croyait être un modeste cadeau.**
**De combien de grains de blé doit-il disposer pour respecter son engagement ?**

La suite géométrique $(u_n)_{n \in \mathbb{N}^*}$ de premier terme 1 et de raison 2 permet de décrire la répartition des grains de blé sur l'échiquier. Elle est définie sur $\mathbb{N}^*$ par la formule explicite : $u_n = 2^{n-1}$.
Le nombre S de grains de blé recherché est égal à la somme des 64 premiers termes de cette suite.

On a : $S = 1 + 2 + 2^2 + 2^3 + \ldots + 2^{62} + 2^{63}$.

On a vu dans le chapitre 6 que :
pour tout nombre réel $x$ différent de $a$, $x^n - a^n = (x - a)(x^{n-1} + ax^{n-2} + \ldots + a^{n-2}x + a^{n-1})$
c'est-à-dire : pour tout nombre réel $x$ différent de $a$, $x^{n-1} + ax^{n-2} + \ldots + a^{n-2}x + a^{n-1} = \dfrac{x^n - a^n}{x - a}$.

Donc : $S = 2^{64} - 1$.

*La production mondiale de l'an 2000 ne suffit pas pour respecter l'engagement du souverain !*

**Plus généralement,**

**$(u_n)$ étant une suite géométrique de raison $q$, calculons la somme S de $p$ termes consécutifs :**
$$u_k + u_{k+1} + \ldots + u_{k+p-2} + u_{k+p-1}$$

On a :
$$\begin{aligned} S &= u_k + u_{k+1} + \ldots + u_{k+p-2} + u_{k+p-1} \\ &= u_k + u_k q + u_k q^2 + \ldots + u_k q^{p-1} \\ &= u_k\,[1 + q + q^2 + \ldots + q^{p-1}] \\ &= u_k \frac{1 - q^p}{1 - q}. \end{aligned}$$

donc : $S = u_k + u_{k+1} + \ldots + u_{k+p-2} + u_{k+p-1} = u_k \dfrac{1 - q^p}{1 - q}$.

($u_k$ : 1er terme ; $q$ : la raison ; $p$ : le nombre de termes)

# Exercices

**3.c** $(v_n)$ est la suite numérique définie par :
$v_n = 3^n$.
Démontrer que $(v_n)$ est une suite géométrique dont on déterminera la raison et le 1er terme.

**3.d** $(u_n)$ est une suite numérique telle que pour tout nombre entier naturel $n$, les termes d'indices $n$ et $(n + 1)$ vérifient :
$5u_{n+1} + 3u_n = 0$.
Démontrer que $(u_n)$ est une suite géométrique dont on déterminera la raison.

**3.e** $(v_n)$ est la suite numérique définie par :
$v_n = n^2$.
$(v_n)$ est-elle une suite géométrique ?

# TP Travaux pratiques

## TP1 Étude d'une suite positive

*L'objectif de ce TP est de donner une autre méthode pour étudier le sens de variation d'une suite positive.*

### Une méthode spécifique à l'étude du sens de variation d'une suite positive

**Définition**

Une suite numérique $(u_n)$ est dite positive lorsque :

pour tout nombre entier naturel $n$, $u_n \geq 0$.

**Méthodes**

Lorsque la suite $(u_n)$ est strictement positive, les trois propositions suivantes sont équivalentes :

(1) pour tout $n$, $u_{n+1} \leq u_n$ ;

(2) pour tout $n$, $u_{n+1} - u_n \leq 0$ ;

(3) pour tout $n$, $\dfrac{u_{n+1}}{u_n} \leq 1$.

- Démontrer l'équivalence des trois propositions (1), (2) et (3).
- Expliquer pourquoi la proposition (3) n'est valable que pour une suite strictement positive.

### Exemple

**On veut étudier le sens de variation de la suite $(u_n)$ définie par : $u_n = \dfrac{n}{3^n}$.**

$n$ étant un nombre entier naturel différent de 0 : $u_n = \dfrac{n}{3^n}$ ; $u_{n+1} = \dfrac{n+1}{3^{n+1}}$.

**Signe de la différence $u_{n+1} - u_n$**

$$u_{n+1} - u_n = \frac{n+1}{3^{n+1}} - \frac{n}{3^n} = \frac{2n+3}{3^{n+1}}.$$ Pour tout $n$, $u_{n+1} - u_n > 0$.

- Conclure.

**Comparaison à 1 du rapport $\dfrac{u_{n+1}}{u_n}$**

$$\frac{u_{n+1}}{u_n} = \frac{n+1}{3^{n+1}} \times \frac{3^n}{n} = \frac{n+1}{3n}$$

Or : $n \geq 1$ ;

donc : $3n \geq 2n + 1 > n + 1$ ;

par suite : $\dfrac{n+1}{3n} < 1$ ; pour tout $n$ élément de $\mathbb{N}^*$, $\dfrac{u_{n+1}}{u_n} < 1$.

- Conclure.

### Application

**On veut étudier le sens de variation de la suite $(u_n)$ définie par : $u_n = \dfrac{n^2}{2^n}$.**

**1. Le plan étant muni d'un repère orthogonal, construire point par point la représentation graphique de la suite $(u_n)$, pour $n \in \{0 ; 1 ; 2 ; 3 ; 4 ; 5 ; 6 ; 7 ; 8 ; 9 ; 10\}$.**
**Émettre une conjecture sur le sens de variation de la suite.**

**2. Étudier le signe de $u_{n+1} - u_n$ ; conclure.**

**3. Comparer $\dfrac{u_{n+1}}{u_n}$ et 1 ; conclure.**

On pourra exploiter la représentation graphique de $(u_n)$ pour comparer $\dfrac{u_{n+1}}{u_n}$ à 1 dans chacun des cas suivants : $0 \leq n \leq 3$ et $n \geq 3$.

# Exercices

## APPRENTISSAGE

### Généralités

*Calcul de termes*

**1** La suite $(u_n)$ est définie par : $u_n = 3n - 1$. Calculer les termes d'indice 20 à 25.

**2** Calculer les 3 premiers termes de chacune des suites ci-dessous définies de manière explicite :

(1) $u_n = n^2 + 2n$

(2) $u_n = \dfrac{n+1}{n+6}$

(3) $u_n = 2n + 1$

(4) $u_n = (-1)^n$

(5) $u_n = (-1)^n n^2 + 1$

(6) $u_n = 1 - \left(-\dfrac{1}{2}\right)^n$

(7) $u_n = \cos \pi n$

(8) $u_n = \cos \dfrac{\pi n}{2}$

(9) $u_n = \dfrac{5n^2 - n + 2}{n(n-1)}$

(10) $u_n = 1 + \dfrac{1}{2} + \dfrac{1}{3} + \ldots + \dfrac{1}{n}$

(11) $u_n = \sqrt{n+1} - 2n$

(12) $u_n = n^2 + 2\sqrt{n} - 36$

(13) $u_n = |2n - 1| + n^2$

**3** On donne la suite $(u_n)$ définie par :

$$u_n = \frac{2}{n+2} + \frac{3}{n+3}.$$

Calculer, à $10^{-2}$ près, les termes d'indice 0 à 7.

**4** On donne la suite $(u_n)$ définie par :

$$\begin{cases} u_0 = 0{,}5 \\ u_{n+1} = u_n^2 - 1 \end{cases}$$

Calculer, à $10^{-2}$ près, les termes d'indice 1 à 6

**5** On donne la suite $(u_n)$ définie par :

$$\begin{cases} u_0 = 2{,}88 \\ u_{n+1} = \dfrac{11}{8}u_n - 1 \end{cases}$$

Calculer les termes d'indice 1 et 2.

**6** On donne la suite $(u_n)$ définie par :

$$\begin{cases} u_0 = 1{,}8 \\ u_{n+1} = \dfrac{u_n + 2}{2u_n} \end{cases}$$

Calculer les termes d'indice 1 à 4.

**7** On donne la suite $(u_n)$ définie par :

$$\begin{cases} u_0 = \alpha \\ u_{n+1} = 2u_n^2 - 15 \end{cases}$$

Calculer les termes d'indice 1 et 2 dans chacun des cas suivants : $\alpha = -8$ ; $\alpha = -\dfrac{5}{2}$ ; $\alpha = 4$.

*Passage d'un mode de détermination à l'autre*

**8** La suite $(u_n)$ est définie par : $u_n = 3n - 1$. Exprimer $u_n$ en fonction de $u_{n-1}$, puis définir la suite $(u_n)$ par récurrence.

**9** On donne la suite $(u_n)$ définie par :

$$\begin{cases} u_0 = 7 \\ u_{n+1} = u_n - 5 \end{cases}$$

*a)* Calculer $u_1$ et $u_5$.
*b)* Vérifier que cette suite est également définie par la formule explicite : $u_n = 7 - 5n$.

**10** On donne la suite $(u_n)$ définie par :

$$\begin{cases} u_0 = 7 \\ u_{n+1} = u_n + 14 \end{cases}$$

Exprimer $u_n$ en fonction de $n$.

**11** On donne la suite $(u_n)$ définie par :

$$\begin{cases} u_0 = 0 \\ u_{n+1} = 2u_n + 1 \end{cases}$$

*a)* Calculer les termes d'indice 1 à 3 et exprimer chacun de ces termes en fonction d'une puissance de 2.
*b)* En déduire l'expression de $u_n$ en fonction de $n$.

*Représentation graphique des termes d'une suite*

*Pour les suites ci-dessous, du type $u_n = f(n)$, on pourra représenter graphiquement la fonction $f$ de $\mathbb{R}$ vers $\mathbb{R}$ définie par $f : x \mapsto f(x)$.*

**12** Dans chacun des cas suivants, on donne la suite $(u_n)$ définie par :

(1) $u_n = 2n - 8$

(2) $u_n = -\dfrac{2}{3}n - \dfrac{5}{3}$

(3) $u_n = n^2 + 3$

(4) $u_n = \sqrt{n} - 2$

Représenter les termes d'indice 0 à 5 sur l'axe des ordonnées.

*Pour les suites ci-après, du type $u_{n+1} = g(u_n)$, on pourra représenter graphiquement la fonction $g$ de $\mathbb{R}$ vers $\mathbb{R}$ définie par $g : x \mapsto g(x)$.*

**13** Dans chacun des cas suivants, on donne la suite $(u_n)$ définie par :

(1) $\begin{cases} u_0 = 3 \\ u_{n+1} = -u_n - 1 \end{cases}$

(2) $\begin{cases} u_0 = 7 \\ u_{n+1} = u_n - 1 \end{cases}$

(3) $\begin{cases} u_0 = \dfrac{3}{4} \\ u_{n+1} = -\dfrac{4}{3}u_n - 1 \end{cases}$

Représenter les termes d'indice 0 à 4 sur l'axe des abscisses.

**14** On donne les suites $(u_n)$ et $(v_n)$ définies par :

$(u_n)\begin{cases} u_0 = 1{,}8 \\ u_{n+1} = \dfrac{u_n + 2}{2u_n} \end{cases}$ $\qquad (v_n)\begin{cases} v_0 = 0{,}6 \\ v_{n+1} = \sqrt{v_n} \end{cases}$

Pour chacune d'elles, représenter les termes d'indice 5 à 10 sur l'axe des abscisses. *(On utilisera de préférence du papier millimétré).*

## Étude d'une suite numérique

### *Variations d'une suite numérique*

**15** Dans chacun des cas suivants, on donne la suite $(u_n)$ définie par :

(1) $u_n = 17n - 289$.

(2) $u_n = \frac{2}{3}n - 2$.

(3) $u_n = -3{,}5n + 12{,}25$.

(4) $u_n = n^2 - 12n + 3$

Étudier les variations de la suite $(u_n)$.

**16** Dans chacun des cas suivants, on donne la suite $(u_n)$ définie par :

(1) $u_n = -\frac{3}{4}n + 3$

(2) $u_n = \frac{-n+1}{n+2}$

(3) $u_n = \frac{-4n^2+3}{2n-235}$

(4) $u_n = n^3 - 25n^2 + 3$

Étudier les variations de la suite $(u_n)$.

**17** On donne la suite $(u_n)$ définie par :

$$\begin{cases} u_0 = \alpha \\ u_{n+1} = 3u_n - 6 \end{cases}$$

Étudier graphiquement les variations de la suite $(u_n)$ dans chacun des cas suivants : $\alpha = 1$ ; $\alpha = 4$.

**18** On donne la suite $(u_n)$ définie par :

$$\begin{cases} u_0 = \alpha \\ u_{n+1} = 0{,}4u_n + 3 \end{cases}$$

Étudier graphiquement les variations de la suite $(u_n)$ dans chacun des cas suivants : $\alpha = -8$ ; $\alpha = 14$.

**19** On donne la suite $(u_n)$ définie par :

$$\begin{cases} u_0 = 3 \\ u_{n+1} = -2u_n + 8 \end{cases}$$

Étudier graphiquement les variations de la suite $(u_n)$.

**20** On donne la suite $(u_n)$ définie par :

$$\begin{cases} u_0 = 0{,}3 \\ u_{n+1} = 3u_n^2 + 3u_n + 1 \end{cases}$$

Étudier graphiquement les variations de la suite $(u_n)$. Contrôler les résultats de cette étude en déterminant le signe de $u_{n+1} - u_n$. *(On utilisera de préférence du papier millimétré.)*

### *Notion de convergence d'une suite numérique*

**21** Dans chacun des cas suivants, on donne la suite $(u_n)$ définie par :

(1) $u_n = 17n - 289$.

(2) $u_n = \frac{2}{3}n - 2$

(3) $u_n = -\frac{3}{4}n^2 + 3$

(4) $u_n = n^2 - 12n + 3$

(5) $u_n = \frac{-4n^2+3}{2n-235}$

(6) $u_n = \frac{16(2n+1)^2}{9n(n+1)}$

(7) $u_n = \frac{2n^2+n+2}{n^2+1}$

(8) $u_n = \frac{-n+3}{n^2}$

(9) $u_n = \frac{-n+1}{n+2}$

(10) $u_n = n^3 - 25n^2 + 3$

(11) $u_n = \frac{5n-8}{n^2-8}$

(12) $u_n = \frac{n}{3} - \frac{n^2+5n}{3n-5}$

Dire si la suite $(u_n)$ est convergente ou divergente.

**22** Dans chacun des cas suivants, on donne la suite $(u_n)$ définie par récurrence :

(1) $\begin{cases} u_0 = 2 \\ u_{n+1} = \frac{1}{u_n} + 1 \end{cases}$

(2) $\begin{cases} u_0 = 1 \\ u_{n+1} = u_n^2 + 2u_n - 1 \end{cases}$

(3) $\begin{cases} u_0 = 0 \\ u_{n+1} = 4u_n - 5 \end{cases}$

(4) $\begin{cases} u_0 = 0 \\ u_{n+1} = -0{,}5u_n + 1 \end{cases}$

Dire si la suite $(u_n)$ est convergente.

## Suites arithmétiques – Suites géométriques

### *Notion de suite arithmétique*

**23** Dans chacun des cas suivants, démontrer que $(u_n)$ est une suite arithmétique.

(1) $u_n = 2n - 1$

(2) $u_n = -5n + 4$

(3) $u_n = -\frac{4n}{3}$

(4) $u_n = \frac{3n}{2}$

**24** Dans chacun des cas suivants, $(u_n)$ est une suite arithmétique de premier terme $u_1$ et de raison $r$. Calculer les cinq premiers termes.

1) $u_1 = 1$ ; $r = 1$
2) $u_1 = 4$ ; $r = -2$
3) $u_{10} = 1$ ; $r = 5$
4) $u_{20} = 1$ ; $r = 1{,}5$
5) $u_{150} = 150$ ; $r = -3$
6) $u_8 = 32$ ; $r = 4$

**25** Dans chacun des cas suivants, $(u_n)$ est une suite arithmétique de premier terme $u_1$ et de raison $r$. Calculer les cinq premiers termes.

1) $u_{100} = 1$ ; $u_{200} = 10\,000$
2) $u_1 = -12$ ; $u_5 = 0$
3) $u_1 = 107$ ; $u_{10} = 107$

**26** On considère la suite $(u_n)$ des exercices n° 24 et n° 25. Calculer la somme des termes de $u_{100}$ à $u_{200}$.

### *Notion de suite géométrique*

**27** Dans chacun des cas suivants, démontrer que $(u_n)$ est une suite géométrique.

(1) $u_n = 5^n$ ;

(2) $u_n = (-1)^n$ ;

(3) $u_n = \frac{2^n}{3^{n+1}}$

(4) $u_n = 2^{n-1}$

**28** Dans chacun des cas suivants, $(u_n)$ est une suite géométrique de premier terme $u_1$ et de raison $q$. Calculer les cinq premiers termes.

1) $u_1 = 1$ ; $q = 1$
2) $u_1 = 4$ ; $q = -2$
3) $u_{10} = 1$ ; $q = 5$

**29** Dans chacun des cas suivants, $(u_n)$ est une suite géométrique de premier terme $u_1$ et de raison $q$. Calculer les cinq premiers termes.

1) $u_1 = \left(\frac{1}{7}\right)^6$ ; $u_7 = 1$
2) $u_1 = 107$ ; $u_{10} = 107$
3) $u_{21} = 225$ ; $u_{22} = 1\,125$

**30** On considère la suite $(u_n)$ des exercices n° 28 et n° 29. Calculer la somme des termes $u_{10}$ à $u_{20}$.

## APPROFONDISSEMENT

**31** On donne la suite $(u_n)$ définie par :

$$\begin{cases} u_0 \\ u_{n+1} = \dfrac{9}{6 - u_n} \end{cases}$$

Déterminer $u_0$ pour que cette suite soit constante.

**32** On donne la suite $(u_n)$ définie par :

$$u_n = 5^n + 3 - n$$

**1.** Calculer les 5 premiers termes de cette suite.

**2.** Démontrer que cette suite n'est ni arithmétique ni géométrique.

On pose : $S_n = u_0 + u_1 + u_2 + \ldots + u_n$.

**3.** On se propose de calculer la somme $S_n$.

*a)* $(v_n)$ est la suite définie par : $v_n = 5^n$.

On pose : $S'_n = v_0 + v_1 + v_2 + \ldots + v_n$.

Démontrer que $(v_n)$ est une suite géométrique et en déduire l'expression de $S'_n$ en fonction de $n$.

*b)* $(w_n)$ est la suite définie par : $w_n = 3 - n$.

On pose : $S''_n = w_0 + w_1 + w_2 + \ldots + w_n$.

Démontrer que $(w_n)$ est une suite arithmétique et en déduire l'expression de $S''_n$ en fonction de $n$.

*c)* Déduire des deux questions précédentes la somme $S_n$ en fonction de $n$.

**33** $(u_n)$ est une suite géométrique décroissante telle que : $u_0 u_3 = 128$ et $u_0 + u_3 = 36$.

**1.** *a)* Démontrer que tous les termes de cette suite sont strictement positifs.

*b)* Calculer $u_0$ et $u_3$.

*c)* Déterminer la raison $q$ de cette suite.

**2.** Calculer en fonction de $n$ la somme $S_n$ des $n$ premiers termes de cette suite.

En déduire la limite de $S_n$ lorsque $n$ tend vers l'infini.

**34** $(u_n)$ est une suite arithmétique.

Calculer $u_0$ et $r$ puis $u_n$ sachant que :

(1) $(u_n)$ est croissante ;

(2) $u_1 + u_2 + u_3 = -9$ ;

(3) $u_1^2 + u_2^2 + u_3^2 = 99$.

**35** On donne la suite $(u_n)$ définie par :

$$\begin{cases} u_0 = \alpha \\ u_{n+1} = \dfrac{14u_n - 7}{u_n + 6} \end{cases}$$

Étudier graphiquement les variations de la suite $(u_n)$ dans chacun des cas suivants :

$\alpha = 1$ ; $\alpha = 2$ ; $\alpha = 7$ ; $\alpha = 15$.

**36** On donne la suite $(u_n)$ définie par :

$$\begin{cases} u_0 = \alpha \\ u_{n+1} = \dfrac{7u_n - 10}{u_n} \end{cases}$$

**1.** Étudier graphiquement les variations de la suite $(u_n)$ dans chacun des cas suivants :

$\alpha = -1$ ; $\alpha = 1{,}5$ ; $\alpha = 3$ ; $\alpha = 8$.

**2.** Démontrer que :

– si $[2 < u_p < 5]$ alors $[1 < u_{p+1} < 7]$

– si $[5 < u_p]$ alors $[5 < u_{p+1}]$

**3.** Étudier le signe de la différence $u_{p+1} - u_p$ ; justifier les conclusions de l'étude graphique.

**37** $f$ et $g$ sont les fonctions polynômes définies par :

$$f(x) = 2x^2 - x^4 \quad \text{et} \quad g(x) = x,$$

représentées graphiquement ci-dessous.

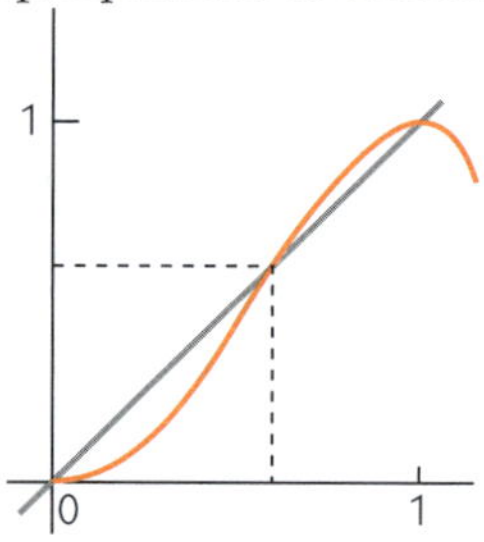


**1.** Calculer les abscisses des points d'intersection de ces représentations graphiques.

**2.** $\alpha$ est un nombre réel de l'intervalle $]0\ ;\ 1[$.

On donne la suite $(u_n)$ définie par :

$$\begin{cases} u_0 = \alpha \\ u_{n+1} = 2(u_n)^2 - (u_n)^4 \end{cases}$$

Conjecturer le sens de variation de la suite selon que a est plus petit, égal ou plus grand que $\dfrac{\sqrt{5}-1}{2}$.

**3.** On donne la suite $(v_n)$ définie par :

$$\begin{cases} v_0 = 0{,}5 \\ v_{n+1} = 1 - (v_n)^2 \end{cases}$$

Démontrer que la suite $(v_n)$ n'est ni croissante, ni décroissante, ni convergente.

(On pourra calculer $v_0$, $v_1$, $v_2$, puis $v_{n+1}$ en fonction de $v_{n-1}$, pour $n \geq 1$.)

## PROBLÈMES

### *Suites numériques et figures géométriques*

**38** ABCD est un carré de côté 8 cm.

On construit le carré $A_1B_1C_1D_1$ tel que $A_1$, $B_1$, $C_1$, $D_1$ soit les milieux respectifs des côtés [AB], [BC], [CD], [DA]. De la même manière, on construit les carrés $A_2B_2C_2D_2$, $A_3B_3C_3D_3$…

On désigne par $c_n$ et $\mathcal{A}_n$ le côté et l'aire du carré $A_nB_nC_nD_n$.

**1.** Calculer $c_5$ et $\mathcal{A}_5$.

**2.** Démontrer que les suites $(c_n)$ et $(\mathcal{A}_n)$ de termes généraux $c_n$ et $\mathcal{A}_n$ sont des suites géométriques.

**3.** Définir les suites $(c_n)$ et $(\mathcal{A}_n)$ par leurs expressions explicites.

**39** On pose : $u_n = 1 + 2 + 3 + \ldots + n$ $[n \in \mathbb{N}]$.

On considère la suite $(u_n)$ de terme général.

Sur la figure ci-contre, le domaine tramé est délimité par les carrés de côtés $u_n$ et $u_{n-1}$.

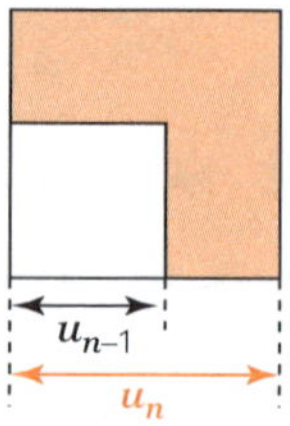


**1.** Démontrer que l'aire de ce domaine est égale à $n^3$.

**2.** Démontrer que :

$$1^3 + 2^3 + 3^3 + \ldots + n^3 = (1 + 2 + 3 + \ldots + n)^2.$$

**40** On donne un triangle équilatéral ABC de côté 1. On trace des arcs de centres A, B, C comme l'indique la figure ci-dessous.

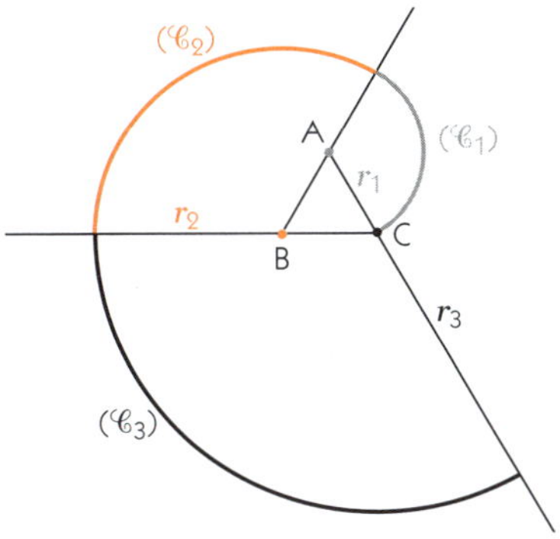


On désigne par :
$r_n$ le rayon de l'arc de cercle ($\mathscr{C}_n$) ;
$l_n$ la longueur de l'arc de cercle ($\mathscr{C}_n$).
**1.** Continuer la construction du spiral.
Démontrer que la suite ($r_n$) est une suite aritmétique.
**2.** Démontrer que $l_n$ est une suite arithmétique.
*(On pourra exprimer $l_n$ en fonction de $r_n$).*

*On désigne par* ***inflation*** *une hausse de prix généralisée due à un déséquilibre entre l'offre et la demande globale des biens et des services disponibles sur le marché.*
*C'est aussi une augmentation excessive.*

**41** Dans un pays d'Afrique en difficulté, le taux d'inflation triple chaque année.
Déterminer le taux d'inflation de la première année, sachant que le taux d'inflation globale sur les deux premières années est de 5,07 %.
Calculer le taux d'inflation de la cinquième année.

**42** Monsieur Sawadogo désire acheter un vélo qui, au 1er janvier 1998, coûtait 90 000 F CFA.
Ne pouvant disposer que de 77 000 F CFA et ne voulant faire aucun emprunt, il décide de placer cette somme de 77 000 F CFA.
Un établissement financier lui propose un placement à intérêt composé au taux annuel de 6 %.
On désigne par ($u_n$) le capital disponible au 1er janvier de l'année (1998 + $n$).
**1.** Calculer $u_1$, $u_2$, $u_3$.
**2.** Démontrer que ($u_n$) est une suite géométrique dont on précisera la raison.
Exprimer ($u_n$) en fonction de $n$.
**3.** À l'aide d'une calculatrice, déterminer à partir de quelle année Monsieur Sawadogo pourra acheter son vélo.

*D'après Bac...*

**43** **1.** Le 1er janvier 1990, le prix de vente d'un objet était $a_0$. L'inflation est de 7 % par an à partir de 1990 et elle se maintient à ce taux.
Calculer le prix $a_1$ de cet objet au bout d'un an, le prix $a_2$ de cet objet au bout de deux ans, ... le prix $a_n$ de cet objet au bout de $n$ années.
**2.** Au bout de combien d'années le prix de cet objet aura-t-il été multiplié par 2 ?
Le temps dépend-il du prix initial $a_0$ ?
**3.** On suppose dans cette question que l'inflation est de 7 % une année, – 7 % l'année suivante (il y désinflation), le cycle se reproduisant par période de 2 ans (7 % en 1990, – 7 % en 1991, 7 % en 1992, – 7 % en 1993...).
Quel est le prix de cet objet en fonction de $a_0$ au bout de 2 ans ? au bout de 4 ans ?
Calculer le prix $a_{2n}$ au bout de $2n$ années.
Démontrer que : $a_{2n} < a_n$.

*D'après Bac*

**44** ***Modèle de Harrod***
Dans un pays, en l'année $n$, on désigne par $E_n$ l'épargne, $R_n$ le revenu national, $I_n$ l'investissement.
On suppose que $R_0 = 7\ 000$ (en milliards de francs CFA) et que l'on épargne 12 % du revenu :

$$E_n = 0{,}12\ R_n.$$

De plus, l'investissement en l'année $n$ est proportionnel à la variation absolue du revenu national (le coefficient de proportionnalité est appelé le coefficient du capital).

$$I_n = 2{,}12\ (E_n - E_{n-1}).$$

On dit qu'il y a équilibre lorsque l'épargne est égale à l'investissement :

$$\text{pour tout } n,\ I_n = E_n.$$

À l'équilibre, exprimer $E_n$ en fonction de $E_{n-1}$.
En déduire une expression de $E_n$ en fonction de $n$.
Déterminer alors la limite de $E_n$ en $+\infty$.

## RECHERCHE

**45** ***Un problème de Fibonacci***
(Au Moyen-Âge, en 1202, Fibonacci pose le problème suivant dans le « Liber A bacci ».)
« Un homme place un denier à intérêts composés à un taux tel qu'il possède 2 deniers en 5 ans et que tous les 5 ans son avoir double.
Je demande combien il aura gagné de deniers à partir d'un seul, en 100 ans ? »

**46** Dans chacun des cas, choisir le terme $u_6$ de la suite parmi les trois nombres proposés. Justifier le choix en exprimant le terme général à l'aide d'une formule explicite.

**1.** 1 ; 3 ; 5 ; 7 ; 9; $u_6$ ; ...
**10, 11 ou 12 ?**

**2.** 3 ; – 7 ; 13 ; – 27 ; 53 ; $u_6$ ; ...
**– 67, – 87 ou – 107 ?**

**3.** 2 ; 21 ; 401 ; 8 001 ; 160 001 ; $u_6$ ; ...
**320 001, 640 001 ou 3 200 001 ?**

**47** Des points d'une droite (L) définissent des parties de cette droite : des segments et des demi-droites.
Reproduire et compléter le tableau ci-dessous.

| Nombre de points | 1 | 2 | 3 | 4 | 5 |
|---|---|---|---|---|---|
| Nombre de demi-droites | | | | | |
| Nombre de segments | | | | | |
| Nombres de parties | | | | | |

Conjecturer une relation de récurrence exprimant le nombre $u_{n+1}$ en fonction de $u_n$. ($u_n$ désignant le nombre de segments définis par $n$ points).
Exprimer $u_n$ en fonction de $n$, et en déduire le nombre $v_n$ de parties de droites déterminées par $n$ points distincts.

**48** On dispose de bâtonnets avec lesquels on réalise, niveau par niveau, la construction ci-contre.

$a_n$ exprimant le nombre total de bâtonnets nécessaires pour réaliser la con-struction du $n^e$ niveau, déterminer $a_1$, $a_2$, $a_3$, $a_4$, $a_5$, ainsi que le nombre de bâtonnets utile pour construire chaque nouveau niveau.
Trouver une relation de récurrence exprimant $a_{n+1}$ en fonction de $a_n$ $(n > 0)$.
Calculer $a_n$ en fonction de $n$ uniquement.

**49** Les figures $F_1$, $F_2$, $F_3$ et $F_4$ sont constituées respectivement d'un, cinq, treize et vingt cinq carrés.

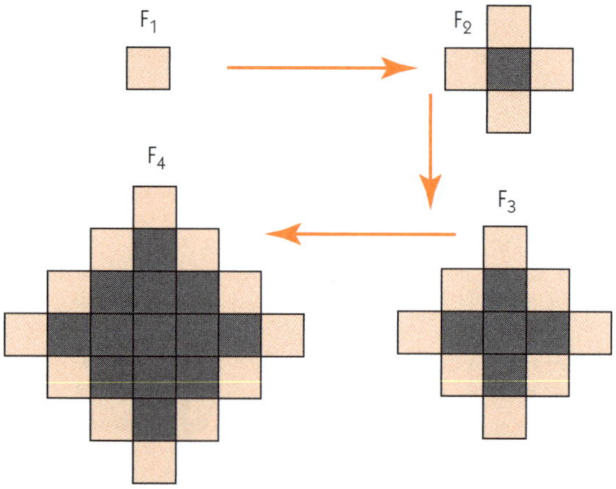


Une figure $F_n$ $(n \in \mathbb{N}^*)$ est obtenue à partir de la figure précédente en ajoutant autant de carrés qu'il est possible de le faire, de telle sorte que chaque nouveau carré ait un ou deux côtés en commun avec un carré de la figure précédente. On désigne par $c_n$ le nombre de carrés de la figure $F_n$ $(n \in \mathbb{N}^*)$.
Trouver le nombre de carrés des figures $F_5$ et $F_6$.
Conjecturer une relation de récurrence entre $c_n$ et $c_{n-1}$.
Exprimer $c_n$ en fonction de $n$ uniquement.

**50** *a)* En combien de régions, trois droites deux à deux sécantes partagent-elles un plan ?

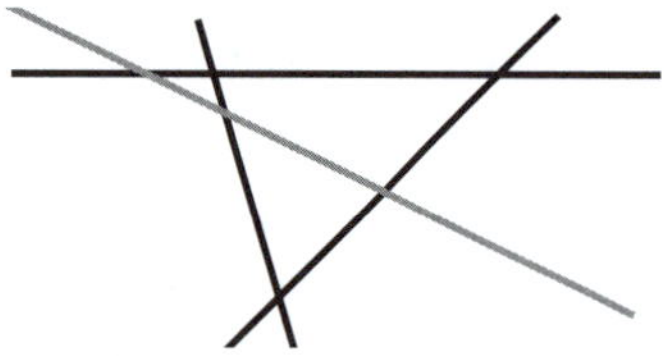

*b)* Quel est le nombre de régions obtenues pour 4 droites, 5 droites et 6 droites deux à deux sécantes (trois quelconques d'entre elles n'étant pas concourantes) ?
*c)* On désigne par $d_n$ le nombre de régions définies par $n$ droites deux à deux sécantes ($n \in \mathbb{N}^*$, trois quelconques d'entre elles n'étant pas concourantes), trouver une relation de récurrence entre $d_n$ et $d_{n-1}$, puis exprimer $d_n$ en fonction de $n$ seulement.

**51** ***Fractal (hommage à Von Koch)***

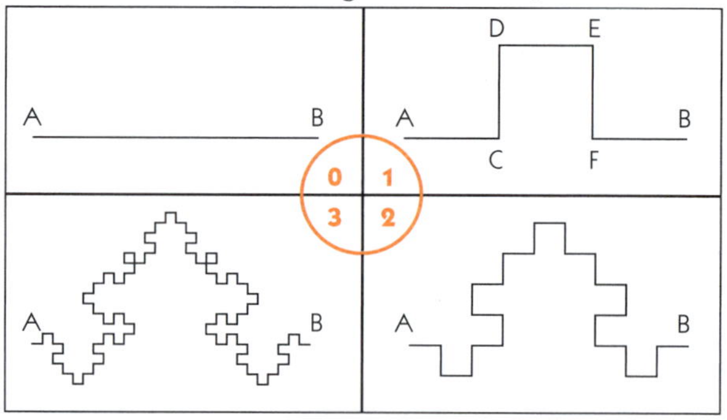


Le segment [AB] a pour mesure 1. On pose $u_0 = 1$.
**1.** Après avoir partagé [AB] en trois parties d'égales longueurs, on construit un carré dont la partie centrale de [AB] est le côté, puis on supprime ce côté du carré
Calculer la mesure $u_1$ de la ligne brisée ainsi obtenue.
**2.** On réitère le procédé sur chacun des segments de la ligne brisée ACDEFB.
Calculer la mesure $u_2$ de la ligne brisée ainsi obtenue.
**3.** Conjecturer l'expression de $u_n$ en fonction de $n$.

**52** ***Fractal (le tapis de Serpiensky)***

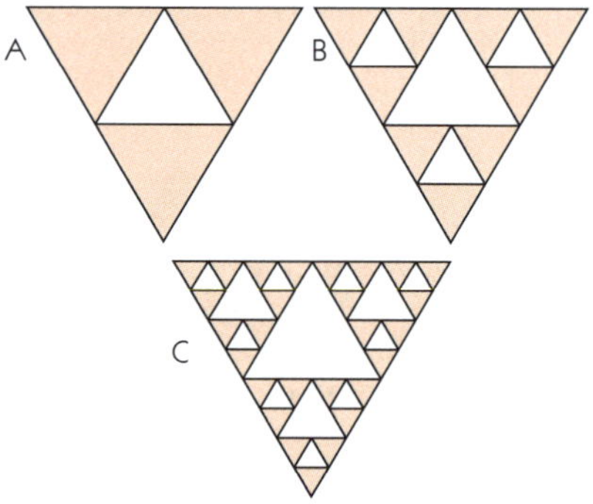


**1.** Un triangle équilatéral ABC de côté 1 est partagé en quatre triangles équilatéraux de même aire, et on enlève le triangle central.
Calculer l'aire $a_1$ du « tapis » ainsi obtenu.
**2.** On réitère le procédé sur chacun des triangles restant. Calculer l'aire $a_2$ du « tapis » ainsi obtenu.
**3.** Conjecturer l'expression de $a_n$ en fonction de $n$.

**53** ***Fractal (l'éponge de Serpiensky)***

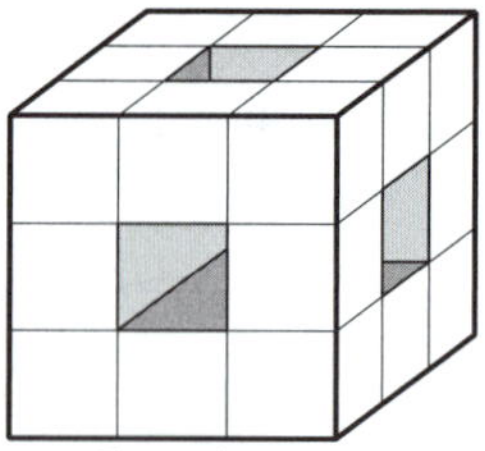

Figure 1

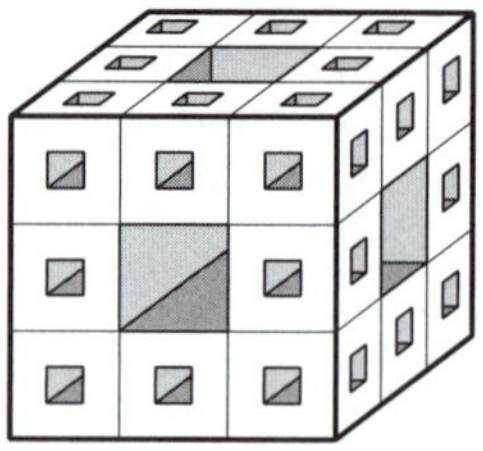

Figure 2

On évide un cube de volume 1, comme il est indiqué sur la figure 1. On pose $v_0 = 1$.
**1.** Calculer le volume restant $v_1$.
**2.** En supposant que chacun des petits cubes restants puisse être évidé de la même façon, calculer le volume total restant $v_2$.
**3.** Conjecturer le volume $v_n$ restant après le $n^e$ évidage.

10

# Trigonométrie

Cette branche des mathématiques naît lorsque, pour étudier les phénomènes astronomiques, il faut déterminer les mesures des éléments d'un triangle.
Déjà à Babylone, on fait des observations astronomiques et on introduit le degré comme mesure des angles. Cependant, c'est en Grèce que la trigonométrie devient l'instrument privilégié pour étudier l'astronomie. L'astronome égyptien Claude PTOLÉMÉE (128 - 168) rédige son célèbre ouvrage appelé Almageste contenant des tables trigonométriques. Cet ouvrage, repris et amélioré par AL-KASHI au XVe siècle, nous a été transmis par les Arabes. C'est vers le IVe siècle que s'introduit en Inde le sinus. ABUL WAFA (940 - 998), célèbre astronome et mathématicien originaire de Perse (Iran), définit la tangente.
C'est au XVe siècle que RÉGIOMONTAMUS (1436 - 1476) écrit un ouvrage qui fonde la trigonométrie moderne.

François VIÈTE (1540 - 1603) construit une table complète de trigonométrie, introduit les notations modernes et établit des formules.
Avec Leonhard EULER (1707 - 1783) c'est l'essor de la trigonométrie moderne, branche de l'analyse. Les fonctions trigonométriques trouvent leur place aux côtés des fonctions dites usuelles…

François VIÈTE (1540 - 1603)

## SOMMAIRE

# 1 Mesures d'un angle orienté

## 1.1. Angle orienté

### Représentant d'un angle orienté

$\vec{u}$ et $\vec{v}$ sont des vecteurs non nuls.
S, A et B des points tels que : $\overrightarrow{SA} = \vec{u}$ ; $\overrightarrow{SB} = \vec{v}$.

Le couple de demi-droites $\big([SA),[SB)\big)$ de même origine S est un **représentant** de l'angle orienté $(\widehat{\vec{u}\,,\vec{v}})$.

S est le **sommet**, [SA) le **côté origine** et [SB) le **côté extrémité** de ce représentant.

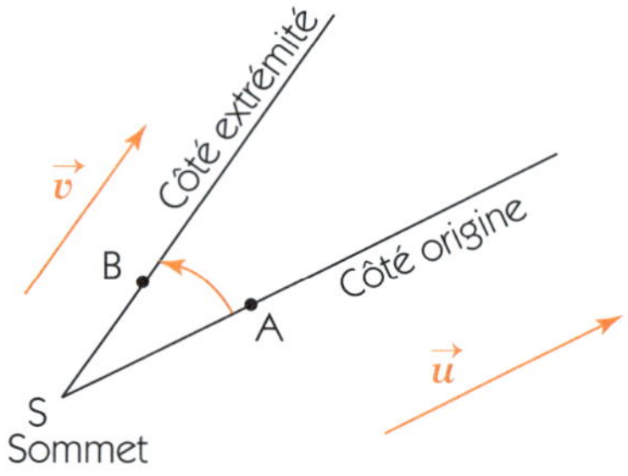


### Mesure principale d'un angle orienté

Le plan est muni du repère orthonormé direct (O,I,J).
$\mathscr{A}$ est l'ensemble des angles orientés.
$(\mathscr{C})$ est le cercle trigonométrique.

**Mesure principale d'un angle orienté**

- Chaque angle orienté a pour mesure principale un nombre réel $\alpha$ élément de $]-\pi\,;\,\pi]$.
- Réciproquement, chaque nombre réel $\alpha$ élément de $]-\pi\,;\,\pi]$ est la mesure principale d'un angle orienté.

On définit ainsi une bijection de $\mathscr{A}$ dans $]-\pi\,;\,\pi]$.

C'est pourquoi, on note généralement $(\hat{\alpha})$ l'angle orienté de mesure principale $\alpha$.

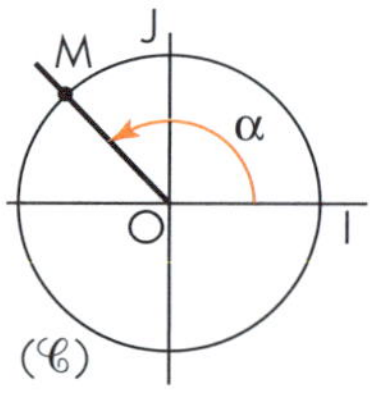


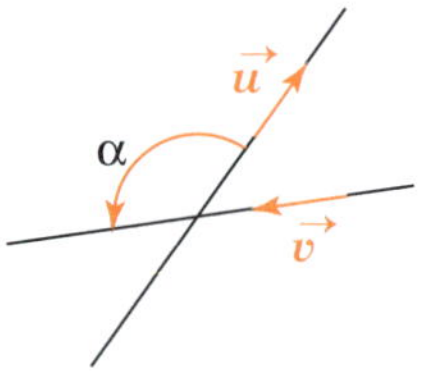


**Images sur le cercle trigonométrique**

- À chaque point M du cercle trigonométrique $(\mathscr{C})$, on associe un nombre réel $\alpha$ élément de $]-\pi\,;\,\pi]$ :

la mesure principale de l'angle orienté $(\widehat{\overrightarrow{OI}\,,\overrightarrow{OM}})$.

- Réciproquement, à chaque nombre réel $\alpha$ élément de $]-\pi\,;\,\pi]$, on peut associer le point M du cercle trigonométrique $(\mathscr{C})$ tel que : $\text{Mes}\,(\widehat{\overrightarrow{OI}\,,\overrightarrow{OM}}) = \alpha$.

On définit ainsi une bijection de $(\mathscr{C})$ dans $]-\pi\,;\,\pi]$.

Le schéma ci-contre résume les bijections entre les ensembles $\mathscr{A}$, $(\mathscr{C})$ et $]-\pi\,;\,\pi]$.

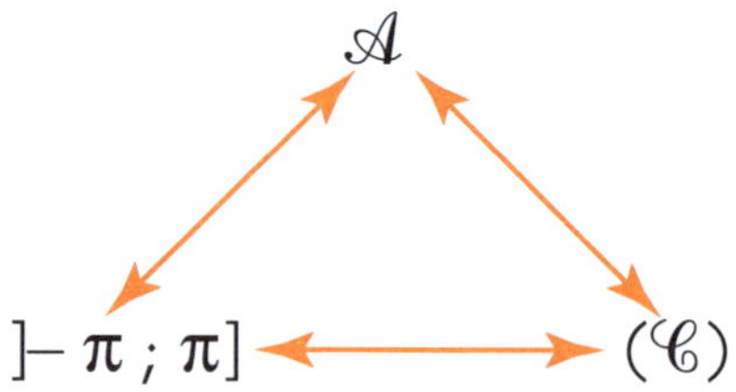


### Somme et différence d'angles orientés

**Définition et propriétés**

$(\hat{\alpha})$ et $(\hat{\beta})$ sont des angles orientés de mesures principales respectives $\alpha$ et $\beta$.

$\big([OX),[OY)\big)$ est un représentant de $(\hat{\alpha})$ ;

$\big([OY),[OZ)\big)$ le représentant de $(\hat{\beta})$ de côté origine [OY).

Considérons le couple $\big([OX),[OZ)\big)$.
C'est un représentant de l'angle orienté $(\widehat{\overrightarrow{OX}\,,\overrightarrow{OZ}})$.

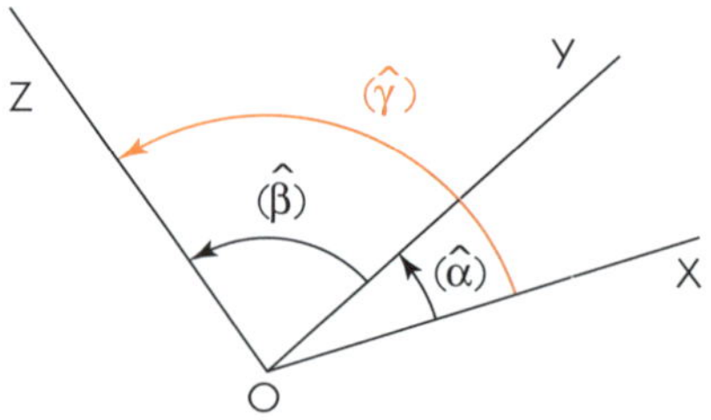

Nous admettons que l'angle orienté ainsi obtenu, ne dépend pas des représentants choisis pour les angles orientés $(\widehat{\alpha})$ et $(\widehat{\beta})$.

Désignons par $\gamma$ la mesure principale de l'angle orienté $(\widehat{\overrightarrow{OX}, \overrightarrow{OZ}})$ et par $(\widehat{\gamma})$ cet angle orienté.

On dit que : $(\widehat{\gamma})$ est la **somme des angles orientés** $(\widehat{\alpha})$ et $(\widehat{\beta})$.

On note : $(\widehat{\gamma}) = (\widehat{\alpha}) + (\widehat{\beta})$.

## Définition

**$(\widehat{\alpha})$ et $(\widehat{\beta})$ sont des angles orientés ;**

**$\big([OX),[OY)\big)$ un représentant de $(\widehat{\alpha})$ ;**

**$\big([OY),[OZ)\big)$ le représentant de $(\widehat{\beta})$ de côté origine [OY).**

- **On appelle somme des angles orientés $(\widehat{\alpha})$ et $(\widehat{\beta})$, l'angle orienté $(\widehat{\gamma})$ tel que : $(\widehat{\gamma}) = (\widehat{\overrightarrow{OX}, \overrightarrow{OZ}})$.**

**On note : $(\widehat{\alpha}) + (\widehat{\beta}) = (\widehat{\gamma})$.**

**Désignons par $(\widehat{-\beta})$ l'opposé de l'angle orienté $(\widehat{\beta})$.**

- **On appelle différence des angles orientés $(\widehat{\alpha})$ et $(\widehat{\beta})$, l'angle orienté $(\widehat{\alpha}) + (\widehat{-\beta})$.**

**On note : $(\widehat{\alpha}) + (\widehat{-\beta}) = (\widehat{\alpha}) - (\widehat{\beta})$.**

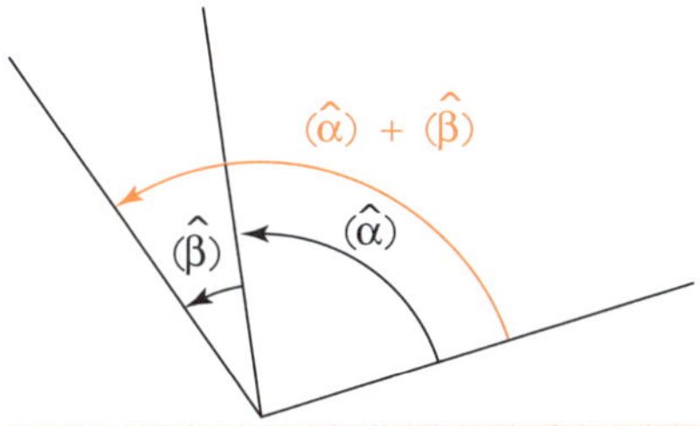


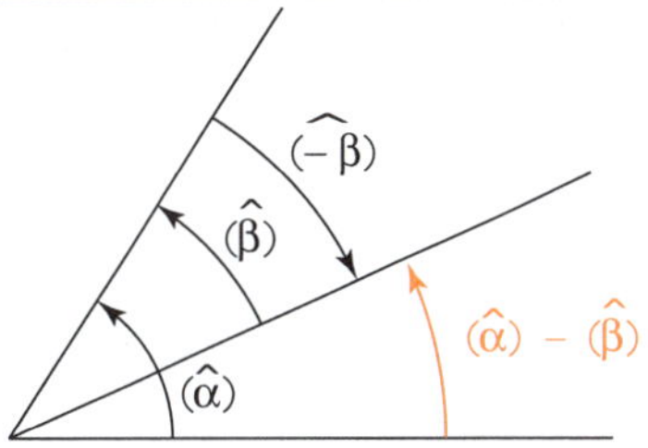


De la définition, on déduit immédiatement l'égalité de Chasles :

## Egalité de Chasles

**Pour tous vecteurs non nuls $\vec{u}$ , $\vec{v}$ et $\vec{w}$,**

$$(\widehat{\vec{u}, \vec{v}}) + (\widehat{\vec{v}, \vec{w}}) = (\widehat{\vec{u}, \vec{w}}) \qquad \textbf{ou encore} \qquad (\widehat{\vec{v}, \vec{w}}) = (\widehat{\vec{u}, \vec{w}}) - (\widehat{\vec{u}, \vec{v}}).$$

## Exemples de sommes d'angles orientés

Dans chacun des cas suivants, comparons la mesure principale de la somme des angles orientés $(\widehat{\alpha})$ et $(\widehat{\beta})$ et la somme des mesures principales $\alpha$ et $\beta$ de ces angles orientés.

$\alpha = \frac{\pi}{3}$ et $\beta = \frac{\pi}{4}$

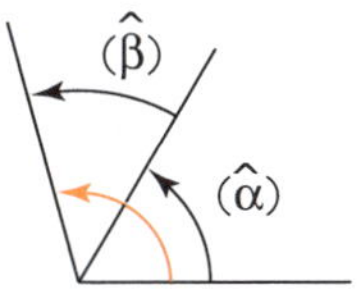


$\text{Mes}\left((\widehat{\alpha}) + (\widehat{\beta})\right) = \frac{7\pi}{12}$

$\alpha = \frac{2\pi}{3}$ et $\beta = \frac{3\pi}{4}$

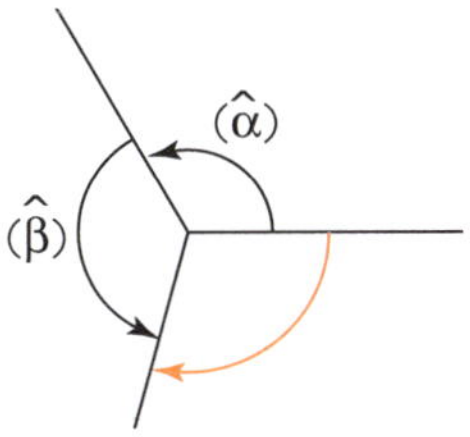


$\text{Mes}\left((\widehat{\alpha}) + (\widehat{\beta})\right) = -\frac{7\pi}{12}$

$\alpha = \frac{2\pi}{3}$ et $\beta = -\frac{3\pi}{4}$

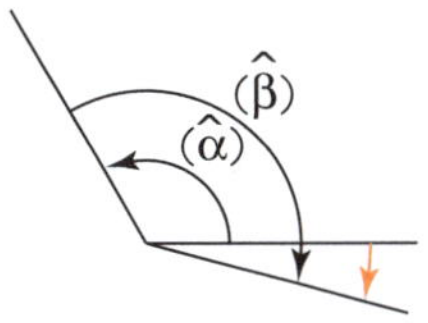


$\text{Mes}\left((\widehat{\alpha}) + (\widehat{\beta})\right) = -\frac{\pi}{12}$

$\alpha = -\frac{2\pi}{3}$ et $\beta = -\frac{\pi}{2}$

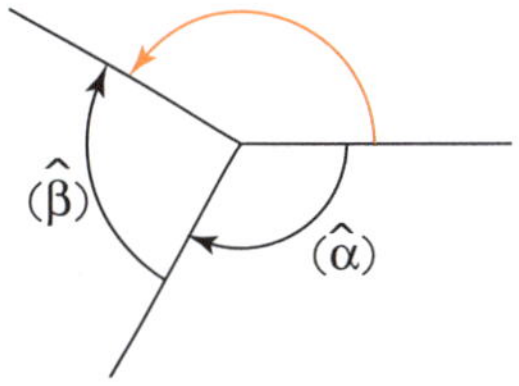


$\text{Mes}\left((\widehat{\alpha}) + (\widehat{\beta})\right) = \frac{5\pi}{6}$

### Remarque

*La mesure principale de la somme de deux angles orientés n'est pas toujours égale à la somme des mesures principales de ces angles orientés.*

# Exercices

**1.a** On donne la demi-droite [SP].
Construire le représentant de l'angle orienté $(\widehat{-\frac{2\pi}{3}})$ qui a pour côté origine la demi-droite [SP] et le représentant de l'angle orienté $(\widehat{\frac{2\pi}{3}})$ qui a pour côté extrémité la demi-droite [SP].

**1.b** On considère les intervalles suivants :
$]-\pi\,;-\frac{3\pi}{4}]$ ; $]-\frac{3\pi}{4}\,;-\frac{\pi}{2}]$ ; $]-\frac{\pi}{2}\,;-\frac{\pi}{4}]$ ; $]-\frac{\pi}{4}\,;0]$ ; $]0\,;\frac{\pi}{4}]$ ; $]\frac{\pi}{4}\,;\frac{\pi}{2}]$ ; $]\frac{\pi}{2}\,;\frac{3\pi}{4}]$ ; $]\frac{3\pi}{4}\,;\pi]$.
La mesure principale de chacun des angles orientés représentés ci-contre appartient à l'un de ces intervalles ; indiquer cet intervalle.

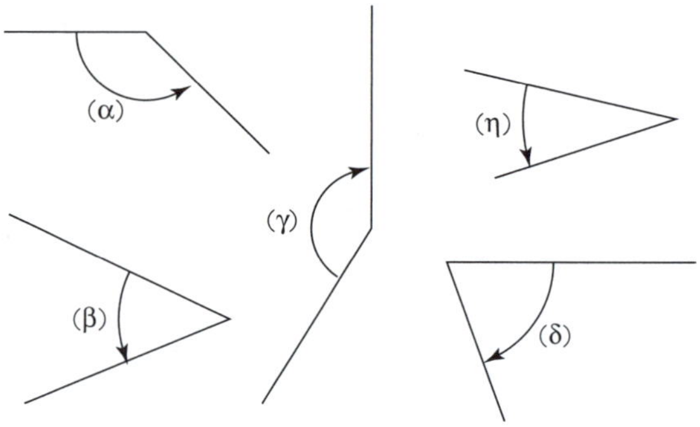


Construire un représentant de $(\widehat{\alpha}) + (\widehat{\beta})$.
Préciser l'intervalle auquel appartient la mesure principale de cette somme.

## 1.2. Mesures d'un angle orienté

### Approche de la notion

**$(\widehat{\alpha})$ est un angle orienté de mesure principale $\alpha$ et d'image A sur le cercle trigonométrique $(\mathscr{C})$. À cet angle orienté peut-on associer d'autres nombres réels qui le caractérisent ?**

Considérons un point mobile M, qui, partant de I, se déplace sur le cercle trigonométrique $(\mathscr{C})$.
À chaque déplacement de M, on associe un nombre réel égal à :
- la distance parcourue si le déplacement se fait dans le sens direct
- l'opposé de la distance parcourue si le déplacement se fait dans le sens indirect.

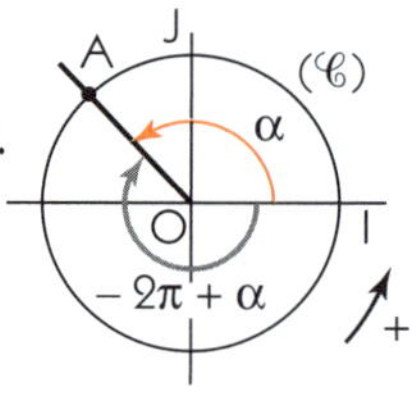


Rappelons que le périmètre du cercle trigonométrique est $2\pi$.
Déterminons les nombres réels associés aux différents passages de M en A et plaçons ces nombres réels sur une droite graduée (D) (l'unité étant celle des axes du repère orthonormé direct (O,I,J)).

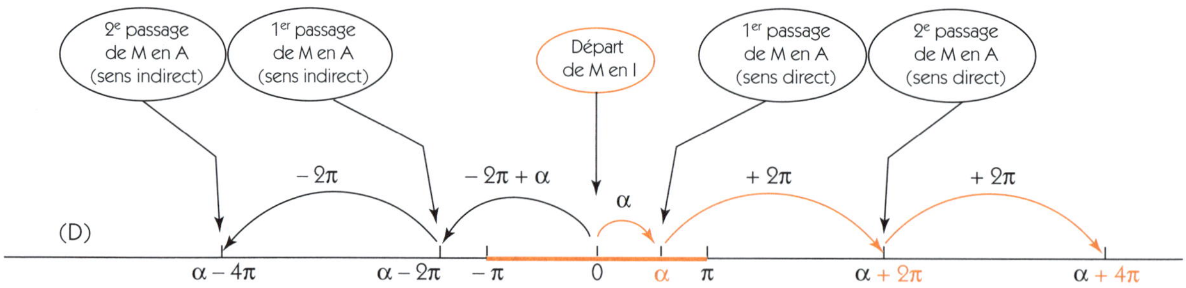


• On montre par ce schéma que :
à tout angle orienté $(\widehat{\alpha})$ de mesure principale $\alpha$ on peut associer une infinité de nombres réels :
$\ldots\alpha - 8\pi\,;\ \alpha - 6\pi\,;\ \alpha - 4\pi\,;\ \alpha - 2\pi\,;\ \alpha + 2\pi\,;\ \alpha + 4\pi\,;\ \alpha + 6\pi\,;\ \alpha + 8\pi\ldots$

> Ces nombres sont de la forme : $\alpha + k \times 2\pi$, $k$ étant un élément de $\mathbb{Z}$.
> On écrira plus simplement : $\alpha + k \times 2\pi\ \ [k \in \mathbb{Z}]$

• On remarque qu'un seul d'entre eux, $\alpha$, est élément de l'intervalle $]-\pi\,;\pi]$.
C'est pourquoi $\alpha$ est appelée la mesure principale de l'angle orienté $(\widehat{\alpha})$.

**$x$ est un nombre réel. $x$ est l'abscisse d'un point de la droite graduée (D). À ce nombre réel peut-on associer un angle orienté ?**

En ajoutant ou en retranchant à $x$ un certain nombre de fois $2\pi$, on obtient un nombre réel $\alpha$ de l'intervalle $]-\pi\ ;\ \pi]$, donc l'angle orienté $(\widehat{\alpha})$ de mesure principale $\alpha$.

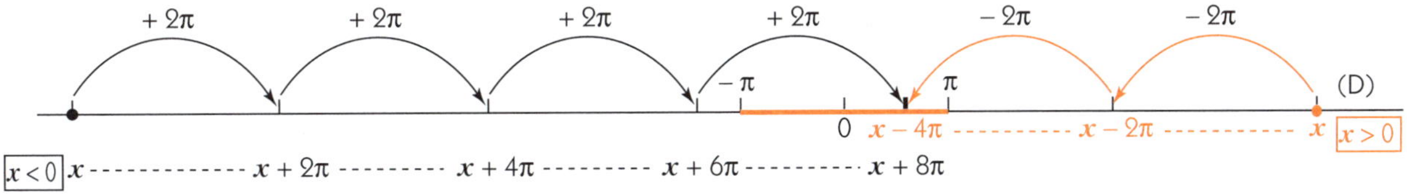


- On définit alors l'application de $\mathbb{R}$ dans $\mathscr{A}$ qui à chaque nombre réel $x$ associe l'angle orienté $(\widehat{\alpha})$ dont $x$ est une mesure

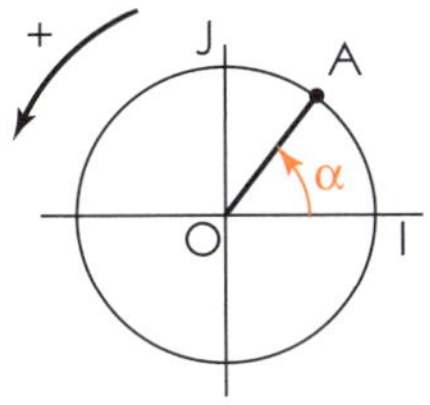


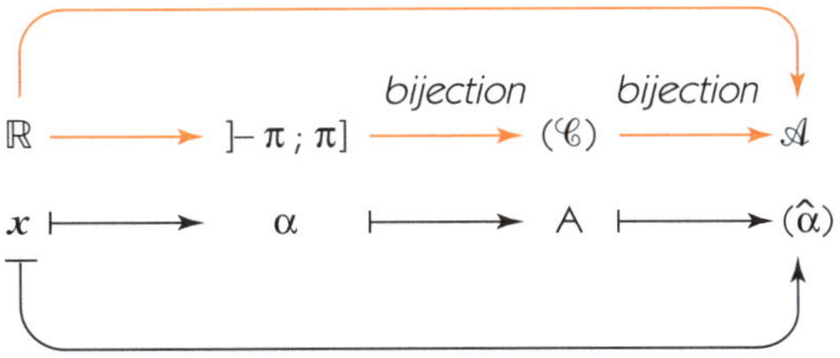


Le nombre réel $x$ est appelé **une mesure** de l'angle orienté $(\widehat{\alpha})$ dont la mesure principale est $\alpha$.

## Définition

**$(\widehat{\alpha})$ est un angle orienté de mesure principale $\alpha$.**

**Tout nombre réel de la forme $\alpha + k \times 2\pi$, $[k \in \mathbb{Z}]$ est appelé *une mesure* de l'angle orienté $(\widehat{\alpha})$.**

Sur le cercle trigonométrique,
l'image de $\alpha$ est appelé image de chacun des nombres réels
$\alpha + k \times 2\pi\ \ [k \in \mathbb{Z}]$ ;
c'est aussi **l'image de l'angle orienté** $(\widehat{\alpha})$.

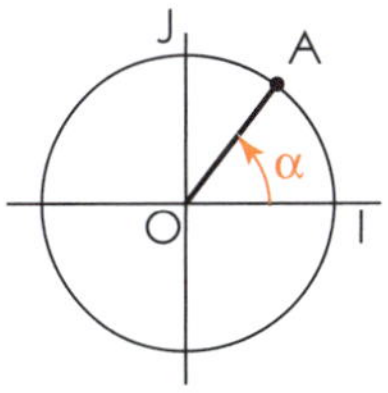


## Remarques

*– Les mesures d'un angle orienté peuvent être exprimées en degré ou en radian.*
*Cependant, lorsque l'unité n'est pas mentionnée, par convention, il s'agit de radian.*
*– Tout nombre réel est une mesure d'un angle orienté.*

***Exemples***

$-\frac{17\pi}{3}$, $-\frac{5\pi}{3}$, $\frac{7\pi}{3}$ et $\frac{55\pi}{3}$ sont des mesures de l'angle orienté dont la mesure principale est $\frac{\pi}{3}$.

$-\frac{49\pi}{6}$, $-\frac{13\pi}{6}$, $\frac{35\pi}{6}$ et $-\frac{25\pi}{6}$ sont des mesures de l'angle orienté dont la mesure principale est $-\frac{\pi}{6}$.

## Mesures des angles orientés nul, plat et droits

**Recherchons les nombres réels qui sont les mesures des angles orientés nul, plat et droits.**

$x$ est une mesure de l'angle orienté nul $\Leftrightarrow$ il existe $k$ élément de $\mathbb{Z}$ tel que $x = 0 + k \times 2\pi$
$x$ est une mesure de l'angle orienté plat $\Leftrightarrow$ il existe $k$ élément de $\mathbb{Z}$ tel que $x = \pi + k \times 2\pi$
$x$ est une mesure de l'angle droit direct $\Leftrightarrow$ il existe $k$ élément de $\mathbb{Z}$ tel que $x = \frac{\pi}{2} + k \times 2\pi$
$x$ est une mesure de l'angle droit indirect $\Leftrightarrow$ il existe $k$ élément de $\mathbb{Z}$ tel que $x = -\frac{\pi}{2} + k \times 2\pi$

Remarquons que $\frac{\pi}{2} + k \times 2\pi$, mesure de l'angle droit direct, peut s'écrire $\frac{\pi}{2} + 2k\pi$ et que $-\frac{\pi}{2} + k \times 2\pi$, mesure de l'angle droit indirect, peut s'écrire $+\frac{\pi}{2} + (2k-1)\pi$ car $-\frac{\pi}{2} + k \times 2\pi = -\frac{\pi}{2} + \pi + (2k-1)\pi$.
De plus, $2k$ et $(2k-1)$ sont deux nombres entiers relatifs consécutifs.

On en déduit les propriétés suivantes :

## Propriétés

| | | |
|---|---|---|
| $x$ est une mesure de l'angle orienté nul<br>*si et seulement si*<br>il existe un nombre entier relatif $k$ tel que :<br>$x = 2k\pi$. | $x$ est une mesure de l'angle orienté plat<br>*si et seulement si*<br>il existe un nombre entier relatif $k$ tel que :<br>$x = (2k+1)\pi$. | $x$ est une mesure de l'angle orienté droit direct ou indirect<br>*si et seulement si*<br>il existe un nombre entier relatif $k$ tel que :<br>$x = \frac{\pi}{2} + k\pi$. |
|  | 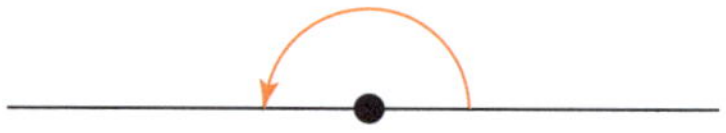 | 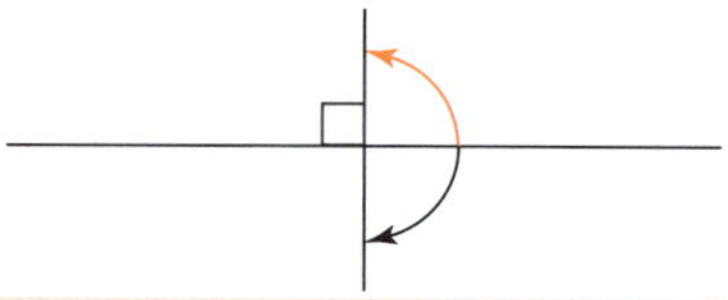 |

## Mesures d'angles orientés associés

Le plan est muni du repère orthonormé direct (O, I, J).
$x$ est un nombre réel d'image M sur le cercle trigonométrique,
N le symétrique de M par rapport à O,
P le symétrique de M par rapport à la droite (OI),
Q le symétrique de M par rapport à la droite (OJ).
$(\Delta)$ est la droite d'équation $y = x$,
R le symétrique de M par rapport à $(\Delta)$,
S le symétrique de R par rapport à (OJ).

*La figure ci-contre illustre les mesures d'angles orientés associés.*

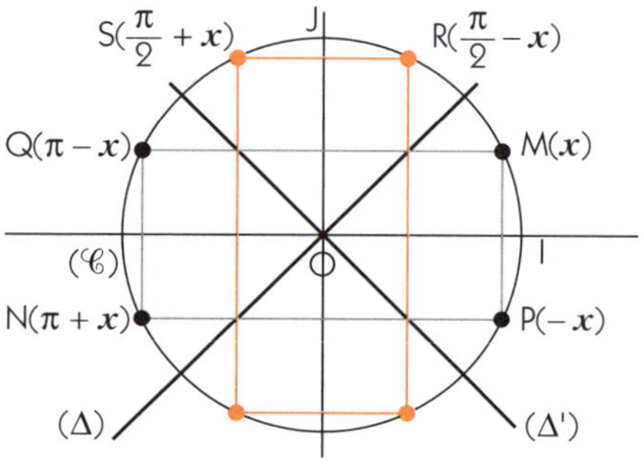


## Opérations sur les mesures des angles orientés

### Mesures de deux angles orientés opposés

Deux nombres réels opposés sont des mesures de deux angles orientés opposés.
Si $x$ est une mesure de l'angle orienté $(\widehat{\alpha})$ alors $-x$ est une mesure de l'angle orienté $(\widehat{-\alpha})$.

### Mesure de la somme et de la différence de deux angles orientés

La somme de deux mesures de deux angles orientés est une mesure de la somme de ces angles orientés.
La différence de deux mesures de deux angles orientés est une mesure de la différence de ces angles orientés.

Si $x$ est une mesure de l'angle orienté $(\widehat{\alpha})$ et $y$ une mesure de l'angle orienté $(\widehat{\beta})$
alors $x + y$ est une mesure de l'angle orienté $(\widehat{\alpha}) + (\widehat{\beta})$,
$x - y$ est une mesure de l'angle orienté $(\widehat{\alpha}) - (\widehat{\beta})$.

# Exercices

**1.c** On considère un triangle ABC, rectangle en A, de sens direct, tel que $\frac{\pi}{6}$ est une mesure de $(\widehat{\overrightarrow{BC},\overrightarrow{BA}})$. Donner trois mesures de chacun des angles orientés suivants :
$(\widehat{\overrightarrow{AB},\overrightarrow{AC}})$, $(\widehat{\overrightarrow{AB},\overrightarrow{CB}})$, $(\widehat{\overrightarrow{AC},\overrightarrow{AB}})$, $(\widehat{\overrightarrow{AC},\overrightarrow{BC}})$,
$(\widehat{\overrightarrow{BC},\overrightarrow{AB}})$, $(\widehat{\overrightarrow{CB},\overrightarrow{AB}})$, $(\widehat{\overrightarrow{BC},\overrightarrow{AC}})$, $(\widehat{\overrightarrow{BC},\overrightarrow{CA}})$

**1.d** $\vec{u}$ et $\vec{v}$ sont deux vecteurs non nuls tels que $\mathrm{Mes}(\widehat{\vec{u},\vec{v}}) = \frac{2\pi}{3}$.
Donner trois mesures de chacun des angles orientés suivants :
$(\widehat{-\vec{u},\vec{v}})$, $(\widehat{\vec{u},-\vec{v}})$, $(\widehat{-\vec{u},-\vec{v}})$, $(\widehat{\vec{v},-\vec{u}})$.

## 1.3. Détermination de la mesure principale d'un angle orienté

### Exemple d'approche

**$(\widehat{\alpha})$ est un angle orienté dont une mesure est $\frac{27\pi}{5}$. On veut déterminer la mesure principale de $(\widehat{\alpha})$.**

• ***Procédons de proche en proche.***

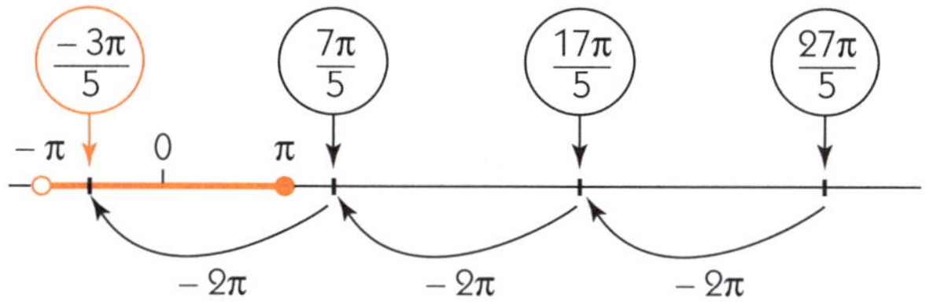


$\frac{27\pi}{5} - 2\pi = \frac{17\pi}{5}$ ; $\frac{17\pi}{5} > \pi$.

$\frac{17\pi}{5} - 2\pi = \frac{7\pi}{5}$ ; $\frac{7\pi}{5} > \pi$.

$\frac{7\pi}{5} - 2\pi = -\frac{3\pi}{5}$ ; $-\frac{3\pi}{5} \in ]-\pi\ ;\ \pi]$.

Dans le cas où la mesure donnée est positive, l'organigramme ci-contre permet de rédiger, pour une calculatrice, un programme de calcul de la mesure principale.

• Modifier cet organigramme dans le cas où la mesure donnée est négative.

• ***On peut décrire cette démarche par un organigramme :***

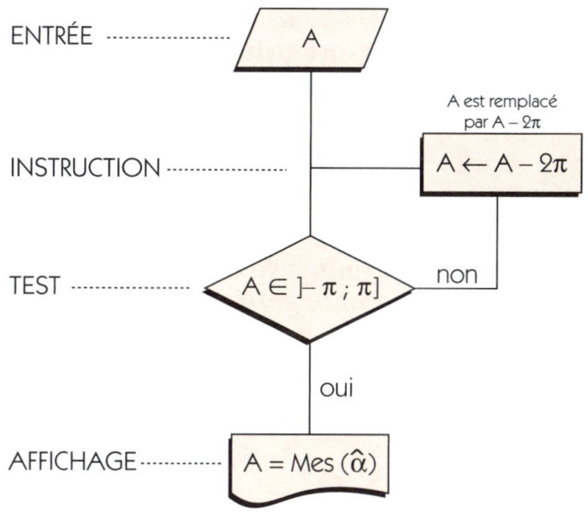


### Exemples

**Déterminons la mesure principale de l'angle orienté dont une mesure $\beta$ est un élément de $[0\ ;\ 2\pi[$.**

• 1er cas : $0 \leqslant \beta \leqslant \pi$

$\beta$ est donc la mesure principale de cet angle.

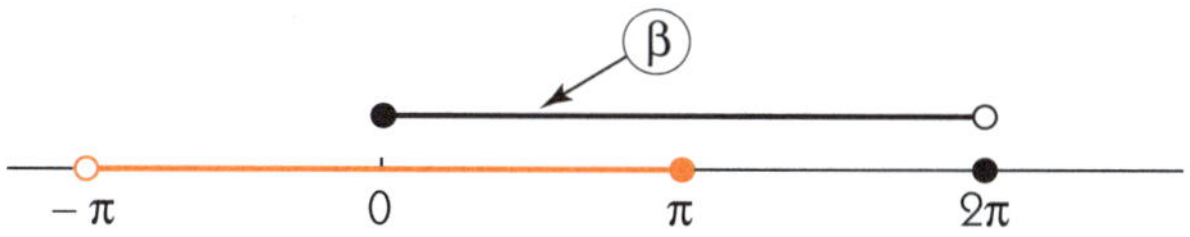


• 2[e] cas : $\pi < \beta < 2\pi$

$\beta$ n'est pas la mesure principale de cet angle.

Cependant, on a : $-\pi < \beta - 2\pi < 0$ ;

$\beta - 2\pi$ est donc la mesure principale de cet angle.

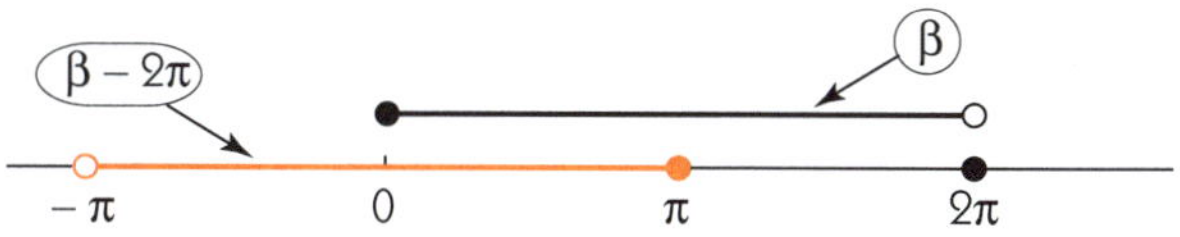


**Déterminons la mesure principale de l'angle orienté dont une mesure est $\frac{241\pi}{7}$.**

Il s'agit de trouver $\alpha$ et $k$ tels que : $\frac{241\pi}{7} = \alpha + k \times 2\pi$ $[\alpha \in ]-\pi\ ;\ \pi]\ ;\ k \in \mathbb{Z}]$.

• Le quotient entier de la division de $\frac{241\pi}{7}$ par $2\pi$ donne $\frac{241\pi}{7} = \frac{3\pi}{7} + 17 \times 2\pi$ avec $\frac{3\pi}{7} \in [0\ ;\ 2\pi[$.

• Or $\frac{3\pi}{7}$ est élément de $]-\pi\ ;\ \pi]$ ; donc $\frac{3\pi}{7}$ est la mesure principale de l'angle orienté de mesure $\frac{241\pi}{7}$.

**Déterminons les mesures principales des angles orientés de mesure opposées $\frac{38\pi}{5}$ et $-\frac{38\pi}{5}$.**

Il s'agit de trouver $\alpha$ et $k$ tels que : $\frac{38\pi}{5} = \alpha + k \times 2\pi$ $[\alpha \in ]-\pi\ ;\ \pi]\ ;\ k \in \mathbb{Z}]$.

Le quotient entier de la division de $\frac{38\pi}{5}$ par $2\pi$ donne : $\frac{38\pi}{5} = \frac{8\pi}{5} + 3 \times 2\pi$ avec $\frac{8\pi}{5} \in [0\ ;\ 2\pi[$.

• Or $\frac{8\pi}{5} \notin ]-\pi\ ;\ \pi]$ ; cependant $(\frac{8\pi}{5} - 2\pi) = -\frac{2\pi}{5}$ et $-\frac{2\pi}{5} \in ]-\pi\ ;\ \pi]$.
Donc $-\frac{2\pi}{5}$ et $\frac{2\pi}{5}$ sont respectivement les mesures principales des angles orientés de mesure $\frac{38\pi}{5}$ et de mesure $-\frac{38\pi}{5}$.

**M**

***Pour déterminer la mesure principale d'un angle orienté dont une mesure est un nombre réel positif** $x$**, on peut procéder comme suit :***

**On calcule le quotient entier $k$ de la division de $x$ par $2\pi$ ; on détermine ainsi le nombre $\beta$ tel que : $x = \beta + k \times 2\pi$ avec $\beta \in [0\ ;\ 2\pi[$.**

**Si $\beta \in ]0\ ;\ \pi]$**

**$\beta$ est la mesure principale de l'angle orienté dont une mesure est $x$.**

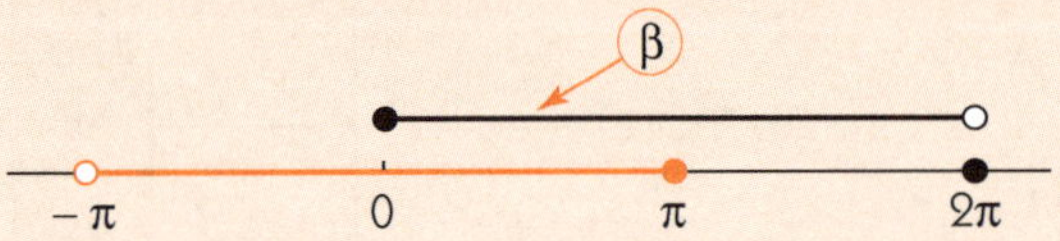


**Si $\beta \notin ]0\ ;\ \pi]$**

**$\beta - 2\pi$ est la mesure principale de l'angle orienté dont une mesure est $x$.**

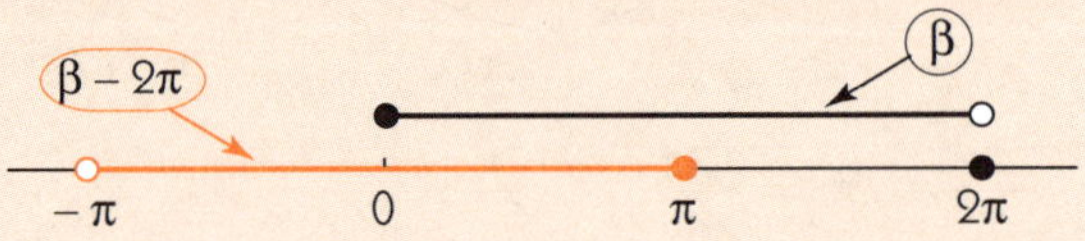


***Pour déterminer la mesure principale d'un angle orienté non plat dont une mesure est un nombre réel négatif** $x$**, on peut procéder comme suit :***

**On détermine la mesure principale $\alpha$ de l'angle orienté opposé dont une mesure est le nombre réel positif $-x$ ;**

**$(-\alpha)$ est donc la mesure principale de l'angle orienté dont une mesure est $x$.**

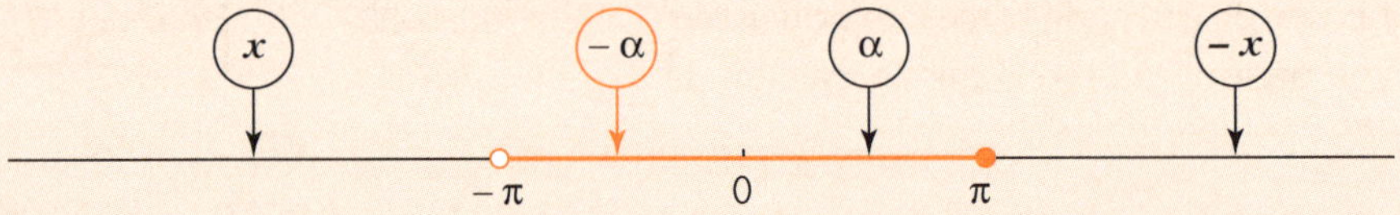


**On remarque que :**
- **lorsqu'une mesure d'un angle orienté est $2k\pi$ $[k \in \mathbb{Z}]$, sa mesure principale est 0 ;**
- **lorsqu'une mesure d'un angle orienté est $(2k+1)\pi$ $[k \in \mathbb{Z}]$, sa mesure principale est $\pi$.**

## Mesures principales d'angles orientés remarquables

Le plan est muni du repère orthonormé direct (O, I, J).
$(\mathscr{C})$ est le cercle trigonométrique.

*La figure ci-contre illustre les mesures principales des angles orientés remarquables.*

• Pour chacun des points marqués sur le cercle trigonométrique $(\mathscr{C})$, préciser la mesure principale de l'angle orienté dont il est l'image.

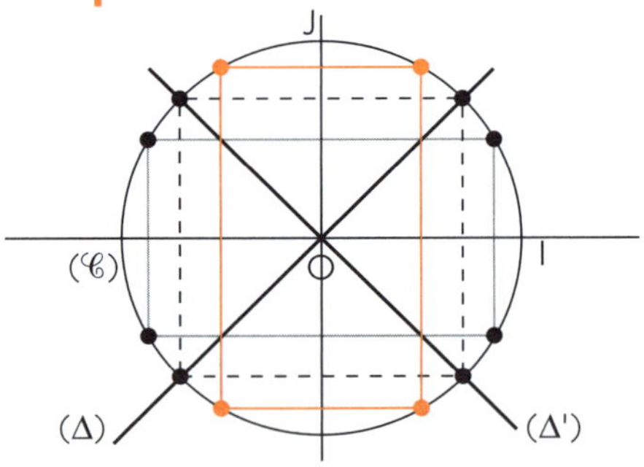


# Exercices

**1.e** **1.** Dans chacun des cas suivants, déterminer la mesure principale de l'angle orienté $(\hat{\alpha})$ dont on donne une mesure (on choisira : $\pi \approx 3{,}14$) :

(1) $\frac{43\pi}{7}$ ; (2) $\frac{68\pi}{7}$ ; (3) $-\frac{83\pi}{11}$ ;
(4) $-\frac{60\pi}{11}$ ; (5) $-7\pi$ ; (6) $35\pi$.

**2.** Déterminer une valeur approchée de la mesure principale de l'angle orienté $(\hat{\beta})$ dont une mesure est 35°.

**1.f** On donne deux points A et B.
**1.** Construire un point C tel que $-\frac{10\pi}{3}$ est une mesure de l'angle orienté $(\widehat{\overrightarrow{AB}, \overrightarrow{AC}})$.
**2.** Tracer l'ensemble des points M dans chacun des cas suivants.

$(\widehat{\overrightarrow{AB}, \overrightarrow{AM}})$ est :
(1) l'angle orienté plat ;
(2) l'angle orienté nul ;
(3) l'angle orienté droit indirect.

# 2 Fonctions cosinus, sinus et tangente

Le plan est muni du repère orthonormé direct (O,I,J).
($\mathscr{C}$) est le cercle trigonométrique et l'unité de mesure des angles orientés est le radian.

## 2.1. Cosinus, sinus et tangente d'un nombre réel

### Définitions et premières propriétés

En classe de Seconde ont été définis le cosinus, le sinus et la tangente d'un angle orienté et de sa mesure principale. On sait par ailleurs que la tangente d'un angle orienté n'existe que si cet angle orienté n'est pas un angle droit (direct ou indirect).

D'où les définitions suivantes du cosinus, du sinus et de la tangente d'un nombre réel.

**Définitions**

**$x$ est un nombre réel et $\alpha$ la mesure principale de l'angle orienté dont $x$ est une mesure.**
- **On appelle cosinus de $x$, le nombre réel $\cos \alpha$ et sinus de $x$, le nombre réel $\sin \alpha$.**
- **On appelle tangente de $x$ le nombre réel $\tan \alpha$.**

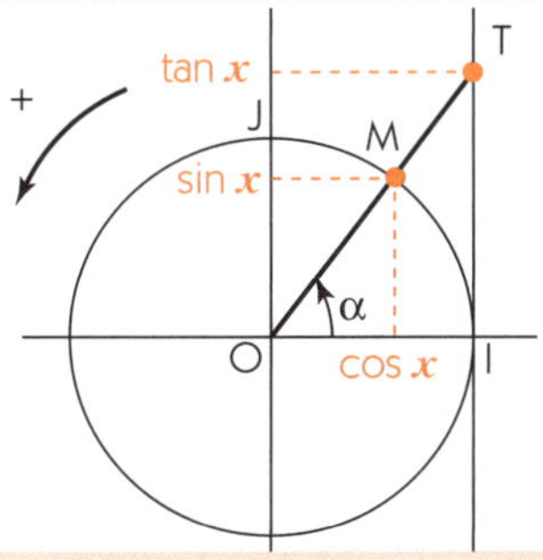


On note : $\cos x = \cos \alpha$ ;
$\sin x = \sin \alpha$ ;
$\tan x = \tan \alpha$.

On a : M ($\cos x$ ; $\sin x$)
T (1 ; $\tan x$) .

*Condition d'existence de tan $x$*
$\tan x$ est un nombre réel $\Leftrightarrow$ $x \neq \frac{\pi}{2} + k\pi$ $[k \in \mathbb{Z}]$.

*De ces définitions on déduit les propriétés suivantes :*

**Premières propriétés**

- **Pour tout nombre réel $x$ et pour tout nombre entier relatif $k$,**

$$\cos^2 x + \sin^2 x = 1 \; ; \quad -1 \leqslant \cos x \leqslant 1 \; ; \quad -1 \leqslant \sin x \leqslant 1.$$
$$\cos(x + 2k\pi) = \cos x \; ; \quad \sin(x + 2k\pi) = \sin x \, .$$

- **Pour tout nombre réel $x$ qui n'annule pas $\cos x$ et pour tout nombre entier relatif $k$**

$$\tan x = \frac{\sin x}{\cos x} ; \quad \frac{1}{\cos^2 x} = 1 + \tan^2 x \; ; \quad \tan(x + k\pi) = \tan x.$$

### Démonstration guidée

– Soit $x$ un nombre réel qui n'annule pas le cosinus. On peut écrire :

$$\frac{1}{\cos^2 x} = \frac{\sin^2 x + \cos 2x}{\cos^2 x} = 1 + \frac{\sin^2 x}{\cos^2 x} = 1 + \tan^2 x$$

– Le plan est muni du repère orthonormé direct (O, I, J).
Soit $x$ un nombre réel qui n'annule pas le cosinus.
M est l'image de $x$ sur le cercle trigonométrique ($\mathscr{C}$) et N le symétrique de M par rapport à O.
On peut vérifier que les angles orientés $(\widehat{\overrightarrow{OI}, \overrightarrow{OM}})$ et $(\widehat{\overrightarrow{OI}, \overrightarrow{ON}})$ ont la même tangente.

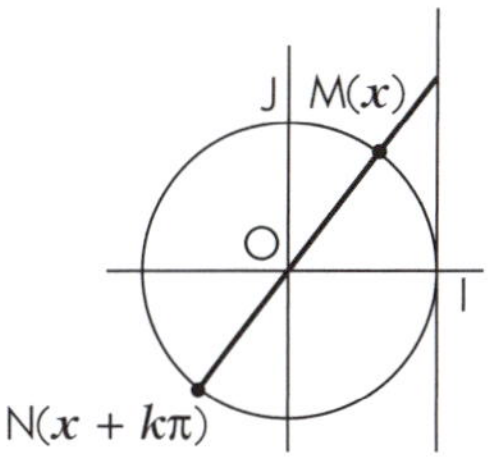

## Propriétés

### $x$ et $-x$

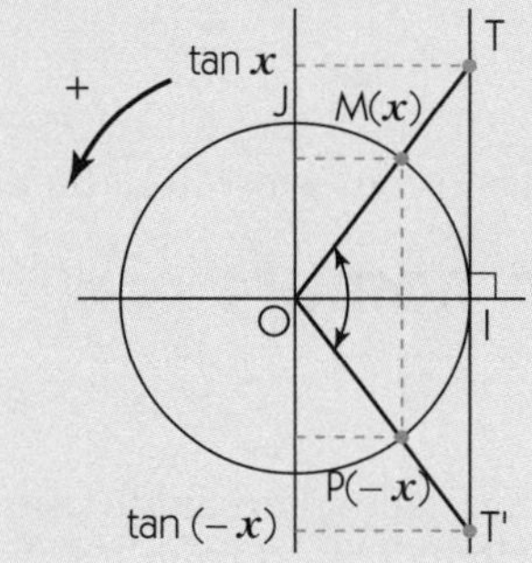


Les points M et P sont symétriques par rapport à (OI).

**Pour tout nombre réel $x$**

$\cos(-x) = \cos x$

$\sin(-x) = -\sin x$

**De plus, pour $x \neq \frac{\pi}{2} + k\pi$ $[k \in \mathbb{Z}]$**

$\tan(-x) = -\tan x$

### $x$ et $\pi + x$

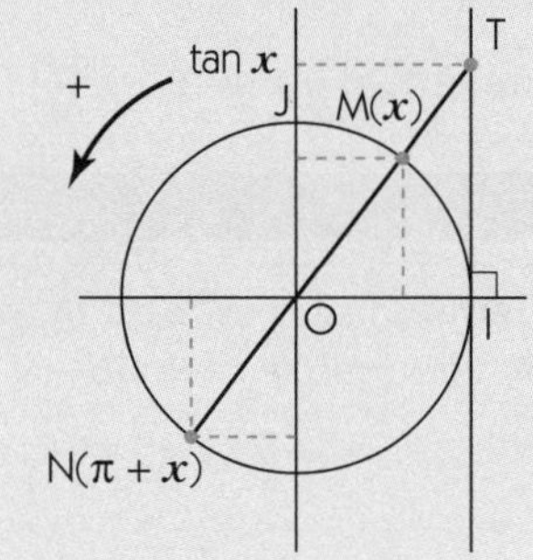


Les points M et N sont symétriques par rapport à O.

**Pour tout nombre réel $x$**

$\cos(\pi + x) = -\cos x$

$\sin(\pi + x) = -\sin x$

**De plus, pour $x \neq \frac{\pi}{2} + k\pi$ $[k \in \mathbb{Z}]$**

$\tan(\pi + x) = \tan x$

### $x$ et $\pi - x$

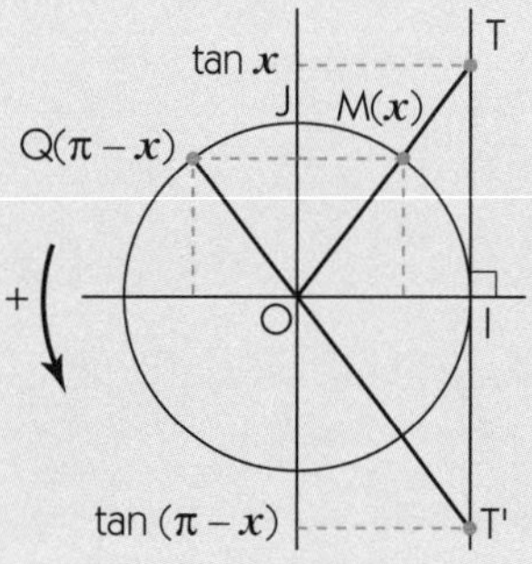


Les points M et Q sont symétriques par rapport à (OJ).

**Pour tout nombre réel $x$**

$\cos(\pi - x) = -\cos x$

$\sin(\pi - x) = \sin x$

**De plus, pour $x \neq \frac{\pi}{2} + k\pi$ $[k \in \mathbb{Z}]$**

$\tan(\pi - x) = -\tan x$

### $x$ et $\frac{\pi}{2} - x$

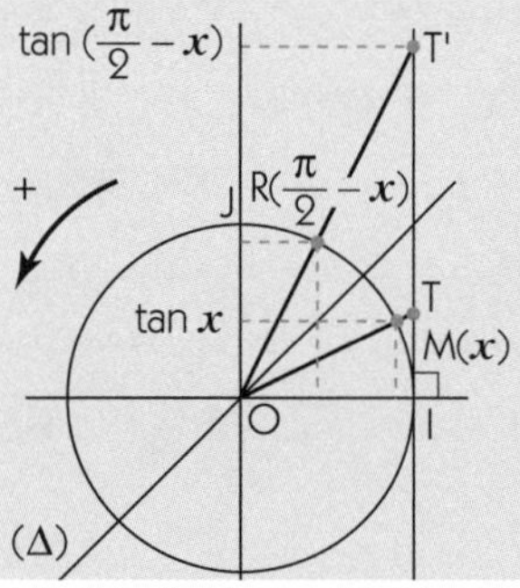


Les points M et R sont symétriques par rapport à la droite (Δ) d'équation $y = x$.

**Pour tout nombre réel $x$**

$\cos\left(\frac{\pi}{2} - x\right) = \sin x$

$\sin\left(\frac{\pi}{2} - x\right) = \cos x$

**De plus, pour $x \neq \frac{\pi}{2} + k\pi$ $[k \in \mathbb{Z}]$**

$\tan\left(\frac{\pi}{2} - x\right) \times \tan x = 1$

### $x$ et $\frac{\pi}{2} + x$

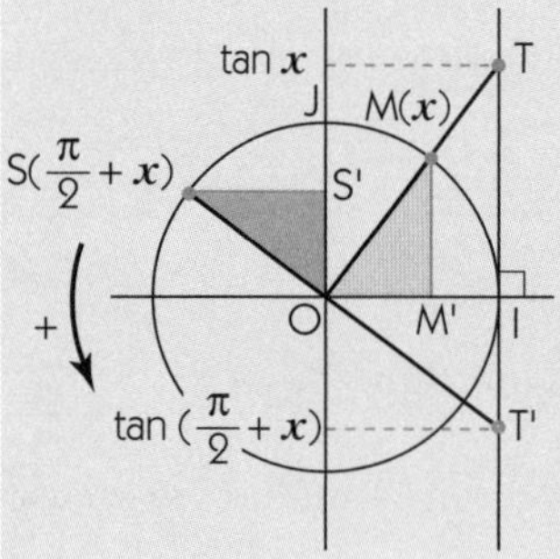


Le triangle OSS' est l'image du triangle OMM' par la rotation de centre O et d'angle droit direct.

**Pour tout nombre réel $x$**

$\cos\left(\frac{\pi}{2} + x\right) = -\sin x$

$\sin\left(\frac{\pi}{2} + x\right) = \cos x$

**De plus, pour $x \neq \frac{\pi}{2} + k\pi$ $[k \in \mathbb{Z}]$**

$\tan\left(\frac{\pi}{2} + x\right) \times \tan x = -1$

## Angles orientés de même sinus, même cosinus ou même tangente

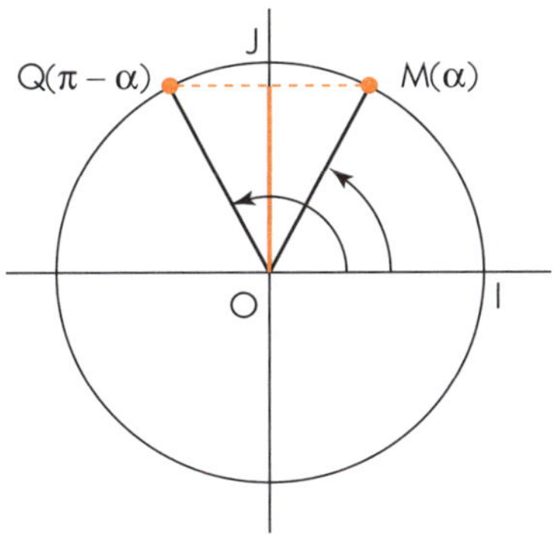


Deux nombres réels ont le même sinus

*si et seulement si*

ils ont des images confondues ou symétriques par rapport à (OJ).

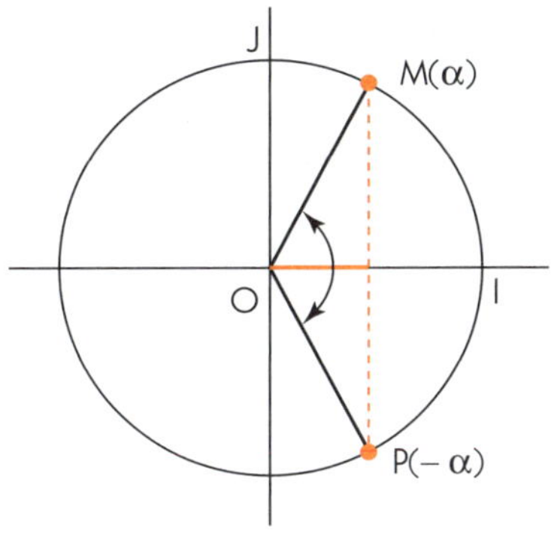


Deux nombres réels ont le même cosinus

*si et seulement si*

ils ont des images confondues ou symétriques par rapport à (OI).

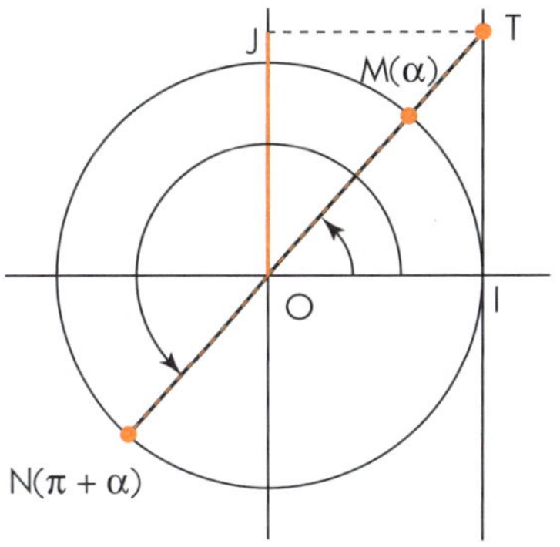


Deux nombres réels ont la même tangente

*si et seulement si*

ils ont des images confondues ou symétriques par rapport à O.

### Propriétés

**$\sin u = \sin v$** ***si et seulement si*** **il existe un nombre entier relatif $k$ tel que :**
**$u = v + k \times 2\pi$ *ou* $u = \pi - v + k \times 2\pi$.**

**$\cos u = \cos v$** ***si et seulement si*** **il existe un nombre entier relatif $k$ tel que :**
**$u = v + k \times 2\pi$ *ou* $u = - v + k \times 2\pi$.**

**$\tan u = \tan v$** ***si et seulement si*** **il existe un nombre entier relatif $k$ tel que :**
**$u = v + k\pi$.**

## Sinus, cosinus, tangente des angles remarquables

Le plan est muni du repère orthonormé direct (O, I, J).

• Pour chacun des points marqués sur le cercle trigonométrique (𝒞), préciser le sinus, le cosinus et la tangente de l'angle orienté remarquable dont il est l'image.

| $x$ | $0$ | $\frac{\pi}{6}$ | $\frac{\pi}{4}$ | $\frac{\pi}{3}$ | $\frac{\pi}{2}$ | $\frac{2\pi}{3}$ | $\frac{3\pi}{4}$ | $\frac{5\pi}{6}$ | $\pi$ |
|---|---|---|---|---|---|---|---|---|---|
| $\cos x$ | $1$ | $\frac{\sqrt{3}}{2}$ | $\frac{\sqrt{2}}{2}$ | $\frac{1}{2}$ | $0$ | $-\frac{1}{2}$ | $-\frac{\sqrt{2}}{2}$ | $-\frac{\sqrt{3}}{2}$ | $-1$ |
| $\sin x$ | $0$ | $\frac{1}{2}$ | $\frac{\sqrt{2}}{2}$ | $\frac{\sqrt{3}}{2}$ | $1$ | $\frac{\sqrt{3}}{2}$ | $\frac{\sqrt{2}}{2}$ | $\frac{1}{2}$ | $0$ |

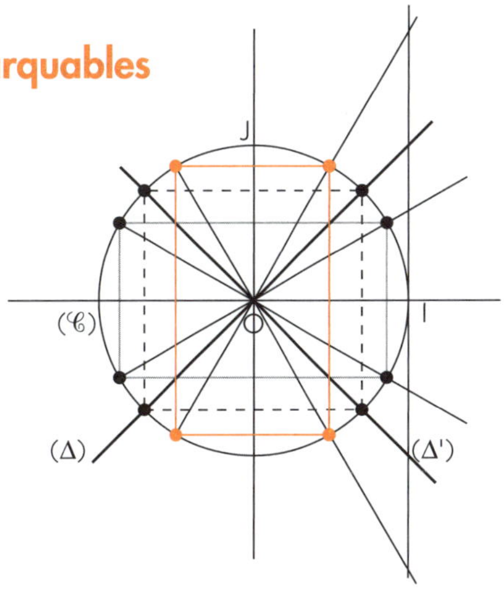


# Exercices

**2.a** Dans le plan muni du repère orthonormé direct (O,I,J), on donne le point $M(-\frac{\sqrt{3}}{2}\ ;\ \frac{1}{2})$.

*a)* Vérifier que M est un point du cercle trigonométrique.

*b)* On désigne par P, le symétrique de M par rapport à (OI), par N, le symétrique de M par rapport à O et par Q, le symétrique de M par rapport à (OJ).

Déterminer la mesure principale de chacun des angles orientés dont M, N, P et Q sont les images.

**2.b** Sachant que $\sin x = -0{,}3$ calculer la valeur numérique de l'expression :

$$(\sin^3 x + \cos^2 x \sin x) \cos(\frac{\pi}{2} + x).$$

## 2.2. Fonctions sinus, cosinus et tangente

### Définition et premières propriétés

**Définitions**

**On appelle *fonction cosinus*, *fonction sinus* et *fonction tangente*, les fonctions suivantes :**

$\cos : \mathbb{R} \to \mathbb{R}$ ; $x \mapsto \cos x$ $\quad$ $\sin : \mathbb{R} \to \mathbb{R}$ ; $x \mapsto \sin x$ $\quad$ $\tan : \mathbb{R} \to \mathbb{R}$ ; $x \mapsto \tan x$

Des définitions et propriétés des cosinus, sinus et tangente des nombres réels, on déduit les propriétés suivantes des fonctions cosinus, sinus et tangente.

**Propriétés**

- **La fonction cosinus et la fonction sinus sont périodiques de période $2\pi$.**
- **La fonction tangente est périodique de période $\pi$.**
- **La fonction cosinus est paire ; les fonctions sinus et tangente sont impaires.**

### Représentations graphiques des fonctions cosinus et sinus

**Le plan est muni du repère orthonormé (O,I,J).**
**On veut construire les représentations graphiques des fonctions sinus et cosinus.**

**Construction de la représentation graphique $(\mathscr{C}_{sin})$ de la fonction sinus**

Pour construire $(\mathscr{C}_{sin})$ utilisons la démarche suivante :

- ***Construction de $(\mathscr{C}_{sin})$ sur $[0 ; \frac{\pi}{2}]$***

Construisons point par point à partir du cercle trigonométrique, la représentation graphique $(\mathscr{C}_0)$ de la restriction à $[0 ; \frac{\pi}{2}]$ de la fonction sinus. On a admis que celle-ci est une courbe d'un seul morceau ne contenant pas de segment.

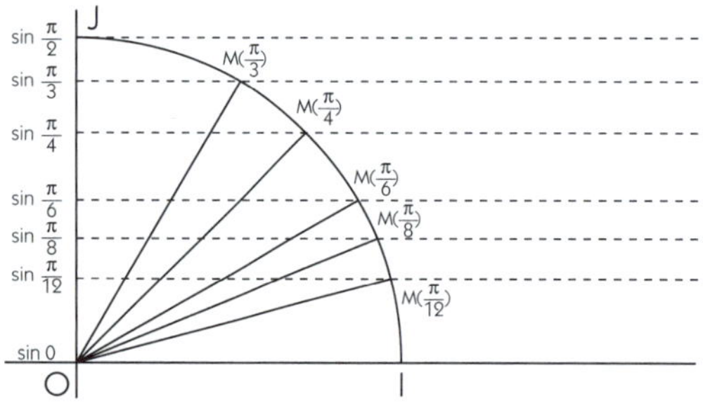


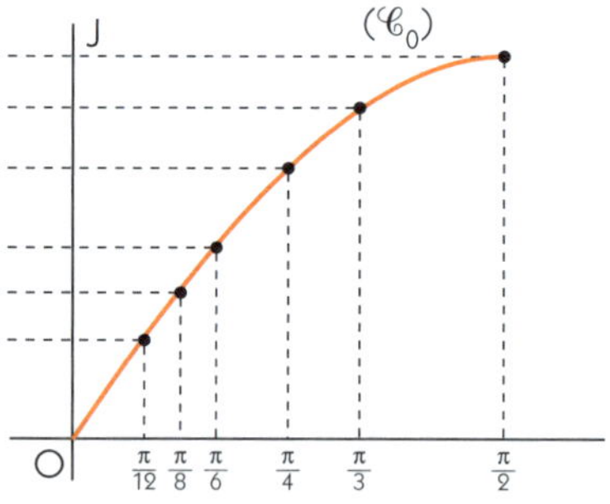


- ***Construction de $(\mathscr{C}_{sin})$ sur $[0 ; \pi]$***

À l'aide des angles orientés associés, de mesures $x$ et $\pi - x$ et de la translation de vecteur $-\frac{\pi}{2}\overrightarrow{OI}$, démontrer que $(\mathscr{C}_{sin})$ est symétrique par rapport à la droite (D) d'équation : $x = \frac{\pi}{2}$.

Construisons donc le symétrique de $(\mathscr{C}_0)$ par rapport à la droite (D).

On obtient $(\mathscr{C}'_0)$, la représentation graphique de la restriction à $[0 ; \pi]$ de la fonction sinus.

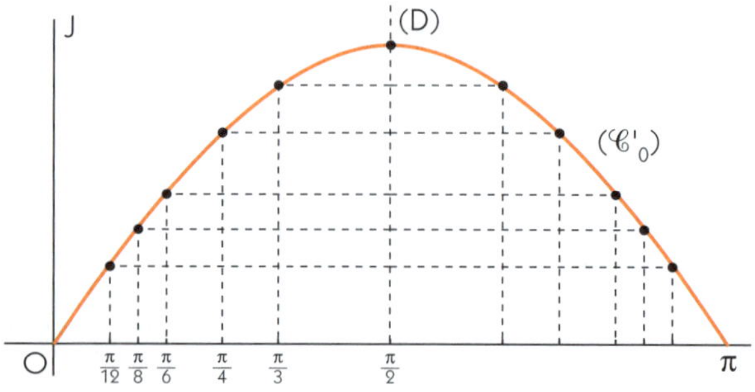

- ***Construction de ($\mathscr{C}_{sin}$) sur $[-\pi\ ;\ \pi]$***

La fonction sinus est impaire,
donc ($\mathscr{C}_{\text{sin}}$) est symétrique par rapport à O.
Construisons le symétrique de ($\mathscr{C}'_0$) par rapport à O.
On obtient ($\mathscr{C}''_0$), la représentation graphique de la restriction à $]-\pi\ ;\ \pi]$ de la fonction sinus.

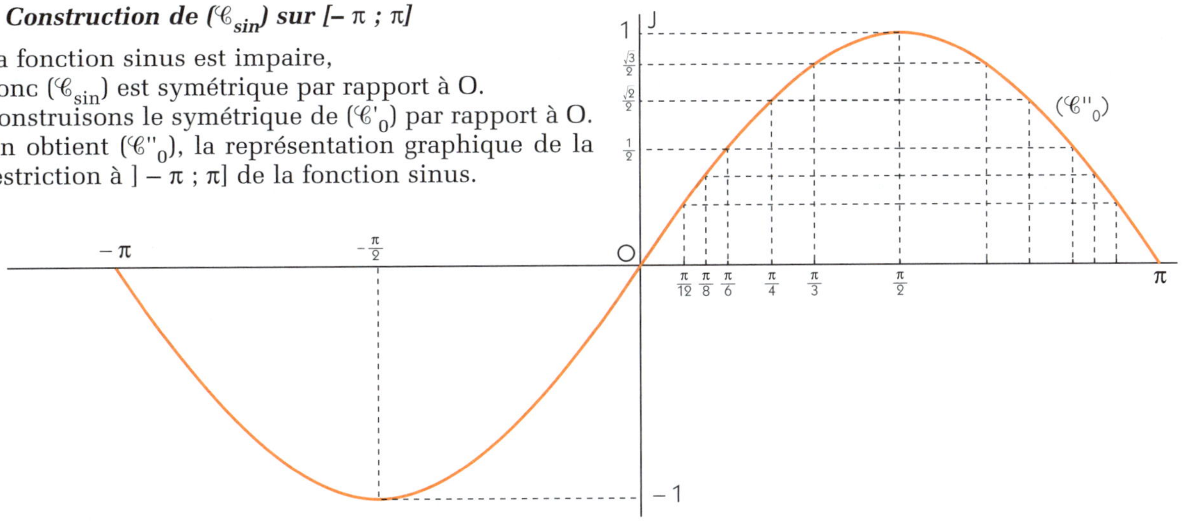


- ***Construction de ($\mathscr{C}_{sin}$) sur $\mathbb{R}$***

La fonction sinus est une fonction périodique de période $2\pi$. On obtient la courbe ($\mathscr{C}_{\text{sin}}$) en construisant les images de ($\mathscr{C}''_0$) par les translations successives de vecteurs $k \times 2\pi\,\overrightarrow{\text{OI}}$ $[k \in \mathbb{Z}]$.

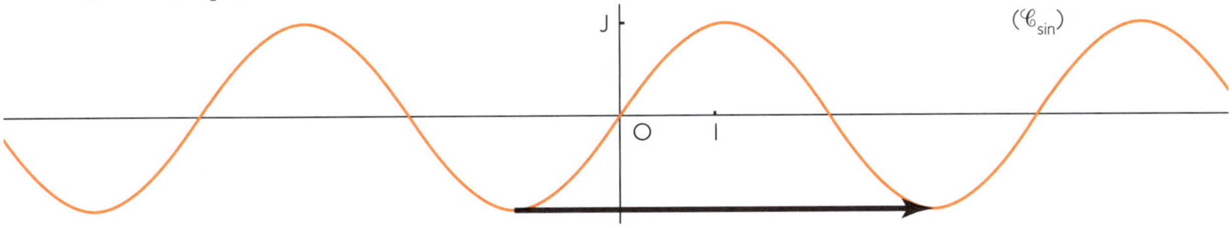


## Construction de la représentation graphique ($\mathscr{C}_{\text{cos}}$) de la fonction cosinus

On sait que : pour tout nombre réel $x$, $\sin(x + \frac{\pi}{2}) = \cos x$.
Donc ($\mathscr{C}_{\text{cos}}$) est l'image de ($\mathscr{C}_{\text{sin}}$) par la translation de vecteur $-\frac{\pi}{2}\,\overrightarrow{\text{OI}}$.

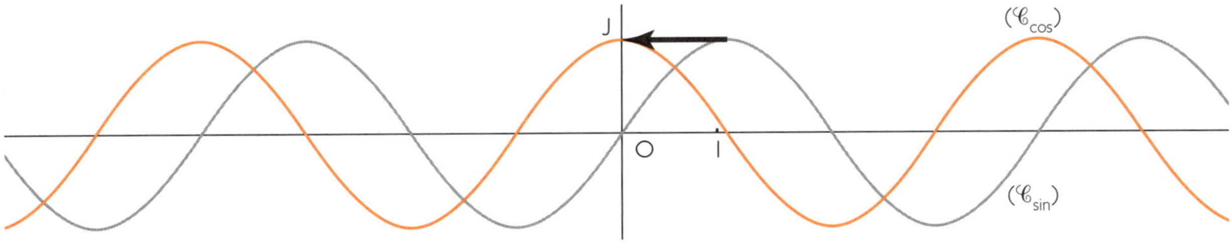


($\mathscr{C}_{\text{cos}}$) et ($\mathscr{C}_{\text{sin}}$) sont appelées des *sinusoïdes*.

## Remarques

*k étant un nombre entier relatif*

– *($\mathscr{C}_{sin}$) est symétrique par rapport à chacune des droites d'équations :* $x = \frac{\pi}{2} + k \times 2\pi$ ; $x = -\frac{\pi}{2} + k \times 2\pi$
*et symétrique par rapport à chacun des points de couples de coordonnées* $(k\pi\ ;\ 0)$.

– *($\mathscr{C}_{cos}$) est symétrique par rapport à chacune des droites d'équations :* $x = k\pi$
*et symétrique par rapport à chacun des points de couples de coordonnées* $(\frac{\pi}{2} + k \times 2\pi\ ;\ 0)$.

# Exercices

**2.c** Construire les représentations graphiques des fonctions $g$ et $h$ de $\mathbb{R}$ vers $\mathbb{R}$ définies par :
$g(x) = \sin(x + \frac{\pi}{3})$ et $h(x) = 1 + \cos x$.

**2.d** Construire point par point la représentation graphique de la fonction $f$ de $\mathbb{R}$ vers $\mathbb{R}$ définie par : $f(x) = \sin x + \cos x$.

# 3 Formules trigonométriques

## 3.1. Formules d'addition

### Propriétés

**Pour tous nombres réels $a$ et $b$**

(1) $\cos(a - b) = \cos a \cos b + \sin a \sin b$

(2) $\cos(a + b) = \cos a \cos b - \sin a \sin b$

(3) $\sin(a - b) = \sin a \cos b - \cos a \sin b$

(4) $\sin(a + b) = \sin a \cos b + \cos a \sin b$

### Démonstration

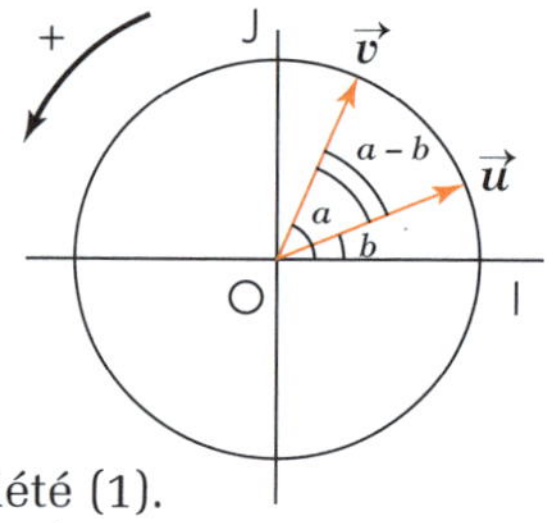


$a$ et $b$ sont deux nombres réels, $\vec{u}$ et $\vec{v}$ deux vecteurs unitaires tels que :

$b$ est une mesure de $(\widehat{\vec{i}, \vec{u}})$ et $a$ une mesure de $(\widehat{\vec{i}, \vec{v}})$.

On sait que : $(\widehat{\vec{u}, \vec{v}}) = (\widehat{\vec{i}, \vec{v}}) - (\widehat{\vec{i}, \vec{u}})$ avec $\vec{i} = \overrightarrow{OI}$, $\vec{j} = \overrightarrow{OJ}$

donc $a - b$ est une mesure de l'angle orienté $(\widehat{\vec{u}, \vec{v}})$.

Des deux expressions trigonométrique et analytique de $\vec{u}.\vec{v}$, on déduit la propriété (1).

On a : $\vec{u}.\vec{v} = \|\vec{u}\| \times \|\vec{v}\| \cos(a - b)$

Or : $\|\vec{u}\| = \|\vec{v}\| = 1$ ;

donc : $\vec{u}.\vec{v} = \cos(a - b)$

On a : $\vec{u}\begin{pmatrix}\cos b \\ \sin b\end{pmatrix}$ et $\vec{v}\begin{pmatrix}\cos a \\ \sin a\end{pmatrix}$

donc : $\vec{u}.\vec{v} = \cos a \cos b + \sin a \sin b$

- Trouver l'expression de $\cos(a + b)$ en tenant compte de l'égalité $\cos(a + b) = \cos[a - (-b)]$
- Trouver l'expression de $\sin(a + b)$ en tenant compte de l'égalité $\sin(a + b) = \cos[\frac{\pi}{2} - (a + b)]$
- Trouver l'expression de $\sin(a - b)$ en tenant compte de l'égalité $\sin(a - b) = \sin[a + (-b)]$

### Application des formules d'addition

**Exprimons $\cos(\frac{\pi}{4} - x)$ et $\sin(\frac{\pi}{4} - x)$ en fonction de $\cos x$ et $\sin x$.**

$$\cos(\frac{\pi}{4} - x) = \cos\frac{\pi}{4} \cos x + \sin\frac{\pi}{4} \sin x = \frac{\sqrt{2}}{2} \cos x + \frac{\sqrt{2}}{2} \sin x = \frac{\sqrt{2}}{2} (\cos x + \sin x).$$

$$\sin(\frac{\pi}{4} - x) = \sin\frac{\pi}{4} \cos x - \cos\frac{\pi}{4} \sin x = \frac{\sqrt{2}}{2} \cos x - \frac{\sqrt{2}}{2} \sin x = \frac{\sqrt{2}}{2} (\cos x - \sin x).$$

**Calculons : $\cos\frac{\pi}{12}$ et $\sin\frac{\pi}{12}$ ; $\cos\frac{7\pi}{12}$ et $\sin\frac{7\pi}{12}$.**

Écrivons $\frac{\pi}{12}$ comme la différence de deux nombres réels dont on connaît le sinus et le cosinus :

$$\frac{\pi}{12} = \frac{\pi}{3} - \frac{\pi}{4}.$$

$$\cos\frac{\pi}{12} = \cos(\frac{\pi}{3} - \frac{\pi}{4}) = \cos\frac{\pi}{3} \cos\frac{\pi}{4} + \sin\frac{\pi}{3} \sin\frac{\pi}{4}$$
$$= \frac{1}{2} \times \frac{\sqrt{2}}{2} + \frac{\sqrt{3}}{2} \times \frac{\sqrt{2}}{2} = \frac{\sqrt{2} + \sqrt{6}}{4}.$$

$$\sin\frac{\pi}{12} = \sin(\frac{\pi}{3} - \frac{\pi}{4}) = \sin\frac{\pi}{3} \cos\frac{\pi}{4} - \cos\frac{\pi}{3} \sin\frac{\pi}{4}$$
$$= \frac{\sqrt{3}}{2} \times \frac{\sqrt{2}}{2} - \frac{1}{2} \times \frac{\sqrt{2}}{2} = \frac{\sqrt{6} - \sqrt{2}}{4}.$$

Écrivons $\frac{7\pi}{12}$ comme la somme de deux nombres réels dont on connaît le sinus et le cosinus :

$$\frac{7\pi}{12} = \frac{\pi}{3} + \frac{\pi}{4}.$$

$$\cos\frac{7\pi}{12} = \cos(\frac{\pi}{3} + \frac{\pi}{4}) = \cos\frac{\pi}{3} \cos\frac{\pi}{4} - \sin\frac{\pi}{3} \sin\frac{\pi}{4}$$
$$= \frac{1}{2} \times \frac{\sqrt{2}}{2} - \frac{\sqrt{3}}{2} \times \frac{\sqrt{2}}{2} = \frac{\sqrt{2} - \sqrt{6}}{4}.$$

$$\sin\frac{7\pi}{12} = \sin(\frac{\pi}{3} + \frac{\pi}{4}) = \sin\frac{\pi}{3} \cos\frac{\pi}{4} + \cos\frac{\pi}{3} \sin\frac{\pi}{4}$$
$$= \frac{\sqrt{3}}{2} \times \frac{\sqrt{2}}{2} + \frac{1}{2} \times \frac{\sqrt{2}}{2} = \frac{\sqrt{6} + \sqrt{2}}{4}.$$

# Exercices

**3.a** En utilisant les formules précédentes, démontrer que :

*a)* $\cos x + \sqrt{3}\sin x = 2\cos(\frac{\pi}{3} - x)$

*b)* $\cos x + \sqrt{3}\sin x = 2\sin(\frac{\pi}{6} + x)$

**3.b** $x$ étant un nombre réel, exprimer en fonction de $\sin x$ et $\cos x$ les nombres A, B, C :

$A = \sin(x + \frac{3\pi}{2}) + \cos(x + \frac{3\pi}{2})$

$B = \sin(x + \frac{5\pi}{2}) + \cos(x + \frac{5\pi}{2})$

$C = \sin(x - 7\pi) + \cos(x + 7\pi)$

## 3.2. Formules de duplication

### Propriétés

**Pour tout nombre réel $a$**

| | | | |
|---|---|---|---|
| **(5)** | $\cos 2a = \cos^2 a - \sin^2 a$ | **(7)** | $\cos^2 a = \frac{1 + \cos 2a}{2}$ |
| **(6)** | $\sin 2a = 2 \sin a \cos a$ | **(8)** | $\sin^2 a = \frac{1 - \cos 2a}{2}$ |

### Démonstration

On obtient (5) et (6) en faisant $a = b$ dans les formules donnant $\cos(a + b)$ et $\sin(a + b)$ :
$\cos 2a = \cos^2 a - \sin^2 a$ et $\sin 2a = 2\sin a \cos a$.

On obtient (7) et (8) en utilisant dans (5) la relation fondamentale : $\cos^2 a + \sin^2 a = 1$
$\cos 2a = 2\cos^2 a - 1 = 1 - 2\sin^2 a$.

### Cas particulier

On obtient les formules suivantes en posant dans (5), (6), (7) et (8) : $a = \frac{x}{2}$

| | | | |
|---|---|---|---|
| (5') | $\cos x = \cos^2\frac{x}{2} - \sin^2\frac{x}{2} = 2\cos^2\frac{x}{2} - 1 = 1 - 2\sin^2\frac{x}{2}$ | (7') | $\cos^2\frac{x}{2} = \frac{1 + \cos x}{2}$ |
| (6') | $\sin x = 2\sin\frac{x}{2}\cos\frac{x}{2}$ | (8') | $\sin^2\frac{x}{2} = \frac{1 - \cos x}{2}$ |

### Application des formules de duplication

**Calculons : $\cos\frac{\pi}{8}$ et $\sin\frac{\pi}{8}$.**

Remarquons que : $\frac{\pi}{8} = \frac{1}{2} \times \frac{\pi}{4}$.

Donc : $\cos^2\frac{\pi}{8} = \frac{1 + \cos\frac{\pi}{4}}{2} = \frac{2 + \sqrt{2}}{4}$ et $\sin^2\frac{\pi}{8} = \frac{1 - \cos\frac{\pi}{4}}{2} = \frac{2 - \sqrt{2}}{4}$.

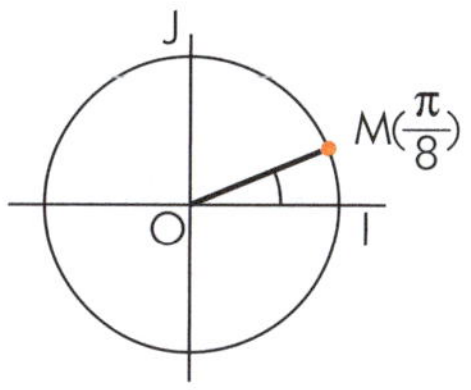


Sur le cercle trigonométrique, la position du point image de $\frac{\pi}{8}$ montre que : $\cos\frac{\pi}{8}$ et $\sin\frac{\pi}{8}$ sont des nombres réels positifs.

Donc : $\cos\frac{\pi}{8} = \frac{\sqrt{2 + \sqrt{2}}}{2}$ et $\sin\frac{\pi}{8} = \frac{\sqrt{2 + \sqrt{2}}}{2}$.

# Exercices

**3.c** Exprimer $\sin 3x$ en fonction de $\sin x$.
Exprimer $\cos 3x$ en fonction de $\cos x$.

**3.d** Sachant que $\cos a = \frac{1}{3}$, calculer $\cos 2a$.

**3.e** $x$ est un nombre réel tel que $0 < x < \frac{\pi}{2}$ et $\sin x = \frac{\sqrt{5} - 1}{4}$.
1) Calculer $\cos 2x$ et $\sin 2x$.
2) Calculer $\cos 4x$ et $\sin x$.

# 4 Résolution d'équations trigonométriques

*Pour résoudre les équations trigonométriques, nous admettons les propriétés suivantes :*

**Propriétés**

**– Pour tout nombre réel $t$ élément de [– 1 ; 1], il existe un nombre réel $a$ élément de ]– π ; π] tel que : $\sin a = t$.**

**– Pour tout nombre réel $t$ élément de [– 1 ; 1], il existe un nombre réel $a$ élément de ]– π ; π] tel que : $\cos a = t$.**

**– Pour tout nombre réel $t$, il existe un nombre réel $a$ élément de $]-\frac{\pi}{2} ; \frac{\pi}{2}[$ tel que : $\tan a = t$.**

## 4.1. Équations du type : sin $x = a$, cos $x = b$, tan $x = c$

### Équation du type sin $x = a$

**Résolvons l'équation (E) : $\sin x = \frac{1}{2}$.**

***Recherche d'une solution particulière***

$\frac{\pi}{6}$ est une solution particulière de l'équation (E) car $\sin \frac{\pi}{6} = \frac{1}{2}$.

***Recherche de l'ensemble $\mathcal{S}$ des solutions***

L'équation (E) peut s'écrire : $\sin x = \sin \frac{\pi}{6}$.

Toute solution de (E) est donc de la forme $\frac{\pi}{6} + k \times 2\pi$ $[k \in \mathbb{Z}]$ ou de la forme $\pi - \frac{\pi}{6} + k \times 2\pi$ $[k \in \mathbb{Z}]$.

D'où : $x \in \mathcal{S} \Leftrightarrow x = \frac{\pi}{6} + k \times 2\pi$ $[k \in \mathbb{Z}]$ ou $x = \frac{5\pi}{6} + k \times 2\pi$ $[k \in \mathbb{Z}]$.

***Illustration graphique***

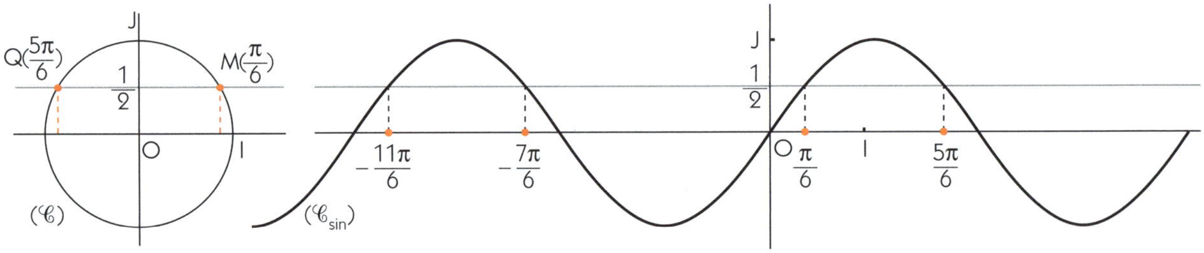


**Résolvons l'équation (F) : $\sin x = -0{,}3$.**

***Recherche d'une solution particulière***

Puisque – 0,3 est un élément de [– 1 ; 1] il existe un nombre réel α, élément de l'intervalle ]– π ; π] tel que : $\sin \alpha = -0{,}3$.

La calculatrice indique : $\alpha \approx -0{,}305$.

α est une solution particulière de l'équation (F).

***Recherche de l'ensemble $\mathcal{S}$ des solutions***

L'équation (E) peut s'écrire : $\sin x = \sin \alpha$.

Toute solution de (E) est donc de la forme $\alpha + k \times 2\pi$ $[k \in \mathbb{Z}]$ ou de la forme $\pi - \alpha + k \times 2\pi$ $[k \in \mathbb{Z}]$.

D'où : $x \in \mathcal{S} \Leftrightarrow x = \alpha + k \times 2\pi$ $[k \in \mathbb{Z}]$ ou $x = \pi - \alpha + k \times 2\pi$ $[k \in \mathbb{Z}]$.

*Illustration graphique*

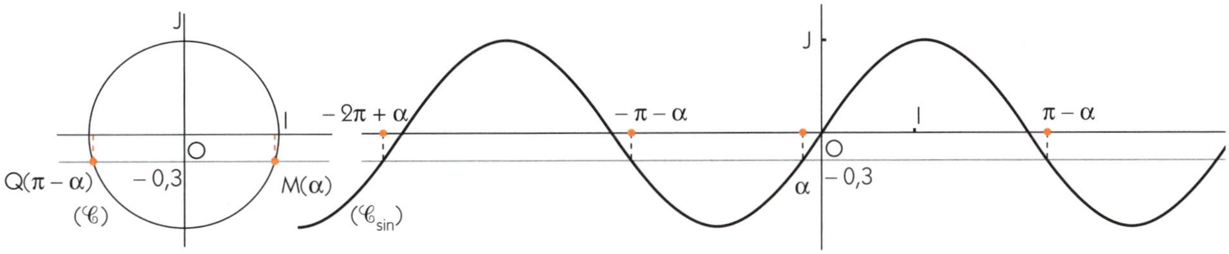


## Équation du type : cos x = b

**Résolvons l'équation (E) : cos $x = \frac{\sqrt{2}}{2}$.**

***Recherche d'une solution particulière***

$\frac{\pi}{4}$ est une solution particulière de l'équation (E) car cos $\frac{\pi}{4} = \frac{\sqrt{2}}{2}$.

***Recherche de l'ensemble $\mathcal{S}$ des solutions***

L'équation (E) peut s'écrire : cos $x$ = cos $\frac{\pi}{4}$.

Toute solution de (E) est donc de la forme $\frac{\pi}{4} + k \times 2\pi$ $[k \in \mathbb{Z}]$ ou de la forme $-\frac{\pi}{4} + k \times 2\pi$ $[k \in \mathbb{Z}]$.

D'où $\quad x \in \mathcal{S} \Leftrightarrow x = \frac{\pi}{4} + k \times 2\pi$ $[k \in \mathbb{Z}]$ $\quad$ ou $\quad x = -\frac{\pi}{4} + k \times 2\pi$ $[k \in \mathbb{Z}]$.

*Illustration graphique*

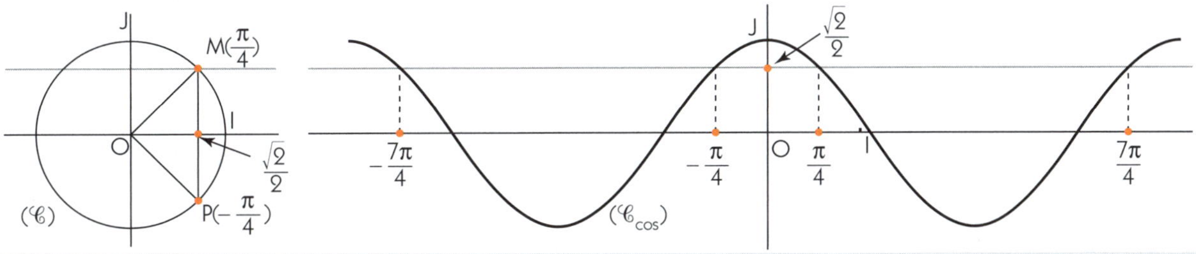


**Résolvons l'équation (F) : cos $x$ = – 0,4.**

***Recherche d'une solution particulière***

Puisque – 0,4 est un élément de [– 1 ; 1] il existe un nombre réel α, élément de l'intervalle ]– π ; π] tel que : cos α = – 0,4.

La calculatrice indique : α ≈ 1,982.

α est une valeur approchée d'une solution particulière de l'équation (F). Nous utiliserons cette valeur approchée pour résoudre l'équation (F).

***Recherche de l'ensemble $\mathcal{S}$ des solutions***

L'équation (E) peut s'écrire : cos $x$ = cos α.

Toute solution de (E) est donc de la forme $\alpha + k \times 2\pi$ $[k \in \mathbb{Z}]$ ou de la forme $-\alpha + k \times 2\pi$ $[k \in \mathbb{Z}]$.

D'où : $\quad x \in \mathcal{S} \Leftrightarrow x = \alpha + k \times 2\pi$ $[k \in \mathbb{Z}]$ $\quad$ ou $\quad x = -\alpha + k \times 2\pi$ $[k \in \mathbb{Z}]$.

*Illustration graphique*

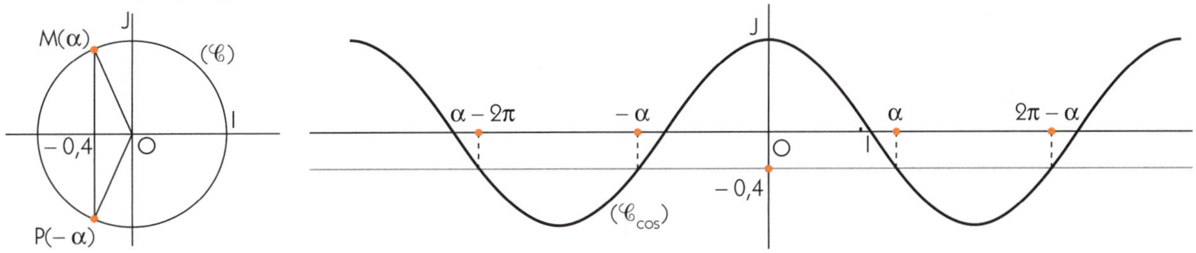

**M**

***Pour résoudre l'équation : sin $x$ = $a$,***
**on peut procéder comme suit :**
- **si $|a| > 1$ l'équation n'a pas de solution.**
- **si $|a| \leqslant 1$**

**– on recherche une solution particulière $\alpha$,**
**– toute solution de l'équation est de la forme $\alpha + k \times 2\pi$ [$k \in \mathbb{Z}$] ou $\pi - \alpha + k \times 2\pi$ [$k \in \mathbb{Z}$].**

***Pour résoudre l'équation : cos $x$ = $b$,***
**on peut procéder comme suit :**
- **si $|a| > 1$ l'équation n'a pas de solution.**
- **si $|a| \leqslant 1$**

**– on recherche une solution particulière $\alpha$,**
**– toute solution de l'équation est de la forme $\alpha + k \times 2\pi$ [$k \in \mathbb{Z}$] ou $- \alpha + k \times 2\pi$ [$k \in \mathbb{Z}$].**

## Équation du type : tan $x$ = $c$

**Résolvons l'équation (E) : tan $x = \sqrt{3}$.**

***Recherche d'une solution particulière***

$\frac{\pi}{3}$ est une solution particulière de l'équation (E), car $\tan\frac{\pi}{3} = \sqrt{3}$.

***Recherche de l'ensemble $\mathcal{S}$ des solutions***

L'équation (E) peut s'écrire : $\tan x = \tan \frac{\pi}{3}$.

Toute solution de (E) est donc de la forme $\frac{\pi}{3} + k \times \pi$ [$k \in \mathbb{Z}$].

D'où : $x \in \mathcal{S} \Leftrightarrow x = \frac{\pi}{3} + k \times \pi$ [$k \in \mathbb{Z}$].

***Illustration graphique***

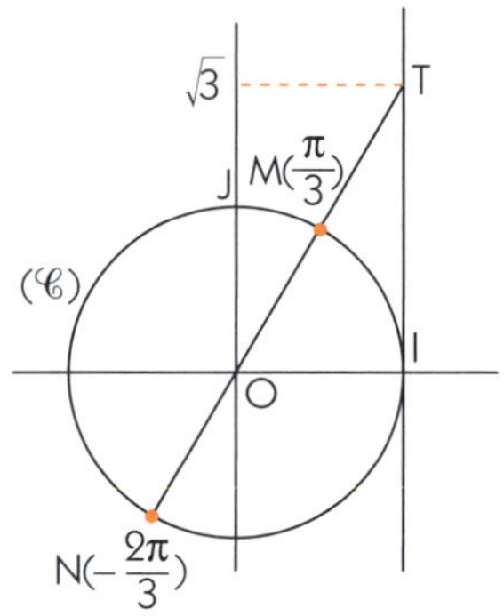


**Résolvons l'équation (F) : tan $x$ = – 2,3.**

***Recherche d'une solution particulière***

Il existe un nombre réel $\alpha$, élément de l'intervalle $]-\pi ; \pi]$ tel que :
$\tan \alpha = -2,3$.
La calculatrice indique : $\alpha \approx -1,16$.
$\alpha$ est une valeur approchée d'une solution particulière de l'équation (F).
Nous utiliserons cette valeur approchée pour résoudre l'équation (F).

***Recherche de l'ensemble $\mathcal{S}$ des solutions***

L'équation (F) peut s'écrire : $\tan x = \tan \alpha$.
Toute solution de (E) est donc de la forme $\alpha + k \times \pi$ [$k \in \mathbb{Z}$].

D'où : $x \in \mathcal{S} \Leftrightarrow x = \alpha + k \times \pi$ [$k \in \mathbb{Z}$].

***Illustration graphique***

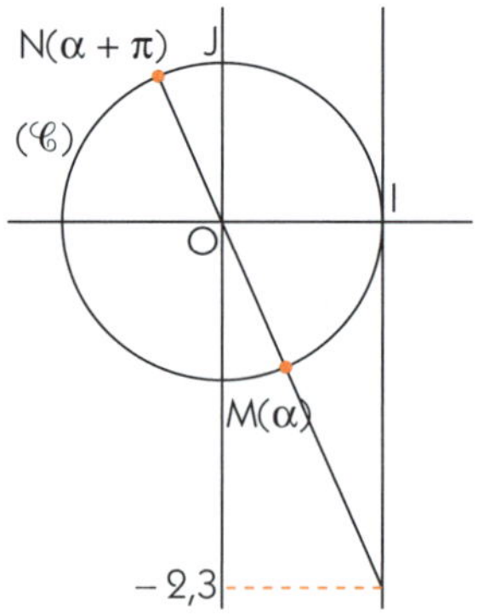


**M**

***Pour résoudre l'équation tan $x$ = $c$,***
**on peut procéder comme suit :**
**– on recherche une solution particulière $\alpha$,**
**– toute solution de l'équation est de la forme : $\alpha + k \times \pi$ [$k \in \mathbb{Z}$].**

## Exercices

**4.a** Résoudre chacune des équations suivantes :

($E_1$) $\sin x = -\frac{\sqrt{3}}{2}$ ; ($E_2$) $\cos x = \frac{1}{2}$ ;

($E_3$) $\tan x = -1$ ; ($E_4$) $\sin(\frac{\pi}{3} - x) = -\frac{\sqrt{2}}{2}$.

**4.b** Résoudre chacune des équations suivantes :

($E_1$) $\sin 2x = -\frac{1}{2}$ ; ($E_2$) $\cos 3x = -\frac{\sqrt{3}}{2}$ ;

($E_3$) $\tan 5x = -\frac{\sqrt{3}}{2}$ ; ($E_4$) $\cos 4x = \frac{\sqrt{2}}{2}$.

Pour chaque équation, placer les images des solutions sur le cercle trigonométrique ; décrire leur position sur le cercle trigonométrique.

**4.c** À l'aide de la calculatrice, déterminer des valeurs approchées des solutions appartenant à $]-\pi ; \pi]$ de chacune des équations suivantes.

($E_1$) $\sin x = 0{,}2$ ; ($E_2$) $\cos x = -0{,}6$ ;

($E_3$) $\tan x = 0{,}7$ ; ($E_4$) $\tan x = -3{,}5$.

## 4.2. Équation du type : $\cos x + a \sin x = b$

**Résolvons l'équation (E) : $\cos x + \sqrt{3}\sin x = \sqrt{2}$.**

***Transformation de l'équation***

On sait que $\sqrt{3} = \tan \frac{\pi}{3}$.

L'équation (E) peut donc s'écrire successivement:

$$\begin{aligned} \cos x + \tan \frac{\pi}{3} \sin x &= \sqrt{2} \\ \cos \frac{\pi}{3} \cos x + \sin \frac{\pi}{3} \sin x &= \sqrt{2} \cos \frac{\pi}{3} \\ \cos(x - \frac{\pi}{3}) &= \frac{\sqrt{2}}{2} \\ \cos(x - \frac{\pi}{3}) &= \cos \frac{\pi}{4}. \end{aligned}$$

***Recherche de l'ensemble $\mathcal{S}$ des solutions***

Toute solution $x$ de (E) est telle que $x - \frac{\pi}{3} = \frac{\pi}{4} + k \times 2\pi$ ou $x - \frac{\pi}{3} = -\frac{\pi}{4} + k \times 2\pi$

D'où : $x \in \mathcal{S} \Leftrightarrow x = \frac{7\pi}{12} + k \times 2\pi\ [k \in \mathbb{Z}]$ ou $x = \frac{\pi}{12} + k \times 2\pi\ [k \in \mathbb{Z}]$.

**M**

***Pour résoudre l'équation : $\cos x + a \sin x = b$,***

**on peut procéder comme suit :**

**on transforme l'équation en posant : $a = \tan \alpha$**

**on obtient l'équation : $\cos \alpha \cos x + \sin \alpha \sin x = b \cos \alpha$**

**ou encore : $\cos(x - \alpha) = b \cos \alpha$**

**Il suffit alors de résoudre une équation du type : $\cos X = B$.**

## Exercices

**4.d** Résoudre chacune des équations :

($E_1$) : $\cos x + \sin x = \sqrt{2}$

($E_2$) : $\sqrt{3}\cos x + \sin x = 1$

($E_3$) : $\sqrt{3}\cos x - 3 \sin x = 1$

**4.e** Quel est l'ensemble des valeurs du paramètre $m$ pour lesquelles l'équation (E) admet des solutions ?

(E) : $\cos x + \sin x = m$.

# TP Travaux pratiques

## TP1 Image d'une représentation graphique par une homothétie

### Exemple

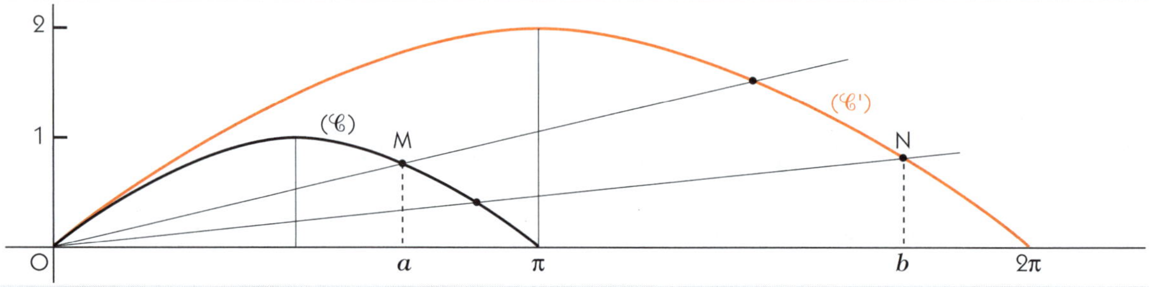


**On veut démontrer que (𝒞') est l'image de (𝒞) par l'homothétie $h$ de centre O et de rapport 2.**

**(𝒞) est la représentation de la fonction $f$ : $[0 ; \pi] \to \mathbb{R}$**
**$x \mapsto \sin x$**

**(𝒞') est la représentation de la fonction $g$ : $[0 ; 2\pi] \to \mathbb{R}$**
**$x \mapsto 2 \sin \frac{x}{2}$**

– M est le point de (𝒞) d'abscisse $a$. Démontrer que l'image de M par $h$ est un point de (𝒞').
– N est le point de (𝒞') d'abscisse $b$. Démontrer que N est l'image par $h$ d'un point de (𝒞).
– Conclure

### Application

**1. On considère la fonction $f_2$ : $\mathbb{R} \to \mathbb{R}$**
**$x \mapsto 2 \sin \frac{x}{2}$**

**Démontrer que $f_2$ est une fonction périodique de période $4\pi$.**
**Construire la représentation graphique de $f_2$.**

**2. $n$ étant un nombre entier naturel différent de 0,**
**on considère la fonction $f_n$ : $\mathbb{R} \to \mathbb{R}$**
**$x \mapsto n \sin \frac{x}{n}$**
**Donner un programme de construction de la représentation graphique de $f_n$.**

## TP2 Résolution graphique d'inéquations

### Exemple

**Résoudre l'inéquation : $x \in [-\pi ; \pi]$, $\sin x \geq \frac{1}{2}$.**

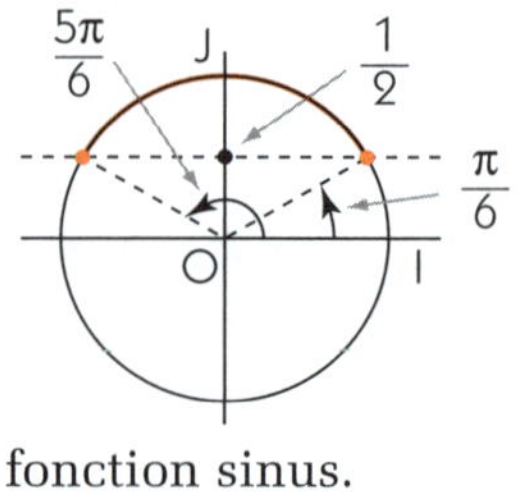


S est l'ensemble des solutions de cette inéquation.

Sur $[-\pi ; \pi]$, $\sin x = \frac{1}{2}$ admet pour solution $\frac{\pi}{6}$ et $\frac{5\pi}{6}$.

Le cercle trigonométrique montre que : $S = [\frac{\pi}{6} ; \frac{5\pi}{6}]$.

• Illustrer cet ensemble de solutions par la représentation graphique de la fonction sinus.

**Résoudre l'inéquation : $x \in [-2\pi ; 2\pi]$, $\cos x \geq -\frac{1}{2}$.**

On utilise la représentation graphique $(\mathscr{C}_{\cos})$ de la fonction cosinus et la droite (D) d'équation : $y = -\frac{1}{2}$.
L'ensemble des solutions est, sur $[-2\pi ; 2\pi]$, l'ensemble des abscisses des points de $(\mathscr{C}_{\cos})$ qui sont situés au-dessus de (D).

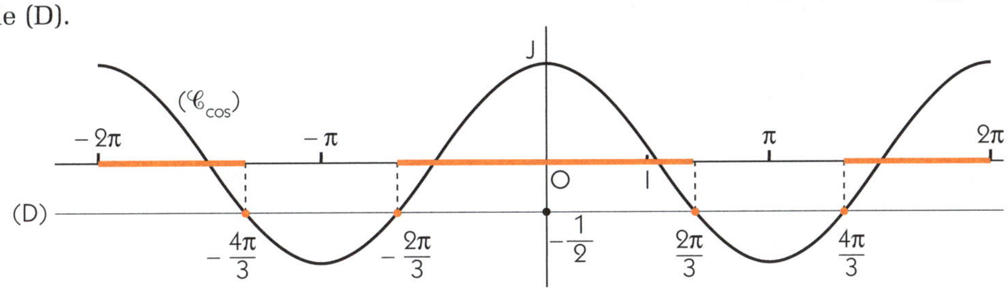


$$S = [-2\pi ; -\frac{4\pi}{3}] \cup [-\frac{2\pi}{3} ; \frac{2\pi}{3}] \cup [\frac{4\pi}{3} ; 2\pi].$$

- Illustrer cet ensemble de solutions par le cercle trigonométrique.

### Application

**Résoudre dans $[-\pi ; \pi]$ puis dans $[0 ; 2\pi]$ chacune des inéquations suivantes :**

**(1) $\sin x \leq \frac{1}{2}$ ; (2) $\cos x \leq \frac{\sqrt{2}}{2}$ ; (3) $\cos x \geq \frac{\sqrt{3}}{2}$.**

## TP3 Transformation d'un produit en somme et d'une somme en produit

### Formules

**– À partir des formules d'addition, établir les formules ci-dessous de transformation d'un produit en somme.**
**– Dans les formules obtenues, en posant : $a + b = q$, établir les formules ci-dessous de transformation d'une somme en produit.**

| Transformation d'un produit en somme. Pour tous nombres réels $a$, $b$, $p$ et $q$. | Transformation d'une somme en produit. |
|---|---|
| $\cos a \cos b = \frac{1}{2}\left[\cos(a+b) + \cos(a-b)\right]$<br>$\sin a \sin b = \frac{1}{2}\left[\cos(a-b) - \cos(a+b)\right]$<br>$\sin a \cos b = \frac{1}{2}\left[\sin(a+b) + \sin(a-b)\right]$ | $\cos p + \cos q = 2\cos\frac{p+q}{2}\cos\frac{p-q}{2}$<br>$\cos p - \cos q = -2\sin\frac{p+q}{2}\sin\frac{p-q}{2}$<br>$\sin p + \sin q = 2\sin\frac{p+q}{2}\cos\frac{p-q}{2}$<br>$\sin p - \sin q = 2\sin\frac{p-q}{2}\cos\frac{p+q}{2}$ |

### Application

**Transformer en un produit les sommes suivantes :**
**(1) $\sin a + \sin 3a + 2\sin 2a$**
**(2) $\cos a + \cos 3a + 2\cos 2a$**
**(3) $\sin a - \sin 2a$**

**Transformer en une somme les produits suivants :**
**(1) $\cos 5a \cos 6a$**
**(2) $\cos 3a \sin 5a$**
**(3) $\sin 2a \sin 8a$**

# Exercices

## APPRENTISSAGE

### Mesure d'un angle orienté

**1** Dans chacun des cas suivants, déterminer la mesure principale de l'angle orienté dont une mesure est $x$.

(1) $x = 153\pi$

(2) $x = \frac{9\pi}{5}$

(3) $x = \frac{33\pi}{2}$

(4) $x = -27\pi$

(5) $x = -\frac{43\pi}{4}$

(6) $x = \frac{19\pi}{2}$

(7) $x = \frac{27\pi}{4}$

(8) $x = \frac{139\pi}{7}$

(9) $x = \frac{1047\pi}{2}$

(10) $x = -\frac{58\pi}{3}$

(11) $x = -\frac{469\pi}{5}$

(12) $x = -\frac{1005\pi}{2}$

**2** Dans chacun des cas suivants, vérifier que $x$ et $y$ sont des mesures du même angle orienté.

(1) $x = 28\pi$ ; $y = -46\pi$

(2) $x = 39\pi$ ; $y = 63\pi$

(3) $x = -15\pi$ ; $y = -69\pi$

(4) $x = -109\pi$ ; $y = 37\pi$

(5) $x = 1451\pi$ ; $y = 2509\pi$

(6) $x = -997\pi$ ; $y = -1079\pi$

(7) $x = \frac{\pi}{3}$ ; $y = -\frac{45\pi}{3}$

(8) $x = -\frac{\pi}{2}$ ; $y = \frac{143\pi}{2}$

(9) $x = -\frac{\pi}{6}$ ; $y = -\frac{109\pi}{6}$

(10) $x = -\frac{3\pi}{2}$ ; $y = \frac{42\pi}{4}$

**3** $\frac{25\pi}{3}$ est une mesure d'un angle orienté. Donner deux mesures positives et deux mesures négatives de cet angle orienté.

**4** Placer sur le cercle trigonométrique le point image de chacun des nombres réels suivants :

$-\frac{16\pi}{3}$ ; $\frac{17\pi}{4}$ ; $-\frac{13\pi}{6}$ ; $\frac{11\pi}{2}$ ; $-\frac{14\pi}{3}$ ; $\frac{49\pi}{6}$.

**5** Le plan est muni du repère orthonormé (O, I, J). Placer sur le cercle trigonométrique le point M, image du nombre réel $-\frac{22\pi}{3}$.
Déterminer la longueur de l'arc $\widehat{IM}$.

**6** Dans chacun des cas suivants, $(\hat{x})$ et $(\hat{y})$ sont deux angles orientés de mesures $x$ et $y$. Calculer la mesure principale de $(\hat{x}) + (\hat{y})$.

(1) $x = -\frac{5\pi}{6}$ et $y = \frac{2\pi}{3}$

(2) $x = \frac{68\pi}{3}$ et $y = -\frac{41\pi}{4}$

(3) $x = \frac{58\pi}{3}$ et $y = -25\pi$

(4) $x = -\frac{29\pi}{4}$ et $y = \frac{34\pi}{3}$

(5) $x = -\frac{7\pi}{2}$ et $y = -\frac{48\pi}{3}$

(6) $x = \frac{213\pi}{6}$ et $y = \frac{904\pi}{3}$

**7** Le plan est muni du repère orthonormé (O, I, J). Placer sur le cercle trigonométrique le point M et N, images respectives des nombres réels $\frac{373\pi}{6}$ et $-\frac{207\pi}{4}$.
Déterminer la mesure principale de chacun des angles orientés suivants :

$(\widehat{\vec{OM}, \vec{ON}})$, $(\widehat{\vec{OM}, \vec{OI}})$, $(\widehat{\vec{ON}, \vec{OJ}})$, $(\widehat{\vec{OJ}, \vec{OM}})$.

### Fonctions cosinus, sinus, tangente

**8** Calculer les valeurs exactes des cosinus, sinus et tangente des nombres réels suivants :

$\frac{25\pi}{3}$ ; $-\frac{97\pi}{3}$ ; $\frac{5\pi}{6}$ ; $-\frac{11\pi}{4}$ ; $\frac{109\pi}{3}$ ; $\frac{22\pi}{3}$

**9** Écrire le plus simplement possible :

(1) $\sin(\pi - x) - \cos(\frac{\pi}{2} + x)$

(2) $\cos(x + \frac{21\pi}{2}) + \cos(x - \frac{19\pi}{2})$.

**10** Écrire plus simplement l'expression :

$\sin(\pi - x) + \cos(5\pi + x) + \sin(4\pi - x) + \cos(8\pi + x)$.

**11** Simplifier les expressions suivantes :

(1) $\sin(x + \pi) + \cos(x - \pi) - \sin(x - 2\pi) + \cos(x + 5\pi)$.

(2) $\cos(\frac{\pi}{2} - x) - \sin(x + \frac{\pi}{2}) + \cos(\frac{7\pi}{2} - x) - \sin(x + \frac{5\pi}{2})$

(3) $\tan(\frac{\pi}{2} - x) + \frac{1}{\tan(x + \frac{\pi}{2})} - \tan(\frac{7\pi}{2} + x) - \frac{1}{\tan(\frac{7\pi}{2} - x)}$

(4) $\cos(\pi + x) + \cos(\pi - x) + \cos(-x)$

(5) $\sin(\pi + x) + \sin(\pi - x) + \sin(-x)$

(6) $\sin(x + \frac{\pi}{2}) + 2\sin(x + \frac{3\pi}{2}) + \sin(x + \frac{5\pi}{2})$

(7) $\sin(\frac{\pi}{2} - x) + \cos(\frac{3\pi}{2} - x) + \cos(x - \frac{\pi}{2}) + \cos(x - \frac{3\pi}{2})$

**12** Démontrer les égalités suivantes :

(1) $(\sin x - \cos x)^2 = 1 - 2\sin x \cos x$

(2) $(\sin x - \cos x)(1 + \sin x \cos x) = \sin^3 x - \cos^3 x$

(3) $\sin^4 x - \cos^4 x = 1 - \cos^2 x$

(4) $\frac{\sin x}{1 + \cos x} = \frac{1 - \cos x}{\sin x}$

(5) $(\cos x + \sin x)^2 - (\cos x - \sin x)^2 = 4\sin x \cos x$

(6) $\sin^4 x + \sin^2 x = \cos^4 x - 3\cos^2 x + 2$

**13** Trouver une écriture plus simple de chacune des expressions suivantes :
(1) $(\cos x + \sin x)^2 + (\cos x - \sin x)^2$
(2) $\cos^4 x + \sin^2 x \cos^2 x - \cos^2 x$

**14** On donne : $\sin x = -\frac{3}{5}$.
Calculer $\cos x$ et $\tan x$.

**15** On donne : $\cos x = \frac{1}{3}$.
Calculer $\sin x$ et $\tan x$.

**16** **1.** Démontrer que pour tout nombre réel $x$ tel que : $x \neq \frac{\pi}{2} + k\pi$ $[k \in \mathbb{Z}]$, $1 + \tan^2 x = \frac{1}{\cos^2 x}$
**2.** Calculer $\cos x$ et $\sin x$ dans chacun des cas suivants :
(1) $\tan x = \frac{1}{3}$ avec $x \in [0 ; \frac{\pi}{2}[$
(2) $\tan x = -\frac{\sqrt{3}+1}{2}$ avec $x \in ]-\frac{\pi}{2} ; 0]$.

**17** Démontrer que :
pour tout nombre réel $x$,
$\cos x + \cos(x + \frac{2\pi}{3}) + \cos(x + \frac{4\pi}{3}) = 0$ ;
$\sin x + \sin(x + \frac{2\pi}{3}) + \sin(x + \frac{4\pi}{3}) = 0$.

**18** Démontrer que :
pour tout nombre réel $x$,
$(\cos x + \sin x)^2 + (\cos x - \sin x)^2 = 2$ ;
$(\cos x + \sin x)^2 - (\cos x - \sin x)^2 = 4 \cos x \sin x$.

**19** Le plan est muni du repère orthonormé (O, I, J).
Construire dans chacun des cas suivants :
(1) $x \mapsto \sin x$ ; $x \mapsto \sin(-x)$ ; $x \mapsto -\sin x$ ;
$x \mapsto |\sin x|$ ; $x \mapsto 2 - \sin x$.
(2) $x \mapsto \cos x$ ; $x \mapsto \cos(x + \frac{\pi}{6})$ ;
$x \mapsto \cos|x|$ ; $x \mapsto 1 + \cos(x + \frac{\pi}{6})$.

# Formules trigonométriques

**20** Justifier que la formule :
$\cos(a - b) = \cos a \cos b + \sin a \sin b$
permet de retrouver toutes les formule suivantes :
(1) Pour tout nombre réel $x$,

$\cos(-x) = \cos x$ — $\sin(-x) = -\sin x$
$\cos(\pi - x) = -\cos x$ — $\sin(\pi - x) = \sin x$
$\cos(\pi + x) = -\cos x$ — $\sin(\pi + x) = -\sin x$
$\cos(\frac{\pi}{2} - x) = \sin x$ — $\sin(\frac{\pi}{2} - x) = \cos x$
$\cos(\frac{\pi}{2} + x) = -\sin x$ — $\sin(\frac{\pi}{2} + x) = \cos x$

(2) Pour tout nombre réel $x$ et pour tout nombre entier relatif $k$,
$\cos(x + 2k\pi) = \cos x$ ; $\sin(x + 2k\pi) = \sin x$

**21** $x$ est un nombre réel tel que :
$0 < x < \frac{\pi}{2}$ et $\cos x = \frac{\sqrt{6}+\sqrt{2}}{4}$
Calculer $\cos 2x$ et en déduire la valeur de $x$.

**22** On sait que :
Pour tout nombre réel $a$,
$\cos 2a = 2\cos^2 a - 1 = 1 - 2\sin^2 a$.
(1) Calculer : $\cos \frac{\pi}{8}$ et $\sin \frac{\pi}{8}$ ;
en déduire : $\cos \frac{3\pi}{8}$ et $\sin \frac{3\pi}{8}$.
(2) Calculer : $\cos \frac{\pi}{12}$ et $\sin \frac{\pi}{12}$.

**23** En utilisant le TP3, transformer en une somme ou une différence :
(1) $\cos(2x + \frac{\pi}{2}) \times \cos(-x + \frac{\pi}{4})$
(2) $\sin(-x + \frac{\pi}{9}) \times \sin(2x - \frac{\pi}{4})$
(3) $\sin(-2x + \frac{\pi}{4}) \cos(2x + \frac{3\pi}{4})$

**24** En utilisant le TP3, démontrer les égalités suivantes :
**1.** Pour $x \neq k\pi$, $k \in \mathbb{Z}$.
$$\frac{2 + \sin 2x - 2\cos 2x}{1 + 3\sin^2 x - \cos 2x} = \frac{2}{5}\left(2 + \frac{1}{\tan x}\right)$$
**2.** Pour $x \neq \frac{\pi}{2} + 2k\pi$, $k \in \mathbb{Z}$.
$$\frac{1 + \cos x - \sin x}{1 - \cos x - \sin x} = -\frac{\cos \frac{x}{2}}{\sin \frac{x}{2}}.$$

**25** Exprimer $\cos 3x$ en fonction de $\cos x$ et $\sin 3x$ en fonction de $\sin x$.
Démontrer que : $\tan 3x = \tan x + \frac{3 - \tan^2 x}{1 - 3\tan^2 x}$

**26** On pose :
$A = \cos^2 \frac{\pi}{8} + \cos^2 \frac{3\pi}{8} + \cos^2 \frac{5\pi}{8} + \cos^2 \frac{7\pi}{8}$ ;
$B = \sin^2 \frac{\pi}{8} + \sin^2 \frac{3\pi}{8} + \sin^2 \frac{5\pi}{8} + \sin^2 \frac{7\pi}{8}$.
Calculer A + B et A – B. En déduire A et B.

**27** Justifier que :
$x$ étant un nombre réel tel que $\cos x \neq 0$,
$\frac{1}{\cos^2 x} = 1 + \tan^2 x$.

**28** Pour chacun des systèmes suivants, déterminer $\sin x$ et $\cos x$ :
(1) $\begin{cases} \tan x = 2 \\ 0 < x < \frac{\pi}{2} \end{cases}$ ; (2) $\begin{cases} \tan x = 0{,}8 \\ -\pi < x < -\frac{\pi}{2} \end{cases}$
(3) $\begin{cases} \tan x = -\frac{1}{3} \\ \frac{\pi}{2} < x < \pi \end{cases}$ ; (4) $\begin{cases} \tan x = -3 \\ -\frac{\pi}{2} < x < 0 \end{cases}$

# Résolution d'équations trigonométriques

### *Équations du type : cos x = a ; sin x = a*

**29** Résoudre chacune des équations suivantes, et placer sur le cercle trigonométrique les images des solutions :
(1) $\cos x = \frac{1}{2}$
(2) $\sin x = -\frac{\sqrt{2}}{2}$
(3) $\sin x + \cos x = 0$
(4) $2\sin x = \sqrt{2}$
(5) $\cos 2x = -\frac{\sqrt{3}}{2}$
(6) $\sin 3x = \frac{1}{2}$

**30** Résoudre chacune des équations suivantes et placer sur le cercle trigonométrique, les images des solutions.

(1) $\cos(x - \frac{\pi}{3}) = -\frac{\sqrt{3}}{2}$ | (3) $2\sin(4x + \frac{\pi}{3}) = \sqrt{2}$

(2) $\cos(2x - \frac{\pi}{3}) = -\frac{\sqrt{3}}{2}$ | (4) $\sin(3x + \frac{\pi}{4}) = \frac{\sqrt{2}}{2}$

**31** Résoudre dans $\mathbb{R}$ l'équation :
$\cos(3x + \pi) + \cos(x - \frac{\pi}{3}) = 0$

**32** Résoudre dans $\mathbb{R}$ l'équation :
$|\sin 3x| = |\sin 2x|$

**33** Résoudre dans $\mathbb{R}$ l'équation :
$\cos x + \sin 2x = 0$

**34** Résoudre dans $\mathbb{R}$ les équations :

(1) $\sin(-x + \frac{3\pi}{2}) - \sin(2x + \frac{\pi}{3}) = 0$

(2) $\sin(5x - \frac{5\pi}{6}) + \sin(2x + \frac{\pi}{4}) = 0$

**35** Résoudre dans $\mathbb{R}$ les équations suivantes :

(1) $\cos 5x = \sin(2x + \frac{\pi}{3})$

(2) $\cos(x - \frac{5\pi}{4}) = -\sin(x + \frac{\pi}{6})$

**36** Résoudre dans $\mathbb{R}$ les équations :

(1) $\sin^2(x - \frac{\pi}{3}) - \cos^2(\frac{x}{2} + \frac{\pi}{4}) = 0$

(2) $\cos^2(2x - \frac{\pi}{3}) - \cos^2(x + \frac{\pi}{4}) = 0$

**37** Résoudre dans $\mathbb{R}$ les équations suivantes :

(1) $3 - 4\cos^2 2x = 0$

(2) $\sin x + 2\cos 3x \times \sin x = 0$

**38** *a)* Démontrer que, pour tout nombre réel $x$,

(1) $\cos x + \sin x = \sqrt{2}\cos(x - \frac{\pi}{4})$

(2) $\cos x - \sin x = \sqrt{2}\cos(x + \frac{\pi}{4})$

*b)* Résoudre dans $\mathbb{R}$ les équations :

(E) $\cos x + \sin x = 1$

(F) $\cos x - \sin x = -1$

### *Équations du type : tan x = a*

**39** Résoudre dans $\mathbb{R}$ chacune des équations suivantes et placer sur le cercle trigonométrique les images des solutions.

(1) $\tan x = -\sqrt{3}$ | (4) $\tan x = 0$

(2) $\tan x = 1$ | (5) $\tan 2x = \sqrt{3}$

(3) $\tan x = -1$ | (6) $\tan 3x = -1$

**40** À l'aide de la calculatrice, trouver des valeurs approchées des solutions appartenant à $]-\pi ; \pi]$ pour chacune des équations suivantes :

(1) $\sin x = 0{,}8$ | (4) $\sin x = -0{,}3$

(2) $\cos x = -0{,}4$ | (5) $\cos x = 0{,}9$

(3) $\tan x = 7$ | (6) $\tan x = -0{,}7$

### *Équations du type : cos x + a sin x = b*

**41** Résoudre dans $\mathbb{R}$ chacune des équations suivantes :

(1) $\cos x - \sin x = \sqrt{2}$ | (3) $\sqrt{3}\sin x + 3\cos x = 1$

(2) $\sqrt{3}\sin x + \cos x = -1$ | (4) $\sin x + \sqrt{3}\cos x = -\sqrt{2}$

## APPROFONDISSEMENT

### *Équations trigonométriques*

**42** Résoudre dans $\mathbb{R}$ l'équation suivante :
$3\cos 5x - 4\sin 5x = 3$

**43** Résoudre dans $\mathbb{R}$ l'équation suivante :
$-6\sin^2 5x - 4\sin 5x = 2$

**44** Résoudre dans $\mathbb{R}$ les équations suivantes :

(1) $\sin^2 3x - \sin^2 x = 0$ | (3) $\frac{\sin 3x}{\sin x} - \frac{\cos 3x}{\cos x} = 1$

(2) $\cos 4x + \sin^2 x - 2 = 0$ | (4) $\tan x - \frac{3}{\tan x} = 2$

**45** Résoudre dans $\mathbb{R}$ l'équation suivante :
$-4\cos^2\left(\frac{3x}{2}\right) + 4\sin^2\left(\frac{3x}{2}\right) - 2 = 0$

**46** Résoudre dans $\mathbb{R}$ les équations :

(1) $\cos^2 x - \cos x - 2 = 0$

(2) $2\cos^2 x - (2 + \sqrt{2})\cos x + \sqrt{2} = 0$

(3) $2\sin^2 3x - \sqrt{3}\sin 3x = 0$

(4) $2\sin^2 x + \cos^2 x - 1 = 0$

**47** Exprimer $\sin 3x$ en fonction de $\sin x$, puis résoudre dans $\mathbb{R}$ l'équation : $\sin 3x = 2\sin x$

**48** On pose : $A(x) = \cos^2 x - \cos^4 x$

**1.** Factoriser $A(x)$

**2.** Résoudre dans $\mathbb{R}$ l'équation : $A(x) = 0$.

**3.** On considère la fonction $f$ de $\mathbb{R}$ vers $\mathbb{R}$ définie par :

$f(x) = \frac{\sin^2 x - \sin^4 x}{\cos^2 x - \cos^4 x}$

Donner l'ensemble de définition de la fonction $f$ et simplifier l'écriture de $f(x)$.

**49** On considère l'équation :
(E) $8x^3 - 4\sqrt{3}\,x^2 - 2x + \sqrt{3} = 0$.

**1.** Vérifier que $\frac{1}{2}$ est une solution de (E).

**2.** Trouver toutes les solutions de (E).

**3.** Résoudre dans $\mathbb{R}$ l'équation :
$8\sin^3 x - 4\sqrt{3}\sin^2 x - 2\sin x + \sqrt{3} = 0$.

**50** Résoudre dans $\mathbb{R}$ l'équation :
$2\sin x + \frac{2}{\sin x} + \frac{3}{\sin^2 x} - 7 = 0$.

**51** Résoudre dans $\mathbb{R}$ l'équation :
$\cos 4x - \sqrt{2}\cos 2x = 1$.

**52** **1.** Calculer $(\sqrt{3} + \sqrt{2})^2$.

**2.** Résoudre l'équation :
$4x^2 + 2x(\sqrt{3} + \sqrt{2}) - \sqrt{6} = 0$.

**3.** En déduire les solutions dans $[0 ; 2\pi]$ de l'équation :
$-4\sin^2 y + 2(\sqrt{3} + \sqrt{2})\cos y - \sqrt{6} + 4 = 0$

Et placer sur le cercle trigonométrique les images des solutions de cette équation.

**53** Soit P la fonction polynôme définie par :
$P(x) = 4x^3 - 3x - 1$.

**1.** *a)* Calculer $P(1)$ puis factoriser $P(x)$ en un produit de binômes du premier degré.

*b)* Résoudre l'équation : (E) $P(x) = 0$
**2.** On donne l'équation : (F) $4\cos^3 x - 3\cos x - 1 = 0$.
*a)* Résoudre cette équation :
*b)* Placer sur le cercle trigonométrique les points image des solutions de (F).

**54** **1.** En utilisant une autre écriture de $\sin(4x + x)$, démontrer l'égalité suivante :

$$\sin 5x = 16 \sin^5 x - 20 \sin^3 x + 5 \sin x.$$

**2.** Démontrer que $\frac{\pi}{5}$ est solution de l'équation :

$$16 \sin^5 x - 20 \sin^3 x + 5 \sin x = 0$$

**3.** Résoudre dans $\mathbb{R}$ l'équation :

$$16 \sin^5 x - 20 \sin^3 x + 5 \sin x = 0$$

*(utiliser la question **1**).*

**4.** Résoudre dans $\mathbb{R}$ l'équation :

$$16 x^5 - 20x^3 + 5x = 0.$$

**5.** En remarquant que : $0 < \frac{\pi}{5} < \frac{\pi}{4}$,
déduire des questions précédentes la valeur de $\sin \frac{\pi}{5}$.

## Systèmes d'équations trigonométriques

**55** On considère le système d'équations :

$$(S) \begin{cases} \cos x \cos y = \dfrac{\sqrt{3}+1}{4} \\ \sin x \sin y = \dfrac{\sqrt{3}-1}{4} \end{cases}$$

**1.** Démontrer que le système (S) est équivalent au système suivant :

$$(S') \begin{cases} \cos (x + y) = \dfrac{1}{2} \\ \cos (x - y) = \dfrac{\sqrt{3}}{2} \end{cases}$$

**2.** Résoudre (S).

**56** On considère le système d'équations :

$$(S) \begin{cases} x + y = \dfrac{\pi}{6} \\ \sin x \sin y = -\dfrac{\sqrt{3}}{4} \end{cases}$$

**1.** Démontrer que :
*a)* $\cos (x + y) - \cos (x - y) = -2 \sin x \times \sin y$ ;
*b)* le système (S) est équivalent au système suivant :

$$(S') \begin{cases} x + y = \dfrac{\pi}{6} \\ \cos (x - y) = 0 \end{cases}$$

**2.** Résoudre (S).

**57** **1.** $x$ et $y$ étant deux nombres réels quelconques, factoriser :
$\cos(x + y) + \cos(x - y)$

**2.** Trouver les couples solutions du système suivant :

$$(S) \begin{cases} x - y = \dfrac{\pi}{4} \\ \cos x \cos y = \dfrac{\sqrt{2}}{4} \end{cases}$$

## Inéquations trigonométriques

**58** Construire la représentation graphique de la fonction sinus.
Résoudre graphiquement et tracer (en couleur) sur le cercle trigonométrique l'ensemble des images des solutions pour chacune des inéquations suivantes :

(1) $\sin x \leq \frac{1}{2}$ (3) $\sin x = \frac{\sqrt{3}}{2}$

(2) $\sin x > -\frac{1}{2}$ (4) $\sin x = -\frac{\sqrt{2}}{2}$

**59** Construire la représentation graphique de la fonction cosinus.
Déterminer graphiquement l'ensemble des solutions appartenant à $]-\pi ; \pi]$ de chacune des inéquations suivantes.
Pour chacune des inéquations, tracer (en couleur) sur le cercle trigonométrique l'ensemble des images des solutions.

(1) $\cos x > \frac{\sqrt{2}}{2}$ (3) $\cos x \geq -\frac{\sqrt{3}}{2}$

(2) $\cos x \leq \frac{1}{2}$ (4) $\cos x < -\frac{\sqrt{2}}{2}$

**60** **1.** Résoudre l'équation et l'inéquation suivantes :

$$2y^2 - (\sqrt{3} + \sqrt{2})y + \frac{\sqrt{6}}{2} = 0$$

$$2y^2 - (\sqrt{3} + \sqrt{2})y + \frac{\sqrt{6}}{2} \leq 0$$

**2.** Utiliser les résultats précédents pour résoudre l'équation et l'inéquation suivantes :

(1) $-2 \cos^2 x - (\sqrt{3} + \sqrt{2})\sin x + \frac{\sqrt{6}}{2} + 2 = 0$ ;

(2) $-2 \cos^2 x - (\sqrt{3} + \sqrt{2})\sin x + \frac{\sqrt{6}}{2} + 2 \leq 0$.

**61** **1.** Vérifier que : $\sqrt{3 + 2\sqrt{2}} = 1 + \sqrt{2}$.
Résoudre l'équation :

$$2x^2 + (1 - \sqrt{2})x - \frac{\sqrt{2}}{2} = 0.$$

Résoudre l'inéquation :

$$2x^2 + (1 - \sqrt{2})x - \frac{\sqrt{2}}{2} > 0.$$

**2.** Déduire de la question 1 la résolution de l'équation :

$$2\cos^2 x + (1 - \sqrt{2})\cos x - \frac{\sqrt{2}}{2} = 0$$

Représenter, sur le cercle trigonométrique, les images des solutions de l'équation précédente.
**3.** Déduire de la question **1** les solutions dans $[0 ; 2\pi]$ de l'inéquation :

$$2\cos^2 x + (1 - \sqrt{2}) \cos x - \frac{\sqrt{2}}{2} > 0.$$

Représenter, sur le cercle trigonométrique, les images des solutions de l'inéquation précédente.

## Propriétés de fonctions

**62** Étudier la parité des fonctions suivantes :
(1) $x \mapsto 4 \sin^5 x - 2 \sin^3 x \cos^2 x + 3 \tan x$
(2) $x \mapsto \cos x + \sin^4 x + 2$
(3) $x \mapsto \dfrac{\sin^3 x + x}{2 \sin x}$

**63** On donne :
$f(x) = \cos^4 x - \sin x \cos^2 x + \sin^2 x + \tan^2 x$
Démontrer que : $f(\pi - x) = f(x)$

**64** On donne : $f(x) = \cos^3 x + 3 \sin x$
Démontrer que : $f(\pi + x) = -f(x)$

**65** On donne :
$f(x) = -\cos^3 x + \cos x - \sin x + \sin^3 x$
Démontrer que : $f(\frac{\pi}{2} - x) = -f(x)$

**66** On donne $f(x) = \cos 5x + 3 \tan 5x$
Démontrer que : $f(\frac{\pi}{5} - x) = -f(x)$.

**67** A, B, C sont les mesures des angles d'un triangle. Démontrer que :

(1) $\cos\left(\frac{B+C}{2}\right) = \sin\frac{A}{2}$ ; (2) $\tan\left(\frac{B+C}{2}\right) = \frac{1}{\tan\frac{A}{2}}$

**68** On pose : $A = a\sin x\cos y$, $B = a\sin x\sin y$ et $C = a\cos y$.
Démontrer que $A^2 + B^2 + C^2 = a^2$.

**69** $x$ et $y$ sont deux éléments de $[0, \frac{\pi}{2}]$ tels que :

$$\sin x = \frac{\sqrt{6}+\sqrt{2}}{4} \quad \text{et} \quad \cos y = \frac{\sqrt{3}}{2}.$$

**1.** Vérifier que :
$\left(\frac{\sqrt{6}+\sqrt{2}}{4}\right)^2 = \frac{2-\sqrt{3}}{4}$.
Calculer $\cos x$.
Calculer $\sin y$ ; quelle est la valeur de $y$ ?
**2.** Calculer $\cos(x+y)$, $\sin(x+y)$.
Calculer $\cos(x-y)$, $\sin(x-y)$ ; en déduire la valeur de $x$.

**70** Le plan est muni du repère (O, I, J). On donne l'application $f : \mathbb{R} \to \mathbb{R}$
$x \mapsto \sin(x + \frac{\pi}{3})$.

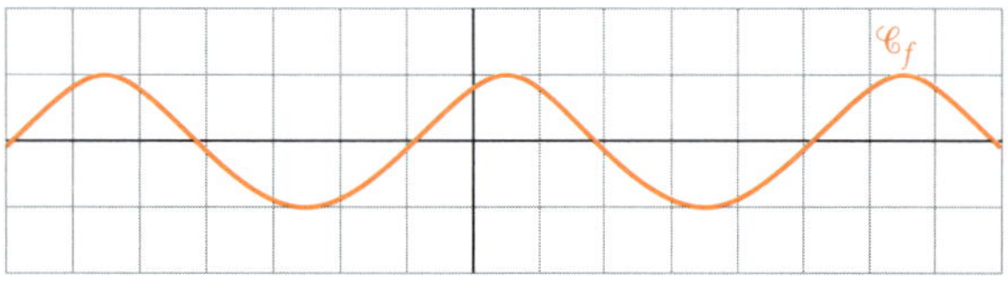


On désignera par $(\mathscr{C}_f)$ la représentation graphique de $f$ dans un repère orthogonal (O, I, J).
**1.** La fonction $f$ est-elle périodique ? Justifier.
**2.** On donne la fonction $g : \mathbb{R} \to \mathbb{R}$
$x \mapsto f(x + \frac{\pi}{3})$.
Construire $(\mathscr{C}_g)$ à partir de $(\mathscr{C}_f)$. (On pourra utiliser un papier calque).
**3.** Résoudre graphiquement puis algébriquement l'équation : $f(x) = \frac{1}{2}$.

**71** Le plan est muni du repère orthonormé direct (O, I, J).
**1.** On veut construire l'ensemble E des points $M_\alpha(2\cos\alpha ; 2\sin\alpha)$ lorsque $\alpha$ décrit l'intervalle $[-\frac{\pi}{2};\frac{\pi}{2}]$.
– Vérifier que E est contenu dans un cercle de centre O ; préciser son rayon.
– Construire l'ensemble E.
**2.** On considère le point $N_\alpha(2\cos\alpha - 3 ; 2\sin\alpha + 1)$ où $\alpha$ est un élément de $[-\frac{\pi}{2} ; \frac{\pi}{2}]$.
– Vérifier que $N_\alpha$ est l'image de $M_\alpha$ par une translation ; préciser son vecteur.
– Construire l'ensemble F des points $N_\alpha$ lorsque $\alpha$ décrit l'intervalle $[-\frac{\pi}{2} ; \frac{\pi}{2}]$.

**72** Le plan est muni du repère orthonormé (O, I, J) (unité : 2 cm).
**1.** Construire, à partir de celle de la fonction cosinus, la représentation graphique $(\mathscr{C}_f)$ de la fonction $f : \mathbb{R} \to \mathbb{R}$
$x \mapsto 2\cos x$
**2.** On considère la fonction $g : \mathbb{R} \to \mathbb{R}$
$x \mapsto 2\cos(x - \frac{\pi}{4})$
de représentation graphique $(\mathscr{C}_g)$.
*a)* $g$ est-elle périodique ? Justifier.
*b)* Démontrer que $(\mathscr{C}_g)$ est l'image de $(\mathscr{C}_f)$ par une translation que l'on déterminera.
*c)* Construire $(\mathscr{C}_g)$ à partir de $(\mathscr{C}_f)$.
**3.** Déterminer les coordonnées des points d'intersection de $(\mathscr{C}_f)$ et $(\mathscr{C}_g)$.
**4.** Trouver des centres de symétrie et des axes de symétrie éventuels de $(\mathscr{C}_g)$.

**73** On donne la fonction $f : \mathbb{R} \to \mathbb{R}$
$x \mapsto \frac{1}{2\sin 2x + 1}$
**1.** Quel est l'ensemble de définition de $f$ ?
**2.** *a)* La fonction $f$ est-elle paire ? impaire ? Justifier.
*b)* Démontrer que $f$ est périodique de période $\pi$.
**3.** Trouver les antécédents de $\frac{1}{2}$ par $f$.
**4.** Trouver l'image réciproque de $\mathbb{R}^+$ par $f$.

## PROBLÈMES

**74** ABCD est un carré, I et J les milieux respectifs des côtés [AB] et [BC]. Vérifier que :
$\cos\widehat{ADI} = 2\sin\widehat{ADI}$.
En déduire $\sin\widehat{IDJ}$.

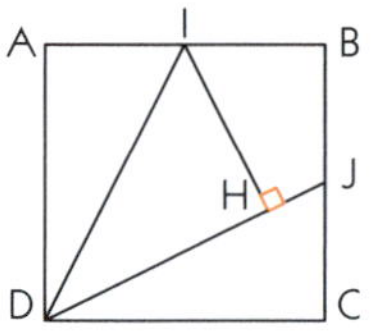


Les droites (IH) et (DJ) sont perpendiculaires en H.
Connaissant $AB = 2a\sqrt{5}$, calculer DI, DH et IH.

**75** **Les trois carrés**
On considère un rectangle tel que : AB = 3 AD.
M et N sont deux points tels que : $\overrightarrow{DM} = \overrightarrow{MN} = \overrightarrow{NC}$.
On désigne respectivement par $\alpha$, $\beta$, $\gamma$ les mesures d'angles suivants : $\widehat{AMD}$, $\widehat{AND}$, $\widehat{ACD}$.
Démontrer que $\alpha = \beta + \gamma$.
*(Utiliser la formule $\cos(\alpha+\beta) = \cos\beta\cos\gamma - \sin\beta\sin\gamma$.)*

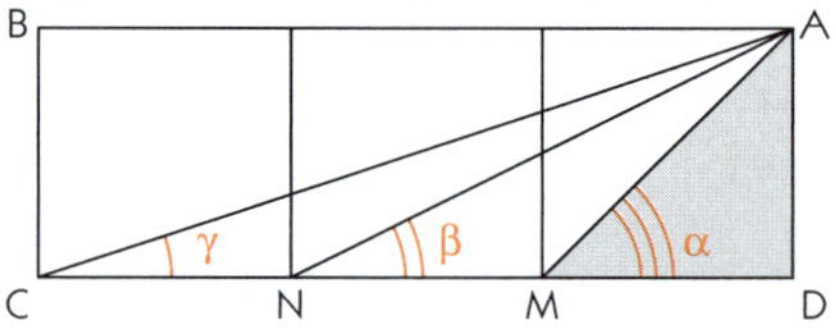


**76** **1.** On considère un triangle ABC isocèle en A.
M et N sont deux points tels que : $\overrightarrow{BM} = \overrightarrow{MN} = \overrightarrow{CB}$.
On pose $BC = a$, $AB = AC = b$.
Calculer AM et AN en fonction de $a$ et $b$.
**2.** On suppose que le triangle ABC est équilatéral de côté $a$.
Donner l'expression de AM et AN en fonction de $a$.

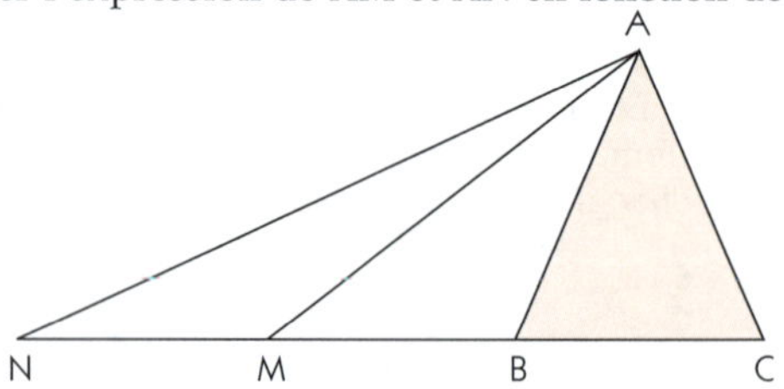

# 11

# Vecteurs et configurations

À la suite des physiciens qui ont dégagé expérimentalement la notion de centre de gravité ou centre d'inertie, les mathématiciens introduisent, par extension, la notion de barycentre.

Le premier traité de « Calcul sur les points » ou calcul barycentrique, fut écrit par l'astronome et mathématicien allemand Ferdinand MÖBIUS (1790 - 1868). Cependant, on considère ARCHIMÈDE comme le père du calcul barycentrique. En effet, il a mis au point une machine sur le principe du levier pour lancer à lui seul un grand vaisseau à la mer. À la suite de quoi il répond au roi HIERON étonné :

« Donne-moi un point d'appui et je soulève le monde ! »

• Avec, éventuellement, l'aide du professeur de physique, chercher des informations complémentaires sur le principe du levier.
• Expliquer la boutade d'ARCHIMÈDE.

ARCHIMÈDE (vers – 287, – 212)

## SOMMAIRE

# 1 Barycentres

## 1.1. Barycentre de deux points pondérés

Comment dégager une caractérisation vectorielle concernant un «point moyen», ou un «point d'équilibre», à partir de situations décrites en Physique, en Mécanique, en Statistiques, ....

**Principe des leviers**

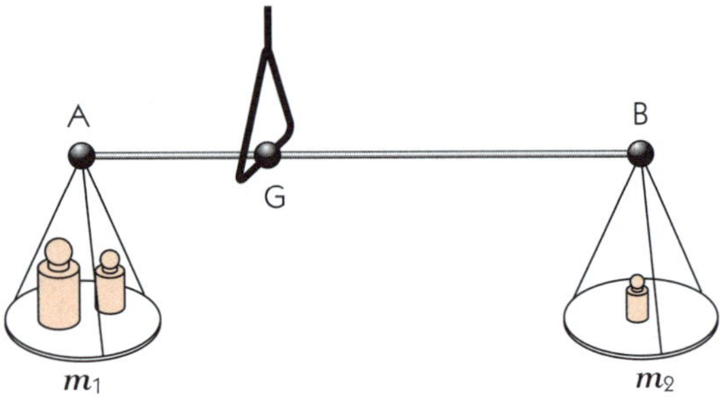


Sur les plateaux de cette balance sont déposées les masses $m_1$ et $m_2$. Comment a-t-on trouvé la position du point G pour que la balance soit en équilibre ?

**Centre d'inertie d'une plaque homogène d'épaisseur négligeable**

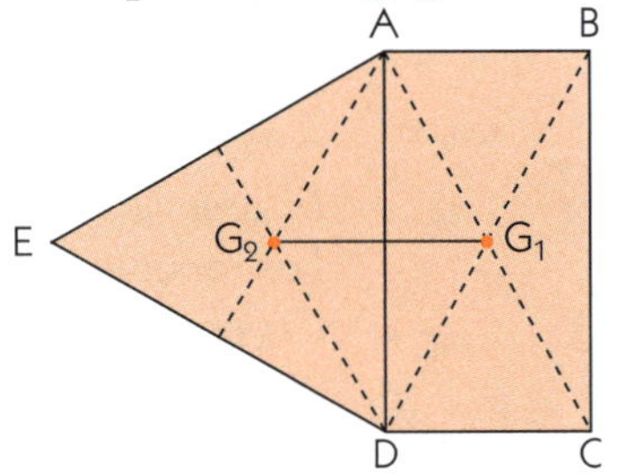


ABCD est un rectangle et ADE un triangle équilatéral. $G_1$ est le centre d'inertie du rectangle et $G_2$ celui du triangle.
Comment trouver le centre d'inertie G de la plaque ?

### Définition

■ **Exemples introductifs**

**A et B sont des points du plan, $\alpha$ et $\beta$ des nombres réels.**
**Dans différents cas, on veut rechercher, s'il existe, un point M du plan tel que : $\alpha\overrightarrow{MA} + \beta\overrightarrow{MB} = \vec{0}$, ce qui revient à résoudre l'équation (E) d'inconnue un point X du plan : (E) $\alpha\overrightarrow{XA} + \beta\overrightarrow{XB} = \vec{0}$**

**Résolvons l'équation ($E_1$) $\overrightarrow{XA} + \overrightarrow{XB} = \vec{0}$**

$$(E_1)\quad \begin{aligned} \overrightarrow{XA} + \overrightarrow{XB} &= \vec{0}\\ \overrightarrow{XA} + (\overrightarrow{XA} + \overrightarrow{AB}) &= \vec{0}\\ 2\overrightarrow{XA} + \overrightarrow{AB} &= \vec{0}\\ \overrightarrow{AX} &= \frac{1}{2}\overrightarrow{AB}\end{aligned}$$

L'équation ($E_1$) admet une solution et une seule, le point G défini par : $\overrightarrow{AG} = \frac{1}{2}\overrightarrow{AB}$ ;
c'est le milieu de [AB].

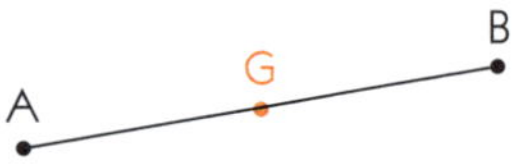


**Résolvons l'équation ($E_2$) $3\overrightarrow{XA} - 2\overrightarrow{XB} = \vec{0}$**

$$(E_2)\quad \begin{aligned} 3\overrightarrow{XA} - 2\overrightarrow{XB} &= \vec{0}\\ 3\overrightarrow{XA} - 2(\overrightarrow{XA} + \overrightarrow{AB}) &= \vec{0}\\ \overrightarrow{XA} - 2\overrightarrow{AB} &= \vec{0}\\ \overrightarrow{AX} &= -2\overrightarrow{AB}\end{aligned}$$

L'équation ($E_2$) admet une solution et une seule, le point G défini par : $\overrightarrow{AG} = -2\overrightarrow{AB}$ ;
c'est l'image de A par la translation de vecteur $-2\overrightarrow{AB}$.

■ **Cas général**

**Résolvons l'équation (E) $\alpha\overrightarrow{XA} + \beta\overrightarrow{XB} = \vec{0}$**

$$(E)\quad \begin{aligned} \alpha\overrightarrow{XA} + \beta\overrightarrow{XB} &= \vec{0}\\ \alpha\overrightarrow{XA} + \beta(\overrightarrow{XA} + \overrightarrow{AB}) &= \vec{0}\\ (\alpha+\beta)\overrightarrow{XA} + \beta\overrightarrow{AB} &= \vec{0}\\ (\alpha+\beta)\overrightarrow{AX} &= \beta\overrightarrow{AB}\end{aligned}$$

– Si $\alpha + \beta = 0$ et $A = B$ alors l'équation (E) s'écrit : $0\overrightarrow{AX} = \vec{0}$.
Tout point du plan est solution.

– Si $\alpha + \beta = 0$ et $A \neq B$ alors l'équation (E) s'écrit : $0\overrightarrow{AX} = \overrightarrow{AB}$.
L'équation (E) n'a pas de solution car $\overrightarrow{AB} \neq \vec{0}$.

– Si $\alpha + \beta \neq 0$ alors l'équation (E) est équivalente à : $\overrightarrow{AX} = \frac{\beta}{\alpha + \beta}\overrightarrow{AB}$.
L'équation (E) admet une solution et une seule, le point G défini par :
$\overrightarrow{AG} = \frac{\beta}{\alpha + \beta}\overrightarrow{AB}$.
Lorsque $\alpha + \beta \neq 0$, l'égalité $\alpha\overrightarrow{GA} + \beta\overrightarrow{GB} = \vec{0}$ caractérise donc ce point G.

## Vocabulaire

*L'équation (E) est déterminée par la donnée des points A et B et des coefficients $\alpha$ et $\beta$ associés respectivement aux points A et B. Pour exprimer que les points A et B sont affectés respectivement des coefficients (ou poids) $\alpha$ et $\beta$, on écrit : $(A,\alpha)$, $(B,\beta)$.*
*On dit que : $(A,\alpha)$ et $(B,\beta)$ sont des **points pondérés**.*

## Propriété - Définition

**$(A,\alpha)$ et $(B,\beta)$ sont des points pondérés tels que : $\alpha + \beta \neq 0$.**

**Il existe un point G et un seul tel que : $\alpha\overrightarrow{GA} + \beta\overrightarrow{GB} = \vec{0}$.**

**Le point G est appelé *barycentre des points pondérés* $(A,\alpha)$ et $(B,\beta)$.**

### Exemples

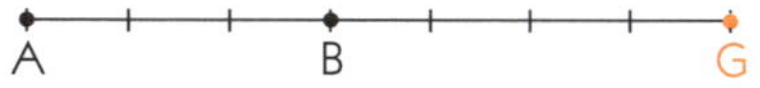


G est le barycentre des points pondérés (A, 4) et (B, – 7)
car : $4\overrightarrow{GA} - 7\overrightarrow{GB} = \vec{0}$

G est le barycentre des points pondérés (A, 5) et (B, 2)
car : $5\overrightarrow{GA} + 2\overrightarrow{GB} = \vec{0}$

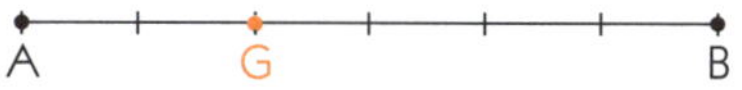


G est le barycentre des points pondérés (A, 4) et (B, 2)
car : $4\overrightarrow{GA} + 2\overrightarrow{GB} = \vec{0}$

## Propriétés caractéristiques du barycentre de deux points pondérés

$(A,\alpha)$ et $(B,\beta)$ sont des points pondérés tels que : $\alpha + \beta \neq 0$.

### Réduction de l'écriture : $\alpha\overrightarrow{MA} + \beta\overrightarrow{MB}$

G est le barycentre des points pondérés $(A, \alpha)$ et $(B, \beta)$. M est un point quelconque.
La décomposition des vecteurs $\overrightarrow{MA}$ et $\overrightarrow{MB}$, utilisant l'égalité de Chasles et le barycentre G donne :

$$\alpha\overrightarrow{MA} + \beta\overrightarrow{MB} = \alpha(\overrightarrow{MG} + \overrightarrow{GA}) + \beta(\overrightarrow{MG} + \overrightarrow{GB})$$
$$= (\alpha + \beta)\overrightarrow{MG} + \alpha\overrightarrow{GA} + \beta\overrightarrow{GB}$$

Or $\alpha\overrightarrow{GA} + \beta\overrightarrow{GB} = \vec{0}$

Donc, pour tout point M, $\alpha\overrightarrow{MA} + \beta\overrightarrow{MB} = (\alpha + \beta)\overrightarrow{MG}$. (1)

### Diverses écritures de l'égalité (1) , M étant un point particulier

Remplaçons le point M par les points particuliers G , A et B.

– Pour M = G, $\alpha\overrightarrow{GA} + \beta\overrightarrow{GB} = \vec{0}$ (2)

Par conséquent : (1) $\Rightarrow$ (2)

– Pour M = A, $\overrightarrow{AG} = \frac{\beta}{\alpha + \beta}\overrightarrow{AB}$ (pour M = B, $\overrightarrow{BG} = \frac{\alpha}{\alpha + \beta}\overrightarrow{BA}$) (3)

Par conséquent : (1) $\Rightarrow$ (3)

En calculant $\alpha\overrightarrow{GA} + \beta\overrightarrow{GB}$ à l'aide des égalités (3), on obtient (2)

Par conséquent : (3) $\Rightarrow$ (2)

De plus, la décomposition des vecteurs $\overrightarrow{GA}$ et $\overrightarrow{GB}$, utilisant l'égalité de Chasles et un point quelconque M, permet d'obtenir (1) .

Par conséquent : (2) $\Rightarrow$ (1)

Les propriétés (1), (2) et (3) sont donc équivalentes.

## Propriétés caractéristiques

**G étant le barycentre des deux points pondérés (A,$\alpha$) et (B,$\beta$), les propriétés suivantes sont équivalentes :**

**(1)** **Pour tout point M,** $\alpha\overrightarrow{MA} + \beta\overrightarrow{MB} = (\alpha + \beta)\overrightarrow{MG}$

**(2)** $\alpha\overrightarrow{GA} + \beta\overrightarrow{GB} = \overrightarrow{0}$

**(3)** $\overrightarrow{AG} = \frac{\beta}{\alpha + \beta}\overrightarrow{AB}$ ; $\overrightarrow{BG} = \frac{\alpha}{\alpha + \beta}\overrightarrow{BA}$

### Remarque

*$\alpha$ et $\beta$ étant différents de 0, de l'égalité (2) on déduit : $\overrightarrow{GB} = -\frac{\alpha}{\beta}\overrightarrow{GA}$.*

*Le barycentre des points pondérés (A,$\alpha$) et (B,$\beta$) est donc le centre de l'homothétie de rapport $-\frac{\alpha}{\beta}$ qui applique A sur B.*

## Autres propriétés du barycentre de deux points pondérés.

■ G est le barycentre des deux points pondérés (A,$\alpha$) et (B,$\beta$).
Des propriétés caractéristiques (2) et (3), on déduit respectivement les conséquences suivantes :

– les vecteurs $\overrightarrow{GA}$ et $\overrightarrow{GB}$ sont colinéaires au vecteur $\overrightarrow{AB}$, donc G ∈ (AB) ;
– si $k$ est un nombre réel différent de 0, alors $k\alpha + k\beta \neq 0$ et $k\alpha\overrightarrow{GA} + k\beta\overrightarrow{GB} = \overrightarrow{0}$.

## Propriétés

**Le point G étant le barycentre des deux points pondérés (A,$\alpha$) et (B,$\beta$),**

**– le point G appartient à la droite (AB).**

**– si $k$ est un nombre réel différent de 0, alors G est le barycentre de (A,$k\alpha$), (B,$k\beta$).**

■ **Exemple**

Le point G de la droite (AB) est barycentre :
– des points pondérés (A,3) et (B,1),
– des points pondérés (A,6) et (B,2).

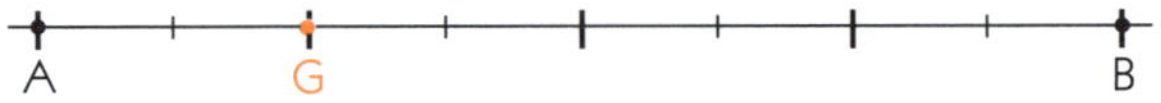


## Constructions du barycentre de deux points pondérés

■ **Utilisation de la propriété caractéristique (3) : $\overrightarrow{AG} = \frac{\beta}{\alpha + \beta}\overrightarrow{AB}$**

**Construisons le barycentre G des points pondérés (A,3) et (B,– 2).**

$\overrightarrow{AG} = -2\overrightarrow{AB}$. Donc G est le point de la droite (AB) d'abscisse – 2 dans le repère (A,B).

■ **Utilisation de la propriété (1) : pour tout point M, $\alpha\overrightarrow{MA} + \beta\overrightarrow{MB} = (\alpha + \beta)\overrightarrow{MG}$.**

**Construisons le barycentre des points pondérés (A,3) et (B,2).**

G est le barycentre de (A,3) et (B,2),
M étant un point du plan, on a : $3\overrightarrow{MA} + 2\overrightarrow{MB} = 5\overrightarrow{MG}$.
– H est le point tel que : $\overrightarrow{MH} = 3\overrightarrow{MA} + 2\overrightarrow{MB}$.
On a donc : $\overrightarrow{MH} = 5\overrightarrow{MG}$.
Par conséquent : G ∈ (MH).
– Or on sait aussi que : G ∈ (AB).

G est donc le point d'intersection des droites (AB) et (MH).

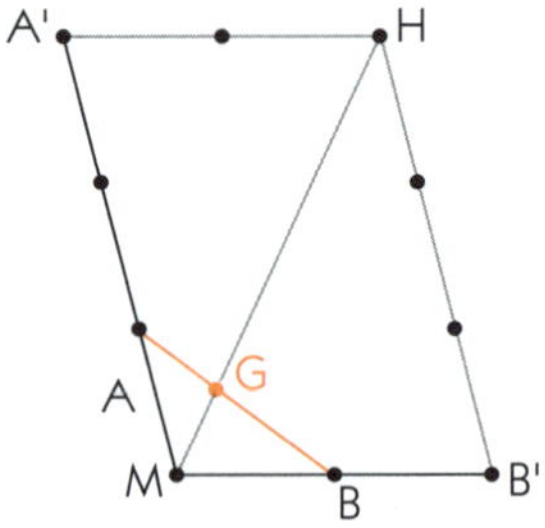

## Ensemble des barycentres de deux points pondérés

### Vocabulaire

On dit qu'un point G est **un barycentre de deux points** A et B lorsqu'on peut trouver deux nombres réels $x$ et $y$ de somme différente de 0, tels que G soit le barycentre des points pondérés $(A,x)$ et $(B,y)$.

***Exemple***

Montrons que le centre de gravité G d'un triangle ABC est un barycentre du sommet A et du milieu A' du côté opposé.
En effet, on sait que : $\overrightarrow{GA} = 2\overrightarrow{A'G}$ ; donc $\overrightarrow{GA} + 2\overrightarrow{GA'} = \vec{0}$.
Par conséquent, G est un barycentre de A et A' puisque c'est le barycentre de (A,1) et (A',2) .

**Droite et barycentre de deux points**

- *On sait que si G est le barycentre des points pondérés $(A,\alpha)$ et $(B,\beta)$, alors G est un point de (AB).*
- *Réciproquement,*

**Un point H de (AB) est-il un barycentre des points A et B ?**
**Peut-on trouver deux nombres réels $x$ et $y$ de somme non nulle et tels que H soit le barycentre des points pondérés $(A,x)$ et $(B,y)$ ?**

Puisque H est un point de la droite (AB), les vecteurs $\overrightarrow{AH}$ et $\overrightarrow{AB}$ sont colinéaires.
Puisque $\overrightarrow{AB} \neq \vec{0}$, il existe un nombre réel $\mu$ tel que $\overrightarrow{AH} = \mu\overrightarrow{AB}$ ($\mu$ est l'abscisse de H dans le repère (A,B).)

D'où : $\mu(\overrightarrow{HB} - \overrightarrow{HA}) + \overrightarrow{HA} = \vec{0}$
ou encore : $\mu\overrightarrow{HB} + (1-\mu)\overrightarrow{HA} = \vec{0}$.
H est donc le barycentre des points pondérés $(A,1-\mu)$ et $(B,\mu)$, car $\mu + (1-\mu) \neq 0$.

Par conséquent,
Pour tout point G de la droite (AB), il existe des nombres réels $\alpha$ et $\beta$ de somme différente de 0 tels que G est le barycentre des points pondérés $(A,\alpha)$ et $(B,\beta)$.

- *On résume par la propriété suivante :*

**Propriété**

**A et B étant deux points du plan, l'ensemble des barycentres de ces deux points est la droite (AB).**

**Exemples**

**On donne deux points A et B.**
**On considère les points C, D et E tels que : $\overrightarrow{AC} = 0,6\overrightarrow{AB}$ ; $\overrightarrow{AD} = -1,2\overrightarrow{AB}$ ; $\overrightarrow{AE} = 1,4\overrightarrow{AB}$.**
**Déterminons des nombres réels $\alpha$ et $\beta$ pour que chacun des points A, B, C, D, E soit le barycentre des points pondérés $(A,\alpha)$ et $(B,\beta)$.**

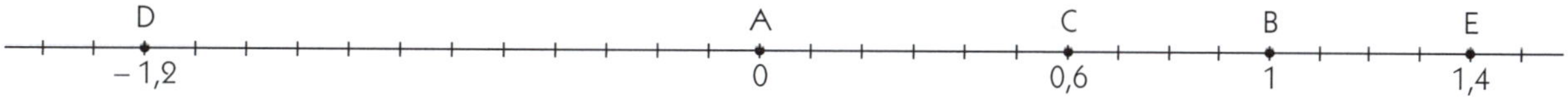


A, B, C, D et E étant des points de la droite (AB), ce sont des barycentres des points A et B.

– On sait que, $\alpha$ et $\beta$ étant des nombres réels de somme différente de 0,
G est le barycentre des points pondérés $(A,\alpha)$ et $(B,\beta)$ $\Leftrightarrow$ $\alpha\overrightarrow{GA} + \beta\overrightarrow{GB} = \vec{0}$
Or : $1\overrightarrow{AA} + 0\overrightarrow{AB} = \vec{0}$ ; $0\overrightarrow{BA} + 1\overrightarrow{BB} = \vec{0}$
Donc : A est le barycentre des points pondérés (A ; 1) et (B ; 0) ;
B est le barycentre des points pondérés (A ; 0) et (B ; 1).

– On sait que, $\alpha$ et $\beta$ étant des nombres réels de somme différente de 0,
G est le barycentre des points pondérés $(A,\alpha)$ et $(B,\beta)$ $\Leftrightarrow$ $\overrightarrow{AG} = \dfrac{\beta}{\alpha+\beta}\overrightarrow{AB}$

Or : $\overrightarrow{AC} = \dfrac{0,6}{0,4+0,6}\overrightarrow{AB}$ ; $\overrightarrow{AD} = \dfrac{-1,2}{2,2-1,2}\overrightarrow{AB}$ ; $\overrightarrow{AE} = \dfrac{1,4}{-0,4+1,4}\overrightarrow{AB}$

Donc : C est le barycentre des points pondérés (A ; 0,4) et (B ; 0,6) ou encore de (A ; 2) et (B ; 3)
D est le barycentre des points pondérés (A ; 2,2) et (B ; – 1,2) ou encore de (A ; 11) et (B ; – 6)
E est le barycentre des points pondérés (A ; – 0,4) et (B ; 1,4) ou encore de (A ; – 2) et (B ; 7)

### Remarque

*On pourra justifier le schéma ci-dessous qui donne les positions du barycentre de deux points pondérés (A,α) et (B,β) suivant les valeurs de α et β.*

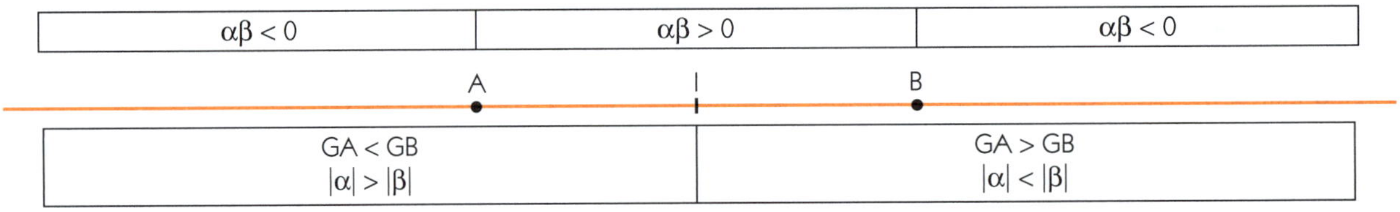


## Exercices

**1.a** Deux points A et B sont distants de 11 cm. Construire le barycentre G de (A,7) et (B,4) et le barycentre H de (A,4) et (B,7).
Justifier que [AB] et [GH] ont le même milieu I.

**1.b** Sur la droite de repère (O,I), on donne les points A, B et G d'abscisses respectives – 13, 11 et 47. Déterminer le nombre réel α pour que G soit le barycentre de (A, α) et (B, 6).

## 1.2. Barycentre de trois points pondérés

### Définition

*Dans la présentation qui suit, on se propose d'étendre à trois points la définition du barycentre de deux points pondérés.*

**Présentation**

**(A,α), (B,β) et (C,γ) étant trois points pondérés tels que $\alpha + \beta + \gamma \neq 0$,**

**étudions, dans le plan, l'équation(E), d'inconnue un point X : (E) $\alpha\overrightarrow{XA} + \beta\overrightarrow{XB} + \gamma\overrightarrow{XC} = \vec{0}$.**

Le point X apparaissant dans l'écriture des trois vecteurs, exprimons deux d'entre eux en fonction du troisième :

$$\text{(E)}\quad \alpha\overrightarrow{XA} + \beta(\overrightarrow{XA} + \overrightarrow{AB}) + \gamma(\overrightarrow{XA} + \overrightarrow{AC}) = \vec{0}$$

$$(\alpha + \beta + \gamma)\overrightarrow{XA} + \beta\overrightarrow{AB} + \gamma\overrightarrow{AC} = \vec{0}$$

$$(\alpha + \beta + \gamma)\overrightarrow{AX} = \beta\overrightarrow{AB} + \gamma\overrightarrow{AC}$$

Puisque $\alpha + \beta + \gamma \neq 0$, $\overrightarrow{AX} = \dfrac{\beta}{\alpha + \beta + \gamma}\overrightarrow{AB} + \dfrac{\gamma}{\alpha + \beta + \gamma}\overrightarrow{AC}$

L'équation (E) admet une solution et une seule, le point G défini par :

$$\overrightarrow{AG} = \frac{\beta}{\alpha + \beta + \gamma}\overrightarrow{AB} + \frac{\gamma}{\alpha + \beta + \gamma}\overrightarrow{AC}.$$

Lorsque $\alpha + \beta + \gamma \neq 0$, l'égalité $\alpha\overrightarrow{GA} + \beta\overrightarrow{GB} + \gamma\overrightarrow{GC} = \vec{0}$ caractérise donc ce point G.

### Propriété – Définition

**(A,α), (B,β) et (C,γ) sont trois points pondérés tels que : $\alpha + \beta + \gamma \neq 0$.**

**Il existe un point G et un seul tel que : $\alpha\overrightarrow{GA} + \beta\overrightarrow{GB} + \gamma\overrightarrow{GC} = \vec{0}$.**

**Le point G est appelé *barycentre des points pondérés* (A,α), (B,β) et (C,γ).**

## Exemples

G est le barycentre des points pondérés (A,2), (B,4) et (C,3)

car : $2\overrightarrow{GA} + 4\overrightarrow{GB} + 3\overrightarrow{GC} = \vec{0}$.

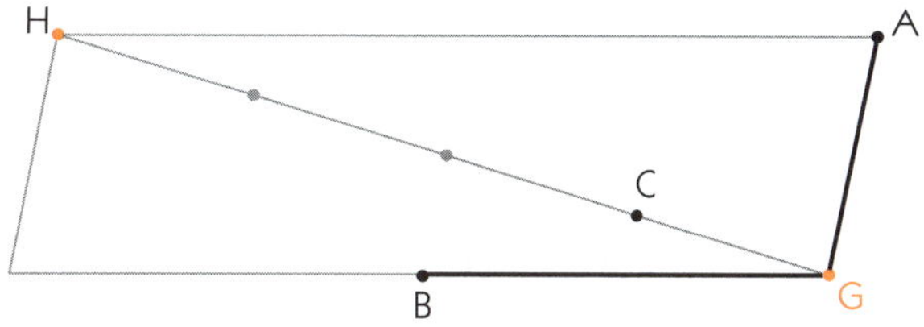


G est le barycentre des points pondérés (A,1), (B,2) et (C,– 4),

car : $\underbrace{\overrightarrow{GA} + 2\overrightarrow{GB}}_{\overrightarrow{GH}} - 4\overrightarrow{GC} = \vec{0}$.

## Propriétés caractéristiques du barycentre de trois points pondérés.

$(A,\alpha)$, $(B,\beta)$ et $(C,\gamma)$ sont des points pondérés tels que : $\alpha + \beta + \gamma \neq 0$

### Réduction de l'écriture : $\alpha\overrightarrow{MA} + \beta\overrightarrow{MB} + \gamma\overrightarrow{MC}$

G est le barycentre des points pondérés $(A,\alpha)$, $(B,\beta)$ et $(C,\gamma)$.
Démontrer que :

pour tout point M, $\alpha\overrightarrow{MA} + \beta\overrightarrow{MB} + \gamma\overrightarrow{MC} = (\alpha + \beta + \gamma)\overrightarrow{MG}$. (1)

### Diverses écritures de l'égalité (1), M étant un point particulier

Remplaçons successivement le point M par les points particuliers G, A, B, C.

– Pour M = G $\alpha\overrightarrow{GA} + \beta\overrightarrow{GB} + \gamma\overrightarrow{GC} = \vec{0}$ (2)

– Pour M = A $\overrightarrow{AG} = \dfrac{\beta}{\alpha + \beta + \gamma}\overrightarrow{AB} + \dfrac{\gamma}{\alpha + \beta + \gamma}\overrightarrow{AC}$ (3)

- Trouver de même les expressions de $\overrightarrow{BG}$ et de $\overrightarrow{CG}$.
- Démontrer que les propriétés (1), (2), (3) sont équivalentes.

### Propriétés caractéristiques

**G étant le barycentre des trois points pondérés $(A,\alpha)$, $(B,\beta)$ et $(C,\gamma)$, les propriétés suivantes sont équivalentes :**

**(1)** **Pour tout point M,** $\alpha\overrightarrow{MA} + \beta\overrightarrow{MB} + \gamma\overrightarrow{MC} = (\alpha + \beta + \gamma)\overrightarrow{MG}$

**(2)** $\alpha\overrightarrow{GA} + \beta\overrightarrow{GB} + \gamma\overrightarrow{GC} = \vec{0}$

**(3)** $\overrightarrow{AG} = \dfrac{\beta}{\alpha + \beta + \gamma}\overrightarrow{AB} + \dfrac{\gamma}{\alpha + \beta + \gamma}\overrightarrow{AC}$

## Autres propriétés du barycentre de trois points pondérés

### Homogénéïté

Démontrer que $k$ étant un nombre réel différent de zéro :
si G est le barycentre des trois points pondérés $(A,\alpha)$, $(B,\beta)$ et $(C,\gamma)$, alors G est aussi le barycentre des trois points pondérés $(A,k\alpha)$, $(B,k\beta)$ et $(C,k\gamma)$.

### Barycentres partiels

**$(A,\alpha)$, $(B,\beta)$ et $(C,\gamma)$ sont des points pondérés tels que : $\alpha + \beta + \gamma \neq 0$ et $\alpha + \beta \neq 0$,**
**$G_1$ est le barycentre de $(A,\alpha)$ et $(B,\beta)$ et G le barycentre de $(A,\alpha)$, $(B,\beta)$ et $(C,\gamma)$.**
**Utilisons $G_1$ pour déterminer G.**

G étant le barycentre de $(A,\alpha)$, $(B,\beta)$ et $(C,\gamma)$, $\alpha\overrightarrow{GA} + \beta\overrightarrow{GB} + \gamma\overrightarrow{GC} = \vec{0}$ (2)

$G_1$ étant le barycentre de $(A,\alpha)$ et $(B,\beta)$, $\alpha\overrightarrow{GA} + \beta\overrightarrow{GB} = (\alpha + \beta)\overrightarrow{GG_1}$

L'égalité (2) peut donc s'écrire : $(\alpha + \beta)\overrightarrow{GG_1} + \gamma\overrightarrow{GC} = \vec{0}$ (4)

Donc G est le barycentre des deux points pondérés $(G_1, \alpha + \beta)$ et $(C, \gamma)$.

On dit que $G_1$ est **un barycentre partiel des trois points pondérés** $(A,\alpha)$, $(B,\beta)$ et $(C,\gamma)$.

## Propriétés

**G étant le barycentre des trois points pondérés $(A,\alpha)$, $(B,\beta)$et $(C,\gamma)$,**

- **si $k$ est un nombre réel différent de 0, alors G est le barycentre de $(A,k\alpha)$, $(B,k\beta)$ et $(C,k\gamma)$ ;**
- **si $G_1$ est le barycentre de $(A,\alpha)$ et $(B,\beta)$, alors G est le barycentre de $(G_1,\alpha + \beta)$ et $(C,\gamma)$.**

*La propriété (4) du barycentre peut s'illustrer par le diagramme ci-contre.*

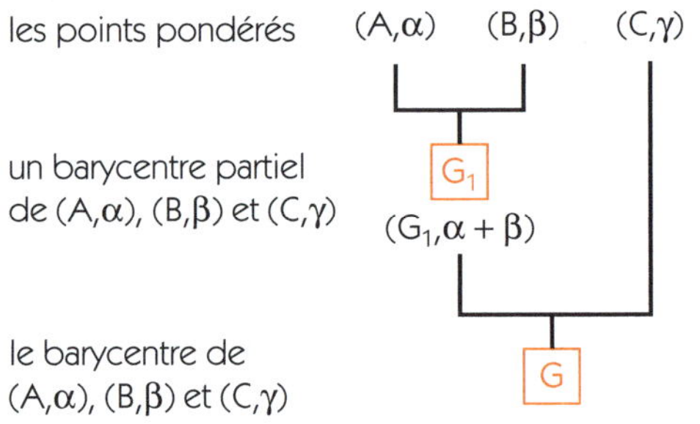


## Constructions du barycentre de trois points pondérés

**On considère un triangle ABC.**
**Construisons le barycentre G des points pondérés (A, 1), (B, 2), (C, 5).**

### Utilisation de la propriété caractéristique (3) : $\overrightarrow{AG} = \frac{\beta}{\alpha + \beta + \gamma}\overrightarrow{AB} + \frac{\gamma}{\alpha + \beta + \gamma}\overrightarrow{AC}$

On a : $\overrightarrow{AG} = \frac{1}{4}\overrightarrow{AB} + \frac{5}{8}\overrightarrow{AC}$

On construit les points D et E tels que :

$$\overrightarrow{AD} = \frac{1}{4}\overrightarrow{AB} \quad \text{et} \quad \overrightarrow{AE} = \frac{5}{8}\overrightarrow{AC}$$

Le point G est tel que : $\overrightarrow{AG} = \overrightarrow{AD} + \overrightarrow{AE}$

C'est donc le point G tel que ADGE est un parallélogramme.

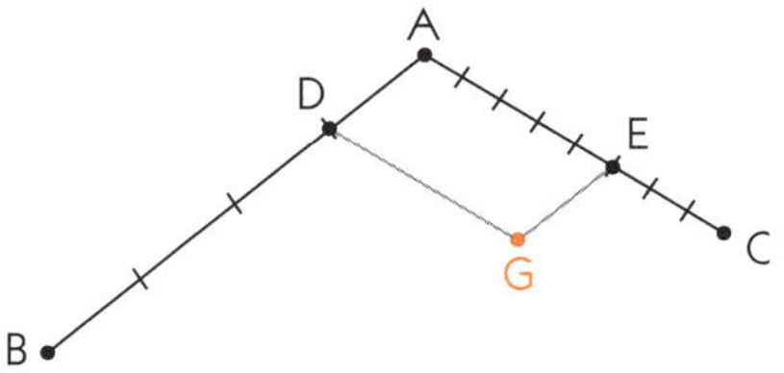


### Utilisation d'un barycentre partiel

1 + 2 = 3. Le barycentre $G_1$ de (A,1), (B,2) est tel que :

$$\overrightarrow{AG_1} = \frac{2}{3}\overrightarrow{AB}.$$

Le barycentre de (A,1), (B,2), (C,5) est le barycentre de $(G_1,3)$ et (C,5).

Donc : $\overrightarrow{G_1G} = \frac{5}{8}\overrightarrow{G_1C}$

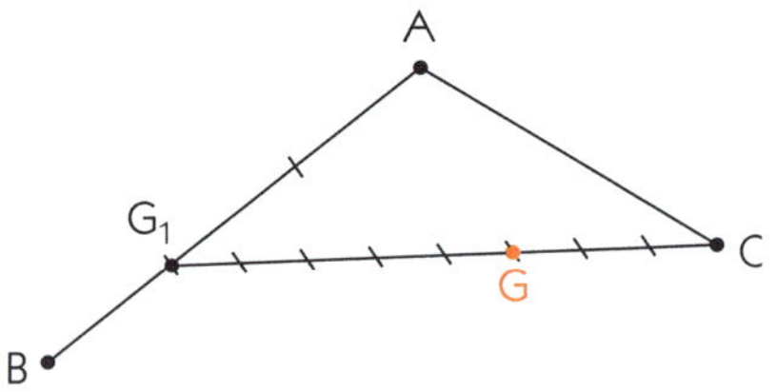


## Barycentre de quatre points pondérés

*La notion de barycentre a été étendue de deux points à trois points pondérés. Cette notion peut être étendue à quatre points pondérés...*

*Activité*

**On considère quatre points pondérés (A,1), (B,– 2), (C,4) et (D,2). On se propose :**

**– de démontrer qu'il existe un unique point G, que l'on appelle barycentre des quatre points pondérés (A,1), (B,– 2), (C,4) et (D,2), tel que : $\overrightarrow{GA} - 2\overrightarrow{GB} + 4\overrightarrow{GC} + 2\overrightarrow{GD} = \vec{0}$ (1)**

**– de construire ce point G en utilisant plusieurs méthodes**

Pour cela :
– Démontrer que : (1) ⇔ (2) $\overrightarrow{AG} = -\frac{2}{5}\overrightarrow{AB} + \frac{4}{5}\overrightarrow{AC} + \frac{2}{5}\overrightarrow{AD}$
– Construire G en utilisant la propriété (2).
– Construire G en utilisant deux barycentres partiels des quatre points pondérés (A,1), (B,– 2), (C, 4) et (D,2).
Ici, on constate que : $-2 + 4 \neq 0$, $1 + 2 \neq 0$.
On construira donc :
– le barycentre $G_1$ de (B,– 2) et (C,4)
– le barycentre $G_2$ de (A,1) et (D,2),
– le barycentre G de ($G_1$,2) et ($G_2$,3).

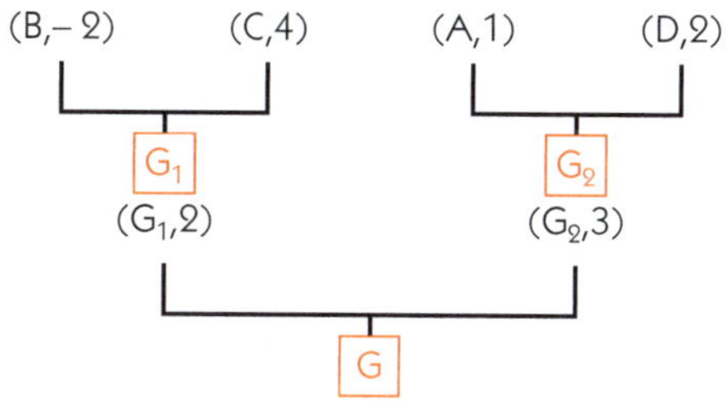


## Remarque

*On aurait pu choisir de construire le barycentre $G_3$ de (A,1) et (B,– 2) et le barycentre $G_4$ de (C,4) et (D,2), puis le barycentre G de ($G_3$,– 1) et ($G_4$,6), cependant, il est inutile de vouloir construire le barycentre de (A,1) et (C,4), car (B,– 2) et (D,2) n'ont pas de barycentre.*

## Exercices

**1.c** On considère un triangle quelconque ABC, I le milieu de [BC] et K le milieu de [AI]. Démontrer que K est un barycentre des points A, B et C.

**1.d** A, B et C sont trois points tels que B est le milieu de [AC]. Construire le barycentre des points pondérés (A,3), (B,– 5) et (C,4) .

**1.e** On donne les points pondérés (A,5), (B,2), (C,2). On a construit le barycentre I de (A,5) et (B,2), et le milieu J de [BC]. (voir fig. ci-contre)

Justifier que l'intersection G des droites (CI) et (AJ) est le barycentre de (A,5), (B,2) et (C,2).

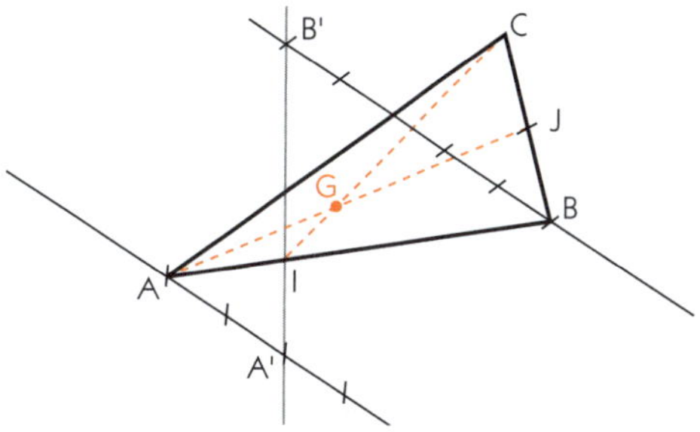


## 1.3. Isobarycentre de points

α est un nombre réel non nul.

### Isobarycentre de deux points

Le barycentre des deux points pondérés (A,α) et (B,α) est aussi le barycentre des deux points pondérés (A,1) et (B,1) ; il est appelé **isobarycentre des deux points** A et B.
• Justifier que l'isobarycentre des points A et B est le milieu du segment [AB].

### Isobarycentre de trois points

Le barycentre G des trois points pondérés (A,α), (B,α) et (C,α) est aussi le barycentre des trois points pondérés (A,1), (B,1) et (C,1). Il est appelé **isobarycentre des points** A, B, et C.

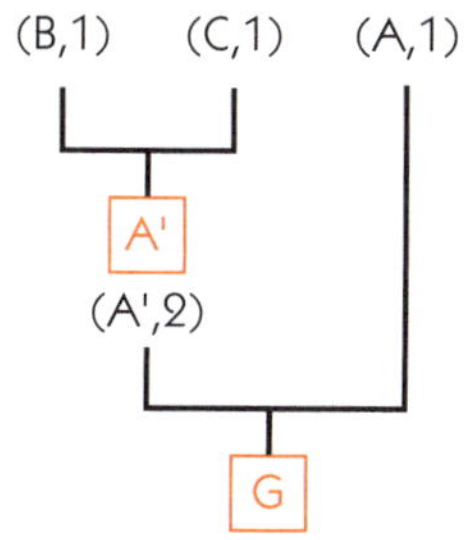


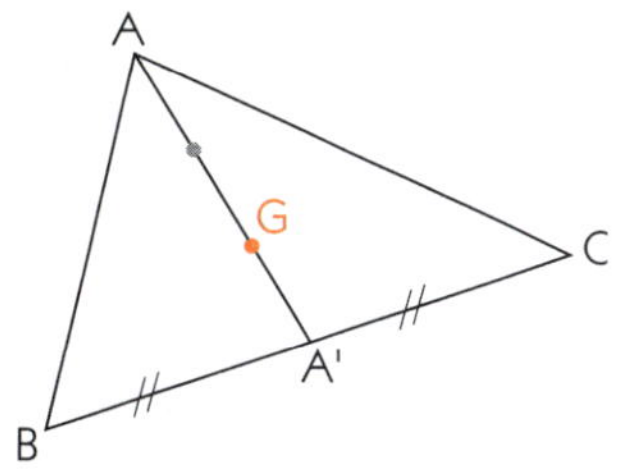


A' est le milieu de [BC], et $\overrightarrow{AG} = \frac{2}{3}\overrightarrow{AA'}$

Par conséquent
Lorsque les points A, B et C sont non alignés, leur isobarycentre **est le centre de gravité du triangle ABC.**

■ **Isobarycentre de quatre points**

Le barycentre des quatre points pondérés (A,α), (B,α), (C,α) et (D,α) est aussi celui des quatre points pondérés (A,1), (B,1), (C,1) et (D,1). Il est appelé **isobarycentre des points** A, B, C et D.

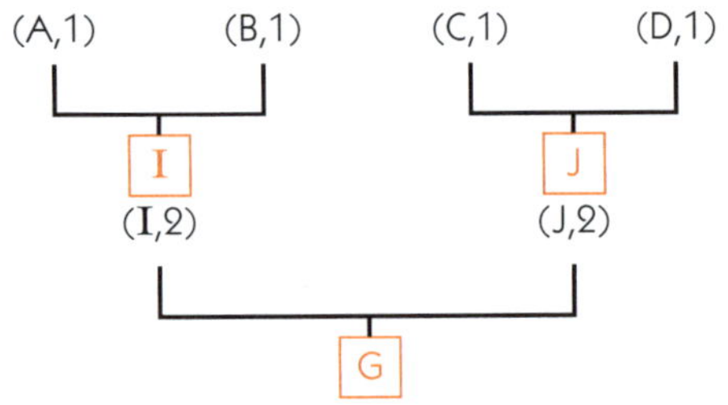


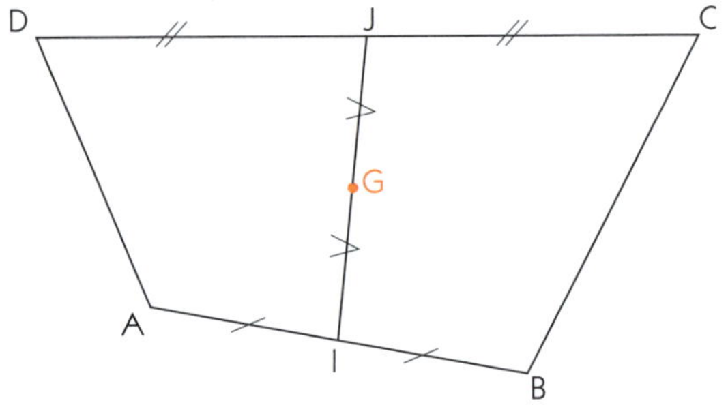


Par conséquent

Lorsque ABCD est un quadrilatère, l'isobarycentre de A, B, C et D est le milieu du segment qui joint les milieux de deux côtés opposés.

## Exercices

**1.f** ABC est un triangle. Démontrer que le barycentre des points pondérés (A,1), (B,2) et (C,2) est un point de la médiane qui passe par A.

**1.g** ABCD est un quadrilatère convexe, et I, J, H, K, M, N, les milieux respectifs des segments [AB], [CD], [AD], [BC], [AC], [BD].

**1.** Écrire tous les barycentres partiels des points pondérés : (A,1), (B,1), (C,1), (D,1).

**2.** Utiliser ces barycentres pour déterminer l'isobarycentre des points A, B, C, D.

**3.** Démontrer que les segments [IJ], [HK] et [MN] se coupent en leur milieu.

## 1.4. Utilisation du barycentre dans des activités géométriques

### Problème d'alignement de points ou de concours de droites

Étant donné deux points A et B, pour démontrer qu'un point P appartient à la droite (AB), il suffit de trouver des nombres réels α et β, tels que P soit le barycentre des deux points pondérés (A,α), (B,β). D'autre part, étant donné des points A, B, C, D, E, F, … démontrer que les droites (AB), (CD), (EF) … sont concourantes revient à démontrer qu'il existe un point P qui appartient à chacune de ces droites.

■ **Exemple 1**

**ABC est un triangle, M, N, O des points tels que : $\overrightarrow{AM} = \frac{2}{3}\overrightarrow{AB}$ ; $\overrightarrow{AN} = \frac{3}{4}\overrightarrow{AC}$ ; O est le milieu de [CM].**

**Démontrons que les points B, N et O sont alignés.**

***Interprétation des caractérisations des points M, N, O.***

O est le milieu de [MC] ⇔ O est l'isobarycentre de M et C

$\overrightarrow{AM} = \frac{2}{1+2}\overrightarrow{AB}$ ⇔ M est le barycentre des points pondérés (A,1) et (B,2)

$\overrightarrow{AN} = \frac{3}{1+3}\overrightarrow{AC}$ ⇔ N est le barycentre des points pondérés (A,1) et (C,3).

M et N sont des barycentres partiels des points pondérés (A,1), (B,2) et (C,3).

***Détermination du barycentre des points pondérés (A,1), (B,2) et (C,3).***

Déterminons ce barycentre de deux manières différentes.

*1) À l'aide du barycentre partiel M*

De la détermination à l'aide du barycentre partiel M, on déduit que le barycentre des points pondérés (A,1), (B,2) et (C,3) est l'isobarycentre des points M et C ; c'est donc le point O.

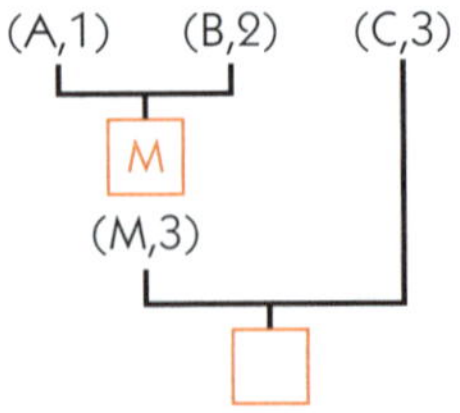


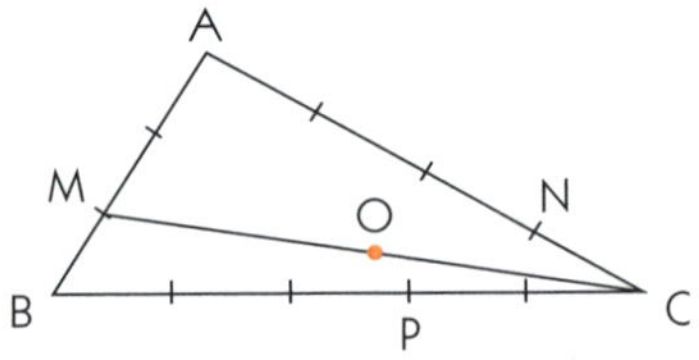

*2) À l'aide du barycentre partiel N*

De la détermination à l'aide du barycentre partiel N, on déduit que le point O est le barycentre des points pondérés (N,4) et (B,2).

Les points O, B et N sont donc alignés.

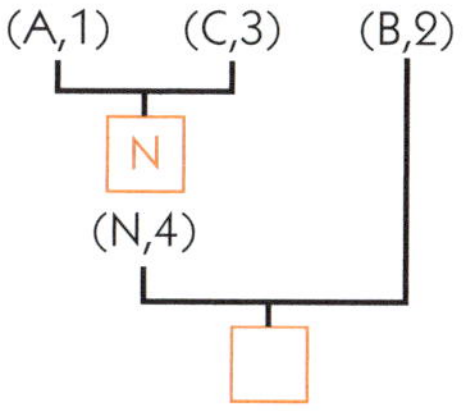


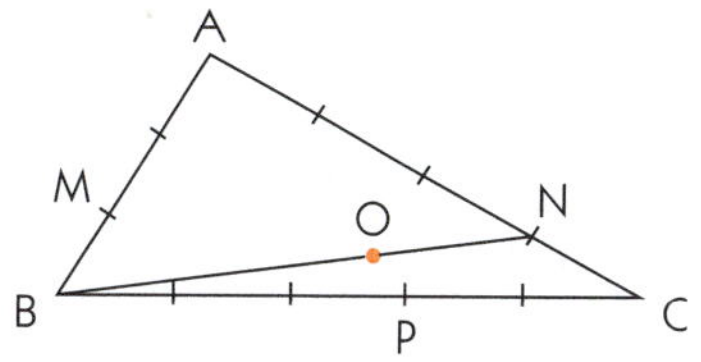


Soit P le barycentre de (B,2) et (C,3), c'est à dire le troisième barycentre partiel des points pondérés (A,1), (B,2), (C,3).

On peut démontrer de même que les points O, P, A sont alignés.

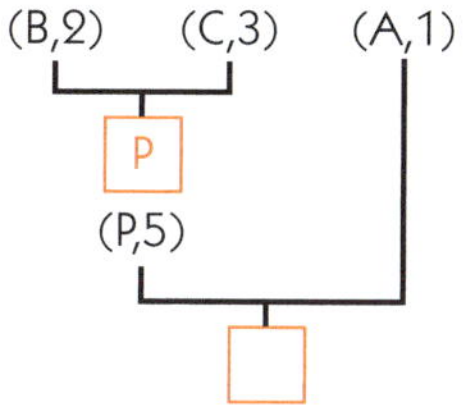


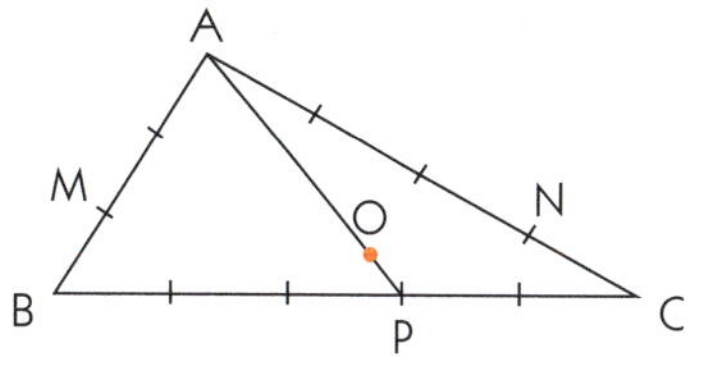


**Exemple 2**

Le problème d'alignement de points résolu dans l'exemple 1 peut être présenté comme un problème de concours de droites.

**ABC est un triangle, M, N, P des points tels que : $\overrightarrow{AM} = \frac{2}{3}\overrightarrow{AB}$ ; $\overrightarrow{AN} = \frac{3}{4}\overrightarrow{AC}$ ; $\overrightarrow{BP} = \frac{3}{5}\overrightarrow{BC}$.**

**Démontrons que les droites (AP), (BN) et (CM) sont concourantes.**

Il suffit ici de justifier que le barycentre O de (A,1), (B,2), (C,3) appartient à chacune des droites (AP), (BN) et (CM).

Or, chacun des points M, N et P est un barycentre partiel de (A,1), (B,2), (C,3), donc O est le barycentre de (M,3) et (C,3), celui de (N,4) et (B,2), et celui de (A,1) et (P,5).

Donc, le point O appartient à chacune des droites (AP), (BN) et (CM). (Voir schémas de l'exemple 1)

## Transformations d'écritures

A et B sont deux points, α et β des nombres réels, M un point quelconque.

On veut transformer les écritures suivantes en des écritures dans lesquelles le point M n'intervient qu'une seule fois.

$$\overrightarrow{MA}.\overrightarrow{MB} \quad ; \quad \alpha\overrightarrow{MA}^2 + \beta\overrightarrow{MB}^2.$$

**Transformation de l'écriture : $\overrightarrow{MA}.\overrightarrow{MB}$**

Considérons l'isobarycentre I de A et B

$$\overrightarrow{MA}.\overrightarrow{MB} = (\overrightarrow{MI} + \overrightarrow{IA}).(\overrightarrow{MI} - \overrightarrow{IA}) = MI^2 - IA^2.$$

$$\boxed{\overrightarrow{MA}.\overrightarrow{MB} = MI^2 - \frac{AB^2}{4}}$$

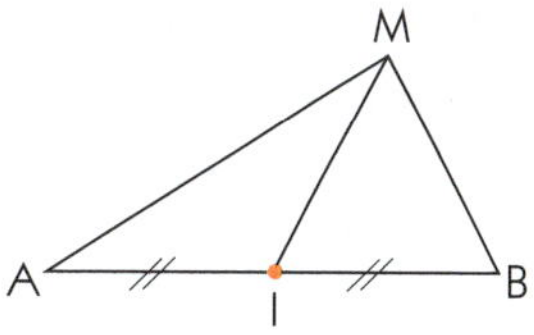


**Transformation de l'écriture : $\alpha\overrightarrow{MA}^2 + \beta\overrightarrow{MB}^2$**

- Pour $\alpha + \beta \neq 0$.

Considérons le barycentre G des points pondérés (A,α) et (B,β)

$$\alpha\overrightarrow{MA}^2 + \beta\overrightarrow{MB}^2 = \alpha(\overrightarrow{MG} + \overrightarrow{GA})^2 + \beta(\overrightarrow{MG} + \overrightarrow{GB})^2$$
$$= \alpha\overrightarrow{GA}^2 + \beta\overrightarrow{GB}^2 + 2\overrightarrow{MG}.(\alpha\overrightarrow{GA} + \beta\overrightarrow{GB}) + (\alpha + \beta)\overrightarrow{MG}^2$$

Or : $\alpha\overrightarrow{GA} + \beta\overrightarrow{GB} = \vec{0}$

Donc : $\boxed{\alpha\overrightarrow{MA}^2 + \beta\overrightarrow{MB}^2 = (\alpha + \beta)\overrightarrow{MG}^2 + \alpha\overrightarrow{GA}^2 + \beta\overrightarrow{GB}^2}$

*Cas particulier : α = β = 1,*

G est le milieu I de [AB], c'est l'isobarycentre de A et B ;

on obtient : $\boxed{\overrightarrow{MA}^2 + \overrightarrow{MB}^2 = 2MI^2 + \frac{AB^2}{2}}$

Lorsque les points A, B et M ne sont pas alignés, on retrouve une propriété de la médiane.

- Pour $\alpha + \beta = 0$ et $\alpha \neq 0$.

Considérons l'isobarycentre I de A et B

$$\alpha(\overrightarrow{MA}^2 - \overrightarrow{MB})^2 = \alpha(\overrightarrow{MA} + \overrightarrow{MB}).(\overrightarrow{MA} - \overrightarrow{MB}).$$

Or : $\overrightarrow{MA} + \overrightarrow{MB} = 2\overrightarrow{MI}$ et $\overrightarrow{MA} - \overrightarrow{MB} = \overrightarrow{BA}$.

Donc : $\boxed{\overrightarrow{MA}^2 - \overrightarrow{MB}^2 = 2\overrightarrow{AB}.\overrightarrow{IM}}$

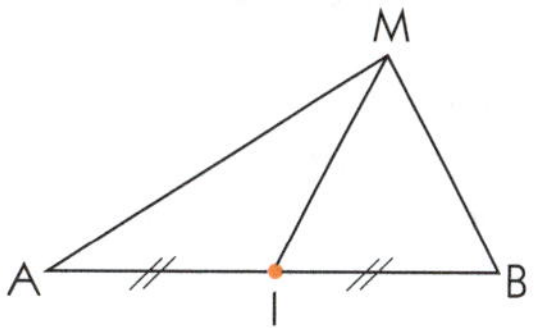

## Remarque

- *On a utilisé l'isobarycentre I des points A et B pour transformer les écritures* $\overrightarrow{MA}.\overrightarrow{MB}$, $\overrightarrow{MA}^2 + \overrightarrow{MB}^2$, $\overrightarrow{MA}^2 - \overrightarrow{MB}^2$.
- *On a utilisé le barycentre G des points pondérés (A,α) et (B,β) pour transformer l'écriture :* $\alpha\overrightarrow{MA}^2 + \beta\overrightarrow{MB}^2$.

# Exercices

**1.h** On donne un quadrilatère convexe ABCD.
Démontrer la propriété suivante :

$$\left[\overrightarrow{AB}^2 + \overrightarrow{CD}^2 = \overrightarrow{AD}^2 + \overrightarrow{BC}^2\right]$$

*équivaut à*

$$\left[(AC) \perp (BD)\right]$$

*On transformera les écritures en faisant apparaître le point d'intersection I des droites (AC) et (BD)*

**1.i** On donne un triangle ABC tel que :
AB = 3, BC = 5 et CA = 4.
A' est le barycentre de (B,4) et (C,3), B' le barycentre de (A,5) et (C,3)et C' le barycentre de (A,5) et (B,4).
Construire le triangle ABC et les points A', B' et C'.
Démontrer que les droites (AA'), (BB') et (CC') sont concourantes.

## 1.5. Coordonnées d'un barycentre

Le plan est muni du repère (O,I,J).
G est le barycentre des points pondérés (A,α) et (B,β).
L'égalité suivante permet d'exprimer les coordonnées de G en fonction de celles des points A et B :

$$\alpha\overrightarrow{OA} + \beta\overrightarrow{OB} = (\alpha + \beta)\overrightarrow{OG}$$

### Propriété

**Le plan est muni du repère (O, I, J).**
**G étant le barycentre des points pondérés (A,α) et (B,β),**

$$G\left(\frac{\alpha x_A + \beta x_B}{\alpha + \beta} \; ; \; \frac{\alpha y_A + \beta y_B}{\alpha + \beta}\right)$$

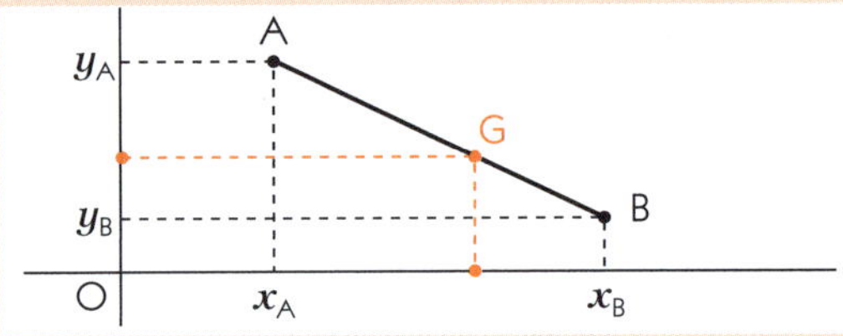


On obtient de la même manière les coordonnées du barycentre de 3, 4... points pondérés.

*Exemple*

**Dans le plan muni du repère (O, I, J), on donne les points A(8, 7), B(– 12,– 8) et C(4,– 11).**
**Déterminer les coordonnées du barycentre G des points pondérés (A,7), (B,8) et (C,– 5).**

On a : $7\overrightarrow{OA} + 8\overrightarrow{OB} - 5\overrightarrow{OC} = (7 + 8 - 5)\overrightarrow{OG}$.

Or : $\overrightarrow{OA}\begin{pmatrix}7\\8\end{pmatrix}$, $\overrightarrow{OB}\begin{pmatrix}-12\\-8\end{pmatrix}$ et $\overrightarrow{OC}\begin{pmatrix}4\\-11\end{pmatrix}$.

Par conséquent, G(– 6 ; 4)

D'où $0{,}7\overrightarrow{OA} + 0{,}8\overrightarrow{OB} - 0{,}5\overrightarrow{OC} = \overrightarrow{OG}$.

Donc, $\overrightarrow{OG}\begin{pmatrix}0{,}7 \times 7 + 0{,}8 \times (-12) - 0{,}5 \times 4\\0{,}7 \times 8 + 0{,}8 \times (-8) - 0{,}5 \times (-11)\end{pmatrix}$.

# Exercices

**1.j** Dans le plan muni d'un repère orthonormé, on donne les points A(2 ; 5), B(– 4 ; 5), C($x$, $y$) et leur isobarycentre G(– 1 ; 2).
Déterminer les coordonnées de C.

**1.k** Dans le plan muni du repère (O,I,J), on donne les points A(2 ; 3), B(4 ; 3), C(5 ; 1) et D(1 ; 1).
Déterminer les coordonnées de l'isobarycentre des points A, B, C et D.

# 2 Lignes de niveau

## 2.1. Applications de $\mathscr{P}$ dans $\mathbb{R}$

*Activité*

**Le plan est muni du repère orthonormé (O, I, J).**
**On considère l'application $f$ de $\mathscr{P}$ dans $\mathbb{R}$ qui à chaque point M de $\mathscr{P}$, associe le nombre OM.**
**On donne les points A(1 ; 1) , B(– 1 ; 1), C(4 ; – 3) et D(– 3 ; – 4).**
**Vérifier que : $f(O) = 0$, $f(I) = 1$, $f(J) = 1$.**
**Calculer $f(A)$, $f(B)$, $f(C)$ et $f(D)$.**
**Trouver les coordonnées d'un antécédent de chacun des nombres suivants : 1 ; 2 ; $\sqrt{3}$.**
**Déterminer l'ensemble des points M tels que : $f(M) = 1$.**
**Déterminer la nature de l'ensemble des antécédents de 4, donner une équation de cet ensemble**

L'ensemble des points M dont l'image par $f$ est 4, est appelé **ligne de niveau 4 de $f$** ; on la note $(\mathscr{L}_4)$.

**Définition**

**$f$ est une application du plan $\mathscr{P}$ dans $\mathbb{R}$, et $k$ un nombre réel.**
**On appelle *ligne de niveau $k$ de $f$* l'ensemble des points dont l'image par $f$ est $k$.**

On dit aussi que la ligne de niveau $k$ d'une application est l'image réciproque de $k$ par cette application. C'est l'ensemble des points M du plan tels que : $f(M) = k$.

*Exemples*

Dans l'activité précédente, la ligne de niveau 0 de $f$ est { O } ; vérifier que la ligne de niveau 9 de $f$ est le cercle de centre O et de rayon 3.

## 2.2. Déterminations de lignes de niveau

### Lignes de niveau de l'application $M \mapsto \overrightarrow{AM}.\overrightarrow{AB}$

**Exemple**

**A et B sont deux points du plan tels que : AB = 2.**
**On considère l'application $f$ de $\mathscr{P}$ dans $\mathbb{R}$ qui à chaque point M associe $\overrightarrow{AM}.\overrightarrow{AB}$.**
**C est le milieu de [AB], A' le symétrique de A par rapport à B, B' le symétrique de B par rapport à A et C' le symétrique de C par rapport à B.**
**– Calculer $f(A)$, $f(B)$, $f(C)$, $f(A')$, $f(B')$ et $f(C')$.**
**– Trouver un point M n'appartenant pas à (AB) tel que : $f(M) = -4$.**
**– Recherchons $(\mathscr{L}_6)$, la ligne de niveau 6 de $f$.**

$(\mathscr{L}_6)$ est l'ensemble des solutions de l'équation (E), d'inconnue le point M du plan (E) $\overrightarrow{AM}.\overrightarrow{AB} = 6$.

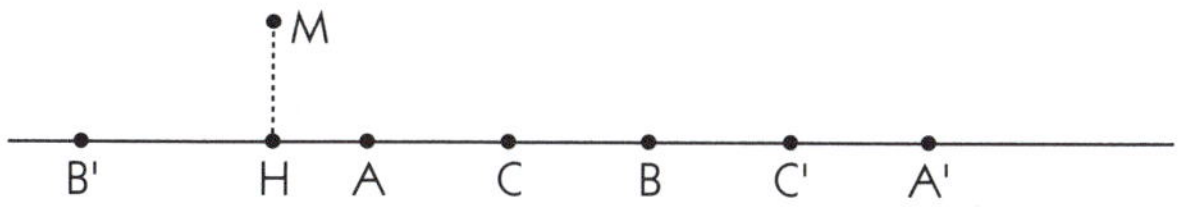


Par définition du produit scalaire, on sait que tout point solution de (E) a pour projeté orthogonal sur (AB) un point H tel que : $\overrightarrow{AH}.\overrightarrow{AB} = 6$.
De plus, tout point qui a pour projeté orthogonal sur (AB) un point H tel que $\overrightarrow{AH}.\overrightarrow{AB} = 6$, est solution de (E).

Le problème revient donc à résoudre l'équation (E') d'inconnue le point H de (AB), résolvante de (E) :

(E') $\quad \overrightarrow{AH}.\overrightarrow{AB} = 6.$

$\quad AH \times AB \times \cos(\widehat{\overrightarrow{AH},\overrightarrow{AB}}) = 6.$

cas où : $\cos(\widehat{\overrightarrow{AH},\overrightarrow{AB}}) = 1$

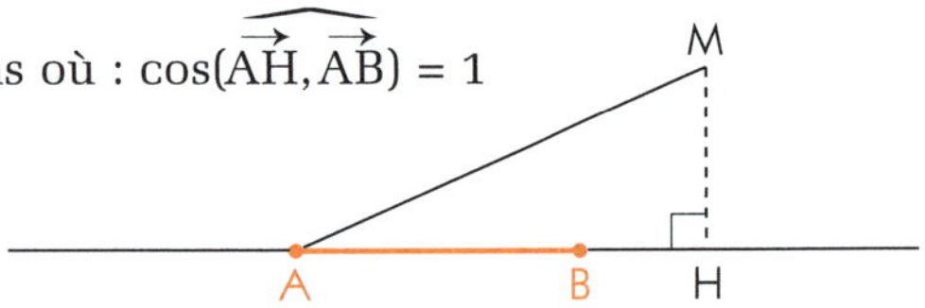


cas où : $\cos(\widehat{\overrightarrow{AH},\overrightarrow{AB}}) = -1$

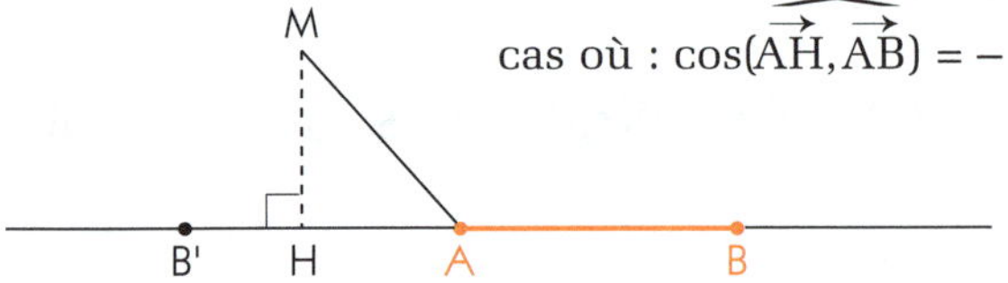


Donc : (E') $\Leftrightarrow$ H $\in$ [AB] et AH × AB = 6 ($E_1$) *ou* H $\in$ [AB') et – AH × AB = 6 ($E_2$).

($E_2$) n'a pas de solution.

($E_1$) a une solution unique, le point C'

car C' $\in$ [AB] et AC' = $\dfrac{6}{AB}$.

($\mathcal{L}_6$) est l'ensemble des points dont C' est le projeté orthogonal sur (AB), c'est la droite perpendiculaire à (AB) qui passe par C'.

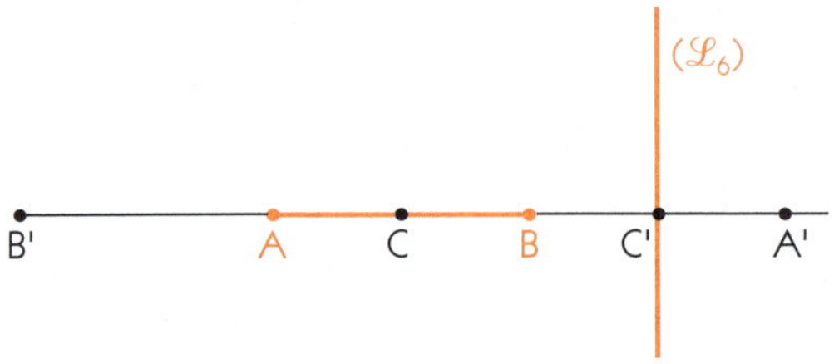


## Cas général

**A et B sont deux points du plan, $k$ un nombre réel et $f$ l'application de $\mathcal{P}$ dans $\mathbb{R}$ qui à chaque point M associe $\overrightarrow{AM}.\overrightarrow{AB}$.**
**Recherchons la ligne de niveau ($\mathcal{L}_k$), ensemble des points M du plan tels que : $f$(M) = $k$.**

($\mathcal{L}_k$) est l'ensemble des solutions de l'équation (E), d'inconnue le point M du plan.

(E) $\quad \overrightarrow{AM}.\overrightarrow{AB} = k.$

### • *Résolution de l'équation (E)*

H est le projeté orthogonal de M sur (AB).
Le problème revient à résoudre l'équation (E') d'inconnue le point H de (AB) :

(E') $\quad \overrightarrow{AH}.\overrightarrow{AB} = k.$

$\quad AH \times AB \times \cos(\widehat{\overrightarrow{AH},\overrightarrow{AB}}) = k.$

– *pour* $k < 0$,
H est un point tel que $\overrightarrow{AH}$ et $\overrightarrow{AB}$ sont de sens contraires c'est-à-dire tel que : – AH × AB = $k$.
Donc : AH = $-\dfrac{k}{AB}$.
*La figure ci-contre illustre le cas : AB = 2 ; k = – 2.*

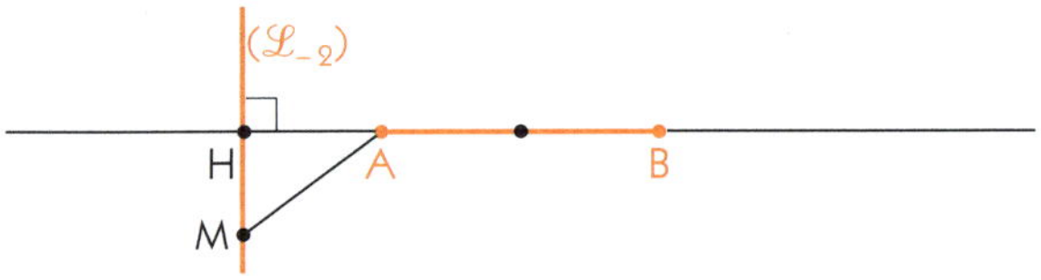


– *pour* $k > 0$,
H est un point tel que $\overrightarrow{AH}$ et $\overrightarrow{AB}$ sont de même sens c'est-à-dire tel que : AH × AB = $k$.
Donc : AH = $\dfrac{k}{AB}$.
*La figure ci-contre illustre le cas : AB = 2 ; k = 6.*

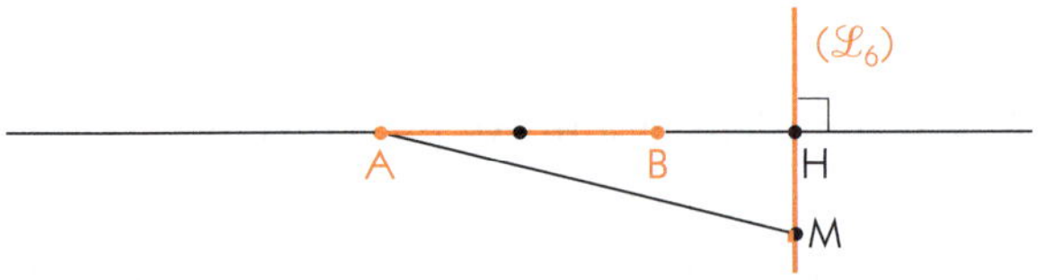


– *pour* $k = 0$,
H est donc le point tel que AH = 0 ; c'est le point A.
$\overrightarrow{AM}$ et $\overrightarrow{AB}$ sont donc orthogonaux.
*La figure ci-contre illustre le cas : AB = 2 ; k = 0.*

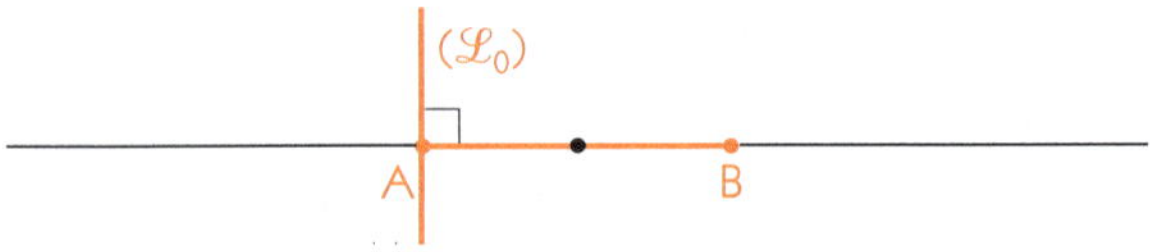


### • *Conclusion*

**Pour tout nombre réel $k$, ($\mathcal{L}_k$) est une droite perpendiculaire à la droite (AB).**

*Illustration dans le cas où AB = 2*
*et k ∈ {– 4 ; – 2 ; 0 ; 2 ; 4 ; 6}.*

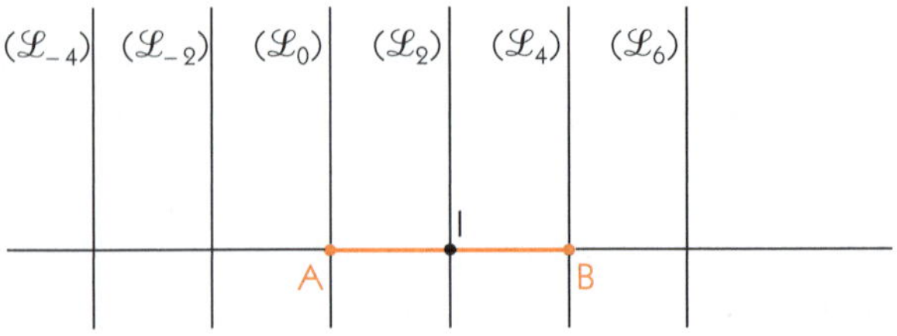

## Lignes de niveau de l'application M $\mapsto \overrightarrow{MA}^2 - \overrightarrow{MB}^2$

**Étant donné deux points A et B du plan et un nombre réel $k$, on veut trouver la ligne de niveau $(\mathscr{L}_k)$, ensemble des points M du plan tels que : $\overrightarrow{MA}^2 - \overrightarrow{MB}^2 = k$.**

$(\mathscr{L}_k)$ est l'ensemble des solutions de l'équation (E), d'inconnue le point M du plan.

(E) $\quad \overrightarrow{MA}^2 - \overrightarrow{MB}^2 = k$.

**Transformation de l'écriture : $\overrightarrow{MA}^2 - \overrightarrow{MB}^2$**

$\overrightarrow{MA}^2 - \overrightarrow{MB}^2 = 2\,\overrightarrow{AB}.\overrightarrow{IM}$ ; I est l'isobarycentre de A et B. (Voir § 1.4)

$= 2AB \times IH \times \cos(\widehat{\overrightarrow{IH}, \overrightarrow{AB}})$, H étant le projeté orthogonal de M sur (AB).

**Résolution de l'équation (E) : $\overrightarrow{MA}^2 - \overrightarrow{MB}^2 = k$**

Le problème revient à résoudre l'équation (E') d'inconnue le point H de (AB) :

(E') $\quad 2 \times IH \times AB \times \cos(\widehat{\overrightarrow{IH}, \overrightarrow{AB}}) = k$

- *pour* $k < 0$,

H est le point de (AB) tel que :

$\overrightarrow{IH}$ et $\overrightarrow{AB}$ sont de sens contraires et $IH = -\dfrac{k}{2AB}$.

*La figure ci-contre illustre le cas :*

$AB = 6$ ; $k = -18$ ; $IH = 1{,}5$.

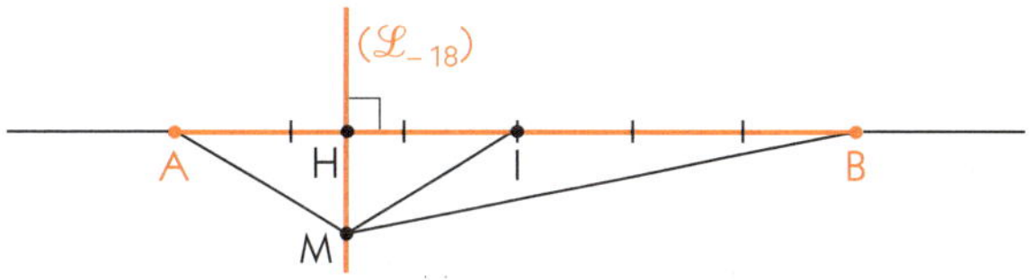


- *pour* $k > 0$,

H est le point de (AB) tel que :

$\overrightarrow{IH}$ et $\overrightarrow{AB}$ sont de même sens et $IH = \dfrac{k}{2AB}$.

*La figure ci-contre illustre le cas :*

$AB = 6$ ; $k = 12$ ; $IH = 1$.

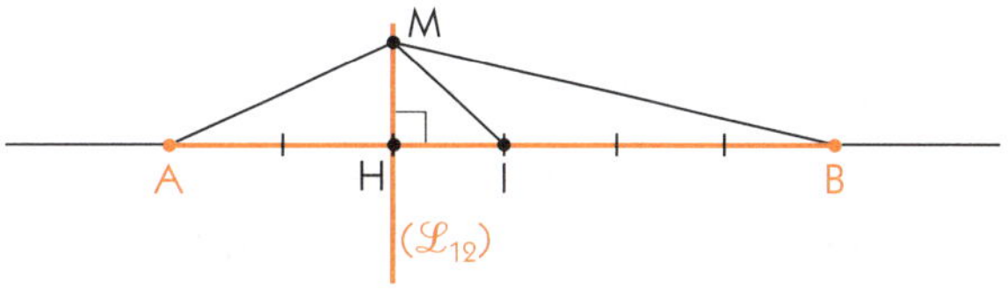


- *pour* $k = 0$,

$IH = 0$, $\overrightarrow{IM}$ et $\overrightarrow{AB}$ sont orthogonaux.

*La figure ci-contre illustre le cas :* $AB = 6$ ; $k = 0$.

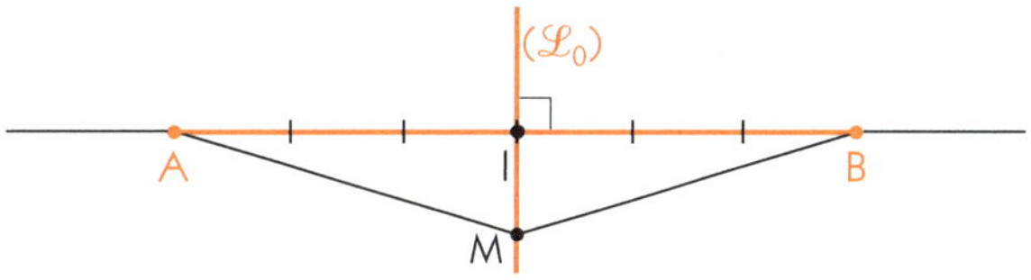


**Conclusion**

**Pour tout nombre réel $k$, $(\mathscr{L}_k)$ est une droite perpendiculaire à la droite (AB).**

- Déterminer la ligne de niveau passant par A et celle passant par B. Représenter toutes les lignes de niveau précédemment déterminées.

## Lignes de niveau de l'application M $\mapsto \overrightarrow{MA}^2 + \overrightarrow{MB}^2$

**Étant donné deux points A et B du plan et un nombre réel $k$, on veut trouver la ligne de niveau $(\mathscr{L}_k)$, ensemble des points M du plan tels que : $\overrightarrow{MA}^2 + \overrightarrow{MB}^2 = k$.**

$(\mathscr{L}_k)$ est l'ensemble des solutions de l'équation (E), d'inconnue le point M du plan.

(E) $\quad \overrightarrow{MA}^2 + \overrightarrow{MB}^2 = k$.

**Transformation de l'écriture : $\overrightarrow{MA}^2 + \overrightarrow{MB}^2$**

$\overrightarrow{MA}^2 + \overrightarrow{MB}^2 = 2MI^2 + \dfrac{AB^2}{2}$ ; I est l'isobarycentre de A et B (voir §1.4)

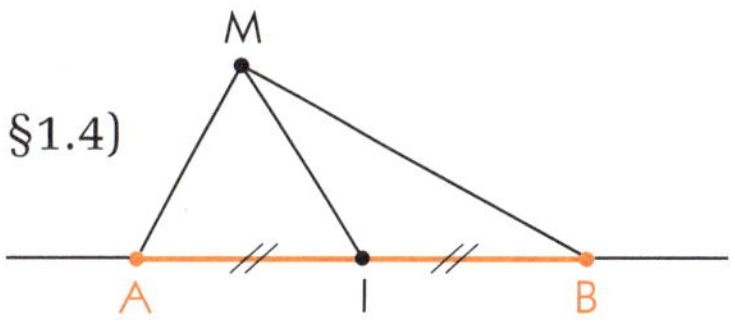


**Résolution de l'équation (E) : $\overrightarrow{MA}^2 + \overrightarrow{MB}^2 = k$**

(E) $\quad 2MI^2 + \dfrac{AB^2}{2} = k$.

$MI^2 = \lambda$, $\quad$ (on a posé : $\lambda = \dfrac{2k - AB^2}{4}$)

- *pour* $k > \dfrac{AB^2}{2}$, *on a :* $\lambda > 0$.

L'ensemble $(\mathscr{L}_k)$ cherché est le cercle de centre I et de rayon $\sqrt{\lambda}$.

La figure ci-contre illustre le cas : $AB = 3$ ; $k = 5$ ; $\sqrt{\lambda} = 0{,}5$.

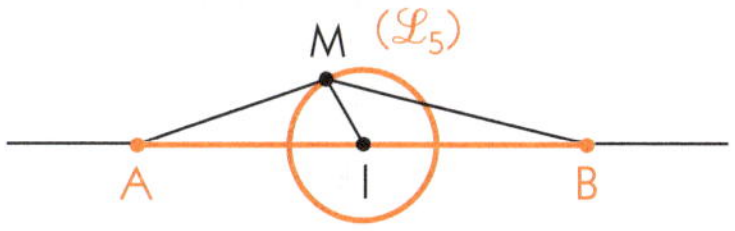

• *pour* $k = \frac{AB^2}{2}$, *on a* : $\lambda = 0$.
L'ensemble cherché est { I }.
*La figure ci-contre illustre le cas :* AB = 3 ; $k$ = 4,5 ; $\sqrt{\lambda} = 0$.

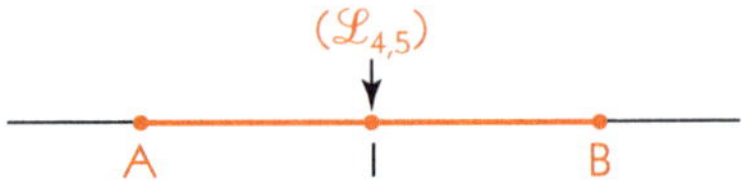


• *pour* $k < \frac{AB^2}{2}$, *on a* : $\lambda < 0$.
L'ensemble ($\mathscr{L}_k$) cherché est l'ensemble vide.

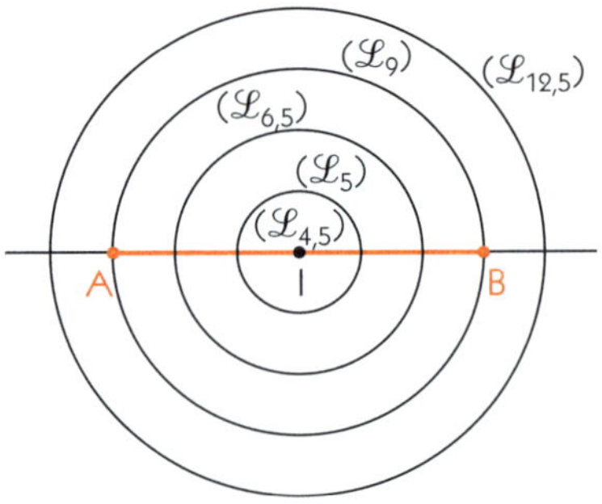


■ **Conclusion**

**($\mathscr{L}_k$) est soit un cercle de centre I, soit le singleton { I }, soit l'ensemble vide.**

*Illustration pour AB = 3 et* $k \in$ *{ 4,5 ; 5 ; 6,5 ; 9; 12,5 }*

## Lignes de niveau de l'application : $M \mapsto \overrightarrow{MA}.\overrightarrow{MB}$

**Étant donné deux points A et B du plan et un nombre réel $k$, on veut trouver la ligne de niveau ($\mathscr{L}_k$), ensemble des points M du plan tels que : $\overrightarrow{MA}.\overrightarrow{MB} = k$.**

($\mathscr{L}_k$) est l'ensemble des solutions de l'équation (E), d'inconnue le point M du plan.

(E) $\overrightarrow{MA}.\overrightarrow{MB} = k$.

■ **Transformation de l'écriture : $\overrightarrow{MA}.\overrightarrow{MB}$**

$\overrightarrow{MA}.\overrightarrow{MB} = MI^2 - IA^2$ ; I est l'isobarycentre de A et B (voir §1.4)

■ **Résolution de l'équation (E) : $\overrightarrow{MA}.\overrightarrow{MB} = k$**

(E) $\overrightarrow{MA}.\overrightarrow{MB} = k$

$MI^2 - \frac{AB^2}{4} = k$

$MI^2 = \lambda$ (on a posé : $\lambda = \frac{AB^2}{4} + k$).

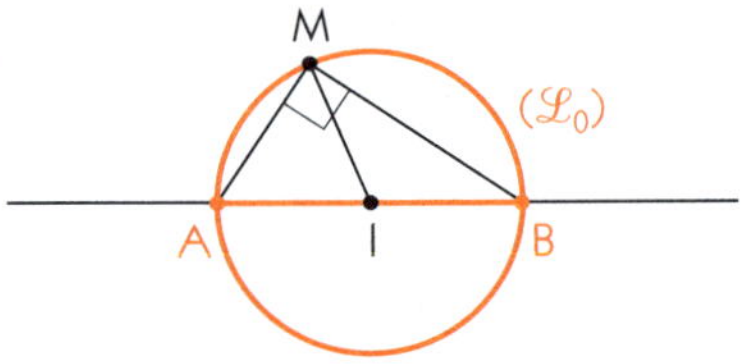


• *pour* $k = 0$, l'ensemble cherché ($\mathscr{L}_0$) est le cercle de diamètre [AB].

• *pour* $k < -\frac{AB^2}{4}$, *on a* : $\lambda < 0$.
L'ensemble ($\mathscr{L}_k$) cherché est l'ensemble vide.

• *pour* $k > -\frac{AB^2}{4}$, *on a* : $\lambda > 0$.
L'ensemble ($\mathscr{L}_k$) cherché est le cercle de centre I et de rayon $\sqrt{\lambda}$.
*La figure ci-contre illustre le cas :* AB = 2 ; $k$ = 3 ; $\sqrt{\lambda} = 2$.

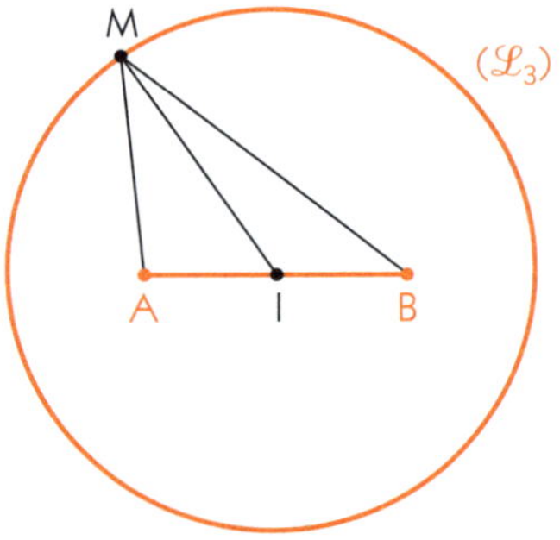


• *pour* $k = -\frac{AB^2}{4}$, *on a* : $\lambda = 0$.
L'ensemble ($\mathscr{L}_k$) cherché est l'ensemble { I }.
*La figure ci-contre illustre le cas :* AB = 2 ; $k$ = – 1 ; $\lambda = 0$.

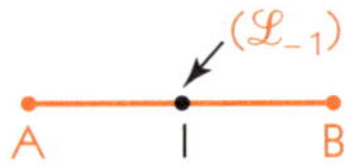


■ **Conclusion**

**($\mathscr{L}_k$) est soit un cercle de centre I, soit le singleton { I }, soit l'ensemble vide.**

• Déterminer la ligne de niveau passant par chacun des points U et V tels que $\overrightarrow{IU} = \overrightarrow{AB}$ et $\overrightarrow{IV} = 2\overrightarrow{AB}$. Représenter sur une même figure toutes les lignes de niveau précédemment déterminées.

# Exercices

**2.a** A et B étant deux points du plan tels que AB = 4, déterminer l'ensemble des points M du plan tels que : $\overrightarrow{AM}.\overrightarrow{AB} = 12$.

**2.b** A et B étant deux points du plan tels que : AB = 4, déterminer l'ensemble des points M du plan tels que : $MA^2 + MB^2 = 58$.

# 3 Cercle

## 3.1. Représentations paramétriques d'un cercle

### Exemple

**Le plan est muni du repère orthonormé direct (O, I, J). On considère le cercle $(\mathscr{C})$ de centre O'(4 ; 3), de rayon 2.**
**Soit M($x$ ; $y$) le point de $(\mathscr{C})$ tel que Mes $(\widehat{\overrightarrow{OI},\overrightarrow{O'M}}) = -\frac{2\pi}{3}$.**
**Calculons les coordonnées du point M.**

On a : $\overrightarrow{OM} = \overrightarrow{OO'} + \overrightarrow{O'M}$

$$
\begin{aligned}
x &= \overrightarrow{OM}.\overrightarrow{OI}\\
&= \overrightarrow{OO'}.\overrightarrow{OI} + \overrightarrow{O'M}.\overrightarrow{OI}\\
&= 4 + 2\cos(\widehat{\overrightarrow{OI},\overrightarrow{O'M}})\\
&= 3\\
y &= \overrightarrow{OM}.\overrightarrow{OJ}\\
&= \overrightarrow{OO'}.\overrightarrow{OJ} + \overrightarrow{O'M}.\overrightarrow{OJ}\\
&= 3 + 2\cos(\widehat{\overrightarrow{OJ},\overrightarrow{O'M}})\\
&= 3 - \sqrt{3}
\end{aligned}
$$

donc : M $(3 ; 3 - \sqrt{3})$.

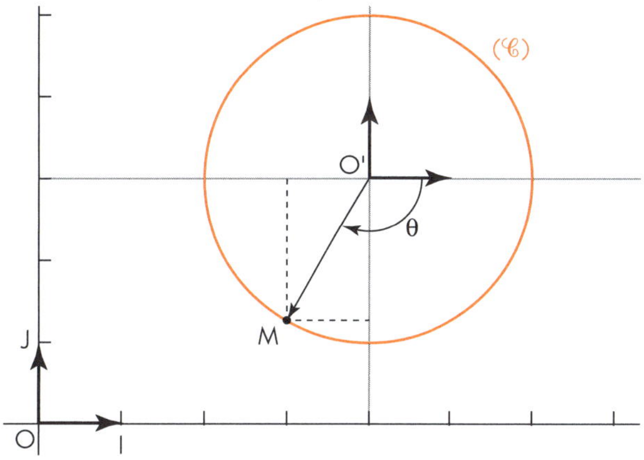


### Cas général

Le plan est muni du repère orthonormé direct (O, I, J).
On considère le cercle $(\mathscr{C})$ de centre O'($a$ ; $b$), de rayon $r$.
M($x$ ; $y$) est un point de $(\mathscr{C})$,
θ la mesure principale de l'angle orienté $(\widehat{\overrightarrow{OI},\overrightarrow{O'M}})$.
Démontrer que :

$$M(x\,;\,y) \in (\mathscr{C}) \quad \textit{équivaut à} \quad \begin{cases} x = a + r\cos\theta \\ y = b + r\sin\theta \end{cases} \quad \left[r \geqslant 0 \text{ et } \theta \in ]-\pi\,;\,\pi]\right].$$

On dit que le système de deux équations : $\begin{cases} x = a + r\cos\theta \\ y = b + r\sin\theta \end{cases} \quad \left[\theta \in ]-\pi\,;\,\pi]\right]$,

est **une représentation paramétrique du cercle** $(\mathscr{C})$ de centre O' et de rayon $r$.

# Exercices

Le plan est muni du repère orthonormé (O, I, J).

**3.a** On donne le cercle $(\mathscr{C})$ de centre O'(– 3 ; – 4) et de rayon $\sqrt{5}$.
Dans chacun des cas suivants, déterminer les coordonnées du point M de $(\mathscr{C})$ tel que :

*a)* Mes $(\widehat{\overrightarrow{OI},\overrightarrow{O'M}}) = \frac{\pi}{4}$ ; *b)* Mes $(\widehat{\overrightarrow{OI},\overrightarrow{O'M}}) = \frac{2\pi}{3}$

*c)* Mes $(\widehat{\overrightarrow{OI},\overrightarrow{O'M}}) = \pi$ ; *d)* Mes $(\widehat{\overrightarrow{OI},\overrightarrow{O'M}}) = -\frac{\pi}{6}$

**3.b** **1.** Déterminer une représentation paramétrique du cercle de centre C(2 ; 4) et de rayon 3.
**2.** Déterminer une représentation paramétrique du cercle de diamètre [AB] où A et B sont les points de couples de coordonnées respectives (– 2 ; 1) et (6 ; – 3).

**3.c** On donne les points A(– 3 ; 0), B(0 ; – 2) et C(2 ; – 2).
Déterminer une représentation paramétrique du cercle circonscrit au triangle ABC.

## 3.2. Exemples d'utilisation

### Démontrer qu'un point appartient à un cercle

**Peut-on trouver θ élément de ]– π ; π] tel que le point A(– 36 ; – 32) soit un point du cercle ($\mathscr{C}$), dont voici une représentation paramétrique :** $\begin{cases} x = 4 + 50\cos\theta \\ y = -2 + 50\sin\theta \end{cases}$ $\left[\theta \in ]-\pi ; \pi]\right]$ **?**

En substituant les coordonnées de A à $x$ et $y$, on obtient : $\begin{cases} -36 = 4 + 50\cos\theta \\ -32 = -2 + 50\sin\theta \end{cases}$

ou encore : $\begin{cases} \cos\theta = -\dfrac{4}{5} \\ \sin\theta = -\dfrac{3}{5} \end{cases}$

On vérifie que : $\cos^2\theta + \sin^2\theta = \dfrac{16 + 9}{25} = 1$.

Il existe θ, élément de ]– π ; π] tel que $\cos\theta = -\dfrac{4}{5}$ et $\sin\theta = -\dfrac{3}{5}$.

La calculatrice donne : $\theta \approx -2{,}49809$ (ou $\theta \approx -143°\ 7'\ 48''$).

### Passage d'une représentation paramétrique à une équation cartésienne

**Donner une équation cartésienne du cercle ($\mathscr{C}$) dont voici une représentation paramétrique :**

$\begin{cases} x = -2 + 7\cos\theta \\ y = \phantom{-}5 + 7\sin\theta \end{cases}$ **(avec θ ∈ ]– π ; π]).**

On utilise la propriété : $\cos^2\theta + \sin^2\theta = 1$.

On a : $(x + 2)^2 + (y - 5)^2 = 49(\cos^2\theta + \sin^2\theta) = 49$

$x^2 + y^2 + 4x - 10y - 20 = 0$

C'est une équation cartésienne de ($\mathscr{C}$).

### Passage d'une équation cartésienne à une représentation paramétrique

**Donner une représentation paramétrique du cercle ($\mathscr{C}$) dont voici une équation cartésienne :**

$x^2 + y^2 - 24x + 10y + 160 = 0.$

On écrit l'équation sous la forme $(x - a)^2 + (y - b)^2 = r^2$.

On fait ainsi apparaître le rayon du cercle et les coordonnées de son centre.

$$\begin{array}{llll} [x^2 - 24x] & + [y^2 + 10y] & + 160 & = 0 \\ [(x - 12)^2 - 144] & + [(y - 5)^2 - 25] & + 160 & = 0 \\ (x - 12)^2 & + (y - 5)^2 & & = 3^2, \end{array}$$

d'où une représentation paramétrique du cercle ($\mathscr{C}$) :

$\begin{cases} x = 12 + 3\cos\theta \\ y = \phantom{1}5 + 3\sin\theta \end{cases}$ $\left[\theta \in ]-\pi ; \pi]\right]$.

## Exercices

**3.d** Le plan est muni du repère orthonormé (O, I, J).
On donne le cercle ($\mathscr{C}$) de représentation paramétrique : $\begin{cases} x = 5 + 4\cos\theta \\ y = -3 + 4\sin\theta \end{cases}$ $\left[\theta \in ]-\pi ; \pi]\right]$.

**1.** Déterminer par leurs coordonnées deux points de ($\mathscr{C}$).

**2.** Les points A(1 ; – 3), B(5 ; 1) et C(3 ; – 6) appartiennent-ils à ($\mathscr{C}$) ?

**3.e** Donner une équation cartésienne du cercle ($\mathscr{C}$) dont une représentation paramétrique est :

$\begin{cases} x = -2 + 5\cos\theta \\ y = \phantom{-}6 + 5\sin\theta \end{cases}$ $\left[\theta \in ]-\pi ; \pi]\right]$.

**3.f** Donner une représentation paramétrique du cercle ($\mathscr{C}$) dont une équation cartésienne est :

$x^2 + y^2 + 10x - 2y + 22 = 0.$

# TP Travaux pratiques

## TP1 Construction du barycentre de deux points pondérés

*La méthode qui suit utilise une homothétie pour construire le barycentre de deux points pondérés (A,α) et (B,β) lorsque les pondérations α et β sont des mesures de segments donnés.*

### Exemple

**On donne deux points A et B et deux segments de mesure $a$ et $b$.**
**Construisons le barycentre G de (A,$a$) et (B,$b$) puis le barycentre H de (A,$a$) et (B,– $b$).**

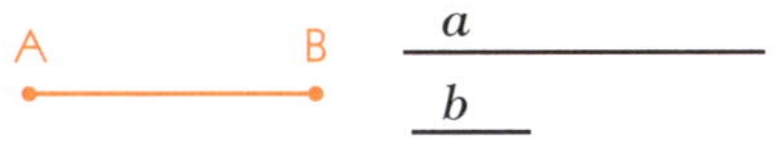


G étant le barycentre des points pondérés (A,$a$) et (B,b) on a : $a\overrightarrow{GA} + b\overrightarrow{GB} = \vec{0}$ ;
c'est-à-dire : $\overrightarrow{GB} = -\dfrac{a}{b}\overrightarrow{GA}$

G est donc le centre de l'homothétie $h$ de rapport $-\dfrac{a}{b}$, qui applique A sur B.

H étant le barycentre des points pondérés (A,$a$) et (B,– $b$) , on a : $a\overrightarrow{HA} - b\overrightarrow{HB} = \vec{0}$ ;
c'est-à-dire : $\overrightarrow{HA} = \dfrac{a}{b}\overrightarrow{HB}$

H est donc le centre de l'homothétie $h$ de rapport $\dfrac{a}{b}$, qui applique A sur B.

Construire le barycentre de (A,$a$) et (B,$b$) revient à construire le centre de l'homothétie $h$.
Pour construire ce centre, connaissant le point A et son image B par $h$, utilisons un point C et son image D par $h$.
$\vec{u}$ est un vecteur unitaire non colinéaire à $\overrightarrow{AB}$.

Construisons les points C et D tels que :

$$\overrightarrow{AC} = b\vec{u} \text{ et } \overrightarrow{BD} = -a\vec{u}.$$

Remarquons que $\overrightarrow{BD} = -\dfrac{a}{b}\overrightarrow{AC}$.
Les points B et D sont donc les images respectives des points A et C par l'homothétie $h$.
Le centre G de cette homothétie est donc le point d'intersection des droites (AB) et (CD).

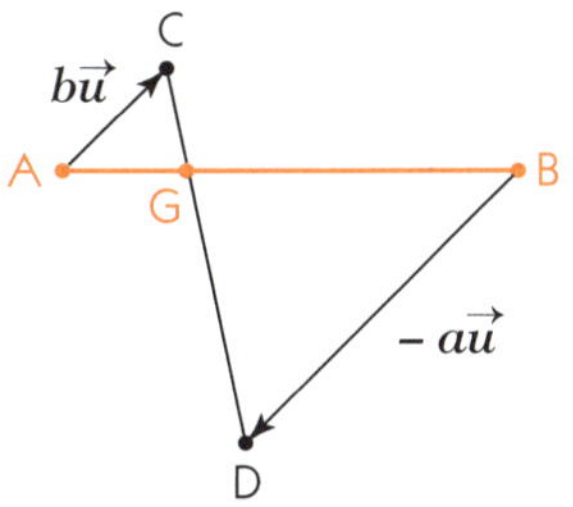


| $h$ | |
|---|---|
| G | G |
| A | B |
| C | D |

Construisons les points C et D tels que :

$$\overrightarrow{AC} = b\vec{u} \text{ et } \overrightarrow{BD} = a\vec{u}.$$

Remarquons que $\overrightarrow{BD} = \dfrac{a}{b}\overrightarrow{AC}$.
Les points B et D sont donc les images respectives des points A et C par l'homothétie $h$.
Le centre H de cette homothétie est donc le point d'intersection des droites (AB) et (CD).

| $h$ | |
|---|---|
| H | H |
| A | B |
| C | D |

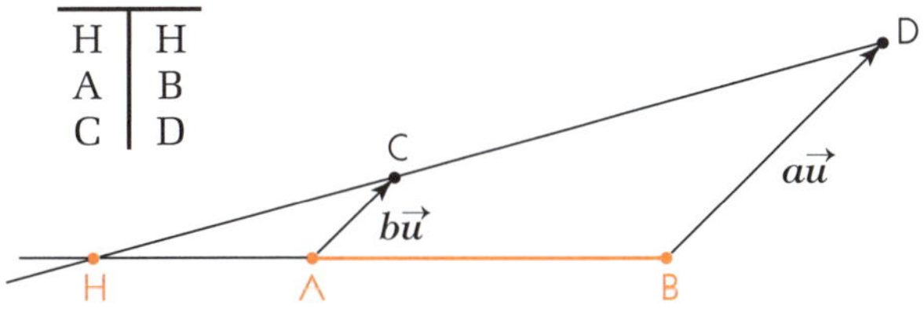


### Application

**ABC est un triangle quelconque. Construire le barycentre $G_1$ de (A, BC) et (B, AC) et le barycentre $G_2$ de (A, BC) et (B, – AC).**

## TP2 Lignes de niveau de l'application M $\mapsto a\overrightarrow{MA}^2 + b\overrightarrow{MB}^2$

### Exemples

**A et B sont deux points du plan tels que : AB = 5.**
**Déterminer et construire l'ensemble des points M tels que : $2MA^2 - 2MB^2 = 80$ (1)**

• Vérifier que l'on est ramené à la recherche de la ligne de niveau 40 de l'application $M \mapsto MA^2 - MB^2$.

**A et B sont deux points du plan tels que AB = 10.**
**Déterminer et construire l'ensemble des points M tels que : $2MA^2 + 3MB^2 = 165$ (2)**

Les points pondérés (A,2) et (B,3) admettent un barycentre ; désignons-le par G.
En utilisant le point G et l'égalité de Chasles, transformer (2) en exprimant $MG^2$ en fonction de $GA^2$ et de $GB^2$. Conclure.

## Cas général

A et B sont deux points du plan $\alpha$, $\beta$ et $k$ des nombres réels. On veut déterminer l'ensemble des points M tels que : $\alpha MA^2 + \beta MB^2 = k$.

• Pour cela, dans chacun des cas suivants, transformer l'écriture $\alpha MA^2 + \beta MB^2$ (Voir §1.4).

cas 1 : $\alpha + \beta = 0$ et $\alpha \neq 0$ ; cas 2 : $\alpha + \beta \neq 0$.

• Conclure suivant les valeurs de $k$.

## Applications

**Étant donné deux points A et B du plan et un nombre réel $k$, on veut trouver l'ensemble $(\mathscr{L}_k)$ des points M du plan tels que : $\dfrac{MA}{MB} = k$.**

Considérons l'équation $\dfrac{MA}{MB} = k$ d'inconnue M. Nous remarquons que :

si $k < 0$, alors $(\mathscr{L}_k)$ est l'ensemble vide,
si $k = 0$, alors $(\mathscr{L}_0) = \{A\}$,
si $k = 1$, alors $(\mathscr{L}_1)$ est la médiatrice de [AB].

Nous supposerons maintenant que $k$ est un nombre réel strictement positif, différent de 1.

• Démontrer que $(\mathscr{L}_k)$ est l'ensemble des points M tels que : $MA^2 - k^2MB^2 = 0$.

• Démontrer que $(\mathscr{L}_k)$ est le cercle de centre G et de rayon $k \times GB$, G étant le barycentre de (A,1) et (B,– $k^2$).

**ABC est un triangle équilatéral de côté $\sqrt{3}$.**
**Déterminer la nature de l'ensemble des points M tels que : $MA^2 + 2MB^2 + MC^2 = 4$.**

*Cet exercice est une extension de la recherche d'une ligne de niveau à un cas où celle-ci est définie par trois points.*

### Information historique

À partir du XIX^e siècle, entre les deux géométries pratiquées à cette époque, géométrie analytique et géométrie projective, c'est GAUSS qui, le premier, aborde l'addition des vecteurs. Le physicien Joseph William GIBBS (1839 - 1905) donne au calcul vectoriel sa forme actuelle.
Cependant, c'est à Herman GRASSMAN (1809 - 1877) et à Giuseppe PEANO (1858 - 1932) que nous devons la notion d'orthogonalité.

À la fin du XIX^e siècle, la notion de produit scalaire est introduite par les travaux d'Arthur CAYLEY (1821 - 1995).

À partir de 1907 le langage vectoriel est introduit par SCHIMIDT et Maurice FRÉCHET ainsi que le concept d'« espace vectoriel ».

# Exercices

## APPRENTISSAGE

## Barycentres

### *Barycentre de deux points pondérés*

**1** On donne le segment [AB] tel que : AB = 12.
Construire le barycentre des points pondérés (A, $a$) et (B, $b$) dans chacun des cas suivants :

| | | | |
|---|---|---|---|
| (1) | $a = 1$ | et | $b = 2$ |
| (2) | $a = -1$ | et | $b = 2$ |
| (3) | $a = 1$ | et | $b = -2$ |
| (4) | $a = -4$ | et | $b = -2$ |
| (5) | $a = \frac{1}{3}$ | et | $b = \frac{2}{3}$ |
| (6) | $a = 11$ | et | $b = 1$ |
| (7) | $a = 12$ | et | $b = 0$ |
| (8) | $a = 0$ | et | $b = -3$ |

**2** On donne les points A et B. On veut construire le barycentre des points pondérés (A, $a$) et (B, $b$) en utilisant un vecteur $\vec{v}$ non colinéaire à $\overrightarrow{AB}$.
**1.** Examiner la figure ci-dessous et donner un programme de construction de cette figure.
Démontrer que le point C est le barycentre des points pondérés (A, $a$) et (B, $b$).

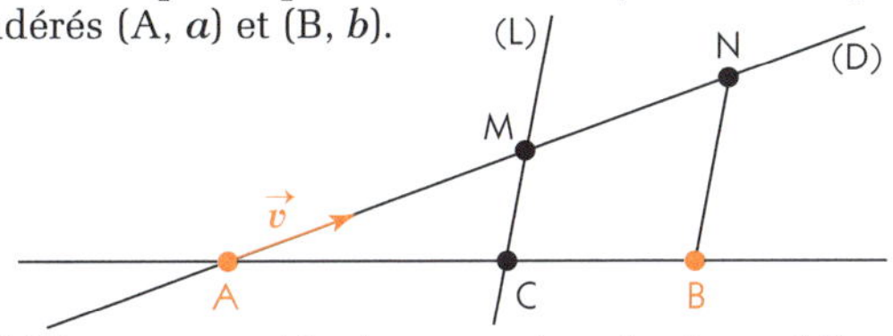


**2.** Utiliser cette méthode pour résoudre le problème de construction de l'exercice **1**.

**3** On donne les points A et B. Sur la droite (AB) on considère les points M, N, P comme l'indique la figure ci-dessous.

Trouver des nombres réels $a$ et $b$ pour que le barycentre des points pondérés (A, $a$) et (B, $b$) soit :
(1) le point M ; (2) le point N ; (3) le point P.

**4** On donne les points A et B. Trouver les nombres réels α et β pour que le point G soit le barycentre des points pondérés (A, α) et (B, β) dans chacun des cas suivants :

(1) $2\overrightarrow{AG} = 3\overrightarrow{AB}$ ; $\alpha + \beta = 6$

(2) $3\overrightarrow{GA} - 2\overrightarrow{GB} = \vec{0}$ ; $\alpha + \beta = -3$

(3) $\overrightarrow{BG} = -\frac{2}{3}\overrightarrow{BA}$ ; $\alpha + \beta = 1$

(4) Pour tout point M du plan,
$2\overrightarrow{MA} + 3\overrightarrow{MB} = 5\overrightarrow{MG}$ ; $\alpha + \beta = -1$

### *Barycentre de trois points pondérés*

**5** On donne un triangle ABC tel que :
AB = 6, BC = 10 et CA = 8.
Construire le barycentre des points pondérés (A, $a$), (B, $b$) et (C, $c$) dans chacun des cas suivants :

| | | | | | |
|---|---|---|---|---|---|
| (1) | $a = 5$ | ; | $b = 4$ | ; | $c = 3$ |
| (2) | $a = 4$ | ; | $b = 4$ | ; | $c = 4$ |
| (3) | $a = 0$ | ; | $b = 6$ | ; | $c = 6$ |
| (4) | $a = 625$ | ; | $b = 125$ | ; | $c = 375$. |

**6** On donne un triangle ABC. Déterminer le barycentre D des points pondérés : (A, 2), (B, 3), (C, 3).
Construire D.

**7** On donne un triangle ABC. Construire le barycentre D des points pondérés : (B, 1) et (C, 3).
Déterminer le barycentre E des points pondérés :
(A, 1), (B, $\frac{1}{4}$), (C, $\frac{3}{4}$).
Construire E.

**8** On donne un triangle équilatéral ABC de 6 cm de côté.
– Construire le barycentre D des points pondérés :
(A, –2), (B, 1), (C, 3).
– O étant le centre du cercle circonscrit au triangle ABC, construire le vecteur : $-2\overrightarrow{OA} + \overrightarrow{OB} + 3\overrightarrow{OC}$.
– M étant un point quelconque du plan, construire le vecteur : $-\frac{2}{3}\overrightarrow{MA} + \frac{1}{3}\overrightarrow{MB} + \overrightarrow{OC}$.

**9** On donne un triangle ABC.
**1.** Construire le point E tel que :
$2\overrightarrow{AE} + 5\overrightarrow{BE} - 3\overrightarrow{CE} = \vec{0}$
**2.** Démontrer que le point I milieu du segment [AB] est tel que : $4\overrightarrow{EI} = 3\overrightarrow{BC}$.

### *Barycentre de quatre points pondérés*

**10** On donne le parallélogramme ABCD de centre O.
Démontrer que O est l'isobarycentre des points A, B, C et D.

**11** On donne le parallélogramme ABCD.
Démontrer que le barycentre des points pondérés (A, 5), (B, 4), (C, 3) et (D,4) est un point de la droite (AC).
Construire un quadrilatère ABCD tel que le support de chacun de ses côtés soit sécant aux trois autres et tel que le barycentre des points pondérés (A, 5), (B, 4), (C, 3) et (D,4) soit un point de la droite (AC).

**12** ABCD est un carré.
$m$ est un nombre réel différent de – 8. On désigne par G le barycentre des points pondérés :
(A, $m$), (B, 3), (C, 2), (D, 3).
**1.** Trouver la valeur de $m$ pour laquelle G est le centre du carré ABCD.
**2.** Démontrer qu'il existe une valeur de $m$ pour laquelle G est le centre de gravité du triangle ABD ; préciser cette valeur.

**13** On donne un triangle ABC.
Donner une méthode performante pour construire le barycentre des points pondérés : (A, 1), (B, 1), (C, 2).

### *Utilisation du barycentre*

**14** A, B, C, D sont quatre points du plan tels que trois quelconques d'entre eux ne sont pas alignés, G le barycentre de (A, 1), (B, 2), (C, 2), (D, 1).
**1.** Placer le point I barycentre de (A, 1), (B, 2).
**2.** Placer le point J barycentre de (C, 2), (D, 1).
**3.** Démontrer que G appartient à la droite (IJ).
**4.** On désigne par K le milieu de [AD] et L celui de [BC]. Démontrer que les points G, K et L sont alignés.

**15** On donne un triangle ABC. On désigne par :
E le barycentre de (B, 3) et (C, 5)
F le barycentre de (C, 5) et (A, 2)
G le point de concours de (AE) et (BF)
H le point de concours de (CG) et (AB)
Démontrer que G est le milieu du segment [HC].

**16** On donne la figure codée ci-dessous.

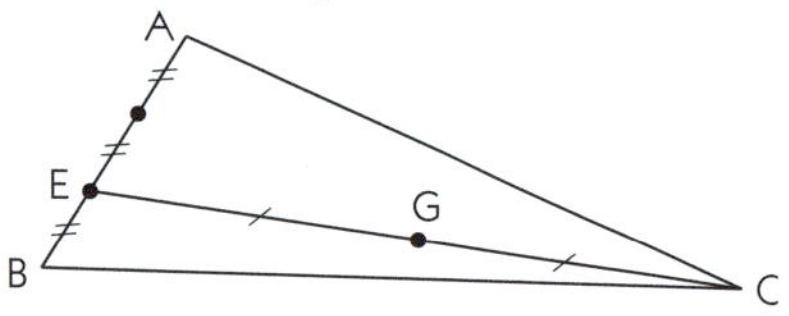


Trouver des nombres réels $a$, $b$, $c$ pour que G soit le barycentre des points pondérés (A, $a$), (B, $b$), (C, $c$).
Construire de manière performante le barycentre des points pondérés (B, $b$) et (C, $c$).

**17** On donne la figure codée ci-dessous.
– Construire uniquement à la règle le barycentre des points pondérés : (A, 2), (B, 1), (C, 1).
– Construire uniquement à la règle la droite (D) passant par J et parallèle à (BC).

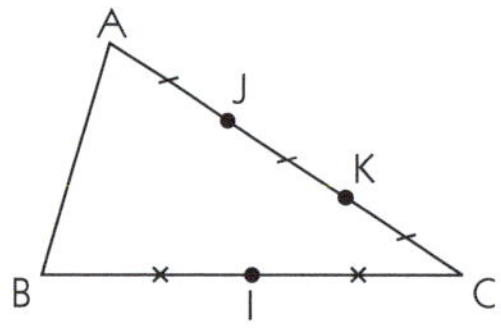


**18** On donne le triangle ABC.
M est un point de (AB) et N un point de (AC) tels que (MN) est parallèle à (BC). I est le milieu de [BC] et J le point de concours de (BN) et (CM).
Utiliser le barycentre pour justifier que les points A, I, J sont alignés.

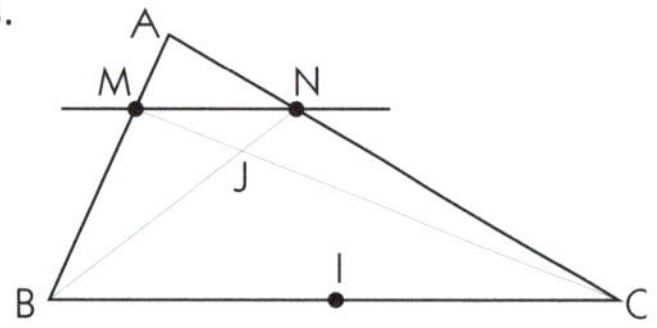


**19** On donne un quadrilatère ABCD.
I, J, K, L sont les milieux des côtés respectifs [AB], [BC], [CD], [DA].
Construire uniquement à la règle l'isobarycentre des points A, B, C, D.

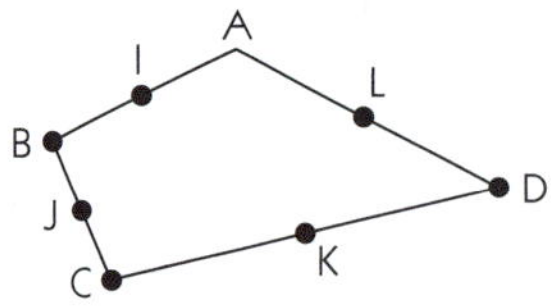


**20** ABC est un triangle.
**1.** Construire le point D tel que : $6\overrightarrow{AD} + 9\overrightarrow{BD} - 3\overrightarrow{CD} = \overrightarrow{0}$
**2.** Soit I le milieu de [AB], démontrer que $\overrightarrow{ID} = \frac{1}{3}\overrightarrow{CB}$

**21** Le plan est muni du repère (O, I, J). On donne quatre points A, B, C et D. Le but de cet exercice est de construire le point G tel que :
$4\overrightarrow{GA} - 3\overrightarrow{GB} + \overrightarrow{GC} + 2\overrightarrow{GD} = \overrightarrow{0}$

**1.** *a)* Démontrer que pour tout point M du plan,
$4\overrightarrow{MA} - 3\overrightarrow{MB} + \overrightarrow{MC} + 2\overrightarrow{MD} = 4\overrightarrow{MG}$.
*b)* Déterminer $\overrightarrow{AG}$ lorsque M et A sont confondus.
*c)* En déduire la construction de G.
**2.** *a)* Construire les barycentres $G_1$ de (A, 4) et (B, – 3) ; $G_2$ de (C, 1) et (D, 2).
*b)* Trouver deux nombres réels $a$ et $b$ tels que G est barycentre de ($G_1$, $a$) et ($G_2$, $b$).

### *Coordonnées du barycentre*

**22** Le plan est muni du repère (O, I, J). On donne les points A(– 2 ; –1), B(5 ; 1), C(4 ; 3).
**1.** Déterminer les coordonnées du barycentre G de (A, 2), (B, – 1) et (C, 3).
**2.** Construire le triangle ABC et le point G.

**23** Le plan est muni du repère (O, I, J). On donne les points A(1 ; 1), B(2 ; 3) et C(3 ; – 2).
Déterminer les coordonnées du centre de gravité de ce triangle.

**24** ABCD est un trapèze rectangle découpé dans une plaque métallique homogène d'épaisseur négligeable tel que : AB = AD = $a$ et BC = 3$a$
$a$ étant un nombre réel positif.

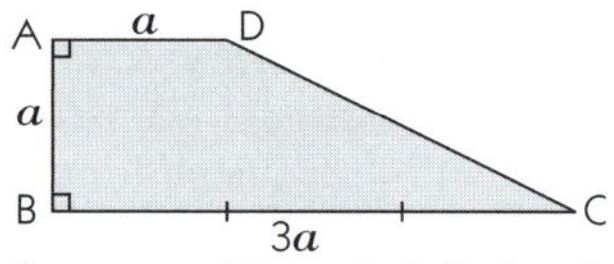


**1.** Construire le centre d'inertie I de la plaque.
**2.** Le plan est muni du repère (B, C, A). Déterminer les coordonnées de I.

## Lignes de niveau

### *Lignes de niveau de M ↦ $\overrightarrow{AM}\cdot\overrightarrow{AB}$*

**25** On donne le segment [AB] tel que AB = 12.
Déterminer et tracer dans chacun des cas suivants l'ensemble des points M tels que $\overrightarrow{AM}\cdot\overrightarrow{AB} = k$, où $k$ est un nombre réel.
(1) $k = 36$ ; (2) $k = -12$ ; (3) $k = 256$ ; (4) $k = -144$.

**26** ABC est un triangle.
**1.** Que peut-on dire de $\overrightarrow{MA} - 3\overrightarrow{MB} + 2\overrightarrow{MC}$ ?
**2.** Déterminer l'ensemble des points M du plan tels que :
$$\overrightarrow{MA}\cdot(\overrightarrow{MA} - 3\overrightarrow{MB} + 2\overrightarrow{MC}) = 0$$
**3.** Déterminer l'ensemble des points M du plan tels que :
$(\overrightarrow{MA} + \overrightarrow{MB} + \overrightarrow{MC})\cdot(\overrightarrow{MA} - 3\overrightarrow{MB} + 2\overrightarrow{MC}) = 0$

### *Lignes de niveau de M ↦ $\overrightarrow{MA}^2 - \overrightarrow{MB}^2$*

**27** A et B étant des points du plan tels que AB = 6, déterminer dans chacun des cas suivants l'ensemble des points M du plan tels que $MA^2 - MB^2 = k$.
(1) $k = 48$ ; (2) $k = -12$ ; (3) $k = 0$ ; (4) $k = -36$.

### *Lignes de niveau de M ↦ $\overrightarrow{MA}^2 + \overrightarrow{MB}^2$*

**28** ABC est un triangle équilatéral dont les côtés ont pour longueur 6.
Déterminer l'ensemble des points M du plan tels que $MA^2 + MB^2 + MC^2 = 72$.
Faire une figure. Que remarque-t-on ? Justifier cette remarque.

**29** A et B étant des points du plan tels que : AB = 8, déterminer dans chacun des cas suivants l'ensemble des points M du plan tels que :
1) $MA^2 + MB^2 = 50$
2) $MA^2 + MB^2 = 24$

### *Lignes de niveau de $M \mapsto \overrightarrow{MA} \cdot \overrightarrow{MB}$*

**30** On donne le segment [AB] tel que AB = 12. Dans chacun des cas suivants déterminer et tracer l'ensemble des points M tels que : $\overrightarrow{MA} \cdot \overrightarrow{MB} = k$.
(1) $k = 13$ ; (2) $k = -27$ ; (3) $k = -36$ ; (4) $k = -40$.

### *Lignes de niveau de $M \mapsto a\,\overrightarrow{MA}^2 + b\,\overrightarrow{MB}^2$*

**31** On donne le segment [AB] tel que AB = 12.
**1.** Déterminer l'ensemble des points M tels que :
$3(\overrightarrow{MA})^2 + 2(\overrightarrow{MB})^2 = 60$
**2.** Déterminer l'ensemble des points M tels que :
$2(\overrightarrow{MA})^2 - (\overrightarrow{MB})^2 = 0$

**32** On donne deux points du plan A et B tels que AB = 8. Dans chacun des cas suivants déterminer et construire l'ensemble des points M du plan tels que $3MA^2 - 3MB^2 = k$.
(1) $k = 48$ ; (2) $k = -144$ ; (3) $k = 192$ ; (4) $k = 0$.

### *Lignes de niveau de $M \mapsto \dfrac{MA}{MB}$*

**33** On donne le segment [AB] tel que AB = 12. Dans chacun des cas suivants, déterminer et tracer l'ensemble des points M du plan tels que : $\dfrac{MA}{MB} = k$.
(1) $k = \dfrac{4}{3}$ ; (2) $k = \dfrac{3}{4}$ ; (3) $k = 0{,}5$ ; (4) $k = 2$.

## Cercles

### *Représentations paramétriques d'un cercle*

**34** Le plan est muni du repère orthonormé (O, I, J).
On donne les points A(1 ; – 2) ; B(– 3 ; 6) ; C(2 ; 3).
Déterminer une représentation paramétrique du cercle $(\mathscr{C})$ dans chacun des cas suivants :
(1) $(\mathscr{C})$ passe par les points A, B et C.
(2) $(\mathscr{C})$ est le cercle de centre A et de rayon BC.
(3) $(\mathscr{C})$ est le cercle de diamètre [BC].

### *Exemples d'utilisation*

**35** Le plan est muni du repère orthonormé (O, I, J).
Donner une équation cartésienne du cercle $(\mathscr{C})$ dont une représentation paramétrique est :

$$\begin{cases} x = -2 + \dfrac{5}{2}\cos\theta \\ y = \dfrac{1}{2} + \dfrac{1}{2}\sin\theta \end{cases} \quad [\theta \in ]-\pi, \pi]]$$

**36** Le plan est muni du repère (O, I, J).
On cherche à construire l'ensemble $(E_M)$ des points M du plan de coordonnées $x_M$ et $y_M$ :
$x_M = -10\sin^2\theta + 8$ et $y_M = 10\sin\theta\cos\theta - 2$
où $\theta \in ]0, \frac{\pi}{4}]$.
**1.** Démontrer que $E_M$ est contenu dans un cercle $(\mathscr{C})$ dont on déterminera le centre et le rayon.
**2.** Construire le cercle $(\mathscr{C})$ et en déduire la construction de $E_M$.

## APPROFONDISSEMENT

**37** ABC est un triangle d'orthocentre H.
Déterminer les nombres réels $a$, $b$ et $c$ pour que H soit le barycentre de (A, $a$), (B, $b$) et (C, $c$).

**38** ABC est un triangle.
**1.** Construire le point G barycentre de (A, – 1), (B, 2), (C, 3).
**2.** Déterminer l'ensemble des points M du plan tels que :
$(-\overrightarrow{MA} + 2\overrightarrow{MB} + 3\overrightarrow{MC}) \cdot \overrightarrow{AC} = 0$
**3.** Déterminer l'ensemble des points M du plan tels que :
$\|-\overrightarrow{MA} + 2\overrightarrow{MB} + 3\overrightarrow{MC}\| = 4BC$

**39** Le plan est muni du repère orthonormé (O, I, J).
**1.** $A\begin{pmatrix}2\\1\end{pmatrix}$, $\vec{u}\begin{pmatrix}-2\\5\end{pmatrix}$.
Donner une équation cartésienne de l'ensemble des points $M\begin{pmatrix}x\\y\end{pmatrix}$ du plan tels que $\overrightarrow{AM} \cdot \vec{u} = 7$
**2.** $A\begin{pmatrix}-1\\2\end{pmatrix}$, $B\begin{pmatrix}3\\-1\end{pmatrix}$.
Donner une équation cartésienne de l'ensemble des points M tels que :
(a) $MA^2 + MB^2 = \dfrac{61}{2}$
(b) $MA^2 - MB^2 = -4$
(c) $\overrightarrow{MA} \cdot \overrightarrow{MB} = 16$

**40** ABC est un triangle équilatéral de côté 4.
D est le point du plan tel que : $3\overrightarrow{DA} - \overrightarrow{AB} + 2\overrightarrow{AC} = \vec{0}$
**1.** Démontrer que D est le barycentre des points A, B, C affectés de cœfficients que l'on déterminera.
**2.** I étant le milieu de [AC], démontrer que D est le barycentre des points B et I affectés de cœfficients que l'on déterminera.
En déduire que D appartient à la médiatrice de [AC].
**3.** Calculer AD, BD, et CD.
Déterminer l'ensemble E des points M du plan tels que :
$2MA^2 - MB^2 + 2MC^2 = 16$.
Vérifier que le centre de gravité O de ABC appartient à E.
Tracer E.

**41** ABC est un triangle équilatéral.
**1.** Déterminer et placer le barycentre K de (B, 2) et (C, 2).
**2.** On désigne par H le projeté orthogonal de K sur (AB).
Démontrer que H est le barycentre de (A ; 1) et (B ; 3).
**3.** Déduire de 1) et 2) le barycentre G de (A, 1), (B, 5) et (C, 2).
**4.** Démontrer que la droite (BG) coupe (AC) en L tel que :
$\overrightarrow{LA} = -2\,\overrightarrow{LC}$.

**42** Une unité de longueur étant choisie, faire une figure. ABC est un triangle équilatéral de côté 3 ; B' est le milieu de [AC] et D le point défini par :
$4\overrightarrow{AD} = \overrightarrow{AB} + 3\,\overrightarrow{BC}$.
**1.** Démontrer que D est le barycentre de :
(A, 3) ; (B, – 2) ; (C, 3)
En déduire que D appartient à la médiatrice de [AC].
**2.** Démontrer que : $\overrightarrow{BD} = \dfrac{3}{2}\,\overrightarrow{BB'}$
**3.** Calculer : $DA^2$ et $DB^2$.
**4.** Déterminer l'ensemble E des points M vérifiant :
$3MA^2 - 2MB^2 + 3MC^2 = 12$

Vérifier que le centre de gravité G du triangle ABC appartient à E.

**43** On considère un triangle ABC tel que : AB = 7, BC = 4 et AC = 5 (unité graphique = 1 cm). I est le milieu de [BC].
**1.** Démontrer que : $AI = \sqrt{33}$.
**2.** *a)* M est un point du plan.
Pour quelle valeur du nombre réel $m$ le vecteur $m\overrightarrow{MA} + \overrightarrow{MB} + \overrightarrow{MC}$ est-il égal à un vecteur $\overrightarrow{U}$ indépendant du point M ?
Déterminer alors le vecteur $\overrightarrow{U}$ en fonction du vecteur $\overrightarrow{AI}$.
*b)* Déterminer et construire l'ensemble E des points M du plan tels que : $-2MA^2 + MB^2 + MC^2 = -58$.
**3.** D est le barycentre de : (A, – 1) ; (B, 1) ; (C, 1)
*a)* Quelle est la nature du quadrilatère ABCD ?
*b)* Déterminer et construire l'ensemble F des points M du plan tels que : $-MA^2 + MB^2 + MC^2 = -25$.

**44** ABCD est un rectangle du plan, de diagonales [AC] et [BD] de longueur $a$.
**1.** $m$ est un nombre réel non nul.
On note $G_m$ le barycentre de : (A, $m$), (B, –1) et (C, 1).
*a)* Préciser la position de $G_1$.
*b)* Déterminer l'ensemble $E_1$ des $G_m$ lorsque $m$ décrit $\mathbb{R}^*$.
**2.** Quel est l'ensemble $E_2$ des points M du plan tels que :
$$\|\overrightarrow{MA} - \overrightarrow{MB} + \overrightarrow{MC}\| = a \text{ ?}$$
**3.** Quel est l'ensemble $E_3$ des points M du plan tels que :
$$MA^2 - MB^2 + MC^2 = \frac{a^2}{4} \text{ ?}$$
**4.** Faire une figure où l'on représentera le rectangle ABCD et les ensembles $E_1$, $E_2$ et $E_3$.

**45** ABC est un triangle équilatéral de côté $a$. On désigne par A' le milieu du segment [BC] et O le centre du triangle.
**1.** *a)* Déterminer l'ensemble E des nombres réels $m$ tels que les points A, B, C affectés des coefficients respectifs $m$, 1, 1 admettent un barycentre.
*b)* Quel est l'ensemble des barycentres obtenus lorsque $m$ parcourt E ?
**2.** Dans cette question on choisit $m = 2$.
*a)* Déterminer le barycentre G des points A, B, C affectés de coefficients respectifs 2, 1, 1.
Placer sur une figure les points A, B, C, O, A', G.
*b)* Déterminer et construire l'ensemble F des points M tels que :
$$2MA^2 + MB^2 + MC^2 = 2a^2.$$
**3.** Dans cette question on choisit $m = -2$.
D est l'ensemble des points M tels que :
$$-2MA^2 + MB^2 + MC^2 = 0$$
*a)* Préciser la nature de D et de son intersection avec la droite (AA').
*b)* Tracer D sur la figure précédente.

**46** Dans le plan orienté, on considère un triangle équilatéral ABC, de centre O, tel qu'une mesure de l'angle orienté $(\widehat{\overrightarrow{AB}, \overrightarrow{AC}})$ soit $\frac{\pi}{3}$.
On désigne par ($\mathscr{C}$) le cercle circonscrit à ABC, I le milieu de [AB] et J le milieu de [OI].
Les droites (OA) et (OC) recoupent ($\mathscr{C}$) respectivement en D et E.
**1.** Placer ces points sur une figure (unité graphique : OA = 4cm)
**2.** On désigne par G l'isobarycentre des points A, B, C, D, E.
*a)* Exprimer $\overrightarrow{OG}$ en fonction de $\overrightarrow{OB}$.
*b)* Exprimer $\overrightarrow{OG}$ en fonction de $\overrightarrow{OJ}$ et $\overrightarrow{OD}$.
*c)* En déduire que les droites (OB) et (DJ) se coupent en G. Placer G sur la figure.
**3.** À tout point M du plan, on fait correspondre le point M' défini par : $4\overrightarrow{MM'} = \overrightarrow{MA} + \overrightarrow{MB} + \overrightarrow{MC} + \overrightarrow{MD} + \overrightarrow{ME}$.
*a)* Démontrer que cette application $f$ qui à M associe M' est une homothétie, dont on précisera le centre et le rapport.
*b)* Quelles sont les images par $f$ des points B et D du cercle ?

**47** ABCD est un rectangle tel que :
AB = 4 et AD = 3.
**1.** Déterminer le barycentre de (A, 1), (B, – 1), (C, 1).
**2.** Déterminer l'ensemble E des points M du plan tels que : $\|\overrightarrow{MA} - \overrightarrow{MB} + \overrightarrow{MC}\| = 5$.
**3.** Quel est l'ensemble F des points du plan tels que :
$$MA^2 - MB^2 + MC^2 = \frac{25}{4} \text{ ?}$$
**4.** Quel est l'ensemble H des points M du plan tels que :
$$MA^2 + MB^2 + MC^2 + MD^2 = 61 \text{ ?}$$
Faire une figure. Tracer E, F et H.

**48** ABCD étant un rectangle tel que :
AB = 6 et AD = 8.
**1.** Construire le barycentre G de (A, 1), (B, 3), (C, 3), (D, 1).
**2.** I et J étant les milieux respectifs de [BC] et [AD], démontrer que les points I, J et G sont alignés.
**3.** Calculer : $GA^2$, $GB^2$, $GC^2$ et $GD^2$.
**4.** Déterminer l'ensemble des points M du plan tels que $MA^2 + 3MB^2 + 3MC^2 + MD^2 = 310$.

## *Centre d'inertie d'une plaque*

*Dans les exercices qui suivent, les figures sont découpées dans une plaque métallique homogène d'épaisseur négligeable.*

**49** Construire le centre d'inertie de chacune des plaques ci-dessous.

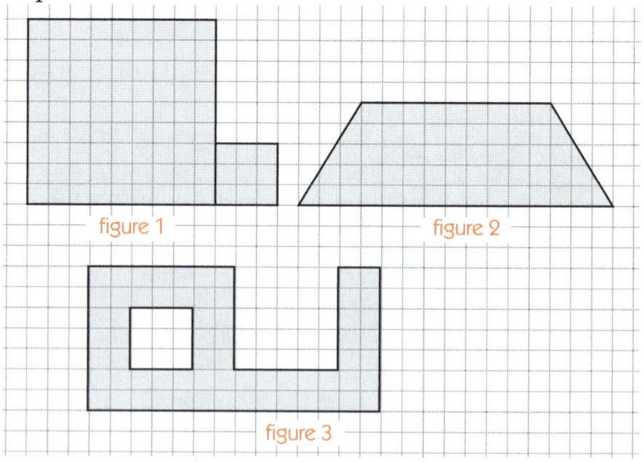


**50** La plaque ci-dessous est obtenue en évidant le disque de centre O et de rayon $3r$, du disque de centre O' et de rayon $r$.
Construire le centre d'inertie de cette plaque.
O' est le milieu de [OP].

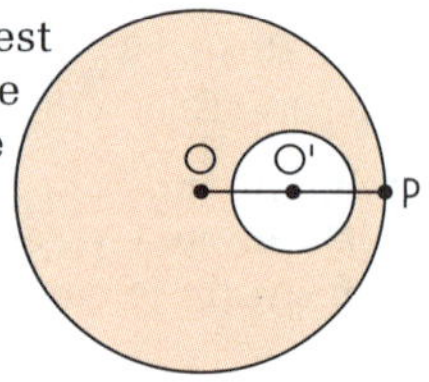

# 12 Transformations du plan

La géométrie, née de la nécessité de résoudre des problèmes pratiques, a évolué de l'étude des figures planes vers des relations qui unissent certaines de ces figures. En Grèce, APOLLONIOS de Perga, né vers – 262, étudie dans son ouvrage « Les lieux plans » l'image d'une droite et d'un cercle par des transformations, des symétries...
La notion de composition de transformations apparaît vers le milieu du XVII$^{e}$ siècle. Avant le XVIII$^{e}$ siècle les transformations appliquées à l'espace ne se pratiquaient qu'en cartographie avec les « projections ».
C'est au XIX$^{e}$ siècle que les transformations deviennent des outils de démonstrations. C'est l'âge d'or de la géométrie.

Photo Fredy Béghain

Les Africains utilisent souvent les transformations du plan pour décorer des objets de tout genre, poteries, tam-tam, maisons... comme le prouve cette splendide façade du musée de Niamey (Niger).

## SOMMAIRE

# 1 Translation, symétries, rotation

## 1.1. Isométries

### Définition et propriétés

**Définition**

**On appelle *isométrie* toute transformation du plan telle que,**

**pour tous les points M et N, d'images respectives M' et N', MN = M'N'**

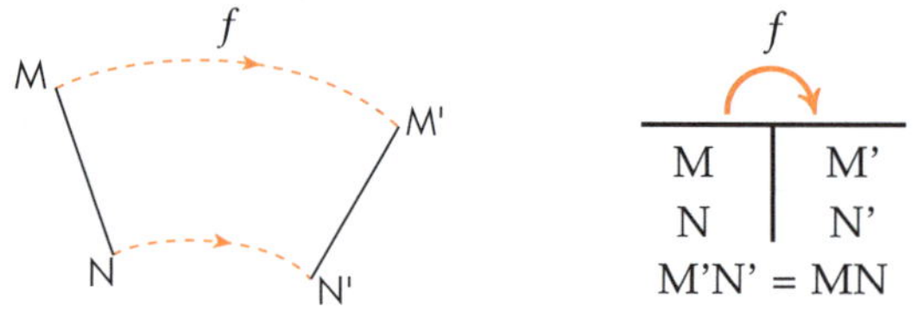


Une isométrie
est une transformation du plan
qui conserve la distance.

*Exemples*

Les symétries centrales, les symétries orthogonales, les translations, les rotations sont des isométries.

*On démontre et nous admettrons les propriétés suivantes :*

**Propriétés**

**Toute isométrie conserve**
- **l'alignement des points**
- **le parallélisme des droites**
- **l'orthogonalité des droites**
- **la mesure des angles**
- **le barycentre de points pondérés**
- **les longueurs**
- **les aires.**

### Détermination d'une isométrie

■ **Activité**

On donne les points A, B, C, A', B' et C' tels que :

AB = A'B', BC = B'C' et CA = C'A'.

Sur la figure ci-contre, OAA' et OBB' sont des triangles isocèles.

À cette configuration, on veut assoicer des isométries.

- Trouver trois isométries qui appliquent A sur A'
- Trouver deux isométries qui appliquent A sur A' et B sur B'.
- Parmi ces deux isométries, en trouver une qui, de plus, applique C sur C'.

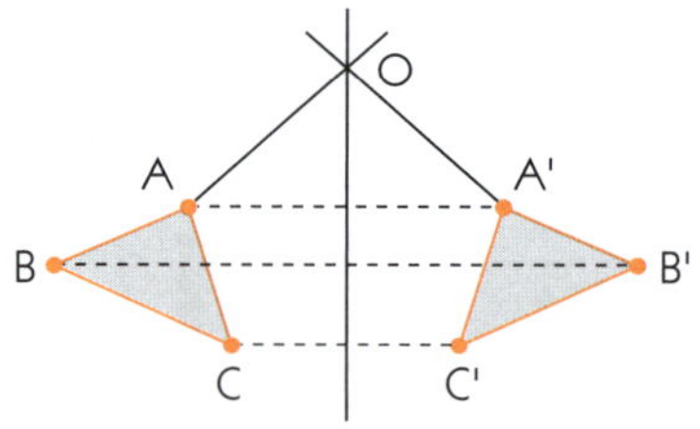


*On démontre et nous admettrons la propriété suivante :*

**Propriété**

**ABC et A'B'C' sont deux triangles tels que : AB = A'B' , BC = B'C' et CA = C'A'.**

**Il existe une isométrie et une seule qui applique : A sur A', B sur B' et C sur C'.**

On dit que :
Les sommets homologues de deux triangles superposables déterminent une isométrie et une seule.

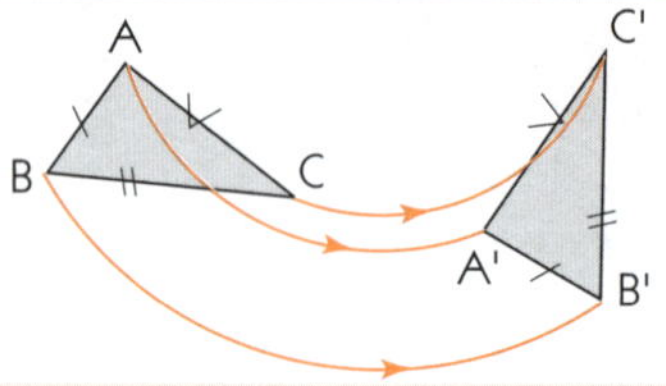

*Exemples*

Les triangles ABC et A'B'C' sont tels que : AB = A'B', BC = B'C' et CA = C'A'.
Ils déterminent l'isométrie *i* qui applique A sur A', B sur B' et C sur C'.

• Dans chacun des cas suivants, nommer cette isométrie.

(AB) // (A'B')
(BC) // (B'C')
(CA) // (C'A')

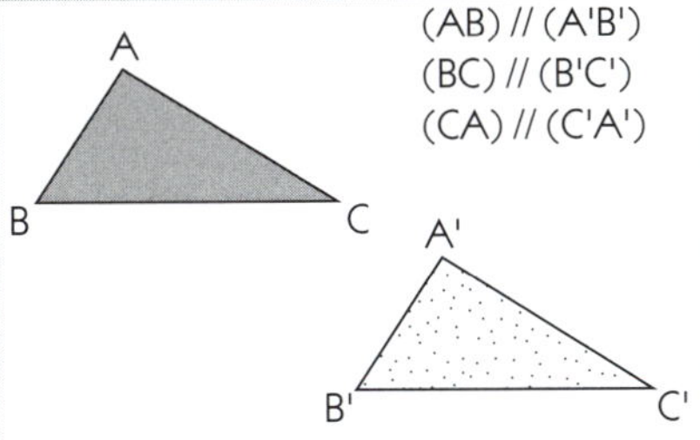


B = B' et C = C'

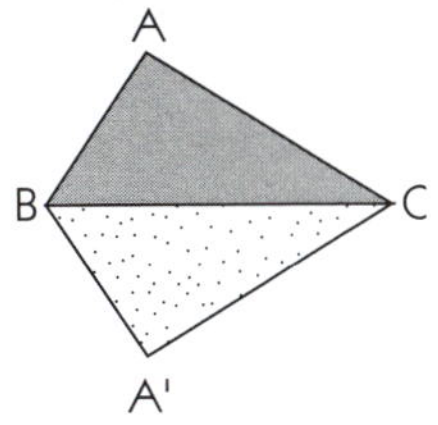


C = C'
C ∈ [AA'] et C ∈ [BB']

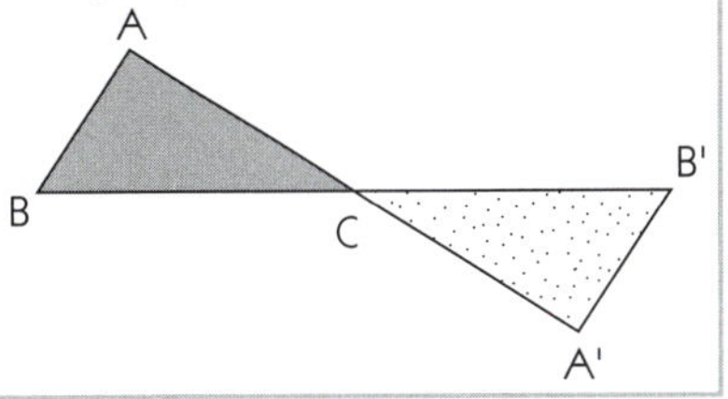


## Construction de l'image d'un point par une isométrie

**ABC et A'B'C' sont deux triangles tels que : AB = A'B' , BC = B'C' et CA = C'A'.**
**M étant un point quelconque du plan, construisons son image par l'isométrie *i* qui applique :**
**A sur A', B sur B' et C sur C'.**

Posons : M' = *i* (M).
On a : AM = A'M'
BM = B'M'
CM = C'M'.

• Justifier que les cercles 𝒞(A',AM), 𝒞(B',BM) , 𝒞(C',CM) ont un point commun et un seul.

• On déduit aisément le programme de construction du point M'. Donner ce programme de construction

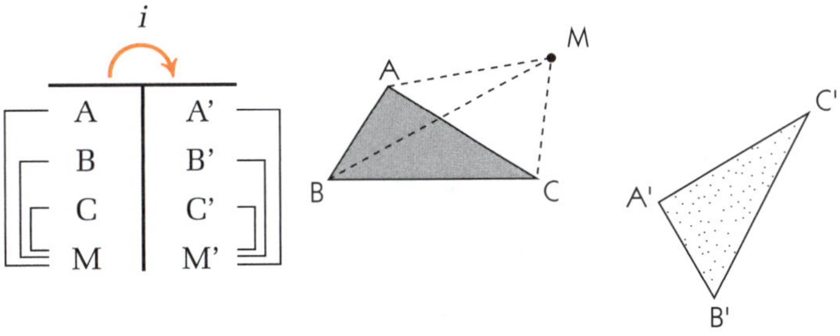


# Classification des isométries

## Activités

**On donne le triangle ABC et le point O.**
***r* est la rotation de centre O d'angle orienté $\left(\widehat{-\frac{\pi}{3}}\right)$.**
**On se propose de comparer le sens d'un triangle et celui de son image par *r*.**

Construisons l'image A'B'C' de ce triangle par la rotation *r*.

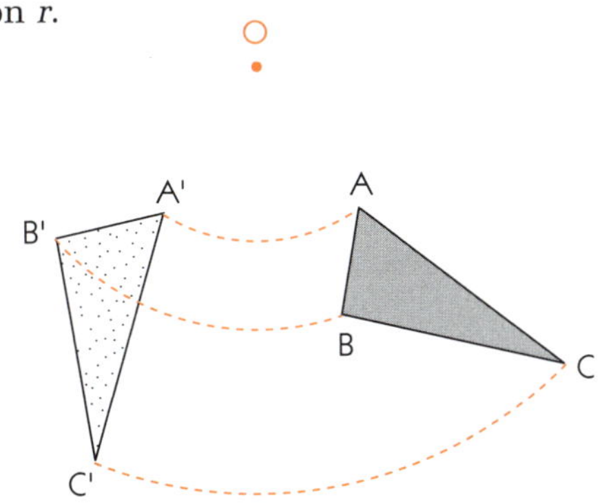


On peut constater que les triangles ABC et A'B'C' sont superposables et de même sens.

• Démontrer cette constatation.

**On donne le triangle ABC et la droite (Δ).**
***s* est la symétrie orthogonale d'axe (Δ).**
**On se propose de comparer le sens d'un triangle et celui de son image par *s*.**

Construisons l'image A'B'C' de ce triangle par la symétrie orthogonale *s*.

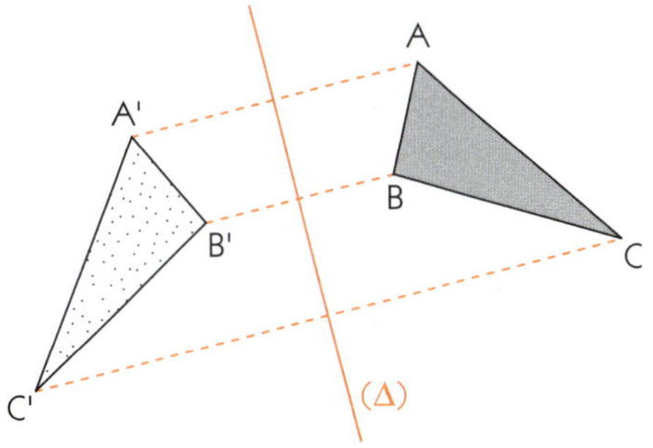


On peut constater que les triangles ABC et A'B'C' sont superposables et de sens contraires.

• Démontrer cette constatation.

■ **Déplacements - Retournements**

On sait que

– toute rotation et toute translation conservent les angles orientés ;

– toute symétrie orthogonale transforme un angle orienté en son opposé.

Plus généralement, on admet qu'on peut distinguer deux types d'isométries :

– celles qui conservent les angles orientés : les **déplacements** ;

– celles qui transforment un angle orienté en son opposé : les **retournements**.

On admet de plus que tout déplacement est une translation ou bien une rotation.

*Exemples*

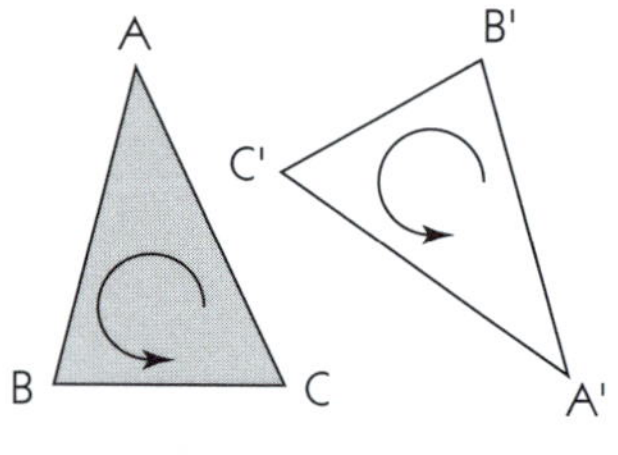


| $i$ | |
|---|---|
| A | A' |
| B | B' |
| C | C' |

L'isométrie $i$ définie par les triangles ABC et A'B'C' superposables et de même sens est un **déplacement**.

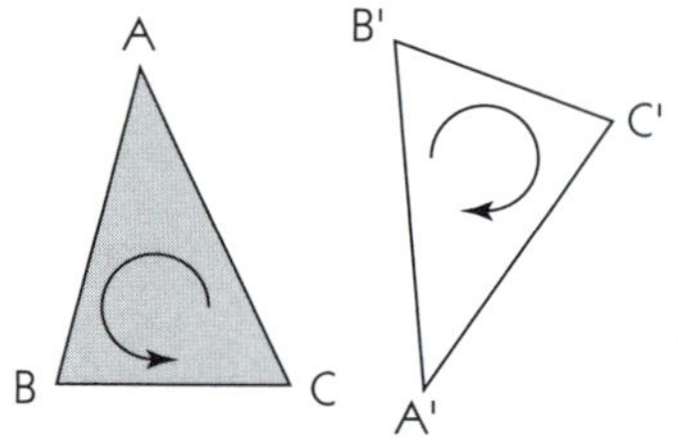


| $i$ | |
|---|---|
| A | A' |
| B | B' |
| C | C' |

L'isométrie $i$ définie par les triangles ABC et A'B'C' superposables et de sens contraires est un **retournement**.

## Exercices

**1.a** On considère le triangle équilatéral ABC. $f$ est l'isométrie définie par : $f(A) = B$, $f(B) = C$, $f(C) = A$ et $g$ l'isométrie définie par : $g(A) = A$, $g(B) = C$, $g(C) = B$. Quels sont les noms des isométries $f$ et $g$ ?

**1.b** On donne le segment [AB]. Trouver un déplacement et un retournement tels que l'image du segment [AB] soit le segment [AB] lui-même.

## 1.2. Exemples de composition de rotations et translations

*On peut démontrer que la composée de deux isométries est une isométrie et que la composée de deux déplacements est un déplacement.*

### Composition de deux rotations de même centre

On donne le triangle ABC et le point O.
$r_1$ est la rotation de centre O et d'angle orienté $\widehat{\left(\frac{\pi}{6}\right)}$

et $r_2$ la rotation de centre O et d'angle orienté $\widehat{\left(\frac{\pi}{2}\right)}$.

Construisons l'image A'B'C' du triangle ABC par $r_2 \circ r_1$.

| $r_1$ | |
|---|---|
| O | O |
| A | $A_1$ |
| B | $B_1$ |
| C | $C_1$ |

| $r_2$ | |
|---|---|
| O | O |
| $A_1$ | A' |
| $B_1$ | B' |
| $C_1$ | C' |

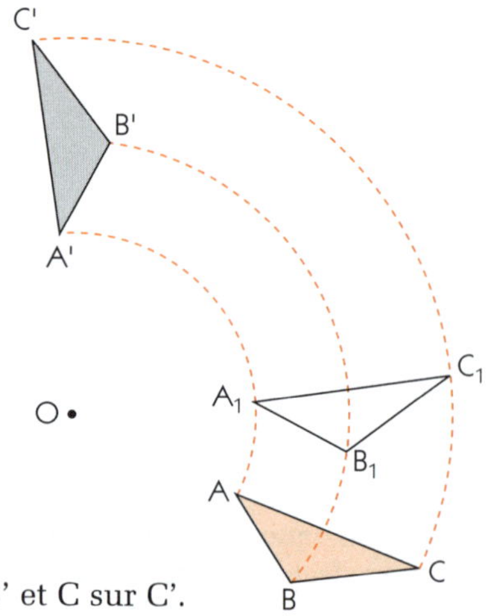


• Trouver une transformation du plan qui applique A sur A', B sur B' et C sur C'.

## Propriété

**La composée de deux rotations de même centre O et d'angles orientés $(\widehat{\alpha_1})$ et $(\widehat{\alpha_2})$, est une rotation de centre O et d'angle orienté $(\widehat{\alpha_1}) + (\widehat{\alpha_2})$.**

## Démonstration

$r_1$ est la rotation de centre O et d'angle orienté $(\widehat{\alpha_1})$ et $r_2$ la rotation de même centre O et d'angle orienté $(\widehat{\alpha_2})$.

La composée $r_2 \circ r_1$ de ces deux transformations du plan est une transformation du plan.

Soit M un point quelconque du plan.

On pose : $r_1(M) = M_1$ et $r_2(M_1) = M'$. On a : $OM = OM_1 = OM'$.

De plus : $(\widehat{\overrightarrow{OM}, \overrightarrow{OM'}}) = (\widehat{\overrightarrow{OM}, \overrightarrow{OM_1}}) + (\widehat{\overrightarrow{OM_1}, \overrightarrow{OM'}}) = (\widehat{\alpha_1}) + (\widehat{\alpha_2})$.

En conclusion, la transformation $r_2 \circ r_1$ associe à O le point O lui-même et à tout point M distinct de O le point M' tel que : $OM = OM'$ et $(\widehat{\overrightarrow{OM}, \overrightarrow{OM'}}) = (\widehat{\alpha_1}) + (\widehat{\alpha_2})$ ;

c'est donc la rotation de centre O et d'angle orienté $(\widehat{\alpha_1}) + (\widehat{\alpha_2})$.

- Vérifier que $r_2 \circ r_1 = r_1 \circ r_2$.

## Composition d'une rotation et d'une translation

On donne le triangle ABC, le point O et le vecteur $\vec{u}$.

$r$ est la rotation de centre O et d'angle orienté $\left(\widehat{\frac{\pi}{3}}\right)$ et $t$ la translation de vecteur $\vec{u}$.

Construisons l'image A'B'C' du triangle ABC par la composée $t \circ r$.

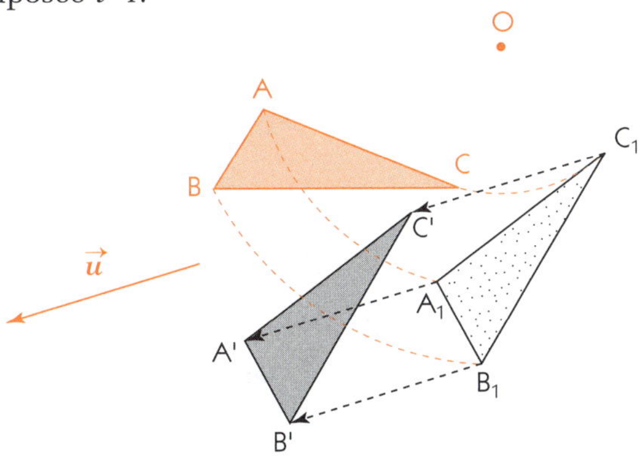


| | $r$ | |
|---|---|---|
| A | | $A_1$ |
| B | | $B_1$ |
| C | | $C_1$ |

| | $t$ | |
|---|---|---|
| $A_1$ | | A' |
| $B_1$ | | B' |
| $C_1$ | | C' |

- Trouver une transformation du plan qui applique A sur A', B sur B' et C sur C'.

Construisons l'image A"B"C" du triangle ABC par la composée $r \circ t$.

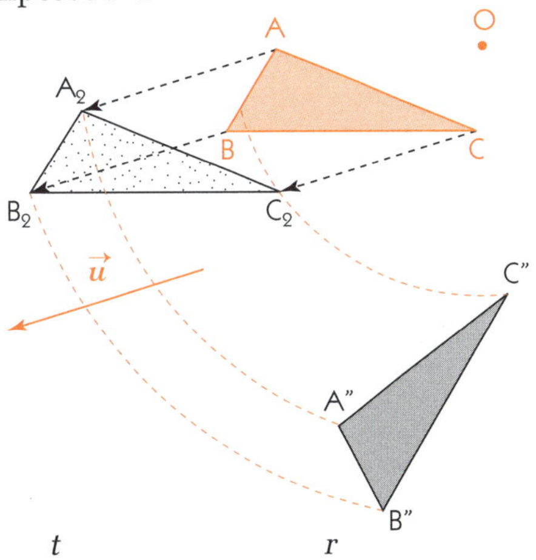


| | $t$ | |
|---|---|---|
| A | | $A_2$ |
| B | | $B_2$ |
| C | | $C_2$ |

| | $r$ | |
|---|---|---|
| $A_2$ | | A" |
| $B_2$ | | B" |
| $C_2$ | | C" |

- Trouver une transformation du plan qui applique A sur A", B sur B" et C sur C".

## Propriété

**La composée d'une rotation d'angle orienté non nul $(\widehat{\alpha})$ et d'une translation est une rotation d'angle orienté $(\widehat{\alpha})$.**

## Démonstration guidée

$r$ *est* une rotation, O son centre et $(\widehat{\alpha})$ son angle orienté non nul. $t$ *est* une translation de vecteur $\vec{v}$.

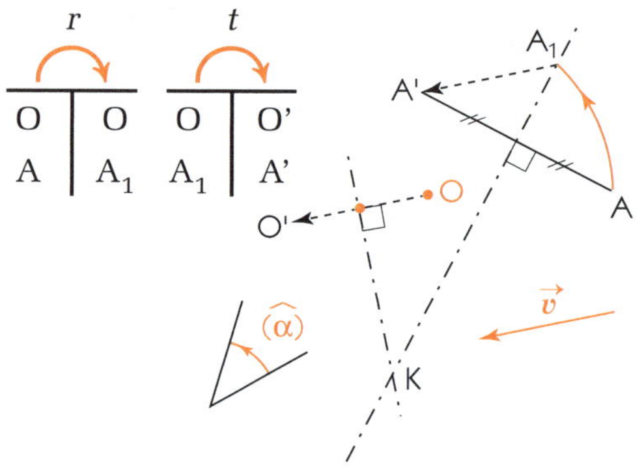


La rotation $r$ et la translation $t$ sont des déplacements.
Les composées $r \circ t$ et $t \circ r$ sont donc des déplacements.

- Vérifier que $r \circ t$ et $t \circ r$ ne sont pas des translations

Tout déplacement est soit une rotation, soit une translation.
On peut donc conclure que $r \circ t$ et $t \circ r$ sont des rotations.

- Rechercher le centre et l'angle orienté de la rotation $t \circ r$.

La figure ci-contre présente une démarche possible pour cette recherche.

- Rechercher le centre et l'angle orienté de la rotation $r \circ t$.

## Décomposition d'une rotation

**On donne le point O et la rotation $r$ de centre K et d'angle orienté $\widehat{\left(-\frac{\pi}{6}\right)}$.**
**Nous savons que la composée d'une translation par la rotation $r'$ de centre O et d'angle orienté $\widehat{\left(-\frac{\pi}{6}\right)}$ est une rotation d'angle orienté $\widehat{\left(-\frac{\pi}{6}\right)}$.**
**Peut-on trouver une translation $t$ telle que : $r = t \circ r'$ ?**

Soit M un point quelconque.
On pose : $M' = r(M)$, $K' = r'(K)$ et $M_1 = r'(M)$.

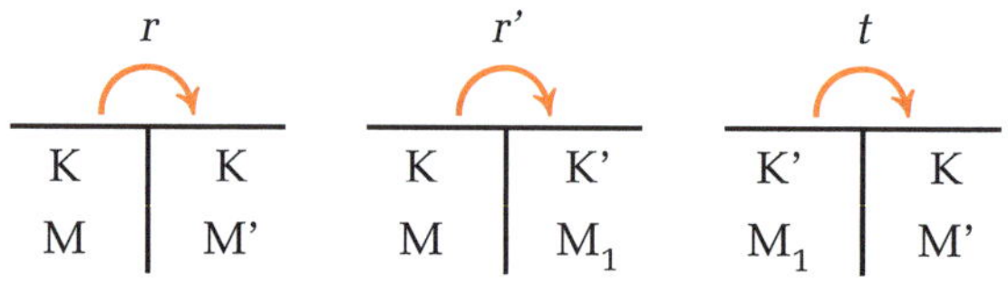


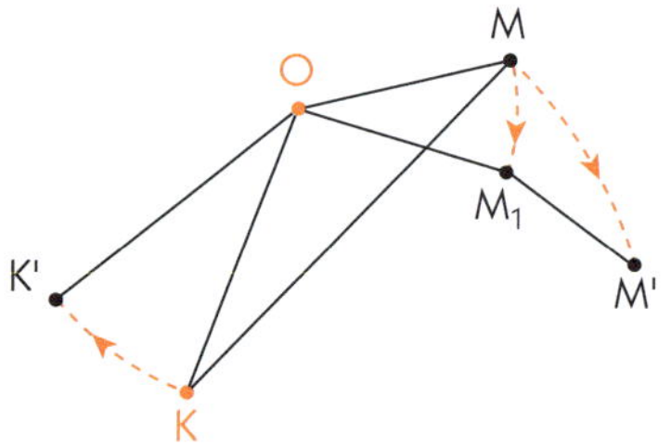


$t$ est la translation qui applique K' sur K.

- Justifier que $\overrightarrow{M_1M'} = \overrightarrow{K'K}$.

*Plus généralement, on démontre la propriété suivante :*

### Propriété

**$r$ est une rotation de centre K et d'angle $(\widehat{\alpha})$, O un point distinct de K.**
**Il existe deux translations $t_1$ et $t_2$ et une rotation $r'$ de centre O et d'angle $(\widehat{\alpha})$ telles que :**
**$r = t_1 \circ r'$ et $r = r' \circ t_2$**

*Les propriétés qui précèdent permettent de composer aisément des rotations de centres distincts.*

# Exercices

**1.c** On considère le carré ABCD de centre de symétrie O.
M, N, P et Q sont les milieux respectifs des côtés [AB], [BC], [CD] et [DA].
Démontrer que les triangles AMO et OPD sont superposables.
Trouver une translation $t$ et une rotation $r$ de centre P telles que $f(A) = O$, $f(M) = P$ et $f(O) = D$ dans chacun des cas suivants :
*a)* $f = r \circ t$ *b)* $f = t \circ r$.

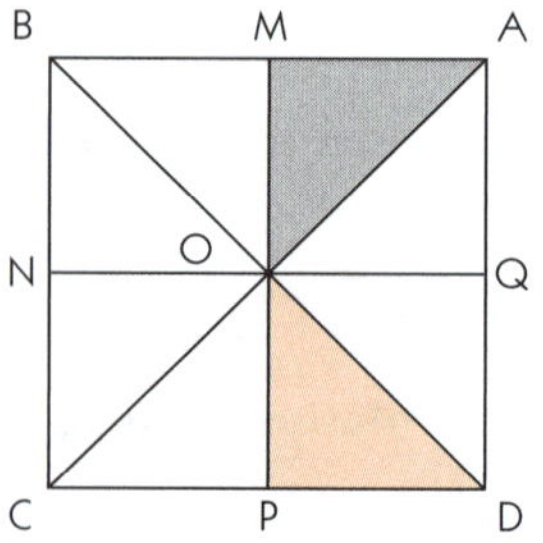

# 2 Translation, symétries, rotation, homothétie

## 2.1. Similitude

### Définition et propriétés

**Définition**

**$k$ étant un nombre réel strictement positif,**

**on appelle *similitude de rapport k*, toute transformation du plan telle que,**

**pour tous les points M et N, d'images respectives M' et N', M'N' = $k$ MN.**

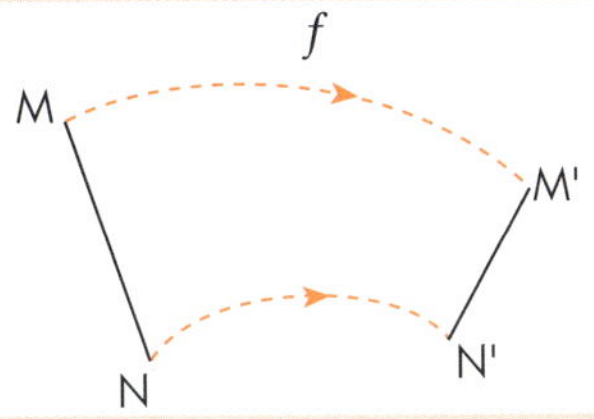


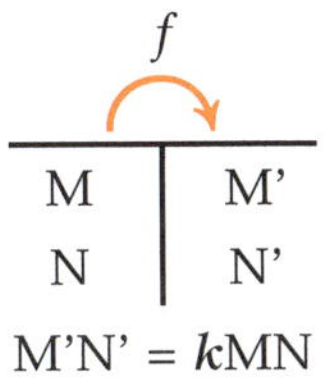


Une similitude de rapport $k$ est une transformation qui multiplie les distances par $k$.

Deux figures sont **semblables** lorsque l'une est l'image de l'autre par une similitude

*On démontre et nous admettrons la propriété suivante :*

**Propriété**

**Toute similitude est une composée d'une isométrie et d'une homothétie.**

*On démontre alors aisément les propriétés suivantes :*

**Propriétés**

**Toute similitude conserve**
- **l'alignement des points**
- **le parallélisme des droites**
- **l'orthogonalité des droites**
- **la mesure des angles**
- **le barycentre de points pondérés**

**Toute similitude multiplie**
- **les longueurs par son rapport**
- **les aires par le carré de son rapport**

### Détermination d'une similitude

*On démontre et nous admettrons la propriété suivante :*

**Propriété**

**ABC et A'B'C' sont deux triangles tels que : $\frac{A'B'}{AB} = \frac{B'C'}{BC} = \frac{C'A'}{CA}$.**
**Il existe une similitude et une seule qui applique A sur A', B sur B' et C sur C'.**

On dit que :
Les sommets homologues de deux triangles semblables déterminent une similitude et une seule.

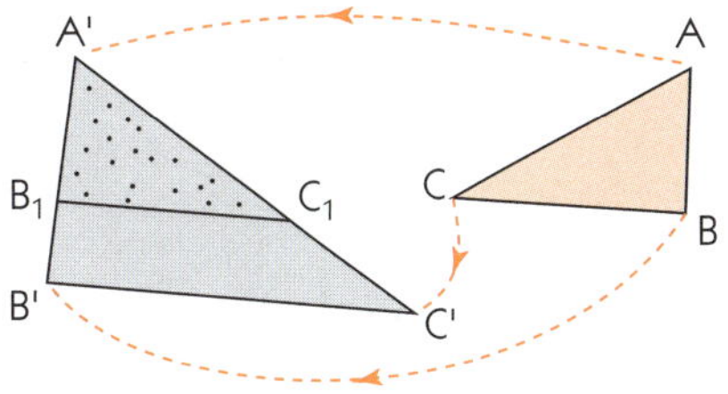

**Exemples de similitudes**

– Toute isométrie est une similitude de rapport 1
– Toute homothétie de rapport $k$ est une similitude de rapport $|k|$
– Toute composée d'une homothétie de rapport $k$ et d'une isométrie est une similitude de rapport $|k|$

**Construction de l'image d'un point par une similitude**

**ABC et A'B'C' sont deux triangles tels que : $\frac{A'B'}{AB} = \frac{B'C'}{BC} = \frac{C'A'}{CA}$.**

**M étant un point quelconque du plan, construisons son image par la similitude S qui applique A sur A', B sur B' et C sur C'.**

• Construire le point B" de [A'B') tel que A'B" = AB et le point C" de [A'C') tels que A'C" = AC.

• Justifier que ABC et A'B"C" déterminent une isométrie *i*.

• Justifier que A'B'C' est l'image de A'B"C" par une homothétie *h*.

• Construire M", image de M par *i* puis M', image de M" par *h*.

• Justifier que M' = S (M).

| $i$ | |
|---|---|
| A | A' |
| B | B" |
| C | C" |
| M | M" |

| $h$ | |
|---|---|
| A' | A' |
| B" | B' |
| C" | C' |
| M" | M' |

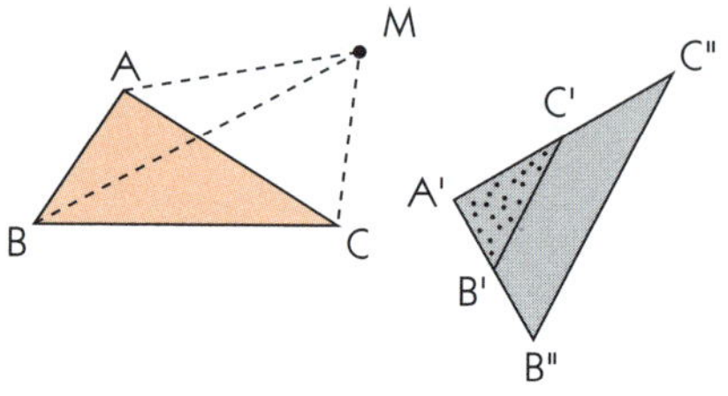


# Exercices

2.a On considère le triangle ABC rectangle en A tel que : AB = 3, BC = 5 et CA = 4.
H est le projeté orthogonal de A sur (BC) et K le milieu de [AH].
*a)* Démontrer que les triangles ABC et AHC sont semblables.
*b)* Déterminer l'image de K par la similitude S telle que :
S(A) = H, S(C) = C et S(B) = A.
*c)* Construire l'image du triangle AHB par cette similitude.
*d)* Calculer le rapport de cette similitude et l'aire du triangle AHC.

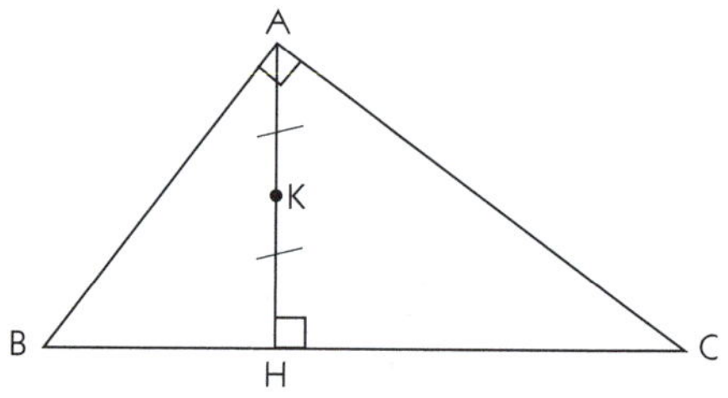


## 2.2. Exemples de composition de similitudes

*On peut démontrer que la composée de deux similitudes est une similitude.*

### Composition de deux homothéties de même centre

**On donne le triangle ABC et le point O.**
**$h_1$ est l'homothétie de centre O et de rapport 3.**
**$h_2$ est l'homothétie de même centre O et de rapport $-\frac{1}{2}$.**
**Construisons l'image A'B'C' du triangle ABC par $h_2 \circ h_1$.**

| $h_1$ | |
|---|---|
| O | O |
| A | $A_1$ |
| B | $B_1$ |
| C | $C_1$ |

| $h_2$ | |
|---|---|
| O | O |
| $A_1$ | A' |
| $B_1$ | B' |
| $C_1$ | C' |

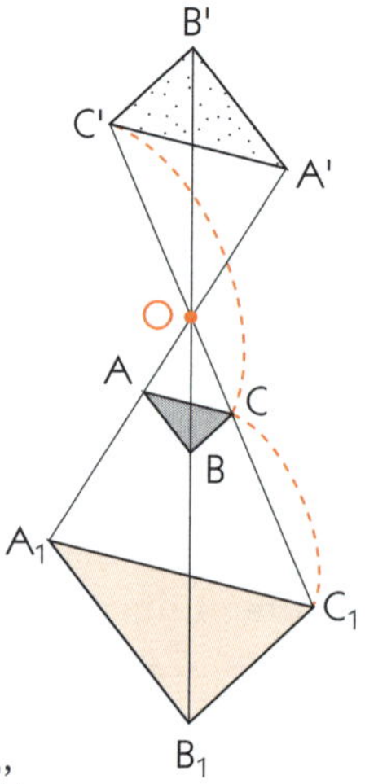


• Trouver une transformation du plan qui applique A sur A', B sur B' et C sur C'.

## Propriété

**La composée de deux homothéties de même centre O et de rapports $k_1$ et $k_2$, est l'homothétie de centre O et de rapport $k_1k_2$.**

## Démonstration

$h_1$ est l'homothétie de centre O et de rapport $k_1$ et $h_2$ l'homothétie de même centre O et de rapport $k_2$.
La composée $h_2 \circ h_1$ de ces deux transformations du plan est une transformation du plan.
M est un point quelconque du plan.
On pose : $h_1(M) = M_1$ et $h_2(M_1) = M'$.
On a : $\overrightarrow{OM_1} = k_1\overrightarrow{OM}$ et $\overrightarrow{OM'} = k_2\overrightarrow{OM_1}$
D'où : $\overrightarrow{OM'} = k_2k_1\overrightarrow{OM}$
En conclusion, la transformation $h_2 \circ h_1$ associe à tout point M le point M' tel que : $\overrightarrow{OM'} = k_2k_1\overrightarrow{OM}$ ; c'est l'homothétie de centre O et de rapport $k_2k_1$.
Vérifions que : $h_2 \circ h_1 = h_1 \circ h_2$.

## Composition d'une homothétie et d'une translation

**On donne le triangle ABC, le point O et le vecteur $\vec{u}$.**
***h* est l'homothétie de centre O et de rapport 1,75 et *t* la translation de vecteur $\vec{u}$.**

**Construisons l'image A'B'C' du triangle ABC par $h \circ t$.**

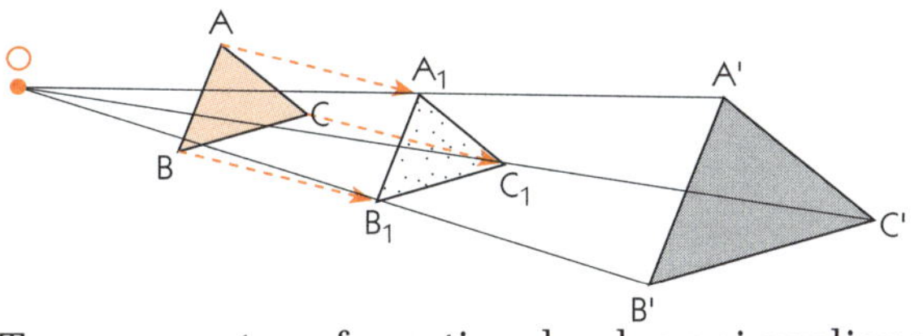


• Trouver une transformation du plan qui applique A sur A', B sur B' et C sur C'.

**Construisons l'image A"B"C" du triangle ABC par $t \circ h$.**

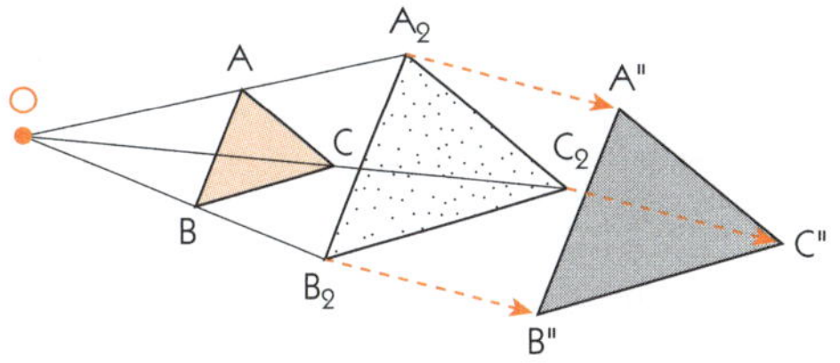


• Trouver une transformation du plan qui applique A sur A", B sur B" et C sur C".

## Propriété

**La composée d'une homothétie de rapport non nul *k* et d'une translation est une homothétie de rapport *k*.**

## Démonstration guidée

*h* est l'homothétie de centre O et de rapport *k* et *t* la translation de vecteur $\vec{u}$.
Les composées $h \circ t$ et $t \circ h$ sont des transformations du plan.
M est un point quelconque du plan.

### ■ Étude de $h \circ t$

On pose : $t(M) = M_1$ et $h(M_1) = M'$.
On a : $\overrightarrow{MM_1} = \vec{u}$ et $\overrightarrow{OM'} = k\overrightarrow{OM_1}$.

• ***Rechercher un point invariant par $h \circ t$***

Supposer qu'un tel point existe et poser $K_1 = t(K)$
Exprimer $\overrightarrow{OK}$ en fonction de $\vec{u}$.
On obtient : $\overrightarrow{OK} = \dfrac{k}{1-k}\vec{u}$.

### ■ Étude de $t \circ h$

On pose : $h(M) = M_1$ et $t(M_1) = M'$.
On a : $\overrightarrow{OM_1} = k\overrightarrow{OM}$ et $\overrightarrow{M_1M'} = \vec{u}$.

• ***Rechercher un point invariant par $t \circ h$***

Supposer qu'un tel point existe et poser $K_1 = h(K)$
Exprimer $\overrightarrow{OK}$ en fonction de $\vec{u}$.
On obtient : $\overrightarrow{OK} = \dfrac{k}{1-k}\vec{u}$.

• ***Démontrer que h∘t est une homothétie***

S étant le point tel que : $\overrightarrow{OK} = \dfrac{k}{1-k}\,\vec{u}$,

justifier que : $\overrightarrow{KM'} = k\overrightarrow{KM}$

• ***Conclure***

$h \circ t$ associe à tout point M le point M' tel que :

$$\overrightarrow{KM'} = k\overrightarrow{KM}\ ;$$

c'est donc l'homothétie de centre K et de rapport $k$.

• ***Démontrer que t∘h est une homothétie***

S étant le point tel que : $\overrightarrow{OK} = \dfrac{k}{1-k}\,\vec{u}$,

justifier que : $\overrightarrow{KM'} = k\overrightarrow{KM}$

• ***Conclure***

$t \circ h$ associe à tout point M le point M' tel que :

$$\overrightarrow{KM'} = k\overrightarrow{KM}\ ;$$

c'est donc l'homothétie de centre K et de rapport $k$.

## Décomposition d'une homothétie

**On donne le point O et l'homothétie *h* de centre K et de rapport 2,5.**
**Nous savons que la composée d'une translation par l'homothétie *h'* de centre O et de rapport 2,5 est une homothétie de rapport 2,5.**
**Peut-on trouver une translation *t* telle que : $h = t \circ h'$ ?**

Soit M un point quelconque.
On pose : $M' = h(M)$, $K' = h'(K)$ et $M_1 = h'(M)$.

| $h$ | |
|---|---|
| K | K |
| M | M' |

| $h'$ | |
|---|---|
| K | K' |
| M | $M_1$ |

| $t$ | |
|---|---|
| K' | K |
| $M_1$ | M' |

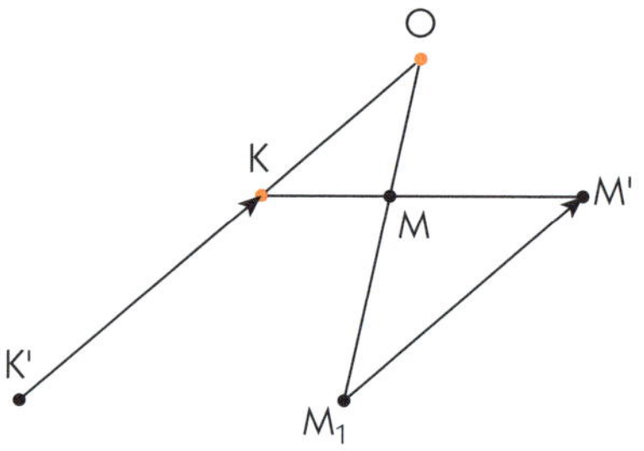


$t$ est la translation qui applique K' sur K.

• Justifier que $\overrightarrow{M_1M'} = \overrightarrow{K'K}$.

*Plus généralement, on démontre la propriété suivante :*

### Propriété

**$h$ est une homothétie de centre K et de rapport $k$ différent de 1, O un point distinct de K.**
**Il existe deux translations $t_1$ et $t_2$ et une homothétie $h'$ de centre O et de rapport $k$ telles que :**

$$h = t_1 \circ h' \qquad \text{et} \qquad h = h' \circ t_2$$

*Les propriétés qui précèdent permettent de composer aisément des homothéties de centres distincts.*

# Exercices

**2.b** On considère le carré ABCD de centre de symétrie O.
M, N, P et Q sont les milieux respectifs des côtés [AB], [BC], [CD] et [DA].
– Démontrer que les triangles ABC et DOC sont semblables.
– Trouver une homothétie $h$ de centre C et une rotation $r$ de même centre C telles que $f(A) = D$, $f(B) = O$ et $f(C) = C$ sachant que $f = h \circ r$.
– Construire l'image du carré ABCD par cette similitude $h \circ r$.
– Calculer le rapport de cette similitude.

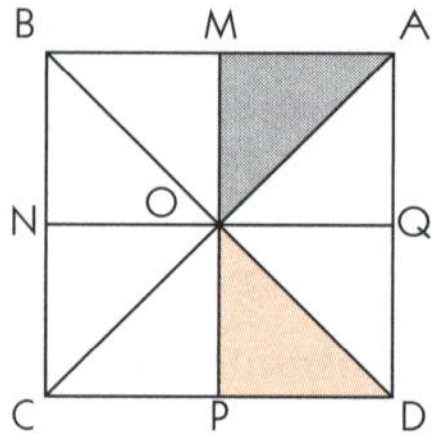

# 3 Utilisation des transformations du plan

## 3.1. Démonstration de propriétés

### Exemple 1

**On considère le trapèze ABCD tel que (AB) // (CD) ; on désigne par K le point d'intersection des droites (AD) et (BC).**
**Démontrons que le milieu de [AB], le milieu de [CD] et le point K sont alignés.**

***Données***

ABCD est un trapèze
K est le point d'intersection de (AD) et (BC)
M est le milieu de [AB]
N est le milieu de [DC]

***Conclusion***

K, M et N sont alignés

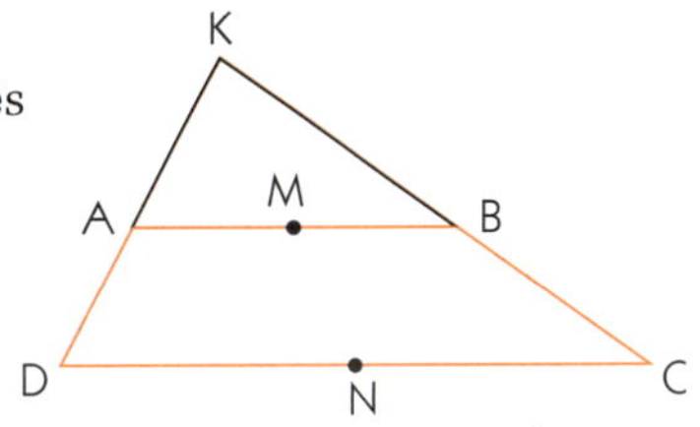


**Démonstration**

A, B, D et C sont quatre points tels que (AB) // (DC) et $\overrightarrow{AB} \neq \overrightarrow{DC}$.
Il existe donc une homothétie $h$ et une seule qui transforme A en D et B en C.
Le centre de cette homothétie est K, le point d'intersection des droites (AD) et (BC).
L'image du milieu de [AB] est le milieu du segment image de [AB], c'est-à-dire le milieu de [CD].
Puisqu'un point, son image par une homothétie et le centre de cette homothétie sont alignés, on a ainsi démontré l'alignement des points K, M et N.

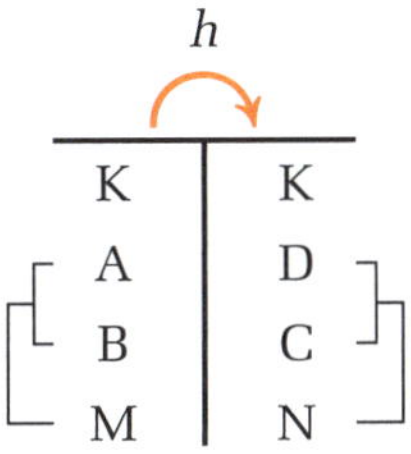


### Exemple 2

**On considère un triangle quelconque ABC. Sur les côtés [AB], [BC] et [CA], extérieurement, on construit les triangles équilatéraux ABC', BCA' et CAB'.**
**Démontrons que AA' = BB' = CC'.**

***Données***

ABC est un triangle ;
ABC' est un triangle équilatéral ;
BCA' est un triangle équilatéral ;
CAB' est un triangle équilatéral.

***Conclusion***

AA' = BB' = CC'.

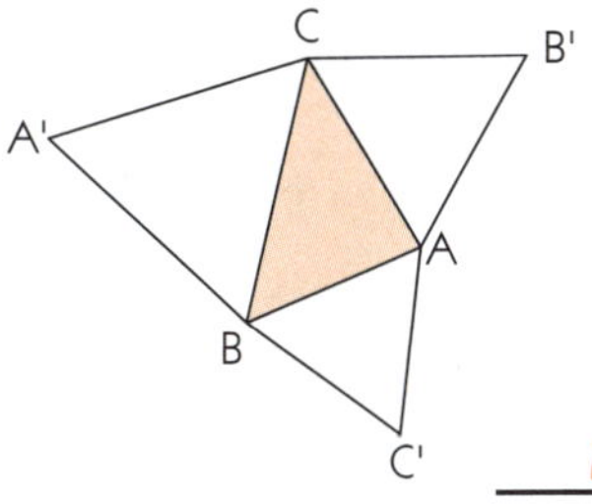


**Démonstration**

Considérons la rotation $r$ de centre A et d'angle orienté $(\widehat{AC',AB})$.
Par $r$, B est l'image de C' et B' est l'image de C.
[BB'] est donc l'image de [CC'].
On en déduit que BB' = CC'.
La rotation de centre B et d'angle orienté $(\widehat{BC',BA})$ permet de démontrer que CC' = AA'.

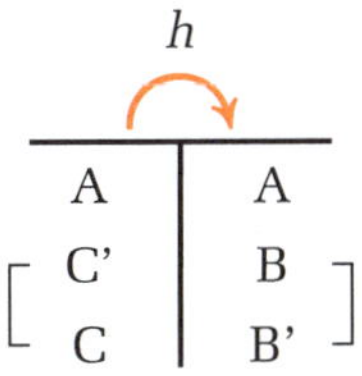


## Exercices

**3.a** Démontrer que dans un triangle, l'orthocentre, le centre de gravité et le centre du cercle circonscrit sont alignés.

**3.b** Les triangles ABC et DEF sont équilatéraux et superposables. Démontrer que les médiatrices des segments [AD], [BE] et [CF] sont parallèles ou concourantes.

## 3.2. Construction de figures

### Exemple 1 : Figure auxiliaire satisfaisant à toutes les conditions sauf une

**On donne le triangle ABC.**
**Construisons un carré MNPQ tel que :**

**M ∈ (AB), (1)**
**N ∈ (AC) (2)**
**(PQ) = (BC). (3)**

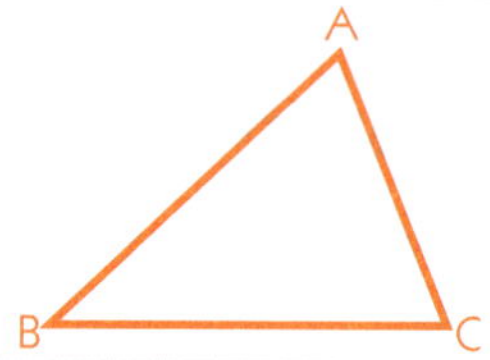


**Recherche d'une démarche**

Construire un carré qui satisfait à 2 des 3 conditions est simple ; on peut trouver une infinité de solutions. Le problème consiste alors à trouver, parmi ces carrés, celui ou ceux qui satisfont à la 3e condition.

Construisons d'abord un carré EFGH qui satisfait aux conditions (1) et (3) : E ∈ (AB) et (GH) = (BC)

*f* est une homothétie de centre B.
L'image de E, point de (AB), est un point E' de (AB).
Les images de G et H, points de (BC), sont des points G' et H' de (BC).

Toute homothétie de centre B donne pour image du carré EFGH un carré qui satisfait aux conditions (1) et (3).
Parmi ces homothéties, il suffit alors de choisir celles qui donnent pour image de EFGH un carré qui satisfait aux 3 conditions de l'énoncé.

*f*

| | |
|---|---|
| E | E |
| (BA) | (BA) |
| H | H' |
| G | G' |
| (BC) | (BC) |

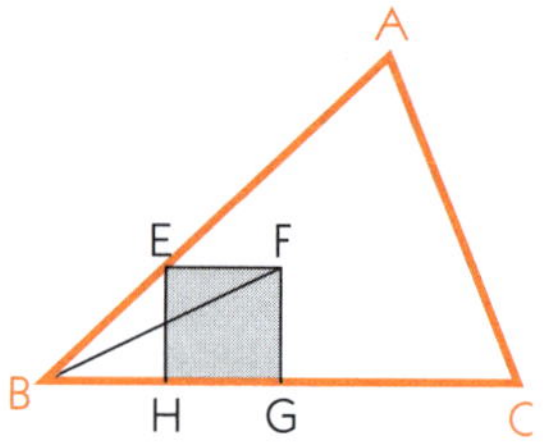


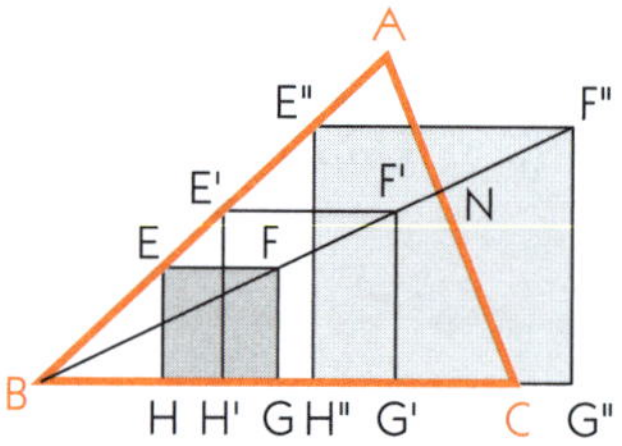


**Construction**

Sur la droite (AB), marquer un point E distinct de B.

Tracer la perpendiculaire à (BC) qui passe par E. On désigne par H le point d'intersection de cette droite avec (BC).

Sur (BC), placer un point G tel que GH = EH. Construire le carré EFGH dont on connaît les sommets E, H et G.

On désigne par N le point d'intersection de (BF) avec (AC).
Construire le carré MNPQ, image de EFGH par l'homothétie de centre B qui applique F sur N.

*h*

| | |
|---|---|
| B | B |
| E | M |
| F | N |
| G | P |
| H | Q |

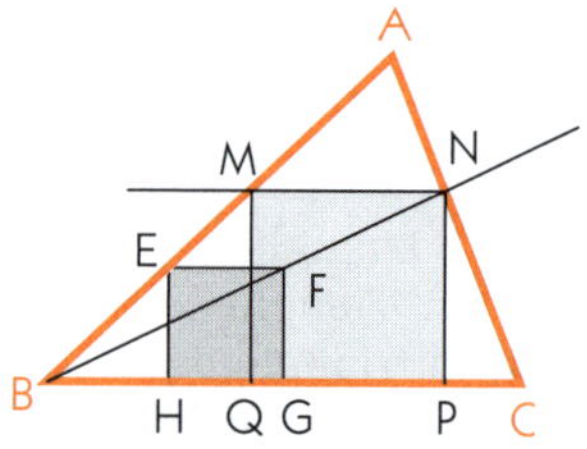


**Synthèse**

On montre que MNPQ est un carré qui satisfait aux conditions (1) (2) et (3) de l'énoncé.
Selon le problème posé, il est demandé de trouver une solution, il n'est pas précisé qu'il faille les trouver toutes ; la méthode utilisée pour construire une solution montre qu'il est toujours possible d'en trouver au moins une.

**M**

**Dans certains problèmes de construction, on peut utiliser une figure auxiliaire qui satisfait à toutes les conditions du problème sauf une.**
**On choisit alors une transformation du plan qui applique la figure auxiliaire sur une figure qui satisfait à toutes les conditions du problème.**

## Exemple 2 : Images de supports

**On donne les droites sécantes $(\Delta_1)$ et $(\Delta_2)$ et le point A qui n'appartient ni à $(\Delta_1)$ ni à $(\Delta_2)$.**
**Construisons un carré ABCD tel que :**

**$B \in (\Delta_1)$, (1)**
**et $D \in (\Delta_2)$ (2)**

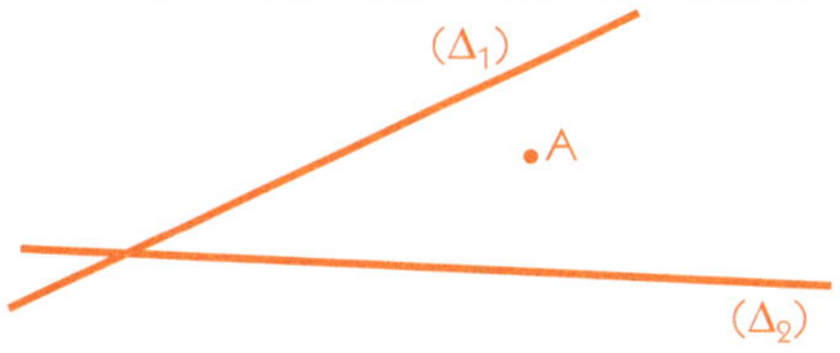


### Recherche d'une démarche

Réalisons une esquisse d'une figure solution.

Considérons la rotation $r$ de centre A et d'angle orienté $(\widehat{\overrightarrow{AB}, \overrightarrow{AD}})$ et construisons l'image de l'esquisse par cette rotation

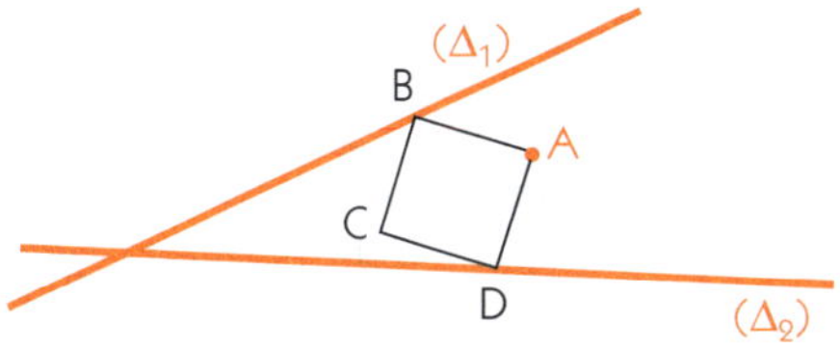


$(\Delta'_1)$ est l'image de $(\Delta_1)$ par $r$.
On peut remarquer que D est le point d'intersection de $(\Delta_2)$ et $(\Delta'_1)$.
En effet, D est l'image par $r$ de B, point de $(\Delta_1)$ ; D appartient donc à l'image de $(\Delta_1)$.

$r$

| | |
|---|---|
| A | A |
| B | D |
| $(\Delta_1)$ | $(\Delta'_1)$ |

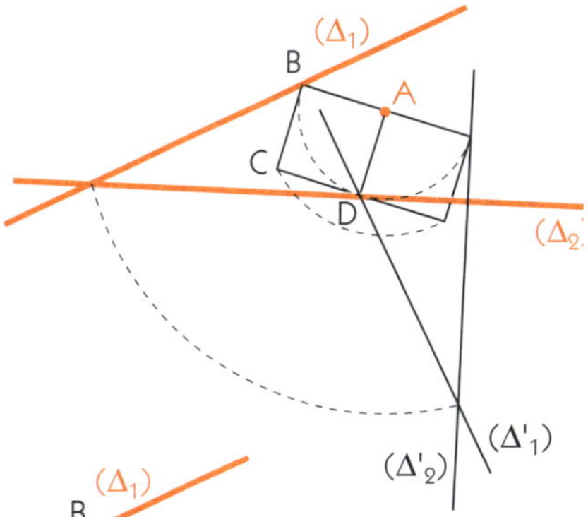


### Construction

• Construire l'image $(\Delta'_1)$ de $(\Delta_1)$ par la rotation de centre A et d'angle orienté $\left(\widehat{\frac{\pi}{2}}\right)$.
On désigne par D le point d'intersection de $(\Delta_2)$ et $(\Delta'_1)$.
• Construire le carré direct ABCD.

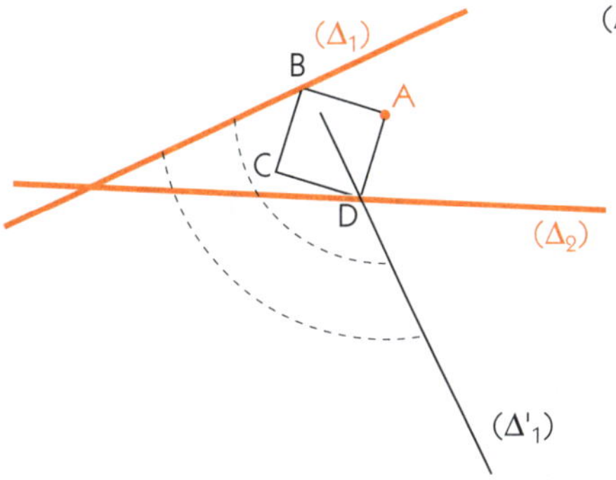


### Synthèse

On justifie que le carré ABCD ainsi construit satisfait aux conditions de l'énoncé.

**M**

**Dans certains problèmes de construction, on peut utiliser une transformation qui fait apparaître un point de la figure recherchée comme point d'intersection d'une ligne support avec l'image d'une autre ligne support.**

## Exercices

**3.c** On donne le triangle ABC. Construire un triangle équilatéral PQR tel que :
$P \in [BC]$, $Q \in [CA]$ et $R \in [AB]$.

**3.d** On donne le cercle $(\mathscr{C})$ de diamètre [XY] et deux points A et B tels que $AB < XY$.
Construire des points P et Q tels que :
$P \in (\mathscr{C})$, $Q \in (\mathscr{C})$ et $\overrightarrow{PQ} = \overrightarrow{AB}$.

## 3.3. Recherche de lieux géométriques

### Exemple 1

**On donne le point A et le cercle $(\mathscr{C})$ de centre O et de rayon $r$.**
**P étant un point de $(\mathscr{C})$, on désigne par M le milieu du segment [AP].**
**Recherchons le lieu géométrique du point M lorsque P décrit le cercle $(\mathscr{C})$.**

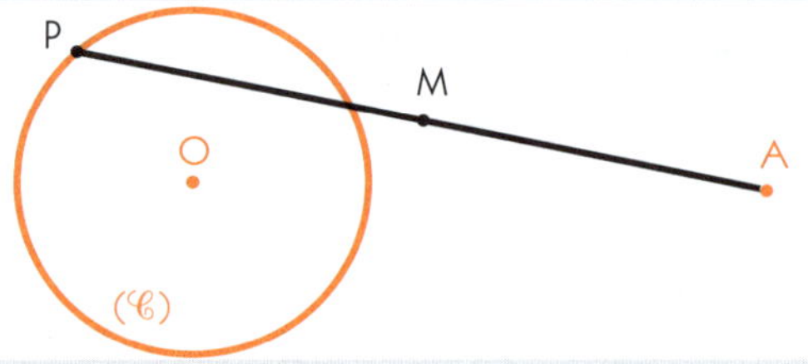


**Analyse**

Considérons l'homothétie $h$ de centre A et de rapport $\frac{1}{2}$.
Désignons par $(\mathscr{C}')$ l'image du cercle $(\mathscr{C})$ par cette homothétie.
Lorsque P décrit le cercle $(\mathscr{C})$, son image M décrit l'image de $(\mathscr{C})$ par $h$.

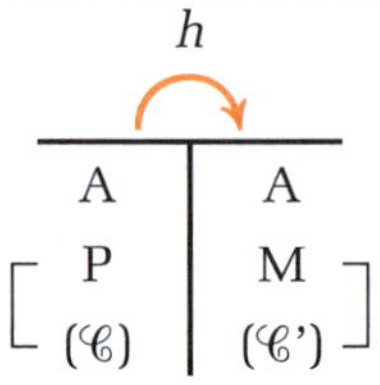


**Construction**

O' le milieu de [OA].
Construire le cercle $(\mathscr{C}')$ de centre O' et de rayon $\frac{r}{2}$.
C'est l'image de $(\mathscr{C})$ par l'homothétie $h$.

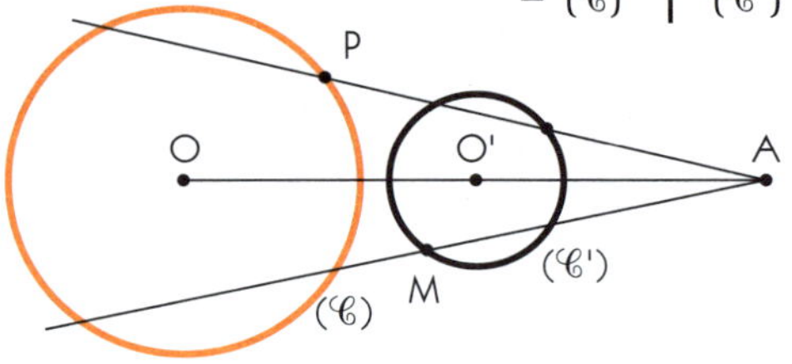


**Synthèse**

On démontre que le cercle $(\mathscr{C}')$ ainsi construit est bien le lieu géométrique recherché en justifiant que :
– P étant un point quelconque du cercle $(\mathscr{C})$, le milieu du segment [AP] appartient au cercle $(\mathscr{C}')$ ;
– M étant un point quelconque du cercle $(\mathscr{C}')$, il est le milieu d'un segment dont une extrémité est A et l'autre extrémité, un point du cercle $(\mathscr{C})$.

### Exemple 2

**On donne le cercle $(\mathscr{C})$ de centre O, de rayon $r$ et un point A de ce cercle.**
**B désignant un point de $(\mathscr{C})$, distinct de A, on construit le carré indirect ABCM.**
**Recherchons le lieu géométrique du point M lorsque B décrit le cercle $(\mathscr{C})$.**

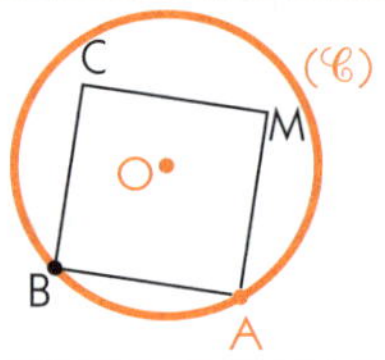


**Analyse**

Considérons la rotation $r$ de centre A et d'angle droit indirect.
Lorsque B décrit le cercle $(\mathscr{C})$, son image M décrit le cercle $(\mathscr{C}')$, image de $(\mathscr{C})$ par $r$.

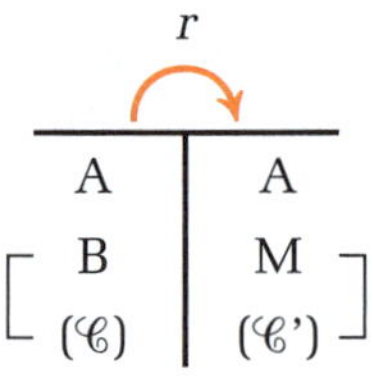


**Construction**

Construire l'image O' de O par la rotation $r$ de centre A et d'angle droit indirect.
Construire le cercle $(\mathscr{C}')$ de centre O' et de rayon $r$.
C'est l'image de $(\mathscr{C})$ par la rotation $r$.

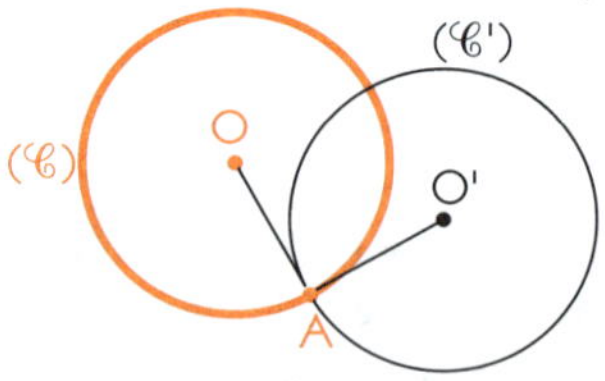


**Synthèse**

On démontre que le cercle $(\mathscr{C}')$ ainsi construit est bien le lieu géométrique recherché en justifiant que :
– B étant un point quelconque du cercle $(\mathscr{C})$, le sommet M du carré indirect ABCM appartient à $(\mathscr{C}')$
– M étant un point quelconque du cercle $(\mathscr{C}')$, le sommet B du carré indirect ABCM appartient à $(\mathscr{C})$.

## Exercices

**3.e** On donne le cercle $(\mathscr{C})$ et deux points A et B extérieurs à $(\mathscr{C})$.
C étant un point quelconque de $(\mathscr{C})$, on désigne par D le point tel que ABCD est un parallélogramme.
Trouver le lieu géométrique du point D lorsque le point C décrit le cercle $(\mathscr{C})$.

## 3.4. Configurations et transformations du plan

| Configurations | Illustrations | Transformations du plan associées |
|---|---|---|
| **Triangle isocèle** | 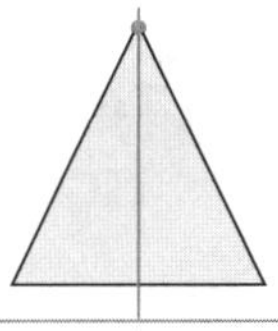 | – une symétrie orthogonale<br>– une rotation |
| **Triangle équilatéral** | 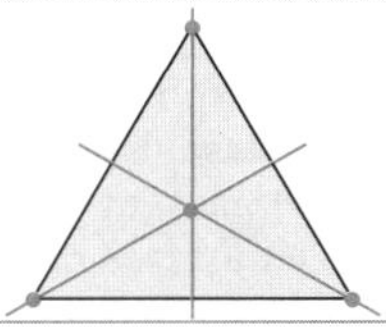 | – des symétries orthogonales<br>– des rotations |
| **Parallélogramme** | 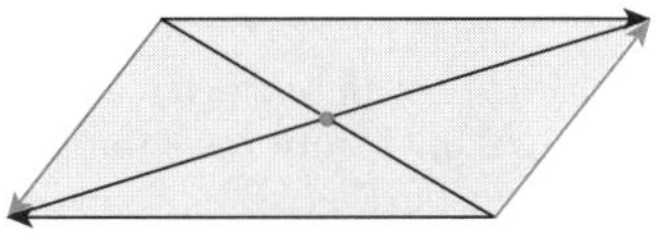 | – des translations<br>– une symétrie centrale |
| **Rectangle** | 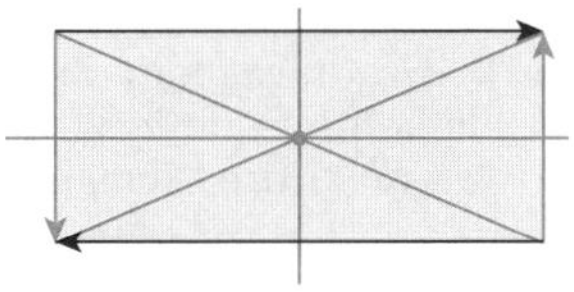 | – des symétries orthogonales<br>– des translations<br>– une symétrie centrale |
| **Losange** | 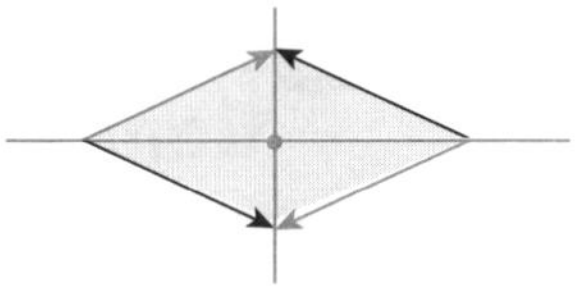 | – des symétries orthogonales<br>– des translations<br>– une symétrie centrale |
| **Carré** | 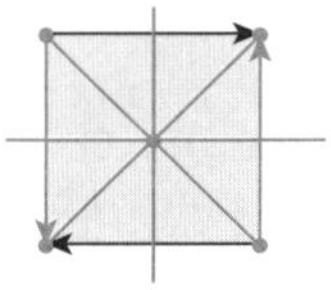 | – des symétries orthogonales<br>– des translations<br>– une symétrie centrale<br>– des homothéties<br>– des rotations |
| **Trapèze** | 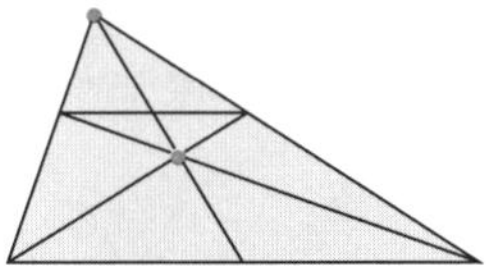 | – des homothéties |
| **Trapèze isocèle** | 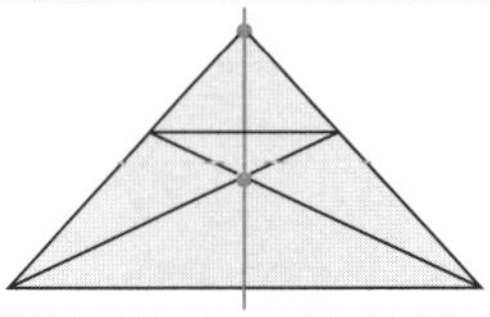 | – une symétrie orthogonale<br>– des homothéties |
| **Cercle** | 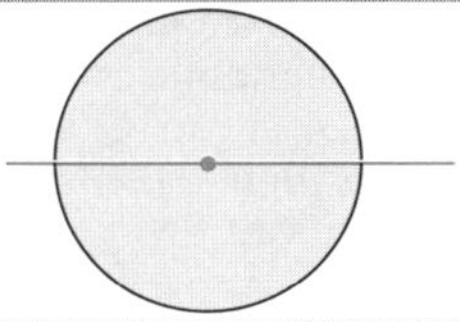 | – des symétries orthogonales<br>– une symétrie centrale<br>– des rotations |
| **Polygone régulier** | 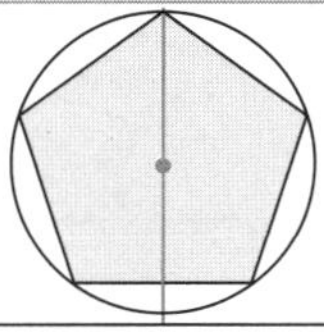 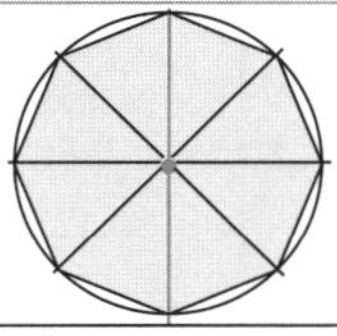 | – des symétries orthogonales<br>– une symétrie centrale (si $n$ est pair)<br>– des rotations |

# Exercices

## Translation, symétrie, rotation

*Rotation*

**1** La rotation $r$ est donnée par son centre O, un point A et son image A'.
B est un point de $\mathscr{C}(O,OA)$ et C un point de [OA].
Construire les images de B et de C ; justifier.

**2** On donne les points A et B. Construire les centres des rotations $r_1$ et $r_2$ qui appliquent A sur B et d'angles orientés respectifs $\widehat{\left(\frac{\pi}{3}\right)}$ et $\widehat{\left(\frac{\pi}{2}\right)}$.

**3** On donne deux droites parallèles (D) et (D') et un point O. $r$ est la rotation de centre O et d'angle orienté $\widehat{\left(\frac{\pi}{3}\right)}$.
Construire un point M de (D) dont l'image M' par la rotation $r$, appartient à la droite (D').

**4** On donne un triangle ABC. $(D_1)$ est la médiatrice de [BC] et $(D_2)$ la médiatrice de [AC].
$S_1$ est la symétrie orthogonale d'axe $(D_1)$ et $S_2$ celle d'axe $(D_2)$. Construire l'image A'B'C' du triangle ABC par l'isométrie $S_2 \circ S_1$.

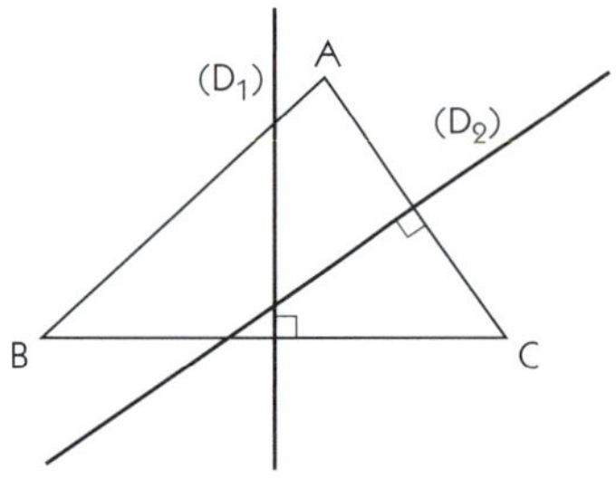


Démontrer que les points A, A', B, B', C et C' appartiennent à un même cercle.
Quelle est la nature du triangle ABC pour que l'isométrie $S_2 \circ S_1$ soit une symétrie centrale ?

**5** ABCD est un quadrilatère quelconque.
$S_A$, $S_B$ et $S_C$ sont les symétries centrales de centres respectifs A, B et C. Déterminer l'image du sommet D par l'isométrie $S_A \circ S_B \circ S_C$.

**6** ABC est un triangle équilatéral.
$(D_1)$, $(D_2)$ et $(D_3)$ sont les médiatrices respectivement de [BC], [CA] et [AB].
$S_1$, $S_2$ et $S_3$ sont les symétries orthogonales d'axes respectifs $(D_1)$, $(D_2)$ et $(D_3)$.
Démontrer que l'isométrie $S_1 \circ S_2 \circ S_3$ est une symétrie orthogonale. Préciser son axe.

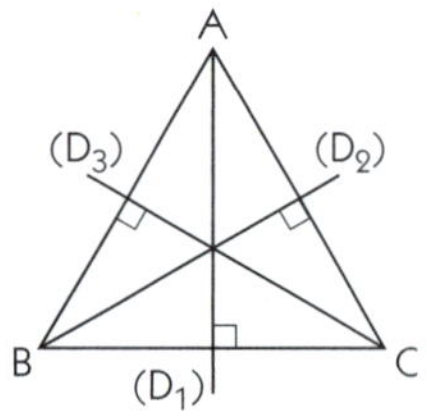


**7** ABC est un triangle rectangle en A.
A', B' et C' sont les milieux respectivement de [BC], [CA] et [AB].
Trouver une translation $t$ telle que : $S_{(A'C')} \circ S_A = t \circ S_{(A'B')}$.

## Translation, symétrie, rotation, homothétie

**8** $(L_1)$ et $(L_2)$ sont deux droites sécantes en B, non perpendiculaires. A est un point de $(L_1)$ et D un point de $(L_2)$ tous deux distincts de B. La perpendiculaire à $(L_2)$ passant par A coupe $(L_2)$ en C, la perpendiculaire à $(L_1)$ passant par D coupe $(L_1)$ en E.
**1.** Démontrer que les triangles ABC et DBE sont semblables.
**2.** $f$ est la similitude qui applique A sur D, B sur B et C sur E.
$(\Delta)$ est la bissectrice de l'angle $\widehat{ABC}$.
A' et C' sont les symétriques respectifs de A et de C par rapport à $(\Delta)$.
Démontrer qu'il existe une homothétie de centre B qui applique A' sur D. Notons $h$ cette homothétie.
**3.** $S_{(\Delta)}$ désignant la symétrie orthogonale d'axe $(\Delta)$, démontrer que $h \circ S_{(\Delta)} = f$.
**4.** Construire l'image par $f$ du triangle DBE.

## Utilisation des transformations du plan

*Démonstration de propriétés*

**9** On considère deux cercles $(\mathscr{C})$ et $(\mathscr{C}')$ tangents au point P.
Par P, on trace deux droites $(D_1)$ et $(D_2)$ qui recoupent $(\mathscr{C})$ et $(\mathscr{C}')$. On pose :
$A_1$ : point d'intersection de $(D_1)$ avec $(\mathscr{C})$
$B_1$ : point d'intersection de $(D_1)$ avec $(\mathscr{C}')$
$A_2$ : point d'intersection de $(D_2)$ avec $(\mathscr{C})$
$B_2$ : point d'intersection de $(D_2)$ avec $(\mathscr{C}')$
Démontrer que les droites $(A_1A_2)$ et $(B_1B_2)$ sont parallèles.

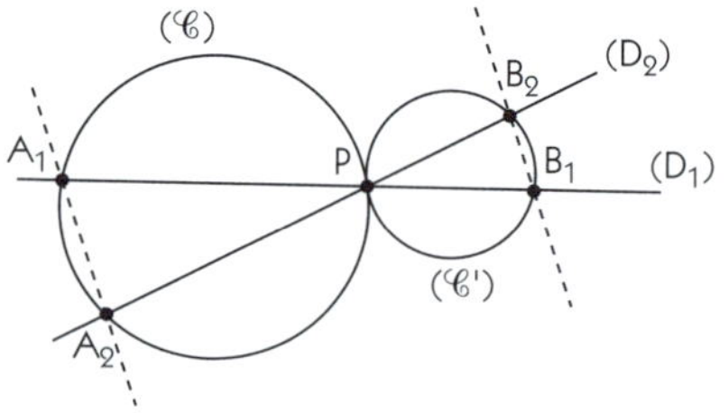


**10** On considère un trapèze ABCD tel que (AB) est parallèle à (CD). On désigne par P un point du côté [AD] et par Q le point d'intersection de (BC) avec la parallèle à (PB) passant par D.

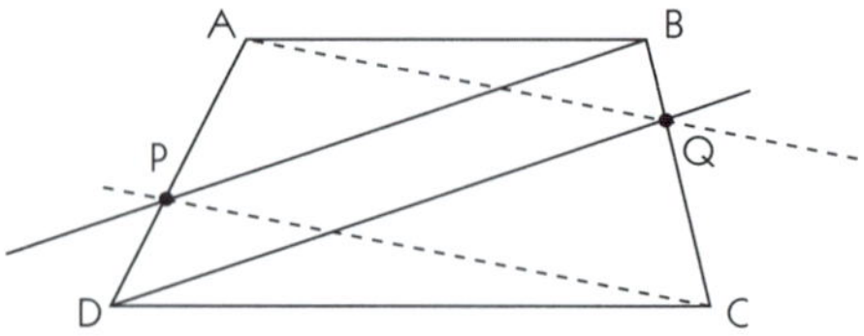


Démontrer que (AQ) est parallèle à (PC).

**11** On donne trois cercles $(\mathscr{C}_1)$, $(\mathscr{C}_2)$, $(\mathscr{C}'')$ de centres respectifs $O_1$, $O_2$ , O'' et de rayons respectifs $R_1$, $R_2$, R''.
On suppose $O_1$, $O_2$ , O'' distincts et non alignés et $R_1$, $R_2$ , R'' distincts.
$K_1$ et $L_1$ sont les centres respectifs des homothéties $h_1$ et $h'_1$ de rapports respectifs $(R''/R_2)$ et $-(R''/R_2)$ qui appliquent $(\mathscr{C}_2)$ sur $(\mathscr{C}'')$.
$K_2$ et $L_2$ sont les centres respectifs des homothéties $h_2$ et $h'_2$ de rapports respectifs $(R''/R_1)$ et $-(R''/R_1)$ qui appliquent $(\mathscr{C}_1)$ sur $(\mathscr{C}'')$.
K'' et L'' sont les centres respectifs des homothéties $h''$ et $h'''$ de rapports respectifs $(R_2/R_1)$ et $-(R_2/R_1)$ qui appliquent $(\mathscr{C}_1)$ sur $(\mathscr{C}_2)$.
Démontrer que les points $K_1$ , $K_2$ , K'' sont alignés.

**12** Dans le quadrilatère ABCD, la diagonale (AC) coupe la parallèle à (BC) comprenant D en P ; la diagonale (BD) coupe la parallèle à (AD) comprenant C en Q. Démontrer que (PQ) et (AB) sont parallèles

**13** Dans le triangle ABC, A', B' et C' sont les milieux respectifs des côtés [BC], [AC] et [AB].
La parallèle à (CC') en B' coupe (BC) en D; la parallèle à (BB') en D coupe en E la parallèle à (B'D) en B.
Démontrer que les points A', C' et E sont alignés.
Démontrer que : $\overrightarrow{B'E} = \overrightarrow{AA'}$.

## *Construction de figures*

**14** On donne deux droites parallèles $(D_1)$, $(D_2)$ et un point A.

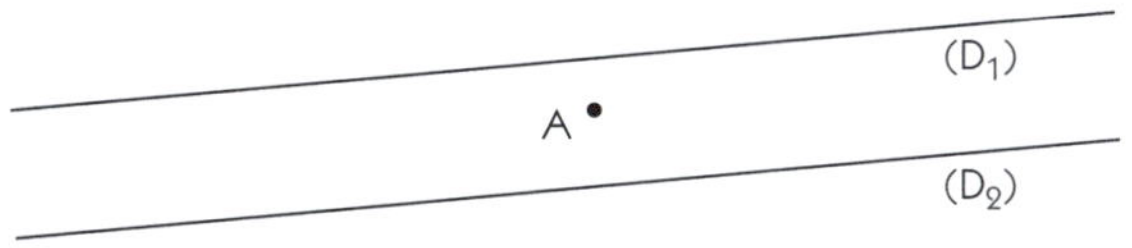


Construire un cercle tangent aux deux droites $(D_1)$ et $(D_2)$ et passant par le point A.

**15** On donne deux droites sécantes $(D_1)$, $(D_2)$ et un point P n'appartenant ni à $(D_1)$ ni à $(D_2)$.

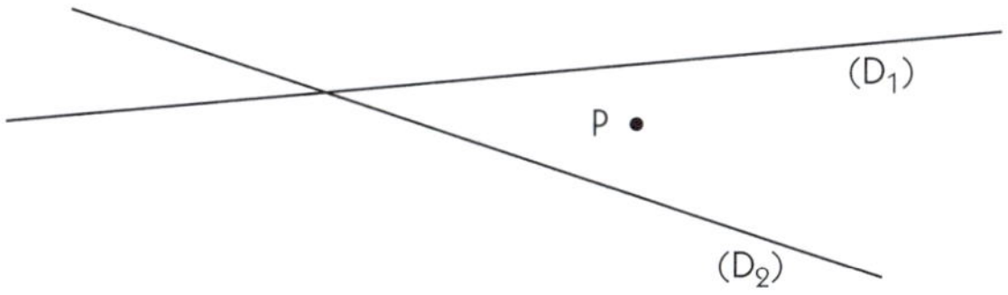


Construire les points B et C tels que $B \in (D_1)$, $C \in (D_2)$ et P soit le milieu de [BC].

**16** On donne trois droites concourantes $(D_1)$, $(D_2)$ et $(D_3)$. Construire un triangle ABC dont les médianes sont $(D_1)$, $(D_2)$ et $(D_3)$.

**17** On donne deux droites sécantes $(D_1)$, $(D_2)$ et un point A n'appartenant ni à $(D_1)$ ni à $(D_2)$.

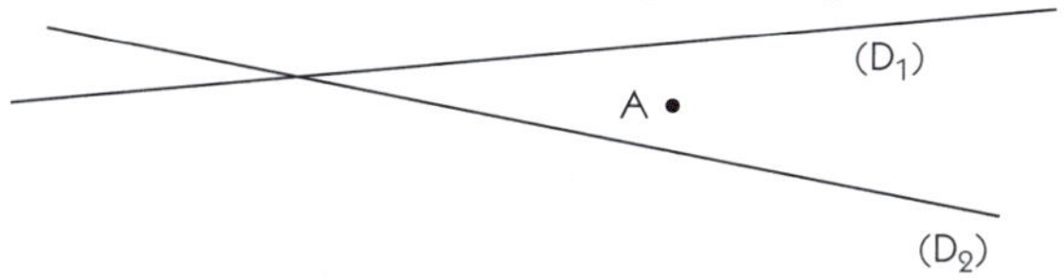


Construire un cercle $(\mathscr{C})$ tangent à $(D_1)$, tangent à $(D_2)$ et passant par A.

**18** On considère un demi-cercle $(\mathscr{C})$ de diamètre [AB]. Construire un carré MNPQ tel que :
$M \in (C)$, $N \in (C)$ et $(PQ) = (AB)$.

**19** On donne une droite (D), un cercle $(\mathscr{C})$ et un point A.

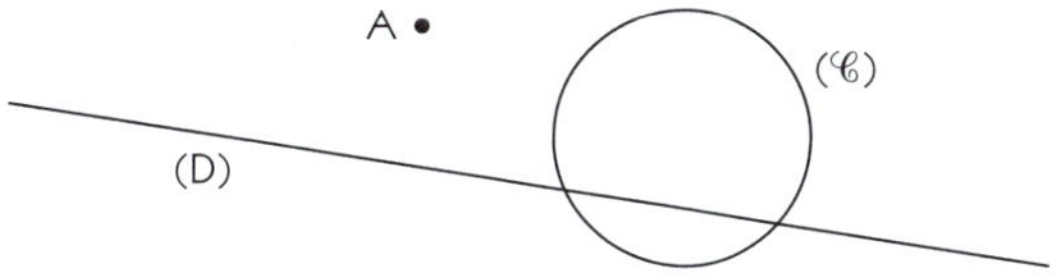


Construire un triangle équilatéral ABC tel que :
$B \in (D)$ et $C \in (\mathscr{C})$.

**20** On donne un cercle $(\mathscr{C})$, une droite (D) et un point I.

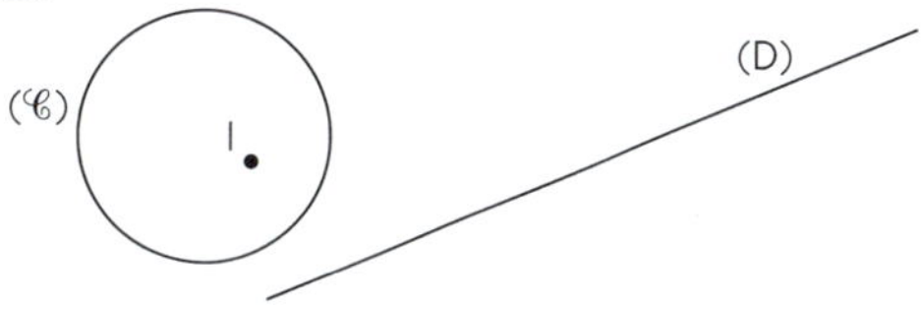


Construire un segment [AB] tel que $A \in (\mathscr{C})$, $B \in (D)$ et I soit le milieu de [AB].

**21** Inscrire un triangle équilatéral dans un triangle quelconque donné.

**22** On considère un triangle ABC.
Construire un triangle équilatéral PQR tel que :
$P \in [BC]$, $Q \in [AC]$, $R \in [AB]$ et $(QR) \parallel (BC)$.

**23** On donne le cercle $(\mathscr{C})$, la droite (D).
A est un point de $(\mathscr{C})$.

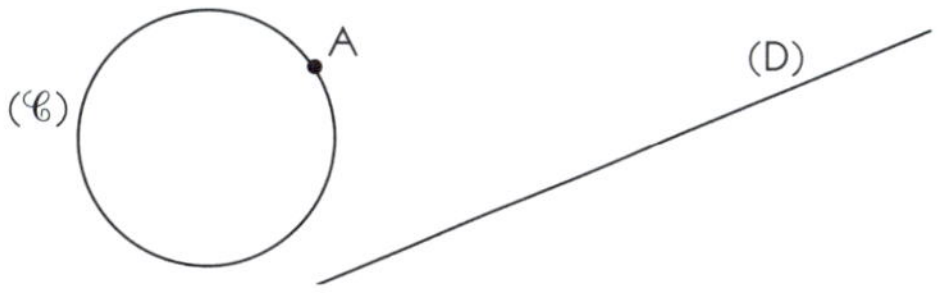


Construire un cercle tangent à $(\mathscr{C})$ en A et tangent à (D).

**24** Construire un triangle ABC connaissant la mesure $b$ du côté [AC], la mesure $c$ du côté [AB], la mesure $m_a$ de la médiane passant par A.

**25** On donne un cercle $(\mathscr{C})$ et un point P intérieur à ce cercle. Construire une corde de $(\mathscr{C})$ telle que P soit au tiers de cette corde.

**26** On donne un point O, une droite (D) qui passe par O, deux cercles de centre O, $(\mathscr{C})$ de rayon 2 et $(\mathscr{C})'$ de rayon 4.
Construire un segment [AB] tel que :
$AB = 3$, $(AB) \parallel (D)$, $A \in (\mathscr{C})$ et $B \in (\mathscr{C}')$.

**27** On donne un cercle $(\mathscr{C})$, une droite (D) et un point I. Construire un segment [AB] tel que :
$A \in (\mathscr{C})$, $B \in (D)$ et I soit le milieu de [AB].

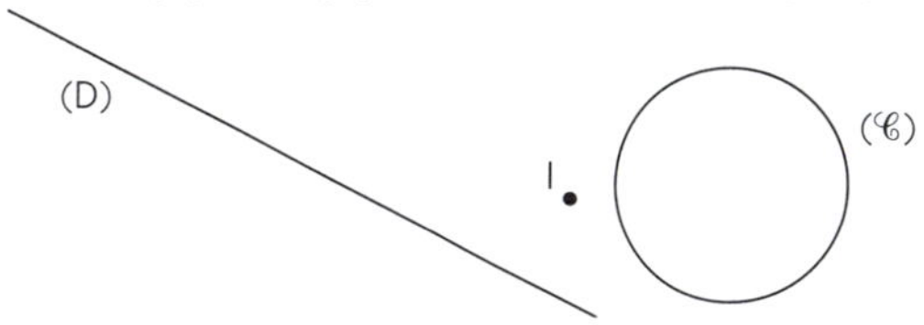

*Recherche de lieux géométriques*

**28** On donne une droite (L) et un point A. On considère un losange ABCD de sens direct, tel que AB = BD et B ∈ (L). Quel est le lieu géométrique du point C lorsque le point B décrit la droite (L) ?

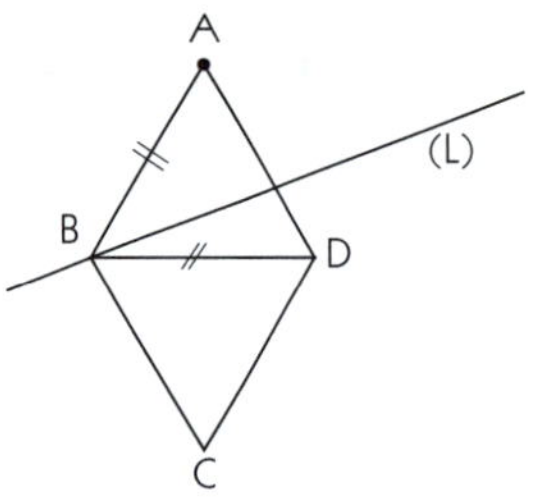


**29** On donne un cercle ($\mathscr{C}$) et un point A n'appartenant pas à ($\mathscr{C}$).

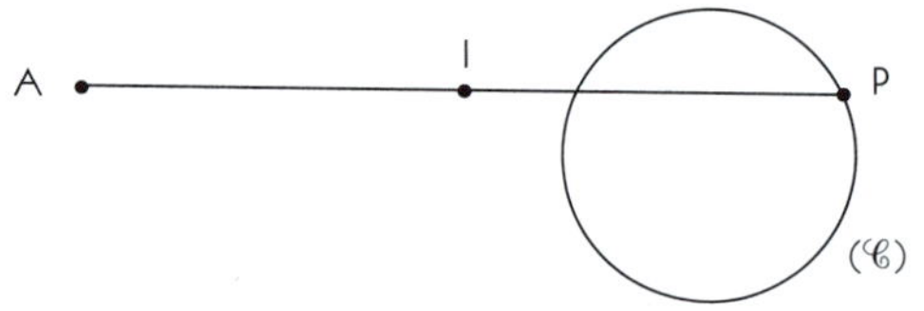


P désignant un point de ($\mathscr{C}$), quel est le lieu géométrique du milieu I de [AP] lorsque le point P décrit le cercle ($\mathscr{C}$) ?

**30** On donne le cercle ($\mathscr{C}$) et un point A de ($\mathscr{C}$).
B désignant un point de ($\mathscr{C}$) distinct de A, on construit un carré ABCD.
Quel est le lieu géométrique du centre O de ce carré lorsque B décrit le cercle ($\mathscr{C}$) ?

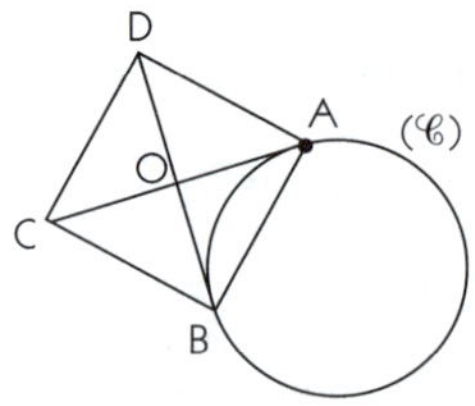


**31** On donne une droite (Δ) et deux points A et B n'appartenant pas à cette droite.

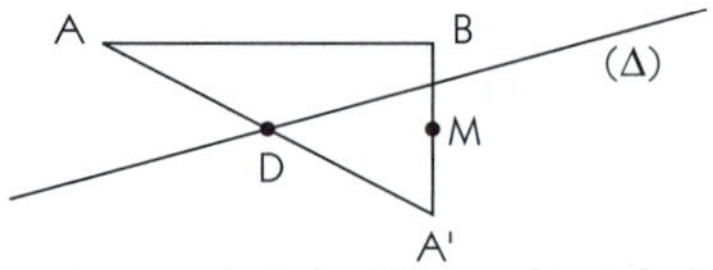


**1.** D désignant un point de (Δ), quel est le lieu géométrique du symétrique A' de A par rapport à D lorsque D décrit (Δ) ?
**2.** Quel est le lieu géométrique du milieu M du segment [A'B] lorsque D décrit (Δ) ?
**3.** P désignant le point commun aux droites joignant A' au milieu de [AB] et joignant B au milieu de [AA'], quel est le lieu géométrique de P lorsque D décrit (Δ) ?

# 13

# Orthogonalité dans l'espace

*Aux XVI^e et XVII^e siècles, deux types de géométrie prennent leur essor :*

*– la géométrie analytique avec René DESCARTES (1576 - 1650)*

*– la géométrie projective avec Girard DESARGUES (1593 - 1662)*

*La géométrie projective est introduite par les artistes de la Renaissance pour représenter des objets à partir des règles de la perspective. Cette géométrie a longtemps été éclipsée par les brillants progrès de la géométrie analytique.*

*Au XVIII^e siècle, Gaspard MONGE (1746 - 1818), suivi d'autres mathématiciens, remet la géométrie projective à l'honneur en utilisant des méthodes analytiques. Il crée la géométrie descriptive en systématisant et en posant de nouveaux fondements du dessin architectural.*

*Aujourd'hui, grâce à l'art et à la science de nos architectes et à l'aide d'ordinateurs, des édifices beaux et grandioses sont réalisés dans les grandes villes d'Afrique et de l'Océan Indien, comme en témoigne la magnifique basilique NOTRE-DAME DE LA PAIX à Yamoussoukro (Côte-d'Ivoire).*

## SOMMAIRE

# 1 Orthogonalité dans l'espace

## 1.1. Droites orthogonales

### Définition

On veut étendre aux droites de l'espace la notion de droites perpendiculaires.

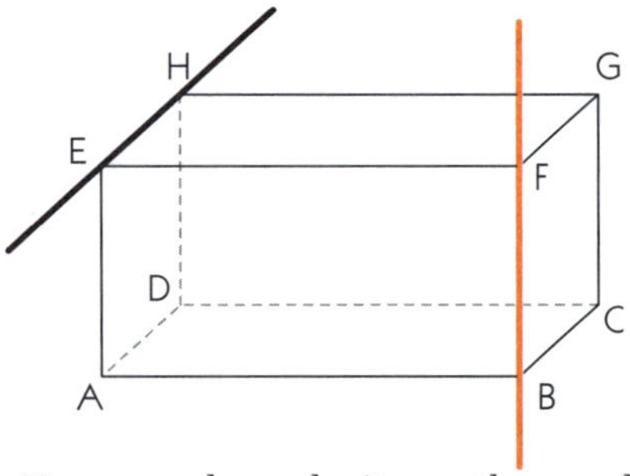


ABCDEFGH est un pavé droit.
Considérons les droites (EH) et (BF).

- Par chaque sommet du pavé droit, tracer la droite parallèle à (EH) et la droite parallèle à (BF).

Justifier que ces droites sont perpendiculaires.

- Tracer en couleur des droites parallèles à (FB).

On dit que **ces droites appartiennent à la direction de** (FB).

- Tracer en noir des droites appartenant à la direction de (EH).

Deux droites, l'une appartenant à la direction de (EH), l'autre à la direction de (BF), sont dites **orthogonales**.

- Nommer deux droites orthogonales, chaque droite contenant une arête du pavé droit.

**Définition**

**On dit que deux droites (D) et (L) sont *orthogonales* lorsque les droites parallèles à (D) et à (L) passant par un même point sont perpendiculaires.**

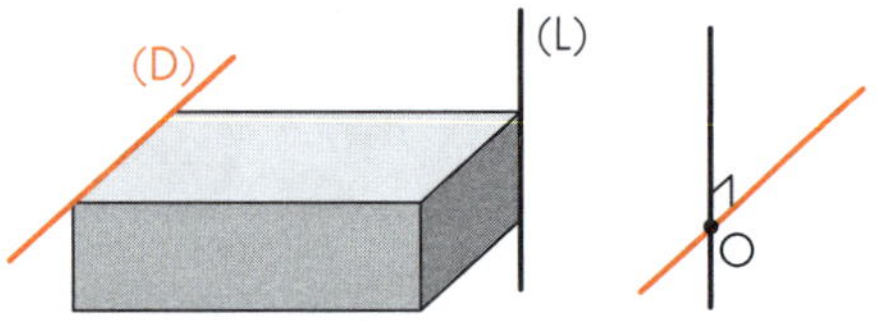


Lorsque les droites (D) et (L) sont orthogonales, on dit aussi que (D) **est orthogonale à** (L), ou que (L) est orthogonale à (D)

On note : (D) ⊥ (L)

### Remarque

*– Deux droites orthogonales ne sont pas forcément sécantes.*
*– Deux droites perpendiculaires sont orthogonales.*
*Par exemple, dans le pavé droit ABCDEFGH, les droites (AE) et (FG) sont orthogonales et non sécantes, les droites (EF) et (FB) sont perpendiculaires en F donc orthogonales et sécantes.*

### Propriété

*On peut démontrer la propriété suivante, c'est une conséquence de la définition.*

**Propriété**

**– Si deux droites sont orthogonales, alors toute droite parallèle à l'une est orthogonale à l'autre.**

***Autre formulation***

**– Si deux droites sont parallèles, alors toute droite orthogonale à l'une est orthogonale à l'autre.**

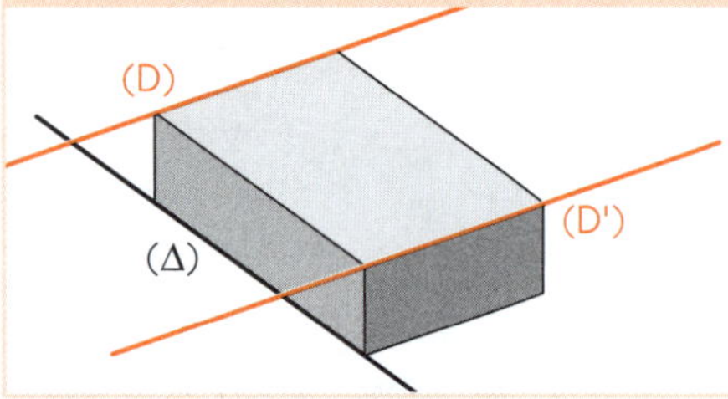


(D), (D') et (Δ) sont des droites contenant des arêtes du pavé droit.

**(D') // (D)**
***et***
**(Δ) ⊥ (D)** } ⇒ **(Δ) ⊥ (D')**

## Remarque

*Il n'est pas permis d'étendre à l'espace toutes les propriétés d'orthogonalité vues dans le plan. Par exemple :*

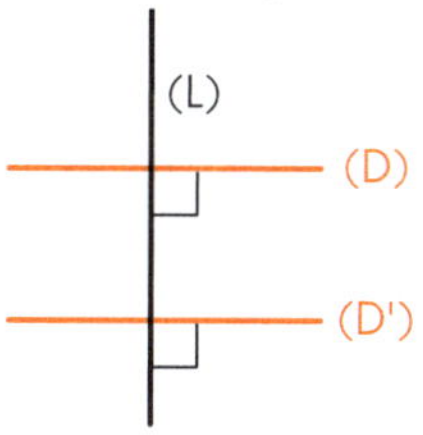


***Dans le plan****, deux droites orthogonales à une même troisième sont parallèles.*

$\left.\begin{array}{l}(L) \perp (D') \\ \text{et} \\ (L) \perp (D)\end{array}\right\} \Rightarrow (D') \,//\, (D)$

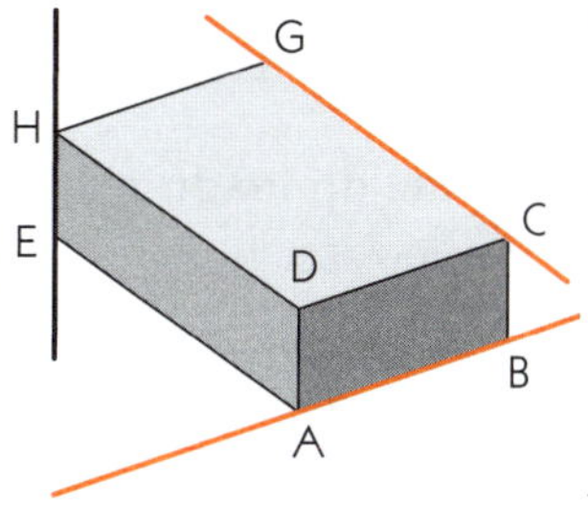


***Dans l'espace****, deux droites orthogonales à une même troisième peuvent être sécantes, parallèles ou non coplanaires.*
*ABCDEFGH étant un pavé droit, (GC) ⊥ (HE) et (AB) ⊥ (HE), cependant, (GC) et (AB) ne sont pas parallèles.*

### Exemple

**ABCDEFGH est un cube. Démontrons que les droites (AH) et (FC) sont orthogonales.**

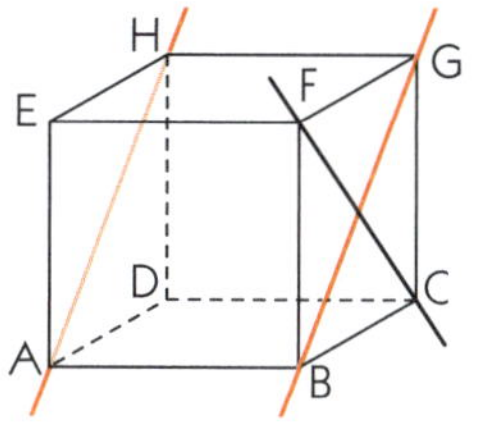


ABCDEFGH est un cube. Les droites (AB) et (GH) sont parallèles et distinctes ; elles déterminent donc le plan (ABG).
Dans le plan (ABG), (GH) // (AB) et GH = AB.
ABGH est donc un parallélogramme, d'où (AH) // (BG).
Dans le plan (BCG), les diagonales [CF] et [BG] du carré BCGF ont des supports perpendiculaires : donc (BG) ⊥ (CF).
On a (AH) // (BG) et (BG) ⊥ (CF), donc (AH) ⊥ (CF).

## Exercices

**1.a** ABCDEFGH est un cube. I, J, K et L sont les milieux respectifs des segments [BC], [CD], [GH] et [HE]. Démontrer que les droites (IJ) et (KL) sont orthogonales. *(On pourra considérer le milieu de [FG] et dessiner dans un plan la figure du plan (IJK) et celle du plan (EFG).)*

**1.b** On donne deux points A et B appartenant à un plan ($\mathcal{P}$), et une droite (D) sécante à ($\mathcal{P}$) en A. Construire une droite de ($\mathcal{P}$) passant par B et orthogonale à (D).

## 1.2. Droites et plans orthogonaux

### Définition et propriétés

On a vu en classe de Quatrième qu'une droite perpendiculaire à un plan est une droite perpendiculaire à deux droites sécantes de ce plan.
On se propose de préciser cette notion et de compléter son étude.

**Activité**

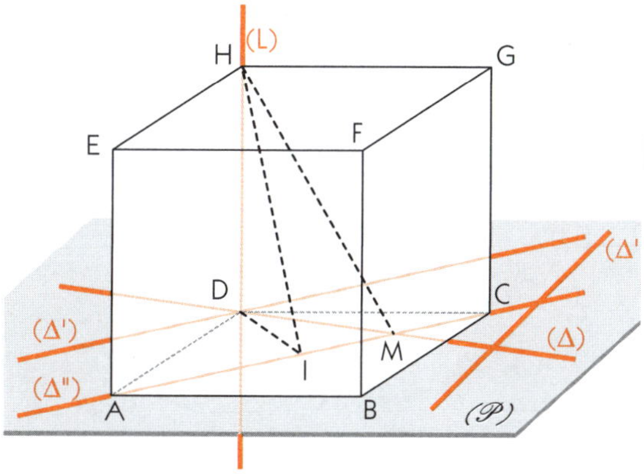


**On donne le cube ABCDEFGH de coté 8 cm.**
**I est le milieu de [AC].**
**Considérons la droite (L) contenant l'arête [HD].**
**On veut démontrer que la droite (L) est orthogonale à toute droite du plan ($\mathcal{P}$) de la base ABCD.**

On a : (L) ⊥ (AD) et (L) ⊥ (CD).
- Démontrer que (L) ⊥ (DI). Pour cela :
  - calculer $DI^2$ dans ADI, et $HI^2$ dans ACH.
  - dessiner ADI et ACH en dimensions réelles.

(Δ) est une droite passant par D et coupant (AC) en M.
- Démontrer que (L) ⊥ (Δ). Pour cela :
  - calculer $HM^2$ dans HIM, $DM^2$ dans DHM et dans DIM.
  - en déduire que : $HM^2 = DM^2 + HD^2$.

(Δ') est la droite parallèle à (AC) qui passe par D.

• Démontrer que (L) ⊥ (Δ').

Pour cela :

– justifier que (AC) ⊥ (CG) ;

– en déduire que (AC) ⊥ (L) et que (L) ⊥ (Δ').

(Δ") est une droite du plan (𝒫) ne passant pas par D.

• Démontrer que (L) ⊥ (Δ").

Pour cela :

– considérer la droite parallèle à (Δ") qui passe par D

– utiliser les résultats précédents.

Donc, la droite (L) est orthogonale à toute droite du plan (𝒫).

*On démontre et nous admettrons la propriété fondamentale suivante.*

## Propriété fondamentale – Définition

**Si une droite (Δ) est orthogonale à deux droites sécantes d'un plan (𝒫), alors elle est orthogonale à ce plan.**

**On dit alors que la droite (Δ) et le plan (𝒫) sont orthogonaux.**

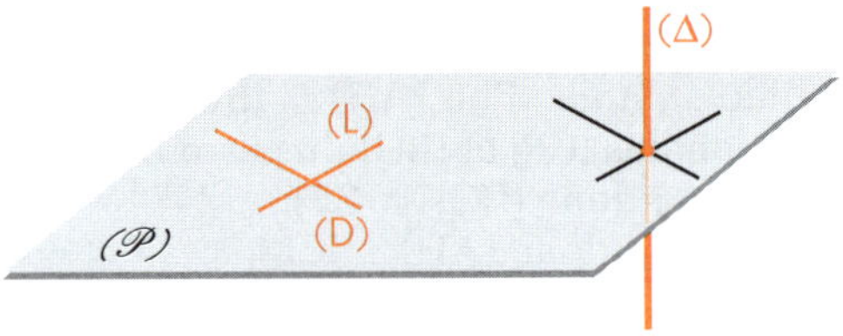


On dit aussi que (𝒫) est orthogonal à (D)
ou que (D) est orthogonale à (𝒫).

On note : (𝒫) ⊥ (D)
ou encore : (D) ⊥ (𝒫)

(D) et (L) sont deux droites sécantes du plan (𝒫), (Δ) ⊥ (D) et (Δ) ⊥ (L) ⇒ (Δ) ⊥ (𝒫)

• À l'aide des sommets du pavé droit ABCDEFGH, nommer un plan orthogonal à la droite (AE) ; nommer des droites orthogonales à la droite (AE).

Les deux propriétés suivantes assurent l'unicité dans des configurations d'orthogonalité. Elles sont souvent utilisées dans la synthèse d'un problème de construction ou dans un raisonnement par l'absurde dans une démonstration.

*On peut démontrer cette propriété.*

## Propriétés

**Il existe une droite et une seule passant par un point donné et orthogonale à un plan donné.**

A ∈ (D)
(D) ⊥ (𝒫)

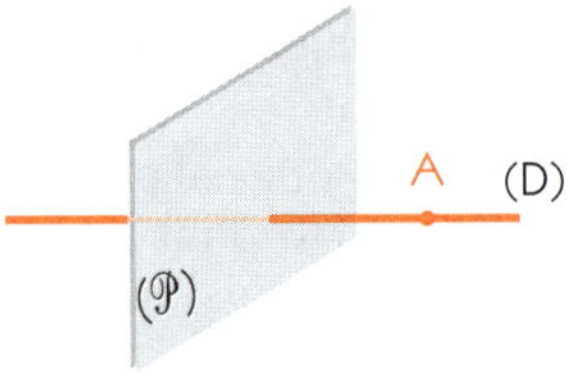


**Il existe un plan et un seul passant par un point donné et orthogonal à une droite donnée.**

A ∈ (𝒫)
(𝒫) ⊥ (D)

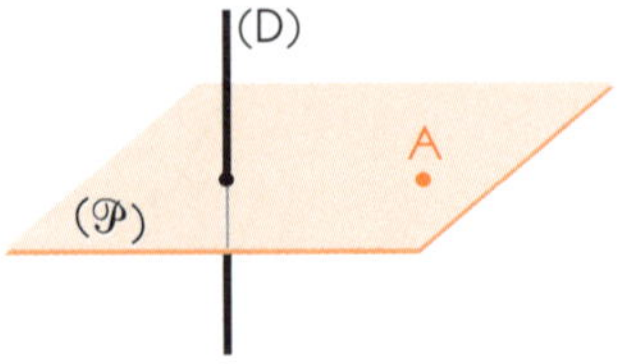

## Exemples

**ABCDEFGH est un pavé droit. Démontrons que la droite (CG) et le plan (FGH) sont orthogonaux et que les droites (HF) et (CG) sont orthogonales.**

(CG) est orthogonale aux droites sécantes (FG) et (GH), donc (CG) est orthogonale au plan (FGH).
Par conséquent,
(CG) est orthogonale à toute droite du plan (FGH).
Or, (FH) est une droite de (FGH),
donc (GC) est orthogonale à (FH).

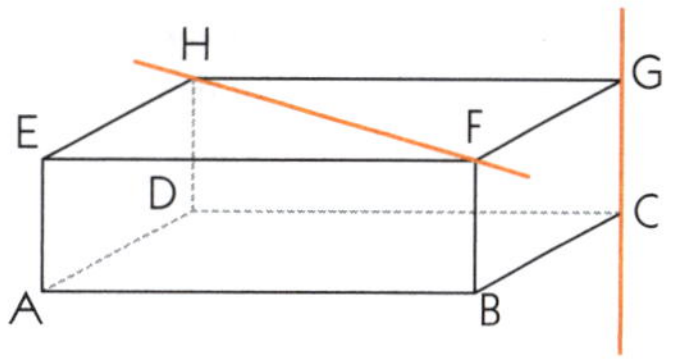


**ABC étant un triangle, donner un programme de construction du plan (𝒫) passant par A et orthogonal à la droite (BC).**

***Analyse***

Désignons par H le point d'intersection de la droite (BC) et du plan (𝒫).
(AH) est à la fois une droite du plan (ABC) et du plan (𝒫). Étant orthogonale à toute droite du plan (𝒫), la droite (BC) est orthogonale, donc perpendiculaire en H, à (AH).
Toute droite perpendiculaire à la droite (BC) et passant par le point H est contenue dans (𝒫).

Le plan (𝒫) cherché est déterminé par (AH) et par une droite (L), perpendiculaire en H à (BC).

***Esquisse de la figure***

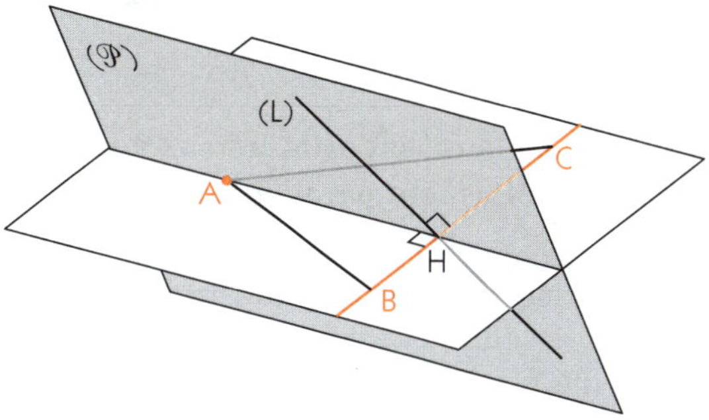


***Programme de construction***

– Tracer la hauteur (AH) du triangle ABC.
– Dans un plan contenant la droite (BC) mais pas le point A, mener une droite (L) perpendiculaire en H à (BC).
Le plan (𝒫) est déterminé par les droites (AH) et (L).

***Synthèse***

Le plan (𝒫) est l'unique plan passant par A et orthogonal à (BC).

**ABC est un triangle, (D) la droite passant par A et orthogonale au plan (ABC) et D un point de (D) distinct de A.**
**Donner un programme de construction de la droite (L) passant par A et orthogonale au plan (BCD).**

***Analyse***

– Désignons par K le point d'intersection de la droite (L) et du plan (BCD) et par X le point d'intersection de (DK) et (BC).
On a : (AK) ⊥ (BCD) et (BC) ⊂ (BCD)
Par conséquent : (AK) ⊥ (BC).
Le plan (ADX) contenant deux droites sécantes orthogonales à (BC) est donc orthogonal à (BC).
La droite (AX), contenue dans ce plan est donc orthogonale à (BC).
Dans le triangle ABC, [AX] est donc une hauteur et dans le triangle ADX, [AK] est une hauteur.

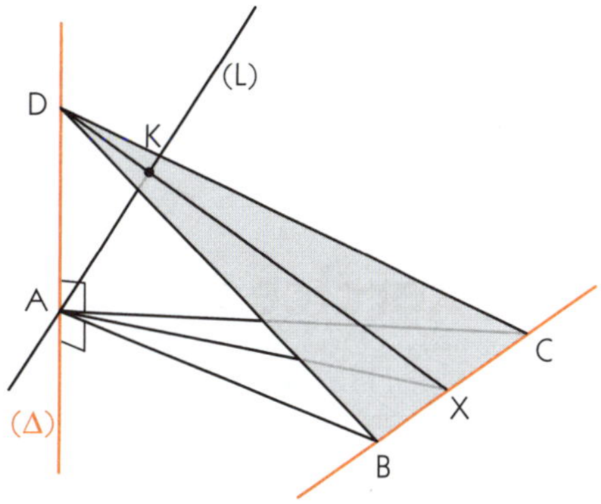


***Programme de construction***

– Dans le triangle ABC, construire la hauteur [AX].
– Dans le triangle ADX, construire la hauteur [AK].
(AK) est la droite cherchée.
*(Elle est orthogonale à (DX) par construction et à (BC) car (BC) et (ADX) sont orthogonaux et (DX) ⊂ (ADX))*

***Synthèse***

(AK) est l'unique droite passant par A et orthogonale au plan (BCD).

## Orthogonalité et parallélisme

*On peut démontrer les propriétés suivantes :*

### Propriétés

**❶ Si deux plans sont parallèles, alors toute droite orthogonale à l'un est orthogonale à l'autre.**

***autre formulation***

**Si une droite est orthogonale à un plan, alors tout plan parallèle à ce plan est orthogonal à cette droite.**

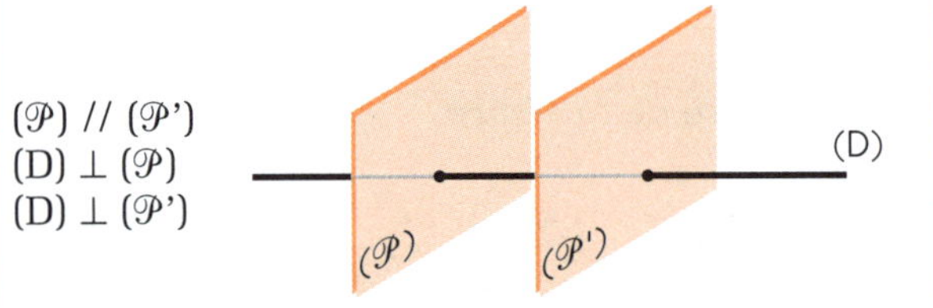


**❷ Si deux droites sont parallèles, alors tout plan orthogonal à l'une est orthogonal à l'autre.**

***autre formulation***

**Si une droite est orthogonale à un plan, alors toute droite parallèle à cette droite est orthogonale à ce plan.**

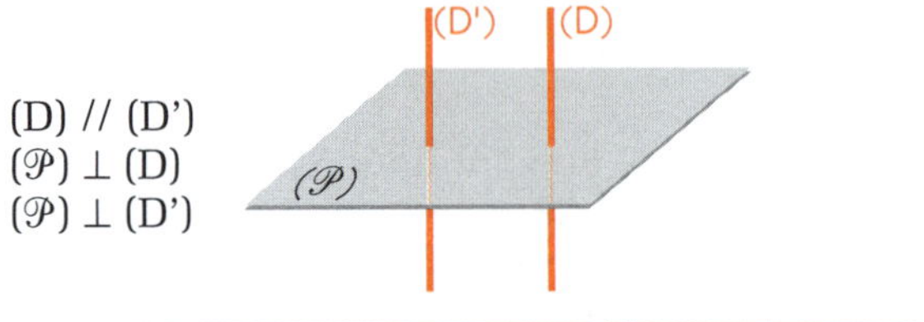


**❸ Si deux plans sont orthogonaux à une même droite, alors ils sont parallèles.**

**❹ Si deux droites sont orthogonales à un même plan alors elles sont parallèles.**

• Pour chacune de ces propriétés, donner une traduction mathématique sous forme d'implication, en utilisant les légendes de leurs illustrations.

### Activité

**ABCDEF est un cube, I, J, K, L, M, N sont les milieux respectifs de [AB], [BC], [CG], [GH], [HE] et [EA].**

**On veut démontrer que les plans (IJK) et (BEG) sont parallèles et qu'ils sont perpendiculaires à la droite (DF).**

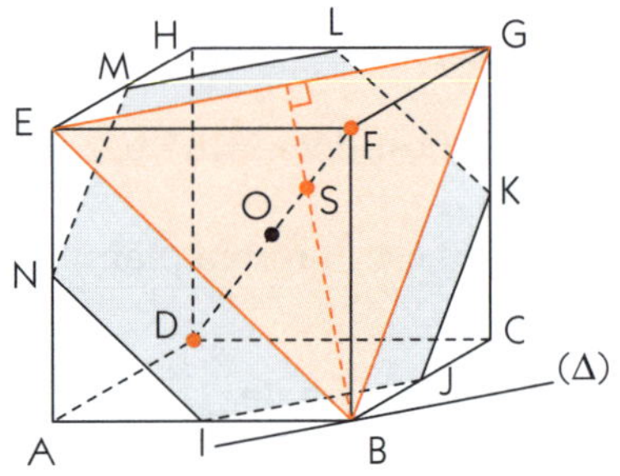


On pourra démontrer que :

– IJKLMN est un hexagone régulier (IJLM et JKMN sont des rectangles).

– BEG est un triangle équilatéral, les plans (BEG) et (ABC) se coupent suivant la droite (Δ) parallèle à (IJ).

– (DF) est perpendiculaire en S au plan (BEG), S étant l'orthocentre de BEG.

– (DF) est perpendiculaire en O au plan (IJK), O étant le centre du cube.

## Exercices

**1.c** On donne le cube ABCDEFGH. Démontrer que pour tout point M de (DB), le triangle AME est rectangle en A.
I, J et K sont les milieux respectifs de [AB], [EF] et [FG]. Montrer que le triangle IJK est rectangle en J.

**1.d** SABCD est une pyramide régulière à base carrée ABCD.
Démontrer que la droite (AC) et le plan (BDS) sont orthogonaux.

**1.e** Démontrer que dans une pyramide régulière SABC à base triangulaire ABC, les droites contenant deux arêtes opposées sont orthogonales.
Pour cela, considérer le milieu A' de [BC], et justifier que (BC) ⊥ (A'A) et (BC) ⊥ (A'S).

## 1.3. Plans perpendiculaires

### Définition

■ **Activité**

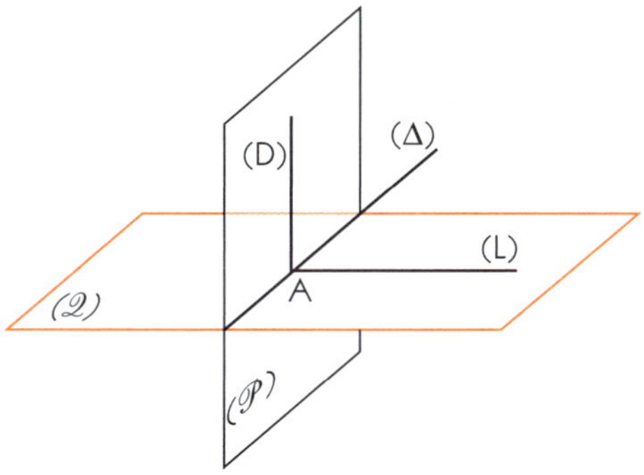


**(D) est une droite orthogonale à un plan $(\mathcal{Q})$ et $(\mathcal{P})$ un plan contenant (D).**
**On veut démontrer que $(\mathcal{Q})$ contient une droite orthogonale à $(\mathcal{P})$.**

Pour cela, justifier que les plans $(\mathcal{Q})$ et $(\mathcal{P})$ sont sécants suivant une droite (Δ) passant par A, A désignant le point d'intersection de (D) et $(\mathcal{Q})$.

• (L) étant une droite perpendiculaire à (D) en A, démontrer que :

$$(L) \perp (\Delta) \text{ et } (L) \subset (\mathcal{Q})$$

• Conclure.

### Définition

**On dit que deux plans sont perpendiculaires lorsque l'un d'eux contient une droite orthogonale à l'autre.**

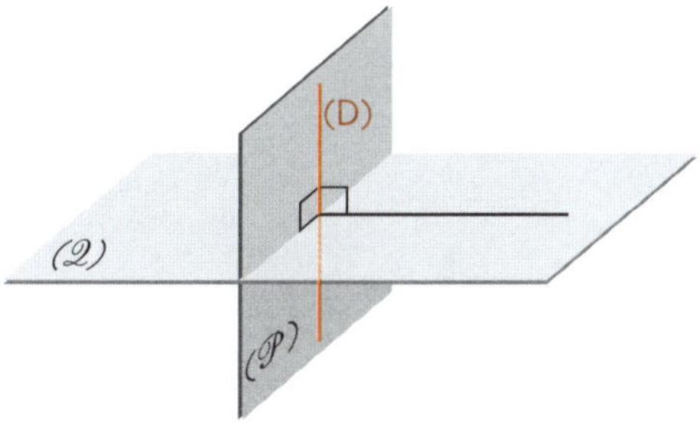


Lorsque les plans $(\mathcal{P})$ et $(\mathcal{Q})$ sont perpendiculaires, on dit aussi que $(\mathcal{P})$ est perpendiculaire à $(\mathcal{Q})$ ou que $(\mathcal{Q})$ est perpendiculaire à $(\mathcal{P})$.

On note $(\mathcal{P}) \perp (\mathcal{Q})$

$(D) \subset (\mathcal{P})$
$(D) \perp (\mathcal{Q})$

■ **Exemples**

Dans un pavé droit, deux faces ayant une arête commune sont contenues dans deux plans perpendiculaires,

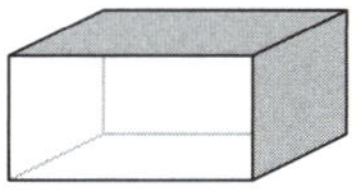

Dans un pavé droit, un plan contenant une arête commune à deux faces latérales est perpendiculaire aux plans des bases.

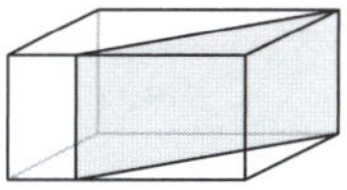

### Exemple

**ABCDS est une pyramide régulière à base carrée ABCD.**
**Démontrons que les plans (BDS) et (ABC) sont perpendiculaires.**

O est le centre du carré ABCD. [OS] est donc la hauteur de la pyramide régulière SABCD.

$$(OS) \perp (ABC).$$

Le plan (BDS) contient le point S et le milieu O de [BD], donc la droite (OS). Donc :

$$(BDS) \perp (ABC)$$

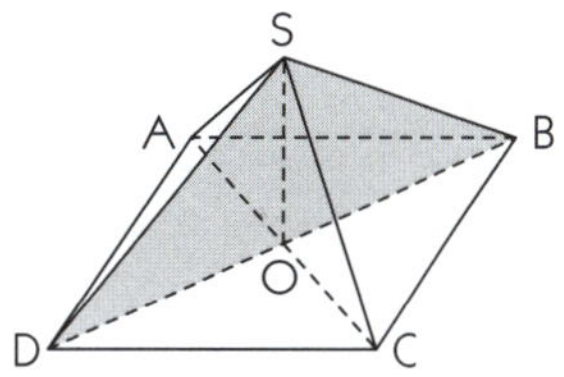

| Propriétés à démontrer | Traduction mathématique | Illustration par des configurations |
|---|---|---|
| – Si deux plans sécants sont perpendiculaires à un même plan, alors leur droite d'intersection est orthogonale à ce plan. | $\left.\begin{array}{l}(\mathcal{P}) \perp (\mathcal{Q})\\(\mathcal{P}') \perp (\mathcal{Q})\\(\mathcal{P}) \cap (\mathcal{P}') = (D)\end{array}\right\} \Rightarrow (D) \perp (\mathcal{Q})$ | 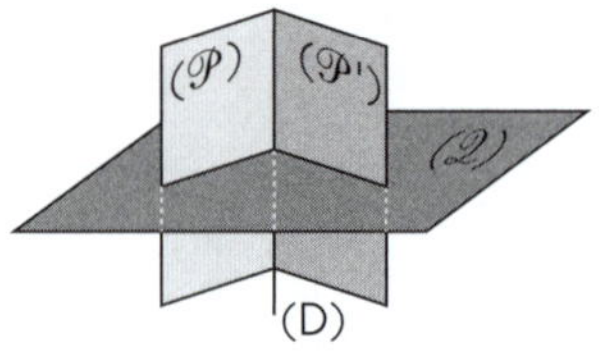 |
| – Si deux plans sont perpendiculaires, alors tout plan parallèle à l'un est perpendiculaire à l'autre.<br>– Si deux plans sont parallèles, alors tout plan perpendiculaire à l'un est perpendiculaire à l'autre. | $\left.\begin{array}{l}(\mathcal{P}) \perp (\mathcal{Q})\\(\mathcal{P}') // (\mathcal{P})\end{array}\right\} \Rightarrow (\mathcal{P}') \perp (\mathcal{Q})$<br>$\left.\begin{array}{l}(\mathcal{P}) // (\mathcal{P}')\\(\mathcal{P}) \perp (\mathcal{Q})\end{array}\right\} \Rightarrow (\mathcal{P}') \perp (\mathcal{Q})$ | 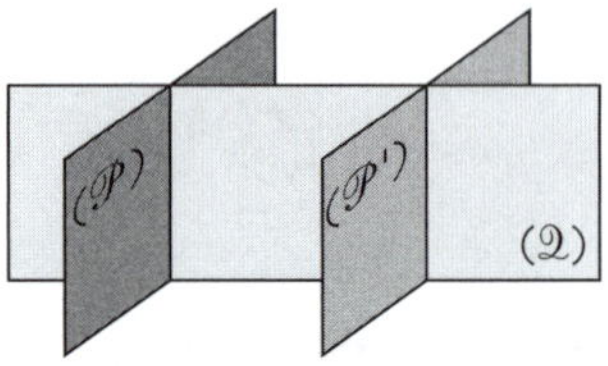 |
| – Si deux plans sont perpendiculaires, alors toute droite orthogonale à l'un est parallèle à l'autre.<br>– Si une droite et un plan sont orthogonaux, alors tout plan parallèle à la droite est orthogonal au plan. | $\left.\begin{array}{l}(\mathcal{P}) \perp (\mathcal{P}')\\(D) \perp (\mathcal{P})\end{array}\right\} \Rightarrow (D) // (\mathcal{P}')$<br>$\left.\begin{array}{l}(D) \perp (\mathcal{P})\\(D) // (\mathcal{P}')\end{array}\right\} \Rightarrow (\mathcal{P}) \perp (\mathcal{P}')$ | 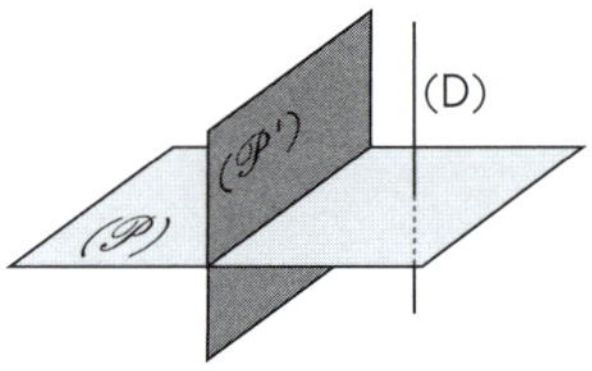 |

• Trouver des illustrations de ces propriétés dans le pavé droit ABCDEFGH.

# Exercices

**1.f** Dans le cube ABCDEFGH, démontrer que les plans (ACE) et (BDH) sont perpendiculaires.

**1.g** ABCEFGH est un cube.
Démontrer que les plans (AED) et (ABG) sont perpendiculaires.

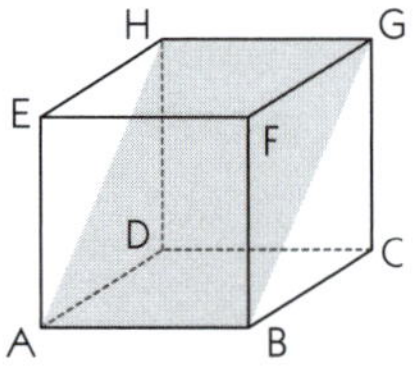


**1.h** ABC est un triangle, H son orthocentre. (Δ) est la droite orthogonale en H au plan (ABC) et D un point de (Δ) différent de H.
Démontrer que les plans (ADH) et (BCD) sont perpendiculaires. Faire une figure.

**1.i** Le plan orthogonal à la diagonale (FD) du cube ABCDEFGH et passant par le point P de l'arête [HE] coupe les arêtes [EA] en Q, [AB] en R, [BC] en S, [CG] en T et [GH] en U.
Démontrer, par exemple, que (RS) ⊥ (BD) et (RS) // (AC).
*[On pourra étudier la position relative des plans (PRS) et (BDF)]*
En déduire la position de P sur l'arête [HE] pour que PQRSTU soit un hexagone régulier.

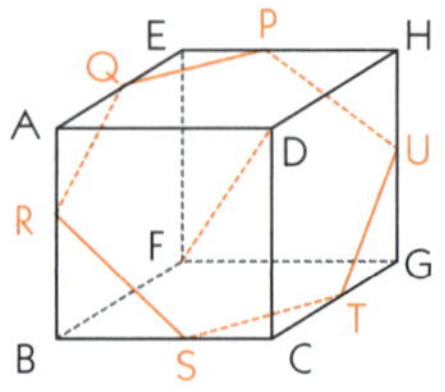

# 2 Projections orthogonales

## 2.1. Projection orthogonale sur un plan

### Définition

$(\mathcal{P})$ étant un plan,et M un point de l'espace, il existe une droite unique (D) passant par M et orthogonale à $(\mathcal{P})$. Cette droite est sécante à $(\mathcal{P})$, on désigne par M' leur point d'intersection. à chaque point M de l'espace, on peut donc associer ce point M' de $(\mathcal{P})$. On définit ainsi une application de l'espace dans le plan $(\mathcal{P})$.

**Définition**

**$(\mathcal{P})$ étant un plan,**

**on appelle *projection orthogonale* sur $(\mathcal{P})$, l'application de l'espace dans le plan $(\mathcal{P})$ qui à chaque point M associe M', point d'intersection de $(\mathcal{P})$ et de la droite orthogonale à $(\mathcal{P})$ passant par M.**

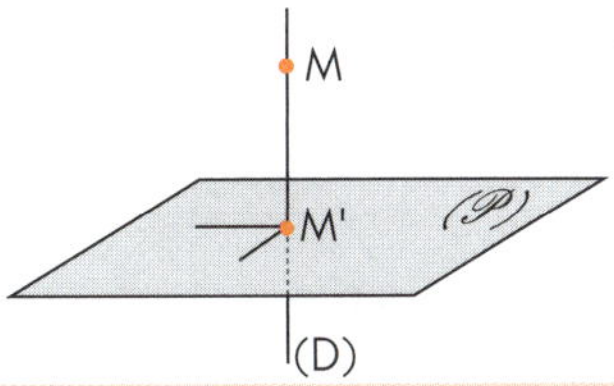


$M \in (D)$
$(D) \perp (\mathcal{P})$
$\{M'\} = (D) \cap (\mathcal{P})$

M' s'appelle le **projeté orthogonal** de M sur le plan $(\mathcal{P})$

### Images de figures simples

**Activité**

On considère un pavé droit ABCDEFGH.
$p$ est la projection orthogonale sur le plan (ABC).

On veut déterminer les images par $p$ de parties de ce pavé droit.

- Trouver les projetés de A, B, E, F, G, H.
- Trouver les images par p de [AE], [CF], [FG], [EC], [EG] et [EB].
- (EB) // (HC). Vérifier que les images de ces droites sont des droites parallèles.
- (AB) // (CD). Trouver deux droites non parallèles dont les images respectives par $p$ sont (AB) et (CD).
- Trouver les images par $p$ de chacun des plans (EFG), (EBC), (EAD), (EAB) et (CDH).

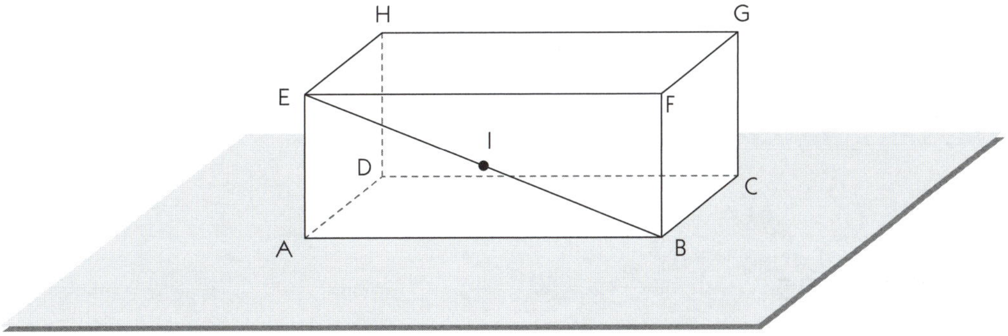

*On peut démontrer les propriétés suivantes, ce sont des conséquences immédiates de la définition.*

## Propriétés

① ***Points invariants***

**L'ensemble des points invariants par la projection orthogonale sur ($\mathcal{P}$) est le plan ($\mathcal{P}$).**

② ***Image d'une droite***

**L'image d'une droite (D) par la projection orthogonale sur le plan ($\mathcal{P}$) est :**

- **un singleton si la droite (D) est orthogonale à ($\mathcal{P}$),**
- **une droite si la droite (D) n'est pas orthogonale à ($\mathcal{P}$).**

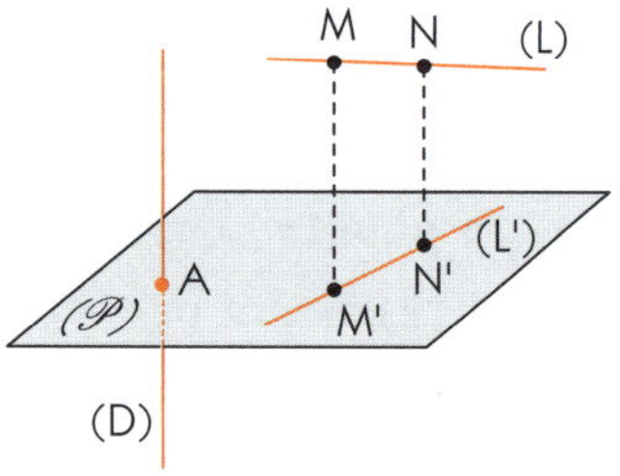


(D) $\perp$ ($\mathcal{P}$)
(D) $\cap$ ($\mathcal{P}$) = {A}

(MN) = (L)
M' $\in$ ($\mathcal{P}$) ; (MM') $\perp$ ($\mathcal{P}$)
N' $\in$ ($\mathcal{P}$) ; (NN') $\perp$ ($\mathcal{P}$)
(M'N') = (L')

$p$ est la projection orthogonale sur ($\mathcal{P}$)
$p$(D) = {A}
$p$(L) = (L')

③ ***Image d'un segment***

**Les points distincts M' et N' sont les projetés orthogonaux sur un plan ($\mathcal{P}$) de deux points M et N de l'espace.**

| **Si (MN) et ($\mathcal{P}$) sont parallèles, alors M'N' = MN.** | **Si (MN) et ($\mathcal{P}$) ne sont pas parallèles, alors M'N' < MN.** |
|---|---|

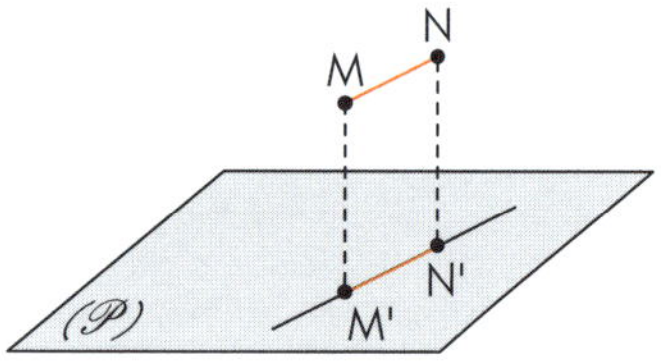


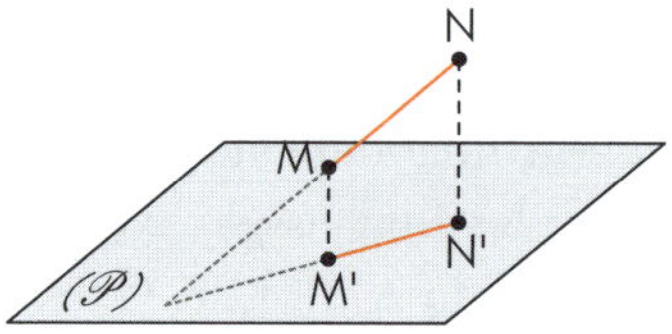


④ ***Image du milieu d'un segment***

**L'image par la projection orthogonale sur un plan ($\mathcal{P}$) du milieu d'un segment dont le support n'est pas orthogonal à ($\mathcal{P}$) est le milieu de l'image du segment.**

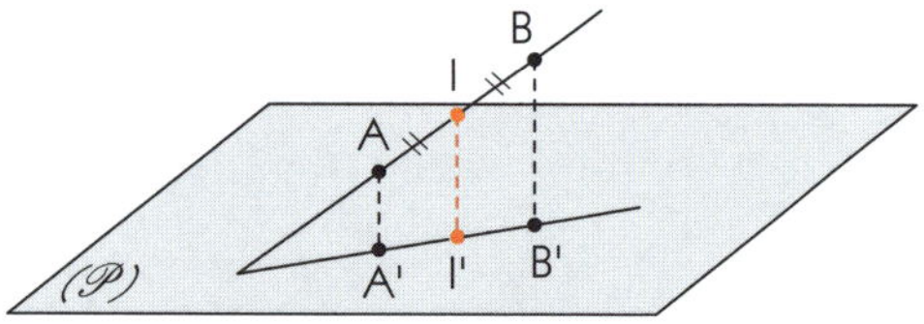


$p$ est la projection orthogonale sur ($\mathcal{P}$)
I milieu de [AB]
$p$([AB]) = [A'B']
$p$(I) = I'

I' milieu de [A'B']

# Exercices

**2.a** ($\mathcal{P}$) et ($\mathcal{P}$') sont deux plans parallèles et ($\mathcal{C}$) un cercle du plan ($\mathcal{P}$).
Démontrer que l'image de ($\mathcal{C}$) par la projection orthogonale sur ($\mathcal{P}$') est un cercle.

**2.b** On donne deux plans sécants ($\mathcal{P}$) et ($\mathcal{Q}$), ($\Delta$) étant une droite, on désigne par (D) la projetée orthogonale de ($\Delta$) sur ($\mathcal{P}$) et par (L) la projetée orthogonale de ($\Delta$) sur ($\mathcal{Q}$).
Peut-on déterminer ($\Delta$) connaissant (D) et (L) ?

## 2.2. Projection orthogonale sur une droite

### Définition

(D) étant une droite, et M un point de l'espace, il existe un plan unique passant par M et orthogonal à (D). Ce plan et la droite (D) sont sécants, on désigne par M' leur point d'intersection. À tout point M de l'espace, on peut donc associer ce point M' de (D). On définit ainsi une application de l'espace dans la droite (D).

**Définition**

**(D) est une droite.**

**On appelle *projection orthogonale* sur (D), l'application de l'espace dans la droite (D) qui à chaque point M associe M', point d'intersection de (D) et du plan orthogonal à (D) passant par M.**

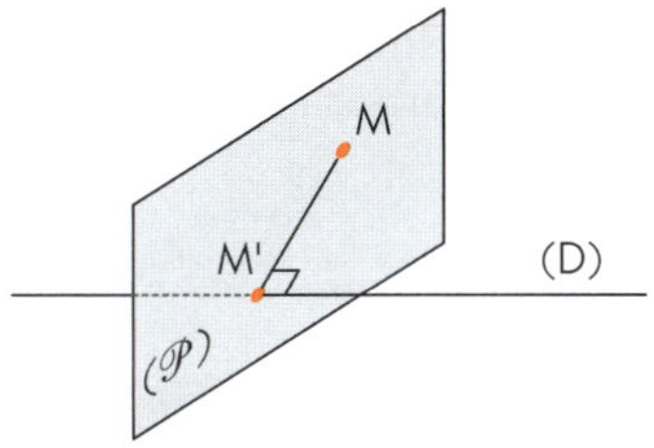


$M \in (\mathcal{P})$
$(\mathcal{P}) \perp (D)$
$\{M'\} = (\mathcal{P}) \cap (D)$

M' s'appelle le **projeté orthogonal** de M sur la droite (D).

### Images de figures simples

On considère un pavé droit ABCDEFGH.
$p$ est la projection orthogonale sur la droite (HG).
On veut déterminer les images par $p$ de parties de ce pavé droit.

- Trouver les projetés de A, B, E, F, G, C.
- Trouver les images par $p$ de [AE], [CF], [BG], [EG] et [EC].
- Trouver le projeté du milieu I de [EB].
- Trouver les images par $p$ de chacun des plans (EAD), (ACE) et (ABE).

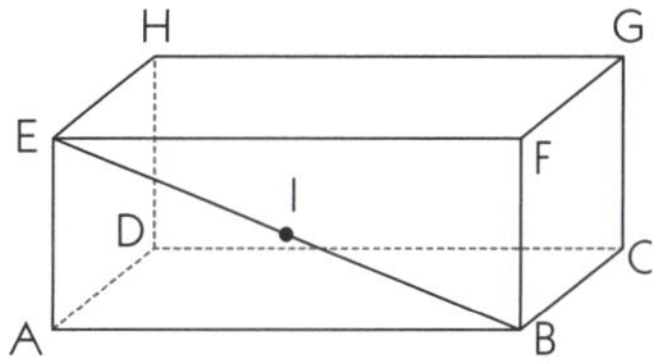


*On peut démontrer les propriétés suivantes, ce sont des conséquences directes de la définition.*

**Propriétés**

**(D) est une droite et p la projection orthogonale sur (D).**

**– L'ensemble des points invariants par p est (D).**

**– L'image d'une droite orthogonale à (D) est un singleton.**

**– L'image d'une droite non orthogonale à (D) est la droite (D).**

**– L'image du milieu d'un segment dont le support n'est pas orthogonal à (D) est le milieu de l'image du segment.**

## Exercices

**2.c** On donne un plan (𝒫), (Δ) une droite du plan (𝒫), A un point de (Δ), O un point n'appartenant pas à (𝒫). On désigne par H le projeté orthogonal de O sur (𝒫) et par M le projeté orthogonal de O sur (Δ). Démontrer que M appartient à un cercle de diamètre [AH].

**2.d** Démontrer que le projeté orthogonal sur une droite (D) d'un cercle (𝒞) de rayon 5 est un segment [AB], porté par (D), tel que AB $\leqslant$ 10.

# 3 Vecteurs et configuration de l'espace

## 3.1. Les vecteurs de l'espace

### Extension de la notion de vecteur

*Nous admettons que nous pouvons étendre à l'espace la notion de vecteur du plan.*

On note $\mathscr{E}$ l'ensemble des points de l'espace, $\mathscr{V}$ l'ensemble des vecteurs du plan, $\mathscr{W}$ celui des vecteurs de l'espace.

- Pour tout point O de $\mathscr{E}$, pour tout vecteur $\vec{u}$ de $\mathscr{W}$, il existe un et un seul point M de $\mathscr{E}$ tel que $\overrightarrow{OM} = \vec{u}$.
- On définit la somme de deux vecteurs de $\mathscr{W}$ et le produit d'un vecteur de $\mathscr{W}$ par un nombre réel, de la même manière que pour les vecteurs de $\mathscr{V}$. Ces opérations admettent les mêmes propriétés que dans $\mathscr{V}$.

### Vecteurs colinéaires, vecteurs coplanaires.

**Définitions**

| | |
|---|---|
| **Deux vecteurs sont dits *colinéaires* lorsque l'un d'eux est le vecteur nul, *ou bien* lorsque les deux vecteurs ont la même direction.** | **Trois vecteurs sont dits *coplanaires* lorsque deux des vecteurs sont colinéaires, *ou bien* lorsque l'un des vecteurs est combinaison linéaire des deux autres.** |
| 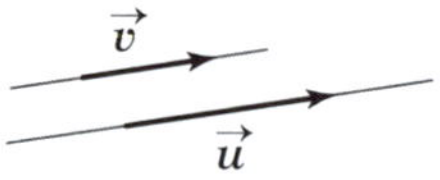  $\vec{v} = x\vec{u}$ | 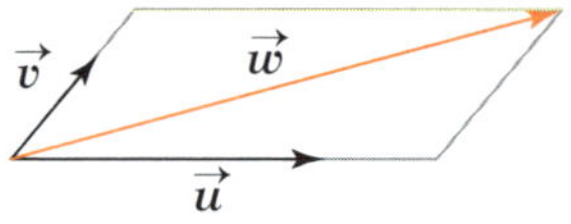  $\vec{w} = x\vec{u} + y\vec{v}$ |

### Exemple

**ABCDEFGH est un cube. I est le milieu de [AE] et O le centre du carré ABCD.**
**– Construisons le représentant d'origine E du vecteur 2 $\overrightarrow{IO}$.**
**– Démontrons que les vecteurs $\overrightarrow{AB}$, $\overrightarrow{IO}$ et $\overrightarrow{ED}$ sont coplanaires.**
**– Vérifions que deux quelconques de ces trois vecteurs ne sont pas colinéaires.**

**– Construction du représentant d'origine E du vecteur $\overrightarrow{IO}$**
I et O sont les milieux de deux des côtés du triangle AEC,
donc : $\overrightarrow{IO} = \frac{1}{2}\overrightarrow{EC}$

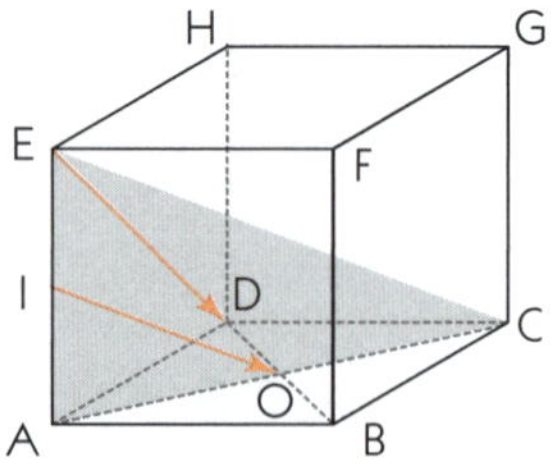


**– Exprimons l'un des vecteurs $\overrightarrow{AB}$, $\overrightarrow{IO}$ et $\overrightarrow{ED}$ comme combinaisons des deux autres.**

On a : $\overrightarrow{EC} = \overrightarrow{ED} + \overrightarrow{DC} = \overrightarrow{ED} + \overrightarrow{AB}$
donc : $\overrightarrow{IO} = \frac{1}{2}\overrightarrow{EC} = \frac{1}{2}(\overrightarrow{ED} + \overrightarrow{AB})$

**– Vérifions que deux quelconque de ces trois vecteurs ne sont pas colinéaires.**
Le point I n'appartient pas au plan (AOB), donc les droites (IO) et (AB) ne sont pas parallèles.

Les vecteurs $\overrightarrow{AB}$ et $\overrightarrow{IO}$ n'ont pas la même direction, et aucun n'est le vecteur nul ; ils ne sont pas colinéaires.

Il en est de même des vecteurs $\overrightarrow{ED}$ et $\overrightarrow{IO}$, ainsi que des vecteurs $\overrightarrow{AB}$ et $\overrightarrow{ED}$.

# Exercices

**3.a** ABCDEFGH est un parallélépipède, I est le centre du parallélogramme ABCD et J le centre du parallélogramme EFGH.

- Trouver d'autres représentants de chacun des vecteurs suivants : $\overrightarrow{IJ}$ ; $\overrightarrow{AI}$ ; $\overrightarrow{AB}$.
- Nommer un représentant de chacun des vecteurs suivants : $\overrightarrow{DC}+\overrightarrow{HE}$ ; $\overrightarrow{EI}+\overrightarrow{FJ}$ ; $\overrightarrow{CG}+\overrightarrow{DI}$.

**3.b** ABCD est un tétraèdre.

- Donner un représentant du vecteur $\overrightarrow{AB}+\overrightarrow{BC}+\overrightarrow{CD}$.
- Construire le représentant d'origine A du vecteur : $\overrightarrow{AB}+\overrightarrow{AC}+\overrightarrow{AD}$.

## 3.2. Vecteurs et configurations de l'espace

### Droites et plans de l'espace

**Caractérisation vectorielle d'une droite de l'espace**

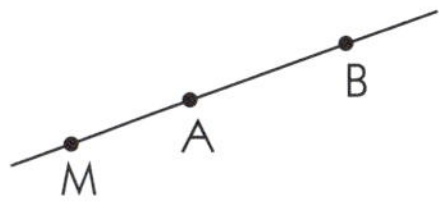


A et B sont deux points de l'espace $\mathscr{E}$.

L'ensemble des points M tels que $\overrightarrow{AM}$ et $\overrightarrow{AB}$ sont colinéaires est la droite (AB).

Le vecteur $\overrightarrow{AB}$ est un **vecteur directeur** de la droite (AB).

*On peut démontrer la propriété suivante :*

**Propriété**

**A et B étant deux points de $\mathscr{E}$, pour tout point M,**

**M ∈ (AB) ⇔ il existe un nombre réel $x$ tel que $\overrightarrow{AM} = x\overrightarrow{AB}$.**

- Dans le pavé ABCDEFGH, tracer et nommer la droite de vecteur directeur $\overrightarrow{EG}$ passant par A.

**Caractérisation vectorielle d'un plan de l'espace**

A, B et C sont trois points non alignés de l'espace $\mathscr{E}$.

L'ensemble des points M tels que $\overrightarrow{AM}$, $\overrightarrow{AB}$ et $\overrightarrow{AC}$ sont coplanaires est le plan (ABC).

On dit que les vecteur $\overrightarrow{AB}$ et $\overrightarrow{AC}$ sont des **vecteurs directeurs** du plan (ABC).

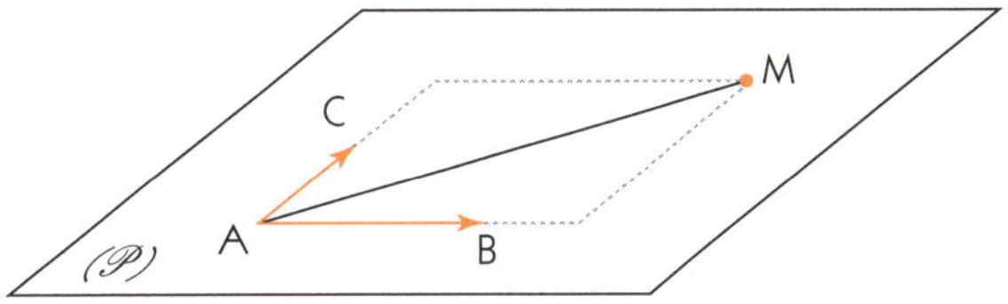


*On peut démontrer la propriété suivante :*

**Propriété**

**A, B et C étant trois points non alignés de $\mathscr{E}$, pour tout point M :**

**M ∈ (ABC) ⇔ il existe des nombres réels $x$ et $y$ tels que $\overrightarrow{AM} = x\overrightarrow{AB} + y\overrightarrow{AC}$.**

- Dans le tétraèdre ABCD, caractériser vectoriellement le plan de chaque face.
- Dans le pavé ABCDEFGH, nommer le plan passant par B de vecteurs directeurs $\overrightarrow{FH}$ et $\overrightarrow{GC}$.

### Exemple

**Dans l'exemple du §3.1, on a vu que les vecteurs $\overrightarrow{AB}$, $\overrightarrow{IO}$ et $\overrightarrow{ED}$ sont coplanaires. En déduire que les droites (AB), (IO) et (ED) sont parallèles à un même plan.**

Désignons par (𝒫) le plan passant par E, de vecteurs directeurs $\overrightarrow{AB}$ et $\overrightarrow{ED}$.

(𝒫) est le plan du parallélogramme DEFC.

(EF) ⊂ (𝒫) et (EF) // (AB) donc (AB) // (𝒫) [car on a $\overrightarrow{AB} = \overrightarrow{EF}$] ;

(ED) ⊂ (𝒫) donc (ED) // (𝒫) ;

(EC) ⊂ (𝒫) et (EC) // (IO) donc (IO) // (𝒫) [car on a $2\overrightarrow{IO} = \overrightarrow{EC}$].

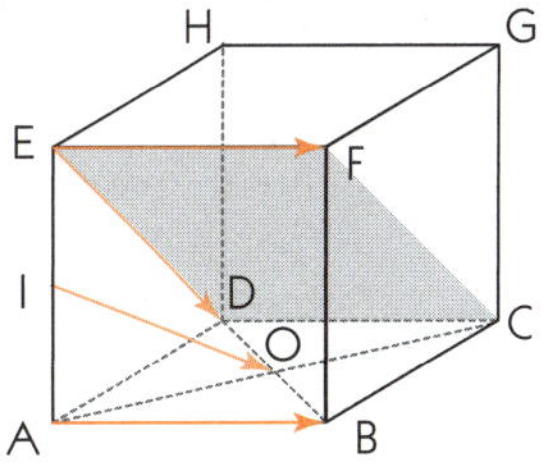

## 3.3. Repère de l'espace

### Bases de $\mathcal{W}$ et repères de $\mathcal{E}$

O, I, J, K sont quatre points non coplanaires.

• Justifier que : [O, I, J, K sont quatre points non coplanaires de $\mathcal{E}$] $\Leftrightarrow$ [$\overrightarrow{OI}$, $\overrightarrow{OJ}$, $\overrightarrow{OK}$, sont trois vecteurs non coplanaires de $\mathcal{W}$]

M est un point de $\mathcal{E}$.

$OM_1M'_3M_2M_3M'_2MM'_1$ est un parallélépipède dont (OI), (OJ) et (OK) sont les supports respectifs des arêtes $[OM_1]$, $[OM_2]$ et $[OM_3]$.

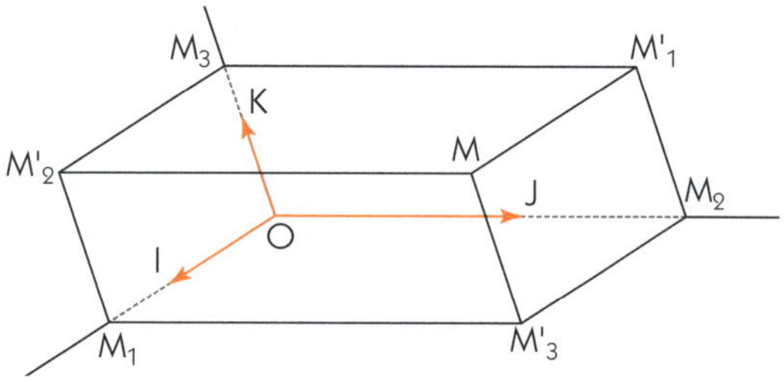


On a : $\overrightarrow{OM} = \overrightarrow{OM_1} + \overrightarrow{OM_2} + \overrightarrow{OM_3}$.

On sait qu'il existe trois nombres réels, $x$, $y$, $z$, tels que :

$$\overrightarrow{OM_1} = x\overrightarrow{OI} \; ; \; \overrightarrow{OM_2} = y\overrightarrow{OJ} \; ; \; \overrightarrow{OM_3} = z\overrightarrow{OK}$$

donc $\overrightarrow{OM} = x\overrightarrow{OI} + y\overrightarrow{OJ} + z\overrightarrow{OK}$

• Justifier qu'il n'existe pas d'autre décomposition du vecteur $\overrightarrow{OM}$ suivant $\overrightarrow{OI}$, $\overrightarrow{OJ}$ et $\overrightarrow{OK}$.

### Définition

**– On appelle base de $\mathcal{W}$ tout triplet $(\vec{i}, \vec{j}, \vec{k})$ de vecteurs non coplanaires.**

**– On appelle repère de $\mathcal{E}$ tout quadruplet (O, I, J, K) de points non coplanaires.**

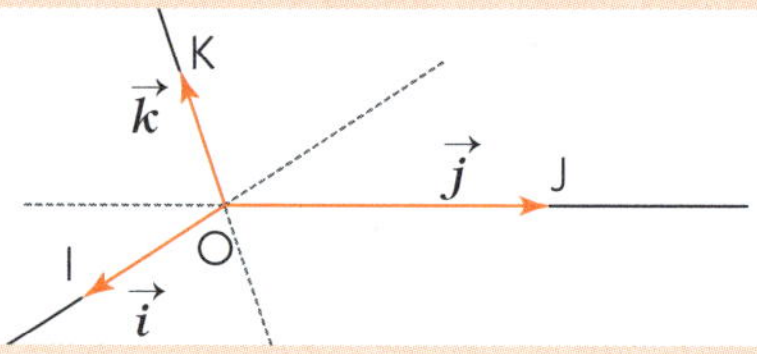


[(O, I, J, K) est un repère de $\mathcal{E}$] $\Leftrightarrow$ [$(\overrightarrow{OI}, \overrightarrow{OJ}, \overrightarrow{OK})$ est une base de $\mathcal{W}$]

### Propriété - Définitions

**– (O, I, J, K) étant un repère de $\mathcal{E}$,**

**pour tout point M de $\mathcal{E}$, il existe un triplet unique de nombres réels $(x, y, z)$, tel que :**

**$\overrightarrow{OM} = x\,\overrightarrow{OI} + y\,\overrightarrow{OJ} + z\overrightarrow{OK}$.**

**– $(x, y, z)$ est appelé le *triplet des coordonnées***
- ***du point M dans le repère (O, I, J, K)***
- ***du vecteur $\overrightarrow{OM}$ dans la base $(\overrightarrow{OI}, \overrightarrow{OJ}, \overrightarrow{OK})$***

On note : $M(x, y, z)$,

$x$ est l'**abscisse**, $y$ l'**ordonnée**, $z$ la **cote** de M.

On note : $\overrightarrow{OM}(x, y, z)$ ou $\overrightarrow{OM}\begin{pmatrix} x \\ y \\ z \end{pmatrix}$,

$x$, $y$ et $z$ sont les composantes du vecteur $\overrightarrow{OM}$.

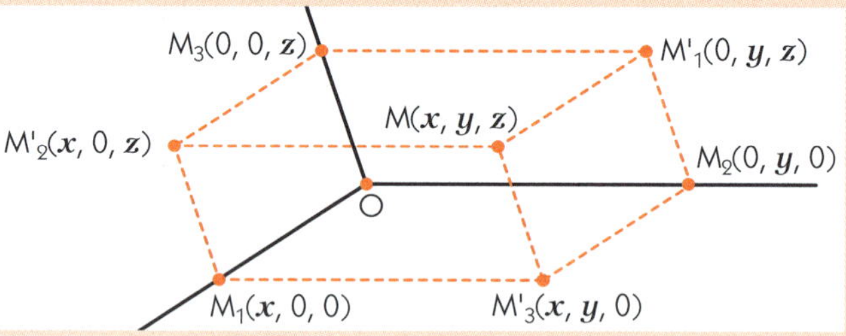


## Exercices

**3.c** ABCDEFGH est un parallélépipède. O est le centre du parallélogramme AEGC et I le centre du parallélogramme ABCD.
Démontrer que $(\overrightarrow{DI}, \overrightarrow{IC}, \overrightarrow{OI})$ est une base de $\mathcal{W}$.
Dans cette base, trouver les coordonnées des vecteurs suivants : $\overrightarrow{AE}$, $\overrightarrow{AD}$, $\overrightarrow{AH}$, $\overrightarrow{AG}$.

**3.d** ABCD est un tétraèdre.
On considère le repère (A, B, C, D).
Construire les points suivants :
I(0,5 ; 0,5 ; 0), J(0 ; 0 ; 2), E(1 ; 1 ; 1).
Déterminer les coordonnées du milieu K de [BD].

# TP Travaux pratiques

## TP1 Plan médiateur d'un segment

*L'objectif de ce TP est d'apporter une application très riche de l'orthogonalité dans l'espace et un complément très intéressant dans le vocabulaire déjà mis en place.*

### Présentation

**On donne un segment [AB] de milieu I. $(\mathcal{P})$ est le plan orthogonal à la droite (AB) et passant par I. Démontrer que $(\mathcal{P})$ est l'ensemble des points de l'espace équidistants des extrémités du segment [AB].**

***Démontrons que tout point du plan $(\mathcal{P})$ est équidistant de A et B.***
Soit M un point de $(\mathcal{P})$ distinct de I.
Justifier que (MI) est la médiatrice de [AB] dans le plan (MAB).
Donc : MA = MB.

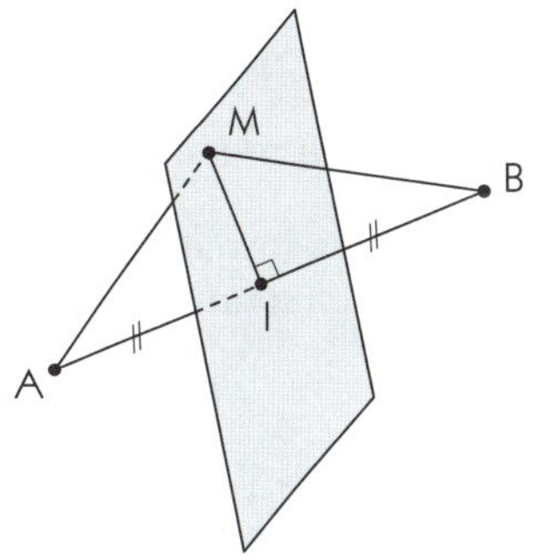


***Réciproquement, démontrer que tout point équidistant de A et B est un point de $(\mathcal{P})$.***
Soit M un point de l'espace tel que : MA = MB.
On distinguera deux cas : – M est un point de (AB)
– M n'est pas un point de (AB)

On appelle **plan médiateur** d'un segment [AB] le plan passant par le milieu de ce segment et orthogonal à la droite (AB).

### Application

#### Plans médiateurs dans un cube

**ABCDEFGH est un cube.**
**1. Déterminer le plan médiateur de chacun des segments suivants : [AB], [AC], [AG].**
**2. Combien obtient-on de plans médiateurs pour les arêtes, les diagonales des faces et les diagonales du cube ?**
**3. Démontrer que les diagonales du cube sont concourantes, leur point commun est le centre du cube.**

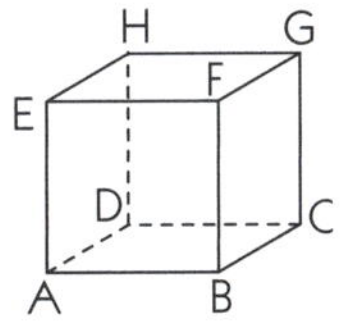


On gagnerait à faire le maximum de figures, surtout dans la phase de recherche. Par exemple une figure pour les plans médiateurs des arêtes à supports parallèles, puis une figure pour mettre en évidence les intersections des plans médiateurs des arêtes…

#### Axe d'un cercle

**Démontrer que l'ensemble des points équidistants de trois points non alignés A, B, C, est la droite $(\Delta)$ passant par le centre O du cercle $(\mathscr{C})$ circonscrit au triangle ABC.**

**La droite $(\Delta)$ est appelée l'*axe* du cercle $(\mathscr{C})$.**

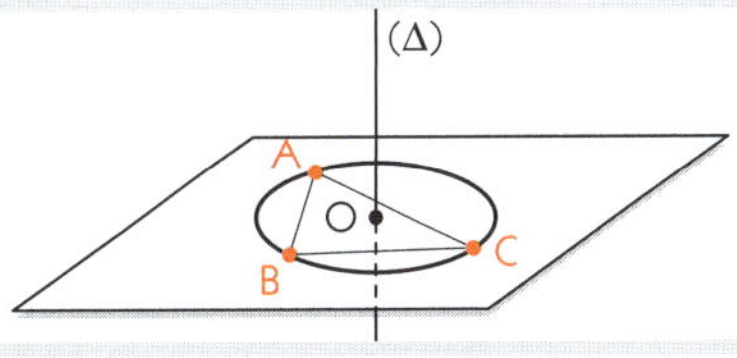


En activité préparatoire, on pourrait rechercher l'axe d'un cercle inscrit dans une face d'un cube (voir application précédente).

# TP2 Projection orthogonale sur deux plans perpendiculaires

*L'objectif de ce TP est de présenter un procédé utilisé par les dessinateurs pour représenter à plat les figures de l'espace. Ce procédé consiste à projeter orthogonalement une configuration de l'espace sur deux plans perpendiculaires.*

## Projection d'un point sur deux plans perpendiculaires

**$(\mathcal{P})$ et $(\mathcal{Q})$ sont deux plans perpendiculaires, $(\Delta)$ est leur droite d'intersection.**
**M est un point de l'espace, $M_1$ son projeté orthogonal sur $(\mathcal{P})$ et $M_2$ son projeté orthogonal sur $(\mathcal{Q})$.**
**– Démontrer que : $(MM_1M_2) \perp (\Delta)$.**
**– Justifier que les points $M_1$ et $M_2$ déterminent le point M.**

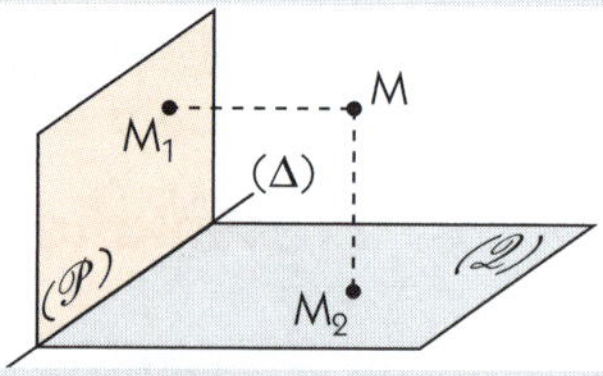


À titre d'entraînement, on précisera la position des points $M_1$ et $M_2$ dans les cas suivants :
(1) $M \in (\mathcal{P})$, (2) $M \in (\mathcal{Q})$, (3) $M \in (\Delta)$.

## Applications

### Projections d'une droite de l'espace sur deux plans perpendiculaires

**Construire les projetés orthogonaux d'une droite (D) de l'espace sur deux plans perpendiculaires $(\mathcal{P})$ et $(\mathcal{Q})$, dans chacun des cas suivants.**

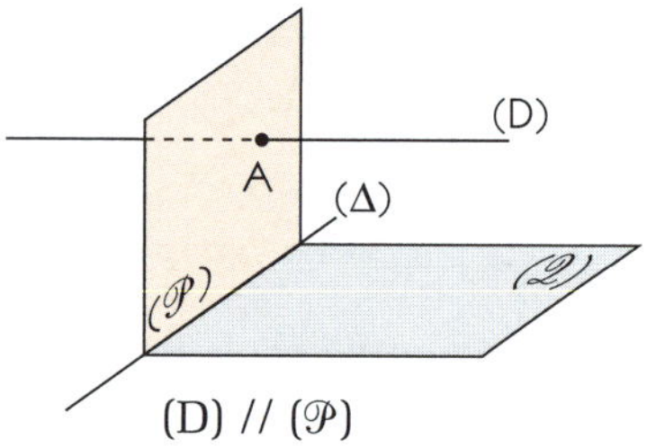


(D) // $(\mathcal{P})$

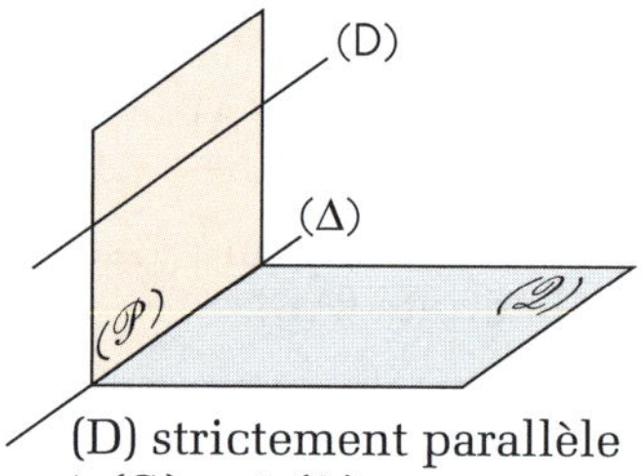


(D) strictement parallèle à $(\mathcal{P})$ et à $(\mathcal{Q})$

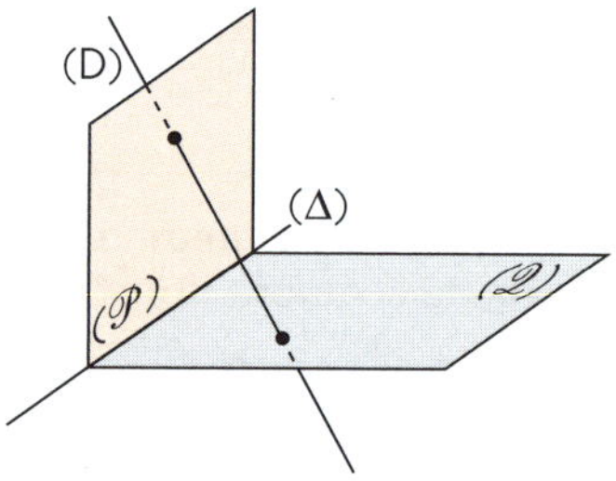


**Construire la droite (D) de l'espace, dont les projetés orthogonaux sur deux plans perpendiculaires sont les droites ou les points $(D_1)$ et $(D_2)$ comme l'indiquent les figures ci-dessous.**

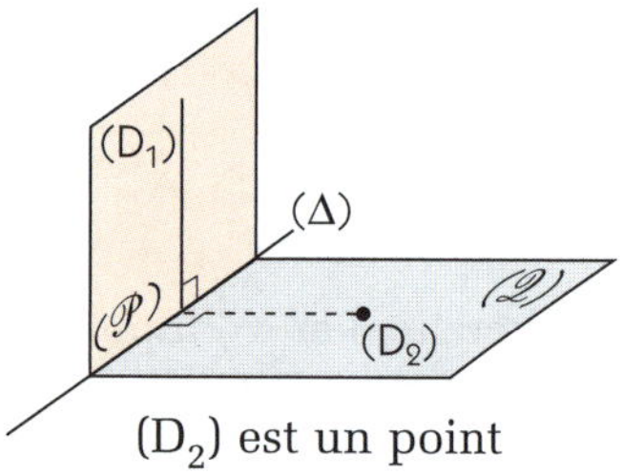


$(D_2)$ est un point

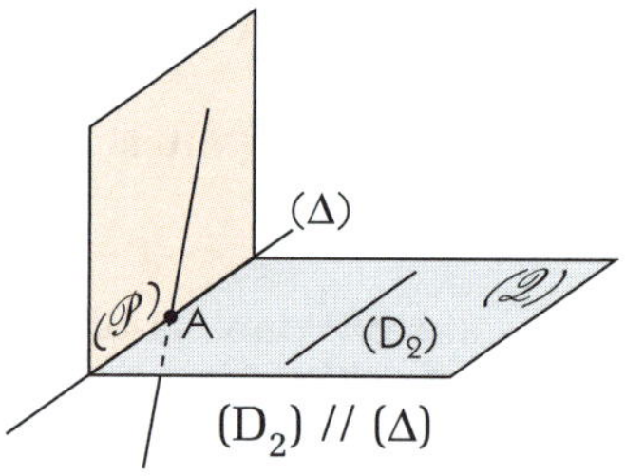


$(D_2)$ // $(\Delta)$

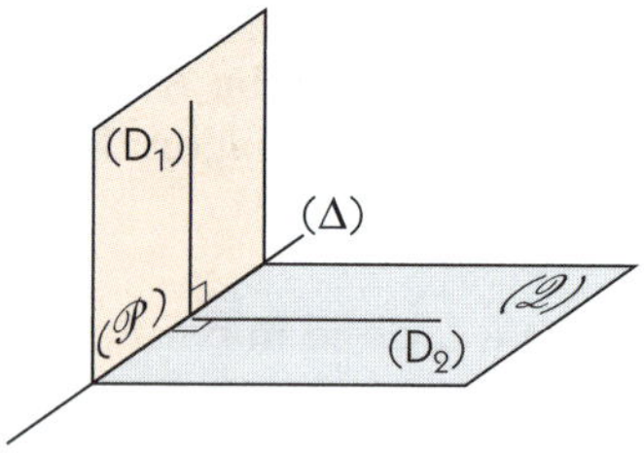


On déterminera la droite (D) de l'espace par deux de ses points.

### Projections d'une configuration de l'espace sur deux plans perpendiculaires

**Construire les projetés orthogonaux d'un cône de révolution sur le plan $(\mathcal{P})$ de sa base et un plan $(\mathcal{Q})$ perpendiculaire à $(\mathcal{P})$ et contenant son axe.**

Si cette activité présente des difficultés, on pourra avantageusement la réaliser à partir du solide construit suivant l'énoncé du problème.

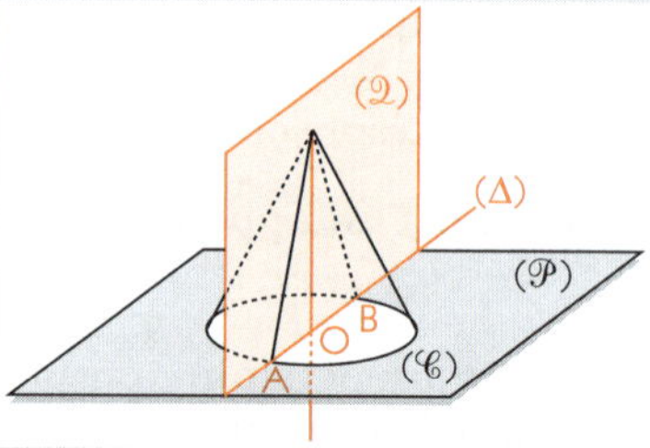

**Construire la configuration de l'espace dont les projections sur un plan horizontal $(\mathcal{P})$ et un plan vertical $(\mathcal{Q})$ sont ci-contre.**

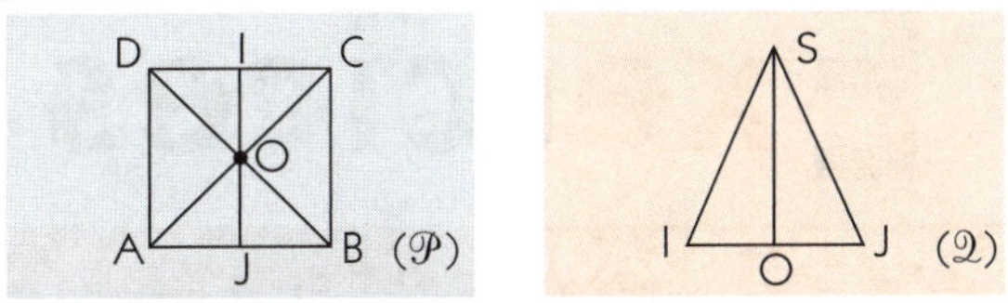


## TP3 Projection orthogonale d'un angle droit

**On donne le plan $(\mathcal{P})$ et l'angle droit $\widehat{XAY}$ tels que les plans $(\mathcal{P})$ et (XAY) ne soient pas perpendiculaires. Démontrer que si l'un des côtés de l'angle droit $\widehat{XAY}$ est parallèle au plan $(\mathcal{P})$ alors son projeté orthogonal $\widehat{X'A'Y'}$ sur $(\mathcal{P})$ est un angle droit.**

• On pourra envisager les cas suivants :

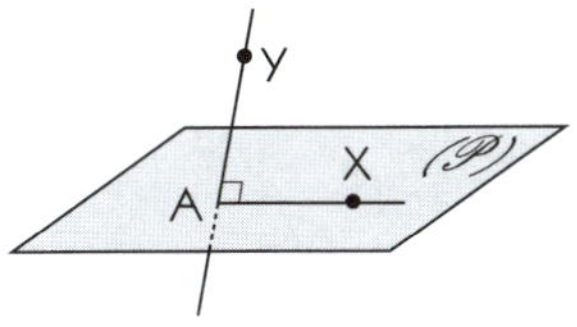


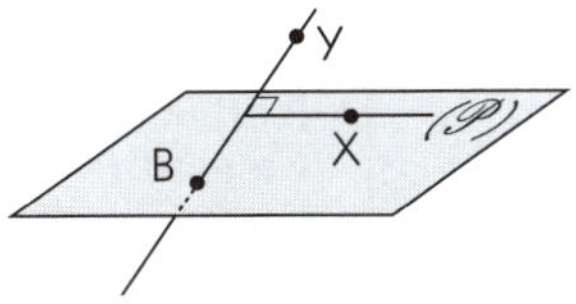


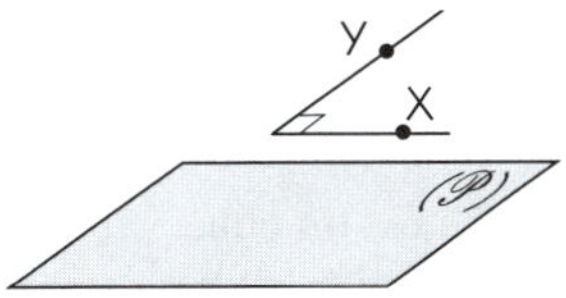


(AX) et (AY) strictement parallèles à $(\mathcal{P})$

• Examiner le cas d'un angle droit n'ayant aucun côté parallèle au plan $(\mathcal{P})$.
On pourra supposer $A \in (\mathcal{P})$.

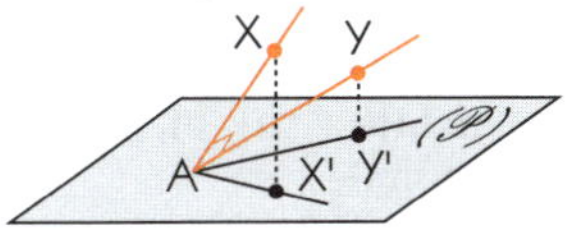


## TP4 Distance dans l'espace

*On étend à l'espace la notion de distance de deux points. L'objectif de ce TP est de déterminer la distance entre des points, des droites, des plans de l'espace.*

### Distance d'un point à un plan, à une droite

**$(\mathcal{P})$ est un plan, (D) une droite contenue dans $(\mathcal{P})$, A un point n'appartenant pas à $(\mathcal{P})$. H le projeté orthogonal de A sur $(\mathcal{P})$, K le projeté orthogonal de A sur (D).**
**Soit M un point de $(\mathcal{P})$ et N un point de (D).**
**Démontrer que : AH < AM ; AK < AN.**

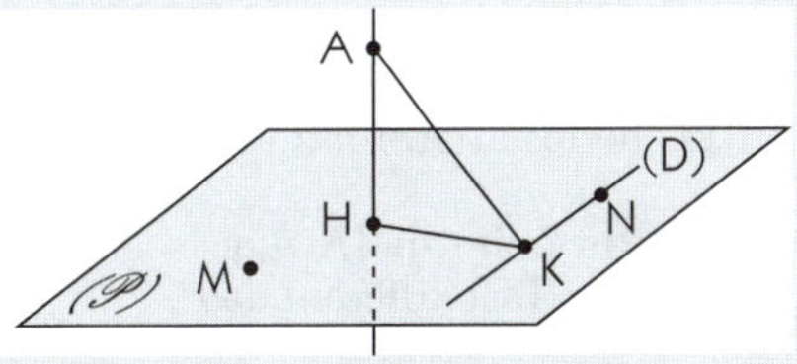


On démontre que ; $(AK) \perp (KN)$ et $(AH) \perp (HM)$.
On dit que : **AH est la distance de A à $(\mathcal{P})$, AK est la distance de A à (D).**

### Distance de deux droites non coplanaires

**$(\mathcal{P})$ est un plan, (D) et (L) deux droites non coplanaires telles que :**
**$(D) \,//\, (\mathcal{P})$ et $(D) \not\subset (\mathcal{P})$ ; $(L) \subset (\mathcal{P})$.**
**(D') est la projetée orthogonale de (D) sur $(\mathcal{P})$, A le point d'intersection de (L) et (D'), B le point de (D) tel que : $(AB) \perp (D)$.**
**Soit M un point de (L) distinct de A et N un point de (D) distinct de B.**
**– Démontrer que : AB < MN.**
**– Démontrer que (AB) est une droite sécante à (D) et (L) et orthogonale à ces droites.**

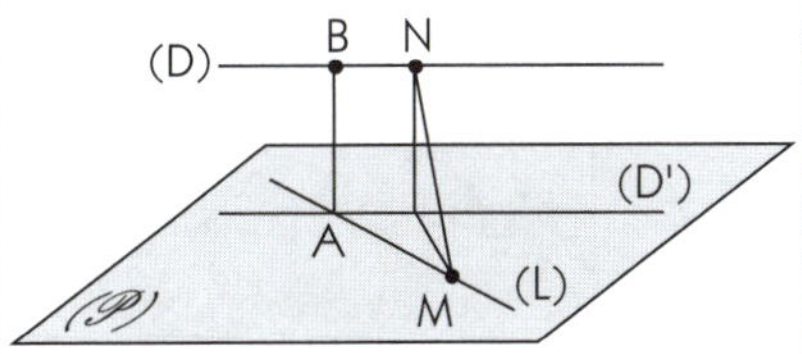


On dit que : **(AB) est la perpendiculaire commune à (D) et (L).**
**AB est la distance des droites (D) et (L).**
**AB est aussi la distance de (D) au plan $(\mathcal{P})$.**

# Exercices

## APPRENTISSAGE

## Orthogonalité dans l'espace

### *Droites orthogonales*

**1** ABCDA'B'C'D' est un parallélépipède rectangle.
Démontrer que la droite (AA') est orthogonale aux droites (CD) et (BC).
Démontrer que la droite (AA') est orthogonale aux droites (C'D') et (B'C').

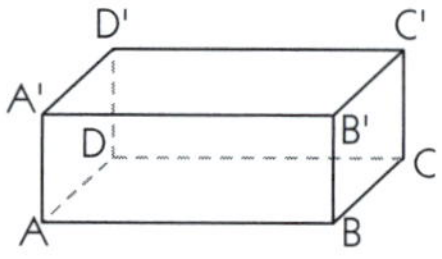


**2** ABCDEFGH est un cube.
Démontrer que les droites (AC) et (FH) sont orthogonales.
I et J étant les milieux respectifs de [BC] et [CG], démontrer que les droites (IJ) et (DE) sont orthogonales.

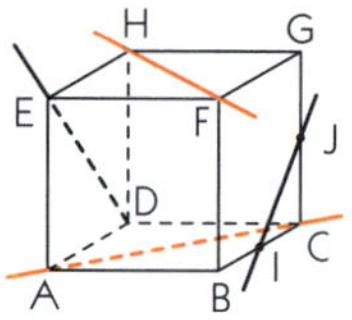


### *Droites et plans orthogonaux*

**3** ABCDA'B'C'D' est un parallélépipède rectangle.
Démontrer que la droite (AA') est perpendiculaire au plan (A'B'C').
Démontrer que les droites (AA') et (B'D') sont orthogonales.

**4** ABCDEF est un prisme droit.
Démontrer que la droite (AD) est perpendiculaire au plan (DEF).
M étant un point de (AB) et N un point de (BC) différent de B, démontrer que les droites (AD) et (MN) sont orthogonales.

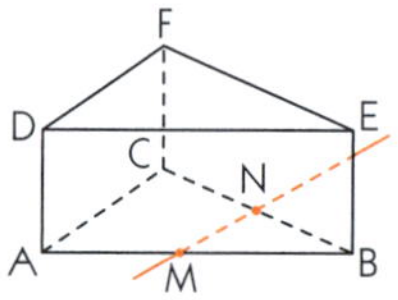


**5** À partir d'un parallélépipède rectangle ou d'un cylindre droit, on construit une pyramide SABC suivant les figures ci-dessous (pour le cylindre, [AC] est un diamètre d'une base).

**figure 1**

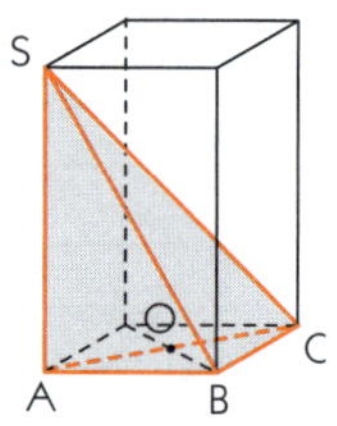


**figure 2**

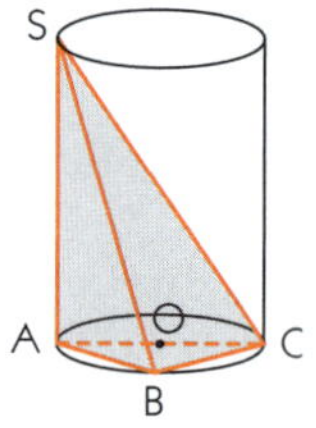


Pour chacune de ces deux figures, démontrer que les quatre faces de ce tétraèdre sont des triangles rectangles.

**6** ABCDEFGH est un cube.
**1.** Démontrer que la droite (FC) est orthogonale à la droite (GH).
**2.** Démontrer que la droite (FC) est orthogonale au plan (AGH).
**3.** Démontrer que la droite (FC) est orthogonale aux droites (AG) et (BH).
*On fera une figure par question. Pour la question **2**, on pourra tramer en gris l'intersection du plan et du cube.*

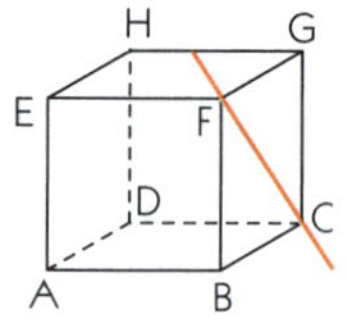


**7** SABC est une pyramide régulière de sommet S.
I est le milieu de [AB].
**1.** Démontrer que la droite (AB) est orthogonale au plan (ICS).
**2.** Démontrer que les droites (AB) et (SC) sont orthogonales.
*Ce sont les supports de deux côtés opposés.*
**3.** M étant un point de [SC], démontrer que les droites (AB) et (IM) sont orthogonales.

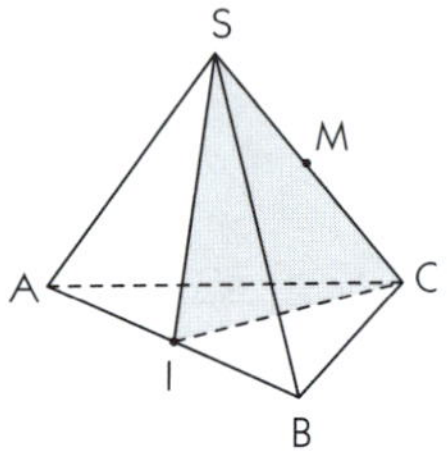


**8** Démontrer que dans un tétraèdre régulier, les supports des côtés opposés sont orthogonaux.
*C'est un cas particuliers de l'exercice précédent. – On rappelle que dans une pyramide régulière à base triangulaire, les faces latérales sont des triangles isocèles superposables, la base étant un triangle équilatéral. Tandis que dans un tétraèdre régulier, les faces sont des triangles équilatéraux superposables.*

**9** ABCDEFGH est un cube de côté $a$.
I est le milieu de [AB], J est le centre de la face BCGF.
**1.** Démontrer que ABGH est un rectangle.
Exprimer ses dimensions en fonction de $a$.
**2.** Démontrer que IJH est un triangle rectangle.
*Hachurer en couleur le triangle IJH. Dessiner « à plat » les figures du plan (ABH).*

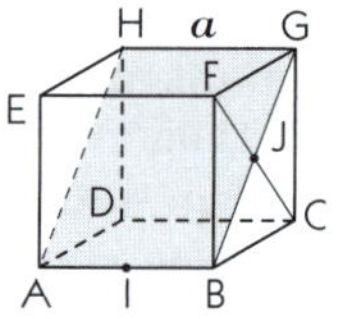


### *Plans perpendiculaires*

**10** ABCDEFGH est un cube.
**1.** Démontrer que la droite (CH) est orthogonale au plan (ADG).
**2.** Démontrer que les plans (CHE) et (ADG) sont perpendiculaires.

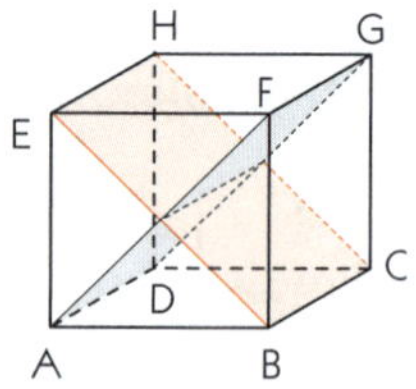


**11** ABCDEFGH est un cube.
Citer quatre droites perpendiculaires au plan (ABC).
Parmi les plans des faces de ce cube, quels sont ceux qui sont perpendiculaires au plan (BCG) ?

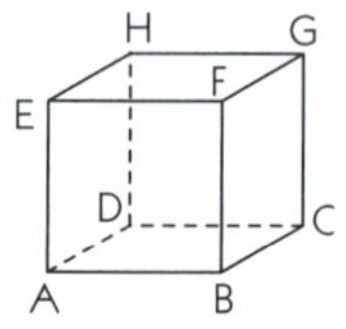

**12** ABCDEFGH est un cube.
Démontrer que :
$(BFH) \perp (ABC)$ ;
$(BFH) \perp (ACG)$.

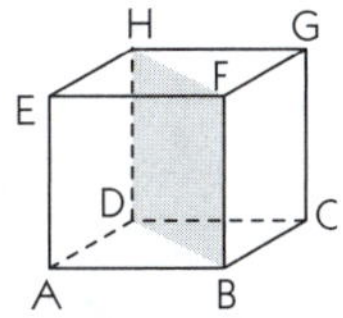


**13** $(\mathscr{C})$ est le cercle de diamètre [AB], S un point de l'espace tel que (AS) soit perpendiculaire au plan du cercle, M un point de $(\mathscr{C})$ différent de A et de B.
Démontrer que les plans (SAM) et (SBM) sont perpendiculaires.

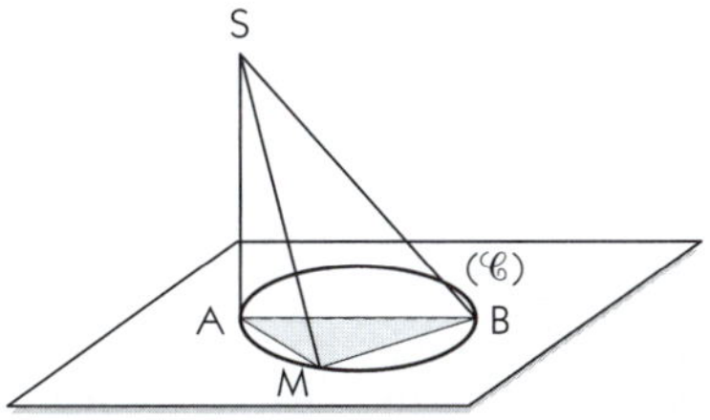


**14** SABC est une pyramide régulière de sommet S. I est le milieu de [AB].
Démontrer que le plan (SIC) est perpendiculaire au plan (ABC) et au plan (SAB).

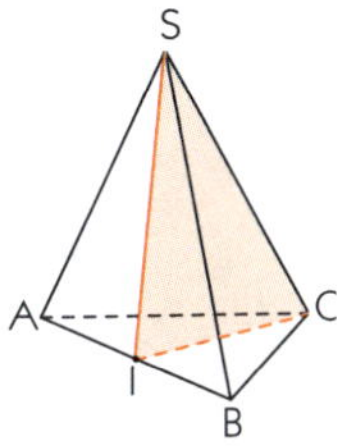


**15** SABC est un tétraèdre tel que :
$(DA) \perp (BC)$ et $(DB) \perp (AC)$.
H est l'orthocentre de ABC.
**1.** Démontrer que :
$(DAH) \perp (ABC)$ et $(DBH) \perp (ABC)$.
**2.** Démontrer que : $(DC) \perp (AB)$.

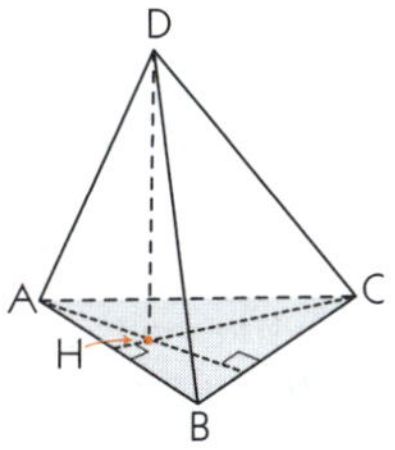


**16** On considère une pyramide SABCD ayant pour base un carré ABCD de centre O, et dont le sommet S appartient à la droite perpendiculaire en A au plan (ABC).
On désigne par M un point de [AC], $(\mathscr{P})$ le plan perpendiculaire en M à la droite (AC).
**1.** *a)* Démontrer que les plans $(\mathscr{P})$ et (ABC) sont perpendiculaires.
*b)* Démontrer que la droite $(\Delta)$ commune à $(\mathscr{P})$ et à (ABC) est parallèle à (BD).
**2.** *a)* Démontrer que les plans $(\mathscr{P})$ et (SAC) sont perpendiculaires.
*b)* Démontrer que la droite $(\Delta')$ commune à $(\mathscr{P})$ et à (SAC) est parallèle à (SA).
**3.** Dessiner la section du plan $(\mathscr{P})$ avec la pyramide SABCD. *Colorier cette section.*

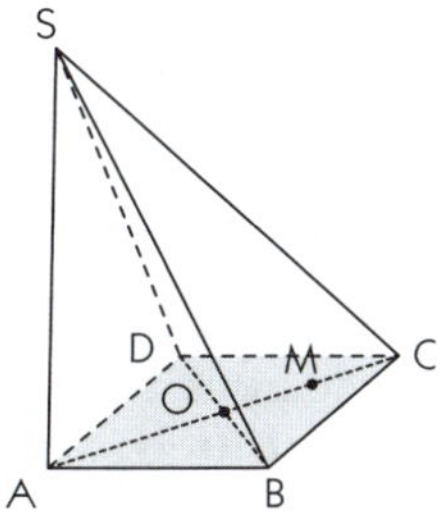


**18** SABCD est une pyramide régulière dont la base est le carré ABCD.
**1.** Démontrer que les plans (SAC) et (SBD) sont perpendiculaires.
**2.** On désigne par I le milieu de [AB] et par J le milieu de [CD].
Démontrer que le plan (SIJ) est perpendiculaire au plan (SAC).

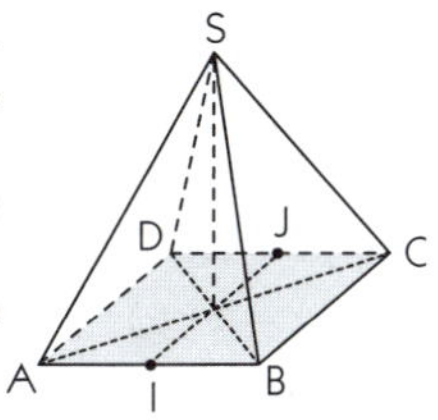


**18** ABCD est un tétraèdre régulier.
On désigne par I et J les milieux respectifs des côtés [AB] et [CD].
À l'aide des points A, B, C, D, I, J, nommer :
**1.** une droite et un plan orthogonaux.
**2.** deux plans perpendiculaires.

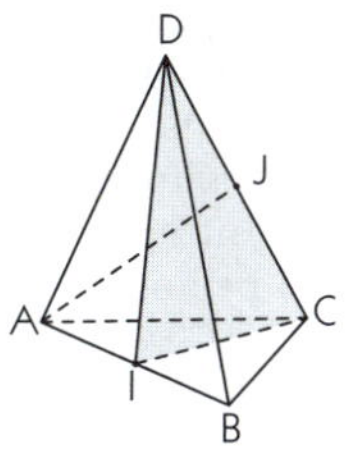


**19** ABCD est un tétraèdre.
On désigne par I, J, K, L, M, N les milieux respectifs des côtés [AB], [BC], [CD], [DA], [AC], [BD].

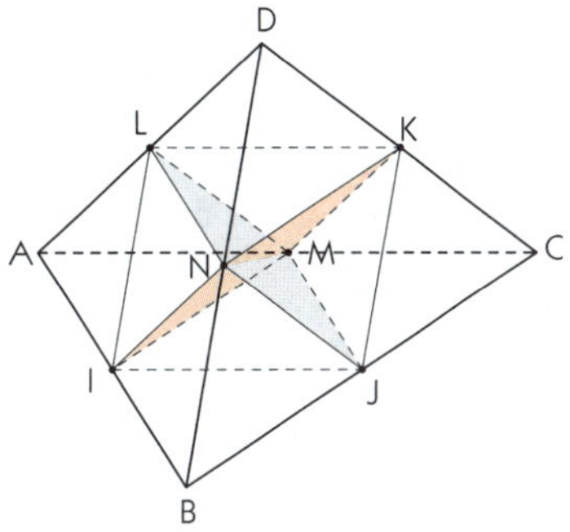


**1.** Démontrer que IJKL est un losange.
À l'aide des points de la figure ci-dessus, nommer deux autres losanges de même centre que IJKL.
**2.** Démontrer que la droite (IK) est orthogonale au plan (JLM).
**3.** Démontrer que les plans (IKM) et (JLM) sont perpendiculaires.
**4.** À l'aide des points de la figure, nommer d'autres plans perpendiculaires.

# Projections orthogonales

## *Projections orthogonales sur un plan*

**20** (D) est une droite parallèle à un plan $(\mathscr{P})$ et (L) une droite de $(\mathscr{P})$ non parallèle à (D).
On projète orthogonalement (D) sur $(\mathscr{P})$. Soit (D') la droite obtenue.
**1.** Construire (D'). Démontrer que (D') et (L) sont sécantes. Soit A leur point commun.
**2.** Construire le point B de (D) qui se projette orthogonalement en A. Démontrer que la droite (BA) est orthogonale à (D) et à (L).

**21** On donne un plan $(\mathscr{P})$. On considère un triangle ABC rectangle en A, non inclus dans $(\mathscr{P})$ et tel que (AB) ou (AC) soit parallèle à $(\mathscr{P})$.
On désigne par A', B', C' les projetés orthogonaux de A, B, C sur $(\mathscr{P})$.
Démontrer que A'B'C' est un triangle rectangle en A'.
On examinera les cas suivants :
(1) $(AB) \parallel (\mathscr{P})$ et $(AC) \parallel (\mathscr{P})$
(2) $(AB) \subset (\mathscr{P})$ et $C \notin (\mathscr{P})$
(3) $(AB) \parallel (\mathscr{P})$ et $C \in (\mathscr{P})$
(4) $(AB) \parallel (\mathscr{P})$

*Projection orthogonale sur une droite*

**22** Un point A se projette orthogonalement en B sur un plan (𝒫). Le point B se projette orthogonalement en C sur une droite (D) de (𝒫) (voir figure ci-contre).
Démontrer que (AC) et (D) sont orthogonales.

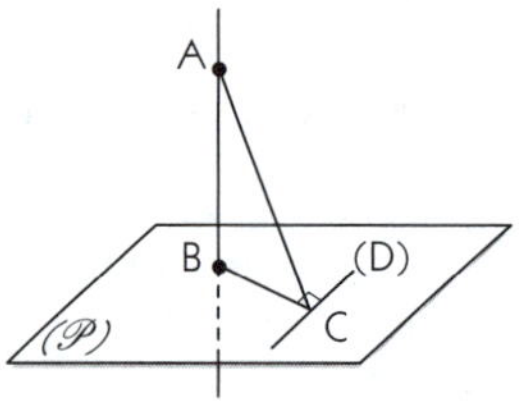


**23** Étant donné un plan (𝒫) et une droite (D) du plan (𝒫), on considère A un point se projetant orthogonalement en H sur (𝒫) (voir figure) et en K sur (D).

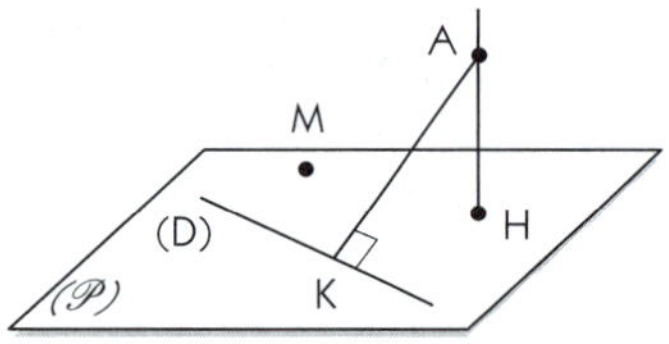


**1.** M étant un point quelconque de (𝒫), démontrer que AHM est un triangle rectangle. En déduire que pour tout point M de (𝒫), AH < AM.
**2.** N est un point quelconque de (D). Démontrer que (NK) et (KH) sont orthogonales.
En déduire que, pour tout point N de la droite (D), AK < AN.

# Vecteurs et configuration de l'espace

**24** Reproduire la figure ci-dessous, puis construire les points P, Q, R tels que :

**1.** $\overrightarrow{AP} = \frac{1}{2}\overrightarrow{HG} + \overrightarrow{BE} + \overrightarrow{GC}$.

**2.** $\overrightarrow{BQ} = \overrightarrow{FH} + \frac{1}{2}\overrightarrow{CB} + \frac{1}{2}\overrightarrow{HG}$.

**3.** $\overrightarrow{CR} = \frac{1}{2}\overrightarrow{HD} + \frac{1}{2}\overrightarrow{BC}$.

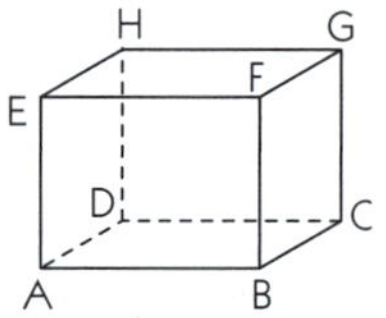


**25** ABCDEFH est un parallélépipède droit, I le milieu de [AE] et J le milieu de [BF].
Trouver d'autres représentants de chacun des vecteurs suivants :

**1.** $\overrightarrow{IA} + \overrightarrow{EJ}$. **2.** $\overrightarrow{IE} + \overrightarrow{CD} + \overrightarrow{FJ}$.

**26** ABCDEFH est un cube de centre O.
On pose : $\overrightarrow{AB} = \vec{i}$, $\overrightarrow{AD} = \vec{j}$, $\overrightarrow{AE} = \vec{k}$.

**1.** Construire les vecteurs suivants, d'origine A :
$\vec{i} + \vec{j}$ ; $\vec{j} + \vec{k}$ ; $\vec{k} + \vec{i}$.

**2.** Construire les vecteurs suivants, d'origine F :
$\vec{i} - \vec{j}$ ; $\vec{j} - \vec{k}$ ; $\vec{k} - \vec{i}$.

**3.** Construire les vecteurs suivants, d'origine H :
$\vec{i} - \vec{j} + \vec{k}$ ; $\vec{j} - \vec{k} + \vec{i}$ ; $\vec{k} - \vec{i} + \vec{j}$.

**4.** Construire le vecteur suivant, d'origine O :
$\vec{i} + \vec{j} + \vec{k}$.

**27** ABCD est un tétraèdre.
Placer les points I, J, K tels que :

$\overrightarrow{AI} = \frac{1}{2}\overrightarrow{AB} + \frac{1}{2}\overrightarrow{AC}$ ; $\overrightarrow{AJ} = \overrightarrow{AC} + \frac{2}{3}\overrightarrow{AD}$ ; $\overrightarrow{AK} = \frac{1}{4}\overrightarrow{AC}$.

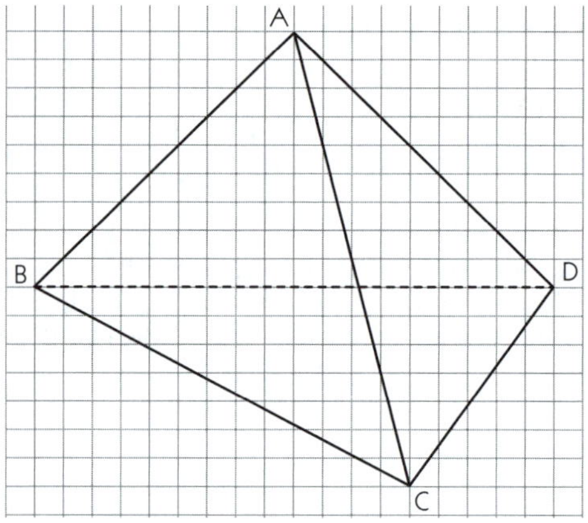


**28** ABCDA'B'C'D' est un cube.

**1.** Relativement à la base $(\vec{i}, \vec{j}, \vec{k})$, trouver le triplet des coordonnées de chacun des vecteurs suivants :
$\overrightarrow{AD}$ ; $\overrightarrow{AC}$ ; $\overrightarrow{AB}$ ; $\overrightarrow{AB'}$ ; $\overrightarrow{AA'}$ ; $\overrightarrow{AD'}$ ; $\overrightarrow{AC'}$.

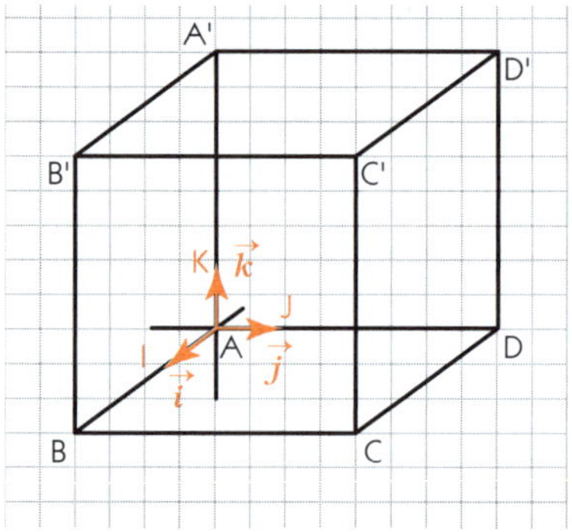


**2.** Relativement au repère (A, I, J, K), trouver les triplets de coordonnées de chacun des points suivants :
D, C, B, B', A', D', C'.

**29** On considère un parallélépipède droit ABCDEFGH de hauteur 1,5 ; ABCD est un carré de côté 1.
Le plan est muni du repère (A, B, D, H).

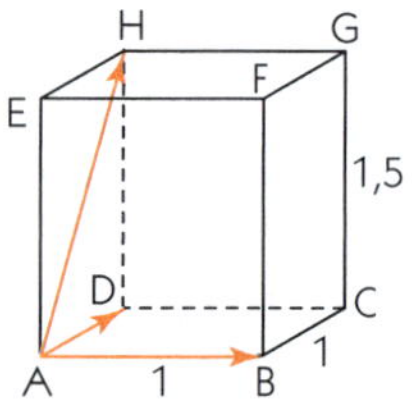


**1.** Trouver les triplets de coordonnées des points A, B, C, D, E, F, G, H.
**2.** Trouver les triplets de coordonnées des vecteurs :
$\overrightarrow{AC}$, $\overrightarrow{ED}$, $\overrightarrow{AG}$, $\overrightarrow{EG}$, $\overrightarrow{AE}$.

**30** ABCDEFGH est un cube.

**1.** Les points suivants sont données par leurs coordonnées relativement au repère (A, B, D, E) de ℰ.
Placer ces points :

M(1, 0, – 2) N(– 1, – 2, 1)
P(0, 0, 2) Q(2, 0, 0)
R(– 1, – 1, 1) S(– 2, 1, – 1)

**2.** Les vecteurs suivants sont donnés par leurs coordonnées relativement à la base $(\overrightarrow{AB}, \overrightarrow{AD}, \overrightarrow{AE})$ de 𝒲.
Représenter ces vecteurs :

$\overrightarrow{AX}(0 ; 2 ; 1)$ $\overrightarrow{CU}(2 ; 1 ; 0)$
$\overrightarrow{AY}(-2 ; -1 ; 2)$ $\overrightarrow{DV}(1 ; -1 ; 2)$
$\overrightarrow{AZ}(2 ; 0 ; 1)$ $\overrightarrow{EW}(-1 ; -2 ; 2)$

## APPROFONDISSEMENT

**31** $(\mathcal{P})$ est un plan, $(\mathcal{C})$ un cercle de $(\mathcal{P})$ de diamètre [AB], C un point de $(\mathcal{C})$ distinct de A et de B, $(\Delta)$ la droite orthogonale à $(\mathcal{P})$ en A, D est un point de $(\Delta)$.
Démontrer que l'angle $\widehat{ACB}$ est le projeté orthogonal de l'angle $\widehat{DCB}$ sur $(\mathcal{P})$ puis que l'angle $\widehat{ACB}$ est droit.
En déduire que l'angle $\widehat{DCB}$ est droit.

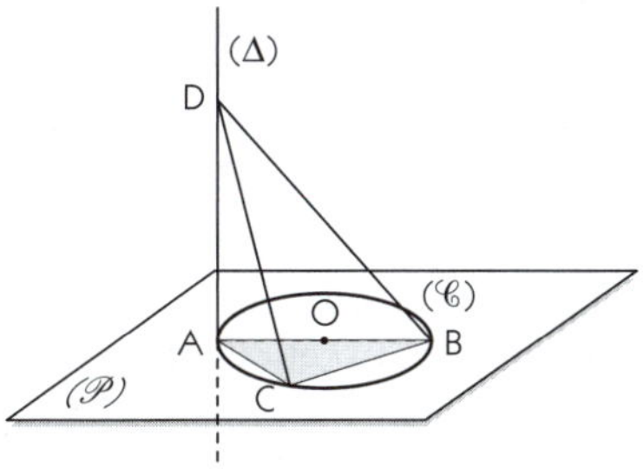


**32** ABCD est un tétraèdre tels que :
[AB] et [CD] sont orthogonales et [AD] et [BC] sont orthogonales.

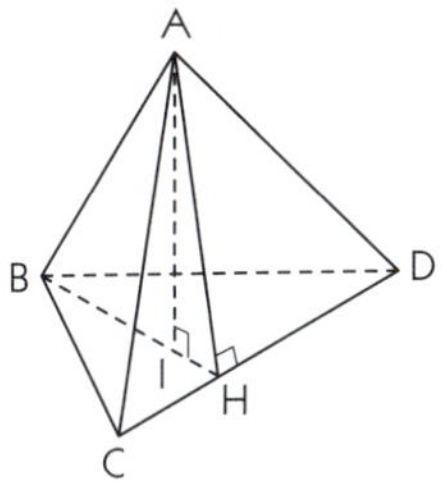


**1.** [BH] est une hauteur du triangle BCD. Démontrer que le plan (ABH) est orthogonal à (CD) et que (AH) est une hauteur du triangle ACD.
**2.** Démontrer que la hauteur [AI] du triangle ABH a son support orthogonal au plan BCD
**3.** Démontrer que [DI] est une hauteur du triangle BCD.

**33** (D) est une droite du plan $(\mathcal{P})$, A un point de $(\mathcal{P})$ n'appartenant pas à (D), B la projectée orthogonale de A sur (D), et $(\Delta)$ la perpendiculaire à $(\mathcal{P})$ en A. I est un point de $(\Delta)$ distinct de A, J un point de (D) et O le milieu de [IJ]. Déterminer la nature des triangles AIJ et BIJ en déduire que le triangle OAB est isocèle en O.

**34** ABCDEFGH est un cube.
**1.** Construire le projeté orthogonal sur le plan (AGF) de chacun des points B, H, C, E
**2.** M est le milieu de [BC] et N le milieu de [CG].
Construire les projetés orthogonaux de M et N sur le plan (AGF).

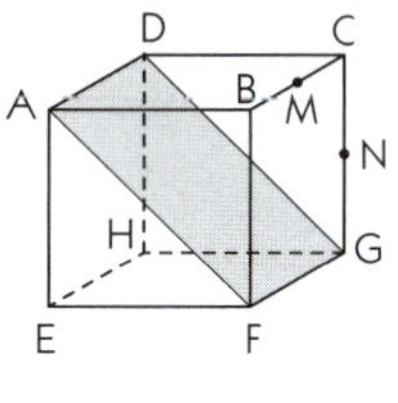


**35** ABCDEFGH est un cube.
I, J, K et L sont respectivement les milieux de [AB], [AD], [EF] et [EH]
Démontrer que le volume du prisme droit AICJEKGL est égal à la moitié de celui du cube.

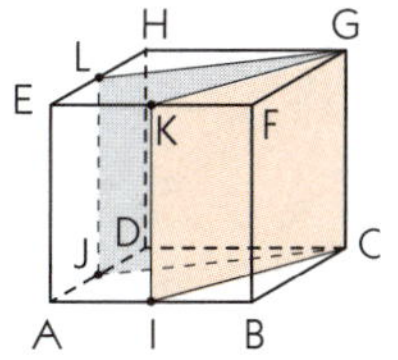


**36** ABCDEFGH est un cube dont $a$ est la mesure du côté. I et J sont respectivement des points de [AE] et [BF] tels que : $EI = FJ = \frac{a\sqrt{3}}{3}$.
Exprimer le volume du solide ABCDIJGH en fonction de $a$.

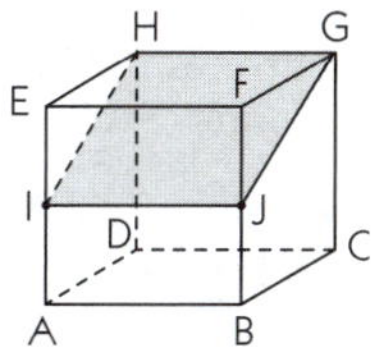


**37** ABCDEFGH est un cube de côté $a$.
I est le milieu de [AD].
Exprimer en fonction de $a$ le volume de chacun des solides suivants :
**1.** la pyramide de sommet H et de base BIDC.
**2.** la pyramide de sommet F et de base BCHE.
**3.** la pyramide de sommet I et de base BCHE.

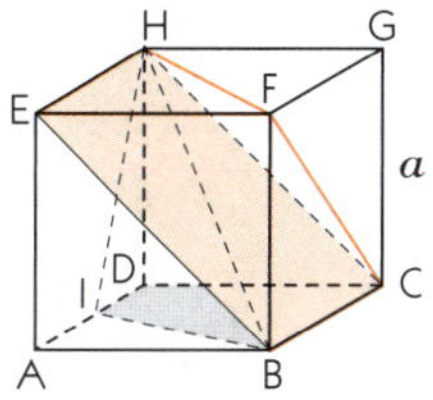


**38** ABCDEFGH est un cube de côté $a$.
I est le point d'intersection de (AH) et (DE).
**1.** Montrer que les plans (AGI) et (DEG) sont perpendiculaires. Quel est l'intersection de ces plans ?
**2.** A' est le projeté orthogonal du point A sur (GI).
*a)* Démontrer que A' est le projeté orthogonal du point A sur le plan (DEG).
*b)* Démontrer que dans le plan (AGI), les deux triangles AA'I et GHI sont semblables.
Exprimer en fonction de $a$ la distance du point A au plan (DEG).
*c)* Démontrer que : $IA' = \frac{1}{3} IG$.

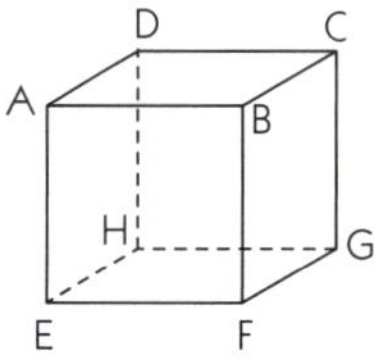


**39** ABCD est un tétraèdre tel que : AC = BD et AD = BC.
I et J sont les milieux respectifs de (AB) et (CD).
**1.** Démontrer que la droite (IJ) est perpendiculaire aux droites (AB) et (CD).
**2.** Démontrer que les arêtes AB et CD sont orthogonales dans le cas AC = AD.

**40** Dans un plan $(\mathcal{P})$ on considère un cercle $(\mathcal{C})$ de centre O et un point A extérieur au cercle.
On construit deux droites (AB) et (AC) tangentes respectivement en B et C au cercle $(\mathcal{C})$. (D) est la droite orthogonale au plan $(\mathcal{P})$ en O et S est un point de (D) distinct de O.

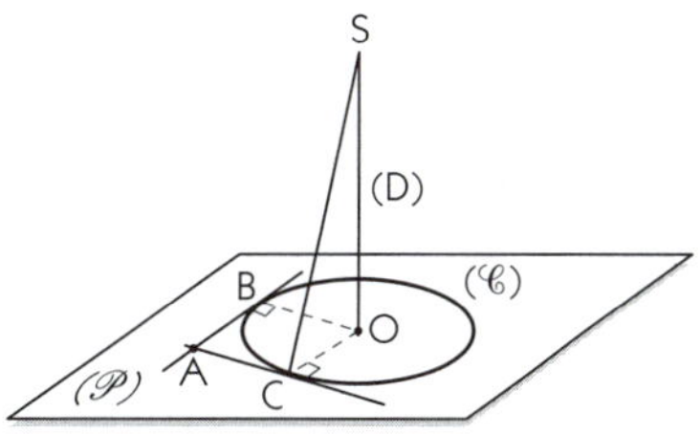


**1.** Démontrer que :
*a)* les plans (SOB) et (SAB) sont perpendiculaires.
*b)* les plans (SOC) et (SAC) sont perpendiculaires.

**2.** Démontrer que :
*a)* Les droites (SA) et (BC) sont orthogonales.
*b)* les plans (SAO) et (SBC) sont perpendiculaires.

**41** $(\mathscr{P})$ et $(\mathscr{P}')$ sont deux plans sécants, $(\Delta)$ leur droite d'intersection, et O un point n'appartenant pas à $(\Delta)$.
On trace les perpendiculaires (OH) au plan $(\mathscr{P})$ et (OH') au plan $(\mathscr{P}')$. Démontrer que le plan (HOH') est perpendiculaire à $(\Delta)$.

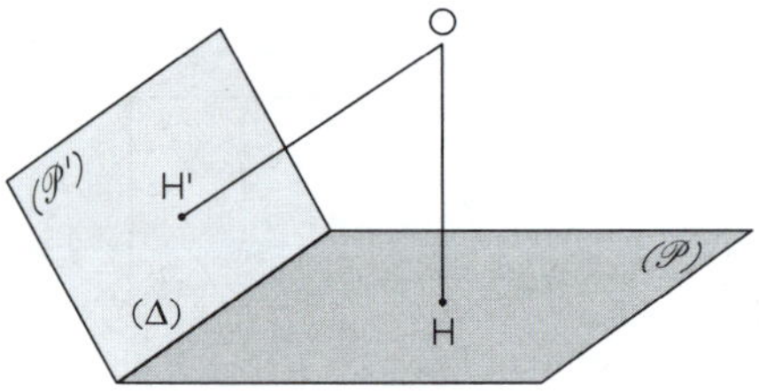


**42** ABCDEFGH est un cube.

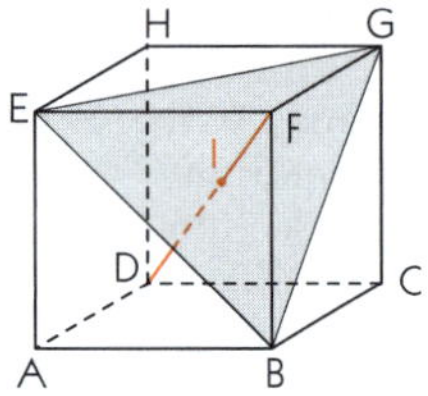


La droite (DF) coupe le plan (BGE) en I.
Démontrer que (DF) est perpendiculaire au plan (BGE) et que : $IF = \frac{1}{3} DF$

**43** On donne un plan $(\mathscr{P})$. A est un point de $(\mathscr{P})$ et B un point n'appartenant pas à $(\mathscr{P})$.
Déterminer l'ensemble des projetés orthogonaux de B sur les droites du plan $(\mathscr{P})$ qui passent par A.

**44** On donne un tétraèdre régulier ABCD.
On désigne par I le milieu de (AB), par J le milieu de (CD).

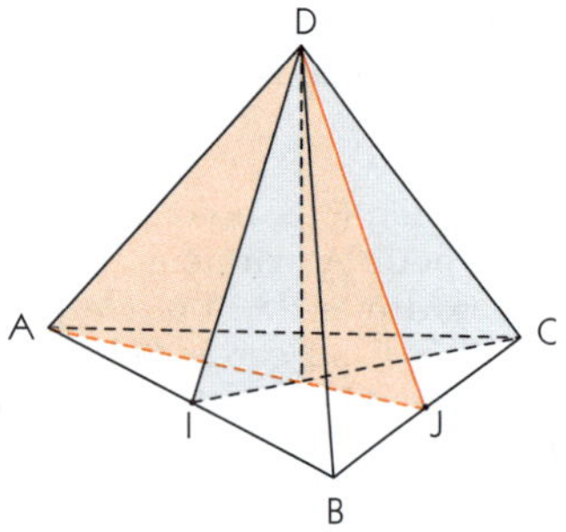


**1.** Démontrer que (AB) et (ICD) sont perpendiculaires.
**2.** Démontrer que le plan (ICD) est perpendiculaire aux plans (ABC) et (ABD).
**3.** Démontrer que le plan (JAD) est perpendiculaire aux plans (ABC) et (BCD).
**4.** Démontrer que les arêtes opposées du tétraèdre sont orthogonales.

**45** Dans un plan $(\mathscr{P})$ on considère un losange ABCD. On désigne par O le point d'intersection de (AC) et (BD) et par (D) la droite orthogonale en O au plan $(\mathscr{P})$.
S est un point de (D) distinct de O.
Démontrer que :
*a)* la droite (AC) est orthogonale aux droites (SB) et (SD).
*b)* la droite (BD) est orthogonale aux droites (SA) et (SC).
*c)* les plans (SAD) et (SAC) sont perpendiculaires.

**46** ABCDEFGH est un cube. I et J sont les centres respectifs des carrés ABCD et EFGH.
Démontrer que :
*a)* (IJ) est orthogonale aux plans (ABC) et (EFG).
*b)* les plans (AEC) et (BDF) sont perpendiculaires.

**47** Dans un plan $(\mathscr{P})$ on considère un triangle ABC. On désigne par H l'orthocentre de ce triangle et par $(\mathscr{D})$ la droite orthogonale en H au plan $(\mathscr{P})$.
D est un point de $(\mathscr{D})$ distinct de H.
Démontrer que :
*a)* les plans (ADH) et (BDC) sont perpendiculaires.
*b)* les supports des côtés opposés du tétraèdre ABCD sont orthogonaux deux à deux.

**48** ABCDEFGH est un cube.
On désigne par O le centre de ce cube.

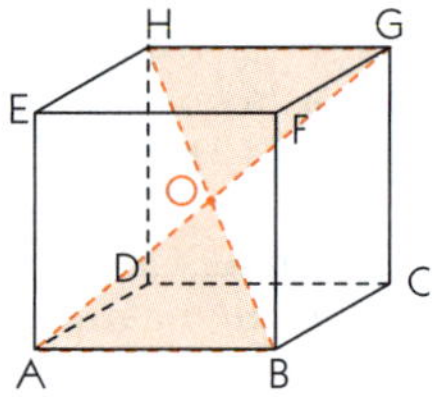


**1.** Déterminer le cosinus de l'angle $\widehat{AOC}$.
**2.** À l'aide d'une calculatrice, donner une valeur approchée de la mesure de cet angle.

**49** ABCDEFGH est un cube.
On désigne par I le centre de la face BCGF et par J celui de la face EFGH.

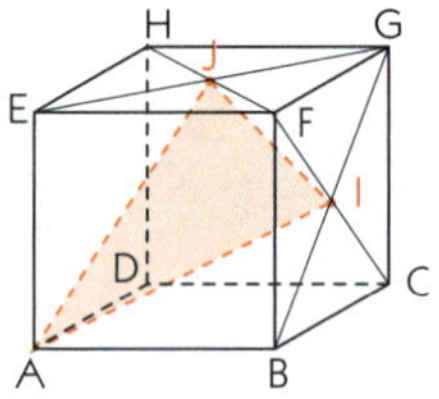


Déterminer les angles du triangle AIJ.

14

# Dénombrement

*Le dénombrement est truffé de langage propre aux « jeux » pratiqués sous diverses formes.*

*– Les paris spontanés ou organisés à l'occasion de compétitions sportives, de courses de motos, de voitures ou de chevaux avec son fameux tiercé, en sont des illustrations.*

*– Les jeux de cartes, le lancer de dé etc... apportent d'autres illustrations.*

*Les jeux africains font seulement maintenant une entrée timide dans cet univers des jeux pratiqués à l'échelle internationale. Aussi l'AWALÉ, jeu connu et pratiqué dans toute l'Afrique sous diverses appellations, a la prétention d'égaler la renommée du jeu d'échecs !*

## SOMMAIRE

# 1 Dénombrement de parties d'ensembles finis

## 1.1. Parties d'un ensemble

Un ensemble E est fini lorsqu'il est constitué de $n$ éléments ($n \in \mathbb{N}$).

**Définition**

**On appelle *cardinal* d'un ensemble fini E le nombre d'éléments de cet ensemble.**

On note : card (E).
Remarquons que : card (Ø) = 0.

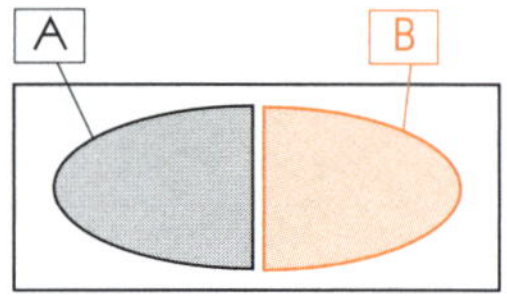


**Cardinal de la réunion de deux parties disjointes**
A et B étant deux parties non vides d'un ensemble fini,
si $A \cap B = \emptyset$ alors $\text{card}(A \cup B) = \text{card}(A) + \text{card}(B)$.

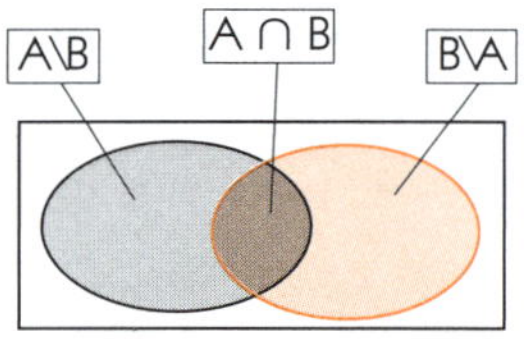


**Cardinal de la réunion de deux parties**
A et B étant deux parties non vides d'un ensemble fini, $A \setminus B$, $B \setminus A$ et $A \cap B$ sont des ensembles disjoints deux à deux, dont la réunion est égale à $A \cup B$.

Donc : $\text{card}(A \cup B) = \text{card}(A \setminus B) + \text{card}(B \setminus A) + \text{card}(A \cap B)$
or $\text{card}(A) = \text{card}(A \setminus B) + \text{card}(A \cap B)$
$\text{card}(B) = \text{card}(B \setminus A) + \text{card}(A \cap B)$
donc : $\text{card}(A \cup B) = \text{card}(A) + \text{card}(B) - \text{card}(A \cap B)$.

**Propriété**

**A et B étant deux parties non vides d'un ensemble fini,**

$$\text{card}(A \cup B) = \text{card}(A) + \text{card}(B) - \text{card}(A \cap B).$$

## 1.2. Problèmes de dénombrement et parties d'ensembles

### Exemple 1

**Les 50 élèves d'une classe de 1re disposent de deux options sportives, l'athlétisme et la natation. 27 élèves pratiquent l'athlétisme ; 29 élèves pratiquent la natation et 5 élèves ne pratiquent aucun des deux sports.**
**Recherchons le nombre d'élèves qui pratiquent uniquement l'athlétisme, ceux qui pratiquent uniquement la natation et ceux qui pratiquent les deux sports.**

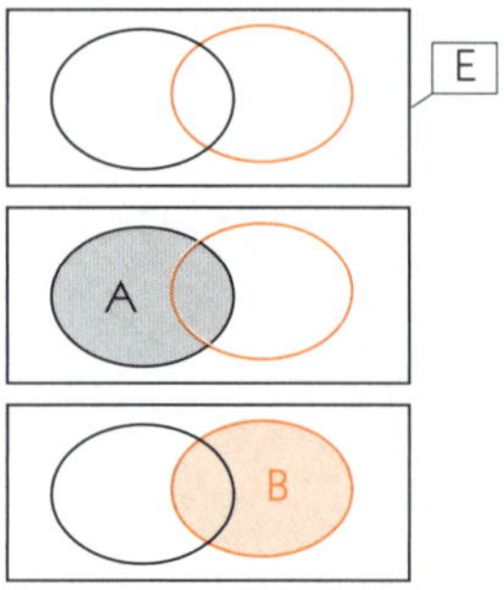


**Traduction des données en termes d'ensembles**
E est l'ensemble des élèves de la classe de 1re ;
A l'ensemble des élèves pratiquant l'athlétisme ;
B l'ensemble des élèves pratiquant la natation.

Donc : $A \cup B$ est l'ensemble des élèves pratiquant l'athlétisme ou la natation ;
$A \cap B$ est l'ensemble des élèves pratiquant l'athlétisme et la natation ;
$A \setminus B$ est l'ensemble des élèves pratiquant uniquement l'athlétisme ;
$B \setminus A$ est l'ensemble des élèves pratiquant uniquement la natation ;
$C_E A \cup B$ est l'ensemble des élèves ne pratiquant aucun des deux sports.

On a : card (E) = 50 ; card (A) = 27 ; card (B) = 29 ; card ($C_E A \cup B$) = 5.

■ **Résolution du problème**

card (A ∪ B) = 50 – 5 = 45

card (A ∩ B) = card (A) + card (B) – card (A ∪ B)
= 27 + 29 – 45 = 11

card (A\B) = card (A) – card (A ∩ B) = 27 – 11 = 16

card (B\A) = card (B) – card (A ∩ B) = 29 – 11 = 18

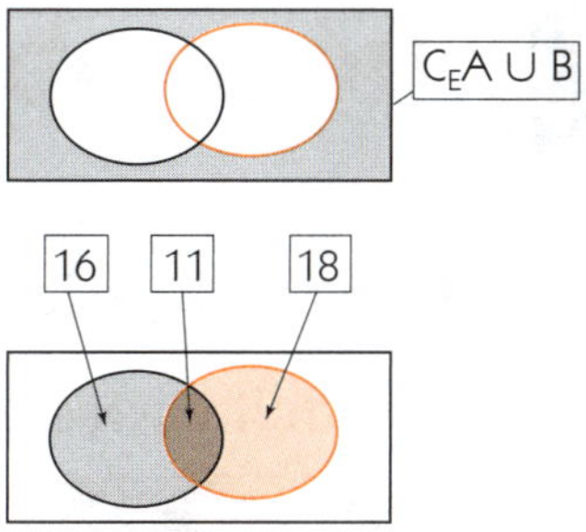


■ **Conclusion en langage courant**

11 élèves pratiquent les deux sports.
16 élèves pratiquent uniquement l'athlétisme.
18 élèves pratiquent uniquement la natation.

## Exemple 2

**Une enquête sur la lecture des 3 journaux 𝒜, ℬ, 𝒞 d'une ville a donné les résultats suivants.**
**Sur 1 500 personnes interrogées : 900 lisent 𝒜 ; 750 lisent ℬ ; 750 lisent 𝒞 ;**
**300 lisent ℬ et 𝒞 ; 450 lisent 𝒞 et 𝒜 ; 450 lisent 𝒜 et ℬ ;**
**100 lisent 𝒜, ℬ et 𝒞.**
**1. Combien de personnes lisent deux journaux et deux seulement ?**
**2. Combien de personnes ne lisent aucun de ces journaux.**

■ **Traduction des données en termes d'ensembles**

E est l'ensemble des personnes interrogées ;
A l'ensemble des personnes qui lisent le journal 𝒜 ;
B l'ensemble des personnes qui lisent le journal ℬ ;
C l'ensemble des personnes qui lisent le journal 𝒞.

Donc : A ∪ B ∪ C est l'ensemble des personnes qui lisent au moins un des trois journaux,
A ∩ B est l'ensemble des personnes qui lisent les journaux 𝒜 et ℬ ,
B ∩ C est l'ensemble des personnes qui lisent les journaux ℬ et 𝒞 ;
A ∩ C est l'ensemble des personnes qui lisent les journaux 𝒜 et 𝒞.
A ∩ B ∩ C est l'ensemble des personnes qui lisent le trois journaux 𝒜, ℬ et 𝒞.

On a : card (E) = 1 500 ; card (A) = 900 ; card (B) = 750 ; card (C) = 750 ; card (A ∩ B) = 450 ;
card (A ∩ C) = 450 ; card (B ∩ C) = 300 ; card (A ∩ B ∩ C) = 100.

■ **Résolution du problème**

***Question 1***

Nombre de personnes qui lisent 𝒜 et ℬ mais ne lisent pas 𝒞 :
card (A ∩ B) – card (A ∩ B ∩ C) = 450 – 100 = 350

Nombre de personnes qui lisent 𝒜 et 𝒞 mais ne lisent pas ℬ :
card (A ∩ C) – card (A ∩ B ∩ C) = 450 – 100 = 350

Nombre de personnes qui lisent ℬ et 𝒞 mais ne lisent pas 𝒜 :
card (B ∩ C) – card (A ∩ B ∩ C) = 300 – 100 = 200

Nombre de personnes qui lisent seulement deux journaux .
350 + 350 + 200 = 900

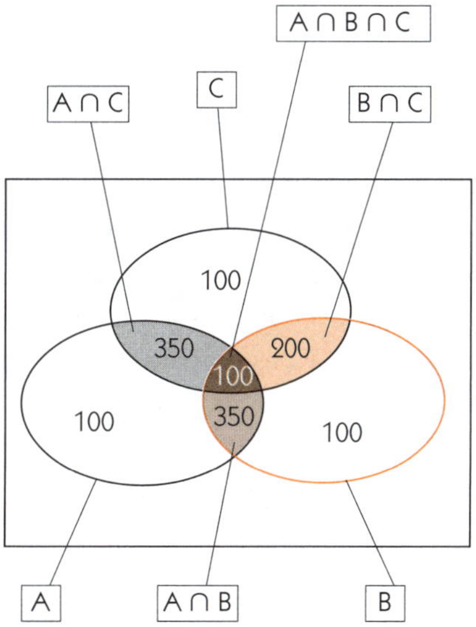


***Question 2***

Nombre de personnes qui lisent uniquement le journal 𝒜 :
900 – (350 + 350 + 100) = 100

Nombre de personnes qui lisent uniquement le journal ℬ :
750 – (350 + 200 + 100) = 100

Nombre de personnes qui lisent uniquement le journal 𝒞 :
750 – (50 + 200 + 100) = 100

Nombre de personnes qui lisent au moins un de ces journaux :
100 + 100 + 100 +100 + 350 + 350 + 200 = 1 300

Nombre de personnes qui ne lisent aucun de ces journaux :
1 500 – 1 300 = 200

# 2 Dénombrement de listes

## 2.1. Listes d'objets

### Produit cartésien de deux ensembles finis

**Définition**

**A et B étant deux ensembles finis non vides, on appelle *produit cartésien* de A *par* B l'ensemble des couples dont le premier terme est élément de A et le second terme est élément de B.**

On note : $A \times B$
on lit : A croix B.

***Exemple***

A et B sont les ensembles tels que :
$A = \{a ; b ; c ; d ; e\}$ et $B = \{1 ; 2 ; 3\}$
Représentons le produit $A \times B$ par le tableau ci-contre :

| A \ B | 1 | 2 | 3 |
|---|---|---|---|
| $a$ | $(a ; 1)$ | $(a ; 2)$ | $(a ; 3)$ |
| $b$ | $(b ; 1)$ | $(b ; 2)$ | $(b ; 3)$ |
| $c$ | $(c ; 1)$ | $(c ; 2)$ | $(c ; 3)$ |
| $d$ | $(d ; 1)$ | $(d ; 2)$ | $(d ; 3)$ |
| $e$ | $(e ; 1)$ | $(e ; 2)$ | $(e ; 3)$ |

On peut alors compter facilement les éléments de $A \times B$.
Ce tableau comporte 5 lignes et 3 colonnes, soit au total $5 \times 3$ cases contenant chacune un élément de $A \times B$.

Plus généralement,
*on démontre et nous admettons la propriété suivante :*

**Propriété**

**A et B étant des ensembles finis non vides, card $(A \times B)$ = card $(A) \times$ card $(B)$.**

**Remarque**

*Lorsque $A \neq B$, on a : $A \times B \neq B \times A$.*

### Produit cartésien d'ensembles finis

■ ***p*-liste**

On étend à $p$ objets ordonnés $a_1 ; a_2 ; ... ; a_p$ la notion de couple et on obtient une ***p*-liste**.
On la note $(a_1 ; a_2 ; ... ; a_p)$.

$a_1$ est le 1er terme, $a_2$ est le 2e terme... , $a_p$ est le $p^e$ terme de la $p$-liste $(a_1 ; a_2 ; ... ; a_p)$.
En particulier, une 2-liste est un couple, une 3-liste est un triplet.

■ **Produit cartésien d'ensembles finis**

On note $E_1 \times E_2 \times ... \times E_p$ l'ensemble de toutes les $p$-listes $(a_1 ; a_2 ; ... ; a_p)$ telles que :

$a_1 \in E_1$, $a_2 \in E_2$ ..., $a_p \in E_p$.

$E_1 \times E_2 \times ... \times E_p$ est appelé **produit cartésien des ensembles** $E_1, E_2, ... , E_p$.

### Dénombrement des $p$-listes, éléments de $E_1 \times E_2 \times ... \times E_p$

■ **Exemple**

**A, B, C sont les ensembles tels que : $A = \{u ; v\}$ , $B = \{m ; n ; p ; q\}$ , $C = \{1 ; 2 ; 3\}$.**
**On veut dénombrer les éléments du produit cartésien $A \times B \times C$.**

Pour cela, utilisons un arbre de choix.

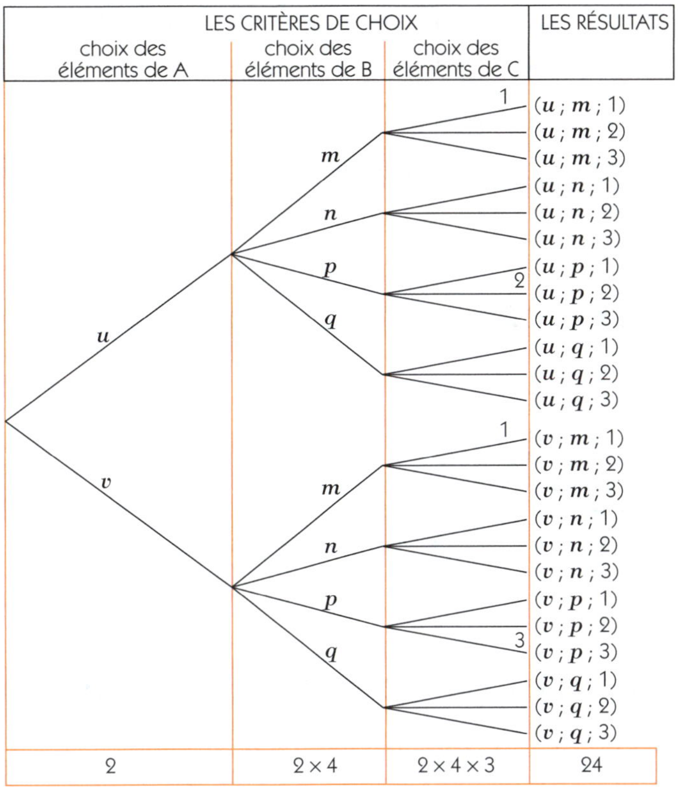


On a : card (A) = 2 ; card (B) = 4 ; card (C) = 3 ; card (A × B × C) = 2 × 4 × 3 = 24.

### Principe multiplicatif de dénombrement (ou de choix successifs)

**$E_1$, $E_2$, ... $E_p$, sont des ensembles finis. On pose : card ($E_1$) = $n_1$, ..., card ($E_p$) = $n_p$.**
**On veut dénombrer les $p$-listes, éléments du produit cartésien $E_1 \times E_2 \times \dots \times E_p$.**

Pour former une $p$-liste, élément de $E_1 \times E_2 \times \dots \times E_p$, on constate que :

- dans $E_1$, il y a $n_1$ choix possibles du 1er terme ;
- pour chaque 1er terme choisi, il y a dans $E_2$, $n_2$ choix possibles du 2e terme ;
- pour chaque 2e terme choisi, il y a dans $E_3$, $n_3$ choix possibles du 3e terme ;

...

- pour chaque $(p-1)$e terme choisi, il y a dans $E_p$, $n_p$ choix possibles du $p$e terme.

On en déduit le nombre des $p$-listes, éléments de $E_1 \times E_2 \times \dots \times E_p$.

*On démontre ainsi la propriété suivante :*

## Propriété

**$E_1$, $E_2$, ... $E_p$ étant des ensembles finis non vides,**

$$\textbf{card}\ (E_1 \times E_2 \times \dots \times E_p) = \textbf{card}\ (E_1) \times \textbf{card}\ (E_2) \times \dots \times \textbf{card}\ (E_p).$$

*Illustration par un arbre de choix*

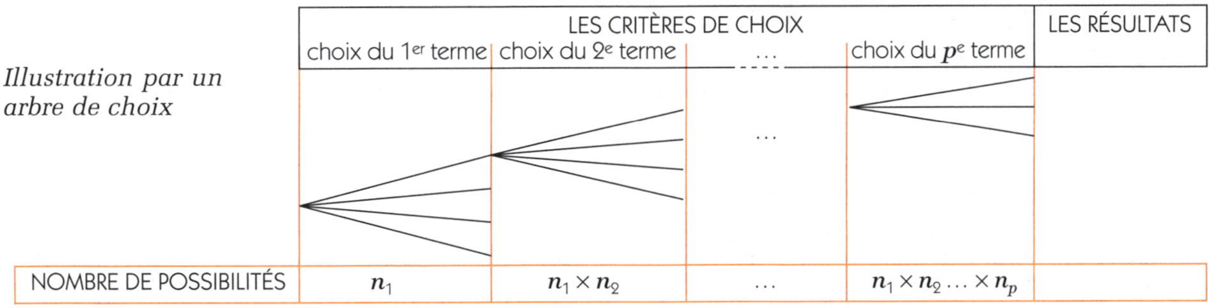

■ **Cas particulier - Produit cartésien de $p$ ensembles égaux à E**

**Propriété**

**E étant un ensemble de $n$ éléments,**

**le produit cartésien $E \times E \times ... \times E$ ($p$ ensembles égaux à E) est noté $E^p$.**

**On a donc :** $$\text{card}(E^p) = n^p.$$

# Exercices

**2.a** Soit $E = \{1 ; 2 ; 3\}$, $F = \{a ; b ; c ; d\}$ et $G = \{a ; b\}$.
On considère le produit cartésien $E \times F \times G$.
Calculer card $(E \times F \times G)$.
Parmi les listes, éléments de $E \times F \times G$,
– combien ont pour 1^er^ terme 2 ?
– combien ont pour 2^e^ terme $a$ ?
– combien ont pour 1^er^ terme 2 et pour 2^e^ terme $a$ ?
– combien n'ont pas pour 1^er^ terme 2 ?

**2.b** Soit $E = \{1, 2, 3, 4, 5\}$.
Combien y a-t-il de couples d'éléments de E ?
Combien y a-t-il de triplets d'éléments de E ?
Combien y a-t-il de 4-listes d'éléments de E ?

## 2.2. Problèmes de dénombrement et listes

### Problèmes de dénombrement et $E_1 \times E_2 \times ... \times E_p$

**Dans un restaurant, on propose quatre entrées, trois plats de résistance, deux desserts. Chaque client compose son menu en choisissant une entrée, un plat de résistance et un dessert.**
**Quel est le nombre de menus possibles ?**

■ **Codage d'un résultat**

$e_1, e_2, e_3, e_4$ sont les quatre entrées ; on pose : $E = \{e_1 ; e_2 ; e_3 ; e_4\}$.
$r_1, r_2, r_3$ sont les trois plats de résistance ; on pose : $R = \{r_1 ; r_2 ; r_3\}$ .
$d_1, d_2$ sont les deux desserts ; on pose : $D = \{d_1 ; d_2\}$.

Ici, un résultat est un menu choisi.

Par exemple, entrée : $e_1$ ; plat de résistance : $r_3$ ; dessert : $d_2$ } est un résultat.

■ **Choix d'un modèle**

Le menu choisi peut être modélisé par le triplet $(e_1 ; r_3 ; d_2)$.
D'une manière générale, on peut modéliser chaque menu par un triplet, élément de $E \times R \times D$.

■ **Dénombrement des résultats possibles**

À chaque menu est associé un élément de $E \times R \times D$ et réciproquement à chaque élément de $E \times R \times D$ est associé un menu.
Le nombre de menus possibles est donc le nombre d'éléments de $E \times R \times D$,
c'est-à-dire : card (E) $\times$ card (R) $\times$ card (D).

■ **Illustration par un arbre**

• Réaliser un arbre avec pour critères : le choix de l'entrée, suivi du choix du plat de résistance puis du choix du dessert.

### Problèmes de dénombrement et $E^p$

**L'éclairage d'une grande salle est assuré par six points lumineux commandés chacun par un interrupteur. Combien y a-t-il de manières différentes d'éclairer cette salle par ces six points lumineux ?**

### Utilisation de listes

***Codage d'un résultat***

$a_1$, $a_2$, $a_3$, $a_4$, $a_5$, $a_6$ sont les six ampoules ;
on pose : A = {$a_1$ ; $a_2$ ; $a_3$ ; $a_4$ ; $a_5$ ; $a_6$}.
On note :

1, pour exprimer qu'une ampoule est allumée,
0, pour exprimer qu'une ampoule est éteinte.

On pose : E = {0 ; 1}.
Ici un résultat est la description de l'état des six ampoules.

Par exemple,
$a_1$ est allumée
$a_2$ est allumée
$a_3$ est éteinte
$a_4$ est allumée
$a_5$ est allumée
$a_6$ est éteinte
} est un résultat.

***Choix d'un modèle***

Le résultat ci-dessus peut être modélisé par la 6-liste : (1 ; 1 ; 0 ; 1 ; 1 ; 0).
D'une manière générale, on peut modéliser chaque état des six ampoules par une 6-liste, élément de $E^6$.

***Dénombrement des résultats possibles***

À chaque état des six ampoules est associé un élément de $E^6$ et réciproquement, à chaque élément de $E^6$, est associé un état des six ampoules.
Le nombre d'états possibles est donc card ($E^6$) ; il y a $2^6$ états des 6 ampoules.
Par conséquent, il y a 63 manières différentes d'éclairer la salle (on a soustrait de $2^6$, l'unique état où toutes les lampes sont éteintes).

***Illustration par un arbre***

- Réaliser un arbre avec pour critères de choix les deux états de chacune des six ampoules.

### Utilisation d'applications

Dans l'exemple qui précède, le résultat modélisé par la 6-liste (1 ; 1 ; 0 ; 1 ; 1 ; 0) aurait pu être modélisé par l'application de A dans E ci-contre.
À chaque état des six ampoules, on peut en effet faire correspondre une application de A dans E.

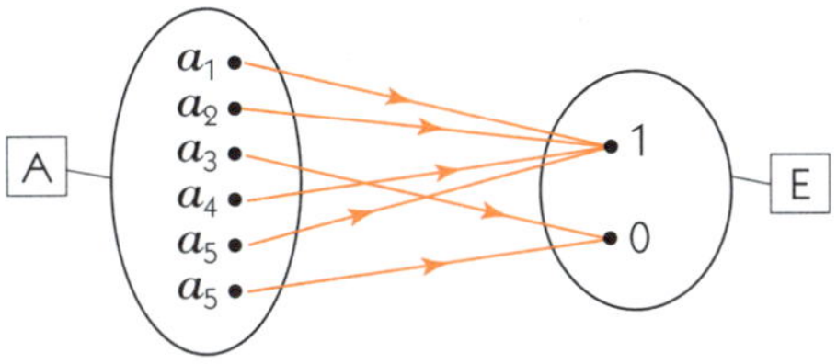


## Remarque

*Plus généralement, A étant un ensemble de* $p$ *éléments et E un ensemble de* $n$ *éléments, à chaque application de A dans E, on peut associer une* $p$*-liste d'éléments de E et réciproquement.*

***Exemple***

On donne A = {1 ; 2 ; 3 ; 4 ; 5} et E = {$a$ ; $b$ ; $c$}.
On considère l'application $f$ de A dans E définie par $f(1) = a$, $f(2) = a$, $f(3) = c$, $f(4) = b$ et $f(5) = c$.
À cette application, on peut associer la 5-liste ($a$ ; $a$ ; $c$ ; $b$ ; $c$).

- Définir l'application $g$ de A dans E associée à la 5-liste ($c$ ; $a$ ; $b$ ; $a$ ; $b$).

### Nombre d'applications de A dans E

Le nombre d'application d'un ensemble A de $p$ éléments dans un ensemble E de $n$ éléments est égal au nombre de $p$-listes d'éléments de E.

*On en déduit la propriété suivante :*

## Propriété

**Le nombre d'applications d'un ensemble A de $p$ éléments dans un ensemble E de $n$ éléments est égal à $n^p$.**

# Exercices

**2.c** Les numéros de téléphone d'un réseau téléphonique sont des nombres entiers naturels de 6 chiffres.
Quelle est la capacité de ce réseau ?

**2.d** On lance deux dés cubiques de couleurs différentes, un noir et un jaune. On relève, dans l'ordre, le numéro présenté par le dé noir puis le numéro présenté par le dé jaune.
Schématiser l'ensemble des résultats possibles.
Quel est le nombre de résultats possibles ?

# 3 Dénombrement d'arrangements et de permutations

## 3.1. Arrangements

### Arrangements de $p$ éléments d'un ensemble E de $n$ éléments

**Définition**

**E étant un ensemble non vide de $n$ éléments, $p$ un nombre entier naturel tel que : $p \leqslant n$, on appelle *arrangement* de $p$ éléments de E, toute $p$-liste d'éléments de E deux à deux distincts. On dit aussi $p$-arrangement d'éléments de E.**

***Exemple***

Considérons l'ensemble V tel que : V = $\{a\ ;\ e\ ;\ i\ ;\ u\ ;\ o\}$.
Les triplets suivants sont des arrangements de trois éléments de V : $(a\ ;\ e\ ;\ o)$, $(o\ ;\ a\ ;\ e)$, $(i\ ;\ u\ ;\ o)$.
Cependant le triplet $(i\ ;\ o\ ;\ i)$ n'est pas un arrangement d'éléments de V car l'élément $i$ est répété.

### Dénombrement des $p$-arrangements d'éléments de E

**Activité**

**On donne V = $\{a\ ;\ e\ ;\ i\ ;\ u\ ;\ o\}$. On veut dénombrer les arrangements de trois éléments de V.**

Pour cela, on peut utiliser un arbre de choix.

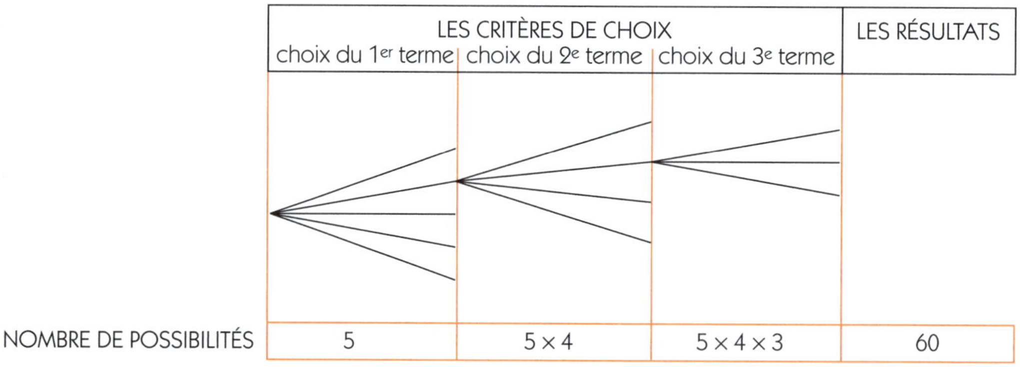


• Expliquer la construction de cet arbre, achever la construction.

**Utilisation du principe multiplicatif de dénombrement**

Plus généralement, pour former un $p$-arrangement d'un ensemble E de $n$ éléments, on constate que :

– pour le 1$^{er}$ terme, il y a $n$ choix possibles ;
– pour chaque 1$^{er}$ terme choisi, il y a $(n - 1)$ choix possibles du 2$^{e}$ terme ;
– pour chaque 2$^{e}$ terme choisi, il y a $(n - 2)$ choix possibles du 3$^{e}$ terme ;
....
– pour chaque $(p - 1)^{e}$ terme choisi, il y a $[n - (p - 1)]$ choix possibles du $p^{e}$ terme.

On en déduit le nombre de $p$-arrangement d'éléments de E.

## Propriété

**$n$ et $p$ sont des nombres entiers naturels tels que : $1 < p \leqslant n$.**

**E est un ensemble de $n$ éléments.**

**Le nombre de $p$-arrangements d'éléments de E est : $n(n-1)(n-2) \ldots [n-(p-1)]$.**

*Notation :* $A_n^p = \underbrace{n(n-1)(n-2) \ldots [(n-(p-1)]}_{p \text{ facteurs}}$ ; *Convention :* $A_n^1 = n$ ; $A_n^0 = 1$.

*Illustration par un arbre de choix*

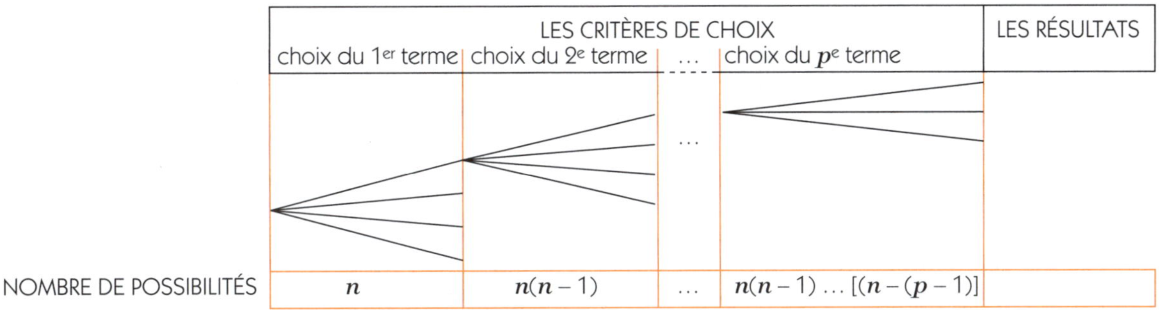


## 3.2. Problèmes de dénombrement et arrangements

### Exemple 1

**Dans un parking de cinq places combien y a-t-il de façons de garer trois voitures ?**

***Codage d'un résultat***

$p_1, p_2, p_3, p_4, p_5$ sont les cinq places ; on pose : $P = \{p_1 ; p_2 ; p_3 ; p_4 ; p_5\}$.
$v_1, v_2, v_3$ sont les trois voitures ; on pose : $V = \{v_1 ; v_2 ; v_3\}$.

Ici, un résultat est l'état d'occupation des cinq places par les trois voitures. (la voiture ... occupe la place ...)

Par exemple
$v_1$ occupe la place $p_3$
$v_2$ occupe la place $p_2$
$v_3$ occupe la place $p_5$
} est un résultat.

***Choix d'un modèle***

Le résultat ci-dessus peut être modélisé par le 3-arrangement : $(P_3 ; P_2 ; P_5)$.
D'une manière générale, on peut modéliser chaque état d'occupation des cinq places par un 3-arrangement d'éléments de V.

***Dénombrement des résultats possibles***

Il y a $A_5^3$ 3-arrangements des 5 éléments de l'ensemble V. $A_5^3 = 5 \times 4 \times 3 = 60$.
Il y a donc 60 manières de garer 3 voitures dans un parking de 5 places.

***Illustration par un arbre***

- Réaliser un arbre avec pour critères de choix les positions possibles de chacune des trois voitures.

### Exemple 2

*Lorsqu'un problème peut être modélisé par un $p$-arrangement d'éléments d'un même ensemble E de $n$ éléments, nous allons voir, dans l'exemple qui suit, qu'il peut aussi être modélisé par une application particulière de $\{1 ; 2 ; \ldots ; p\}$ dans E.*

**Une assemblée comporte 50 membres. De combien de façons peut-on choisir un bureau de trois personnes composé d'un Président, d'un Secrétaire, et d'un Trésorier ?**

### Utilisation d'arrangements

***Codage d'un résultat***

$m_1, m_2, ..., m_{50}$ sont les cinquante membres ; on pose : $M = \{m_1 ; m_2 ; ... ; m_{50}\}$.
P, T, S sont respectivement le Président, le Trésorier, le Secrétaire ; on pose : E = {P ; T ; S}.

Ici un résultat est la composition d'un bureau.

Par exemple, le Président est $m_1$, le Trésorier est $m_{48}$, le Secrétaire est $m_{11}$ } est un résultat.

***Choix d'un modèle***

Le résultat ci-dessus peut être modélisé par le 3-arrangement : $(m_1 ; m_{48} ; m_{11})$.
D'une manière générale, on peut modéliser chaque composition du bureau par un 3-arrangement d'éléments de M.

***Dénombrement des résultats possibles***

Il y a $A_{50}^3$ 3-arrangements des 50 éléments de l'ensemble M. $A_{50}^3 = 50 \times 49 \times 48 = 117\ 600$.
Il y a donc 117 600 façons de choisir un bureau dans l'assemblée.

***Illustration par un arbre***

Réaliser un arbre avec pour critères, le choix du président, suivi du choix du trésorier puis du choix du secrétaire.

### Utilisation d'applications injectives

Dans l'exemple qui précède, le résultat modélisé par le 3-arrangement $(m_1 ; m_{48} ; m_{11})$ aurait pu être modélisé par l'application de E dans M ci-contre.

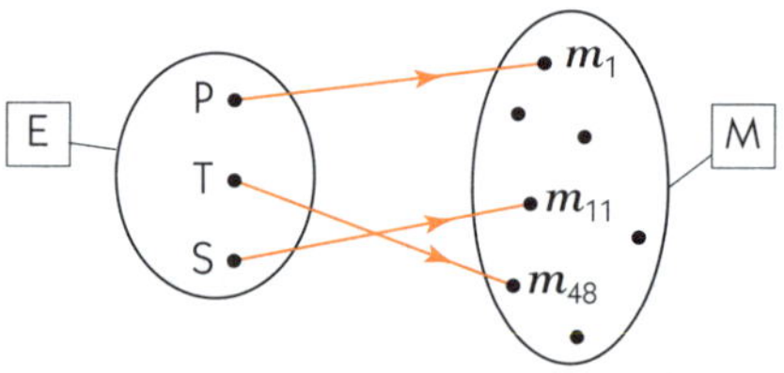


À chaque composition d'un bureau, on peut en effet faire correspondre une application particulière de E dans M.
On remarque que :

card (E) ⩽ card (M) ;

deux éléments de E n'ont pas la même image.

Une telle application est dite **injective** ; on dit aussi que c'est une **injection**.

## Définition

**On appelle *application injective* ou *injection* de E *dans* F, toute application de E dans F telle que les images de deux éléments quelconques de E sont différentes.**

Schéma d'une application injective

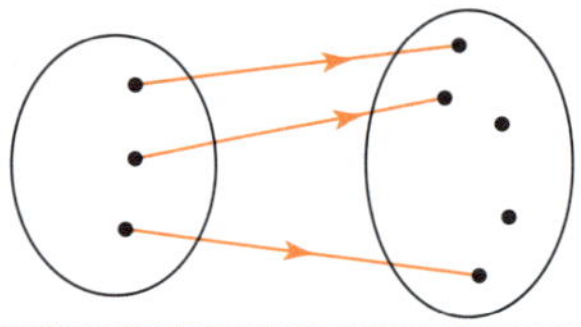

Schéma d'une application non injective

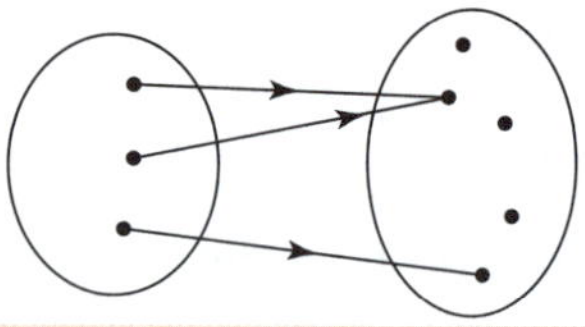

## Remarque

*Plus généralement, A étant un ensemble de p éléments et E un ensemble de n éléments, à chaque injection de A dans E, on peut associer un p-arrangement d'éléments de E et réciproquement.*

### Nombre d'injections de A dans E

Le nombre d'injections d'un ensemble A de $p$ éléments dans un ensemble E de $n$ éléments est égal au nombre de $p$-arrangements d'éléments de E.

*On en déduit la propriété suivante :*

## Propriété

**$n$ et $p$ étant des nombres entiers naturels tels que : $1 < p \leqslant n$,**

**le nombre d'injections d'un ensemble A de $p$ éléments dans un ensemble E de $n$ éléments est égal à $A_n^p$.**

3.a On donne A = $\{a ; b ; c\}$ et B = $\{1 ; 2 ; 3 ; 4 ; 5\}$. Combien d'injections de A dans B peut-on définir ?
Parmi ces injections, on considère celles qui donnent 3 pour image de $a$. Quel est le nombre de ces injections ?

3.b On dispose de cinq cartons portant respectivement les cinq chiffres 1, 2, 3, 4, 5.
Combien peut-on former de nombres de trois chiffres à l'aide de ces cartons ?

3.c Avec les lettres du mot PRODUIT, combien de « mots » de 4 lettres différentes peut-on former ?
Parmi ces mots, calculer le nombre de ceux
– qui commencent par P ;
– qui ne contiennent pas la lettre R ;
– qui contiennent la lettre D.

## 3.3. Permutations

### Permutations des $n$ éléments d'un ensemble E

**Définition**

**E étant un ensemble non vide de $n$ éléments, on appelle permutation des $n$ éléments de E tout arrangement des $n$ éléments de E.**

*Exemple*

Considérons l'ensemble V tel que : V = $\{a ; e ; i ; u ; o\}$.
Les arrangements suivants sont des permutations d'éléments de V :

$$(a ; e ; i ; u ; o), (i ; o ; e ; u ; a), (u ; a ; e ; i ; o)$$

Considérons l'ensemble E tel que : E = $\{a ; b ; c\}$.
Toutes les permutations des éléments de E sont :

$$(a ; b ; c), (b ; c ; a), (c ; a ; b), (a ; c ; b), (b ; a ; c), (c ; b ; a), (b ; c ; a).$$

**Propriété**

**E étant un ensemble non vide de $n$ éléments, le nombre de permutations des éléments de E est $A_n^n$.**

*On note :* $A_n^n = \underbrace{n \times (n-1) \times \ldots \times 2 \times 1}_{n \text{ facteurs}} = n!$ ; *on lit :* **factorielle $n$**

Par convention : $0! = 1$

• Vérifier que : $3! = 6$ ; $7! = 5\ 040$.

*On peut démontrer les propriétés suivantes :*

**Propriété**

**$n$ et $p$ étant des nombres entiers naturels tels que : $1 < p \leqslant n$,**

$$n! = n \times (n-1)! \qquad ; \qquad A_n^p = \frac{n!}{(n-p)!}$$

**Démonstration**

$n$ et $p$ sont des nombres entiers naturels tels que : $1 < p \leq n$.

On a : $A_n^p = n(n-1) \ldots (n-p+1)$

or : $n! = \underbrace{n(n-1) \ldots (n-p+1)}_{A_n^p}\underbrace{(n-p) \ldots 3 \times 2 \times 1}_{(n-1)!}$

d'où : $A_n^p = \dfrac{n!}{(n-p)!}$

## Problèmes de dénombrement et permutations

**De combien de façons différentes peut-on disposer quatre personnes sur quatre chaises numérotées ?**

### Utilisation de permutations

***Codage d'un résultat***

$a$, $b$, $c$, $d$ sont les quatre personnes ;
on pose $E = \{a\ ;\ b\ ;\ c\ ;\ d\}$.
1, 2, 3, 4 sont les numéros des quatre chaises ;
on pose $A = \{1\ ;\ 2\ ;\ 3\ ;\ 4\}$.

Ici un résultat est la description d'une occupation des quatre chaises par les quatre personnes.

Par exemple,
1 est occupée par $c$
2 est occupée par $b$
3 est occupée par $d$
4 est occupée par $a$
} est un résultat.

***Choix d'un modèle***

Le résultat précédent peut être modélisé par la permutation $(c\ ;\ b\ ;\ d\ ;\ a)$.
D'une manière générale, on peut modéliser chaque occupation des quatre sièges par une permutation des éléments de E.

***Dénombrement des résultats possibles***

À chaque occupation des quatre sièges est associée une permutation des éléments de E et réciproquement.
Le nombre de permutations des éléments de E est 4!
Il y a donc 24 façons différentes de disposer les quatre personnes sur les chaises numérotées.

***Illustration par un arbre***

- Réaliser un arbre avec pour critères, les choix successifs d'un siège par chacune des personnes.

### Utilisation de bijections

Dans l'exemple qui précède, le résultat modélisé par la permutation $(c\ ;\ b\ ;\ d\ ;\ a)$ aurait pu être modélisé par la bijection de A dans E ci-contre.
À chaque état d'occupation des chaises, on peut en effet faire correspondre une bijection de A dans E.

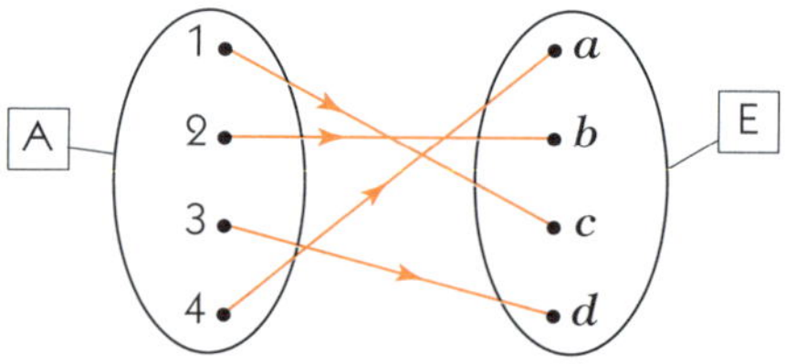


**Remarque**

*Plus généralement, A et E étant des ensembles de $n$ éléments, à chaque bijection de A dans E, on peut associer une permutation d'éléments de E et réciproquement.*

### Nombre de bijections de A dans E

Le nombre de bijections d'un ensemble A de $n$ éléments dans un ensemble E de $n$ éléments est égal au nombre de permutations des éléments de E.

*On en déduit la propriété suivante :*

**Propriété**

**$n$ étant un nombre entier naturel différent de 0, le nombre de bijections d'un ensemble A de $n$ éléments dans un ensemble E de $n$ éléments est égal à $n!$.**

## Exercices

**3.d** On dispose de cinq cartons portant respectivement les chiffres 1, 2, 3, 4, 5.
Combien peut-on former de nombres de cinq chiffres à l'aide de ces cartons?

**3.e** Dix personnes vont s'asseoir autour d'une table ronde. De combien de manières peut-on faire asseoir ces dix personnes :
*a)* si les chaises sont numérotées ?
*b)* si les chaises ne sont pas numérotées ?

**3.f** Combien de mots différents peut-on former avec les lettres du mot BURKINA, chaque lettre étant utilisée une et une seule fois, les mots ayant un sens ou non ?

# 4 Dénombrement de combinaisons

## 4.1. Combinaisons

**Définition**

**E étant un ensemble non vide de $n$ éléments, $p$ un nombre entier naturel tel que : $p \leqslant n$,**
**on appelle *combinaison* de $p$ éléments de E toute partie de E ayant $p$ éléments.**
**On dit aussi *$p$-combinaison* d'éléments de E.**

*Exemple*

Considérons l'ensemble V tel que : V= $\{a ; e ; i ; u ; o\}$
Les ensembles suivants sont des combinaisons de deux éléments de V : $\{a ; e\}$, $\{a ; i\}$, $\{e ; i\}$.

- Donner toutes les combinaisons de trois éléments de V. Combien y en a-t-il ?
- Donner une combinaison de cinq éléments de V. Combien y en a-t-il ?

### Dénombrement des $p$-combinaisons d'éléments de E

**Activité**

**Un sélectionneur d'athlétisme dispose de 4 coureurs dont les maillots sont numérotés 1, 2, 3, 4.**
**On note E l'ensemble de ces coureurs.**
**Pour former l'équipe nationale, le sélectionneur organise un test qui ne permet pas d'ex-aequo, afin de prendre les trois meilleurs coureurs parmi les quatre dont il dispose.**
**On veut rechercher le nombre d'équipes possibles.**

- Expliquer pourquoi un classement de 3 coureurs de E est un 3-arrangement des éléments de E et pourquoi une équipe est une combinaison d'éléments de E.
- Combien de classements de 3 coureurs peut-on réaliser ?
- Combien de classements de 3 coureurs peut-on réaliser avec chaque équipe de 3 joueurs ?

On pose $C_4^3$ le nombre des 3-combinaisons d'éléments de E.

- Exprimer $C_4^3$ en fonction de $A_4^3$ et 3!.
- Compléter le tableau suivant et donner le nombre d'équipes possibles.

| **Classements possibles de 3 coureurs parmi 4** (les 3-arrangements des 4 éléments de E) | **Équipes possibles** (les 3-combinaisons des 4 éléments de E) |
|---|---|
| (1 ; 2 ; 3), (1 ; 3 ; 2), (2 ; 3 ; 1), (2 ; 1 ; 3), (3 ; 2 ; 1), (3 ; 1 ; 2), (3 ; 1 ; 2) ... | {1 ; 2 ; 3} |
| (2 ; 1 ; 4) ... | {1 ; 2 ; 4} |
| (1 ; 3 ; 4) ... | {1 ; 4 ; 3} |
| (2 ; 3 ; 4) ... | {2 ; 3 ; 4} |
| ... | ... |

**Cas général**

**$n$ et $p$ sont deux nombres entiers naturels non nuls tels que : $p \leqslant n$.**
**On se propose de dénombrer les $p$-combinaisons des $n$ éléments d'un ensemble E.**

Désignons par $C_n^p$ le nombre de ces $p$-combinaisons et calculons $C_n^p$.
Chaque partie de $p$ éléments de E permet de réaliser $p!$ permutations.
Or chaque permutation ainsi obtenue est un $p$-arrangement d'éléments de E.
Le nombre de $p$-arrangements d'éléments de E est donc égal au nombre de $p$-combinaisons d'éléments de E multiplié par $p!$.
Par conséquent : $A_n^p = p! \times C_n^p$.

**Propriété**

***n* et *p* sont des nombres entiers naturels non nuls tels que : $p \leqslant n$ ;**
**E un ensemble de *n* éléments.**
**Le nombre de *p*-combinaisons d'éléments de E est : $\dfrac{A_n^p}{p!}$.**

*Notation :* $C_n^p = \dfrac{A_n^p}{p!}$

La notation s'étend lorsque $p = 0$ : $C_n^0 = \dfrac{A_n^0}{0!} = 1$

- Vérifier que : $C_7^4 = 35$.
- $n$ et $p$ étant des nombres entiers naturels tels que : $p \leqslant n$,

démontrer que :

$$C_n^n = 1 \quad ; \quad C_n^1 = n \quad ; \quad C_n^{n-p} = C_n^p \quad ; \quad C_n^p = \frac{n!}{p! \times (n-p)!}$$

## 4.2. Problèmes de dénombrement et combinaisons

**L'éclairage d'une grande salle est assurée par cinq ampoules commandées chacune par un interrupteur. De combien de manières peut-on éclairer cette salle en allumant exactement trois lampes ?**

***Codage d'un résultat***
$a_1$, $a_2$, $a_3$, $a_4$, $a_5$ sont les cinq ampoules ; on pose $A = \{a_1 ; a_2 ; a_3 ; a_4 ; a_5\}$.
Ici, un résultat est une manière d'éclairer la salle.
Par exemple, les trois ampoules allumées sont : $a_3$ ; $a_4$ ; $a_5$.

***Choix d'un modèle***
Le résultat ci-dessus peut être modélisé par la 3-combinaison : $\{a_3 ; a_4 ; a_5\}$.
D'une manière générale, on peut modéliser chaque manière d'éclairer la salle par une 3-combinaison d'éléments de A.

***Dénombrement des résultats possibles***
Il y a $C_5^3$ 3-combinaisons des 5 éléments de l'ensemble A. $C_5^3 = \dfrac{A_5^3}{3!} = \dfrac{5!}{3! \times 2!} = 10$.
Il y a 10 manières d'éclairer la salle par trois ampoules.

## Exercices

**4.a** Au terme d'une réunion particulièrement animée, les huit membres d'un conseil d'administration se serrent les mains. Combien de poignées de mains seront ainsi échangées?

**4.b** À l'oral d'un examen un étudiant doit répondre à 8 questions sur un total de 10.
*a)* Combien a-t-il de choix possibles de ces 8 questions?
*b)* Combien de choix a-t-il s'il doit répondre aux trois premières questions ?
*c)* Combien a-t-il de choix s'il doit répondre à au moins 4 des 5 premières questions ?

**4.c** On considère six points du plan non alignés trois à trois.
Combien de droites ces points déterminent-ils ?

# TP Travaux pratiques

## TP1 Les parties d'un ensemble

### Exemple

**On donne un ensemble E de quatre éléments $a$, $b$, $c$, $d$.**
**On veut trouver le nombre de toutes les parties de E.**

**Dénombrement de parties de E par les combinaisons d'éléments de E**

• Donner le nombre de parties de E contenant zéro élément, un élément ou quatre éléments ; quelles sont ces parties ?
• Donner le nombre de parties de E contenant deux éléments ou trois éléments.
• Conclure.

**Dénombrement de parties de E par un arbre**

• Compléter l'arbre ci-dessous.

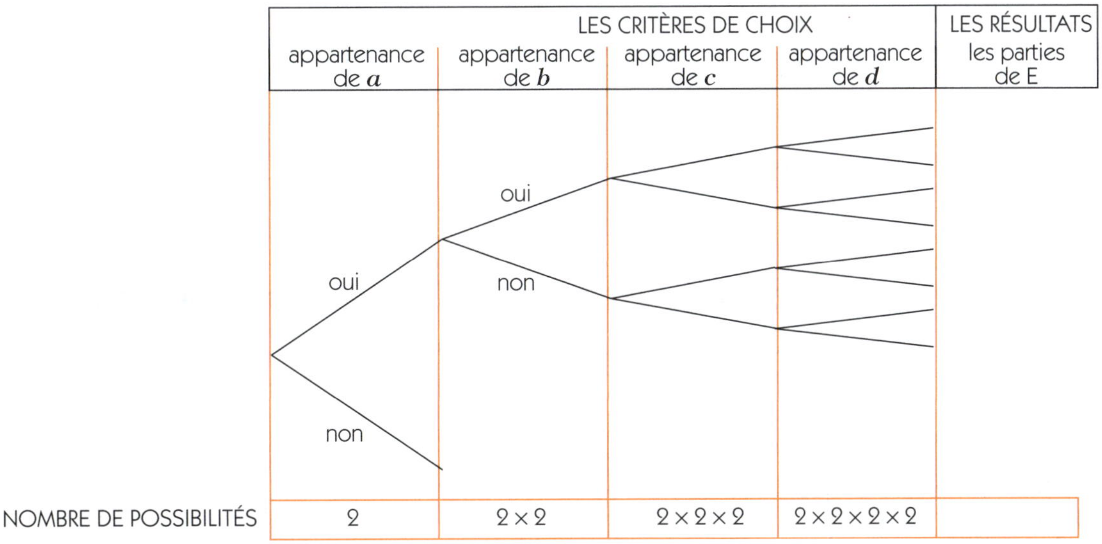


**Dénombrement de parties de E par applications de E dans l'ensemble {oui ; non}**

À chaque partie de E correspond une application de E dans {oui ; non} et réciproquement.

*Exemples*

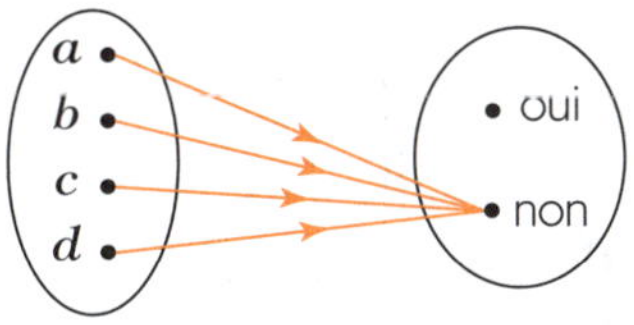


Cette application correspond à l'ensemble vide

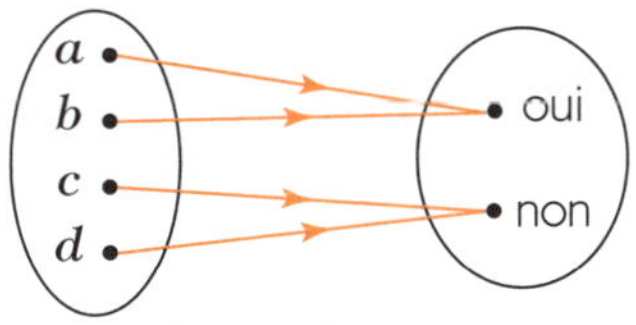


• Quelle est la partie qui correspond à cette application ?

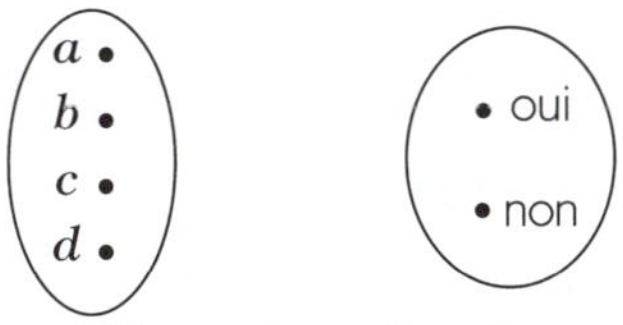


• Quelle est l'application qui correspond à la partie $\{c ; b ; d\}$ ?

### Plus généralement

On démontre que :

> Le nombre de parties d'un ensemble non vide de $n$ éléments est $2^n$.
> (c'est le nombre d'application de E dans l'ensemble {oui ; non}.)

## Application

**Les parties d'un ensemble et les nombres réels $C_n^p$**

$n$ est un nombre entier naturel non nul,
$p$ un nombre entier naturel tel que : $p \leq n$.

On considère un ensemble E de $n$ éléments.

• Compléter le tableau ci-dessous à l'aide des $C_n^p$.

| Propriétés des parties d'un ensemble fini | Propriétés des nombres $C_n^p$ |
|---|---|
| – Il y a une seule partie vide et une seule partie pleine de E.<br>Une partie pleine est une partie contenant $n$ éléments : c'est l'ensemble E. | $C_n^0$ = …… = …… |
| – Il y a $n$ singletons de E.<br>– Chaque partie de E contenant $n - 1$ éléments est le complémentaire dans E d'un singleton et réciproquement.<br>Il y a donc autant de parties de E à $n - 1$ éléments que de singletons dans E. | $C_n^1$ = …… = …… |
| – Chaque partie de E à $p$ éléments est le complémentaire dans E d'une partie de E à $n - 1$ éléments et réciproquement.<br>Il y a donc autant de parties de E à $p$ éléments que de parties de E à $n - p$ éléments. | $C_n^p$ = …… = …… |
| Le nombre de parties de E est $2^n$. | $2^n = C_n^0 +$ …… |

# TP2 Tirages simultanés, tirages successifs avec ou sans remise

*L'objet de ce TP est de préciser par des exemples les expressions couramment utilisées dans les problèmes de dénombrement : « Tirer simultanément – Tirer successivement, avec ou sans remise ».*

## Exemple 1 : Tirages simultanés

**Une urne contient 5 boules marquées $a$ ; $b$ ; $c$ ; $d$ ; $e$.**
**On pose : U = {$a$ ; $b$ ; $c$ ; $d$ ; $e$}.**
**On tire simultanément trois boules de cette urne.**
**On veut dénombrer tous les résultats possibles d'un tel tirage.**

Ici, un résultat est une partie de 3 éléments de U, c'est une 3-combinaison des éléments de U.

Exemple : $b$ ; $d$ ; $a$ sont tirés simultanément.

Ce résultat peut être noté : {$b$ ; $d$ ; $a$}.

• Résoudre le problème.

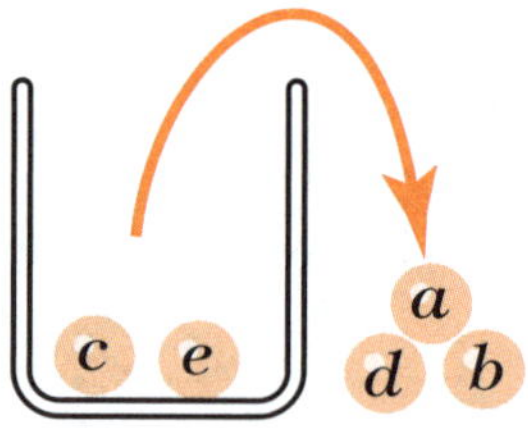


## Exemple 2 : Tirages successifs sans remise

**Une urne contient 5 boules marquées $a$ ; $b$ ; $c$ ; $d$ ; $e$.**
**On pose : U = {$a$ ; $b$ ; $c$ ; $d$ ; $e$}.**
**On tire successivement sans remise trois boules de cette urne.**
**On veut dénombrer tous les résultats possibles d'un tel tirage.**

Ici, un résultat est une partie ordonnée de 3 éléments de U, c'est un 3-arrangement des éléments de U.

Ici, un résultat est une partie ordonnée de 3 éléments de U, c'est un 3-arrangement des éléments de U.

Exemple :

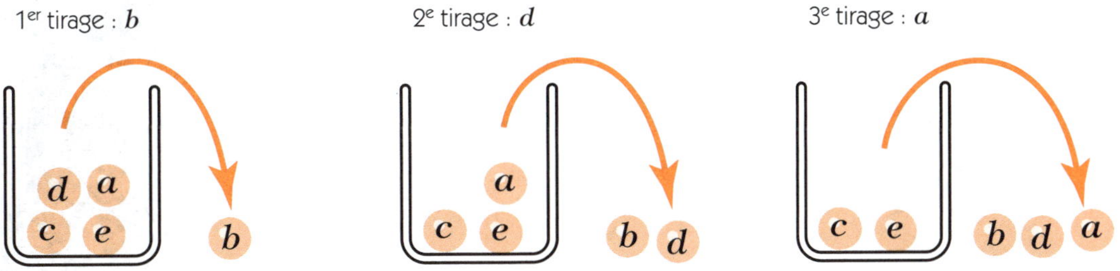


Ce résultat peut être noté : $(b\ ;\ d\ ;\ a)$.

- Résoudre le problème.

### Exemple 3 : Tirages successifs avec remise

**Une urne contient 5 boules marquées $a$ ; $b$ ; $c$ ; $d$ ; $e$.**
**On pose $U = \{a\ ;\ b\ ;\ c\ ;\ d\ ;\ e\}$.**
**On tire successivement avec remise trois boules de cette urne.**
**On veut dénombrer tous les résultats possibles d'un tel tirage.**

Ici, un résultat est une partie ordonnée de 3 éléments de U pouvant être répété, c'est une 3-liste des éléments de U.

Exemple :

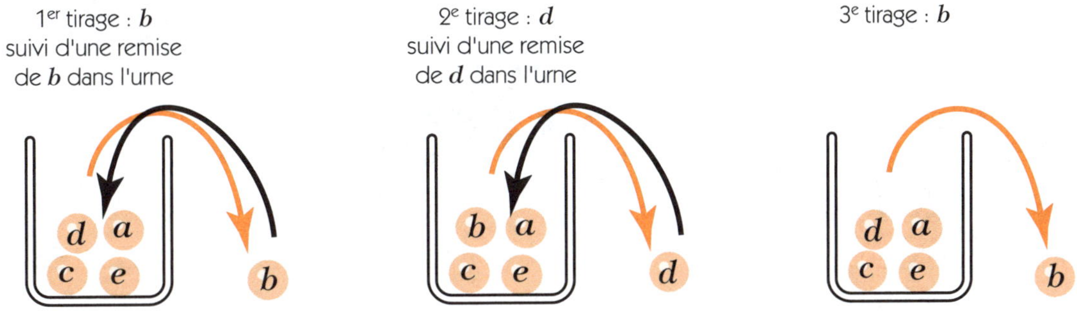


Ce résultat peut être noté : $(b\ ;\ d\ ;\ b)$.

- Résoudre le problème.

## TP3 Dénombrement et langage des jeux

### Jeux de cartes

– Un jeu de cartes est composé de **quatre** « couleurs » : le trèfle, le pique, le carreau, le cœur.
– Chaque couleur comprend **13** cartes dans un jeu de **52** cartes $(52 = 13 \times 4)$ ;
ou **8** cartes dans un jeu de **32** cartes $(32 = 8 \times 4)$.

En outre, chaque couleur comprend quatre figures : l'as, le roi, la dame, le valet.

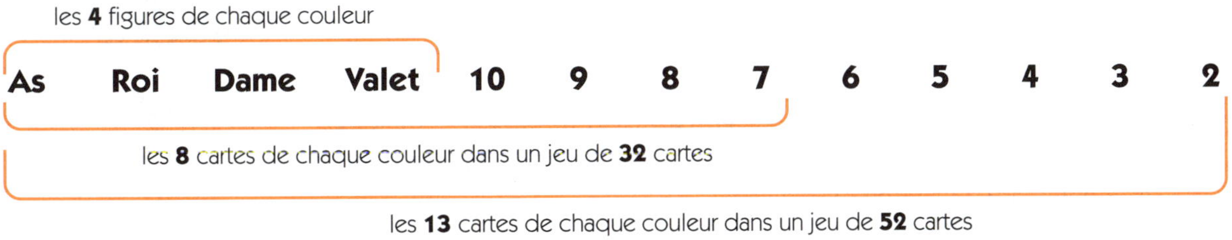

Le trèfle et le pique sont noirs

← As de trèfle

Roi de pique →

Le cœur et le carreau sont rouges

← Dame de cœur

Valet de carreau →

Les cartes sont distribuées de manière équitable aux joueurs.
L'ensemble des cartes reçues par un joueur, après une distribution, est appelée **une main**.

## Langage souvent utilisé : exactement, au moins, au plus

– « **Tirer au moins une carte** » d'un jeu de cartes,
c'est « tirer une carte » ou « tirer deux cartes » ou « tirer trois cartes », etc...,
c'est « tirer une carte » ou « tirer plus d'une carte ».

– « **Tirer au plus trois cartes** » d'un jeu de cartes,
c'est « tirer trois cartes » ou « tirer deux cartes » ou « tirer une carte »,
c'est « tirer trois cartes » ou « tirer moins de trois cartes ».

– Pour éviter toute ambiguïté, on peut dire :
« tirer **exactement** deux cartes » au lieu de dire « tirer deux cartes ».

## Lancer de dé

– **Un dé** est un petit cube portant sur chaque face :
un point, deux points, trois points, ... six points.

– Après avoir lancé le dé, on attend qu'il s'immobilise, puis on lit le nombre de points marqués sur sa face supérieure.

– **Un dé est équilibré** lorsque son centre de gravité est situé au centre du cube.

On peut déplacer ce centre de gravité en plaçant, par exemple, une petite masse supplémentaire sur l'une des faces ;
on dit que « **le dé est pipé** ».

# Exercices

## APPRENTISSAGE

## Dénombrement de parties d'ensembles finis

### *Partie d'un ensemble*

**1** On donne le diagramme ci-dessous.

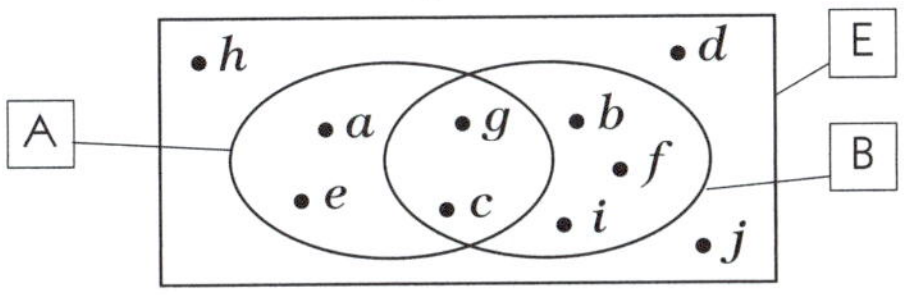


Donner la liste de chacun des ensembles suivants : A ; B ; A ∩ B ; A ∪ B ; A\B ; B\A ; E ; E\(A ∪ B) ; E\(A ∩ B).

**2** On désigne par E l'ensemble des nombres entiers naturels plus petits que 16, par I l'ensemble des nombres impairs de E, par P l'ensemble des nombres pairs de E et par $M_3$ l'ensemble des nombres de E multiples de 3.
Représenter les ensembles E, I, P, $M_3$ par un même diagramme ; y faire figurer tous les éléments de E.

**3** On donne :
Card (A) = 1521 ; card (B) = 798 ; card (A ∪ B) = 2319.
Calculer card (A ∩ B) ; card (B\A).

**4** On donne : card (A) = 17 ; card (B) = 24 ; card (A ∪ B) = 25.
Calculer card (A ∩ B) ; card (A\B).

### *Problèmes de dénombrement et parties d'ensembles.*

**5** Sur 8 224 voitures vendues par une société commerciale, 5 243 sont équipées d'un lecteur de cassettes tandis que 4 932 sont équipées d'une climatisation et 1 927 voitures ne possèdent ni lecteur de cassettes, ni climatisation.
Combien de voitures sont à la fois équipées d'un lecteur de cassettes et d'une climatisation ?

**6** Dans une classe de première, sont étudiées les langues suivantes : anglais, allemand, espagnol.
Chaque élève étudie au moins une langue ; 5 étudient les trois langues, 7 l'anglais et l'allemand, 8 l'anglais et l'espagnol, 9 l'allemand et l'espagnol.
Enfin 20 étudient (seulement) l'anglais, 15 l'allemand, 18 l'espagnol.
Quel est l'effectif de cette classe ?

## Dénombrement de listes

### *Listes d'objets*

**7** On pose : $V = \{a ; e ; i ; u\}$ ; $C = \{v ; w ; x\}$.
Représenter par un tableau chacun des produits cartésiens V × C et C × V.

**8** On pose : E = {0 ; 1 ; 2 ; 3 ; 4 ; 5 ; 6 ; 7 ; 8 ; 9}.
**1.** Donner :
– trois couples d'éléments de E ;
– trois triplets d'élément de E ;
– trois listes de 4 éléments de E (4-liste) ;
– trois listes de 5 éléments de E (5-liste) ;
**2.** (2 ; 1 ; 5 ; 1 ; 6) est-il un 5-liste d'éléments de E ?

**9** On pose : E = {1, 2, 3, 4, 5, 6}.
Combien y a-t-il de triplets d'éléments de E ?
Illustrer par un arbre de choix.

### *Problèmes de dénombrement et listes*

**10** On lance simultanément trois dés cubiques de couleurs différentes : jaune, noir et rouge (voir TP3).
Après immobilisation des dés, on note le nombre de points observés sur la face supérieure de chacun des dés, et ceci dans l'ordre suivant : dé noir, dé jaune, dé rouge.
Quel est le nombre de résultats possibles ?

**11** On pose : A = {1, 2, 3, 4, 5} et $B = \{x ; y ; z\}$.
Combien y a-t-il d'applications de A dans B ?
Combien y a-t-il d'applications de B dans A ?

**12** $n$ étant un entier naturel non nul, E un ensemble de $n$ éléments, quel est le nombre d'application de E dans un ensemble contenant un seul élément ?

**13** Dans les mêmes conditions qu'au n° 12, quel est le nombre d'application d'un singleton dans E ?

## Dénombrement d'arrangements et de permutations

### *Arrangements*

**14** On pose : E = {0 ; 1 ; 2 ; 3 ; 4 ; 5 ; 6 ; 7 ; 8 ; 9}.
**1.** Donner :
– trois arrangements de 2 éléments de E (2-arrangement) ;
– trois arrangements de 3 éléments de E (3-arrangement) ;
– trois arrangements de 4 éléments de E (4-arrangement) ;
– trois arrangements de 5 éléments de E (5-arrangement).
**2.** Parmi les 4-listes d'éléments de E, dire ceux qui sont des 4-arrangments (et ceux qui ne le sont pas).
(5 ; 2 ; 0 ; 7) ; (3 ; 1 ; 0 ; 1) ; (1 ; 1 ; 1 ; 1) ;
(2 ; 5 ; 4 ; 3) ; (0 ; 1 ; 2 ; 3) ; (1 ; 0 ; 0 ; 0).

**15** Calculer les nombres suivants :
$A_3^2$ ; $A_5^3$ ; $A_{10}^5$ ; $A_{1000}^2$.

**16** $n$ et $p$ sont des nombres entiers naturels tels que : $p \leq n$.
Exprimer en fonction de $n$ et $p$ les nombres suivants :

$$\frac{A_n^p}{A_{n-1}^p} \quad ; \quad \frac{A_n^p}{A_n^{p-1}}$$

### *Problèmes de dénombrement et arrangements*

**17** Combien y a-t-il d'arrangements à 4 éléments d'un ensemble à 5 éléments ?
Combien y a-t-il d'arrangements à 3 éléments d'un ensemble à 12 éléments ?
Combien y a-t-il d'arrangements à 5 éléments d'un ensemble à 8 éléments ?

**18** On pose : $E = \{a ; b ; c ; d ; e\}$.
Combien y a-t-il d'arrangements à 3 éléments de l'ensemble E ?
Illustrer par un arbre de choix.

**19** On tire successivement et sans remise trois objets d'un sac en contenant dix. Combien y a-t-il de tirages possibles ?

**20** En supposant qu'il n'y a pas de répétition,
*a)* Combien de nombres de 3 chiffres peut-on former à l'aide des chiffres : 2, 3, 5, 6, 7, 9 ?
*b)* Combien de ces nombres sont inférieurs à 400 ?
*c)* Combien sont-ils ?
*d)* Combien sont-ils impairs ?
*e)* Combien sont-ils multiples de 5 ?

**21** Une urne contient quatre boules indiscernables au touché, numérotées 1, 2, 3 et 4.
On tire succesivement et sans remise trois boules de l'urne et on note le nombre obtenu en alignant dans l'ordre les trois boules tirées (voir TP2).
**1.** À l'aide d'un arbre de choix, déterminer le nombre de résultats possibles.
**2.** Combien obtient-on de nombres commençant par le chiffre 2 ?
**3.** Combien obtient-on de nombres commençant par le chiffre 1 ?

**22** Parmi les applications dont les schémas sont donnés ci-dessous, dire celles qui sont injectives (et celles qui ne le sont pas).

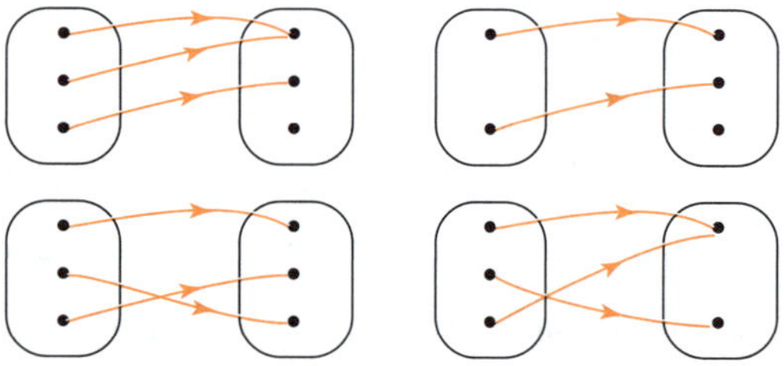

**23** On pose : $A = \{1 ; 2\}$, $B = \{x ; y ; z\}$.
Définir trois applications injectives (ou injections) de A dans B.
Combien peut-on définir d'injections de A dans B ?

### *Permutations*

**24** Donner deux permutations de chacun des ensembles suivants :
$\{a ; b\}$ ; $\{1 ; 2 ; 3\}$ ; $\{a ; e ; i ; u ; o\}$.

**25** Combien y a-t-il de permutations d'une paire ? D'un ensemble à 4 éléments ? D'un ensemble à 7 éléments ?

**26** On pose : $E = \{x ; y ; z\}$.
Combien y a-t-il de permutations d'éléments de E ?
Illustrer par un arbre de choix.

**27** Combien de mots différents ayant un sens ou non peut-on former avec toutes les lettres du mot NIAMEY, chaque lettre étant utilisée une seule fois ?

**28** On pose :
$E = \{u ; v ; x ; y ; z\}$ et $F = \{ 1 ; 2 ; 3 ; 4 5)$.
Combien y a-t-il de bijections de E dans F ?

## Dénombrement de combinaisons

### *Combinaisons*

**29** On pose : $E = \{r ; s ; t ; u ; v ; w\}$.
Donner :
– toutes les combinaisons de 2 éléments de E ;
– toutes les combinaisons de 3 éléments de E ;
– toutes les combinaisons de 4 éléments de E ;
– toutes les combinaisons de 5 éléments de E ;
Combien de combinaisons de 6 éléments de E peut-on former ?

**30** Calculer les nombres suivants :
$C_3^2$ ; $C_5^3$ ; $C_{10}^5$ ; $C_4^4$ ; $C_{17}^3$.

**31** Calculer le plus simplement possible :
$C_5^0 + C_5^1 + C_5^2 + C_5^3 + C_5^4 + C_5^5$.

### *Problèmes de dénombrement et combinaisons*

**32** On pose : $E = \{a ; b ; c ; d ; e\}$.
Trouver une combinaison à 3 éléments de E. Combien y en a-t-il ?
Trouver une combinaison à 3 éléments de E contenant $c$ et $e$. Combien y en a-t-il ?
Trouver une combinaison à 3 éléments de E ne contenant pas $d$. Combien y en a-t-il ?

**33** Combien y a-t-il de combinaisons à 11 éléments d'un ensemble à 18 éléments ?

**34** Combien l'ensemble $\{a ; b ; c ; d\}$ a-t-il de parties à 3 éléments ? à 1 élément ?
Pourquoi trouve-t-on le même résultat ?

**35** Quel est le nombre de parties de l'ensemble vide ? Celui de l'ensemble $\{a ; b ; c ; d\}$ ?

**36** L'Organisation Non Gouvernementale « Enfance et Éducation » est composée de 18 femmes et 32 hommes. Cette ONG désire former son bureau composé d'un président, d'un secrétaire général et d'un trésorier.
**1.** Combien peut-on former de bureaux ?
**2.** Combien peut-on former de bureaux possibles dans chacun des cas suivants :
*a)* Le trésorier doit être une femme ;
*b)* Monsieur et Madame EBOUTOU, fondateurs de cette ONG, ne souhaitent pas faire partie du même bureau.

## APPROFONDISSEMENT

**37** On pose : $E = \{a ; b ; c ; d ; e\}$ et $F = \{1 ; 2 ; 3\}$.

Combien existe-t-il d'applications de E dans F ?
Combien existe-t-il d'applications injectives de E dans F ?

**38** Un « mot » étant une suite de lettres, ayant un sens ou non, combien avec les cinq lettres A, B, C, D, E peut-on former de mots de cinq lettres, distinctes ou non ? De mots de cinq lettres toutes différentes ?

**39** Mêmes questions qu'au n° 38 avec les mots de 3 lettres prises parmi les 5 : les 3 lettres sont distinctes ou non, puis les 3 lettres sont distinctes.

**40** Une plaque d'immatriculation porte deux lettres distinctes suivies de trois chiffres dont le premier est différent de zéro.
Combien de plaques différentes peut-on imprimer ?

**41** Dans une classe, un contentieux s'est révélé entre les élèves et l'administraion. Aussi est-il décidé d'envoyer deux délégués : une fille et un garçon pour régler le différend. Sachant qu'il y a dans la classe 24 filles et 40 garçons, combien peut-on former de délégations différentes ?

**42** Dans une assemblée de douze personnes, huit hommes et quatre femmes, on veut constituer un comité de trois personnes avec les fonctions de président, secrétaire et trésorier.
*a)* De combien de manières peut-on former ce comité, une même personne ne pouvant cumuler plusieurs fonctions ?
*b)* De combien de manières peut-on former ce comité si on veut qu'une femme soit secrétaire ?

**43** Douze personnes vont s'asseoir autour d'une table ronde. De combien de manières peut-on faire asseoir ces dix personnes :
*a)* si les chaises sont numérotées ?
*b)* si les chaises ne sont pas numérotées ?

**44** *a)* De combien de façons différentes, 3 garçons et 2 filles peuvent-ils prendre place sur un banc ?
*b)* De combien de façons peuvent-ils s'asseoir, si les garçons s'asseyent les uns à côté des autres et s'il en est de même chez les filles ?
*c)* De combien de manières peuvent-ils s'asseoir si et seulement les filles s'asseyent l'une à côté de l'autre ?

**45** À l'oral d'un examen un étudiant doit répondre à 6 questions sur un total de 8.
*a)* Combien y a-t-il de choix possibles ?
*b)* Combien de choix y a-t-il s'il doit répondre aux trois premières questions ?
*c)* Combien y a-t-il de choix s'il doit répondre à au moins 2 des 4 premières questions ?

**46** L'éclairage d'une grande salle est assuré par cinq ampoules commandées chacune par un interrupteur.
De combien de manières peut-on éclairer cette salle en allumant exactement trois ampoules ?

**47** *a)* Dix personnes se réunissent dans une salle et, comme il se doit, se serrent les mains au début de la réunion.
Combien y a-t-il de poignées de mains ?
*b)* Sachant qu'il y a eu 5151 poignées de mains au début d'une réunion, combien y avait-il de personnes ?

**48** On dispose d'un jeu de 32 cartes (voir TP3). On en prend simultanément 8, ce qui consitue une « main ».
*a)* Combien y a-t-il de mains différentes possibles ?
Dénombrer les mains qui contiennent :
*b)* exactement deux as ;
*c)* aucun as ;
*d)* au moins un as ;
*e)* Exactement deux cœurs et trois piques ;
*f)* Exactement deux cœurs, trois piques et un trèfle ;
*g)* au plus deux dames.

**49** On met les lettres du mot PARAMILITAIRE dans un sac. Ces lettres sont supposées indiscernables au toucher. On tire successivement et sans remise 6 lettres du sac. De combien de façons différentes peut-on obtenir :
*a)* le mot PLAIRE
*b)* le mot LIMITE
– les lettres du mot étant tirées dans le bon ordre ?
– les lettres du mot étant obtenues dans l'ordre ou dans le désordre ?

**50** Au départ d'une course de 100 m, il y a 20 coureurs.
**1.** Combien y a-t-il d'arrivées possibles des 20 coureurs ?
**2.** Combien y a-t-il d'arrivées possibles des trois premiers sans ex æquo ?

**51** Pour ouvrir un coffre-fort, on doit composer un code secret de quatre chiffres sur un tableau informatique de dix chiffres : 0 ; 1 ; 2 ; 3 ; 4 ; 5 ; 6 ; 7 ; 8 ; 9.
**1.** Déterminer le nombre de code possibles.
**2.** Combien y a-t-il de codes commençant par 2 ?
**3.** Combien y a-t-il de codes ne contenant pas 0 ?

**52** Monsieur DIOP possède dans son armoire quatre pantalons dont deux noirs et deux bleus, six chemises dont trois blanches, deux bleues et une jaune.
Au moment de s'habiller, survient une panne d'électricité. Monsieur DIOP, pressé, enfile un pantalon et une chemise sans se préoccuper de la couleur de ses vêtements.
**1.** Combien a-t-il de manières différentes de s'habiller ?
**2.** Combien a-t-il de manières de s'habiller sachant qu'il porte :
*a)* une chemise blanche ?
*b)* un pantalon noir ?
*c)* un pantalon bleu et une chemise jaune ?

**53** On dispose de 4 livres de Mathématiques tous différents, de 3 livres différents de Biologie et de 5 livres différents de Sciences Physiques que l'on veut ranger verticalement sur une étagère.
Déterminer le nombre de rangements possibles dans les cas suivants :
**1.** Les livres des trois matières peuvent être mélangés.
**2.** Les livres doivent être rangés par matière.
**3.** Seuls les livres de Mathématiques doivent être rangés ensemble.

**54** Lors de son anniversaire Abdou a invité sept de ses camarades, Bintou, Kamel, Habib, Koffi, Paul, Fatimata et Aîssatou. Aucun n'a promis avec assurance qu'il viendrait.
Quel est le nombre des possibilités différentes auxquelles Abdou sera confronté ?

**55** Dans un restaurant, on propose sur une carte les diverses possibilités suivantes de composer son menu :

**Menu**

**Entrée**
*Salade* ou *Bouillon*

**Plat du jour**
*Poulet frit* ou *Gibier en sauce* ou *Poisson braisé*

**Accompagnement**
*Plaintain frit* ou *Riz* ou *Plaintain bouilli* ou *Haricot rouge*

**Dessert**
*Fruit* ou *Gâteau*

Quel est le nombre de menus différents que l'on peut composer en prenant une entrée, un plat du jour avec un accompagnement et un dessert ?
Quel est le nombre de menus différents que l'on peut composer en ne prenant pas d'entrée ?

## PROBLÈMES

**56** ABCD est un rectangle. On trace 5 droites parallèles à (AD) coupant [AB] et 3 droites parallèles à (AB) coupant [BC].
Combien peut-on dénombrer de rectangles sur cette figure ?

**57** On veut trouver le nombre $u_n$ de segments formés avec $n$ points ($n > 0$) situés sur un segment [AB].
Pour cela :
– trouver successivement et à l'aide d'une figure, les nombres de segments $u_1$, $u_2$, $u_3$, $u_4$ et $u_5$ formés avec 1 point, 2 points, 3 points, 4 points et 5 points.
– trouver une formule de récurrence explicitant le calcul de $u_n$ en fonction de $u_{n-1}$, puis exprimer $u_n$ en fonction de $n$ uniquement ($n > 0$).

**58** Des points situés sur une droite (L) définissent des parties de droites : les segments et les demi-droites.

Reproduire et compléter le tableau ci-dessous.
Trouver une relation de récurrence permettant de calculer le nombre $v_n$ de parties de droites définies par $n$ points ($n > 0$).

| Nombre de points | 1 | 2 | 3 | 4 | 5 |
|---|---|---|---|---|---|
| Nombre de demi-droites | | | | | |
| Nombre de segments | | | | | |
| Nombres de parties | | | | | |

Exprimer $v_n$ en fonction de $n$ uniquement.

**59** Une droite partage un plan en 2 régions.

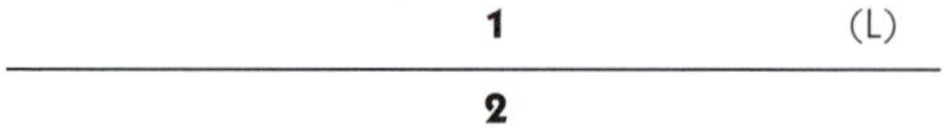


Deux droites sécantes partagent un plan en 4 régions.

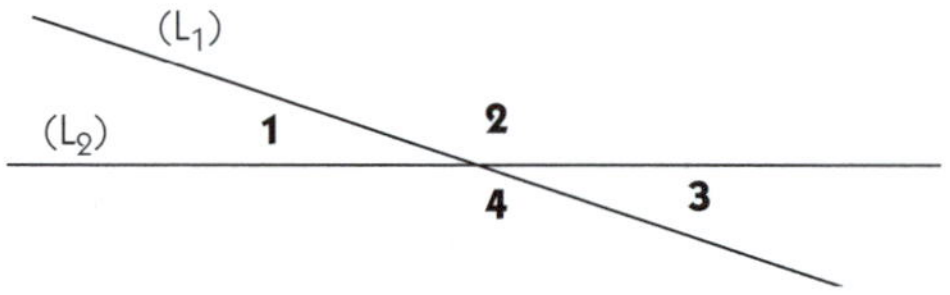


*a)* En combien de régions, trois droites deux à deux sécantes partagent-elles un plan ?
*b)* Quel est le nombre de régions pour 4 droites, 5 droites et 6 droites deux à deux sécantes (trois quelconques d'entre elles n'étant pas concourantes) ?
*c)* On désigne par $d_n$ le nombre de régions définies par $n$ droites deux à deux sécantes ($n \in \mathbb{R}^*$, trois quelconques d'entre elles n'étant pas concourantes), conjecturer une formule de récurrence entre $d_n$ et $d_{n-1}$, puis exprimer $d_n$ en fonction de $n$ seulement.

**60** On dispose d'un damier carré $4 \times 4$ (4 lignes $\times$ 4 colonnes).
On place un pion dans la case $A_1$ et le pion ne peut se déplacer que d'une case à la fois, verticalement ou horizontalement (voir schéma ci-dessous).
Combien y a-t-il de chemins possibles pour aller de la case $A_1$ à la case $D_4$ ?
Trouver le nombre de chemins possibles pour aller de la case $A_1$ à la case $E_5$ dans le cas d'un damier carré $5 \times 5$, puis le nombre de chemins possibles pour aller de la case $A_1$ à la case $F_6$ dans le cas d'un damier carré $6 \times 6$.

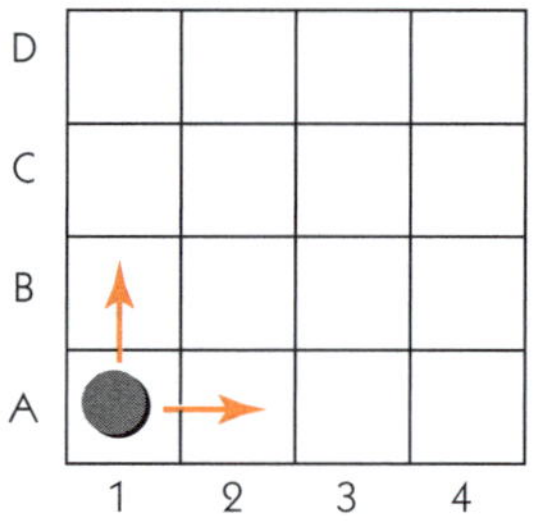


Conjecturer pour un damier $n \times n$ ($n \geq 2$).

**61** Laurent veut aller voir tous ses camarades, Amadou, Sawadogo, Koffi, Ousseini et Yao et revenir chez lui, en passant une seule fois chez chacun d'entre eux par l'un des chemins indiqués sur le plan.
Quel est le nombre de tous les itinéraires possibles de Laurent ?

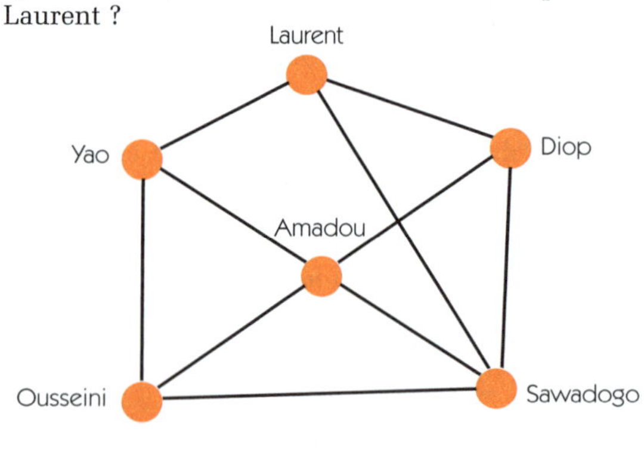

15

# Statistiques

*Le mot « Statistiques » est utilisé pour exprimer plusieurs réalités différentes. Les média parlent de statistiques relatives aux accidents de la route, aux réussites au baccalauréat, etc. C'est donc simplement un ensemble de données numériques. Les statistiques désignent, dans le cadre de notre étude, un ensemble de méthodes scientifiques visant à organiser et à analyser des données (numériques) afin de pouvoir tirer des conclusions valables et à prendre des décisions raisonnables sur la base de cette analyse.*

*Aussi, les États doivent procéder périodiquement, sur la population d'une part, à un recensement, c'est-à-dire* **un relevé exhaustif** *de renseignements, d'autre part à des sondages. Le sondage est un relevé partiel sur* **un échantillon représentatif** *de la population.*

*Les États ne sont pas les seuls à bénéficier des apports de cette science. Par exemple, si le travailleur du secteur informel, l'artisan qui connaît son personnel, ses machines, ses revenus n'a pas toujours besoin de statistiques, le directeur général d'une société importante ne peut se passer de statistiques, compléments de la comptabilité, pour diriger son affaire.*

*Les États, les sociétés importantes, etc... ressentent toujours davantage l'utilité de disposer sur le monde de plus en plus complexe qui nous entoure, d'informations chiffrées objectives.*

*Dans nos pays, quel pourcentage d'enfants entrant en 6<sup>e</sup> obtiennent le baccalauréat ? Quel pourcentage de filles de 8 ans fréquentent une école ?*

## SOMMAIRE

# 1 Séries statistiques groupées en classes

## 1.1. Regroupements en classes

### Série statistique groupée

**Exemple 1 : étude de tailles d'élèves**

• Une enquête a été réalisée au lycée Lamine Gueye de Dakar en 1994. Le tableau qui suit donne les tailles exprimées en centimètres, des 51 élèves de la 2e $A_2$ $A_3$.

| | | | | | | | | | | |
|---|---|---|---|---|---|---|---|---|---|---|
| 159 | 168 | 165 | 162 | 164 | 163 | 166 | 159 | 155 | 161 | 168 |
| 158 | 166 | 150 | 163 | 164 | 162 | 167 | 172 | 164 | 161 | |
| 163 | 165 | 176 | 174 | 164 | 173 | 166 | 160 | 164 | 170 | |
| 170 | 151 | 160 | 156 | 162 | 158 | 153 | 177 | 163 | 162 | |
| 163 | 163 | 165 | 158 | 167 | 157 | 169 | 157 | 173 | 161 | |

Ces données permettent de définir une série statistique de 24 modalités différentes dont 10 n'apparaissent qu'une fois.
Pour faciliter l'étude d'une telle série, on peut regrouper les valeurs en des intervalles disjoints deux à deux : [150 ; 160[ , [160 ; 165[ , [165 ; 170[ et [170; 178[
Ces intervalles sont des **classes** de modalités.

### Vocabulaire

L'**effectif d'une classe** $[a\ ;\ b[$ est le nombre d'individus de la population étudiée, dont les modalités appartiennent à l'intervalle $[a\ ;\ b[$.
La **fréquence d'une classe** est le quotient de son effectif par l'effectif total.
Par extension, l'**effectif** d'un intervalle I est le nombre des individus de la population, dont les modalités appartiennent à l'intervalle I.
Le **centre d'une classe** $[a\ ;\ b[$ est le nombre $\frac{a+b}{2}$.
L'**amplitude d'une classe** $[a\ ;\ b[$ est le nombre $b - a$.
La **densité d'une classe** est le quotient de l'effectif par l'amplitude de la classe.

• À l'aide du tableau donnant les tailles des élèves, complétons le tableau suivant qui donne les effectifs et les fréquences.

| Classes | Amplitude | Centres | Effectifs | Fréquences | Densités |
|---|---|---|---|---|---|
| [150 ; 160 [ | 10 | 155 | 12 | 23,5 % | 1,2 |
| [160 ; 165 [ | 5 | 162,5 | 20 | 39,2 % | 4 |
| [165 ; 170 [ | 5 | 167,5 | 11 | 21,6 % | 2,2 |
| [170 ; 178 [ | 8 | 174 | 8 | 15,7 % | 1 |

Ce tableau détermine une **série statistique groupée**.

En général, dans une série statistique groupée, on ne connaît que le tableau donnant les classes et leurs effectifs, les modalités de chaque individu ne sont pas connues.

### Série statistique des centres

À chaque série statistique groupée, on associe généralement la série statistique des centres des classes, en considérant que l'effectif de chaque classe est concentré en son centre.

Dans l'exemple 1, la série associée est déterminée par le tableau suivant :

| **Centres** | 155 | 162,5 | 167,5 | 174 |
|---|---|---|---|---|
| **Effectifs** | 12 | 20 | 11 | 8 |

• Représenter cette série des centres par un diagramme en bâtons.
• Calculer la moyenne, la variance et l'écart-type de cette série.

## 1.2. Représentations graphiques

### Construction d'un histogramme

• Une série statistique groupée est représentée par un diagramme, appelé **histogramme des effectifs**.

C'est un diagramme constitué de rectangles juxtaposés dont :

– les largeurs sont proportionnelles aux amplitudes des classes

– les hauteurs sont proportionnelles aux densités des classes.

Ainsi, chaque rectangle a une aire proportionnelle à l'effectif de la classe qu'il représente.
L'histogramme ci-contre représente la série groupée des tailles des élèves (voir exemple 1).

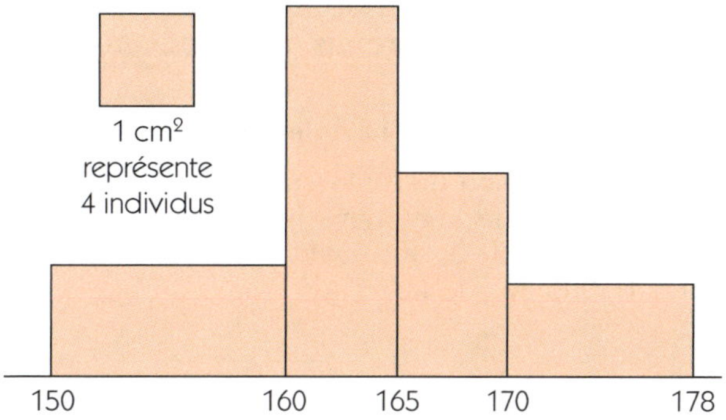


• L'histogramme des fréquences se définit de manière analogue.

**Remarque**

*Lorsque les classes ont la même amplitude, les hauteurs des rectangles sont évidemment proportionnelles aux effectifs.*

### Lecture d'un histogramme

**Exemple 2 : étude de recettes de commerçants**
L'histogramme ci-contre représente les recettes (en milliers de francs) de 300 commerçants.

1 cm$^2$ représente 30 individus.

On se propose de calculer les effectifs de divers intervalles à l'aide de cet histogramme donné.

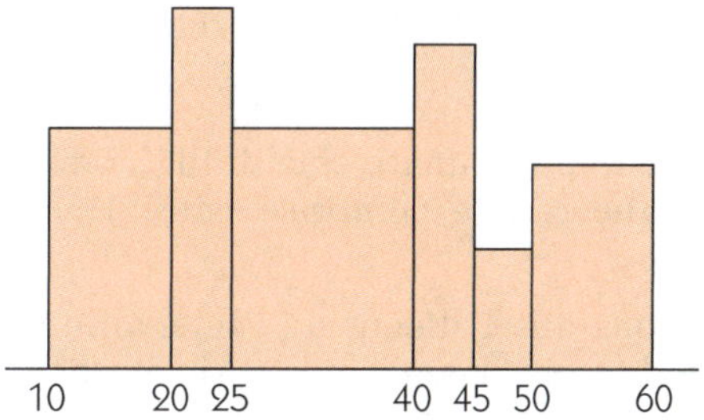


**Calcul de l'effectif d'une classe**
Pour exploiter cet histogramme, complétons le tableau qui suit :

| Classes | Amplitude | Centres | Hauteur en cm | Largeur en cm | Aire en cm$^2$ | Effectifs | Fréquences |
|---|---|---|---|---|---|---|---|
| [10 ; 20 [ | 10 | 15 | 2 | 1 | 2 | 60 | 20% |
| [20 ; 25 [ | 5 | 22,5 | 3 | 0,5 | 1,5 | 45 | 15% |
| [25 ; 40 [ | 15 | 32,5 | 2 | 1,5 | 3 | 90 | 30% |
| [40 ; 45 [ | 5 | 42,5 | 2,67 | 0,5 | 1,33 | 40 | 13,3% |
| [45 ; 50 [ | 5 | 47,5 | 1 | 0,5 | 0,5 | 15 | 5% |
| [50 ; 60 [ | 10 | 55 | 1,67 | 1 | 1,67 | 50 | 16,7% |
| | | | | Total | 10 | 300 | 100% |

De ce tableau, on peut tirer par exemple les informations suivantes :

60 commerçants ont une recette comprise entre 10 000 F et 20 000 F ;

15 commerçants ont une recette comprise entre 45 000 F et 50 000 F ;

30% des commerçants ont une recette comprise entre 25 000 F et 40 000 F.

**Calcul de l'effectif d'une réunion de classes**

Calculons l'effectif de l'intervalle [20 ; 45[, c'est-à-dire, déterminons le nombre de commerçants de la population étudiée, qui ont une recette comprise entre 20 000 F et 45 000 F.
L'intervalle [20 ; 45[ est la réunion de trois classes disjointes : $[20 ; 45[ = [20 ; 25[ \cup [25 ; 40[ \cup [40 ; 45[$.
L'effectif de cet intervalle est donc égal à la somme des effectifs de ces trois classes : 45 + 90 + 40.
Il y a donc 175 commerçants qui ont une recette comprise entre 20 000 F et 45 000 F.

**Calcul de l'effectif d'un intervalle quelconque**

Calculons l'effectif de l'intervalle [15 ; 30[, c'est-à-dire, déterminons le nombre de commerçants de la population étudiée, qui ont une recette comprise entre 15 000 F et 30 000 F.

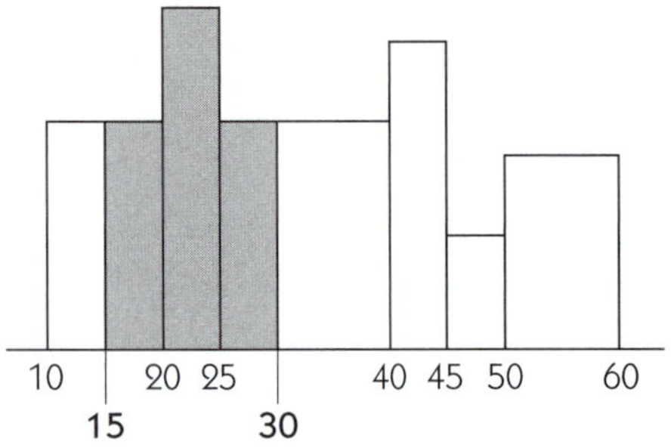


La partie grisée de l'histogramme représente l'effectif de l'intervalle [15 ; 30[ ; son aire est de 3,5 cm$^2$.

On peut évaluer l'effectif de cet intervalle :

$3{,}5 \times 30$.

Il y a donc approximativement 105 commerçants qui ont une recette comprise entre 15 000 F et 30 000 F.

Calculons l'effectif de l'intervalle $]-\infty ; 55]$, c'est-à-dire, déterminons le nombre de commerçants de la population étudiée, qui ont une recette inférieure ou égale à 55 000 F.

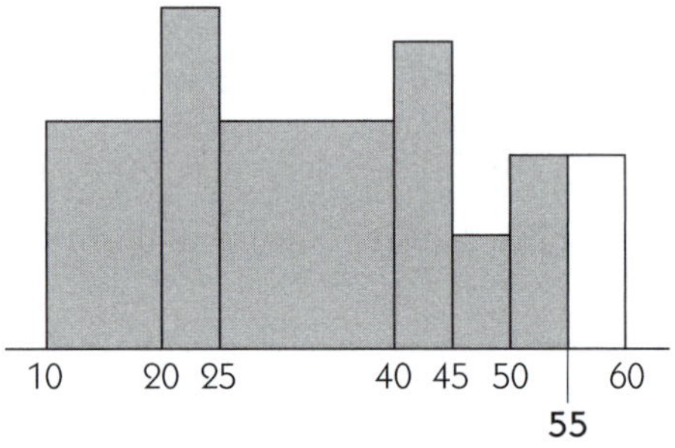


La partie grisée de l'histogramme représente l'effectif de l'intervalle $]-\infty ; 55]$ ; son aire est de

$\left(2 + \frac{3}{2} + 3 + \frac{4}{3} + \frac{1}{2} + \frac{1}{2} \times \frac{5}{3}\right)$ cm$^2$.

On peut évaluer l'effectif de cet intervalle :

$\frac{55}{6} \times 30$.

Il y a donc approximativement 255 commerçants qui ont une recette inférieure ou égale à 55 000 F.

Remarquons que l'effectif de l'intervalle [20 ; 45[ est une valeur exacte parce que cet intervalle est la réunion de trois classes de la série étudiée. Pour les intervalles [15 ; 30[ et $]-\infty ; 55]$, il n'en est pas de même ; le nombre trouvé n'est qu'une valeur approchée car les données ne permettent pas d'obtenir l'effectif exact.

## Polygone des effectifs

Le polygone des effectifs d'une série statistique groupée s'obtient en traçant le polygone des effectifs de la série des centres qui lui est associée.

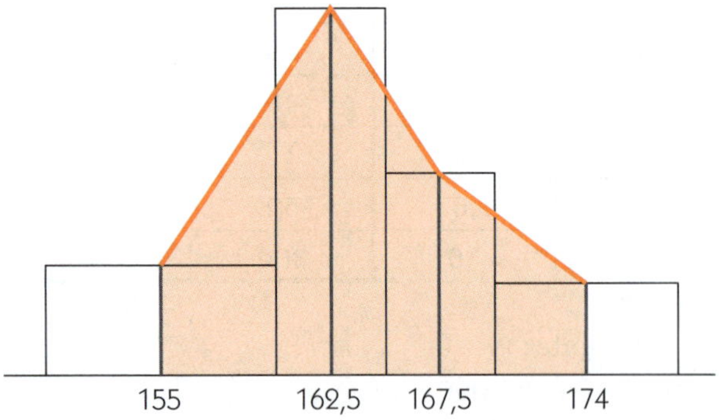


*Polygone des effectifs des tailles des élèves*

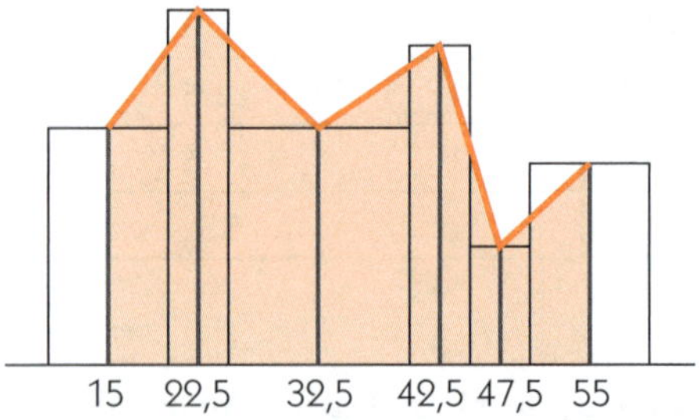


*Polygone des effectifs des recettes des commerçants*

# Exercice

1.a En 1996, une enquête a été réalisée dans l'entreprise XYZ and Co afin de récolter des informations sur l'âge des 2 350 ouvriers. Les résultats obtenus sont repris dans le tableau qui suit :

| Ages (en années) | [16 ; 25[ | [25 ; 30[ | [30 ; 35[ | [35 ; 40[ | [40 ; 50[ | [50 ; 65[ |
|---|---|---|---|---|---|---|
| Effectifs | 308 | 466 | 716 | 543 | 228 | 89 |

Construire l'histogramme des effectifs.
Évaluer le nombre d'ouvriers de cette entreprise dont l'âge est compris entre 25 et 45 ans.
Évaluer le nombre d'ouvriers qui ont moins de 32 ans.

## 1.3. Effectifs et fréquences cumulés

### Définitions

À l'aide de l'histogramme de l'exemple 2, on veut déterminer le nombre de commerçants dont la recette est inférieure ou égale à une somme donnée. À cet effet, on définit les effectifs et fréquences cumulés.

**Définition**

***r* est un nombre réel.**

**On appelle**

- ***effectif cumulé croissant* de *r*, l'effectif de l'intervalle $]-\infty\ ;\ r]$**
- ***effectif cumulé décroissant* de *r*, l'effectif de l'intervalle $[r\ ;\ +\infty[$**
- ***fréquence cumulée croissante* de *r*, le quotient de son effectif cumulé croissant par l'effectif total.**
- ***fréquence cumulée décroissante* de *r*, le quotient de son effectif cumulé décroissant par l'effectif total.**

### Diagrammes des effectifs cumulés

• Dans une série statistique groupée, les effectifs et fréquences cumulés des extrémités des classes se calculent aisément.
Dans le tableau qui suit, on a calculé les effectifs cumulés croissants et décroissants des extrémités des classes de l'étude des tailles des élèves (voir l'exemple 1).

| Intervalle | Modalité | Effectif cumulé croissant |
|---|---|---|
| $]-\infty\ ;\ 150]$ | 150 | 0 |
| $]-\infty\ ;\ 160]$ | 160 | 12 |
| $]-\infty\ ;\ 165]$ | 165 | 32 |
| $]-\infty\ ;\ 170]$ | 170 | 43 |
| $]-\infty\ ;\ 178]$ | 178 | 51 |

| Intervalle | Modalité | Effectif cumulé décroissant |
|---|---|---|
| $[150\ ;\ +\infty[$ | 150 | 51 |
| $[160\ ;\ +\infty[$ | 160 | 39 |
| $[165\ ;\ +\infty[$ | 165 | 19 |
| $[170\ ;\ +\infty[$ | 170 | 8 |
| $[178\ ;\ +\infty[$ | 178 | 0 |

L'application de $\mathbb{R}$ dans $\mathbb{R}$ qui, à chaque nombre réel associe son effectif cumulé croissant est appelée **fonction de répartition** des effectifs pour le caractère étudié.

Toute fonction de répartition est croissante sur $\mathbb{R}$.

• Dans le cas d'une série statistique groupée, la détermination de l'effectif de l'intervalle $]-\infty\ ;\ r]$ par lecture de l'histogramme montre que la fonction de répartition est affine par intervalle.

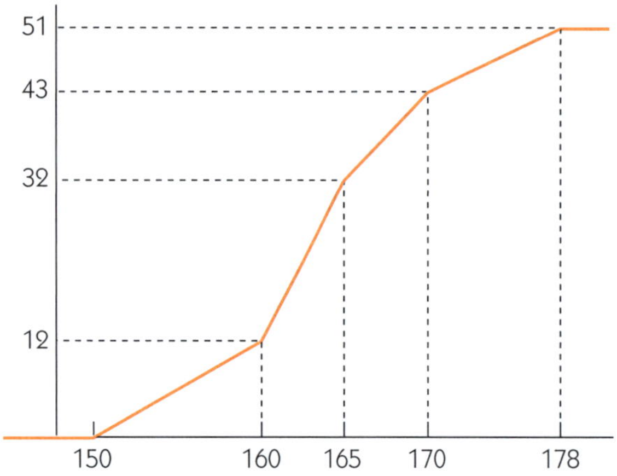

*Diagramme des effectifs cumulés croissants*

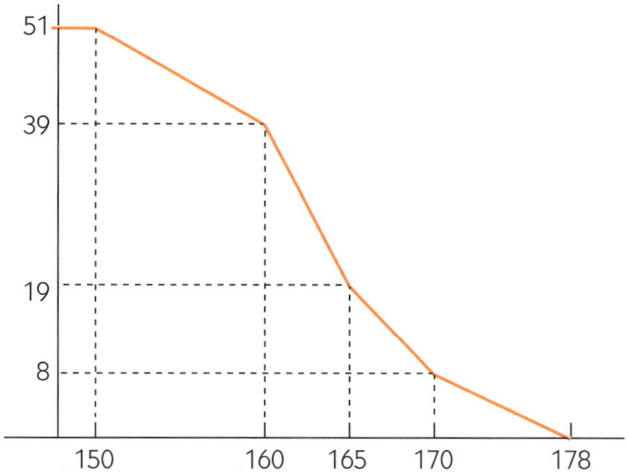

*Diagramme des effectifs cumulés décroissants*

## Lecture d'un diagramme des effectifs cumulés

Considérons le diagramme des effectifs cumulés croissants, qui concerne les recettes des commerçants (voir l'exemple 2).

On peut estimer le nombre de commerçants qui ont une recette inférieure à 35 000 F, par exemple. Il suffit pour cela de lire l'ordonnée du point du graphique qui a pour abscisse 35.

• Vérifier à l'aide de l'histogramme correspondant que l'effectif de l'intervalle ]– ∞ ; 35] est 165.

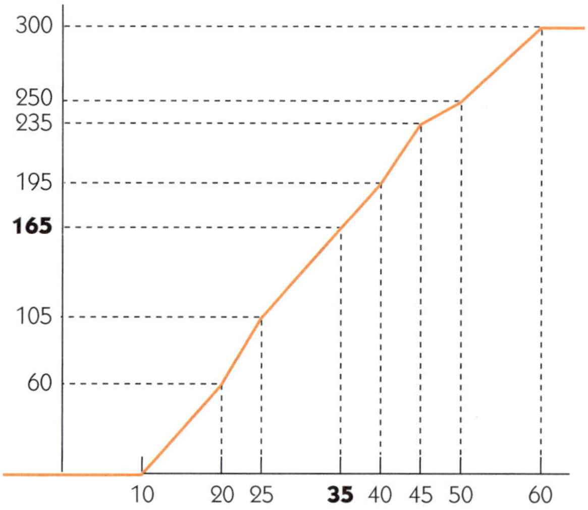


## Exercice

1.b En 1997, la même enquête a été réalisée dans l'entreprise XYZ and Co afin de récolter à nouveau des informations sur l'âge des ouvriers. Les résultats obtenus sont repris dans le tableau qui suit :

| Ages (en années) | [16 ; 25[ | [25 ; 30[ | [30 ; 35[ | [35 ; 40[ | [40 ; 50[ | [50 ; 65[ |
|---|---|---|---|---|---|---|
| Effectifs | 273 | 387 | 723 | 570 | 308 | 65 |

Construire les diagrammes des effectifs cumulés croissants et décroissants de cette série groupée.
Évaluer le nombre d'ouvriers qui ont moins de 33 ans.
Évaluer le nombre d'ouvriers de cette entreprise dont l'âge est compris entre 26 et 46 ans.
Comparer avec le nombre d'ouvriers dont l'âge était compris entre 25 et 45 ans en 1996 (voir ex 1.a).

# 2 Caractéristiques des séries groupées

*Les caractéristiques de position donnent une idée de l'ordre de grandeur des observations. Les caractéristiques de dispersion permettent de décrire l'étalement des valeurs du caractère.*

## 2.1. Caractéristiques de position

### Classe modale - Mode

**Définitions**

Pour une série statistique groupée, on appelle généralement

– **classe modale** toute classe présentant un effectif (ou une fréquence) maximal.

– **mode** le centre de toute classe de densité maximale.

Dans l'histogramme, ce sont les rectangles d'aire maximale qui représentent chaque classe modale et les rectangles de hauteur maximale qui représentent chaque classe dont le centre est un mode.
Lorsqu'une série statistique ne présente qu'une seule classe modale, elle est appelée série uni modale.
Dans le cas contraire, elle est plurimodale (ou multimodale).
Ainsi, une série ayant deux classes modales est dite série bimodale.

**Détermination graphique**

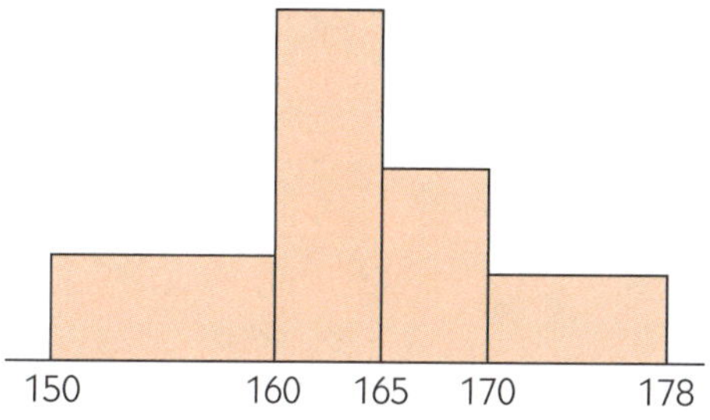


*Histogramme 1 : tailles des élèves*

- Quelle est la classe modale ?
- Quelle est la classe qui a la plus grande densité ?
- Quel est le mode ?

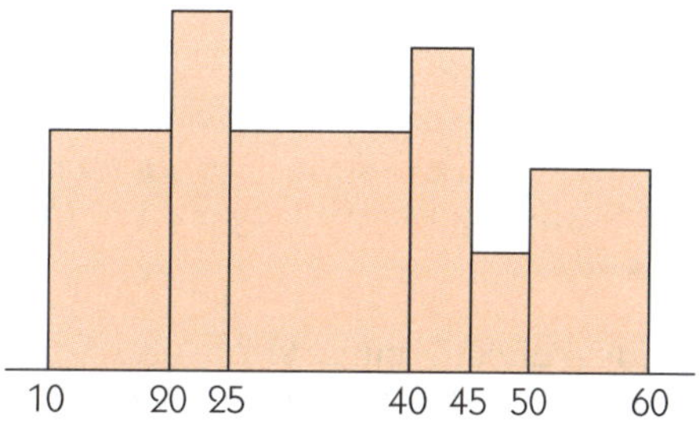


*Histogramme 2 : recettes des commerçants*

- Quelle est la classe modale ?
- Quelle est la classe qui a la plus grande densité ?
- Quel est le mode ?

### Moyenne

**Définition**

On appelle moyenne d'une série statistique groupée, la moyenne de la série $(c_i, n_i)$ des centres de classes qui lui est associée.
N désignant l'effectif total, $f_i$ désignant la fréquence de la classe de centre $c_i$, la moyenne est donc le nombre, noté $\bar{x}$, tel que :

$$\bar{x} = \frac{\sum_{i=1}^{p} n_i c_i}{N} = \frac{n_1c_1 + n_2c_2 + \ldots + n_pc_p}{N} = \sum_{i=1}^{p} f_i c_i$$

N : effectif total
$f_i$ : la fréquence de la classe de centre $c_i$
$p$ : nombre de classes

**Organisation du calcul de la moyenne de la série groupée des recettes de commerçants**

| Classes | [10 ; 20[ | [20 ; 25[ | [25 ; 40[ | [40 ; 45[ | [45 ; 50[ | [50 ; 60[ | |
|---|---|---|---|---|---|---|---|
| Centres $c_i$ | 15 | 22,5 | 32,5 | 42,5 | 47,5 | 55 | Total |
| Effectifs $n_i$ | 60 | 45 | 90 | 40 | 15 | 50 | 300 |
| Produits $n_i \times c_i$ | 900 | 1 012,5 | 2 925 | 1 700 | 712,5 | 2750 | 10 000 |

- Vérifier que la moyenne de la série groupée des recettes des commerçants est : 33, 333 (en milliers de F)
- Vérifier que la moyenne de la série groupée des tailles des élèves est : 163,6 (en cm)

### Médiane

**Définition**

On appelle médiane d'une série statistique groupée, tout nombre $M_e$ tel que :

– la moitié au moins des individus ont une modalité inférieure ou égale à $M_e$ ;

– la moitié au moins des individus ont une modalité supérieure ou égale à $M_e$.

$M_e$ est donc tel que sa fréquence cumulée croissante est supérieure ou égale à 50 % et sa fréquence cumulée décroissante est aussi supérieure ou égale à 50 %.

**Détermination graphique**

Sur le diagramme des fréquences cumulées croissantes des tailles des élèves (voir l'exemple 1), $M_e$ est l'abscisse du point de la courbe qui a pour ordonnée 0,5 ; c'est aussi l'abscisse du point de la courbe qui a pour ordonnée 0,5 sur le diagramme des fréquences cumulées décroissantes.

Si les deux diagrammes sont tracés sur un même graphique, la médiane est l'abscisse du point d'intersection.

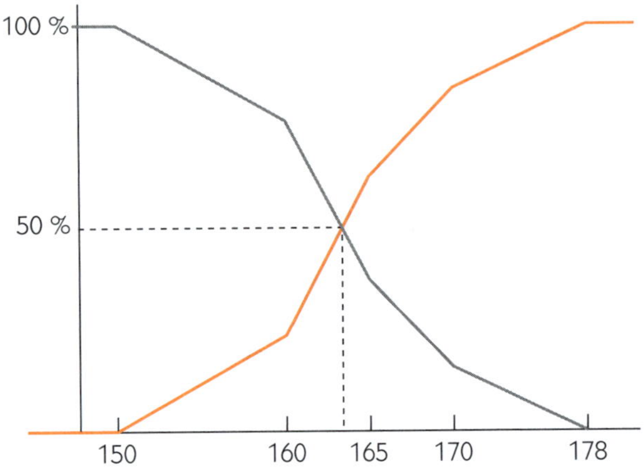


**Détermination par calcul**

La médiane Me de la série groupée des recettes des commerçants (voir l'exemple 2) est le nombre dont l'effectif cumulé croissant est égal à 150 (moitié de l'effectif total).

On sait que l'effectif cumulé croissant de 25 est égal à 105 et celui de 40 est égal à 195.
De l'encadrement $105 < 150 < 195$,
on déduit l'encadrement suivant de $M_e$ :

$$25 < M_e < 40$$

Il suffit de calculer l'abscisse du point d'ordonnée 150 sur le diagramme des effectifs cumulés croissants, représentation graphique de la fonction de répartition des effectifs.
Sur l'intervalle [25 ; 40], cette fonction coïncide avec la fonction affine $f$ telle que :

$f(25) = 105$ et $f(40) = 195$.

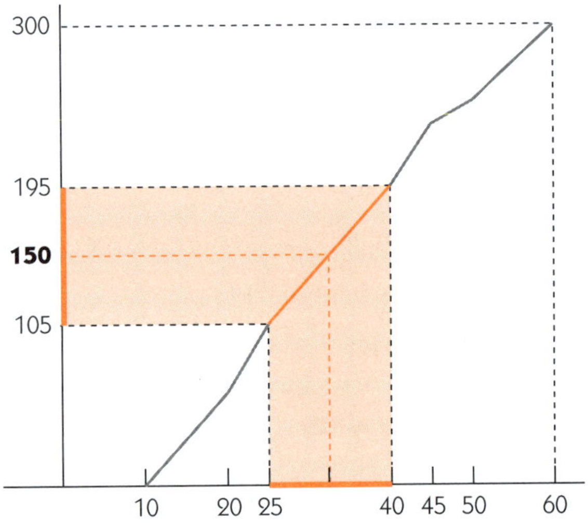


$M_e$ est le nombre tel que $f(M_e) = 150$.

Par application des propriétés des fonctions affines, on déduit : $\dfrac{f(Me) - f(25)}{M_e - 25} = \dfrac{f(40) - f(25)}{40 - 25}$

On a : $\dfrac{150 - 105}{M_e - 25} = \dfrac{195 - 105}{40 - 25}$. D'où : $M_e = 32{,}5$.

## 2.2. Caractéristiques de dispersion

### Variance

**Définition**

On appelle **variance d'une série statistique groupée**, la variance de la série $(c_i, n_i)$ des centres de classes qui lui est associée.

Rappelons les formules de la variance V ; N désigne l'effectif total.

$$V = \frac{\sum_{i=1}^{p} n_i(\bar{x} - c_i)^2}{N} = \frac{n_1(\bar{x} - c_1)^2 + n_2(\bar{x} - c_2)^2 + \dots + n_p(\bar{x} - c_p)^2}{N} = \sum_{i=1}^{p} f_i(\bar{x} - c_i)^2.$$

**Formule de Koenig :**

$$V = \frac{\sum_{i=1}^{p} n_i c_i^2}{N} - \bar{x}^2.$$

■ **Organisation du calcul de la variance de la série groupée des recettes des commerçants**

Utilisons la formule de Koenig pour calculer la variance de la série groupée des recettes.

| Classes | [10 ; 20[ | [20 ; 25[ | [25 ; 40[ | [40 ; 45[ | [45 ; 50[ | [50 ; 60[ | |
|---|---|---|---|---|---|---|---|
| Centres $c_i$ | 15 | 22,5 | 32,5 | 42,5 | 47,5 | 55 | Total |
| Effectifs $n_i$ | 60 | 45 | 90 | 40 | 15 | 50 | 300 |
| Produits $n_i \times c_i$ | 900 | 1 012,5 | 2 925 | 1 700 | 712,5 | 2750 | 10 000 |
| Produits $n_i \times c_i^2$ | 13 500 | 22 781,25 | 95 062,5 | 72 250 | 33 843,75 | 151 250 | 388 687,5 |

- Vérifier que la variance de la série groupée des recettes est : 184,514.
- Vérifier que la variance de la série groupée des tailles est : 38,123.

## Écart-type

La variance d'une série étant notée V, on appelle **écart-type** de cette série, la racine carrée positive de V. L'écart-type est noté σ.

$$V = \sigma^2 \quad \text{et} \quad \sigma = \sqrt{V}.$$

- Vérifier que, dans l'exemple 2, l'écart-type de la série groupée des recettes est : 13,58 .
- Vérifier que, dans l'exemple 1, l'écart-type de la série groupée des tailles est : 6,17.

Par rapport à la moyenne, un écart-type faible signifie que les valeurs du caractère ne s'écartent pas beaucoup de la moyenne.

Par rapport à la moyenne, un écart-type important signifie que les valeurs du caractère sont largement étalées de part et d'autre de la moyenne.

### Remarque

*La moyenne, la variance et l'écart-type d'une série groupée sont calculés à l'aide de la série statistique des centres des classes qui lui est associée.*

# Exercices

**2.a** Reprendre les séries groupées déterminées par un tableau dans les exercices 1.a et 1.b.
Calculer la moyenne, la médiane et l'écart-type de chacune de ces séries.
Commenter les résultats obtenus. Que peut-on déduire relativement à l'évolution de l'effectif dans cette entreprise ?

**2.b** Évaluer l'effectif de l'intervalle $[\bar{x} - \sigma ; \bar{x} - \sigma]$ dans chacune des séries groupées présentées dans ce chapitre, $\bar{x}$ désignant la moyenne et σ l'écart-type dans chacun des cas.

# Exercices

## APPRENTISSAGE

## Séries statistiques groupées en classes

### *Regroupement en classes*

**1** Le tableau qui suit donne les notes obtenues en Mathématiques par les élèves des classes de 1re.

| | | | | | |
|---|---|---|---|---|---|
| 3 | 4 | 5 | 6 | 9 | 10 |
| 15 | 17 | 11 | 14 | 7 | 8 |
| 4 | 5 | 7 | 4 | 7 | 11 |
| 15 | 13 | 11 | 10 | 7 | 8 |
| 13 | 14 | 5 | 9 | 8 | 10 |
| 13 | 5 | 9 | 8 | 4 | 11 |
| 8 | 10 | 10 | 14 | 12 | 10 |
| 12 | 13 | 12 | 11 | 15 | 3 |
| 14 | 10 | 16 | 3 | 6 | 8 |
| 14 | 4 | 8 | 9 | 12 | 14 |
| 13 | 11 | 11 | 10 | 17 | 16 |
| 6 | 12 | 10 | 15 | 3 | 10 |
| 10 | 16 | 10 | 10 | 15 | 11 |
| 6 | 13 | 12 | 4 | 2 | 15 |
| 11 | 13 | 4 | 3 | 15 | 11 |
| 4 | 11 | 12 | 4 | 7 | 6 |
| 17 | 3 | 8 | 5 | 9 | 13 |
| 8 | 9 | 8 | 10 | 10 | 10 |
| 9 | 13 | 11 | 15 | 11 | 10 |
| 11 | 10 | 15 | 9 | 8 | 7 |

**1.** Regrouper ces notes dans les classes suivantes :
[0 ; 8[, [8 ; 10[, [10 ; 12[, [12 ; 15[ et [15 ; 20[
**2.** Déterminer les effectifs et les fréquences de chacune des classes.
**3.** Déterminer la série des centres de classes associée.
Construire les représentations graphiques

**2** Le tableau suivant donne l'âge des habitants d'un échantillon de la ville de Thiès :

| Âge | [0 ; 6[ | [6 ; 15[ | [15 ; 25[ | [25 ; 35[ |
|---|---|---|---|---|
| Nombre | 40 | 34 | 32 | 29 |

| Âge | [35 ; 45[ | [45 ; 60[ | [60 ; 90[ |
|---|---|---|---|
| Nombre | 22 | 21 | 18 |

**1.** Construire un histogramme représentant cette série groupée.
**2.** Évaluer le nombre d'individus de cet échantillon dont l'âge
– est compris entre 5 ans et 20 ans.
– est supérieur à 50 ans.
– est inférieur à 30 ans.
**3.** Construire le diagramme des effectifs cumulés croissants et celui des effectifs cumulés décroissants.

**3** Le tableau suivant donne la distribution des effectifs de la durée de vie d'un échantillon d'ampoules.

| Durée de vie (en heures) | Nombre d'ampoules |
|---|---|
| [250 ; 500[ | 35 |
| [500 ; 600[ | 25 |
| [600 ; 700[ | 20 |
| [700 ; 800[ | 15 |
| [800 ; 1 000[ | 5 |

**1.** Calculer la fréquence de chacune des classes
**2.** Construire un histogramme représentant cette série groupée.
**3.** Construire le polygone des effectifs.
**4.** Construire le diagramme des effectifs cumulés croissants et celui des effectifs cumulés décroissants.

**4** Les ouvriers d'une entreprise de Douala sont répartis suivant leur salaire journalier (en milliers de francs CFA) dans le tableau ci-dessous :

| Salaires | Effectifs |
|---|---|
| [1 ; 2 [ | 34 |
| [2 ; 3 [ | 76 |
| [3 ; 5 [ | 51 |
| [5 ; 8 [ | 39 |

**1.** Calculer les fréquences de chacune des classes
**2.** Construire un histogramme représentant cette série groupée.
**3.** Construire le polygone des effectifs.
**4.** Construire le diagramme des effectifs cumulés croissants et celui des effectifs cumulés décroissants.

**5** Dans un lycée, on a interrogé 400 élèves sur le nombre d'heures de travail qu'ils effectuent chaque semaine (y compris les cours).
Les résultats de cette enquête sont représentés par l'histogramme qui suit.
On peut remarquer que, pour chaque élève, le temps de travail est compris entre 35h et 70h.

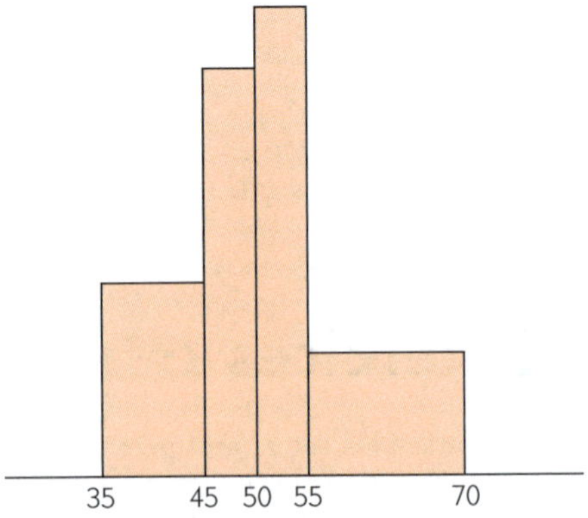


**1.** Calculer les effectifs de chaque classe.
**2.** Évaluer le nombre d'élèves dont le temps de travail hebdomadaire est compris entre 40 h et 50 h.
**3.** Évaluer le nombre d'élèves dont le temps de travail hebdomadaire est inférieur à 60 h.
**4.** Construire le diagramme des effectifs cumulés croissants.

**6** Dans une banque, on a pris au hasard 150 chèques de moins de 50 000 F et on a relevé le montant de ces chèques.
Le diagramme des effectifs cumulés croissants représente les résultats de cette enquête.
Les montants des chèques sont indiqués en milliers de francs.

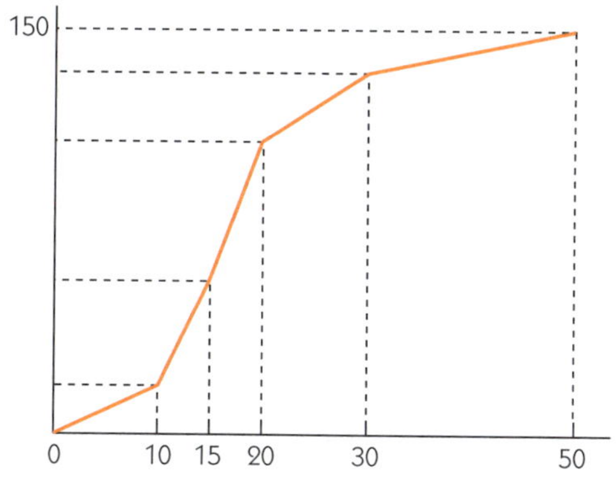


**1.** Évaluer le nombre de chèques dont le montant est inférieur à 25 000 F.
**2.** Évaluer le nombre de chèques dont le montant est compris entre 20 000 F et 40 000 F.
**3.** Représenter les résultats de cette enquête par un histogramme.

## Caractéristiques des séries regroupées

### *Caractéristiques de position, de dispersion.*

**7** Les ouvriers d'une entreprise sont répartis suivant une indemnité (exprimée en milliers de francs). On obtient le tableau suivant :

| Indemnités | [0 ; 2[ | [2 ; 4[ | [4 ; 6[ | [6 ; 8[ | [8 ; 10[ | [10 ; 12[ |
|---|---|---|---|---|---|---|
| Effectifs | 19 | 21 | 25 | 15 | 8 | 2 |

**1.** Déterminer la classe modale.
**2.** Calculer le mode, la moyenne.
**3.** Calculer la variance et l'écart-type.
**4.** Calculer la médiane

**8** Une enquête sur la masse, en kilogrammes, de 150 personnes a donné le tableau suivant :

| Masse | [45 ; 55[ | [55 ; 60[ | [60 ; 65[ | [70 ; 75[ | [75 ; 85[ | [85 ; 100[ |
|---|---|---|---|---|---|---|
| Effectifs | 20 | 31 | 44 | 38 | 12 | 5 |

**1.** Déterminer la classe modale.
**2.** Calculer le mode, la moyenne.
**3.** Calculer la variance et l'écart-type.

**9** Reprendre les données de l'exercice 2.
**1.** Déterminer la classe modale.
**2.** Calculer le mode, la moyenne.
**3.** Calculer la variance et l'écart-type.
**4.** Déterminer graphiquement la médiane.

**10** Ce tableau donne la répartition des candidats à un concours selon leur note de mathématiques

| Notes | [0 ; 2[ | [2 ; 3[ | [3 ; 4[ | [4 ; 6[ | [6 ; 8[ | [8 ; 12[ | [12 ; 16[ |
|---|---|---|---|---|---|---|---|
| Effectifs | 120 | 100 | 140 | 200 | 180 | 160 | 100 |

**1.** Déterminer la classe modale.
**2.** Calculer le mode, la moyenne.
**3.** Calculer la variance et l'écart-type.
**4.** Calculer la médiane.

**11** Reprendre les données de l'exercice 3.
**1.** Déterminer la classe modale.
**2.** Calculer le mode, la moyenne.
**3.** Calculer la variance et l'écart-type.
**4.** Déterminer graphiquement la médiane.
**5.** Évaluer le nombre d'ampoules dont la durée de vie est inférieure à la moyenne.

**12** Reprendre les données de l'exercice 4.
**1.** Déterminer la classe modale.
**2.** Calculer le mode, la moyenne.
**3.** Calculer la variance et l'écart-type.
**4.** Calculer la médiane.
**5.** $m$ désignant la moyenne des salaires, $\sigma$ désignant l'écart-type, évaluer le pourcentage d'ouvriers dont le salaire journalier se situe dans l'intervalle :

$$]m - \sigma ; m + \sigma[.$$

**13** Reprendre les données de l'exercice 5.
**1.** Déterminer la classe modale.
**2.** Calculer le mode, la moyenne.
**3.** Calculer la variance et l'écart-type.
**4.** Calculer la médiane.
**5.** $m$ désignant la moyenne du nombre d'heures de travail, $\sigma$ désignant l'écart-type, évaluer le pourcentage d'élèves dont le temps de travail hebdomadaire se situe dans $]m - \sigma ; m + \sigma[$.

**14** Reprendre les données de l'exercice 6.
**1.** Déterminer la classe modale.
**2.** Calculer le mode, la moyenne.
**3.** Calculer la variance et l'écart-type.
**4.** Calculer la médiane.
**5.** $m$ désignant la moyenne des montants des chèques, déterminer un intervalle de centre $m$ dans lequel se situent 66 % des chèques étudiés.

## APPROFONDISSEMENT

**15** Reprendre le tableau des notes de l'exercice 1.

**1^re^ partie**

**1.** Déterminer la série statistique des notes que ce tableau définit.
**2.** Représenter cette série par un diagramme en bâtons.
**3.** Construire le diagramme cumulatif (croissant) de cette série.
**4.** Déterminer le ou les modes.
**5.** Calculer la moyenne.
**6.** Calculer la variance et l'écart-type.

### 2e partie

Regrouper les notes dans les classes suivantes :
[0 ; 4[, [4 ; 10[, [10 ; 14[ et [14 ; 20[.

1. Calculer les fréquences de chacune des classes
2. Construire un histogramme représentant cette série groupée.
3. Construire le polygone des effectifs.
4. Construire le diagramme des effectifs cumulés croissants et celui des effectifs cumulés décroissants.
5. Déterminer la classe modale.
6. Calculer le mode, la moyenne de cette série groupée.
7. Calculer la variance et l'écart-type.
8. Déterminer graphiquement la médiane.

### 3e partie

Reprendre le regroupement en classes proposé dans l'exercice 1.

1. Calculer les fréquences de chacune des classes
2. Construire un histogramme représentant cette série groupée.
3. Construire le polygone des effectifs.
4. Construire le diagramme des effectifs cumulés croissants et celui des effectifs cumulés décroissants.
5. Déterminer la classe modale.
6. Calculer le mode, la moyenne de cette série groupée.
7. Calculer la variance et l'écart-type.
8. Déterminer graphiquement la médiane.

### 4e partie

1. Comparer les moyennes obtenues dans les trois premières parties.
2. Comparer les écart-types obtenus dans les trois premières parties.
3. Commenter et comparer ces trois études d'un même caractère sur une même population.

**16** On donne une série statistique simple $(x_i , n_i)$.
Pour rendre les calculs plus simples et éviter donc les erreurs éventuelles, on peut procéder comme suit en effectuant un changement de variables.
On pose : $x_i = a\, y_i + b$, $a$ et $b$ étant deux nombres choisis convenablement.
On définit ainsi la nouvelles série statistique simple $(y_i , n_i)$.
$m$ est la moyenne et $s$ l'écart-type de la série $(x_i , n_i)$.
$\mu$ est la moyenne et $\sigma$ l'écart-type de la série $(y_i , n_i)$.
Démontrer que :

1. $m = a\,\mu + b$
2. $s = |a|\sigma$.

**Application numérique**
Les ouvriers d'une entreprise sont répartis suivant leur salaire horaire en francs CFA.

| Salaires | [400, 500[ | [500, 600[ | [600, 700[ |
|---|---|---|---|
| Nombre d'ouvriers | 13 | 25 | 63 |

| Salaires | [700, 800[ | [800, 900[ | [900, 1000[ |
|---|---|---|---|
| Nombre d'ouvriers | 83 | 51 | 15 |

Pour calculer la moyenne et l'écart-type de cette série groupée, calculer d'abord la moyenne et l'écart-type de la série simple suivante :

| $x_i$ | 0 | 1 | 2 | 3 | 4 | 5 |
|---|---|---|---|---|---|---|
| | 13 | 25 | 63 | 83 | 51 | 15 |

En déduire la moyenne des salaires horaires et l'écart type.

**17** On donne une série statistique. On appelle Quartiles trois valeurs notées Q25, Q50, Q75 telles que :

$$Q25 \leq Q50 \leq Q75$$

– Le quart au plus des valeurs de la série soient inférieures à Q25 et les trois quarts au plus lui étant supérieures.
Q25 est appelé premier quartile.

– La moitié au plus des valeurs de la série sont inférieures à Q50 et la moitié au plus lui étant supérieures.
Q50 est appelé second quartile. Nous remarquons que Q50 est égale à la médiane $M_e$.

– Les trois quarts des valeurs au plus sont inférieures à Q75 et le quart au plus lui étant supérieures.
Les méthodes pour calculer Q25, Q50, Q75 sont identiques à celles de la médiane $M_e$.

On appelle intervalle interquartile l'intervalle [Q25 ; Q75] .

On appelle écart interquartile la différence Q75 – Q25.

On définit de façon analogue les déciles, les centiles en partageant en dix, en cent intervalles de même amplitude.

**Application numérique**
La répartition de candidats à un test de présélection suivant le total des points obtenus a donné.

| Total obtenu | [20 ; 30[ | [30 ; 40[ | [40 ; 50[ |
|---|---|---|---|
| Nb candidats | 27 | 43 | 38 |

| Total obtenu | [50 ; 60[ | [60 ; 70[ | [70 ; 80[ |
|---|---|---|---|
| Nb candidats | 28 | 21 | 3 |

1. Calculer la moyenne.
2. Calculer les quartiles.
3. Calculer l'écart inter quartile.
4. Calculer l'écart-type.

**Information historique**

*Gregor MENDEL (1822 - 1884), en découvrant les remarquables permanences statistiques, a permis de rénover la biologie toute entière.*

# INDEX
## des notions abordées